Seitz

Speicherprogrammierbare Steuerungen im Industrial IoT

Matthias Seitz

Speicherprogrammierbare Steuerungen im Industrial IoT

Objektorientierter System- und Programmentwurf, Motion Control, Sicherheit, Digital Engineering

6., aktualisierte Auflage

HANSER

Über den Autor:
Prof. Dr.-Ing. Matthias Seitz vertritt das Fachgebiet Elektronische Steuerungstechnik an der Hochschule Mannheim.

Print-ISBN: 978-3-446-48243-2
E-Book-ISBN: 978-3-446-48242-5

Bibliografische Information der Deutschen Nationalbibliothek:
Die Deutsche Nationalbibliothek verzeichnet diese Publikation in der Deutschen Nationalbibliografie; detaillierte bibliografische Daten sind im Internet unter http://dnb.d-nb.de abrufbar.

Vilshofener Straße 10 | 81679 München | info@hanser.de
www.hanser-fachbuch.de
Lektorat: Dipl.-Ing. Natalia Silakova-Herzberg
Coverkonzept: Marc Müller-Bremer, www.rebranding.de, München
Covergestaltung: Thomas West
Titelmotiv: © Thomas West / Firefly-genAI
Satz: Matthias Seitz
Druck: Elanders Waiblingen GmbH, Waiblingen
Printed in Germany

Vorwort

Die vorliegende 6. Auflage behandelt die Rolle speicherprogrammierbarer Steuerungen (SPS) im Industrial Internet of Things (IoT). Hierfür wird einigen Trends nachgegangen, wie z. B.

- Nutzung *künstlicher Intelligenz* in der Automatisierungstechnik,
- *Virtualisierung* der SPS als Edge Controller und als übergeordnetes Automatisierungsgerät für Logik, Motion, Bildverarbeitung, Safety etc.,
- *OPC-UA* als standardisierter Datentaustausch von der Cloud bis ins Feld,
- Anwendung von *Asset Adminstration Shells* und digitalen Zwillingen beim Engineering der SPS,
- *Remote Engineering* mit der notwendigen IT-Security.

Schwerpunkt des Lehrbuchs ist aber nach wie vor die Methodik für den *System- und Programmentwurf* speicherprogrammierbarer Steuerungen. Dabei wird nur am Rande auf die Programmiersysteme einzelner Hersteller eingegangen, sondern im Mittelpunkt steht die *Entwurfsmethodik* für eine transparente und flexibel einsetzbare SPS-Software durch:

- UML-Diagramme zur *Softwarestrukturierung*,
- *Entwurfsverfahren* aus der Informatik für das SPS-Software-Engineering,
- eine modulare oder objektorientierte *SPS-Programmierung*.

Es wird ein Leitfaden vorgestellt, wie typische Aufgaben der Fabrik- und Prozessautomation mit SPSen gelöst werden können. Dabei wird die Einbindung von SPSen in die digitale Fabrik mit Robotern und autonomen Systemen ebenso beschrieben wie die Nutzung der von der SPS gesammelten Prozessdaten im Industrial IoT.

Außerdem wird für die 6. Auflage eine überarbeitete „SPS-Lern-und-Übungsseite" unter www.seitz.et.hs-mannheim.de bereitgestellt mit:

- Fragen und Antworten zum Einsatz speicherprogrammierbarer Steuerungen (SPS),
- Beispielprogramme mit dem SPS-Programmiersystemen Codesys oder Step7,
- Übungsaufgaben mit Lösungen,
- Links zu Downloads SPS-relevanter Software,
- Videos als Bedienungsanleitung der SPS-Software,
- Bibliotheken mit Funktionsbausteinen für Automatisierungsprojekte.

Alle Beispiel- und Übungsprogramme sind systemneutral konzipiert, d. h. sie können prinzipiell in jedem Programmiersystem (Codesys, TIA-Portal o. a.) so wie im Text beschrieben umgesetzt werden. Da die Firma CODESYS ihr Programmiersystem zum kostenlosen Download zur Verfügung stellt, wurden die Beispiele und Übungsaufgaben damit erstellt (s. Anhang).

In diesem Zusammenhang bedanke ich mich bei den Firmen CODESYS, ABB, Siemens und Wonderware für die Bereitstellung von Software und Bildmaterial. Frau N. Silakova und Frau C. Kubiak vom Hanser Verlag danke ich herzlich für die Übernahme des Lektorats bzw. die Herstellung des Buchs. Besonderen Dank für viele fruchtbare Diskussionen und die Durchsicht von Teilen des Manuskripts verdienen mein Vater, Herr Dipl.-Ing. M. Seitz, meine Frau Prof. Dr. A. Weigl-Seitz sowie meine Kollegen von der Hochschule Mannheim Prof. Dr. K. Böhnke, Prof. Dr. M. Hauske, Prof. Dr. O. Wasenmüller, Prof. Dr. T. Weickert und ganz besonders Frau Dr. R. Gao Hoffman für die Zusammenarbeit in den zahlreichen Laborprojekten am Institut für industrielle Automatisierungssysteme.

Schließlich gilt mein *Dank* meinen Studierenden für ihre Mitarbeit in Vorlesung und Labor und den vielen Leserinnen und Lesern, die durch ihre Rückmeldungen zur Verbesserung der Darstellung und Korrektur von Fehlern beigetragen haben.

Mannheim, September 2024

Matthias Seitz

Inhalt

Abkürzungen und Symbole

-o	Negation
&, ∧	UND-Verknüpfung
≥ 1, ∨	ODER-Verknüpfung
1oo2	eins von zwei System
a	Beschleunigung
$\vec{a}$	Vektor der Achsstellungen
$\vec{a}^T$	transponierter Vektor
A	Analysenmessung
$\vec{A}$	Ausgangsschaltnetz
AA	analoger Ausgang
AAS	Asset Administration Shell
AC	Alternating Current
ACS	Axis Coordinate System
A/D	Analog-/Digital
A_D	Amplitude der Dauerschwingung
AE	analoger Eingang
AH	Alarm bei oberem Grenzwert
AIN	Analog Input
AL	Alarm bei unterem Grenzwert
AOUT	Analog Output
APL	Advanced Physical Layer
AS	Ablaufsprache
ASI	Aktor-Sensor-Interface
AUT	Betriebsart Automatik
AWL	Anweisungsliste
ΔA	Drehwinkel um z-Achse
$\vec{b}$	Randbedingungsvektor
B	Byte
[B]	Basiskoodinatensystem
BA	binärer Ausgang
BDA	Betriebsdatenauswertung
BDE	Betriebsdatenerfassung
BE	binärer Eingang
BF	Basic Function
BIN	Binary Input
b_k	Schwellwert Neuron
b_x, b_y	Bildkoordinaten in mm
ΔB	Drehwinkel um y-Achse
C	Kapazität eines Kondensators
C	Regler
c	spezifische Wärmekapazität
$\vec{c}$	Kamerapositionsvektor
[C]	Kamerakoordinatensystem
CAE	Computer Aided Engineering
CAEX	CAE Exchange
CAM	1. Computer Aided Manufacturing 2. Kurvenscheibe
CFC	Continuous Function Chart
CPS	Cyber Physical System
CPU	Central Processing Unit
CNC	Computerized Numerical Control
CRC	Cyclic Redundancy Check
CSMA/ CD	Carrier Sense Multiple Access/ Collision Detection
CSI	Camera Serial Interface
CTD	Count-Down-Zähler
CTU	Count-Up-Zähler
CTUD	Count-Up-and-Down-Zähler
CV	Counted Value
ΔC	Drehwinkel um neue z-Achse
d	1. Durchmesser, 2. Schaltstufe beim Zweipunktregler
D	1. Delay, 2. Differenzierglied
D/A	Digital-/Analog
DB	Datenbank
DC	Direct Current (Gleichstrom)
Dexpi	Data Exchange in the Process Industry
DKT	Direct Kinematic Transformation
DMZ	Demilitarisierte Zone
DNF	disjunktive Normalform
DP	dezentrale Peripherie
DPT	Direct Perspective Transformation
DT#	Date and Time
DTM	Device Type Manager
$\vec{E}$	Eingangsschaltnetz
E/A	Ein-/Ausgang
EDD	Electronic Device Description
EEPROM	Electrically Erasable Programmable Read Only Memory
EMV	Elektromagnetische Verträglichkeit
ε	1. Hystereseschwelle 2. Lernrate
ERP	Enterprise Resource Planning
ET	Elapsed Time
ETA	Event Tree Analysis
EVA	Einlesen, Verarbeiten, Ausgeben
Ex	Explosionsschutz
EXT	Betriebsart externe Sollwertvorgabe
f	1. Funktion, 2. Brennweite
F	1. Flow, 2. Fuse
FAT	Factory Acceptance Test
FB, f_B	Function Block
FBS	Funktionsbausteinsprache
FC, f_C	Function Code (Funktion)
F-CPU	fehlersichere CPU
FIC	Durchflussregler
FQI	Durchlussmengenzähler
FTA	Fault Tree Analysis
FTP	File Transfer Protocol
FUP	Funktionsplan
G	Gauging
GAMP	Good Automated Manufacturing Practice

G-Code	geometrische Bewegungsvorgabe
GF	Grundfunktion
GS	binärer Endschalter
GIC	Positionsregler
GIS	Gauging Indication
GNVL	Global Network Variable List
GOP	Grundoperation
GSD	Geräte-Stammdatei
GT	greater than
h	Höhe
H	Auftrittshäufigkeit eines Schadens
$\vec{H}$	Halteglieder im Moore-Automaten
HAZOP	Hazards and Operability
H-CPU	hochverfügbare CPU
HIL	Hardware in the Loop
HMI	Human Machine Interface
HS	Handschalter
HTML	Hyper Text Markup Language
HTTP	Hyper Text Transmission Protocol
HW	Hardware
I	1. elektrische Stromstärke, 2. Input 3. Integrier-Glied
IaaS	Infrastructure as a Service
IDF	Individual Drive Function
i. d. R.	in der Regel
IEC	International Electrotechnical Commission
IKT	Inverse Kinematic Transformation
INT	1. Datentyp Integer 2. Betriebsart intern
I/O	Input-/Output
IIoT, IoT	(Industrial) Internet of Things
IP	Internet Protocol
IPT	Inverse Perspective Transformation
IPSec	Internet Protocol Security
IRT	Isochronous Real Time
IT	Informationstechnik
k	diskreter Zeitpunkt
K	Prozessverstärkung x_∞ / y_∞
K_I	Verstärkungsfaktor integrierender Prozess
K_P	Verstärkungsfaktor des Reglers
KNF	konjunktive Normalform
KOP	Kontaktplan
KV	Karnaugh-Veitch-Diagramm
KI	Künstliche Intelligenz
Λ	Komplexität einer Schaltung
L	1. Level (Füllstandsmessung), 2. Limited, 3. Anzahl Zustände
$\mathbf{L}$	Randbedingungsmatrix
L1, L2, L3	Phasen der Drehstromversorgung
LAN	Local Area Network
l	1. Länge, 2. Liter
λ	1. Faktor in mm/Pixel, 2. Ausfallrate
LES	Logistic Execution System
LIMS	Labordateninformationssystem
LIC	Füllstandsregler
LIS	Level Indication Switching
LOC	Betriebsart vor Ort (local)
LS	binärer Niveauschalter
LSH	Überlaufabschalter
LT	lower than
LWL	Lichtwellenleiter
m	1. Masse, 2. Anzahl von Nutzdatenbytes
m_i	Minterme
M	Motor
$\mathcal{M}$	erlerntes Prozessmodell
M_i	Maxterme
MAN	Betriebsart Manuell
MC, MCS	Motion Control (System)
MES	Manufacturing Execution System
MCS	Machine Coordinate System
µP	Mikroprozessor
MQTT	Message Queuing Telemetry Transport
M2M	Machine-to-Machine-Kommunikation
MTP	Module Type Package
MTTF	Mean Time to Failure
MV	Manipulating Value (Stellwert)
n	1. Drehzahl, 2. Anzahl
N	Petri-Netzmatrix
N	nicht speichernd
NC	geregelter Antrieb
NS	Ein/Aus-Motor
$\vec{o}$	Objektpositionsvektor
ω	Winkelgeschwindigkeit
OOP	Objektorientierte Programmierung
OPC-UA	Open Platform Communication Unified Architecture
OT	Operational Technology
P	Pressure (Druck)
PaaS	Platform as a Service
PSH	Überdruckabschalter
P	Power (elektrische Leistung)
PA	Process Automation
PAC	Programmable Automation Controller
PAM	Plant Asset Management
PCE	Process Control Engineering
PCS	Programmer's Coordinate System
PEA	Process Equipment Assembly
PFD	Probability of Failure on Demand
PFH	Probability of Failure per Hour
PG	Programmiergerät
PID	Proportional-Integral-Differenzial-Glied
PLC	Programmable Logic Controller
PLC_PRG	Hauptprogramm in CoDeSys
PLM	Product Lifecycle Management
PLS	Prozessleitsystem
PL	Performance Level
POL	Process Orchestration Layer
POU	Program Organization Unit
PPS	Produktionsplanung und -steuerung
PS	Power Supply
PT	Preset Time
PtP	Point-to-Point Bewegung

PT1, PT2	Verzögerungsglied 1./2. Ordnung
PTO	Pulstrain Output
PTt	Proportionalglied mit Totzeit
PV	Process Value (Istwert)
PV	Preset Value
PWM	Pulsweitenmodulation
ODBC	Open Database Connectivity
Q	Wärmemenge
Q	Ausgang
QMS	Qualitätsmanagementsystem
R	ohmscher Widerstand
R	rücksetzend
[R]	Roboterkoordinatensystem
RAM	Random Access Memory
RC	Robot Control
REF	Reference Value
ϱ	Dichte
R&I	Rohrleitungs- und Instrumentenfließbild
RIO	Remote I/O
RS	rücksetzdominantes Flip-Flop
s	1. Weg, 2. Sekunde
$\vec{s}$	Schrittvektor
S	1. Speed, 2. Schaltvorgang (Switch)
S	setzend
SaaS	Software as a Service
SADT	Structure Analysis and Design Technique
SAT	Site Acceptance Test
SCM	Supply Chain Management
SEL	Funktionsbaustein zur Auswahl
SFC	Sequential Function Chart
SH	Abschaltung bei oberem Grenzwert
SIL	1. Safety Integrity Level, 2. Software in the Loop
SIM	Simulationsbaustein
SL	Security Level
SL	Abschaltung bei unterem Grenzwert
SMC	SoftMotion Control
SO	binäre Schaltmeldung
SP	Set Point (Sollwert)
SPS	speicherprogrammierbare Steuerung
SQL	Structured Query Language
SSPS	sicherheitsgerichtete SPS
SR	setzdominantes Flip-Flop
SRIO	sicherheitsgerichtete RIO
SSL	Secure Sockets Layer
ST, SCL	Strukturierter Text
SW	Software
sW	Warteschritt
t, t#	Zeit
$\vec{t}$	Transitionsvektor
T	Temperatur
TCP	Transmission Control Protocol
TCS	Tool Coordinate System
TeKa	Anlage für Tee und Kaffee
TI	Temperature Indication
TIC	Temperaturregler
TIPP	Betriebsart Tippen für Ablaufketten
TLS	Transport Layer Security
TOF	Ausschaltverzögerung
TON	Einschaltverzögerung
TP	Puls-Timer
TS	Temperaturschalter
TSN	Time-Sensitive Networking
T_0	Abtastzeit
T_A	Anforderungszeit
T_D	Differenzialzeit
T_g	Ausgleichszeit
T_I	Integralzeit
t_{IPO}	Interpolationszeit
T_N	Nachstellzeit
T_P	Periodendauer
T_u	Verzugszeit
T_V	Vorhaltezeit
TYP	Typical-Baustein
u	1. Eingangsvariable, 2. Spalten-nummer in Bild
$\vec{u}$	Vektor der Eingangsvariablen
U	elektrische Spannung
UDP	User Datagram Protocol
UDT	User Datagram Type
UML	Unified Modeling Language
URL/URI	Universal Resource Locator/Identifier
USV	unterbrechungsfreie Spannungsversorgung
US, UC	in Steuerung programmierte Schaltung/Regelung
U	Reglerbaustein
v	1. Geschwindigkeit, 2. Zeilennummer in Bild
$\vec{v}$	Vektor der Ausgangsvariablen
V	Volumen
VAR	Variable
VBA	Visual Basic for Applications
V-Modell	Vorgehensmodell beim Engineering
VO	vor Ort
VPN	Virtual Private Network
VPS	verbindungsprogrammierte Steuerung
w	Sollwert einer Steuerung
W	Arbeit, Energie
[W]	Weltkoordinatensystem
w_k	Gewichtswert eines Neurons
WAMP	Windows Apache MySQL PHP
WLAN	Wireless LAN
x	Messgröße, Istwert
x_W	Eingangsdatenwort
XML	Extensible Markup Language
y	1. Stellwert, 2. Ventilöffnungsgrad
YC	Regelventil
YS	Auf/Zu-Ventil
y_W	Ausgangsdatenwort
z	Zustandsgröße
Z	Sicherheitsschaltung

1 Einführung

Eine speicherprogrammierbare Steuerung (SPS) ist ein seit Jahrzehnten bewährtes Automatisierungsgerät, das millionenfach in Produktionsbetrieben eingesetzt wird. Sie ist ein industrieller Rechner mit einfachen Schnittstellen zu Sensoren und Aktoren, die in eine Maschine oder Anlage eingebaut sind. Durch die Ansteuerung dieser Sensoren und Aktoren ermöglicht es die SPS, dass Produktionsprozesse automatisiert ablaufen können.

Eine SPS wie in Bild 1.1 besteht aus einer Central Processing Unit (CPU), die SPS-Programme ausführt, und aus Ein-/Ausgangsbaugruppen zum Einlesen von Sensordaten und Ansteuerung von Aktoren, wie etwa Motoren oder Ventilen. Die Sensoren und Aktoren können z. B. durch eine Ethernet- oder Profibusverbindung oder über einzelne Gleichstromkreise an die Baugruppen angeschlossen werden. Der Aufbau von SPS-basierten Automatisierungssystemen wird ausführlich in Kapitel 2 beschrieben.

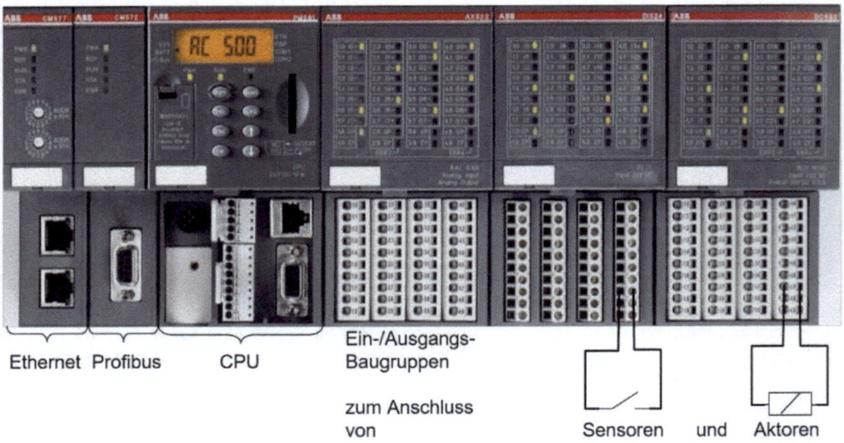

Bild 1.1 Speicherprogrammierbare Steuerung vom Typ AC500 der Fa. ABB mit CPU, Ein-/Ausgabebaugruppen und Feldbus-Schnittstellen zum Anschluss von Sensoren und Aktoren [2]

1.1 Entwicklung der industriellen Automatisierungstechnik

Die historische Entwicklung der industriellen Produktion durchlief bisher vier Etappen: In der ersten industriellen Revolution wurden mechanische Geräte eingeführt, um wie in Bild 1.2 z. B. Ventile und Rührwerke von Hand zu bedienen. Durch die Elektrifizierung konnten diese Geräte in der zweiten industriellen Revolution mit Antrieben und einfachen Relaisschaltungen elektrisch angesteuert werden. Die Erfindung der SPS läutete in der dritten industriellen Revolution das Zeitalter der Automatisierung ein. Dadurch war es möglich, ganze Produktionsabläufe zu programmieren und automatisch ausführen zu lassen.

Nun erleben wir in der vierten industriellen Revolution, dass Maschinen und Anlagen durch die SPS mit dem Internet verbunden werden und ihre Daten zentral in der Cloud abspeichern. Die dadurch entstehende große Datenmenge (Big Data) kann z. B. mit Methoden der künstlichen Intelligenz (KI) ausgewertet werden, um frühzeitig problematische Prozesssituationen zu erkennen und Gegenmaßnahmen zu ergreifen [8, 14, 117].

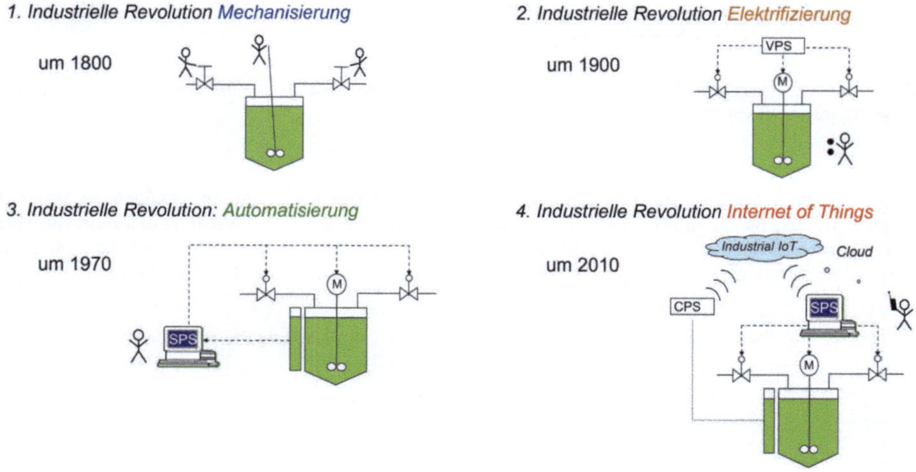

Bild 1.2 Die vier industriellen Revolutionen entlasten den Menschen zunehmend von manuellen und kleinteiligen Aufgaben

Vor der Erfindung der SPS konnte eine Verknüpfungslogik nur als verbindungsprogrammierte Steuerungen (VPS) mithilfe von Relais-Schaltungen wie in Bild 1.3 realisiert werden. Ein Relais besteht aus einer Spule und einem Schalter, der vom Magnetfeld der Spule angezogen oder abgestoßen wird und dadurch einen Stromkreis schließen oder öffnen kann.

Die Steuerungslogik wird so durch feste Draht- oder Leiterplattenverbindungen aufgebaut und ist dementsprechend unflexibel. Trotzdem werden VPSen bis heute für Schaltungen mit sehr hohen Sicherheitsanforderungen, die in Kapitel 9 näher erläutert werden, eingesetzt. In speicherprogrammierbaren Steuerungen wird die Verknüpfungslogik durch Software realisiert (siehe Bild 1.4), was den Vorteil hat, dass das Programm jederzeit verändert werden kann.

Beispiel 1.1: Steuerung eines Rührwerks mit VPS und SPS

Das Koaxialrührwerk in Bild 1.3 soll verschiedene Substanzen in einem Behälter durchmischen. An einem Bedientableau kann der Bediener vor Ort über die Taster T1 und T2 die Drehrichtung gegen den Uhrzeigersinn (Linkslauf) oder im Uhrzeigersinn (Rechtslauf) ansteuern und durch Betätigung des Aus-Schalters S3 den Motor abschalten.

Die VPS steuert über die Relais A1 und A2 den Links- bzw. Rechtslauf des Rührers an. Drückt der Bediener den Taster T1, wird das Relais A1 mit Strom versorgt und der Kontakt a1 schließt den linken Zweig der Schaltung und öffnet den rechten Zweig. Springt der Taster T1 durch seine Rückstellfeder wieder auf, wird A1 trotzdem weiter mit Strom versorgt.

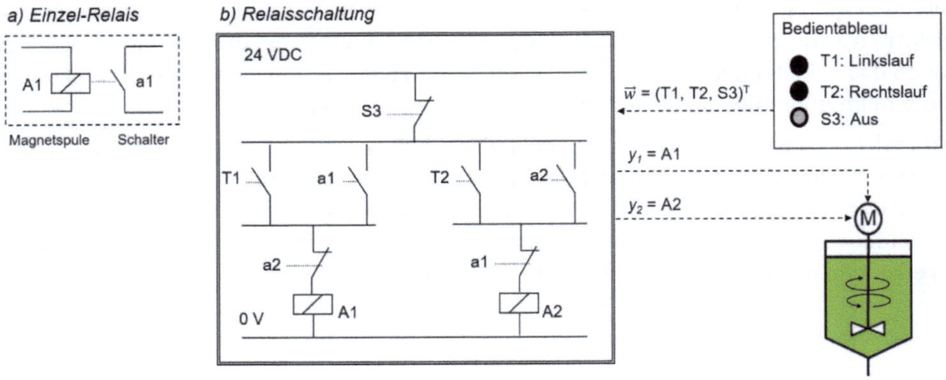

Bild 1.3 Verbindungsprogrammierte Steuerung (VPS) zur Ansteuerung eines Motors mit zwei Drehrichtungen, die gegenseitig verriegelt sind

Da `a1` aber den rechten Stromzweig vor dem Relais `A2` öffnet, kann der Rechtslauf durch Betätigen des Tasters `T2` nicht ausgelöst werden. Somit wird ein direktes Umschalten vom Links- in den Rechtslauf und umgekehrt verriegelt. Durch Betätigung des Öffners `S3` wird die Versorgung beider Relais unterbrochen, der Antrieb wird abgesteuert und das Rührwerk bleibt stehen. Danach kann wieder eine beliebige Bewegungsrichtung angewählt werden.

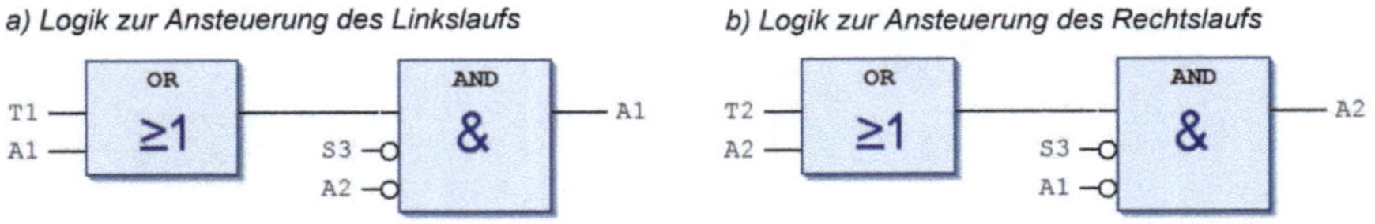

Bild 1.4 Ansteuerung des Antriebs mit zwei Drehrichtungen in einem SPS-Programm

In einer SPS wird das Programm direkt als Logik-Schaltplan wie in Bild 1.4 erstellt, was dem Papierentwurf für die Schaltung sehr nahe kommt. Ein Vergleich von VPS und SPS-Programm zeigt, dass eine Parallelschaltung von Schaltern bzw. Tastern in der Software durch ein ODER-Gatter und eine Reihenschaltung durch ein UND-Gatter nachgebildet wird. Die Software zu diesem Beispiel kann auf der SPS-Lern-und-Übungsseite getestet werden.

Im Lauf der Jahre wurde der Funktionsumfang der SPS über die rein binäre Logikverarbeitung hinaus weiterentwickelt, so dass auch *Analogwertverarbeitung* und *Regelungen* von der SPS ausgeführt werden konnten. Mit dem Erscheinen der IEC 61131 im Jahre 1993 wurde die SPS-Programmierung durch herstellerunabhängige Programmiersprachen genormt, was den Engineering- und Instandhaltungsaufwand der Software deutlich reduzierte. Der Einsatz grafischer Programmiersprachen wie der Funktionsbausteinsprache in Bild 1.4 ermöglicht es auch Laien, die SPS-Software aus Anwendersicht zu verstehen.

1.2 Automatisierungssysteme

Außer speicherprogrammierbaren Steuerungen gibt es noch andere Automatisierungssysteme für spezielle Anwendungen. So werden in der Verfahrenstechnik *Prozessleitsysteme* (PLSe)

eingesetzt. Sie bestehen in der Regel aus mehreren Steuerungen (z. B. SPSen), die mit Bedien- und Beobachtungssystemen in einem Netzwerk verbunden sind. PLSe eignen sich für große Anlagen, denn sie bieten viele vorkonfektionierte Module und Elemente zur automatischen Codegenerierung, die die Programmierung und die Prozessführung [47] vereinfachen.

Werkzeugmaschinen werden meist mit CNC-Steuerungen (Computerized Numerical Controls) automatisiert, weil sie Motoren mit sehr schnellen Zykluszeiten regeln und ihre Bewegungen synchron koordinieren können. Die Ansteuerung von Industrierobotern erfolgt meist durch herstellerspezifische *Robotersteuerungen* (Robot Controls, RC). Eine preiswerte und energiesparende Automatisierung von kleineren Anwendungen kann mit *Mikrocontrollern* realisiert werden. Doch die Anbindung der Sensoren und Aktoren erfordert dabei meistens zusätzliche Entwicklungsarbeit, weil es nur wenige, nicht standardisierte Schnittstellen gibt. Auch ein *PC* kann als Steuerungsrechner eingesetzt werden.

Die meisten industriellen Automatisierungssysteme können mit SPS-Programmiersprachen wie Funktionsbausteinsprache (FUP), Strukturierter Text (ST), Ablaufsprache (AS), Anweisungsliste (AWL) und Kontaktplan (KOP) nach IEC 61131 programmiert werden, was in den Kapiteln 3–6 ausführlich behandelt wird. Somit wachsen die verschiedenen Automatisierungsaufgaben der numerischen und binären Steuerung und Regelung sowie Sicherheitsfunktionen und Funktionen zur Prozessbedienung und -beobachtung unter dem Dach der IEC 61131 zusammen (s. Bild 1.5).

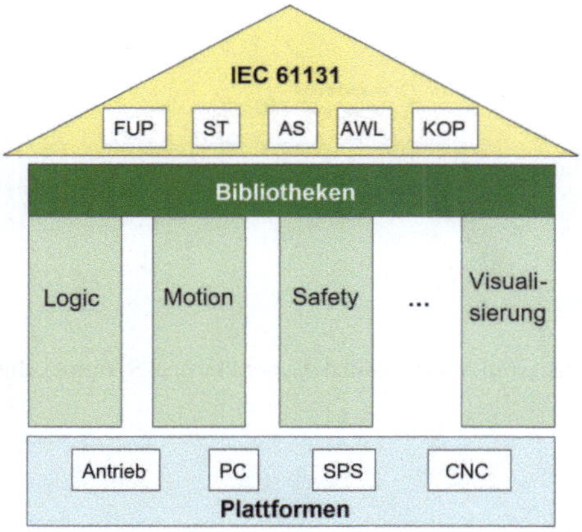

Bild 1.5 Klassische Logikschaltungen wachsen mit Motion- und Safety-Funktionen unter dem Dach der IEC 61131 zusammen. Die hardwareunabhängigen Programmiersprachen ermöglichen die Implementierung auf unterschiedlichen Plattformen [132]

Was bisher in getrennten Systemen programmiert und implementiert war, wird nun in einem standardisierten Programmiersystem entwickelt und kann auf unterschiedlichen Hardwareplattformen implementiert werden. Deshalb verwendet man statt der englischen Bezeichnung Programmble Logic Controller (PLC) nun häufig auch die Abkürzung PAC für Programmable Automation Controller [132, 181]. Dabei werden meist leistungsstarke und kostengünstige Industrie-PCs mit einer SPS-Programmiersoftware eingesetzt, die wie z. B. TwinCAT von der Fa. Beckhoff den Funktionsumfang von SPSen um Motion-, Robotik- und Bildverarbeitungsfunktionen erweitern. Solche SPSen arbeiten als Motion-Control-Systeme, die in Kapitel 7 beschrieben werden.

1.3 Aufgaben im Industrial IoT

Das industrielle Internet of Things (IoT) vernetzt Rechner, Anlagen und Menschen, um Produktionsprozesse zu optimieren [108]. Die SPS spielt dabei eine wichtige Rolle, weil sie die von Sensoren gemessenen Daten über den Zustand der Anlage sammelt und über das Internet an eine Daten-Cloud überträgt. Durch Auswertung dieser Daten in der Cloud bekommt die SPS Befehle zurück, um die Automatisierung der Maschinen und Anlagen zu verbessern.

In der Regel findet man zwei große Einsatzfelder industrieller Automatisierungssysteme, zum einen in der Verfahrenstechnik [47], wie z. B. Chemie oder Life Science, und zum anderen in der Fertigungstechnik, z. B. zur Fabrikautomatisierung in der Automobilindustrie.

Das folgende Beispiel zeigt eine typische Produktionsanlage in der Industrie 4.0. Ihre automatisierten Komponenten werden als Cyber Physical Systems (CPS) bezeichnet. Sie tauschen Daten über die Cloud aber auch direkt miteinander aus.

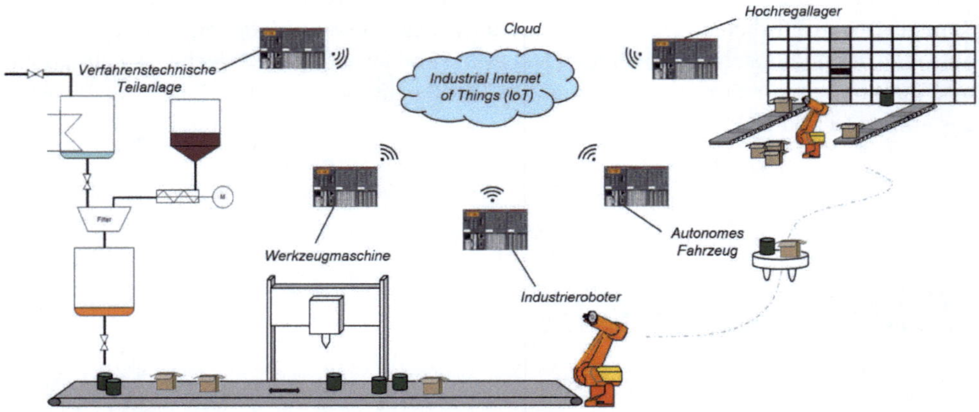

Bild 1.6 Produktionsanlage bestehend aus mehreren automatisierten Anlagenteilen (Cyber Physical Systems), die über die Cloud Daten austauschen

Beispiel 1.2: Produktionsanlage im Industrial IoT

In der Produktionsanlage nach Bild 1.6 werden Rohstoffe aus einem Hochregallager ausgelagert und von einem Fahrzeug, Roboterarm und Förderband zu einer verfahrenstechnischen Anlage transportiert. Die Anlage stellt ein Produkt her, das in Fässer abgefüllt wird, die von einer Werkzeugmaschine verschlossen werden. Danach hebt der Roboterarm die Fässer vom Band und stellt sie auf dem autonomen Fahrzeug ab, das sie wieder zum Lager zurückbringt.

Die Ausführung dieser Prozesse erfolgt durch SPSen, die die Maschinen und Anlagenteile automatisch ansteuern. Die SPSen übertragen die Prozessdaten an die Cloud und bekommen von ihr Befehle, welche Waren wann ausgelagert oder produziert werden sollen. Die Daten über Art und Menge der hergestellten Waren und eingesetzten Rohstoffe sowie die Dauer der in Anspruch genommenen Anlagenteile werden in der Cloud verwaltet.

1.3.1 Messen, Steuern, Regeln und Überwachen

Auch im Zeitalter des Internets besteht die Hauptaufgabe von SPSen in der Steuerung und Regelung von Maschinen und Anlagenteilen. Nach IEC 60050 versteht man unter der *Steuerung* eines Prozesses den Vorgang, bei dem durch Messung von Prozesszuständen über bestimmte Gesetzmäßigkeiten Stellwerte zur Beeinflussung des Prozesses erzeugt werden [64].

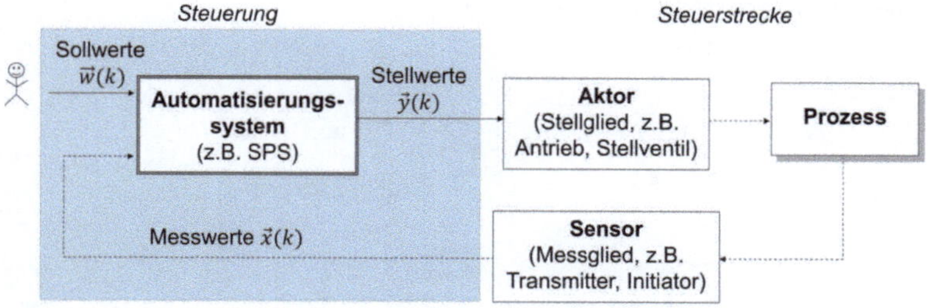

Bild 1.7 Aufbau eines Steuerkreises

Im Steuerkreis in Bild 1.7 werden diese Gesetzmäßigkeiten z. B. in einer SPS programmiert. Dabei werden die Soll-, Mess- und Stellwerte nur zu diskreten Abtastzeitpunkten k eingelesen bzw. ausgegeben. Kennzeichen einer Steuerung ist der *offene* Wirkungsweg, bei dem die Steuerung Stellwerte $\vec{y}(k)$ erzeugt, die den Prozess gemäß den vorgegebenen Sollwerten $\vec{w}(k)$ beeinflussen. Häufig berücksichtigt das Automatisierungssystem hierfür auch Messwerte $\vec{x}(k)$ von Sensoren, so dass ein *geschlossener* Wirkungsweg entsteht. Im Unterschied zur Regelung werden bei einer Steuerung die Stellwerte aber *nicht kontinuierlich* verändert.

Unter dem Oberbegriff Steuern (to control) wird häufig die gesamte Automatisierung verstanden, nämlich das Messen, Steuern, Regeln und Überwachen einer Anlage. Auch die Einsatzmöglichkeiten einer SPS erstrecken sich über diese Disziplinen, wie die folgenden Beispiele zeigen.

Beispiel 1.3: Steuern

Der Zufluss von Flüssigkeit in Bild 1.8 startet durch Öffnen des Zulaufventils. Ein Niveauschalter, z. B. in Form einer Schwinggabel, kann unterscheiden, ob sich Luft oder eine Flüssigkeit zwischen seinen Platten befindet, und sendet je nachdem ein binäres `TRUE`- oder `FALSE`-Signal an die SPS. Sobald die Flüssigkeit im Behälter bis zu den Platten der Schwinggabel angestiegen ist, schließt die SPS automatisch das Zulaufventil.

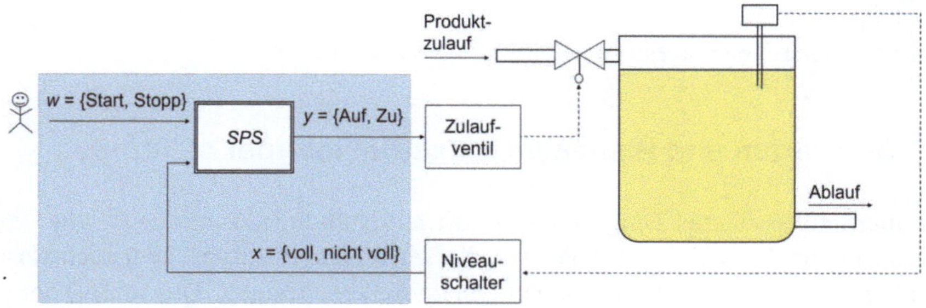

Bild 1.8 Steuerung des Produktzulaufs in einen Behälter

Beispiel 1.4: Regeln

Um die Flüssigkeit im Behälter nach Bild 1.9 auf eine gewünschte Temperatur einzustellen, führt die SPS eine Temperaturregelung durch. Hierfür misst ein Thermometer die Produkttemperatur im Behälter. Je nach Abweichung des Temperatur-Istwerts x vom Sollwert w verändert das Regelungsprogramm in der SPS beim Heizen den Stellwert y_1 des Warmwasserventils und beim Kühlen den Stellwert y_2 des Kaltwasserventils.

Dementsprechend fließt mehr oder weniger heizendes bzw. kühlendes Medium durch den Behältermantel und die Temperatur nähert sich so dem vorgegebenen Sollwert an.

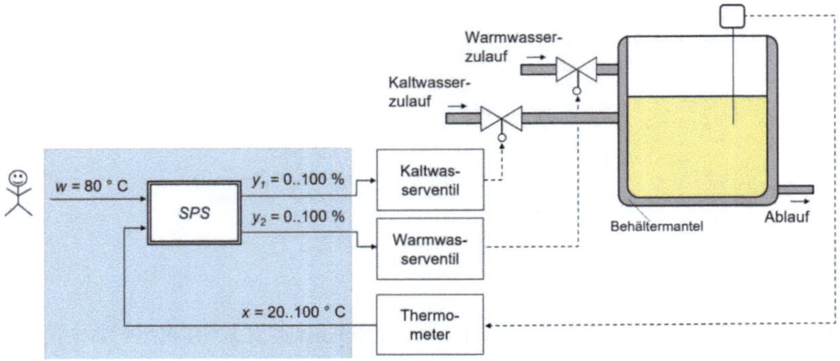

Bild 1.9 Regelung der Behältertemperatur in einer Chemieanlage

Beispiel 1.5: Überwachen

Viele Anwendungen zielen auch darauf ab, den Bediener auf besondere Betriebszustände, wie z. B. Störungen in der Anlage, aufmerksam zu machen. Wenn der Vorratsbehälter in Bild 1.10 leer läuft, meldet dies der Niveauschalter an die SPS, die daraufhin eine Hupe ansteuert. Dadurch kann das Bedienpersonal rechtzeitig veranlassen, dass neues Produkt zugeführt wird. Somit handelt es sich um eine einfache Mensch-Maschine-Schnittstelle (Human Machine Interface, HMI).

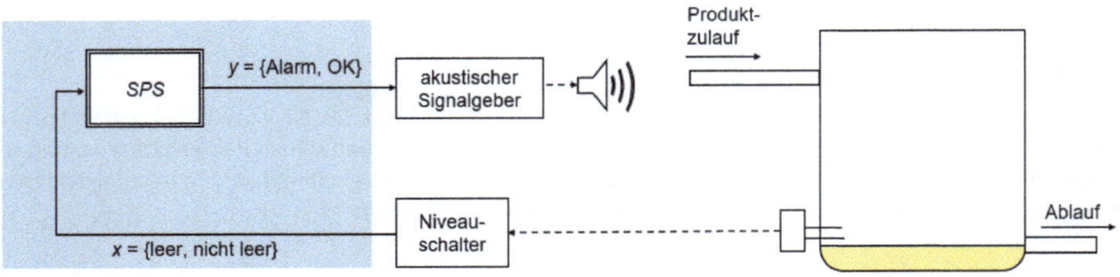

Bild 1.10 Füllstandsüberwachung eines Vorratsbehälters in einer Chemieanlage

1.3.2 Auswerten und Planen im Industrial Internet of Things

Die im Internet verwalteten *Dinge* in der Industrie 4.0 sind die Komponenten der Produktionsanlage, die sog. Assets. Hierzu zählen u.a. die Sensoren und Aktoren, aber auch Maschinen, Behälter und die eingesetzten Rohstoffe und hergestellten Produkte. Die Analyse der von den SPSen an die Cloud übertragenen großen Datenmenge (Big Data) über die Assets ermöglicht es, Ressourcen und Produktionsabläufe genauer bilanzieren und besser planen zu können. Auf Grundlage der gesammelten Daten können Vorhersagen über Anlagenzustände und das Prozessverhalten gemacht werden. Diese dienen dem System dazu, autonome Entscheidungen zu treffen, um z. B. Störungen zu vermeiden und den Prozess zu optimieren [155].

Die Automatisierungsaufgaben sind hierarchisch organisiert. Wie in Bild 1.11 dargestellt ordnet man die Aufgaben der Feldebene, der Prozessleitebene sowie der Betriebs- und Produktionsleitebene zu. Im Unterschied zum zentralen Cloud Computing der Produktionsleitebene werden die automatisierungstechnischen Aufgaben durch ein sog. Edge Computing dezentral ausgeführt.

Die hierfür eingesetzten SPSen, CPS, Web Clients, Human Machine Interfaces (HMI) befinden sich sozusagen am Rand (engl. Edge) des gesamten Netzwerks, in dessen Mittelpunkt die Cloud steht. Die Aufgaben der Betriebsleitebene werden teils zentral in der Cloud, teils in dezentralen Rechnern ausgeführt und als Fog Computing bezeichnet. Die Nutzung der an die Cloud übertragenen Daten für betriebswirtschaftliche und automatisierungstechnische Aufgaben wird in Kapitel 8 behandelt.

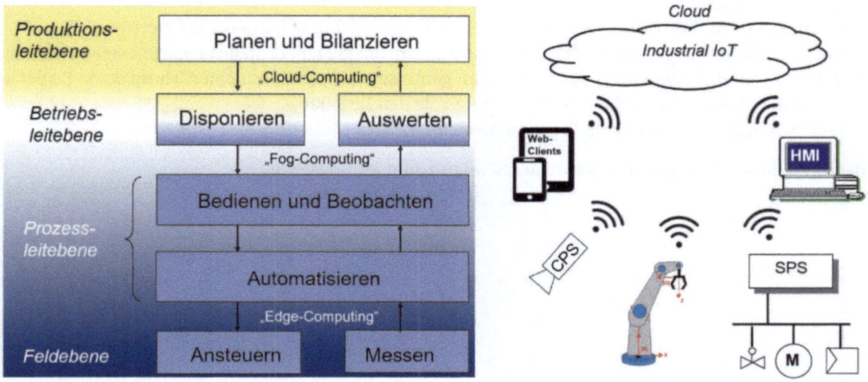

Bild 1.11 Hierarchie der Automatisierungsaufgaben im industriellen Internet of Things (IoT)

1.3.3 Virtualisierung und Testen mit digitalem Zwilling

Die in der Cloud gespeicherten Daten stellen ein digitales Abbild der Anlage und ihrer Assets dar. Durch Vergleich des Anlagenverhaltens mit dem idealen Verhalten ihres digitalen Zwillings können Abweichungen vom Normalbetrieb erkannt und frühzeitig prognostiziert werden, um Störungen und Unfälle zu vermeiden [105].

Außerdem ermöglicht der digitaler Zwilling eine virtuelle Inbetriebnahme der Anlage. Dabei wird die entwickelte Steuerungssoftware mithilfe von Simulationsmodellen getestet. Kapitel 10 beschreibt die Vorgehensweise beim digitalen Engineering der Automatisierungssysteme.

Zusammenfassung

Eine SPS ist *das* Standard-Automatisierungsgerät, mit dem Prozesse in der Fertigungsindustrie oder der verfahrenstechnischen Industrie gesteuert, geregelt und überwacht werden. Sie kann wie die Wurzeln eines Baumes die Sensordaten in der Anlage einlesen und in übergeordneten Systemen oder im Internet zur Verfügung stellen. Dadurch entsteht ein digitales Abbild der Anlage in der Cloud, das für Simulationen, Fehlerfrüherkennung und Optimierung der Prozesse genutzt wird.

Wiederholungsfragen

1. Was ist eine SPS?
2. Welche Ziele verfolgt die Industrie 4.0 im Industrial IoT?
3. Wie sind Steuerung und Regelung definiert?
4. Durch welche Ebenen werden die Aufgaben im Industrial IoT hierarchisiert?
5. Wofür dient ein digitaler Zwilling?

Die Antworten finden Sie auf der SPS-Lern-und-Übungsseite.

Übung 1.1: Steuerkreis und Regelkreis

Die Innentemperatur T_i eines Raumes soll durch die Steuerung einer Heizungsanlage auf einen gewünschten Sollwert eingestellt werden. Hierfür ist der Öffnungsgrad des Warmwasserzulaufventils so einzustellen, dass die Heizkörper mit ausreichend Wärme versorgt werden, um den Temperaturunterschied zwischen Innentemperatur und Sollwert auszugleichen. Die Messung der Außentemperatur T_a erfolgt durch einen Außentemperaturfühler.

a) Zeichnen Sie den Steuerkreis!
b) Welches sind die Ein- und Ausgangsgrößen der Steuerung und ihre typischen Wertebereiche?
c) Welchen Zusammenhang muss die Steuerung berechnen, um geeignete Stellwerte vorgeben zu können?
d) Nun wird die Innentemperatur T_i in einem Raum gemessen. Sie soll durch einen Thermostat-Regler auf einen gewünschten Sollwert eingestellt werden. Zeichnen Sie den Regelkreis!
e) Welchen Zusammenhang muss die Regelung berechnen?

Eine Lösung zu dieser Übung finden Sie auf der SPS-Lern-und-Übungsseite.

2 Aufbau industrieller Steuerungen

Speicherprogrammierbare Steuerungen sind zentraler Bestandteil industrieller Automatisierungssysteme. Im Folgenden werden der SPS-Aufbau und die Strukturen von Automatisierungssystemen im Industrial IoT erläutert. Es wird gezeigt, wie die SPS Sensordaten einlesen und Befehle an die Aktoren ausgeben kann. Außerdem werden Systeme zum Bedienen und Beobachten vorgestellt.

2.1 SPS-Aufbau

Eine klassische SPS (engl. Programmable Logic Controller, PLC) besteht aus den in Bild 2.1 dargestellten Hardwaremodulen. Die Stromversorgungsbaugruppe PS (Power Supply) wandelt die Netzspannung in eine *24-V-Gleichspannung*, mit der die Elektronik der SPS versorgt wird.

2.1.1 Zentralbaugruppe

Das Kernstück einer SPS ist die Zentralbaugruppe oder CPU (Central Processing Unit) mit einem Mikroprozessor (µP) zum Ausführen der Steuerungsprogramme.

Anstatt einer Festplatte besitzt die SPS einen Flashspeicher oder EEPROM (Electrically Erasable Programmable Read Only Memory), in dem alle Anwender- und Betriebssystemprogramme wie in einem Archiv *offline* gespeichert sind. Der EEPROM ist häufig als steckbare SD-Card realisiert. Sein Speicherinhalt bleibt bei Spannungsausfall erhalten [149, 179].

Zur Ausführung eines Programms wird es vom EEPROM in den Arbeitsspeicher (Random Access Memory, RAM) kopiert, wo die CPU schnellen Zugriff hat. Außerdem werden im RAM die von den Programmen benötigten Variablenwerte gespeichert. Während ihrer Abarbeitung lesen und schreiben die Programme Variablen aus dem RAM. Der Speicherinhalt des RAMs geht aber bei Spannungsausfall verloren.

Die Hersteller bieten CPUs mit unterschiedlicher Leistungsfähigkeit an. Die Auswahl der CPU muss gemäß der Größe und Anforderungen der zu automatisierenden Anlage erfolgen. Auswahlkriterien sind z. B. Verarbeitungsgeschwindigkeit, Größe des Arbeitsspeichers, der Umfang an E/A-Adressen sowie Art und Anzahl der Busverbindungen.

2.1.2 Peripheriebaugruppen

Eine weitere Besonderheit einer SPS sind spezielle Ein-/Ausgangsbaugruppen, die das Einlesen von Sensorinformationen und Ausgeben von Befehlen an die Aktoren besonders einfach machen. Dabei wird ein Sensor oder Aktor mit zwei Kupferdrähten zum Aufbau eines Gleichstromkreises an einen binären bzw. analogen Ein-/Ausgangskanal angeschlossen. Für die Ankopplung busfähiger Sensoren und Aktoren verfügt die SPS über Baugruppen mit Feldbusschnittstellen.

Ein interner *Daten- und Adressbus* verbindet die Baugruppen der SPS und ermöglicht den schnellen Datenaustausch zwischen ihnen. Das Programmiergerät (PG) wird in einem Local Area Network (LAN) mit einem Ethernetkabel an die SPS angekoppelt. Ethernet ermöglicht auch die Ankopplung an andere SPSen oder an ein Visualisierungssystem zum Bedienen und Beobachten des Prozesses.

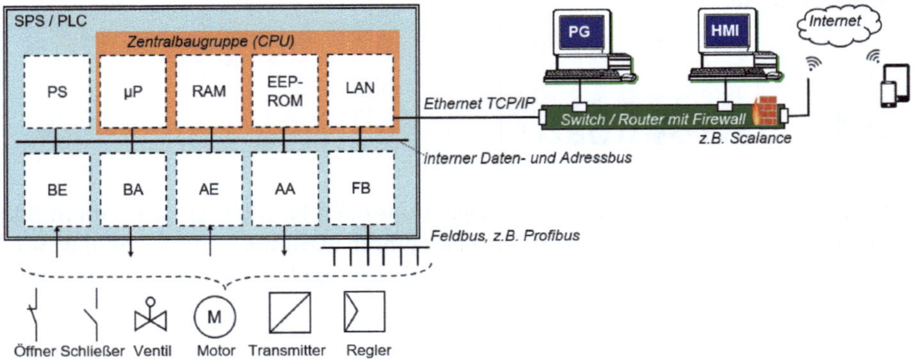

Bild 2.1 Hardwareaufbau einer SPS mit Stromversorgung (PS), µP, RAM, EEPROM, Ethernet-Schnittstelle (LAN) auf einer Zentralbaugruppe und Baugruppen mit binären Ein- (BE) und Ausgangskanälen (BA) sowie analogen Ein- (AE) und Ausgangskanälen (AA) und Feldbusschnittstellen (FB)

2.1.3 Programmiergerät

Das Programmiergerät (PG) ist ein PC oder Notebook. Es dient hauptsächlich zur Erstellung der Anwenderprogramme, also zur Programmierung des zu automatisierenden Prozesses. Hierfür befindet sich auf dem Programmiergerät eine spezielle Programmiersoftware des Herstellers, z. B. Codesys oder das TIA-Portal von Siemens.

Die vom Anwender erstellten Programme werden in SPS-spezifischen Code übersetzt und können zunächst auf dem Programmiergerät simuliert und ggf. korrigiert werden, bevor sie in die SPS geladen werden und eine eventuell empfindliche Anlage steuern. Beim Laden wird der übersetzte SPS-Code an die Steuerung übertragen. Dabei werden die laufenden Programme gestoppt und die Variablen neu initialisiert.

Einige SPSen erlauben wahlweise auch einen Online-Change, bei dem nur Änderungen übersetzt und ohne Anhalten der Steuerung oder Verlust der Variablenwerte geladen werden [149, 179]. In jedem Fall ist das Programmiersystem aber mit einem Password zu sichern, damit der Zugriff auf die SPS nur für autorisierte Bediener möglich ist. Um zu verhindern, dass z. B. während einer Reparatur unerwünscht von der SPS ein Programm abgefahren wird, kann die SPS in die Betriebsart STOP geschaltet werden. Dann werden alle laufenden Programme angehalten und die SPS-Ausgänge stromlos geschaltet.

2.1.4 Human Machine Interface

Außer dem Programmiersystem laufen auf dem PC auch Programme, die es Menschen erlauben, die Anlage zu bedienen und zu beobachten. Diese Programme dienen als Schnittstelle zwischen der Steuerung und dem Bediener (Human Machine Interface, HMI). Sie zeigen den Zustand der Anlage an, beispielsweise Behälterfüllstände, aktive Pumpen, geöffnete Rohrleitungswege etc. Außerdem ermöglichen sie es dem Bediener, einzelne Geräte, wie z. B. Motoren, Ventile oder Regler, von Hand zu aktivieren und somit manuell in den Prozess einzugreifen (s. Abschnitt 2.7).

Auch Tablets oder Smartphone können drahtlos über das Internet mit einer SPS verbunden werden. Die SPS muss dann aber u. a. durch eine *Firewall*, die im Router bzw. Netzwerkswitch läuft, vor Angriffen aus dem Internet geschützt werden (s. Abschnitt 9.3).

2.1.5 Vernetzte Automatisierungssysteme

In großen Fabriken werden Hunderte von SPSen eingesetzt, die miteinander, mit HMIs und mit anderen Netzwerken Daten austauschen. Dadurch entstehen vernetzte Automatisierungssysteme wie in Bild 2.2.

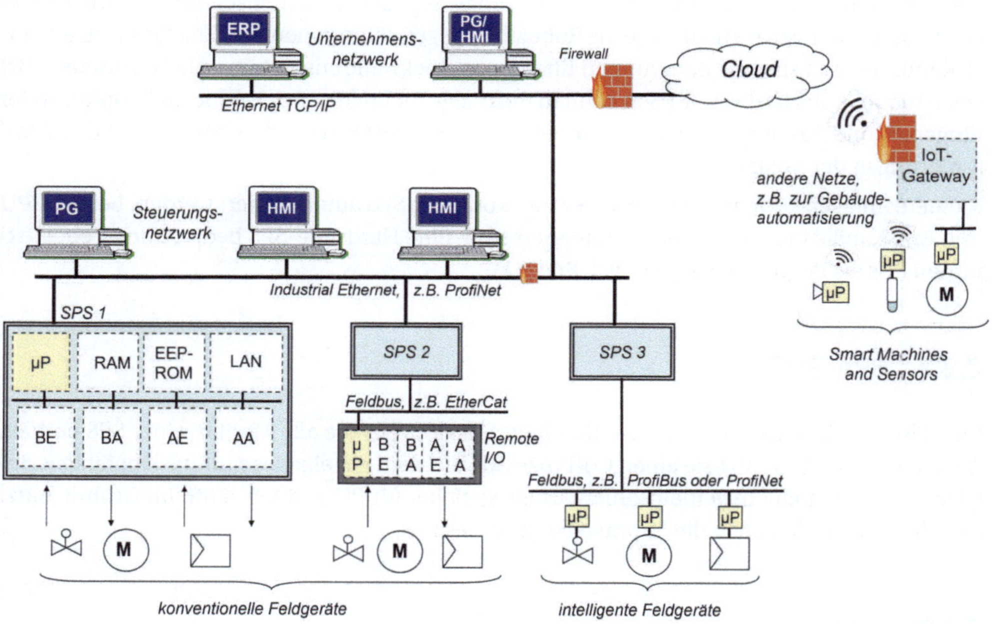

Bild 2.2 Vernetzte Automatisierungssysteme bestehen aus zahlreichen miteinander gekoppelten Feldgeräten, SPSen, HMIs und PCs, die z. B. zum Enterprise Resource Planning (ERP) auch Daten über die Cloud austauschen

Die Feldgeräte können dabei wie in den folgenden Abschnitten erläutert auf unterschiedliche Arten an die SPS angekoppelt werden:

- *konventionell* durch Kupferdrahtleitungen,
- über *Feldbus*, was jedoch intelligente (busfähige) Feldgeräte erfordert,
- über eine *Remote-I/O*, die einerseits über Feldbus mit der SPS verbunden ist und andererseits nicht-busfähige Feldgeräte über dezentrale E/A-Baugruppen anbindet,
- *drahtlos* per Funk (z. B. 5G) oder WLAN, dem im industriellen Umfeld wegen der Störsicherheit aber eine kabelgebundene Ankopplung vorgezogen wird.

2.2 SPS-Arten und IoT-Geräte

Grundsätzlich unterscheidet man drei verschiedene Aufbauarten bei SPSen, nämlich als Hardware-, Slot- oder Soft-SPS. Während die Slot-SPS heutzutage kaum noch eingesetzt wird, sind PC-basierte Steuerungen als Soft-SPS auf dem Vormarsch. PC-basierte Steuerungen können als Edge Controller oder IoT-Gerät eingesetzt werden [51].

2.2.1 Hardware-SPS

Die klassische Aufbauform einer SPS ist eine Hardware-SPS wie in Bild 1.1. Sie erfüllt industrielle Anforderungen hinsichtlich Staub- und Spritzwasserschutz, Durchschlagssicherheit, Elektromagnetischer Verträglichkeit sowie Robustheit gegen Vibrationen und Erschütterungen. Ihre Komponenten sind als Baugruppen über einen Rückwandbus miteinander verbunden. Bei solch modularen Hardware-SPSen können die Baugruppen für CPU, Feldbusankopplung oder Eingangs- und Ausgangs-Kanäle individuell zusammengesteckt werden je nach Größe und Anforderungen der Anlage.

Kleinere Anlagen können auch mit einer sog. Kompakt-SPS automatisiert werden, bei der CPU und E/A-Kanäle in einem Gehäuse integriert sind. Eine Hardware-SPS bedarf immer eines externen PCs als Programmiergerät (vgl. Bild 2.1).

2.2.2 Slot-SPS

Eine Slot-SPS ist eine Einsteckkarte für einen Desktop-PC, die alle Module einer SPS enthält. Anstatt einer CPU besitzt sie einen Co-Prozessor, auf dem ein eigenes multitaskingfähiges Betriebssystem mit einem gemeinsamen Arbeitsspeicher für PC und SPS läuft. Im Grunde nutzt also die Slot-SPS lediglich die Stromversorgung des PCs.

2.2.3 Soft-SPS

Eine Soft-SPS ist dagegen reine Software, die komplett auf der CPU eines PCs läuft. Der PC kann ein handelsüblicher Industrie-PC, ein Notebook oder ein Mini-PC wie der RaspberryPi sein [61]. Vielen Industrie-PCs sieht man den Unterschied zur Hardware-SPS nicht an. Sie sind jedoch oft leistungsfähiger und verfügen über typische Schnittstellen wie USB-Ports, Webserver sowie Anschlüsse für Bildschirm und Tastatur, um die Steuerung direkt zu bedienen [149][1].

Sensoren und Aktoren werden heutzutage meist mit Ethernet-basierten Feldbussen über die LAN-Schnittstelle an den PC mit der Soft-SPS angeschlossen. Einige Hersteller ermöglichen auch die direkte Ankopplung von E/A-Baugruppen an den Industrie-PC wie bei einer Hardware-SPS über den Rückwandbus.

2.2.4 Edge Controller und IoT-Gateways

Leistungsfähige PCs mit Verbindung zum Internet werden als Edge Controller bezeichnet, da die Datenerfassung durch die Sensoren der Feldebene, also am Rande der Cloud, erfolgt [78]. Auf einem Edge Controller läuft oft wie in Bild 2.3a eine Soft-SPS, die die Daten von den Sensoren und Aktoren sammelt. Durch zusätzliche Programme kann diese große Datenmenge verdichtet, mit Methoden der künstlichen Intelligenz ausgewertet und in der Cloud bereitgestellt werden.

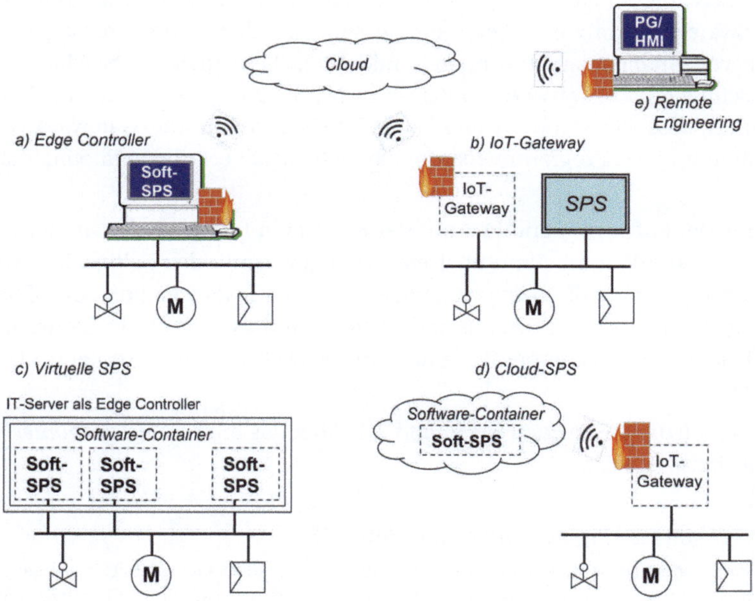

Bild 2.3 Cloud-Anbindung der SPS

Andererseits gibt es aber auch Mini-PCs wie den RaspberryPi, die wie in Bild 2.3b als IoT-Gateways nur Prozessdaten sammeln und durch ein IoT-Protokoll (wie z. B. OPC-UA oder MQTT, s. Abschnitt 8.2) an die Cloud weiterleiten. Die meisten Cloudanbieter stellen OPC-UA und MQTT-Schnittstellen zur Verfügung. Ein IoT-Gateway dient also in erster Linie der Cloud-Anbindung von Geräten, die selbst keinen Internetanschluss haben.

[1] Als Beispiel kann die Soft-SPS von Codesys über die SPS-Lern-und-Übungsseite installiert und erprobt werden.

Durch die Anbindung an das Internet besteht jedoch die Gefahr von Hackerangriffen auf die Steuerung und die automatisierte Anlage, was durch Maßnahmen zur Cyber Security verhindert werden muss (s. Kapitel 9). Außerdem muss der PC auch andere industrielle Anforderungen erfüllen, wie z. B. Robustheit des Betriebssystems, Echtzeitfähigkeit, Kommunikationsstandards für E/A-Anbindung, Funktionssicherheit, EMV (Elektromagnetische Verträglichkeit), Ex-Schutz (Explosionsschutz in Chemiebetrieben), Temperaturüberwachung und USV (unter-brechungsfreie Spannungsversorgung).

Die Industrie bietet deshalb Industrie-PCs mit Echtzeit-Betriebssystemen als IoT-Geräte mit den notwendigen Sicherheitsmechanismen zur Ankopplung eines Industrienetzwerks an das Internet an. IoT-Geräte, wie z. B. Simatic IoT2050 der Fa. Siemens, lesen die Daten von Steuerungen oder Sensoren aus einem Industrienetzwerk und sind frei programmierbar, um die gängigen Protokolle zum Datenaustausch mit der Cloud auszuführen [153].

2.2.5 Virtuelle SPS und Cloud-SPS

Heutzutage sind PC-basierte Steuerungen als Soft-SPS oder im Edge Controller weit verbreitet, weil die Leistungsfähigkeit der PC-Hardware dominiert. Deshalb wird immer leistungsfähigere Hardware in Form von IT-Servern eingesetzt, auf denen mehrere virtuelle Soft-SPSen unabhängig von einander laufen können (s. Bild 2.3c). Die virtuellen SPSen laufen in einer virtuellen Maschine oder in Software-Containern wie z. B. Docker. Der Software-Container wird so konfiguriert, dass alle Komponenten der Soft-SPS, also Runtime, Gateways, Schnittstellen zu Feldgeräten und das Programmiersystem, bereits installiert und geräteunabhängig lauffähig sind [175].

Somit könnte der Software-Container mit der SPS wie in Bild 2.3d auch in der Cloud liegen. Eine solche Cloud-SPS muss dann über ein IoT-Gateway mit den Feldgeräten kommunizieren [56]. Vorteil der Virtualisierung ist gerade bei vielen Instanzen von Soft-SPSen, dass der Anwender keine Hardware-SPSen anschaffen muss und sich nicht um Softwareinstallation, Firmware-Updates und Sicherheit kümmern muss, weil dies die zentralen IT-Dienste übernehmen [6].

Natürlich können die SPSen auch wie in Bild 2.3e über das Internet *programmiert* werden wie das folgende Beispiel zeigt.

Beispiel 2.1: Remote Engineering einer Web-SPS

Eine Soft-SPS von Codesys läuft auf einem RaspberryPi, der eine Förderbandanlage im Labor steuert. Zur Programmierung der SPS dient ein PC mit der Engineering-Software von Codesys. Um die Verbindung zur Soft-SPS aufzubauen, muss wie in Bild 2.4 dargestellt für das Gateway der Programmierschnittstelle die IP-Adresse des RaspberryPis und die Portnummer 1217 für das Transmission Transport Protocol (TCP) eingetragen werden. Danach kann das Gateway das Netzwerk durchsuchen und findet die Web-SPS.

Das Einloggen auf einem Rechner der Hochschule ist durch eine Firewall und einen VPN-Server, der die Daten verschlüsselt, geschützt. Deshalb können nur Mitglieder der Hochschule mit ihren Authetifizierungsdaten und einem VPN-Client auf dem Remote-PC eine Verbindung mit der Soft-SPS aufbauen. Ist dies erfolgt, kann der Programmierer vom Remote-PC aus wie in Bild 2.3e seine Programmlogik aus dem Programmiersystem Codesys in die Soft-SPS laden.

Ein Webserver auf dem RaspberryPi ermöglicht es, dass die Anlage vom Webbrowser des Remote-PCs aus bedient und beobachtet werden kann (s. Bild 2.4). Mitglieder der Hochschule können dieses Remote Engineering über die SPS-Lern-und-Übungsseite testen.

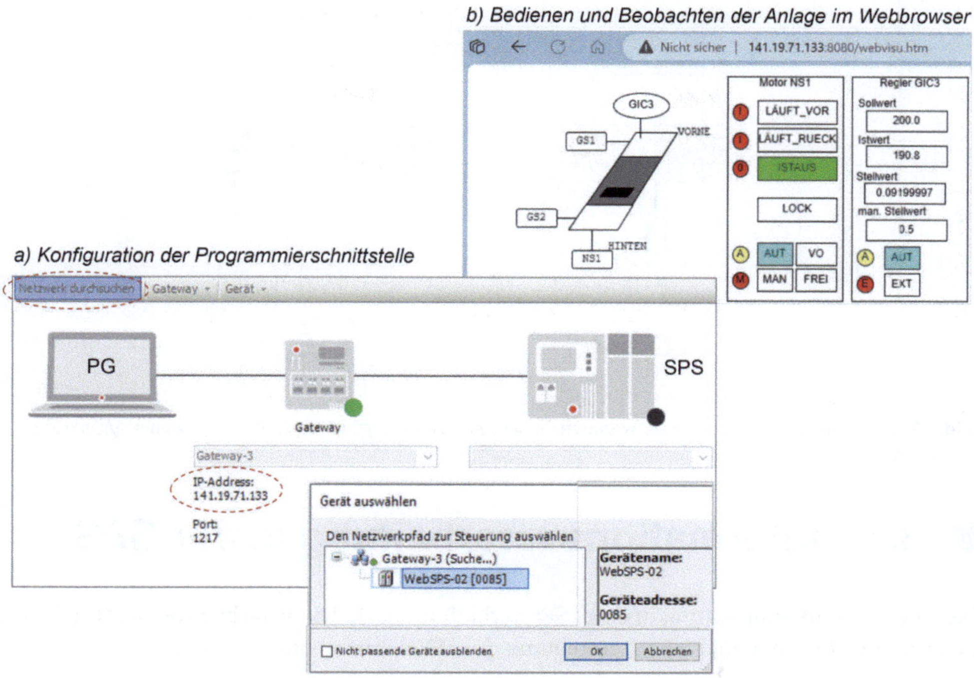

Bild 2.4 Remote Engineering einer Soft-SPS über das Internet

Das Remote Engineering erleichtert auch die Wartung weit entfernter Anlagen, was in Abschnitt 10.5 erläutert wird.

2.2.6 Hochverfügbare und fehlersichere SPSen

Hardware-SPSen können mit redundanten Komponenten, z. B. zwei parallel geschalteten CPUs, versehen werden, um entweder die Verfügbarkeit oder die Sicherheit der automatisierten Anlage zu erhöhen (s. Bild 2.5). Hochverfügbare SPSen erhöhen die Verfügbarkeit, indem sie, wenn eine Komponente ausfällt, auf eine redundante Komponente umschalten, die die Aufgaben der ausgefallenen Komponente übernimmt. Somit kann die Anlage weiterlaufen und Produktionsausfall vermieden werden.

Sicherheitsgerichtete oder fehlersichere SPSen erreichen eine erhöhte Sicherheit, indem die Aufgaben von der redundanten Komponente parallel ausgeführt werden. Nur wenn beide Komponenten die gleichen Ergebnisse ermitteln, darf die Anlage weiterlaufen. Widersprechen sich die Ergebnisse der beiden Komponenten, ist davon auszugehen, dass eine Komponente fehlerhaft ist. Da dann nur noch eine nicht fehlerhafte Komponente verfügbar ist, deren Ergebnisse nicht mehr verglichen werden können, kann die Sicherheit nicht mehr gewährleistet werden und die Anlage wird von der SPS abgeschaltet, d. h. in den sicheren Ruhezustand versetzt. Weitere Einzelheiten zu sicherheitsgerichteten SPSen (SSPSen) werden in Kapitel 9 behandelt.

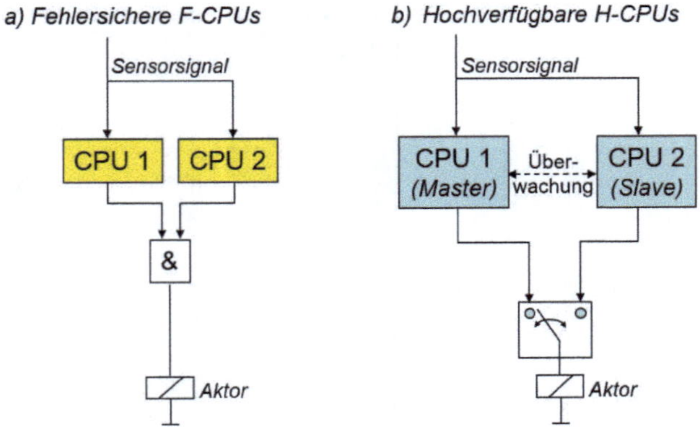

Bild 2.5 SPSen mit redundanten CPUs, wodurch Sicherheit (a) oder Verfügbarkeit (b) der Ansteuerung gewährleistet wird

2.3 Informationsverarbeitung in der SPS

Die Informationsverarbeitung in einer SPS verläuft zyklisch. Die Verarbeitungsschritte lassen sich vereinfacht wie in Bild 2.6 dargestellt mit dem EVA-Prinzip beschreiben:

- **E**inlesen der Sensordaten,
- **V**erarbeiten der Informationen im SPS-Programm und
- **A**usgeben der Stellsignale an die Aktoren.

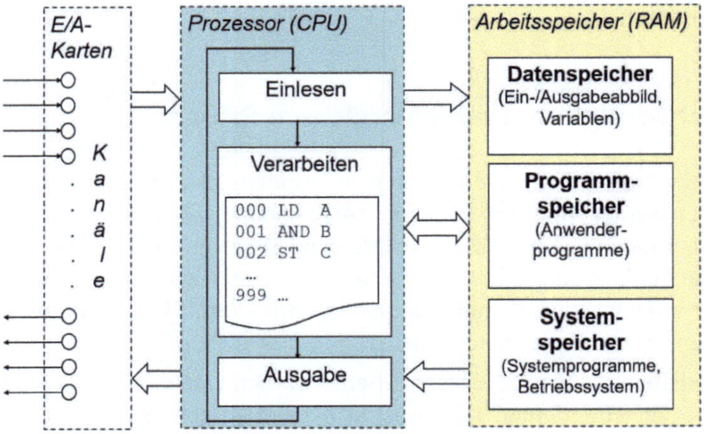

Bild 2.6 Signalverarbeitung und Arbeitsweise einer SPS nach dem EVA-Prinzip

Die Messsignale von den *Sensoren* werden zunächst in den Eingangsbaugruppen elektronisch angepasst. Die CPU fragt nacheinander alle Eingangskanäle ab und legt die Eingangsdaten im Arbeitsspeicher (RAM) ab. Dieser Speicherbereich wird auch *Eingabeabbild* genannt, weil hier nicht die aktuellen, sondern die zum Abtastzeitpunkt anliegenden Eingangsdaten abgelegt sind.

Daraufhin werden die Programme dann jeweils Schritt für Schritt von der CPU abgearbeitet. Dabei werden die im Arbeitsspeicher abgelegten Operationen, wie `LD` (LOAD), `AND` und `ST` (STORE) in Bild 2.6, einzeln adressiert, interpretiert und mit den angegebenen Operatoren ausgeführt. Die Operatoren können direkte Adressen des Ein- oder Ausgabeabbildes sein, sollten aber im Allgemeinen als Variablen (z. B. `A`, `B`, `C` in Bild 2.6) deklariert werden.

Prinzipiell werden in einem Programm nicht nur Daten des Ein- und Ausgabeabbildes, sondern auch Parameter und Zwischenwerte, wie Zählerstände, Sollwerte, Zustände etc., als Variablen verarbeitet und im RAM gespeichert. Wenn ein Programm Stellwerte für die *Aktoren* der Anlage berechnet, werden diese im Ausgabeabbild des Datenspeichers abgelegt.

Erst nach Abarbeitung aller Programme werden die im *Ausgabeabbild* abgelegten Stellwerte nacheinander an die Ausgangskanäle übertragen. Dabei erfolgt wiederum eine elektronische Anpassung in den Ausgangsbaugruppen.

Der Arbeitsspeicher (RAM) besteht nach Bild 2.6 aus

- dem Datenspeicher mit *Ein-* und *Ausgabeabbild* sowie den verwendeten *Variablen*,
- dem Programmspeicher mit den aktuell abzuarbeitenden *Anwenderprogrammen*,
- dem Systemspeicher mit den benötigten SPS-internen *Systemprogrammen*.

Wie Sensordaten eingelesen und Stellsignale ausgegeben werden, beschreibt der folgende Abschnitt.

2.4 Ein-/Ausgangsbaugruppen der SPS

Sensoren und Aktoren sind häufig durch zwei Kupferleitungen an die SPS angeschlossen. Dadurch werden Stromkreise aufgebaut, in denen die Signale von den Sensoren zur SPS bzw. von der SPS zu den Aktoren als Gleichströme oder Gleichspannungen übertragen werden. Zum Einlesen binärer oder analoger Sensordaten sowie zum Ausgeben binärer oder analoger Stellsignale gibt es spezielle Ein-/Ausgangsbaugruppen, die über den Rückwandbus mit der CPU verbunden sind.

2.4.1 Digitale Eingangsbaugruppen

Digitale Eingangsbaugruppen besitzen mehrere binäre Eingangskanäle, an die schaltende Sensoren angeschlossen werden können. Die SPS stellt wie in Bild 2.7 eine 24-V-Gleichspannungsversorgung (DC) zur Verfügung. Ist dann der Schalter beispielsweise geschlossen, fließt ein Strom in den Eingangskanal, bei geöffnetem Schalter fließt dagegen kein Strom. Dadurch kann die SPS zwei binäre Zustände, z. B. Ein oder Aus, unterscheiden.

Das Stromsignal wird in der Eingangsbaugruppe durch ein RC-Filter von überlagertem Rauschen entstört werden. Bei *Schalterprellen* erzeugt das RC-Filter an seinem Ausgang eine gemittelte Spannung. Diese wird durch einen Optokoppler an eine Triggerstufe übertragen, die das gemittelte Signal eindeutig einem High- oder Low-Zustand zuordnet. Der Optokoppler führt eine galvanische Trennnung des mit 24 V versorgten Steuerkreises von den elektronischen Stromkreisen, die mit 5-V-Pegel arbeiten, durch. Den Spannungspegel 5 V interpretiert die SPS logisch als TRUE, den Spannungspegel 0 V als FALSE [26]. Einige SPSen arbeiten zur Energieeinsparung heutzutage nur noch mit einem Spannungspegel von 3,3 V.

Beispiel 2.2: Binärer Eingang der SPS

Ein Niveauschalter soll der SPS melden, wenn ein Behälter voll ist und droht überzulaufen. Wird der Niveauschalter in Bild 2.7 von Flüssigkeit bedeckt, wird die Relaisspule in seiner Elektronik von Strom durchflossen. Die dadurch entstehende magnetische Kraft schließt den Schalter im Messkreis der digitalen Eingangsbaugruppe.

Der Messkreis wird von der SPS mit 24 V Gleichspannung versorgt, die an den Eingangsklemmen der Baugruppe anliegt. Durch Filter, galvanische Trennung und Triggerstufe wird das Signal in ein 5-V-Spannungssignal umgewandelt und in der SPS als Boole'scher Datenwert TRUE interpretiert.

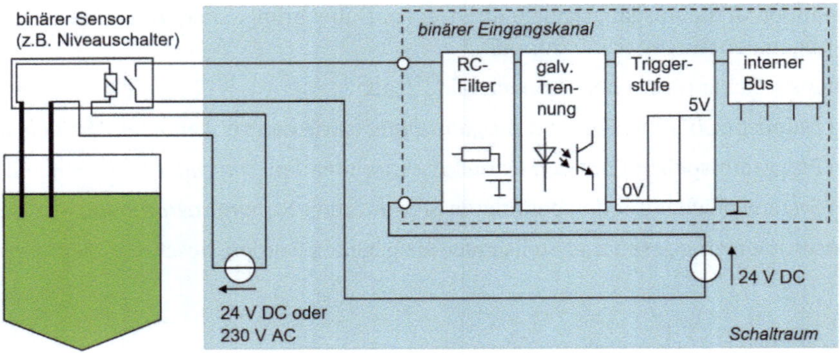

Bild 2.7 Ankopplung eines binären Sensors an eine digitale Eingangsbaugruppe

2.4.2 Digitale Ausgangsbaugruppen

Digitale Ausgangsbaugruppen geben binäre Stellsignale der SPS an Aktoren aus, z. B. an einen Ein/Aus-Motor oder an ein Auf/Zu-Ventil. Wie in Bild 2.8 skizziert, verfügen die binären Ausgangskanäle auch über Optokoppler zur galvanischen Trennung. Darüber hinaus sorgen Signalverstärker zusammen mit einem Transistor für die Anpassung an den 24-V-Pegel. Bei einem TRUE-Signal schließt der Transistor den Stromkreis und bei einem FALSE-Signal öffnet er ihn.

Die Transistorausgänge können aber nur einen Strom von bis zu 0,5 A ausgeben, was zur Ansteuerung von Lampen, kleineren Schützen und Magnetventilen ausreicht. Größere Ausgangsströme bis zu 2 A, die etwa zum Ein- und Ausschalten von Motoren benötigt werden, können mit Relaisausgängen realisiert werden, deren Schalter wie in Bild 2.8 im Ausgangsstromkreis mit höheren Schaltspannungen (z. B. mit 230 VAC) betrieben werden [55].

Beispiel 2.3: Binärer Ausgang der SPS

Um den Dreiphasenmotor in Bild 2.8 zu aktivieren, steuert das Stellsignal der SPS in der digitalen Ausgangsbaugruppe einen Transistor an. Dadurch wird das Relais A1 mit Strom versorgt und der Relaiskontakt im externen Stromkreis geschlossen. Dies hat zur Folge, dass auch die Relais-Spule A2 mit Strom versorgt und der Hauptschütz umgelegt wird. Der Motor ist jetzt mit den drei Phasen der Drehstromversorgung verbunden und läuft an. Damit beim Ausschalten der Entladestrom des Relais den Transistor nicht zerstört, wird eine Diode in Sperrrichtung parallel geschaltet.

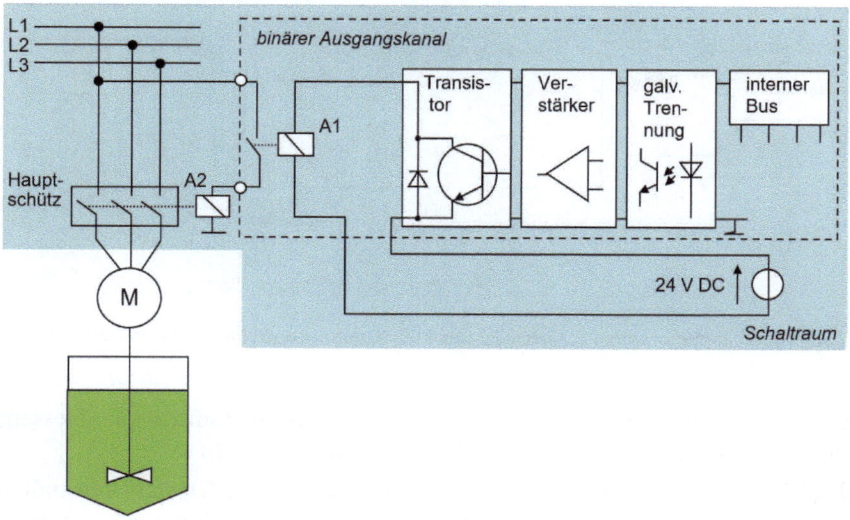

Bild 2.8 Motoransteuerung durch eine digitale Ausgangsbaugruppe

2.4.3 Analoge Eingangsbaugruppen

Oft werden aber Sensoren für Füllstand, Druck, Durchfluss, Temperatur o. ä. eingesetzt, die einen analogen Messwert an die SPS übertragen. Hierfür wandeln *Messumformer* die physikalische Messgröße in ein elektrisches Strom- oder Spannungssignal um. Dieses Signal wird im Allgemeinen über zwei Leitungen auf den Eingangskanal einer Analogeingangsbaugruppe geführt. Stromsignale haben dabei den Vorteil, dass sie von den Spannungsabfällen an den Leitungswiderständen unbeeinflusst bleiben.

Grundsätzlich unterscheidet man *aktive* und *passive* Sensoren. Passive Sensoren werden von der SPS mit 24 V und Gleichstrom (DC) versorgt, aktive Sensoren besitzen eine eigene, autarke Spannungsversorgung.

Beispiel 2.4: Analoger Eingang der SPS

Zur Temperaturmessung in einem Behälter wird ein Thermoelement eingesetzt. Ein Messumformer wandelt die relativ schwache Thermospannung in ein Stromsignal I_E um. Die Versorgung des Sensors erfolgt gemäß Bild 2.9 über die 24-V-Spannungsversorgung der SPS. Der Messumformer liefert in Abhängigkeit der Temperatur einen Strom I_E, der zwischen 4 mA und 20 mA liegt [17]. Der Vorteil dieses 4...20-mA-Signals liegt darin, dass ein Drahtbruch, der $I_E = 0$ mA zur Folge hätte, eindeutig erkannt werden kann. Wenn die Temperatur dagegen nur etwas unter dem Messbereichsanfangswert oder über dem Messbereichsendwert liegt, äußert sich das dadurch, dass der Eingangsstrom etwas niedriger als 4 mA bzw. etwas höher als 20 mA liegt.

Bei der in Bild 2.9 dargestellten Zweileiterschaltung wird der Sensor mit zwei Leitungen an die Eingangsbaugruppe angeschlossen. Dabei entstehen jedoch Messfehler, weil der Spannungsabfall am Leitungswiderstand R_L die an der analogen Eingangsbaugruppe gemessene Spannung etwas verfälscht. Diese Messfehler können durch eine Vierleiterschaltung vermieden werden. Deshalb werden Sensoren mit hohen Genauigkeitsanforderungen mit vier Verbindungsleitungen an die SPS angeschlossen werden [94]. Bei einer solchen Vierleiterschaltung wie in Bild 2.24 dienen zwei der vier Leiter als Versorgungsleitung und die beiden anderen

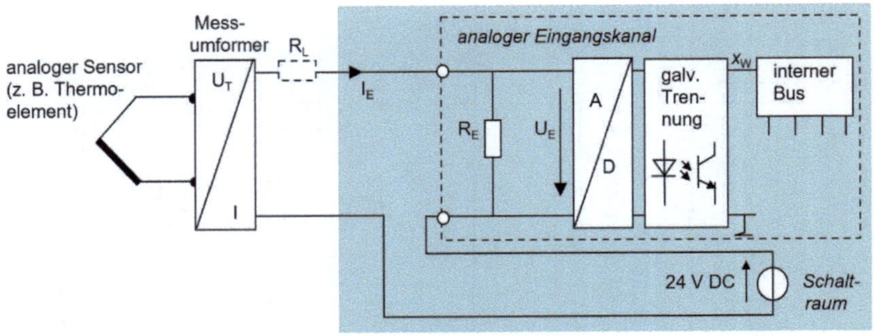

Bild 2.9 Zweileiterschaltung zwischen analogem Sensor, Messumformer und einer analogen Eingangsbaugruppe

als Messleitung. Über die Messleitung fließt dann ein so geringer Strom, dass das Messergebnis infolge der Leitungswiderstände kaum verfälscht wird (vgl. Übung 2.1).

Die analoge Eingangsbaugruppe führt für jeden Kanal eine Analog-/Digital-Umwandlung des Eingangsstroms I_E durch. Der digitalisierte Messwert x_W wird nach der galvanischen Trennung gemäß Tabelle 2.1 als 16-Bit-Datenwort im Eingabeabbild des Arbeitsspeichers abgelegt. Je nach Bedarf gibt es auch Baugruppen mit 10-, 12- oder 16-Bit-Eingängen.

Tabelle 2.1 Umwandlung eines analogen Stromsignals I_E in die digitale Größe x_W, die sowohl dezimal als auch in Form eines 16-Bit-Datenwortes angegeben ist

I_E	x_W	Eingangsdatenwort x_W															
[mA]	dezimal	VZ	2^{14}	2^{13}	2^{12}	2^{11}	2^{10}	2^9	2^8	2^7	2^6	2^5	2^4	2^3	2^2	2^1	2^0
>22,81	32767	0	1	1	1	1	1	1	1	1	1	1	1	1	1	1	1
22,81	32511	0	1	1	1	1	1	1	0	1	1	1	1	1	1	1	1
20,0005	27649	0	1	1	0	1	1	0	0	0	0	0	0	0	0	0	1
20,0	27648	0	1	1	0	1	1	0	0	0	0	0	0	0	0	0	0
16,0	20736	0	1	0	1	0	0	0	1	0	0	0	0	0	0	0	0
4,0	0	0	0	0	0	0	0	0	0	0	0	0	0	0	0	0	0
3,9995	-1	1	1	1	1	1	1	1	1	1	1	1	1	1	1	1	1
1,1852	-4864	1	1	1	0	1	1	0	1	0	0	0	0	0	0	0	0
<1,1852	-32768	1	0	0	0	0	0	0	0	0	0	0	0	0	0	0	0

Beispiel 2.5: Einlesen eines Analogwerts

Das analoge Eingangsstromsignal I_E (vgl. Bild 2.9) wird durch eine 16-Bit-Analog-/Digital-Wandlung als Datenwort x_W im Eingabeabbild des SPS-Arbeitsspeichers abgelegt. Der Stromnennbereich liegt zwischen 4 und 20 mA und ist proportional zum physikalischen Messbereich des Sensors. Aus dem Eingangsstrom I_E ergibt sich ebenfalls ein proportionaler Wert des digitalen Datenworts

$$x_W = \frac{I_E - 4\,\text{mA}}{16\,\text{mA}} \cdot 27648 \tag{2.1}$$

In Tabelle 2.1 sind die zugehörigen Bits des digitalen Datenwortes x_W dargestellt. Ein Bit entspricht demnach einem Strom von $I_E = (20-4)\,\text{mA}/27648 = 0{,}58\,\mu\text{A}$. Außerhalb des eingerahmten Nennbereichs in Tabelle 2.1 wird eine gewisse Über- bzw. Untersteuerung linear verarbeitet. Ströme größer als 22,81 mA oder kleiner als 1,852 mA werden jedoch als Über- bzw. Unterlauf gekennzeichnet, indem der größte bzw. kleinste 16-Bit-Wert verarbeitet wird. Dadurch wird ein Drahtbruch bei $I_E = 0$ mA eindeutig durch den Wert $x_W = -32768$ erkannt.

2.4.4 Analoge Ausgangsbaugruppen

Zur Ansteuerung eines analogen Stellgliedes, wie z. B. des kontinuierlich verstellbaren Regelventils in Bild 2.10, gibt die SPS den berechneten Stellwert über einen analogen Ausgangskanal aus. Auch hier führt die Baugruppe eine galvanische Trennung und dann eine Digital-/Analog-Umwandlung durch, um ein Strom- oder Spannungssignal für den Aktor zu erzeugen.

Beispiel 2.6: Analoger Ausgang der SPS

Es soll der Öffnungsgrad für das Regelventil in Bild 2.10 als analoger Stellwert von der SPS vorgegeben werden. Das Ventil wird von einem elektropneumatischen Umsetzer, einem sogenannten P/I-Positioner, mit Druckluft angesteuert [86]. Dabei übt der Positioner in Abhängigkeit eines Stroms I den Druck p auf das Ventil aus, das daraufhin den Schieber gegen die Federkraft anhebt und die Rohrleitung zu einem gewissen Grad öffnet.

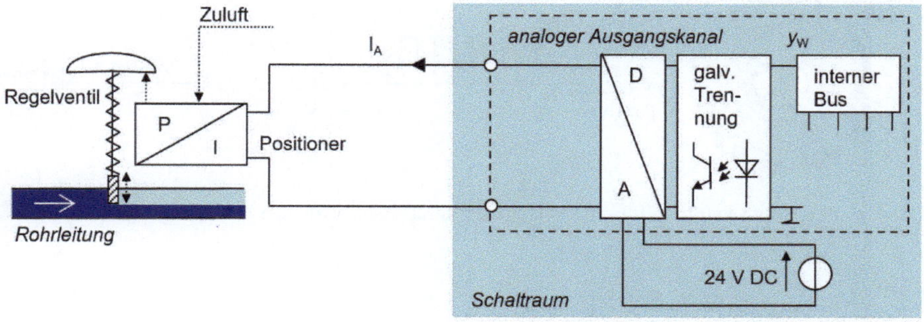

Bild 2.10 Ansteuerung eines Regelventils durch eine analoge Ausgangsbaugruppe

Zunächst wird vom Programm der digitale Wert y_W als Stellwert für das Regelventil ermittelt und gemäß Tabelle 2.1 als 16-Bit-Datenwort im Ausgabeabbild abgespeichert. Nach galvanischer Trennung wird das digitale Datenwort durch den Digital-/Analog-Wandler, der von der 24-V-Versorgung der SPS gespeist wird, in ein analoges Stromsignal I_A gewandelt.

Analoge Ausgangskanäle arbeiten auch in einem Signalbereich von 4...20 mA, denn der ausgegebene Strom wird häufig wieder zur Kontrolle in die SPS zurückgemeldet. Bei einem Strom von 4 mA führt der Positioner keine Bewegung aus, aber die Federkraft schließt das Ventil. Dagegen bewirkt ein Strom größer als 4 mA eine Bewegung des Positioners gegen die Federkraft, d. h. bei 20 mA öffnet der Positioner das Ventil vollständig. Der Öffnungsgrad y kann somit zwischen 0 und 100 % proportional zum Ausgangsstrom (4...20 mA) variiert werden. Der Ausgangsstrom wiederum ergibt sich durch folgenden linearen Zusammenhang aus dem Ausgangsdatenwort y_W, das vom SPS-Programm vorgegeben wird:

$$I_A = \frac{16\,\text{mA}}{27648} \cdot y_W + 4\,\text{mA} \qquad (2.2)$$

2.4.5 Schnelle Zählerbaugruppen

Manche binären Sensorsignale ändern sich so schnell, dass eine digitale Eingangsbaugruppe diese nicht erfassen kann. Beispielsweise erzeugt der Drehzahlsensor eines Motors in Bild 2.11 ein Taktsignal mit einer so *hohen* Frequenz, dass ein binärer Eingangskanal nur jeden hundertsten Impuls einlesen würde [13]. Impulssignale mit so hohen Frequenzen müssen durch Eingangsbaugruppen eingelesen werden, die elektronische Zähler in ihrer Hardware eingebaut haben und direkt den Zählwert im Eingabeabbild der SPS speichern.

Beispiel 2.7: Einlesen eines Encoder-Signals

An der Antriebswelle eines Motors befindet sich ein Drehgeber mit der Encoderscheibe, die sich mit der Antriebswelle dreht. Eine Lichtquelle im Inneren des Drehgebers strahlt Licht durch die transparenten Teile des Encoders. Diese Lichtstrahlen werden von einer Fotozelle in Bild 2.11 erfasst. Da sich auf der Encoderscheibe N transparente und N intransparente Teile abwechseln, empfängt die Fotozelle ein periodisches Pulssignal, dessen Frequenz anhängig von der Drehzahl der Antriebswelle ist. Die Anzahl n der eingelesenen Impulse ist proportional zum zurückgelegten Weg bzw. zum überstrichenen Winkel α.

$$\alpha = 2\pi \frac{n}{N} \tag{2.3}$$

Abhängig von der Drehrichtung inkrementiert oder dekrementiert der Zähler den Zählerstand. Der Zählwert n wird als double Integer im RAM gespeichert. Damit ist der Wertebereich so groß, dass i. d. R. keine Überläufe berücksichtigt werden müssen.

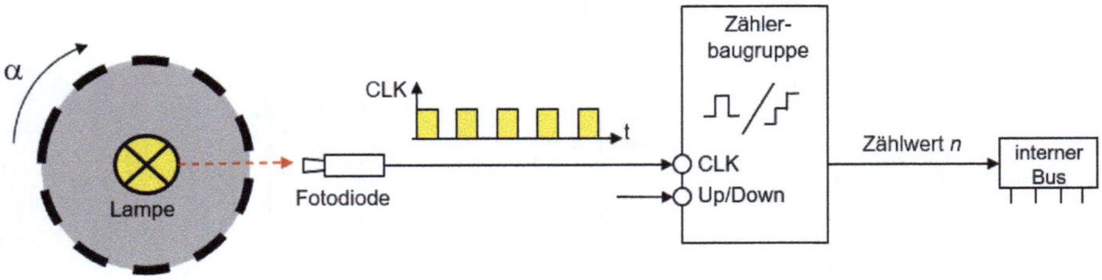

Bild 2.11 Einlesen optischer Impulse eines Drehgebers durch einen schnellen Zählereingang

2.4.6 Pulsausgabe-Baugruppen

Außerdem gibt es Ausgangsbaugruppen, die schnell getaktete Impulssignale aus der SPS ausgeben müssen, um z. B. *Schrittmotoren* anzusteuern. Dabei wird zwischen PTO- und PWM-Ausgängen unterschieden.

Bei PTO-Ausgängen (Pulse Train Outputs) gibt die SPS die Frequenz des Taktsignals vor. Je höher die Frequenz umso schneller dreht sich beispielsweise ein Schrittmotor. Der PTO-Ausgang erzeugt in seiner Elektronik ein Taktsignal mit der vorgegebenen Frequenz und gleichen Puls- und Pausenzeiten [19].

PWM-Ausgänge mit *Pulsweitenmodulation* werden eingesetzt, um z. B. die Drehzahl von Gleichstrommotoren zu variieren. Hierbei gibt die SPS das Tastverhältnis t_p / T vor und die Elektronik der Ausgangsbaugruppe erzeugt ein Taktsignal wie in Bild 2.12, dessen Pulsbreite t_P bei konstanter Frequenz so eingestellt wird, dass der Mittelwert des Taktsignals dem vorgegebenen Tastverhältnis entspricht.

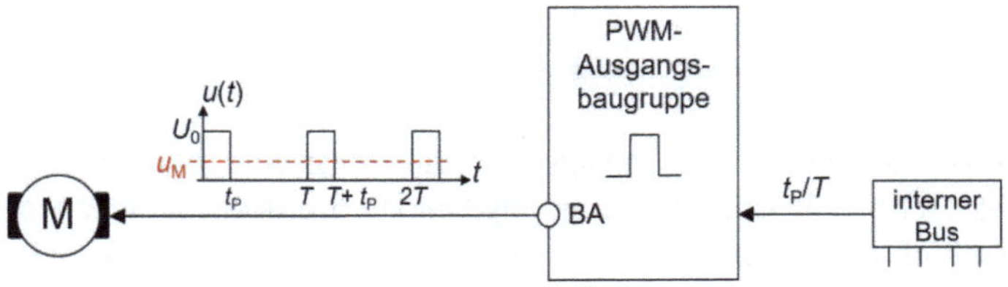

Bild 2.12 Ansteuerung eines Gleichstrommotors über schnelle Pulsausgänge, die durch Pulsweitenmodulation (PWM) ein Taktsignal mit vorgegebenen Tastverhältnis t_P / T erzeugen

Beispiel 2.8: PWM-Ansteuerung eines Gleichstrommotors

Zur Vorgabe der Geschwindigkeit, mit der sich ein Gleichstrommotor bewegen soll, sendet die SPS ein analoges Datenwort an eine PWM-Ausgangsbaugruppe. Diese erzeugt, wie in Bild 2.12 gezeigt, ein Taktsignal, dessen Pulsbreite t_P bei konstanter Frequenz proportional zu dem vorgegebenen Datenwort ist. Die von der PWM-Ausgangsbaugruppe ausgegebene Spannung ist ein Taktsignal mit so hoher Frequenz, dass der Motor nur dem Mittelwert dieser Rechteckspannung folgen kann. Der Mittelwert u_M ist proportional zu der sich einstellenden Drehzahl des Motors:

$$u_M = \frac{1}{T}\int_0^T u(t)\,dt = U_0\,\frac{t_P}{T} \tag{2.4}$$

2.5 Ankopplung der Sensoren und Aktoren

Die bisher beschriebenen Möglichkeiten, Sensoren und Aktoren, die auch als Feldgeräte bezeichnet werden, an die SPS anzukoppeln sind mit einem großen Verkabelungsaufwand verbunden. Für jedes Signal sind mindestens zwei, wenn nicht sogar vier Leitungen zu verlegen. Insbesondere bei komplexen Anlagen mit langen Leitungswegen (z. B. Chemieanlagen, Pipelines etc.) entsteht ein großer Material- und Verdrahtungsaufwand, der durch Feldbustechnik erheblich reduziert werden kann. Trotzdem wird auch die klassische Zwei- und Vierleitertechnik weiter eingesetzt, da sie für kleinere kompakte Anlagen eine einfache und sehr zuverlässige Kopplungsmöglichkeit darstellt.

2.5.1 Zwei-/Vierleitertechnik

Wie in Bild 2.13 dargestellt, werden in der Anlage benachbarte Einzelleitungen von den Feldgeräten in Feldverteilern zu jeweils einem Stammkabel zusammengefasst und in den Schaltraum verlegt. Dort werden die Einzelleitungen in einem Rangierverteiler erneut aufgelegt und geordnet. Diese Umverdrahtung ist notwendig, weil die in der Anlage *räumlich* benachbarten Leitungen nun im Schaltschrank an unterschiedliche E/A-Kanaltypen (BE, AE etc.) angeschlossen werden müssen, die evtl. nicht mehr benachbart sind. Die Sortierung der Kabel im Schaltraum erfolgt also gemäß der *funktionalen* Ausrichtung des einzulesenden bzw. auszugebenden Signals.

Trennverstärker

Trennverstärker realisieren eine galvanische Trennung der Stromkreise zwischen Sensor und SPS [107]. Sie wandeln, filtern und verstärken die elektrischen Signale der Sensoren und übertragen sie zur SPS. Oft ist dies notwendig, weil die Sensorstromkreise eine eigene Versorgung haben und mit anderen Signalpegeln als die SPS arbeiten.

Eigensichere Trennverstärker versorgen die Feldgeräte in *explosionsgefährdeten* Anlagenteilen mit begrenzten Strömen und Spannungen, so dass die Energie, die zu den Feldgeräten übertragen wird, nicht ausreicht, um einen Funken zu erzeugen und eine Explosion auszulösen. Die Signale müssen dann zur SPS verstärkt werden, um eine Auswertung zu ermöglichen. Dabei muss durch eine galvanische Trennung [74] verhindert werden, dass verborgene Energie in Spulen oder Kondensatoren oder Potenzialunterschiede in Erdschlussschleifen in den explosionsgefährdeten Bereich gelangen kann.

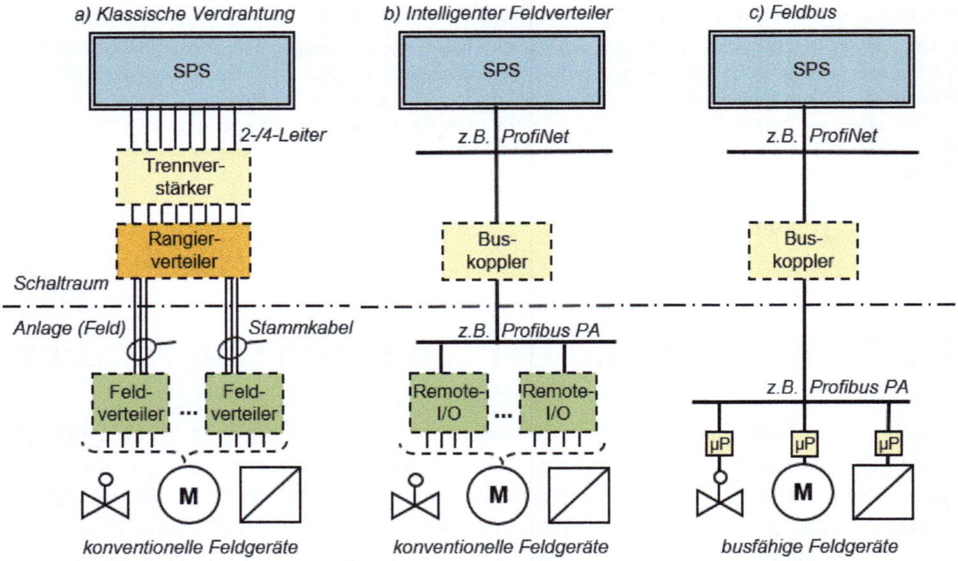

Bild 2.13 Gegenüberstellung der heutzutage gängigen Verdrahtungskonzepte zur Ankopplung der Sensoren und Aktoren an die SPS

2.5.2 Busankopplung der Feldgeräte

Mit der Feldbustechnik (siehe Bild 2.13c) werden nun Feldgeräte und SPS an eine Busleitung angeschlossen. Um den explosionsgefährdeten vom nicht explosionsgefährdeten Bereich galvanisch zu trennen, muss ggf. eine Umsetzung zwischen einem nicht-eigensicheren Bussystem und einem eigensicheren, wie dem Profibus PA (s. Tabelle 2.2), erfolgen. Im Gegensatz zur Zwei-/Vierleitertechnik (Bild 2.13a) werden die Daten über Feldbus (Bild 2.13c) seriell statt parallel übertragen. Obwohl die Datenübertragung dadurch etwas langsamer abläuft, ergeben sich folgende Vorteile:

- Einsparung von Kabeln zwischen Anlage und Schaltraum,
  - geringerer Montage-/Planungsaufwand,
  - Platzeinsparung im Schaltraum,
- Übertragung zusätzlicher Geräteinformation (Grenzwerte, Zustände, Störmeldungen, Betriebszeiten, Energieverbrauch etc.),
  - höhere Auflösung der Messwerte,
  - zentrale Diagnosemöglichkeit (Fehlersuche von der Leitwarte aus),
  - Energiemonitoring und Energiemanagement,
  - zentrale Konfigurierung der am Bus angeschlossenen Feldgeräte,
- geringerer Nachrüst-/Änderungsaufwand.

2.5.3 Intelligenter Feldverteiler (Remote-I/O)

Voraussetzung für eine Feldbusankopplung ist aber, dass die Feldgeräte über einen Mikrocontroller verfügen, der das Busprotokoll abarbeitet. Es gibt aber immer noch viele Feldgeräte, die über eine solche Feldbussschnittstelle nicht verfügen.

Deshalb wird oft wie in Bild 2.13b ein intelligenter Feldverteiler, der als Remote-I/O-System bezeichnet wird, eingesetzt. Die Remote-I/O verfügt einerseits über Ein-/Ausgangsbaugruppen, die sonst zentral im SPS-Schrank stecken, und andererseits über eine Feldbusschnittstelle, die eine Busverbindung zur SPS ermöglicht. Somit kann die Remote-I/O (RIO) auch Feldgeräte, die *nicht* busfähig sind, an einen Feldbus anschließen und den *langen* Kabelweg vom Feld in den Schaltraum über eine Busleitung überbrücken.

Eigensichere Remote-I/Os

Es gibt auch Remote-I/Os mit eigensicheren E/A-Baugruppen. Diese haben Trennverstärker integriert und sorgen dafür, dass die Energie, die an die Feldgeräte übertragen wird, unterhalb der Zündenergie bleibt und eine Explosion verhindert wird (s. Abschnitt 9.2).

2.6 Industrielle Feldbussysteme

Derzeit gibt es am Markt mehrere Feldbussysteme, die sich für verschiedene Industrieanwendungen durchgesetzt haben. Es wird unterschieden zwischen Feldbussen auf 2-Drahtleitung (Twisted Pair) und *Ethernet-Feldbussen*, die mit LAN-Kabeln und Switches der PC-Kommunikation kompatibel sind. Während für die Fertigungsautomatisierung Zykluszeiten kleiner 10 ms in relativ kleinen Bussegmenten (Kabellängen im Bereich von 100 m) gefordert werden, ist die Ausdehnung von Chemieanlagen in der Regel größer, aber die Zykluszeitanforderungen liegen nur im Bereich von 100 ms oder gar darüber. Tabelle 2.2 stellt einige der gängigsten industriellen Feldbussysteme gegenüber [16, 125, 179].

Während die Daten zwischen SPS und Feldgeräten bei der Zwei-/Vierleitertechnik parallel und sehr schnell übertragen werden, erfolgt die Übertragung über Feldbus seriell. Dabei werden die Daten hintereinander über eine Busleitung von einem Busteilnehmer zu einem anderen übertragen. Den Vorteil der erheblich kleineren Zahl an Leitungen erkauft man sich aber mit höheren Übertragungszeiten. Das Berechnungsbeispiel in Übung 2.3 zeigt aber, dass die Busübertragungszeiten des relativ langsamen Profibus immer noch im Bereich der Zykluszeiten einer Hardware-SPS von ca. 10 ms liegen.

2.6.1 Übertragungsmedien

Wie in Bild 2.14 dargestellt ist die Datenübertragung mit verschiedenen physikalischen Übertragungsmedien möglich, angefangen von verdrillten Kupferleitungen, über Koaxialkabel, Lichtwellenleiter (LWL), bis hin zu Funkwellen. Die Wahl des Mediums hängt von den in Bild 2.14 gegenübergestellten Faktoren ab.

Tabelle 2.2 Feldbussysteme und ihre Eigenschaften (Auswahl) [16, 125, 179]

Bussystem	*Einsatzfelder*	*Eigenschaften*
ASI-Bus (Aktor-Sensor-Interface) as-interface.net	Ankopplung einfacher Sensoren und Aktoren, wie Lichtschranken, Ventile, Lampen etc., zumeist in der Fertigungstechnik	• Kostengünstig • Schnelle Übertragung weniger binärer Daten • Übertragung von Energie und Daten über dasselbe Kabel
ProfiBus (Process Field Bus) profibus.com	Profibus-DP für Datenaustausch mit dezentraler Peripherie wie Antrieben, Ventilen und Messumformern in Fertigungs- und Verfahrenstechnik	• Proprietärer Bus, zyklischer Datenaustausch der SPS mit dezentralen Feldgeräten im Polling-Betrieb (Zykluszeit ca. 10 ms) • Auch Datenaustausch zwischen SPSen im Multi-Masterbetrieb möglich
	Profibus-PA für Anwendungen in explosionsgefährdeten Umgebungen in der Prozessautomatisierung	• Vergleichsweise langsame Datenübertragung • Gewährleistet Eigensicherheit der angekoppelten Sensoren und Aktoren, indem die Energie unterhalb der Zündenergie von explosiven Gasen gehalten wird
Modbus modbus.org	Offener Standard zum Datanaustausch zwischen Steuerungen unterschiedlicher Hersteller, Anbindung von Waagen, Analysesensoren (pH, Trübung, Konzentration u.a.)	• Offenes, lizenzfreies Protokoll • Standardisierter und genormter Datenaustausch • schnelle Datenübertragung • Technologie- und herstellerunabhängig • Industrielles Ethernet mit Modbus TCP
ProfiNet (Process Field Network) profibus.com	Industrielles Ethernet zur Ankopplung von SPSen an PCs, Vernetzung von SPSen untereinander und Anbindung der Sensoren und Aktoren	• Für große Anlagen geeignet • Getrennte Übertragung zeitunkritischer und zeitkritischer Echtzeitdaten • Zykluszeiten unter 1 ms im isochronen Modus möglich
EtherCAT (Ethernet for Control Automation Technology) ethercat.org	Industrielles Ethernet für sehr schnelle Kommunikation zwischen PC, Steuerung und Antrieben in der Fertigungstechnik	• Synchronisierung digitaler Servoantriebe hochgenau und in Echtzeit • Für kleine und mittelgroße Anlagen (Umfang der übertragbaren Daten ist beschränkt) • Regelung von beispielsweise 100 Achsen mit einer Zykluszeit von 0,1 ms möglich
Ethernet-APL (Advanced Physical Layer) ethernet-apl.org	2-Draht-Ethernet für viele Feldgeräte in der Prozessindustrie, Anbindung in das IT-Netz über APL Field Switches	• Power und Kommunikation über ein Kabel • große Leitungslängen möglich (bis zu 200 m) • schnelle Datenübertragung mit 10 Mbit/s • explosionsgeschützte Übertragung möglich • Kommunikation z.B. über ProfiNet oder OPC-UA

Früher waren Feldbussysteme meist aus Kostengründen durch eine Zweidrahtleitung aus Kupfer aufgebaut, heute meist durch ein LAN-Kabel, das aus acht verdrillten Kupferleitungen besteht. Für längere Entfernung werden Lichtwellenleiter aus Glasfasern verwendet. Drahtlose Datenübertragung hat sich zur Ankopplung der Feldgeräte noch nicht durchgesetzt, weil die Funkwellen durch viele Metallteile und elektrische Geräte gestört werden, so dass die Zuverlässigkeit, Echtzeiteigenschaft und Sicherheit der Datenübertragung nicht ausreichend gewährleistet werden kann.

2.6.2 Datenübertragung mit dem Master-Slave-Verfahren

Damit die SPS mit den Feldgeräten Daten austauschen kann, müssen alle Busteilnehmer auf den Bus zugreifen können, um Daten auszulesen oder einzugeben. Das Buszugriffsverfahren bei vielen Feldbussen, wie z. B. Profibus, Modbus oder ASI-Bus, ist das *Master/Slave-Verfahren*, wobei die SPS den Master und die Feldgeräte die Slaves darstellen.

Dabei darf grundsätzlich nur der Master die Kommunikation anstoßen. Slaves antworten nur auf Anforderung des Masters. Damit ergibt sich folgender Kommunikationsablauf:

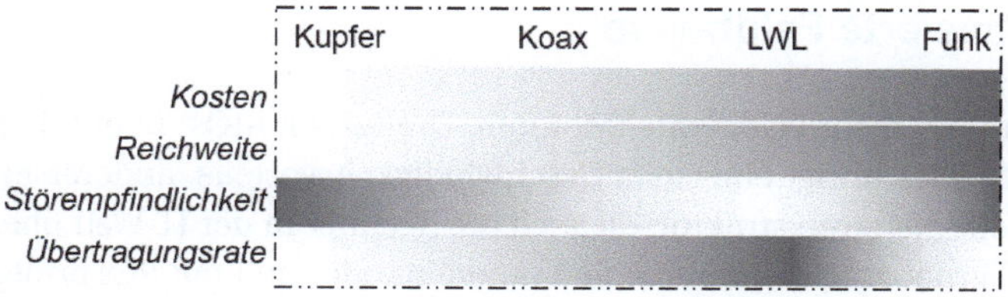

Bild 2.14 Eigenschaften der Übertragungsmedien (hell bedeutet niedrig, dunkel hoch)

- Will der Master Daten von einem Slave empfangen, so fordert er die Daten durch ein *Request*-Telegramm an.
- Dieses Telegramm wird nun auf dem Bus von jedem Slave dahin gehend interpretiert, ob er angesprochen ist. Der adressierte Slave antwortet dann mit einem *Response*-Telegramm, mit dem er die gewünschten Daten zum Master zurückschickt.
- Will der Master Daten an einen Slave senden, so schreibt er neben der Zieladresse des angesprochenen Slaves die Sendedaten in das *Send*-Telegramm.
- Der angesprochene Slave liest diese Daten ein und sendet ein *Acknowledge*-Telegramm zurück.

Der Aufbau aller vier Telegrammtypen umfasst folgende Informationen:

<Startbyte, Zieladresse, Quelladresse, Steuerbyte, Daten, Prüfsumme, Endbyte>

Im Steuerbyte wird unterschieden, ob es sich um ein Send-, Request-, Response- oder Acknowledge-Telegramm handelt [16]. Da stets nur der angesprochene Slave Daten senden darf, kann erst dann eine neue Abfrage erfolgen, wenn der Master die gewünschten Daten erhalten hat. Aus diesem Grund muss die SPS die Feldgeräte nacheinander jeweils durch das besprochene Master-Slave-Verfahren ansprechen. Diese zyklische Anwahl der Feldgeräte durch den Master ist in Bild 2.15 veranschaulicht und heißt Polling-Verfahren (to poll: wählen).

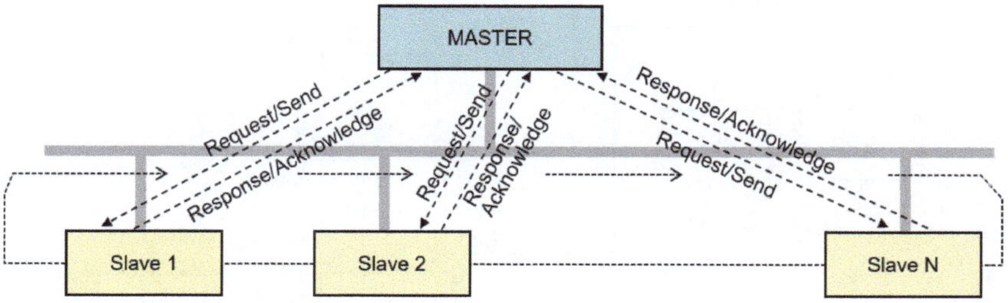

Bild 2.15 Die SPS kommuniziert in jedem Zyklus nacheinander mit den einzelnen Slaves (Polling-Verfahren)

Erhält die SPS innerhalb einer vorgegebenen Zeit keine Antwort von einem Slave, erfolgt eine Fehlermeldung und der Master spricht den nächsten Slave an. Damit wird eine deterministische Datenübertragung erreicht, d. h. es kann garantiert werden, dass die SPS innerhalb einer vorgegebenen Zykluszeit alle verfügbaren Daten einliest bzw. ausgibt.

2.6.3 Ethernet-basierte Feldbusse

Heutzutage werden immer mehr Feldgeräte (Motoren, Drehgeber, RIOs) über Ethernet an eine SPS angeschlossen. Dies bringt einerseits Geschwindigkeitsvorteile, andererseits erreicht man so eine einheitliche Netzwerkstruktur, da auch die Rechner in der IT-Welt über Ethernet verbunden sind. Die Vernetzung mehrerer SPSen untereinander und mit PCs erfolgt über ein industrielles Ethernet wie z. B. Profinet, das als Nachfolger des Profibus angesehen wird.

ProfiNet

Eigentlich kann über Ethernet jeder Teilnehmer zu jedem Zeitpunkt Daten senden und empfangen. Doch bei Profinet wird wie bei den meisten Ethernet-basierten Feldbussen im Realtime-Betrieb das Master-Slave-Verfahren nachgebildet. Die SPS als Master wird bei Profinet als IO-Controller bezeichnet und schaltet in einem vorgegebenen Takt über einen Switch die Verbindung zu den Slaves, die bei Profinet IO-Devices genannt werden.

Während dieser kurzzeitig bereitgestellten Verbindung sendet bzw. empfängt die SPS ihre Daten von dem jeweiligen Slave. Wie im Polling-Betrieb schaltet der Switch dann die Verbindung zwischen der SPS von einem Slave zum nächsten.

Nicht in Echtzeit zu übertragende Daten an die HMI oder das Programmiergerät (IO-Supervisor) werden ggf. im Switch zwischengespeichert, um Telegramme mit Echtzeitdaten vorzulassen. So können Nachrichten mit hoher Priorität schneller übertragen werden als solche mit niedrigerer Priorität (s. Bild 2.16).

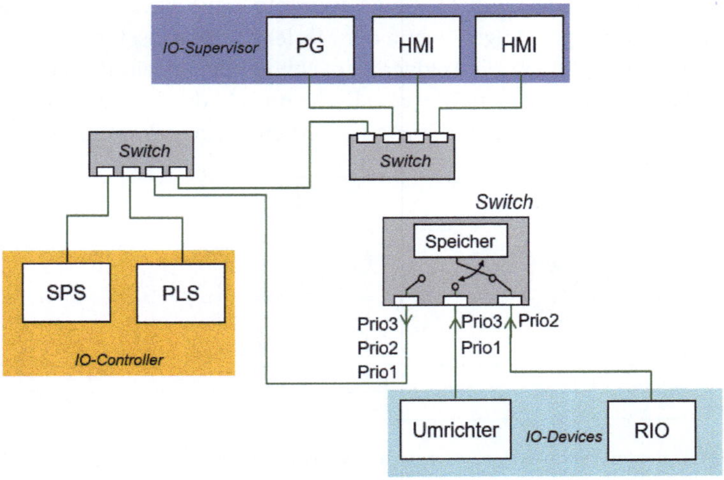

Bild 2.16 Einsatz von Switches in einem ProfiNet-Netzwerk mit IO-Controllern und IO-Devices

EtherCAT

Neben Profinet wird zur Ansteuerung dynamischer Antriebe oft EtherCAT als industrielles Ethernet eingesetzt. Hierbei wird nur ein Telegramm mit bis zu 1486 Bytes per Broadcast vom Master an die Slaves gesendet und von Slave zu Slave weitergereicht. Jeder Slave nimmt dabei die an ihn adressierten Daten auf und schreibt die von ihm geforderten Daten in das

Telegramm. Danach gelangt das Telegramm wieder an den Master, der die Daten aufnimmt und das Telegramm aktualisiert. Die Auswertungszeit der Teilnehmer wird überwacht, um die determinierte Zykluszeit sicherzustellen [44].

Die begrenzte Telegrammgröße mit wenig Verwaltungsoverhead für das Protokoll ermöglicht sehr schnelle Übertragungszeiten im Bereich von 0,1 ms. EtherCAT eignet sich dadurch aber nur für kleine bis mittlere Netzwerke in der Fertigungstechnik.

Ethernet-APL (Advanced Physical Layer)

Für große Anlagen in der Prozessindustrie mit Tausenden von Feldgeräten wurde Ethernet-APL entwickelt. Es ermöglicht eine schnelle Kommunikation der SPSen mit den Feldgeräten über 2-Drahtleitungen, über die auch die Stromversorgung der Feldgeräte erfolgen kann. Die Vernetzung erfolgt durch spezielle APL-Field-Switches, die die Feldgeräte auch explosionsgeschützt ansteuern können.

Ein APL-Netzwerk kann direkt an ein Ethernet-Netzwerk wie in Bild 2.16 angekoppelt werden. Der Datenaustausch zwischen SPSen und Feldgeräten erfolgt z. B. über ProfiNet, so dass eine Integration der Feldgeräte in das IT-Netzwerk der Anlage sehr einfach ist [164].

■ 2.7 Bedienen und Beobachten

Automatisierung findet selten zu 100 % statt. Im Allgemeinen muss ein Bediener den Prozess überwachen und auch die Möglichkeit haben, in besonderen Fällen in den Prozess einzugreifen. Diese Möglichkeit bieten *Human Machine Interfaces (HMI)*. Oft ist eine Bedienung und Beobachtung unmittelbar vor Ort an der Maschine durch Taster und Leuchten vorgesehen, die wie in Bild 2.17a an die Ein-/Ausgangskanäle der SPS angeschlossen sind.

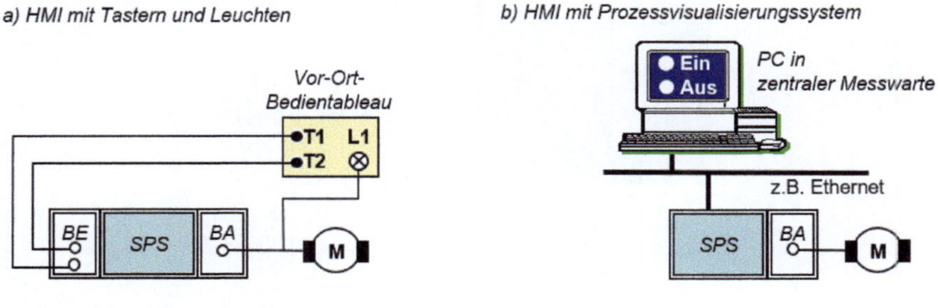

Bild 2.17 Vor-Ort- und Zentral-Bedienung eines Motors

Meistens erfolgt die Bedienung heutzutage durch eine Visualisierungssoftware, die auf einem PC, Tablet oder Touch-Panel läuft. Diese HMI-Systeme sind über LAN oder WLAN mit der SPS verbunden und können direkt auf SPS-interne Variablen zugreifen, um Prozesszustände anzuzeigen oder Geräte per Mausklick zu bedienen (s. Bild 2.17b).

2.7.1 Elemente der Prozessvisualisierung

Die Visualisierungsoberfläche einer SPS erlaubt es,

- den Aufbau der *Anlage* grafisch darzustellen,
- außerdem Textmeldungen als *Alarme* oder *Bedienhinweise* anzuzeigen und
- den zeitlichen Verlauf von *Messsignalen* aufzuzeichnen.

Prozessgrafik

Mithilfe von Linien, Ellipsen, Rechtecken und anderen Werkzeugen kann der statische Aufbau der Anlage gezeichnet werden und zwar mit Symbolen für die eingesetzten Sensoren und Aktoren der Anlage. Ihr Zustand wird dann farblich dynamisiert, d. h. das Symbol des Ventils in Bild 2.18a färbt sich beispielsweise grün, wenn es geöffnet ist, im geschlossenen Zustand bleibt es dagegen weiß eingefärbt.

Hierzu kann über die Eigenschaft des Grafikelements ein Farbumschlag in Abhängigkeit vom Wert einer SPS-Variablen konfiguriert werden. Im Beispiel von Bild 2.18a wird eine globale Variable verknüpft, die in den Eigenschaften des Grafikelements angegeben wird. Der Niveauschalter wird farblich rot dargestellt, wenn die Variable `LSH` den Wert `TRUE` hat.

Außerdem kann der Bediener über ein Bedienfester, ein sog. *Faceplate*, bei entsprechender Berechtigung per Mausklick das Ventil manuell auf- oder zufahren. In Bild 2.18a ändert die globale Variable `YS` ihren Wert von `FALSE` auf `TRUE`, wenn der Bediener im Faceplate des Ventils mit der Maus auf das Symbol `AUF` drückt.

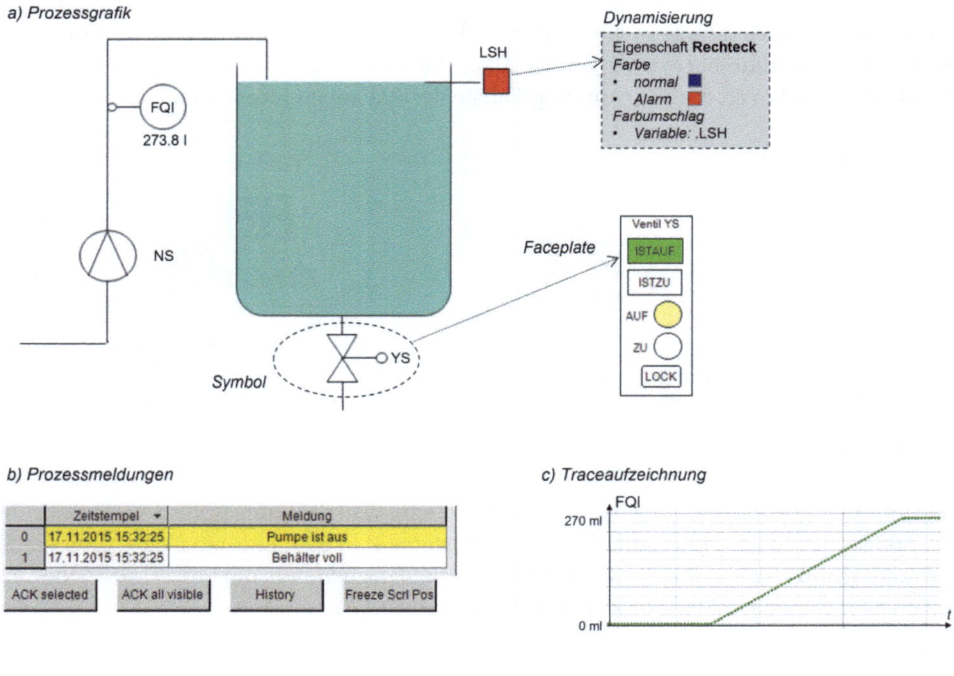

Bild 2.18 Dynamisierung einer Prozessgrafik durch Verknüpfung von Grafikelementen mit SPS-Variablen

Zum Zeichnen des Prozessgrafikbildes steht als Vorgabe häufig ein *Anlagenschema* zur Verfügung. In der Prozessautomatisierung (Process Control Engineering, PCE) wird dieses Anlagenschema auch als Rohrleitungs- und Instrumentenschema, kurz R+I-Schema, bezeichnet.

Alarmmeldungen

Für bestimmte Prozesszustände werden Alarmmeldungen erzeugt, um die Aufmerksamkeit des Bedieners darauf zu lenken. Beispielsweise werden in Bild 2.18b in einer Alarmliste die Meldungen "´Behälter ist voll" erzeugt, wenn die Variable `LSH=TRUE` ist. Der Bediener muss die Meldung mit der Taste `ACK` quittieren. Alarmmeldung können auch per E-Mail an den Bediener geschickt werden. Die Erstellung der Alarmkonfiguration in Codesys wird in Übung 2.5 behandelt.

Traceaufzeichnung

Es gibt auch die Möglichkeit den zeitlichen Verlauf eines analogen Messsignals aufzuzeichnen. In sog. Traceaufzeichnungen wird wie beispielsweise in Bild 2.18c die in den Tank eingefüllte Menge der Flüssigkeit dargestellt. Hierzu sind im Menü der Tracekonfiguration die entsprechenden Variablen auszuwählen, deren zeitlicher Verlauf aufgezeichnet werden soll.

Kennzeichnung der Feldgeräte

Nach IEC 62424 werden Art und Funktion der Sensoren und Aktoren im Anlagenschema durch Kennbuchstaben abgekürzt [68]. Gemäß Tabelle 2.3 wird zwischen PCE-Kategorien und PCE-Verarbeitungsfunktion unterschieden. Beispielsweise steht beim Buchstabencode `FQI` in Bild 2.18a das `F` für Flow (Durchfluss), `Q` für das zeitliche Integral des Durchflusses, also die durchgeflossene Menge, und `I` für ihre Analoganzeige in der HMI.

Die PCE-Kategorie in Tabelle 2.3 gibt also an, um welche Art Sensor oder Aktor es sich handelt. Motoren werden mit dem Kennbuchstaben `N` abgekürzt, Ventile mit `Y`. Die Kennbuchstaben der Sensoren sind meistens die Erstbuchstaben der englischen Messgrößenbezeichnung (z. B. Level, Flow, Pressure etc.).

Die folgenden Kennbuchstaben geben die PCE-Verarbeitungsfunktionen des Sensors oder Aktors an. Daraus ergeben sich für den SPS-Programmierer Vorgaben, wie Messsignale eingelesen und zu Stellsignalen verarbeitet und ausgegeben werden sollen [57].

Beispiele für die Kennzeichnung häufiger Sensoren und Aktoren sind:

- `NS`: Ein/Aus-Motor,
- `NC`: Drehzahlgeregelter Motor,
- `YS`: Auf/Zu-Ventil,
- `YC`: Regelventil,
- `LSL`: Niveauschalter, der bei unterem Grenzwert schaltet,
- `LZAH`: Niveauschalter mit Notabschaltung und Alarm an oberer Grenze,
- `TICR`: Temperaturregler mit Aufzeichnung des Temperaturverlaufs,
- `FQISH`: Durchflussmengensensor mit Abschaltung bei oberem Grenzwert.

Im Folgenden wird diese Codierung in den Anlagenschemata der betrachteten Beispiele verwendet, weil damit die meisten Anforderungen an die SPS-Software vorgegeben werden, ohne dass sie durch viel Text umständlich beschrieben werden müssen.

Tabelle 2.3 Kennbuchstaben für Sensoren und Aktoren nach IEC 62424

PCE-Kategorie der Mess- oder Stellgröße	
A	Analyse (Analysis)
B	Flammenüberwachung (Burner Combustion)
D	Dichte (Density)
E	Elektrische Spannung (Voltage)
F	Durchfluss (Flow)
G	Abstand, Länge, Stellung (Gauging)
H	Handeingabe oder Handeingriff (Hand)
I	Elektrischer Strom (Current)
K	Zeitbasierte Funktion (Time Schedule)
L	Füllstand (Level)
M	Feuchte (Moisture)
N	Stellglied (Motor)
P	Druck (Pressure)
Q	Menge oder Anzahl (Quantity)
R	Strahlung (Radiation)
S	Geschwindigkeit, Drehzahl, Frequenz (Speed)
T	Temperatur (Temperature)
U	Verknüpfung/Berechnung in der Steuerung (PCE-Leitfunktion)
V	Schwingung (Vibration)
W	Gewicht, Masse, Kraft (Weight)
Y	Stellventil

PCE-Verarbeitungsfunktion	
A	Alarm, Meldung (Alarming)
B	Beschränkung, Eingrenzung (Border)
C	Regelung/Steuerung (Controlling)
D	Differenz (Difference)
F	Verhältnis (Fraction)
H	Oberer Grenzwert, an, offen (High)
I	Analoganzeige (Indicating)
L	Unterer Grenzwert, aus, geschlossen (Low)
O	Binäranzeige (optische Ein/Aus-Anzeige)
Q	Integral, Summe (Quantity)
R	Speicherung/Aufzeichnung (Recording)
S	Binäre Steuerungsfunktion oder Schaltfunktion (Switching)
T	Transmitter, für Analogwertverarbeitung (Monitoring)
Y	Rechenfunktion
Z	Sicherheitsgerichtete Schaltfunktion (Emergency)

2.7.2 Datenaustausch zwischen HMI und SPS

Der Datenaustausch zwischen HMI und SPS erfolgt über ein Client-Server-Modell. Ein Server ist ein Programm, das die Daten ausgewählter SPS-Variablen zyklisch zur Verfügung stellt, ohne sich darum zu kümmern, wer diese Daten verwendet. Die aktuellen Werte der SPS-Variablen werden als *Items* bezeichnet. Ein beliebiger Client kann auf diese Items zugreifen, um sie z. B. in einer HMI zu visualisieren [81].

Beispiel 2.9: Client-Server-Modell

In der Anlage nach Bild 2.19 soll ein Behälter durch eine Pumpe `NS` befüllt werden, bis ein Niveauschalter `LSH` meldet, dass der Behälter voll ist. Das SPS-Programm steuert die Pumpe an, wenn das Abflussventil `YS` geschlossen und der Behälter noch nicht voll ist.

Für den Datenaustausch mit der HMI stellt der Server die aktuellen Werte der SPS-Variablen `YS`, `LSH` und `NS` als Items bereit. Der Client liest diese Items und visualisiert sie in der HMI, z. B. indem die Pumpe im Ruhezustand weiß und im laufenden Betrieb grün dargestellt wird.

Der Bediener kann das Ventil YS per Mausklick auf das Ventilsymbol öffnen und schließen. Dadurch verändert die HMI den Wert des Items `YS` von `FALSE` auf `TRUE` bzw. von `TRUE` auf `FALSE`. Der Server aktualisiert den Wert in der SPS, so dass der Behälter entleert wird bzw. die Pumpe wieder anläuft.

Wenn das Visualisierungssystem mit der SPS in *einem* System integriert ist, muss der Anwender die Client-Server-Verbindung nicht konfigurieren, sondern die SPS-Variablen stehen im Visualisierungssystem direkt zur Dynamisierung zur Verfügung (s. Bild 2.18a).

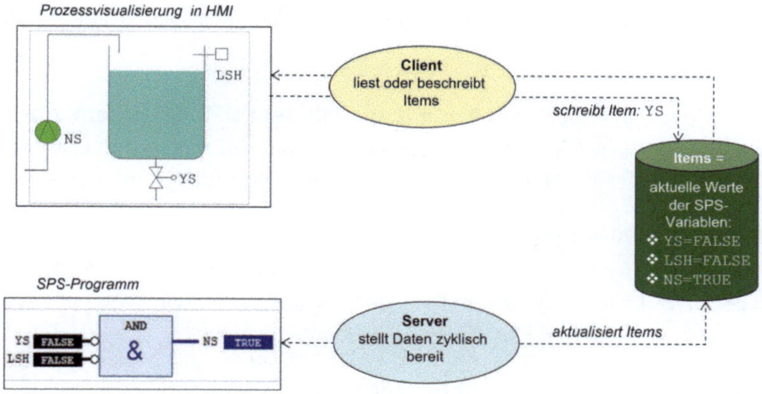

Bild 2.19 Ein Serverprogramm in der SPS stellt die aktuellen Werte der SPS-Variablen in einer Item-Liste bereit, auf die ein beliebiger Client zum Lesen und Beschreiben zugreifen

SCADA-Systeme

Größere Anlagen werden oft von mehreren Automatisierungssystemen (SPS, SSPS, PLS) unterschiedlicher Hersteller gesteuert. Um dem Bediener trotzdem eine einheitliche Visualisierungsoberfläche zu bieten, werden SPS-unabhängige HMIs, wie z. B. InTouch von Wonderware, eingesetzt [184]. Solche SPS-unabhängigen HMIs sind oft in SCADA-Systemen (Supervisory Control and Data Analysis) realisiert, die vorgefertigte Module zur Prozessführung und Prozessdatenanalyse ähnlich wie in Bild 10.13 anbieten.

Herstellerübergreifende Kommunikation mit OPC

Der herstellerübergreifende Datenaustausch zwischen den SCADA-Systemen und den SPSen erfolgt meist über OPC (Open Platform Communication) [91, 50, 102, 112, 110]. Die meisten SPS- und PLS-Hersteller bieten hierfür einen OPC-Server an, der die Items wie in Bild 2.19 in einem standardisierten Format zur Verfügung stellt. Die HMIs anderer Hersteller können dann als OPC-Clients mit standardisierten Methoden auf diese Items zugreifen.

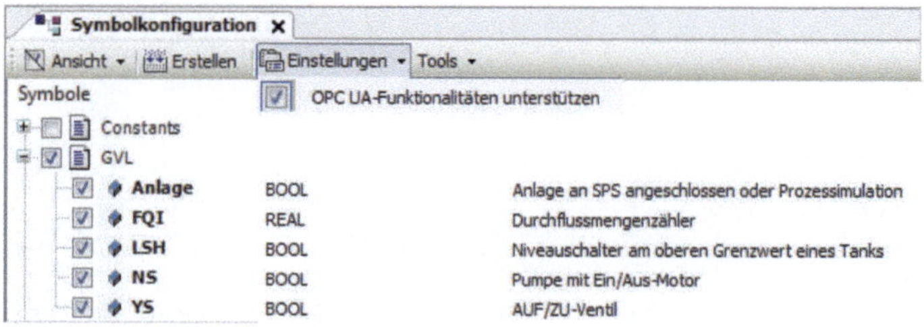

Bild 2.20 In der Symbolkonfiguration werden die Variablen ausgewählt, deren Werte der OPC-Server als Items bereitstellen soll

Beispiel 2.10: Konfiguration des OPC-UA-Servers in Codesys

Im Allgemeinen ist der OPC-Server wie in Bild 2.20 einfach durch Anklicken im SPS-Programmiersystem zu aktivieren. In Codesys sind außerdem die Variablen, deren Werte ausgetauscht werden sollen, in einer sog. Symbolkonfiguration auszuwählen. Für das einfache Beispiel der Tankbefüllung werden die Variablen der Global Variable

List (GVL) angewählt. Der OPC-Server läuft dann automatisch im Hintergrund und aktualisiert zyklisch die Werte zwischen SPS und Item-Liste.

Beispiel 2.11: Lesen und Schreiben von Items mit dem OPC-UA-Client von Node-RED

Um eine Verbindung mit dem Server aus Beispiel Beispiel 2.10 aufzubauen, wird im OPC-Client die sog. Node-ID zur Adressierung benötigt. Diese kann mit einem OPC-Testclient für die einzelnen Variablen ermittelt werden (s. Übung 2.6).

Für die Variable `YS` in Bild 2.20 ist die Node-ID:

```
NodeID: ns=4;s=|var|Codesys Control Win V3 x64.Tank_UAServer.GVL.YS
```

Darin werden der Server „Codesys Control Win x64 V3 x64“, die Application „Tank_UAServer“ im Projekt und das Item `YS` in der GVL (Global Variable List) spezifiziert.

Bild 2.21 Lesen und Beschreiben von Items im OPC-Client, die vom Server in der SPS aktualisiert werden

Als Client wird nun die IoT-Software Node-RED verwendet, die auf einem lokalen Rechner oder in der Cloud laufen kann und im Webbrowser konfiguriert wird [123]. Hierfür sind Bibliotheken verfügbar, die Bausteine zur Definition der Items und zum Lesen und Schreiben von einem Server bereitstellen. Im Baustein „OPC UA Item“ nach Bild 2.21 wird bei Eintrag der richtigen NodeID ein *Item* zum Lesen oder Schreiben definiert. Der Datenaustausch erfolgt dann durch den Baustein „OPC UA Client“, nachdem der Rechnername des Servers und der OPC-Port 4840 eingetragen wurden.

Node_RED bietet auch eine rudimentäre Visualisierung mit Schaltern, Leuchten und Charts, die wie in Bild 2.21b die historischen Daten der Durchflussmenge aufzeichnen. Die Software zu diesem Beispiel kann auf der SPS-Lern-und-Übungsseite getestet werden.

2.7.3 Ankopplung der Prozessvisualisierung an SPSen

Server und Client können gemäß Bild 2.22 in verschiedenen Systemen laufen. Bei der sogenannten Target-Visualisierung nach Bild 2.22a arbeiten HMI-Client und Server zusammen mit einer Soft-SPS im Zielsystem. Dieses ist meist ein Industrie-PC, an den direkt ein Bildschirm angeschlossen werden kann, um den Prozess bedienen und beobachten zu können.

Oft laufen SPS, HMI-Server und HMI-Clients aber auf unterschiedlichen Systemen. Bei der PC-Visualisierung nach Bild 2.22b greift der HMI-Server von einem PC aus auf die SPS-Variablen einer Hardware-SPS zu. Der HMI-Client kann die Items dann über Ethernet vom Server lesen bzw. beschreiben.

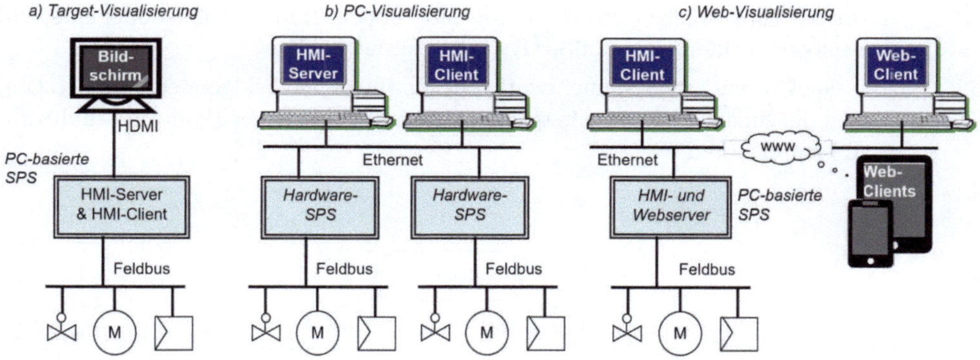

Bild 2.22 Ankopplung von Human Machine Interfaces (HMIs) an die SPS

Schließlich bieten viele SPS-Hersteller auch eine Webvisualisierung an. Dabei läuft der Web-Server wie in Bild 2.22c dargestellt in der SPS. Die Web-Clients tauschen dann Daten zyklisch mit dem Webserver aus, so dass die Anlage, weltweit im Webbrowser eines PCs, Tablets oder Smartphones bedient und beobachtet werden kann (näheres siehe Abschnitt 8.2.3).

2.7.4 Prozessleitsysteme

Zur Automatisierung großer Anlagen werden mehrere SPSen und HMIs über ein industrielles Ethernet zusammengeschaltet (vgl. Bild 2.22b).

Die Hersteller von Prozessleitsystemen, die für verfahrenstechnische Anlagen eingesetzt werden, optimieren diese Integration, so dass der Anwender den Datenaustausch zwischen den Modulen nicht einzeln programmieren muss. Auch die Programmierung von SPSen und HMIs erfolgt mithilfe vorkonfektionierter Bausteine, die der Programmierer für seine Anwendung dann nur zusammenschaltet und konfiguriert.

Zusammenfassung

In diesem Kapitel wurden viele Komponenten industrieller Automatisierungssysteme vorgestellt, die in Bild 2.23 noch einmal zusammengefasst sind.

Beim Systementwurf werden die Anforderungen an das Automatisierungssystem vom Auftraggeber in einem *Lastenheft* beschrieben. Anhand dieser beschriebenen Use-Cases kann entschieden werden, welche SPS- und HMI-Arten einzusetzen sind. Aus dem *Anlagenschema*, das meist Bestandteil des Lastenhefts ist, kann der Automatisierer ablesen, wie viele und welche Feldgeräte (Objekte) an das Automatisierungssystem anzukoppeln sind. Beispielsweise erkennt man aus dem Anlagenschema nach Bild 2.18a, dass für das Auf/Zu-Ventil `YS` und den Ein/Aus-Motor der Pumpe `NS` jeweils ein binärer Ausgangskanal und für den Niveauschalter ein binärer Eingangskanal vorgesehen werden muss. Der Kennbuchstabe `I` des Durchflussmengenzählers FQI zeigt an, dass ein analoger Eingangskanal vorzusehen ist. Gemäß dem *Verdrahtungskonzept* werden diese E/A-Kanäle durch Zwei-/Vierleitertechnik oder Feldbustechnik an die SPS angekoppelt. Der im Lastenheft ggf. geforderte *Explosionsschutz* kann durch eigensichere E/A-Baugruppen, Trennverstärker oder einen eigensicheren Feldbus wie ProfiBus PA gewährleistet werden.

Der objektorientierte Systementwurf geht somit von den Feldgeräten, also den Objekten der Anlage aus. Diese bestimmen Art und Umfang der Hardware- und Softwarekomponenten.

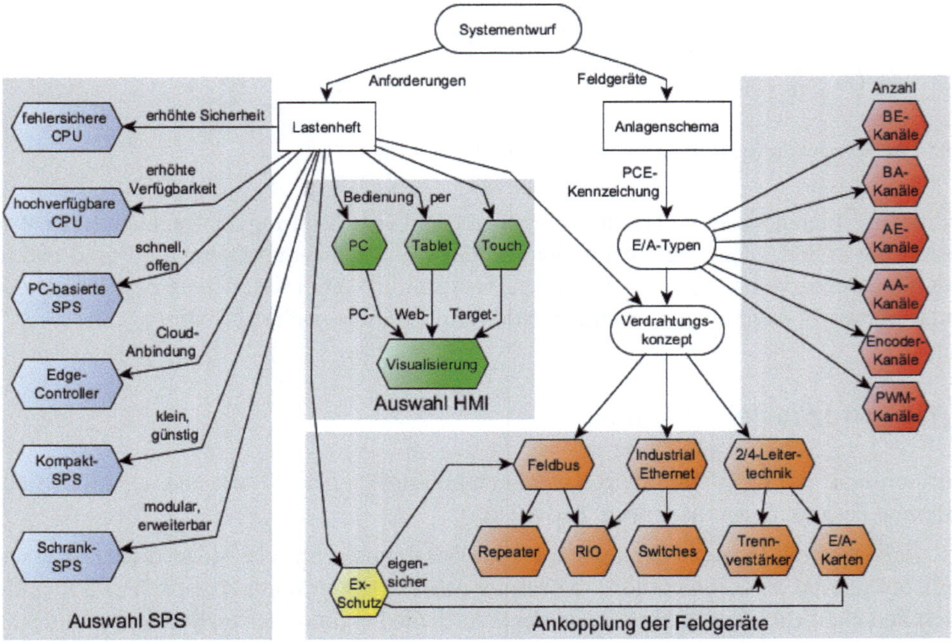

Bild 2.23 Vorgehen beim Systementwurf für Automatisierungssysteme

Wiederholungsfragen

1. Wie ist die Hardware einer SPS aufgebaut? Beschreiben Sie die Funktion der einzelnen Ressourcen!
2. Welche SPS-Arten gibt es?
3. Wie erfolgt die Informationsverarbeitung in einer SPS?
4. Erläutern Sie, wie die SPS binäre und analoge Signale einlesen und ausgeben kann!
5. Erläutern Sie, wie Encodersignale eingelesen werden können!
6. Erläutern Sie, wie Schrittmotoren angesteuert werden können!
7. Wie werden Feldgeräte konventionell an eine SPS angekoppelt?
8. Welche Voraussetzung müssen busfähige Feldgeräte erfüllen?
9. Kann man Feldgeräte mit klassischer Schnittstelle über Feldbus an die SPS ankoppeln?
10. Was sind die Vorteile der Feldbustechnik?
11. Wie erfolgt die Datenübertragung zwischen SPS und Feldgeräten bei Profibus, ProfiNet und EtherCAT?
12. Welche Funktionen realisieren Prozessvisualisierungssysteme?
13. Geben Sie die PCE-Kennzeichnung von Motoren, Ventilen, Durchflussmengenzählern, Temperaturreglern, Niveauschaltern etc. an!
14. Wie erfolgt der Datenaustausch zwischen SPS und HMI über OPC-UA?
15. Welche Varianten gibt es zur Ankopplung der Prozessvisualisierung an die SPS?

Die Antworten finden Sie auf der SPS-Lern-und-Übungsseite.

Übung 2.1: Zwei- und Vierleitertechnik

Zur Temperaturmessung soll ein Widerstandsthermometer R_T (z. B. vom Typ Pt100) an die SPS angeschlossen werden. Mit der Zweileiterschaltung nach Bild 2.24a entsteht das Problem, dass der Spannungsabfall am Leitungswiderstand R_L die Messung unzulässig verfälscht. Deshalb wird in solchen Fällen die Vierleiterschaltung nach Bild 2.24b verwendet, bei der zwei Leiter als Messleitung und die beiden anderen Leiter als Versorgungsleitung dienen [94].

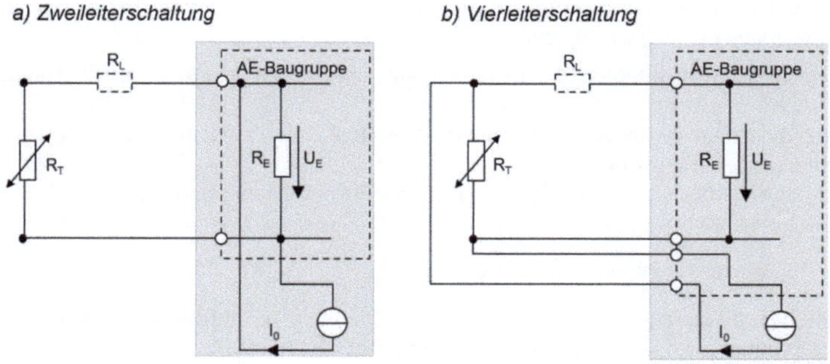

Bild 2.24 Ankopplung eines Widerstandsthermometers an eine analoge Eingangsbaugruppe

Bestimmen Sie jeweils die Eingangsspannung U_E bei einer Entfernung zwischen Sensor und Schaltraum von 100 m, einem Leitungswiderstand R_L von 1 Ω und einem Widerstandsthermometer, das bei Betriebstemperatur einen Wert von 100 Ω einnimmt! Der Eingangswiderstand des A/D-Wandlers R_E kann als annähernd unendlich angenommen werden. Die Stromversorgung liegt bei I_0 =2,5 mA.

Die Lösung zu dieser Übung finden Sie auf der SPS-Lern-und-Übungsseite.

Übung 2.2: Planung einer Schrank-SPS

Für eine verfahrenstechnische Anlage soll das Steuerungssystem konzipiert werden. Hierfür ist es notwendig, die ungefähre Anzahl der benötigten Ein-/Ausgabe-Baugruppen, CPUs etc. abzuschätzen. Die Anlage besteht aus:

- 100 Motoren mit jeweils 3 binären Eingängen und 1 binären Ausgang in die SPS,
- 200 Ventilen mit jeweils 2 binären Eingängen und 1 binären Ausgang in die SPS,
- 5 Messgeräten für Druck mit 1 Analogeingang in die SPS,
- 5 Messgeräten für Füllstand mit 1 Analogeingang in die SPS,
- 15 Messgeräten für Temperatur mit 1 Analogeingang in die SPS und

- 10 Temperaturreglern mit jeweils 1 Analogein- und -ausgang in die SPS.

Für die Realisierung der Software wird davon ausgegangen, dass die Programme zur

- Steuerung der Motoren jeweils 30 Funktionsbausteine umfassen und mit einer Zykluszeit von 500 ms abgearbeitet werden,
- Steuerung der Ventile jeweils 20 Funktionsbausteine umfassen und mit einer Zykluszeit von 1000 ms abgearbeitet werden,
- Auswertung der Messgeräte jeweils 5 Funktionsbausteine umfassen und
  - für Druck mit einer Zykluszeit von 500 ms,
  - für Temperatur mit einer Zykluszeit von 5000 ms und
  - für Füllstand mit einer Zykluszeit von 1000 ms abgearbeitet werden, und die Programme zur
- Ansteuerung der Temperaturregler jeweils 10 Funktionsbausteine umfassen und mit einer Zykluszeit von 5000 ms abgearbeitet werden.

Es soll nun ein Schaltschrank-System auf Basis von Hardware-SPSen entworfen werden.

a) Schätzen Sie die notwendige Anzahl von CPUs ab, wenn eine CPU im Mittel 10000 Bausteine mit einer Zykluszeit von durchschnittlich 1 s abarbeiten kann!
b) Berechnen Sie die notwendige Anzahl an Binäreingangsbaugruppen mit 32 Eingängen, Binärausgangsbaugruppen mit 16 Binärausgängen, Analogeingangsbaugruppen mit 24 Analogeingängen und Analogausgangsbaugruppen mit 12 Analogausgängen!
c) Wie viele Schaltschränke sind erforderlich, wenn ein Schrank mit 30 Steckplätzen für E/A-Baugruppen bestückt ist? Zeichnen Sie die Hardwarekonfiguration!
d) Wie erhöht sich die Anzahl an Schränken und Baugruppen, wenn eine Kanalreserve von 30 % einzuplanen ist?

Eine Lösung zu dieser Übung finden Sie auf der SPS-Lern-und-Übungsseite.

Übung 2.3: Planung einer Soft-SPS

Für die Anlage aus Übung 2.2 soll nun ein Steuerungssystem mit Soft-SPS und Feldbusankopplung der Geräte im PC geplant werden. Die Motoren und Ventile werden über insgesamt drei Remote-I/O-Geräte angeschlossen, die Sensoren und Regler sind busfähige Feldgeräte.

a) Wie viele Repeater sind erforderlich, die die Bussignale in Segmenten mit mehr als 32 Teilnehmern verstärken müssen?
b) Wie hoch liegt die maximale Rechenzeit für einen 100-MHz-Prozessor, wenn pro Baustein durchschnittlich 100 Bitoperationen ausgeführt werden?
c) Welche Zykluszeit ergibt sich, wenn sich die Zeit für die Softwareverarbeitung und die Datenübertragung folgendermaßen berechnet:

$$t_{\text{ü}} = [13 \cdot (6 + n) + 4 \cdot m] \cdot t_{Bit} + t_{SW} + 2 \cdot t_{PH} \tag{2.5}$$

mit: n Anzahl der Nutzdatenbytes, m Anzahl der Busteilnehmer, t_{Bit} Bitdauer = 0,002 ms, t_{SW} Zykluszeit der Ansteuerungsprogramme, t_{PH} Signallaufzeit auf dem Kabel = 0,016 ms.

Eine Lösung zu dieser Übung finden Sie auf der SPS-Lern-und-Übungsseite.

Übung 2.4: Erstellung einer Anzeige- und Bedienoberfläche

Für die in Bild 2.25 skizzierte Tanksteuerung soll eine Prozessvisualisierung mit Codesys erstellt werden. Der Bediener soll das Auffahren des Ventils YS per Mausklick auf das Ventilsymbol in der Visualisierungsoberfläche (3) verursachen können. Dazu ist in den Eigenschaften des Symbols (4) unter Eingangskonfiguration die entsprechende globale Variable einzutragen. Die globalen Variablen werden zentral deklariert (1).

Das Steuerungsprogramm `BEFUELL` (2) bewirkt, dass nach Auffahren des Ventils die Zulaufpumpe NS automatisch aktiviert wird, wenn der Behälter nicht voll, d. h. `LSH=FALSE`, ist. Ist der Behälter voll, schaltet die Pumpe automatisch ab.

a) Laden Sie von der SPS-Lern-und-Übungsseite die Datei `U2_4Tank.project` und öffnen Sie sie im Programmiersystem Codesys V3.5, das nach Registrierung unter [30] als Demo-Version oder über die SPS-Lern-und-Übungsseite kostenlos zum Download zur Verfügung steht (s. Anhang)!
b) Skizzieren Sie in der Visualisierung Tankbefuellung zunächst das statische Anlagenbild wie in Bild 2.25 dargestellt!
c) Für das Ventil `YS`, die Pumpe `NS` und den Niveauschalter `LSH` sind Farbwechsel zu konfigurieren, wenn die jeweilige Variable `TRUE` wird.

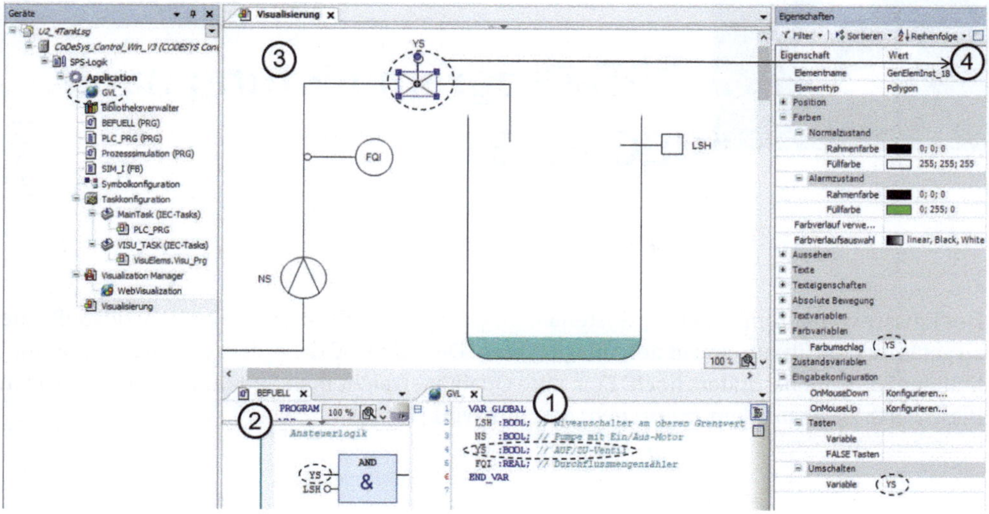

Bild 2.25 Steuerung und Visualisierung einer Tankanlage mit Variablendeklaration (1), Steuerungsprogramm (2), Visualisierungsoberfläche (3) und Eigenschaften des Ventilsymbols (4)

d) Außerdem soll durch einen Mausklick des Bedieners auf das ventilsymbol die Variable `YS` ihren Wert von `FALSE` auf `TRUE` bzw. umgekehrt ändern.

Eine Lösung zu dieser Übung finden Sie auf der SPS-Lern-und-Übungsseite.

Übung 2.5: Konfiguration von Alarmmeldungen

In die Anzeige- und Bedienoberfläche aus Übung 2.4 soll eine Meldeliste zur Alarmierung bestimmter Prozesszustände hinzugefügt werden.

a) Fügen Sie zur Anzeige- und Bedienoberfläche aus Übung 2.4 eine Alarm Configuration hinzu!
b) Legen Sie darin eine Alarmgruppe an!
c) Konfigurieren Sie die Meldung „Behälter voll“ als Error, der quittiert werden muss, wenn `LSH=TRUE` ist!
d) Konfigurieren Sie die Meldung " ´Pumpe läuft nicht“ als Warning, wenn `NS=FALSE` ist!

Eine Lösung zu dieser Übung finden Sie auf der SPS-Lern-und-Übungsseite.

Übung 2.6: Test des OPC-Servers mit UaExpert

Zum Test des OPC-Servers von Codesys kann das Programm UaExpert der Fa. Unified Automation als OPC-Client benutzt werden. Dieses steht kostenlos als Download im Internet zur Verfügung. Es zeigt als OPC-Testclient die Werte der SPS-Variablen online an.

a) Laden und installieren Sie das Programm *UaExpert* über die SPS-Lern-und-Übungsseite!
b) Starten Sie die Soft-SPS „CODESYS Control Win V3 x64“ in der Symbolleiste mit der rechten Maustaste! (Wenn das Symbol nicht vorhanden ist, kann die Soft-SPS auch über Windows-Start-Taste->Alle Apps->CODESYS Control Win V3 x64 starten).
c) Aktivieren Sie im Projekt `B2_11_OPCUA.project` den OPC-UA-Server und führen Sie die Symbolkonfiguration aus, wie in Bild 2.20 gezeigt!
d) Laden Sie das Programm in die Soft-SPS und starten Sie den Testclient *UaExpert*!
e) Verbinden Sie UaExpert mit dem OPC-Server von Codesys und suchen Sie unter DeviceSet nach den übertragenen Items!
f) Wie ist die Node-ID der Items FQI, LSH, NS und YS?

Eine Lösung zu dieser Übung finden Sie auf der SPS-Lern-und-Übungsseite.

3 SPS-Programmierung nach IEC 61131

Der Einsatz von Automatisierungssystemen birgt immer das Risiko, dass Fehler in der Software zu gefährlichen Situationen in der Anlage führen. Deshalb sind die Anforderungen an die Qualität der Software besonders hoch. Eine gute Qualität erreicht man, indem die Software wie in Bild 3.1 skizziert vor allem *transparent* gestaltet wird [54].

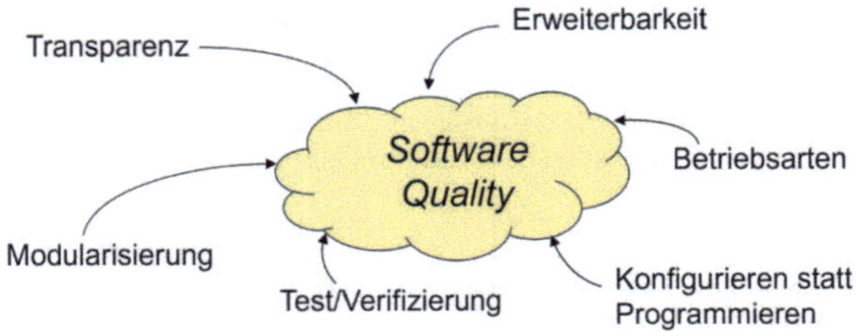

Bild 3.1 Maßnahmen zur Erhöhung der Software Quality in Automatisierungssystemen

Hierfür sieht die IEC 61131 nicht nur textuelle Programmierung von Quellcode, sondern auch *grafische* Programmierung vor. Damit können Funktionsbausteine als Module wie in einem Blockschaltbild zusammengefügt werden und es entsteht eine Software, die modular und verständlich ist, so dass der Betreiber Änderungen oder Erweiterungen durch *Konfigurieren statt Programmieren* selbst vornehmen kann. Außerdem hat die projektübergreifende Nutzung dieser Module enorme Synergieeffekte und Kosteneinsparungen zur Folge [55, 65, 179].

Für das Testen der Software ist es wichtig, Betriebsarten für die Module zu programmieren, damit Feldgeräte sowohl manuell als auch automatisch angesteuert werden können.

3.1 Softwaremodell

Das Softwaremodell beschreibt den Aufbau der SPS-Software. Sie besteht zunächst wie in Bild 3.2 dargestellt aus der Steuerungskonfiguration, die die Hardwareressourcen der eingesetzten Steuerung im Programmiersystem bekannt macht. Dann lassen sich mit Function Codes (FCs) und Funktion Blocks (FBs) modulare Programme entwickeln, die von Tasks abgearbeitet werden. Der Datenaustausch zwischen den Programmen erfolgt über globale Variablen, sog. Datenbausteine.

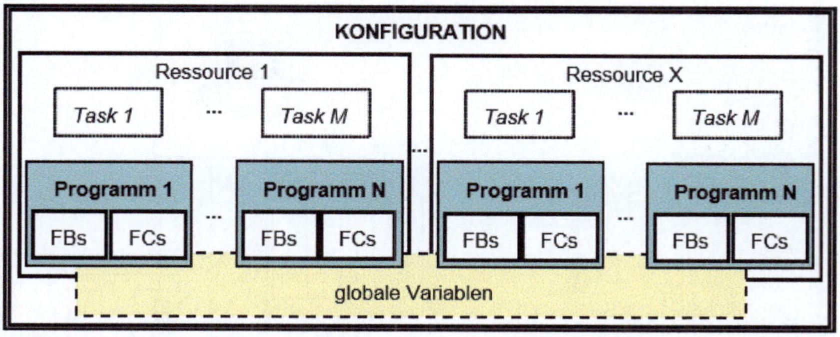

Bild 3.2 Das Softwaremodell umfasst die Konfiguration einer Steuerung mit ihren Hardware-Ressourcen. Auf diesen laufen Tasks, die Programme mit Funktionsbausteinen (FBs) und Funktionen (FCs) abarbeiten

3.1.1 Steuerungskonfiguration und Ressourcen

Durch die Steuerungskonfiguration wird die *Hardwarestruktur* des Automatisierungssystems im Programmiersystem bekannt gemacht. Hierzu wählt der Benutzer Hardwarekomponenten als Ressourcen aus, die er in seinem Automatisierungssystem einsetzt. In den meisten Programmiersystemen erfolgt die Auswahl wie in Bild 3.3 menügesteuert, d. h. man kann die eingesetzten Ressourcen in einem Menükatalog auswählen und dann grafisch in den Hardwarestrukturplan ziehen, sie mit dem verwendeten Bussystem verbinden und schließlich die Baugruppen auch per Drag and Drop an den angestrebten Steckplatz in der SPS oder der RIO ziehen.

Wenn Hardwarekomponenten anderer Hersteller verwendet werden, sind diese im Programmiersystem bekannt zu machen. Dazu muss eine *Beschreibungsdatei* des Geräts vom Hersteller geliefert oder von seiner Webseite geladen werden [74]. Diese Gerätestammdatei (General Station Description, GSD) oder Electronic Device Description (EDD) ist für jede fremde Ressource in das SPS-Programmiersystem zu laden (siehe Bild 3.3).

Somit erkennt die SPS, welche Slaves am Feldbus angeschlossen sind und welche Daten sie übertragen sollen. GSD bzw. EDD sind quasi ein elektronisches Datenblatt des intelligenten Feldgeräts und beinhalten wichtige Eigenschaften wie

- Hersteller, Gerätetyp,
- Geräte- und Busparameter,
- Art und Anzahl der zyklischen Übertragungsdaten (Mess- und Stellwerte),
- Art und Anzahl der azyklischen Übertragungsdaten (Meldungen, Parameter).

Heutzutage werden oft strukturierte XML-Dateien zur Gerätebeschreibung eingesetzt, die demnach GSDML- bzw. EDDL-Dateien heißen. Für komplexere Feldgeräte (z. B. Umrichter, HMIs oder RIOs) kann ein Device Type Manager (DTM) zur Einbindung und Konfigurierung in die SPS importiert werden. Der DTM ist vergleichbar mit einem Druckertreiber, mit dem sich auch Anwendungsprogramme, die im Feldgerät laufen, von der SPS aus parametrieren lassen, z. B. die Drehzahlregelung in einem Umrichter [74].

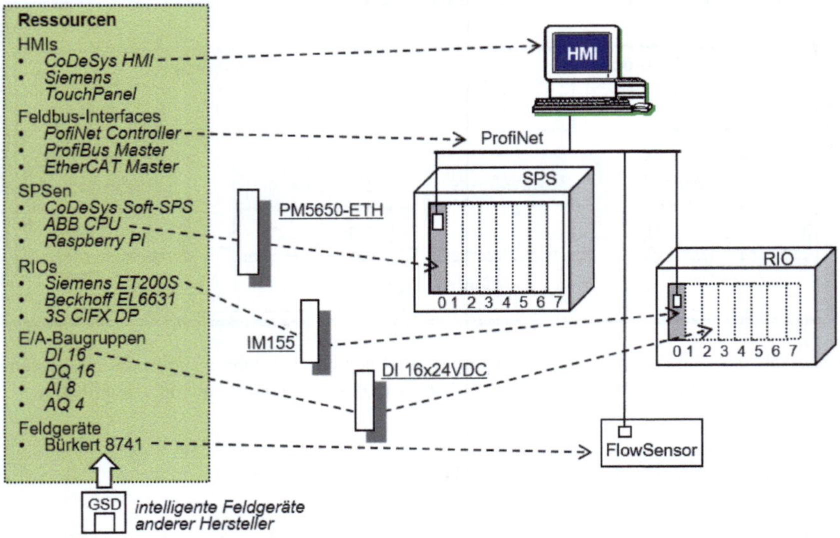

Bild 3.3 Auswahl der Ressourcen in der Steuerungskonfiguration

Beispiel 3.1: Konfiguration einer Soft-SPS

Mit dem Programmiersystem Codesys V3.5 kann SPS-Software entwickelt und auf einer Soft-SPS, die auf demselben PC läuft, getestet werden. Eine in der Simulation unbegrenzte Demo-Version kann kostenlos vom Hersteller oder über die SPS-Lern-und-Übungsseite geladen werden.

Dazu öffnet man ein neues Projekt und fügt als Steuerungsgerät die Soft-SPS „Codesys Control Win V3" in der Steuerungskonfiguration in Bild 3.4a hinzu. Mit der rechten Maustaste und „Gerät anhängen" können weitere Ressourcen wie z. B. eine HMI, ein Flow Sensor oder eine RIO hinzugefügt werden. Dabei wird die normale Ethernet-Schnittstelle des PCs als *ProfiNet-Controller* genutzt.

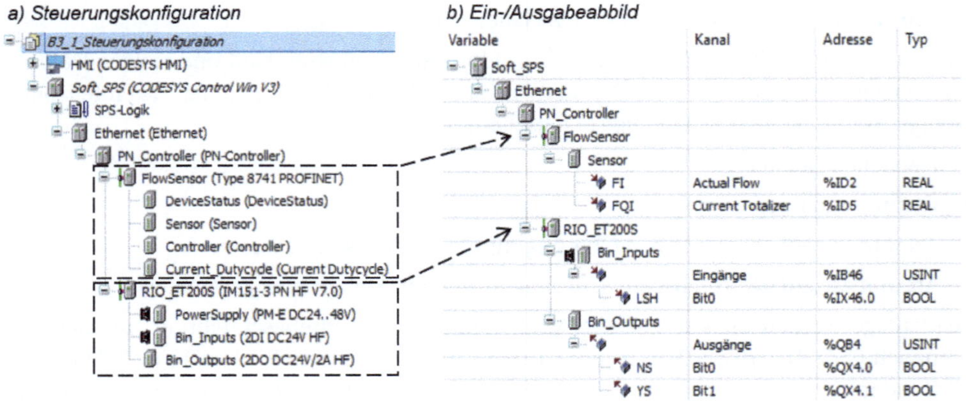

Bild 3.4 Steuerungskonfiguration und Variablen des E/A-Abbilds in Codesys

Um Ressourcen anderer Hersteller in Codesys bekannt zu machen, müssen die entsprechenden Gerätestammdaten als xml-Datei unter dem Menüpunkt Tools im Geräte-Repository installiert werden. Die Gerätestammdatei der Remote-I/O „ET 200S" wurde nach Registrierung von der Webseite der Fa. Siemens [150], die GSD des Durchflussmengenzählers „8741" wurde von der Webseite der Fa. Bürkert [28] als zip-Datei geladen, entpackt und im Geräte-

Repository von Codesys installiert. Danach können diese Ressourcen wie in Bild 3.4 als Geräte an das ProfiNet-Interface der Soft-SPS angehängt werden.

Dann stehen die Daten der Feldgeräte im Ein-/Ausgabeabbild der SPS zur Verfügung (s. Bild 3.4b) und können mit E/A-Adressen im SPS-Programm angesprochen werden. Für das Beispiel der Tankbefüllung nach Bild 3.5 wird die vom Durchflussmengenzähler gemessene Menge des zugeflossenen Mediums über die Adresse `%ID5` eingelesen. Ebenso werden der Adresse `%IX46.0` die Variable `LSH` des Niveauschalters und den Adressen `%QX4.0` bzw. `%QX4.1` die Stellsignale des Motors NS und des Ventils YS zugewiesen. Diesen Adressen werden im E/A-Abbild entsprechende Variablen `NS` bzw. `YS` zugewiesen, um sie zur Verknüpfung in der Steuerungslogik zu verwenden (s. Bild 3.5c).

Die Software zu diesem Beispiel kann auf der SPS-Lern-und-Übungsseite getestet werden.

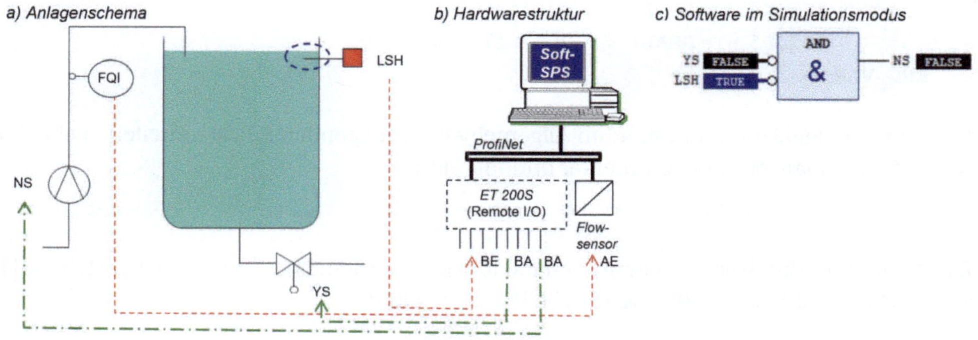

Bild 3.5 Steuerung einer Tankbefüllung durch eine Soft-SPS

Die E/A-Kanäle können im Programmiersystem online beobachtet werden. Wählt man hierfür unter „Online/Simulation" den *Simulationsmodus* an, so simuliert Codesys die Steuerungskonfiguration inklusive der E/A-Kanäle.

3.1.2 Variablen

Die dem E/A-Abbild zugewiesenen Variablen gelten global und können in allen SPS-Programmen und Ressourcen innerhalb der Konfiguration verwendet werden. Die Adressen, die diesen Variablen zugeordnet sind, werden im Fall von Eingangsadressen der SPS mit `%I` für *Input* und im Fall von Ausgangsadressen mit einem `%Q` für *Output* gekennzeichnet. Wie Tabelle 3.1 zeigt, gibt der folgende Buchstabe an, ob es sich bei dem E/A-Signal um ein Bit, Byte, Word oder

Tabelle 3.1 Adressierung der E/A-Kanäle

Erstbuchstabe	Folgebuchstabe		*Größe*	*Beispiel*	
`%I (Eingang)`	`X`	(Bit)	1 Bit	`%IX1.2`	Binärer Eingang, z.B. eines Niveauschalters
`%Q (Ausgang)`	`B`	(Byte)	8 Bit	`%QB3`	8 Ausgangsbit zusammengefasst als Byte
	`W`	(Word)	16 Bit	`%QW7`	Stellwert eines Reglers
	`D`	(Doubleword)	32 Bit	`%QD5`	Messwert eines analogen Sensors, z.B. Flowmeter

Doubleword handelt. Demnach wird z. B. der 2. Kanal einer binären Eingangsbaugruppe am Steckplatz 1 durch die Bezeichnung `%IX1.2` angesprochen.

Alternativ kann die Adresszuweisung auch bei Deklaration in einer *Global Variable List* (GVL) erfolgen, indem Variablenname, Adresse, Datentyp und Kommentierung folgendermaßen angegeben werden:

```
VAR_GLOBAL
    LSH AT%IX46.0:BOOL; // Niveauschalter am oberen Grenzwert
    NS  AT%QX4.0 :BOOL; // Pumpe mit Ein/Aus-Motor
    YS  AT%QX4.1 :BOOL; // AUF/ZU-Ventil
    FQI AT%ID5   :REAL; // Durchflussmengenzähler
END_VAR
```

Eine Variablendeklaration besteht im Allgemeinen aus folgenden 5 Bestandteilen, wobei Kanaladresse, Initialwert und Kommentar optional sind:

```
<Variablenname> AT<Adresse> :<Datentyp> :=<Initialwert>; // Kommentar
```

Jede Variable ist durch einen Datentyp charakterisiert. Die Standard-Datentypen nach IEC 61131 sind `BOOL`, `INT`, `REAL` und `TIME` und in Tabelle 3.2 aufgeführt.

Tabelle 3.2 Standard-Datentypen nach IEC 61131

	Datentyp	Größe	Wertebereich	Beispiel
Bitfolgen	BOOL	1 Bit	FALSE/TRUE	FALSE
	BYTE	8 Bit	16#00...16#FF (Hex-Darstellung)	16#00
	WORD	16 Bit	16#0000...16#FFFF	16#0000
	DWORD	32 Bit	16#00000000 ... 16#FFFFFFFF	16#00000000
Ganze Zahlen	SINT	8 Bit	-128...127	0
	INT	16 Bit	-32768...32767	0
	DINT	32 Bit	-2147483648 ... 2147483647	0
Ganze Zahlen ohne Vorzeichen	USINT	8 Bit	0...255	0
	UINT	16 Bit	0...65535	0
	UDINT	32 Bit	0...4294967295	0
Fließkommazahlen	REAL	32 Bit	$-3.4 \cdot 10^{-38} \ldots 3.4 \cdot 10^{38}$	0.0
Zeit	TIME			t#2h:1m:0s:0ms
Uhrzeit	TIME_OF_DAY			tod#15:23:17.456
Datum	DATE			d#2003-12-01
Zeichenfolge	STRING			STRING(4)='Text'

In globalen Variablenlisten können auch Konstanten mit einer Wertzuweisung festgelegt werden, die dann in der gesamten Konfiguration bekannt sind, wie z. B.:

```
VAR_GLOBAL CONSTANT
    PI :REAL:=3.14159; // Kreiszahl
END_VAR
```

Außer globalen Variablen gibt es noch weitere Variablentypen, die durch folgende Schlüsselwörter gekennzeichnet werden:

- `VAR`: Lokale Variablen sind nur innerhalb der Programmorganisationseinheit gültig, in der sie deklariert wurden.
- `VAR_GLOBAL`: Globale Variablen gelten in allen Programmen, Funktionen und Funktionsbausteinen.
- `VAR_INPUT`: Durch Eingangsvariablen werden Werte in Funktionen oder Funktionsbausteine hineingeschrieben.
- `VAR_OUTPUT`: Durch Ausgangsvariablen werden Werte von Funktionsbausteinen ausgegeben.
- `VAR_IN_OUT`: Im Gegensatz zu reinen Eingangsvariablen können Ein- und Ausgangsvariablen innerhalb des Funktionsbausteins verändert und dann ausgegeben werden.
- `VAR_RETAIN`: Diese Variablen behalten ihren Wert, wenn die SPS aus- und wieder eingeschaltet wird.
- `VAR_PERSISTENT`: Persistente Variablen behalten ihren Wert, wenn die Software erneut in die SPS geladen wird.

3.1.3 Tasks

In einer CPU können eine oder mehrere Tasks ablaufen. Eine Task organisiert den zeitlichen *Ablauf* der Programme. Dies kann man sich vorstellen wie einen zyklischen Schrittzähler in Bild 3.6, der die einzelnen Anweisungen der Programme taktgesteuert Schritt für Schritt anwählt. Die CPU führt daraufhin die Anweisung aus, die in dem angewählten Speicherplatz vermerkt ist. Die hierfür notwendigen Variablen gelangen über den Daten- und Adressbus zur CPU und zurück in den RAM.

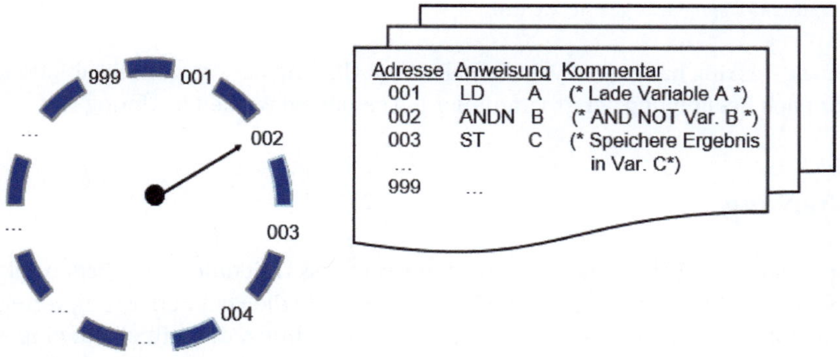

Bild 3.6 Schrittweise Programmabarbeitung durch eine Task

Einer Task können mehrere Programme zugeordnet sein, die alle mit derselben Zykluszeit ablaufen. Die Zykluszeit ist die Zeit, die von einem Einlesen der Eingangsdaten bis zum nächsten Einlesen vergeht. Nach dem EVA-Prinzip werden in einer Task folgende Vorgänge organisiert (Bild 3.7a):

- Zuerst werden die Eingangsdaten aller Programme *eingelesen*,
- dann werden die Programme nacheinander *verarbeitet* und
- schließlich werden die Ausgangsdaten aller Programme *ausgegeben*.

Somit ist die Zykluszeit einer Task für alle zugeordneten Programme gleich, denn erst nach Abarbeitung aller Programme werden die Stellwerte an den Prozess ausgegeben. Obwohl also die Programme nacheinander abgearbeitet werden, erreichen die Ausgangsdaten aller Programme erst am Ende des Bearbeitungszyklus und somit quasi gleichzeitig den Prozess (Bild 3.7a).

Beispiel 3.2: Single-Tasking

In Codesys wird durch das Hauptprogramm `PLC_PRG` ein Single-Tasking wie in Bild 3.7a nachgebildet. Dieses Hauptprogramm wird von der Maintask abgearbeitet und ruft alle anderen Programme auf. In diesem Beispiel sind dies die Programme `ProzessSimulation` und `Befuell`. Das Programm `ProzessSimulation` simuliert die Sensorsignale, die bei einer virtuellen Inbetriebnahme nicht real vorhanden sind.

Wenn die reale Anlage nach Bild 3.5 vorhanden ist (`Anlage=TRUE`), werden die Eingangskanaladressen von den Sensorvariablen `LSH` und `FQI` gelesen und die Ausgangskanaladressen von den Stellsignalen `NS` und `YS` beschrieben. Das nachfolgende Programm `PLC_PRG` bildet den EVA-Prozess ab, indem es die Eingangssignale einliest, die Programme abarbeitet und die Ausgangssignale an die Aktoren ausgibt:

```
PROGRAM PLC_PRG
IF Anlage THEN
 LSH:=%IX46.0;    // Einlesen
 FQI:=%ID5;
ELSE ProzessSimulation();
END_IF
Befuell();        // Verarbeiten
IF Anlage THEN
 %QX4.0:=NS;      // Ausgeben
 %QX4.1:=YS;
END_IF
```

Die Programme werden zwar nacheinander abgearbeitet, sie laufen jedoch wegen des EVA-Prinzips (Einlesen, Verarbeiten, Ausgeben) mit der gleichen, aber unbekannten Zykluszeit ab. Die Software zu diesem Beispiel kann auf der SPS-Lern-und-Übungsseite getestet werden.

Beim Single-Tasking hängt die *Zykluszeit* also vom Umfang der Programme ab und kann deshalb nur nach Beendigung der Programmierung gemessen werden (s. Übung 3.1).

Multi-Tasking

In einer Ressource (CPU) können aber auch mehrere Tasks mit unterschiedlichen Zykluszeiten ablaufen. Dieses Multi-Tasking hat den Vorteil, dass man die Rechnerleistung verteilen kann. Häufig gibt es Programme, wie z. B. eine Drucküberwachung, die schnell auf eine Änderung des Betriebszustands reagieren müssen. Um beispielsweise den Überdruck in einem Behälter durch Öffnen des Entlüftungsventils schnell senken zu können, muss das entsprechende Programm von einer Task mit kurzer Zykluszeit abgearbeitet werden.

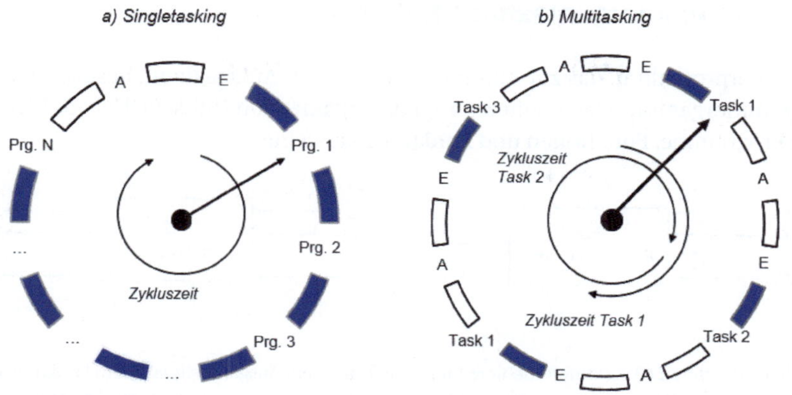

Bild 3.7 Eine Task liest zuerst die Eingangsdaten aller ihr zugeordneten Programme ein (E), arbeitet dann die Programme ab (Prg. 1..N), bevor alle Ausgangsdaten ausgegeben werden (A)

Dagegen kann ein Temperaturregler von einer langsameren Task abgearbeitet werden, da eine Temperaturänderung in der Regel ein träger Prozess ist. Schnelle Tasks, wie z. B. Task 1 in Bild 3.7b, werden von der CPU *häufiger* abgearbeitet und die Ein- und Ausgangskanäle der zugehörigen Programme entsprechend öfter aktualisiert [171].

Das Multi-Tasking wird durch eine Zeitgebereinheit in der CPU realisiert, die mit einem Interrupt-Signal Prozesse unterbricht, wenn eine andere Task abgearbeitet werden soll. Abhängig vom Rechenaufwand einer Task wird ihr ein bestimmter Prozentanteil der verfügbaren Rechenzeit der CPU zugewiesen. Diese Fähigkeit, mehrere Tasks quasi parallel ablaufen zu lassen, nennt man auch Pseudo-Multitasking. Ein wirkliches paralleles Ablaufen der Prozesse würde man nur erreichen, wenn die Tasks auf verschiedenen Ressourcen (CPUs) ablaufen.

Beispiel 3.3: Taskkonfiguration

Alternativ zu Beispiel 3.2 können die Programme auch von echten Tasks abgearbeitet werden, deren Zykluszeit der Benutzer einstellen kann. In diesem Beispiel wird

- die Task `T200` mit einer Zykluszeit von 200 ms zur Abarbeitung des Programms `ProzessSimulation` und
- die Task `T2000` mit einer Zykluszeit von 2 s zur Abarbeitung des Programms `BEFUELL` angelegt.

Durch dieses Multitasking simuliert die SPS den Anstieg des Behälterfüllstands wesentlich häufiger, als sie das Steuerungsprogramm abarbeitet. Dadurch wird der Behälter in Bild 3.5 etwas überfüllt, denn das Programm `BEFUELL` wird seltener abgearbeitet als `ProzessSimulation`, so dass die Pumpe erst 2 s nach Erreichen von `LSH` ausgeschaltet wird.

Die Software zu diesem Beispiel kann auf der SPS-Lern-und-Übungsseite getestet werden.

Tasks können auch ereignisgesteuert aufgerufen werden, z. B. bei steigender Flanke eines Signals. In der Prozessautomatisierung werden aber zyklische Tasks bevorzugt, weil die Ansteuerung der Feldgeräte determiniert mit einer exakten Zykluszeit ausgeführt werden muss. Wenn zwei Tasks die gleiche oder vielfache Zykluszeit haben, entscheidet ihre *Priorität* darüber, welche von beiden zum Interrupt-Zeitpunkt zuerst abgearbeitet wird.

3.1.4 Programmorganisationseinheiten

Ein Anwenderprogramm, das zur Automatisierung einer Anlage dient, besteht aus sogenannten Programmorganisationseinheiten (Program Organization Units, POUs). Als POUs bezeichnet man Programme, Funktionen und Funktionsbausteine.

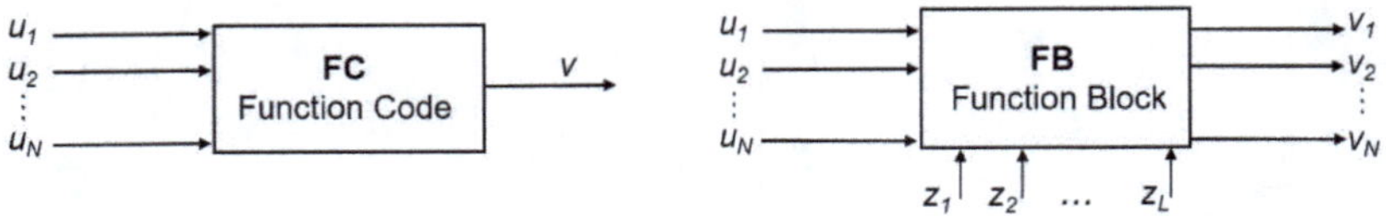

Bild 3.8 Eine Funktion (FC) verknüpft mehrere Eingänge $\vec{u}$ zu einem Ausgangssignal v. Ein Funktionsbaustein (FB) erzeugt aus mehreren Eingängen $\vec{u}$ unter Einbeziehung interner Zustände $\vec{z}$ mehrere Ausgänge $\vec{v}$

Funktionen (Function Codes, FCs) haben i. d. R wie in Bild 3.8 skizziert, mehrere Eingangsvariablen $\vec{u}$ und eine Ausgangsvariable v. Die Eingangsvariablen werden mit dem Schlüsselwort `VAR_INPUT` deklariert, die Ausgangsvariable ist der Rückgabewert der Funktion. Rekursive Aufrufe einer Funktion sind nach IEC 61131 nicht möglich. Eine Funktion hat im Unterschied zu einem Funktionsbaustein kein Gedächtnis. Die Verknüpfung der Ein- und Ausgangsvariablen ist rein statisch, d. h. in einer Funktion f_C können keine Werte zwischengespeichert werden:

$$v = f_C(u_1, u_2, ..., u_N) \tag{3.1}$$

Ein Funktionsbaustein $\vec{f}_B$ kann mehrere Eingangsvariablen $\vec{u}$ und auch mehrere Ausgangsvariablen $\vec{v}$ haben, die mit dem Schlüsselwort `VAR_OUTPUT` deklariert werden. Die Verknüpfung der Ein- und Ausgangsvariablen hängt von internen Zustandswerten $\vec{z}$ ab:

$$\vec{v} = \vec{f}_B(\vec{u}, \vec{z}) \tag{3.2}$$

Tabelle 3.3 Logische Funktionen nach IEC 61131

Boole'sche Funktionen	
AND	UND-Verknüpfung
NOT	Negation (NICHT)
OR	ODER-Verknüpfung
XOR	Exklusiv-Oder-Verknüpfung

u1	u2	AND	OR	XOR
0	0	0	0	0
0	1	0	1	1
1	0	0	1	1
1	1	1	1	0

Bitfolge-Funktionen	
ROL	Links rotieren, z.B. ROL(2#10100101,2)=2#10010110
ROR	Rechts rotieren, z.B. ROR(2#10100101,2)=2#01101001
SHL	Links schieben, z.B. SHL(2#10100101,2)=2#10010100
SHR	Rechts schieben, z.B. ROR(2#10100101,2)=2#00100101

3.1.5 Funktionen

Man unterscheidet Standard- und Anwender-Funktionen. Die meisten SPS-Programmiersysteme stellen fertige Standard-Funktionen nach IEC 61131 zur Verfügung, die in den Tabellen 3.3–3.5 aufgeführt sind.

Diese Standard-Funktionen muss der Anwender nicht mehr programmieren, sondern kann sie direkt in seinen Programmen verwenden. Genauere Erklärungen zu den Standardfunktionen, die auch als Operationen bezeichnet werden, finden sich in der Hilfe zu Codesys [31].

Darüber hinaus hat der Anwender die Möglichkeit, eigene Anwender-Funktionen selbst zu schreiben, wie das folgende Beispiel zeigt.

Tabelle 3.4 Mathematische Funktionen nach IEC 61131

ADD	Addierer	ABS	Absolutwert
DIV	Divisor	ACOS	Arccos
EXPT	Potenzierung	ASIN	Arcsin
MOD	Modulo-Division	ATAN	Arctan
MUL	Multiplizierer	COS	Cosinus
SUB	Subtrahierer	EXP	Exponentialfunktion
EQ	gleich, TRUE wenn u1 = u2	LN	Natürlicher Logarithmus
NE	ungleich, TRUE wenn u1 ≠ u2	LOG	Logarithmus zur Basis 10
LT	kleiner als, TRUE wenn u1 < u2	SIN	Sinus
LE	kleiner gleich, TRUE wenn u1 ≤ u2	SQRT	Quadratwurzel
GT	größer als, TRUE wenn u1 > u2	TAN	Tangens
GE	größer gleich, TRUE wenn u1 ≥ u2		

Tabelle 3.5 Weitere Funktionen nach IEC 61131 zur Auswahl und Typumwandlung (Auswahl)

Funktionen zur Typumwandlung
BYTE_TO_WORD
BYTE_TO_INT
BYTE_TO_REAL
UINT_TO_INT
INT_TO_UINT
DINT_TO_INT
INT_TO_DINT
INT_TO_BYTE
INT_TO_WORD
INT_TO_REAL
REAL_TO_BYTE
REAL_TO_WORD
REAL_TO_INT
TIME_TO_DINT
DINT_TO_TIME

Funktionen für Auswahl		
MAX	Maximum von u1, u2,..., uN	
MIN	Minimum von u1, u2,..., uN	
LIMIT	Begrenzung 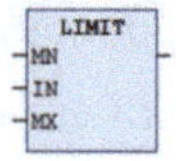	Ausgang=MN, wenn IN≤MN Ausgang=MX, wenn IN≥MX Ausgang=IN, wenn MN<IN<MX
MUX	Multiplexer 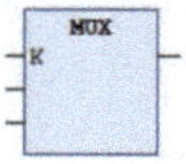	wählt k-ten Eingang als Ausgang
SEL	Binäre Auswahl 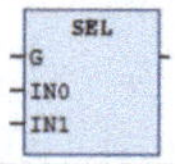	Ausgang=IN0, wenn G=0 Ausgang=IN1, wenn G=1

Beispiel 3.4: Heizkurve als Anwender-Funktion

Eine Gebäudeheizung nach Bild 3.9 soll in Abhängigkeit der Außentemperatur gesteuert werden. Hierfür wird der Öffnungsgrad y des Warmwasserzulaufventils linear zur Außentemperatur T eingestellt:

$$y(T)=\begin{cases}100\% & \forall\ T\leq 0°C\\ 5\%\cdot(20°\mathrm{C}\text{-}T)/°\mathrm{C} & \forall\ 0°\mathrm{C}<T<20°\mathrm{C}\\ 0\% & \forall\ T\geq 20°C\end{cases} \tag{3.3}$$

Dieser Zusammenhang lässt sich durch folgende Anwenderfunktion programmieren:

```
FUNCTION Y:REAL
VAR_INPUT
   T:REAL;
END_VAR

IF T<=0 THEN
   y:=100;
ELSIF T>=0 THEN
   y:=0;
ELSE
   y:=5*(20-T);
END_IF
```

Die Funktion kann aber auch mithilfe der Standard-Funktion `LIMIT` (s. Tabelle 3.5) programmiert werden. Außerdem besitzt die Funktion in Bild 3.9 die Eingangsvariablen `MAN` und `y_MAN`, damit der Benutzer in der Betriebsart Manuell durch Vorgabe des Öffnungsgrads `Y_MAN` das Warmwasserventil auch von Hand einstellen kann. Die Standard-Funktion `SEL` weist der Rückgabevariablen `Y` den Wert der Variablen `Y_MAN` zu, wenn die Variable `MAN` auf `TRUE` gesetzt ist. Ist `MAN` dagegen `FALSE`, wird `Y` mit dem Ausgang der automatisch berechneten Funktion `LIMIT` verknüpft.

Die Software zu diesem Beispiel kann auf der SPS-Lern-und-Übungsseite getestet werden.

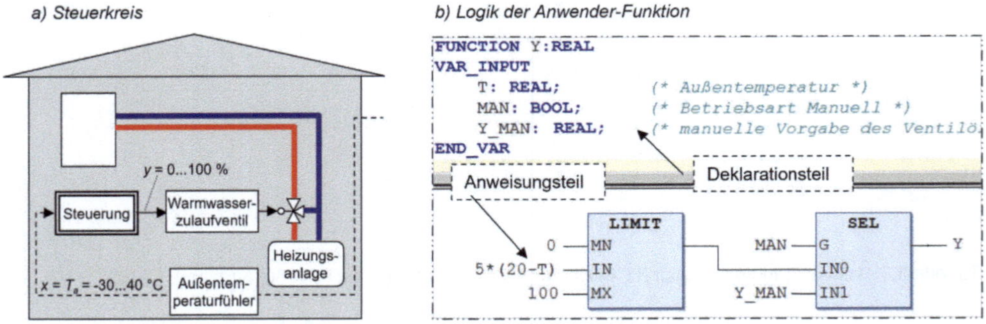

Bild 3.9 Steuerung des Warmwasserzulaufs einer Gebäudeheizung

Jede POU besitzt wie in Bild 3.9 einen Deklarationsteil, in dem die Variablen deklariert werden, und einen Anweisungsteil, der den Programmcode enthält.

Das Beispiel hat auch gezeigt, dass es für Kunden und Wartungspersonal im Allgemeinen besser ist, wenn bekannte Standard-Funktionen verwenden werden, mit denen sie besser vertraut sind als mit neu entwickelten Funktionen, die zudem noch nicht getestet und erprobt sind.

3.1.6 Funktionsbausteine

Außer Standard-Funktionen stehen in den SPS-Programmiersystemen auch Standard-Funktionsbausteine zur Verfügung, die in Tabelle 3.6 aufgelistet [31] und nachfolgend beschrieben werden.

Tabelle 3.6 Standard-Funktionsbausteine nach IEC 61131

Flip-Flops	`SR`	Flip-Flop mit vorrangigem Setzen
	`RS`	Flip-Flop mit vorrangigem Rücksetzen
Trigger	`F_TRIG`	Erkennung einer fallenden Flanke
	`R_TRIG`	Erkennung einer steigenden Flanke
Zähler	`CTD`	Abwärtszähler
	`CTU`	Aufwärtszähler
	`CTUD`	Auf- und Abwärtszähler
Timer	`TP`	Pulstimer (Mono-Flop)
	`TON`	Timer mit Einschaltverzögerung
	`TOF`	Timer mit Ausschaltverzögerung

Speicherschaltungen mit Flip-Flops

Ein RS-Flip-Flop speichert einen binären Zustand, der kurzzeitig gesetzt wurde, wobei das Rücksetzen dominiert. Der Zustandsgraf in Bild 3.10 veranschaulicht dieses Verhalten.

a) Funktionsbaustein eines RS-Flip-Flops *b) Zustandsgraf für ein RS-Flip-Flop*

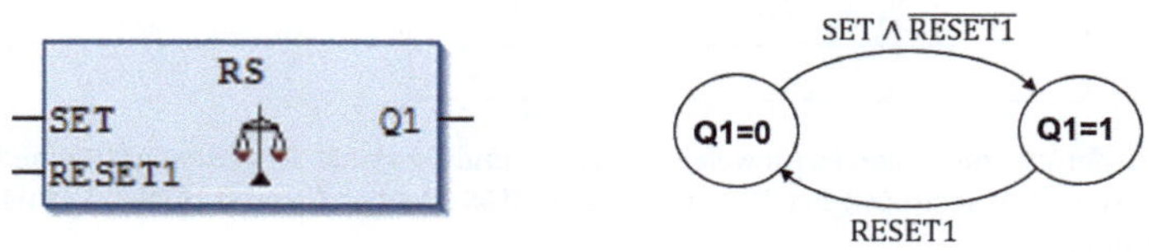

Bild 3.10 Funktionsbaustein und Zustandsdiagramm eines RS-Flip-Flops

Es wird prinzipiell zwischen den beiden Zuständen `Q1=0` (`FALSE`) und `Q1=1` (`TRUE`) unterschieden. Der Übergang vom Zustand `Q1=0` nach `Q1=1` erfolgt, wenn der Eingang `SET=1` und der andere Eingang `RESET1=0` ist. Der Zustand `Q1=1` bleibt aktiv, solange `RESET1=0` ist, also auch wenn `SET` wieder auf Null zurückspringt. Wird `RESET1=1`, erfolgt der Übergang zum Zustand `Q1=0` unabhängig vom Zustand des Eingangs `SET`, weil das RS-FlipFlop *rücksetzdominat* ist.

Bei einem SR-Flip-Flop ist im Unterschied zum RS-Flip-Flop das Setzen dominant. Ansonsten ist die Funktionsweise die gleiche. Da Flip-Flops, wie das nachfolgende Beispiel zeigt, häufig Aktoren ansteuern, die im Notfall deaktiviert werden müssen, werden im Folgenden vorwiegend RS-Flip-Flops eingesetzt, bei denen diese Notfallaktion dominant ist.

Beispiel 3.5: Anwender-Funktionsbaustein

Es soll ein Funktionsbaustein zur Ansteuerung eines Ein/Aus-Motors mit Tastersignalen entwickelt werden (s. Bild 3.11). Da Tastersignale nur kurzzeitig aktiviert werden und dann wieder in den nicht aktivierten Zustand zurückspringen, muss der aktivierte Zustand gespeichert werden. Dieses Verhalten drückt sich in folgender Wahrheitstabelle aus:

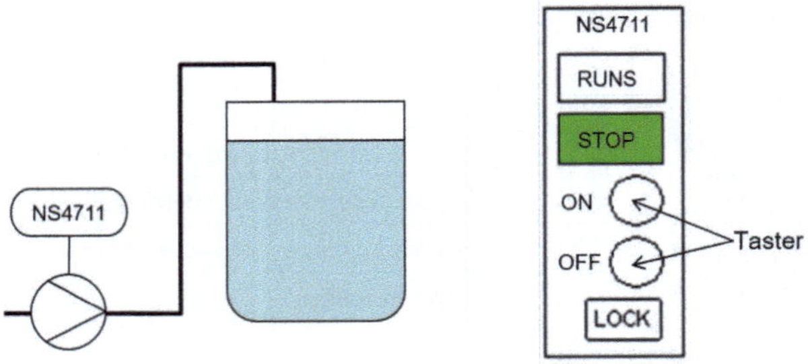

Bild 3.11 Eine Pumpe soll durch den Ein/Aus-Motor NS4711 angetrieben und vom Bediener über Taster angesteuert werden

Eingänge		Zustand	Ausgang
ON	OFF=LOCK	Z	OUT
0	0	0	0
1	0	0	1
0	0	1	1
1	0	1	1
1	1	1	0
1	1	0	0
0	1	0	0
0	1	1	0

0 entspricht FALSE
1 entspricht TRUE

Betrachtet man in der Wahrheitstabelle, für welche Eingänge und Zustände der Ausgang OUT eine 1 (TRUE) erzeugt, so findet man, dass weder OFF noch LOCK gleich 1 sein dürfen und ON oder der Zustand Z gleich 1 sein müssen. Demnach lautet die Schaltfunktion:

$$\mathrm{OUT} = (\overline{\mathrm{OFF} \vee \mathrm{LOCK}}) \wedge (\mathrm{ON} \vee \mathrm{Z}) \tag{3.4}$$

Die Programmierung dieser Schaltfunktion erfolgt im Anwender-Funktionsbaustein TYP_IDF1 in Bild 3.12, der typisch für eine Einzelsteuerfunktion (Individual Drive Function, IDF) wie diesen Motor mit fester Drehzahl und einer Drehrichtung ist. Der Ausgangszustand Z wird in der Logik zurückgeführt und dadurch gespeichert. Eine Rückführung ist stets charakteristisch für ein Speicherverhalten im Funktionsbaustein.

Die Software zu diesem Beispiel kann auf der SPS-Lern-und-Übungsseite getestet werden.

Die Logik entspricht der eines RS-Flip-Flops. Dies ist ein Standard-Funktionsbaustein, der im Programmiersystem nach IEC 61131 gegeben ist und demnach nicht programmiert werden muss. Die Ansteuerlogik unter Nutzung des RS-Flip-Flops ist in Bild 3.12 unten dargestellt. Im Allgemeinen ist die Nutzung von Standard-Funktionsbausteinen zu empfehlen, da sie bekannt sind und die Nutzer der Software so immer wieder auf bekannte Bausteine treffen.

Zeitschaltungen mit Timern

Timer messen die Zeit und geben ein binäres Signal aus, wenn die eingestellte Zeit abgelaufen ist. Es gibt drei Arten von Timern: Pulstimer TP, Einschaltverzögerung TON und Ausschaltverzögerung TOF. Die Timer unterscheiden sich aber in der Erzeugung des Ausgangssignals, das in Abhängigkeit der abgelaufenen Zeit ausgegeben wird.

Der in Bild 3.13 dargestellte Funktionsbaustein TP erzeugt einen Impuls der Länge PT (Preset Time). Wenn der Eingang IN von 0 nach 1 springt, wird ein Puls am Ausgang Q für die Zeitdauer

```
FUNCTION_BLOCK TYP_IDF1
VAR_INPUT
    ON: BOOL;
    OFF: BOOL;
    LOCK: BOOL;
END_VAR
VAR_OUTPUT
    OUT: BOOL;
END_VAR
VAR
    CONTROL: RS;
    Z :BOOL;
END_VAR
```

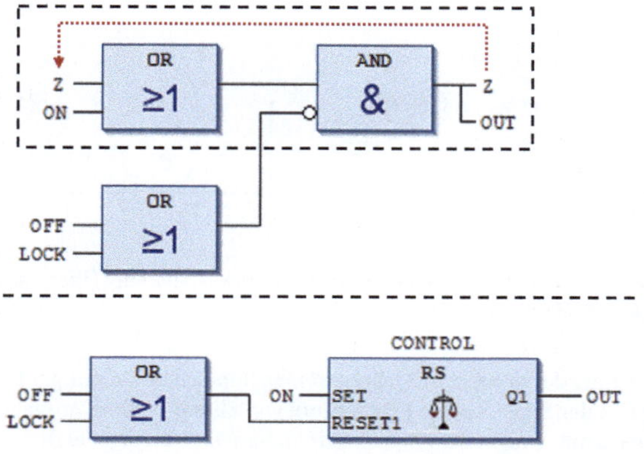

Bild 3.12 Funktionsbaustein `TYP_IDF1` zur Ansteuerung einer Einzelsteuerfunktion, z. B. eines Ventils oder Motors (engl. Individual Drive Function, IDF)

`PT` ausgegeben. Die Zeit, die bereits verstrichen ist, wird am Ausgang `ET` (Elapsed Time) ausgegeben. Wenn `IN` ein zweites Mal `1` wird, während `PT` noch andauert, hat dies keine Auswirkung auf die Dauer des am Ausgang `Q` erzeugten Pulses.

Der Zeitgeber `TON` realisiert eine Einschaltverzögerung, die bei einem anliegenden Impuls am Eingang `IN` einen um die Zeit `PT` verzögerten Impuls am Ausgang `Q` erzeugt, solange der Impuls am Eingang anliegt. Charakteristisch für diesen Baustein sind also das verzögerte Einschalten und das sofortige Ausschalten bei fallender Flanke am Eingang (VESA). Dagegen realisiert der Baustein `TOF` ein sofortiges Ein-, aber verzögertes Ausschalten (SEVA, Bild 3.13).

Beispiel 3.6: Taktgenerator für einen Schrittmotor

Eine Überwachungskamera wird, wie in Bild 3.14 skizziert, rotatorisch von einem Schrittmotor angetrieben. Dieser Antrieb NS1 bewegt die Motorwelle um einen Schritt, wenn ein Impuls vom Stellausgang `CLK` der SPS ausgegeben wird. Um die Kamera nun um einen gewissen Winkel zu drehen, ist eine entsprechende Anzahl an Impulsen in Form

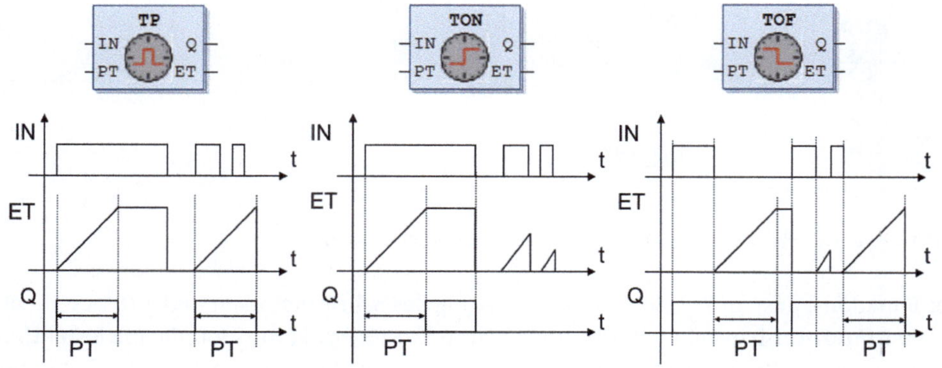

Bild 3.13 Funktionsweise der drei Timerbausteine `TP`, `TON` und `TOF` anhand typischer Signalverläufe

des in Bild 3.14 dargestellten Taktsignals CLK erforderlich. Die Kamera soll in beide Richtungen, d. h. nach links und rechts gedreht werden können.

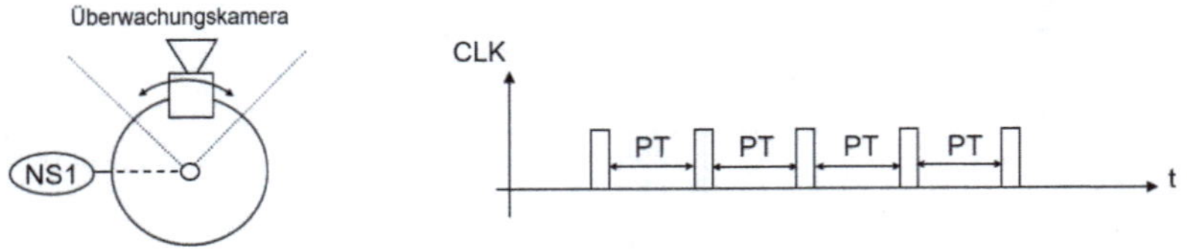

Bild 3.14 Für die Ansteuerung eines Schrittmotors NS1, der eine Überwachungskamera bewegen soll, ist ein periodisches Taktsignal erforderlich

Da zur Bewegung der Kamera nur relativ wenige Impulse und niedriger Frequenz benötigt werden, kann das Taktsignal hier von der SPS-Software erzeugt und von einem binären Ausgang an den Motor übertragen werden. Das Taktsignal wird mit dem Timer TON realisiert, indem der Ausgang des Timers CLK negiert auf den Eingang zurückgeführt wird. Diese negierte Rückführung wird in dem als TYP_TAKT gekennzeichneten Teil der Logik in Bild 3.15 mit den Richtungssignalen DIR1 und DIR2 verknüpft, so dass das Taktsignal erzeugt wird, wenn eine der Drehrichtungen DIR1 oder DIR2 angesteuert wird.

Die Ansteuerung der Drehrichtung erfolgt wie im Beispiel 3.5 jeweils durch ein RS-Flip-Flop, d. h. der Bediener aktiviert die Bewegung in der gewünschten Richtung durch die Taster ON1 oder ON2. Die Ansteuerung der Drehrichtung erfolgt durch den mit TYP_IDF2 gekennzeichneten Teil der Logik in Bild 3.15. Die Software zu diesem Beispiel kann auf der SPS-Lern-und-Übungsseite getestet werden.

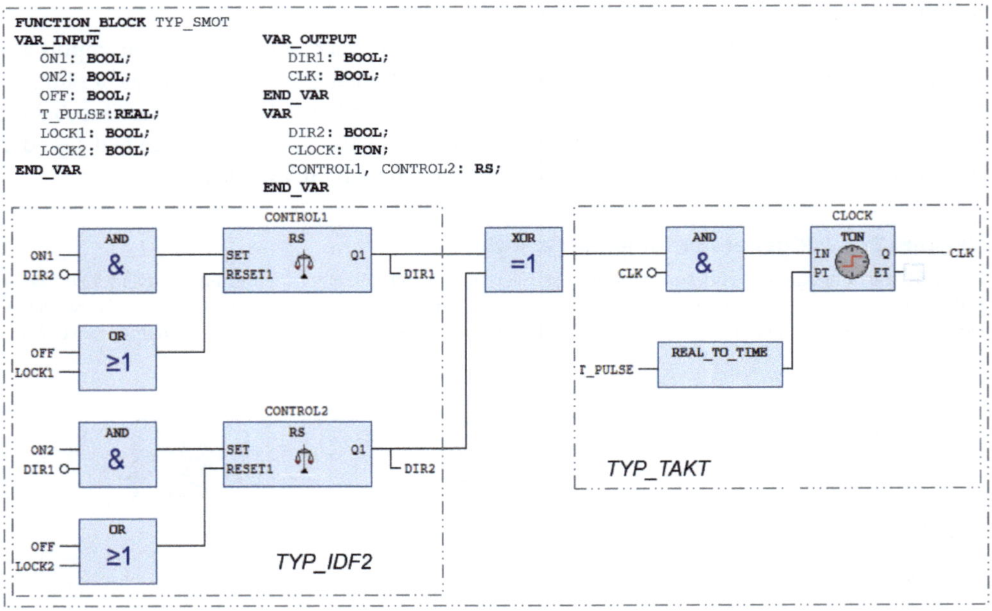

Bild 3.15 Funktionsbaustein TYP_SMOT zur Ansteuerung eines Schrittmotors

Der Funktionsbaustein TYP_SMOT zur Ansteuerung des Schrittmotors in Bild 3.15 besteht also aus dem Funktionsbaustein TYP_IDF2, der auch zur Ansteuerung von Motoren mit fester Drehzahl und zwei Drehrichtungen eingesetzt werden kann. Der Schrittmotor wird vom Funktionsbaustein TYP_SMOT durch das Taktsignal CLK und Richtungssignal DIR1 angesteuert. Der Taktausgang CLK gibt die Impulse aus und aktiviert somit den Schrittmotor mit einer Geschwindigkeit antiproportional zur Periodendauer des Taktsignals `T_PULSE`. Für `DIR1=1` dreht sich die Motorwelle linksherum, im Fall `DIR1=0` rechtsherum.

Zählschaltungen mit Countern

Weitere Standard-Funktionsbausteine nach IEC 61131 sind Zähler (Counter). Es gibt drei Arten von Zählern: Aufwärtszähler `CTU` (Count Up), Abwärtszähler `CTD` (Count Down) sowie Auf- und Abwärtszähler `CTUD` (Count Up and Down).

Die Funktionsweise des Auf- und Abwärtszählers `CTUD` ist durch das Zeitdiagramm in Bild 3.16 veranschaulicht. Beim Zählvorgang wird der aktuelle Zählerstand `CV` (Counted Value) als Zustand gespeichert. Bei Anliegen eines Impulses (steigende Flanke) am Eingang `CU` wird der Zählerstand `CV` um eins erhöht. Liegt dagegen am Eingang `CD` eine steigende Flanke an, wird der Zählerstand `CV` um eins verringert. Ist das Zählergebnis `CV=PV` (Preset Value, Sollwert), so ist das Aufwärtszählen beendet, was durch das Ausgangssignal `QU=1` signalisiert wird.

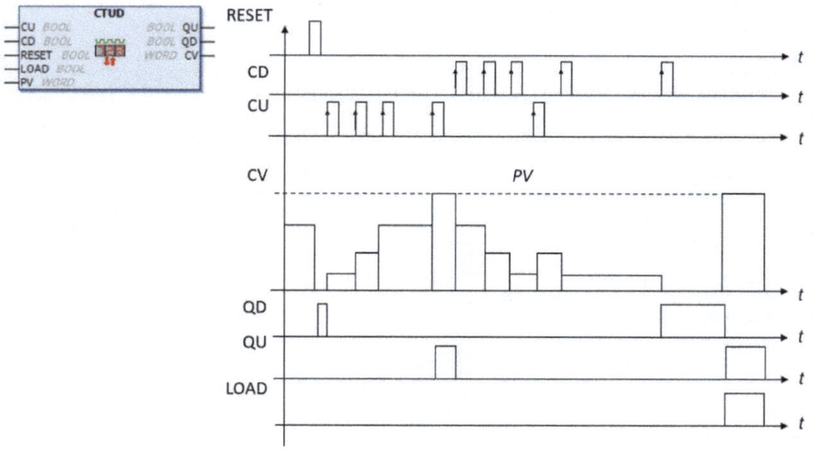

Bild 3.16 Funktionsweise des Auf- und Abwärtszähler CTUD veranschaulicht an einem Zeitdiagramm

Wenn dagegen `CV=0` ist, wird das Ausgangssignal `QD=1` ausgegeben und das Abwärtszählen ist beendet. Durch den Eingang `RESET` wird der Zähler mit `CV=0` initialisiert. Wenn der Eingang `LOAD=1` ist, wird der Zähler mit `CV=PV` initialisiert. Um den Zählvorgang zu starten, müssen die Eingänge `RESET=0` und `LOAD=0` sein. Ansonsten würde der Zähler stets neu initialisiert werden.

Beispiel 3.7: Impulszähler

Die Position der von einem Schrittmotor bewegten Kamera aus Bild 3.14 soll ermittelten werden, in dem die vom Schrittmotor ausgegebenen Impulse und damit die ausgeführten Schritte gezählt werden. Hierfür wird das Pulssignal `CLK` des Schrittmotors in Bild 3.17 entsprechend der Drehrichtung des Motors mit dem Eingang `CU` zum Hochzählen bzw. mit dem Eingang `CD` zum Runterzählen verbunden. Da der Motor die Kamera durch einen Impuls um einen gewissen Winkel bewegt, gibt der Zählwert `CV` die Winkelstellung an. Zu Beginn der Bewegung muss der Zähler mit `RESET` auf Null gesetzt werden, um eine Referenzstellung festzulegen.

Bewegt der Schrittmotor aus Bild 3.14 die Kamera also z. B. um 200 Schritte nach rechts und danach um 50 Schritte nach links, ist der Zählwert und damit die Ausgangsvariable `POS=150`. Wird die maximale Position erreicht, gibt die Boole'sche Ausgangsvariable `SH` die obere Grenze des Bewegungsrahmens an, bei `POS=0` gibt `SL` die untere Grenze an. Die Software zu diesem Beispiel kann auf der SPS-Lern-und-Übungsseite getestet werden.

```
FUNCTION_BLOCK TYP_PULSE
VAR_INPUT
    CLK:BOOL;
    DIR1, DIR2: BOOL;
    RESET: BOOL;
    LOAD: BOOL;
    MAX_POS:WORD;
END_VAR
VAR_OUTPUT
    POS: WORD;
    SH,SL:BOOL;
END_VAR
VAR
    PULSE: R_TRIG;
    COUNTER: CTUD;
END_VAR
```

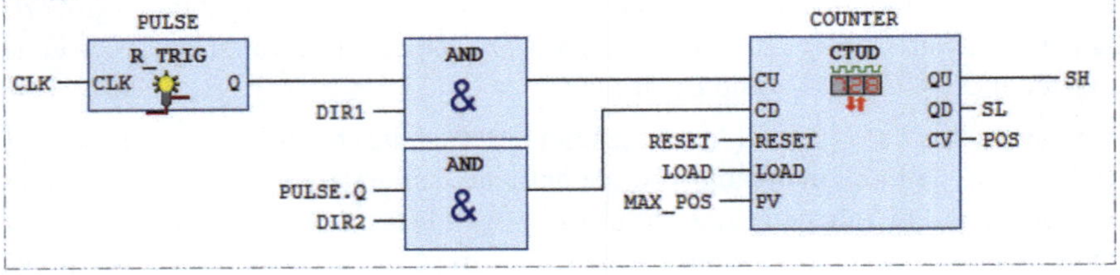

Bild 3.17 Einsatz des Zählerbausteins CTUD zur richtungsabhängigen Positionsbestimmung aus Impulssignalen

```
PROGRAM Kamera
VAR
    G1:TYP_PULSE;      // Ermittlung der Position (Gauging)
    N1:TYP_SMOT;       // Schrittmotor
    START: BOOL;
    SOLL, IST:WORD;
END_VAR
```

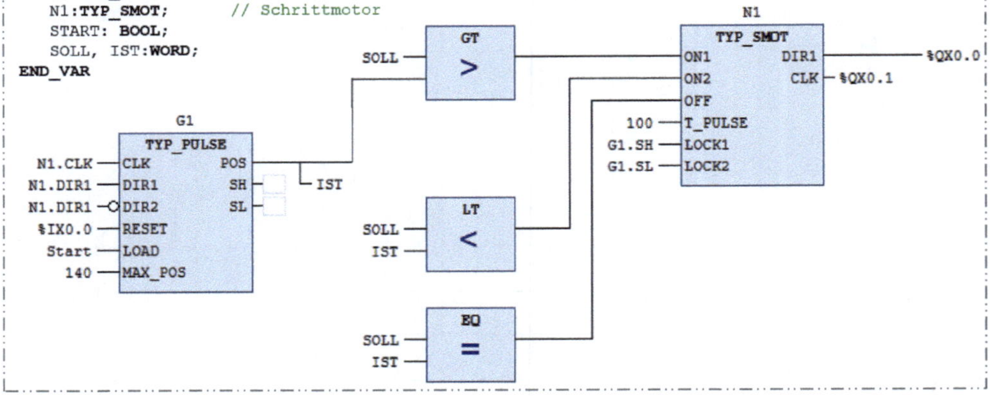

Bild 3.18 Ansteuerung der Überwachungskamera aus Bild 3.14 mit den Funktionsbausteinen TYP_PULSE und TYP_SMOT

Der Funktionsbaustein TYP_PULSE kann vielfältig zum Einlesen pulsförmiger Sensorsignale z. B. von Lichtschranken, Bewegungsnocken o. ä. eingesetzt werden. In Übung 3.2 wird er zur Ermittlung der von einem Aufzug angefahrenen Etage benutzt.

3.1.7 Instanziierung von Funktionsbausteinen in Programmen

Funktionsbausteine müssen in einem Programm aufgerufen werden, damit sie durch eine Task abgearbeitet werden. Die oben vorgestellten Funktionsbausteine TYP_SMOT für einen Schrittmotor und TYP_PULSE für die Positionsermittlung werden nun im Programm Kamera zur Ansteuerung der Überwachungskamera aus Bild 3.14 instanziiert.

Beispiel 3.8: Bewegungssteuerung einer Überwachungskamera

Zum Aufruf der Funktionsbausteine im Programm werden ihre Instanzen `N1` bzw. `G1` als lokale Variablen im Programm Kamera nach Bild 3.18 deklariert. Mit den Daten des Bausteins `G1` vom `TYP_PULSE` kann die Ist-Position der Kamera ermittelt werden. Der Bediener gibt die gewünschte Soll-Position durch die Variable `SOLL` vor. Ist `SOLL` größer als `IST`, wird der Rechtslauf durch die Variable `ON1` des Bausteins `N1` vom `TYP_SMOT` angesteuert. Im Falle von `SOLL<IST` wird der Linkslauf angesteuert und die Schritte werden heruntergezählt.

Zu Beginn muss der Bediener die Start-Taste aktivieren, damit der Zählwert `CV` mit der maximalen Position geladen wird. Da die SPS nach dem Laden und Starten eines Programms alle Variablen standardmäßig mit Null initialisiert, ist zu Beginn die Variable `SOLL=0` und da `IST=140` (`SOLL<IST`), wird der Linkslauf durch `N1.ON2` angesteuert. Die Kamera bewegt sich nach links, bis der Endschalter erreicht wird, der über den Eingangskanal `%IX0.0` eingelesen wird und den Zähler zurücksetzt, d. h. `IST=0`. Da nun `SOLL=IST`, wird der Motor durch `N1.OFF` ausgeschaltet (s. Bild 3.18). Danach ist der Zähler referenziert, und der Bediener kann eine neue Soll-Position vorgeben, die dann angefahren wird. Die Software zu diesem Beispiel kann auf der SPS-Lern-und-Übungsseite getestet werden.

In der Informatik würde man einen Funktionsbaustein als *Klasse* mit bestimmten Eigenschaften bezeichnen, die in der Logik des Bausteins enthalten sind. Durch Einfügen des Funktionsbausteins in ein Programm entsteht ein Objekt oder eine sogenannte Instanz des Bausteins (s. Bild 3.19). Man kann eine *Instanz* als Kopie oder spezielles Exemplar (Objekt) des Funktionsbausteins ansehen.

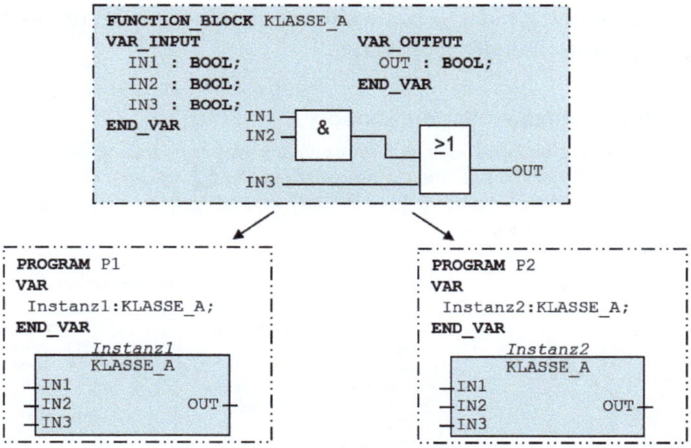

Bild 3.19 Instanziierung des Funktionsbauseins `KLASSE_A` als `INSTANZ1` und `INSTANZ2` in verschiedenen Programmen

In einer Software kann es mehrere Instanzen einer Klasse geben, die unabhängig voneinander ablaufen können und sich gegenseitig nicht beeinflussen. Beispielsweise bestehen `Instanz1` und `Instanz2` in Bild 3.19 beide aus dem Baustein `KLASSE_A`. Im Programm `P1` wird `Instanz1` im Allgemeinen aber mit anderen Werten abgearbeitet als `Instanz2` im Programm `P2`.

Mit wiederverwendbaren Funktionsbausteinen kann die Software für große Projekte übersichtlich und modular strukturiert werden. Dadurch reduziert sich der Programmcode erheblich und man spart Engineering- und Testaufwand. Die Kunst der modularen Programmstrukturierung besteht also darin, Programmteile zu finden, die sich wiederholen oder projektübergreifend einsetzbar sind. Diese sind dann als Funktionsbausteine zu kapseln.

3.2 Kommunikationsmodell

Das Kommunikationsmodell der IEC 61131 beschreibt, wie der Datenaustausch *innerhalb* eines Programms und *zwischen* Programmen erfolgt, die auch auf unterschiedlichen SPSen ablaufen können.

3.2.1 Datenaustausch innerhalb eines Programms

In einem Programm können Werte oder Variablen an Funktionen oder Funktionsbausteine übergeben werden. Beim Aufruf einer Funktion werden die Werte in der Reihenfolge der in der Funktion deklarierten Eingangsvariablen (VAR_INPUT) übergeben. Beim Aufruf einer Funktion liefert diese einen Rückgabewert zurück, der im Programm weiterverarbeitet werden kann.

Auch für einen Funktionsbaustein, der aus einem Programm oder einem anderen Funktionsbaustein heraus aufgerufen wird, müssen den deklarierten Ein- und Ausgangsvariablen (VAR_INPUT bzw. VAR_OUTPUT) Werte zugewiesen werden. Im Unterschied zum Funktionsaufruf wird bei einem Funktionsbaustein nur dessen Instanz aufgerufen. Unterschiedliche Instanzen beeinflussen sich gegenseitig nicht, d. h. sie können verschiedene Werte übergeben bekommen und unabhängig von einander verarbeiten.

Beispiel 3.9: Einlesen eines analogen Sensors

Ein Temperatursensor ist über eine Zwei-Leiterverbindung an den analogen Eingangskanal einer SPS angeschlossen. Je nach Messwert überträgt der Sensor einen Strom zwischen 4 und 20 mA an die SPS. Wie im Abschnitt 2.4.3 liest sie gemäß Tabelle 2.1 aus dem Eingabeabbild (z. B. %IW1) ein analoges Datenwort x_W ein, dessen Werte im Normbereich zwischen 0 und 27648 liegen.

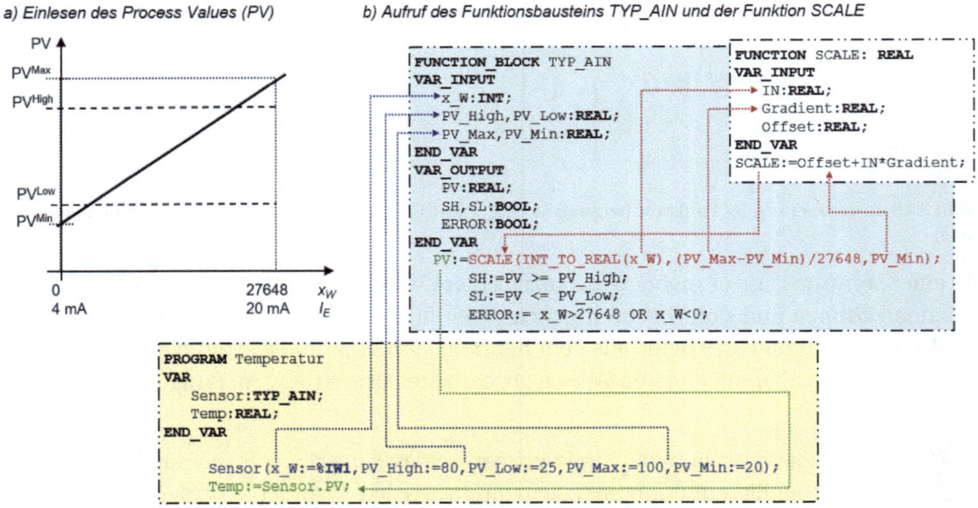

Bild 3.20 Wertübergabe an Variablen zum Datenaustausch in Programmen, Funktionsbausteinen und Funktionen

Der lineare Zusammenhang zwischen Datenwort x_W und dem Messwert oder Process Value (PV) nach Bild 3.20a wird durch Aufruf der Funktion SCALE im Funktionsbaustein TYP_AIN folgendermaßen ermittelt:

$$PV = PV^{Min} + x_W \cdot \frac{PV^{Max} - PV^{Min}}{27648} \tag{3.5}$$

Dabei wird der Messbereich zwischen PV^{Min} und PV^{Max} auf den Wertebereich des Datenworts x_W von 0 bis 27648 skaliert. Der Datenaustausch zwischen Programm, Funktionsbaustein und Funktion erfolgt zunächst durch Aufruf der Instanz Sensor des Funktionsbausteins `TYP_AIN` im Programm `Temperatur`. Dabei werden den Eingangsvariablen des Funktionsbausteins Werte bzw. Adressen übergeben. Im Beispiel nach Bild 3.20b liegt das eingelesene Datenwort an der Adresse `%IW1` und wird an die Eingangsvariable `x_W` übergeben, der Messbereich von 20 °C bis 100 °C wird an die Eingangsvariablen `PV_MIN` bzw. `PV_MAX` übergeben und die Grenzwerte bei 80 °C bzw. 25 °C an die Eingangsvariablen `PV_High` und `PV_Low`.

Im Funktionsbaustein `TYP_AIN` wird dann die Funktion `SCALE` aufgerufen und die Variable `x_W` an deren Eingangsvariable `IN` übergeben. Außerdem wird die Steigung der Geraden aus Bild 3.20a berechnet und an die Variable `Gradient` übergeben, ebenso wie der Messbereichsanfang `PV_MIN` an die Eingangsvariable `Offset`.

Der Rückgabewert der Funktion `SCALE` wird im Funktionsbaustein `TYP_AIN` an die Ausgangsvariable `PV` übergeben und diese im Programm an die Variable `Temp`. Wird beispielsweise ein Strom $I_E = 12\,\text{mA}$ eingelesen, entspricht dies dem Wert $x_W = 13824$, der im Eingabeabbild abgespeichert wird. Mit den in Bild 3.20b an den Funktionsbaustein übergebenen Werten, berechnet die Funktion `SCALE` den Rückgabewert von 60 °C. Die Software zu diesem Beispiel kann auf der SPS-Lern-und-Übungsseite getestet werden.

Die Funktion `SCALE` und der Funktionsbaustein `TYP_AIN` sind unabhängig vom konkreten Sensor, seinem Messbereich und Messwerten und können allgemein zum Einlesen unterschiedlicher analoger Sensoren verwendet werden. Die Skalierung des Messwerts nach Tabelle 2.1 mit Darstellung des Über- und Untersteuerungsbereichs wird von vielen Industriesteuerungen z. B. der Firmen Siemens und ABB verwendet. Es gibt aber auch Hersteller, die den gesamten 16-Bit-Datenbereich zur Skalierung des Messwerts verwenden (s. Übung 3.4).

3.2.2 Datenaustausch zwischen Programmen

Die Kommunikation zwischen Programmen erfolgt nach IEC 61131 durch globale Variablen. Globale Variablen werden in einer eigenen, zentralen Variablenliste deklariert und sind dann in allen Programmen bekannt (siehe Abschnitt 3.1.2).

Grundsätzlich sollte der Umfang globaler Variablen überschaubar und auf das Notwendigste begrenzt bleiben, denn globale Variablen verursachen häufig Programmierfehler. Da die globalen Variablen in einer zentralen Variablenliste deklariert sind, deklariert der Programmierer sie manchmal irrtümlich ein zweites Mal als lokale Variablen. Dann überschreiben die lokalen Variablen die Werte der globalen, und der programmübergreifende Datenaustausch funktioniert nicht.

Deshalb werden globale Variablen in vielen SPSen wie den Simatic S7-Steuerungen auf sog. *Datenbausteine* beschränkt. Datenbausteine sind Instanzvariablen der Anwender-Funktionsbausteine, die global deklariert sind und damit in allen Programmen benutzt werden können. Im folgenden Beispiel wird für jedes Feldgerät eine globale Instanzvariable als Datenbaustein des Funktionsbausteins angelegt, so dass nahezu die gesamte Prozessinformation global verfügbar ist, wie Bild 3.21 veranschaulicht.

Beispiel 3.10: Datenaustausch zwischen Ansteuerprogrammen der Feldgeräte

Das Programm `LIS1` in Bild 3.21 liest durch den Funktionsbaustein `L1` vom `TYP_AIN` (s. Beispiel 3.9) den Füllstand des Behälters ein. Im Programm `YS1` wird das Abflussventil so angesteuert, dass der Füllstand stets zwischen 1000 *l* und 4000 *l* gehalten wird. Hierzu wird im Programm `YS1` durch den Funktionsbaustein `Y1` vom `TYP_IDF1` das Abflussventil für den Behälter ansteuert.

Durch die global deklarierte Variable `L1` steht der Messwert des Behälterfüllstands `L1.PV` auch im Programm `YS1` zur Verfügung, wo er mit den Werten 1000 *l* und 4000 *l* verglichen und das Ventil entsprechend auf- bzw. zugefahren wird. Die Software zu diesem Beispiel kann auf der SPS-Lern-und-Übungsseite getestet werden.

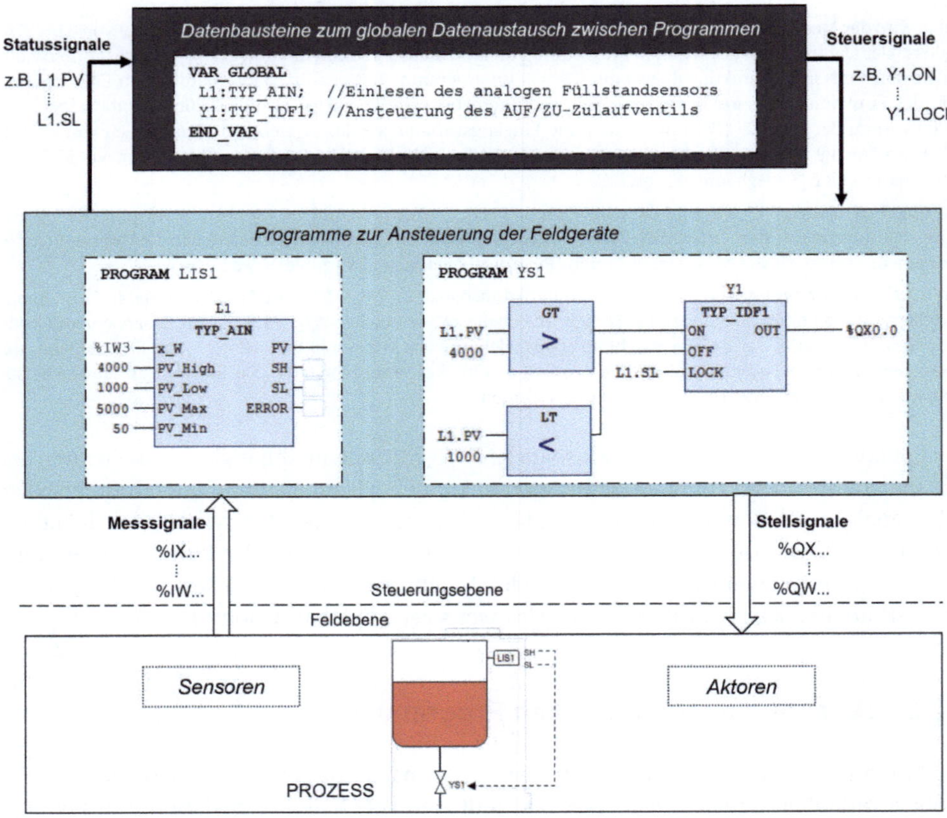

Bild 3.21 Datenaustausch zwischen Programmen durch globale Variablen

Man unterscheidet beim Datenaustausch nach Bild 3.21 also Mess- und Stellsignale, die über das Ein-/Ausgabeabbild mit dem Prozess kommunizieren, sowie Status- und Steuersignale zum globalen Datenaustausch *zwischen* Programmen. Diese Status- und Steuersignale werden durch global deklarierte Datenbausteine für jedes Feldgerät zusammengefasst, so dass die Liste der globalen Variablen überschaubar und transparent bleibt, denn für jedes Feldgerät wird ein Datenbaustein deklariert.

3.2.3 Datenaustausch zwischen SPSen

Für den Datenaustausch zwischen SPSen *des selben Herstellers* gibt es herstellerspezifische Lösungen, mit denen meist sehr einfach auf Daten einer anderen SPS zugegriffen werden kann. In einer S7-Steuerung der Fa. Siemens kann man beispielsweise die Funktionsbausteine `PUT` und `GET` zum Schreiben zu bzw. Lesen von einer zweiten S7-Steuerung einsetzen [144, 151].

Bei den auf Codesys basierenden Steuerungen können Variablen, die gesendet oder empfangen werden sollen, in globalen Netzwerkvariablenlisten (GNVL) deklariert werden. Da ansonsten nichts weiter programmiert werden muss und die Variablen in beiden SPSen global zur Verfügung stehen, stellt dies eine sehr einfache Möglichkeit für den Datenaustausch über Ethernet dar, wie das folgende Beispiel für das System in Bild 3.22 zeigt.

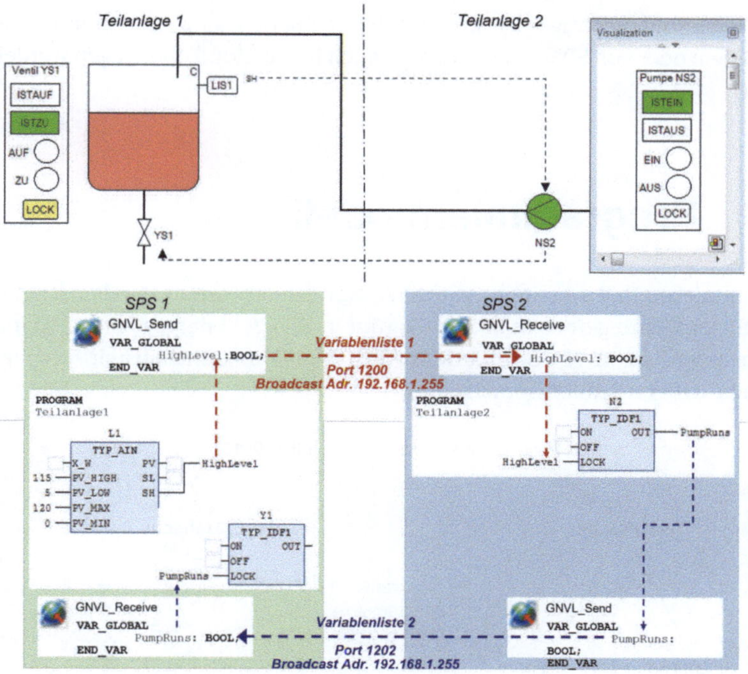

Bild 3.22 Datenaustausch zwischen zwei SPSen in Codesys über Netzwerkvariablen

Beispiel 3.11: Datenaustausch zwischen zwei SPSen über Netzwerkvariablen

Die beiden Teilanlagen in Bild 3.22 werden von zwei verschiedenen SPSen gesteuert. Um den Überlauf des Behälters in der Teilanlage 1 zu verhindern, muss der obere Grenzwert `L1.SH` des Füllstands LIS1 an die SPS2 übertragen werden, um dort die Verriegelung der Zulaufpumpe NS2 zu veranlassen. Solange die Pumpe NS2 läuft, wird die Laufmeldung `N2.OUT` an die SPS1 übertragen, um dort das Abflussventil YS1 zu verriegeln.

Für den Datenaustausch zwischen den beiden SPSen werden Netzwerkvariablen eingesetzt. In den Netzwerkvariablenlisten `GNVL_Send` der zu sendenden Variablen sind jeweils die Nummern des *Ethernet-Ports* (1200 bzw. 1202) und der Variablenlistenkennung (Variablenliste 1 bzw. 2) anzugeben. Die Variablenlisten zum Datenempfang `GNVL_Receive` werden vom Programmiersystem auf Basis der bekannten Sendevariablen automatisch angelegt.

Die Software wird also programmiert, als ob die Variablen in der SPS selbst deklariert wären. Die Variable `PumpRuns` wird von SPS 2 zur SPS 1 übertragen und verriegelt dort das Abflussventil. Die Variable `HighLevel` wird in umgekehrter Richtung von SPS 1 an SPS 2 gesendet und verriegelt dort die Zulaufpumpe. Die Software zu diesem Beispiel kann auf der SPS-Lern-und-Übungsseite getestet werden.

Der Datenaustausch mit Netzwerkvariablen erfolgt über das User Datagram Protocol (UDP). Damit erreicht man Signalübertragungszeiten im Bereich von 50 ms, was für den Steuerungs-übergreifenden Datenaustausch häufig ausreicht. Die relativ hohe Geschwindigkeit wird erkauft durch ein abgespecktes Datenprotokoll, das den Verlust von Datenpaketen nicht erkennt. Andererseits ist in einem Automatisierungsnetzwerk nur mit wenig Datenverlusten zu rechnen. Wenn Datenpakete einmal verloren gehen sollten, werden sie im nächsten Zyklus erneut übertragen.

Für den interoperablen Datenaustausch zwischen SPSen unterschiedlicher Hersteller bieten die Hersteller Funktionsbausteine zum Senden und Empfangen von Daten über UDP oder TCP an. Außerdem hat sich aber mit OPC-UA (Open Platform Communication - Unified Architecture) ein einfaches und mächtiges Werkzeug etabliert, mit dem ganze Datenbausteine in Echtzeit zwischen SPSen oder von SPSen ins Feld oder auch in die Cloud übertragen werden können (s. Beispiel 8.1).

3.3 Programmiermodell

Das Programmiermodell beschreibt, wie die Anwendersoftware zu erstellen ist. Zur Erzeugung der Anwendersoftware gibt es in SPSen die fünf in Bild 3.23 dargestellten Programmiersprachen: Anweisungsliste (AWL), Strukturierter Text (ST), Funktionsbausteinsprache (FBS/FUP), Kontaktplan (KOP) und Ablaufsprache (AS).

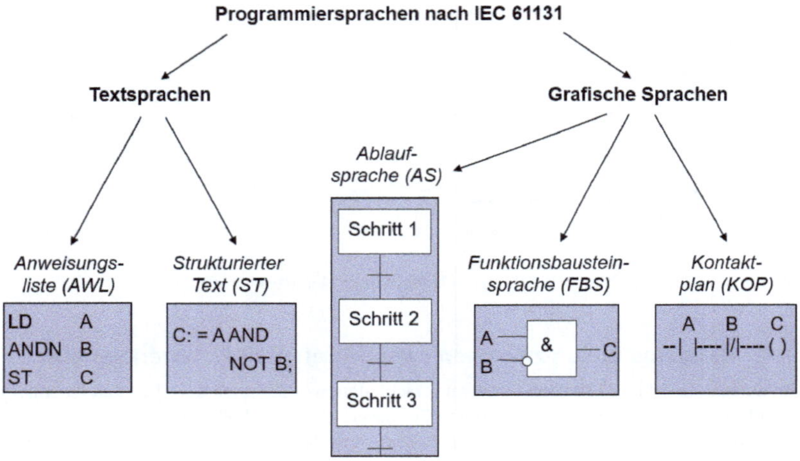

Bild 3.23 Programmiersprachen nach IEC 61131

3.3.1 SPS-Programmiersprachen

Die Einigung auf diese Sprachen in der Norm IEC 61131 ist historisch begründet. So bildet der Kontaktplan die Relais-Schaltung früherer verbindungsprogrammierter Steuerungen nach. Er wird im amerikanischen Raum auch heute noch vielfach eingesetzt. In Europa wird als grafische Sprache hauptsächlich die Funktionsbausteinsprache verwendet, die an Blockschaltbilder und Logikpläne angelehnt ist.

3.3.2 Anweisungsliste (AWL)

Von den Textsprachen verwenden die Steuerungstechniker in Europa bis heute gerne die Anweisungsliste (AWL), engl. Instruction List (IL). Sie ist der Assemblerprogrammierung sehr ähnlich und wurde in den Anfangszeiten der SPS aus Rechenzeitgründen eingesetzt. In jeder Zeile eines AWL-Programms wird mithilfe eines Operators das aktuelle, im Arbeitsspeicher vorhandene Ergebnis mit einem Operanden verknüpft. Tabelle 3.7 listet die speziellen AWL-Operatoren auf. Demnach wird in der ersten Zeile der Anweisungsliste in Bild 3.23 der Operand `A` durch den Operator `LD` in den Arbeitsspeicher geladen. In der zweiten Zeile erfolgt eine UND-Verknüpfung mit dem negierten Operanden `B`.Das Ergebnis dieser Verknüpfung wird schließlich in der dritten Zeile durch den Operator `ST` in der Variablen `C` abgespeichert.

Tabelle 3.7 Operatoren der Anweisungsliste (AWL)

Operator	Beschreibung
LD	läd aktuellen Wert einer Variablen in den Arbeitsspeicher.
LDN	läd aktuellen Wert einer Variablen negiert in den Arbeitsspeicher.
ST	speichert aktuelles Ergebnis im Arbeitsspeicher.
STN	speichert aktuelles Ergebnis negiert im Arbeitsspeicher.
S	setzt Arbeitsspeicher auf TRUE, wenn Variable TRUE ist.
R	setzt Arbeitsspeicher auf FALSE, wenn Variable TRUE ist.
JMP	Sprung zu Marke (Text mit nachfolgendem Doppelpunkt zu Beginn der Zeile).
JMPC	Sprung zu Marke, wenn Ergebnis TRUE ist.
JMPN	Sprung zu Marke, wenn Ergebnis FALSE ist.
CAL	Aufruf eines Programms, Funktionsbausteins oder einer Funktion.
CALC	Aufruf wenn Ergebnis TRUE ist.
CALN	Aufruf wenn Ergebnis FALSE ist.
RET	Rücksprung von Funktion oder Funktionsbaustein.
RETC	Rücksprung wenn Ergebnis TRUE ist.
RETN	Rücksprung wenn Ergebnis FALSE ist.

Für komplexere Aufgaben entstehen mit AWL jedoch sehr lange und unübersichtliche Listen, mitunter sogar mit Sprüngen, was für Wartungs- und Planungspersonal sehr schlecht nachvollziehbar ist.

3.3.3 Strukturierter Text (ST)

Heutzutage spielt die Rechenzeit eine immer kleinere Rolle, so dass sich Hochsprachen wie Python, Java, C oder Strukturierter Text (ST), engl. Structured Control Language (SCL), auch zur Programmierung von SPSen mehr und mehr durchsetzen.

Die wichtigsten ST-Befehle sind in Tabelle 3.8 zusammengestellt. Man sieht, dass der Strukturierte Text große Ähnlichkeit zu Hochsprachen wie C oder Python hat. Im Strukturierten Text werden Befehle wie in Hochsprachen üblich bedingt (z. B. durch `IF..THEN..ELSE`) und/oder in Schleifen (z. B. mit `FOR..TO..DO`) ausgeführt. Jeder Befehl endet mit einem Semikolon [65].

Zur Entwicklung umfangreicher numerischer Algorithmen eignen sich Textsprachen, weil die Programmierung einfach schneller geht als bei grafischen Sprachen. Mit grafischen Sprachen lässt sich aber eine leichter verständliche Software erzeugen, was insbesondere dann wichtig ist, wenn die Software nach der Entwicklung noch parametriert oder verändert werden

Tabelle 3.8 Befehle im Strukturierten Text (ST)

	Befehl	Beschreibung (Beispiel)

Auswahl	IF	**IF** a < b **THEN**
		    c:= 1;
		ELSIF a = b **THEN**
		    c:= 2;
		ELSE
		    c:= 3;
		END_IF

	CASE	**CASE** f **OF**
		    1: a:=3;
		    2: a:=4;
		ELSE a:=0;
		END_CASE

Schleifen	FOR	**FOR** a:= 1 **TO** 10 **BY** 2 **DO**
		    f[a] := b;
		END_FOR

	WHILE	**WHILE** b > 1 **DO**
		    b:=b/2;
		END_WHILE

	REPEAT	**REPEAT** a:= a * b; **UNTIL** a > 10000 **END_REPEAT**
Abbruch	EXIT	Beendigung einer Schleife unabhängig von der Abbruchbedingung
Rücksprung	RETURN	Rücksprung aus einer Funktion oder einem Funktionsbaustein
Programmaufruf		PRG1();
Funktionsbausteinaufruf		FB1(In1:=a,In2:=t#5s); result:=FB1.Out;
Funktionsaufruf		result:=F1(In1,In2,In3); FC1(In1,In2,In3,Out1=>result1,Out2=>result2);

muss. Da dies in Industrieanlagen, die über Jahrzehnte genutzt werden, fast immer die Regel ist, muss die SPS-Software für den Betreiber zumindest auf der anwendungsnahen Ebene transparent und verständlich sein.

3.3.4 Funktionsbausteinsprache (FBS/FUP)

Die Funktionsbausteinsprache (FBS), engl. Function Block Diagram (FBD), kann Funktionen und Funktionsbausteine wie in einem Blockschaltbild, dem sog. Funktionsplan (FUP), anordnen. Dadurch kann die Verknüpfungslogik, wie z. B. die UND-Verknüpfung in Bild 3.23, auf einen Blick schnell erfasst werden. Auch der Aufruf von Funktionsbausteinen und Funktionen ist im FUP einfach besser lesbar und verständlich, wie der Aufruf des Funktionsbausteins `TYP_AIN` in der Programmiersprache ST in Bild 3.20 und in der Funktionsbausteinsprache in Bild 3.21 zeigt.

3.3.5 Kontaktplan (KOP)

Eine weitere grafische Programmiersprache ist der Kontaktplan (KOP), engl. Ladder Diagram (LD), der die Verknüpfungslogik wie die Relaisschaltung einer verbindungsprogrammierten Steuerung in Beispiel 1.1 darstellt. Die wesentlichen Elemente in KOP sind Kontakte, die SPS-Eingänge oder Eingangsvariablen als Öffner und Schließer darstellen, sowie Spulen, in denen das Boole'sche Verknüpfungsergebnis gespeichert oder ausgegeben wird.

Das folgende Beispiel erläutert, wie eine einfache Verknüpfungslogik in den vier beschriebenen Programmiersprachen in Bild 3.24 umgesetzt wird.

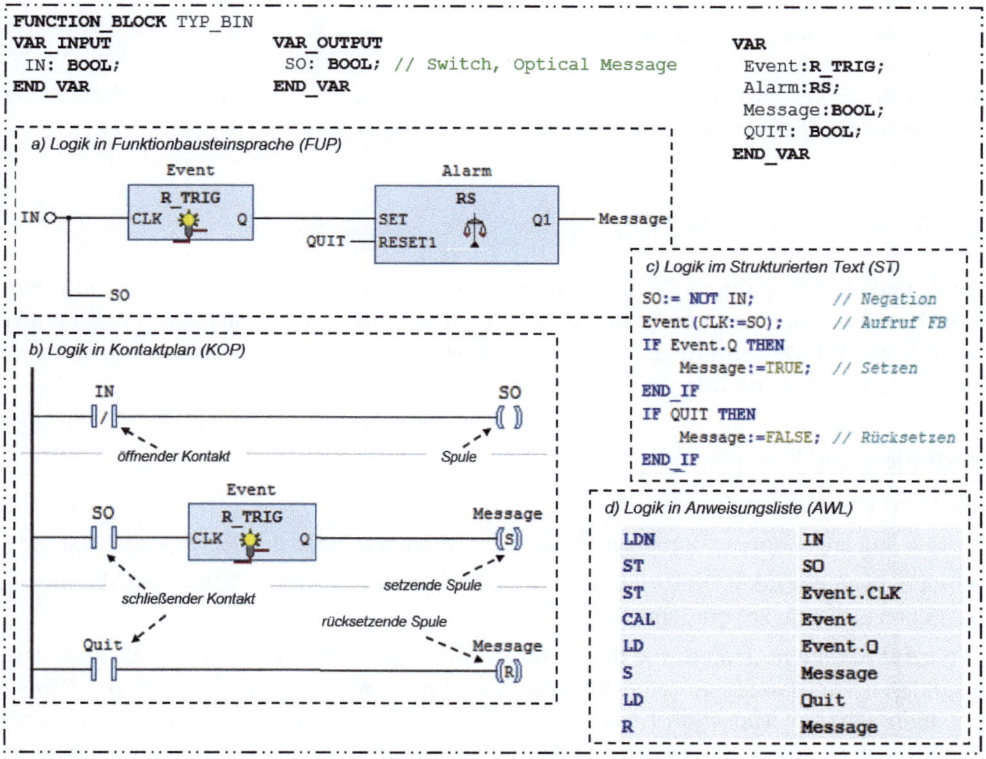

Bild 3.24 Funktionsbaustein zum Einlesen eines binären Sensors und Erzeugen einer Alarmmeldung in den Programmiersprachen FUP, KOP, ST und AWL

Beispiel 3.12: Einlesen eines binären Sensors im Ruhestromprinzip

Binäre Sensoren melden häufig einen Grenzzustand der Anlage, der zu einer Abschaltung oder Verriegelung von Aktoren führt. Beispielsweise meldet der Niveauschalter `LSH` in Bild 3.5, wenn der Behälter voll ist. Dann wird die Zulaufpumpe verriegelt und der Behälter vor Überlaufen geschützt.

Im Falle eines Drahtbruchs in der Verbindung zwischen Sensor und SPS, empfängt die SPS ein 0-Signal, muss aber trotzdem die Zuläufe abschalten. Deshalb überträgt der binäre Sensor im sog. *Ruhestromprinzip* ein 0-Signal im Fehlerfall, d. h. wenn der Behälter voll ist oder ein Drahtbruch vorliegt. Im Gutzustand wird ein 1-Signal an die SPS übertragen.

Zur Auswertung dieses Ruhestromsignals wird der Funktionsbaustein `TYP_BIN` entwickelt, der in Bild 3.24a in Funktionsbausteinsprache dargestellt ist. Das Ruhestromsignal wird invertiert, um die binäre Meldung `SO` (Switch, Optical message On/Off) zu aktivieren. Die binäre Meldung SO erzeugt mit ihrer steigenden Flanke einen Alarm, z. B. in Form eines Hupensignals, den der Bediener mit QUIT zurücksetzen muss, auch wenn der Fehler nicht mehr ansteht.

Im Kontaktplan nach Bild 3.24b wird die Logik mit Öffnern und Schließern dargestellt, die den Stromfluss zur Erregung einer Spule, also zum Speichern eines Werts, ermöglichen. Kontakten und Spulen werden Variablen zugewiesen. Außerdem kann auch ein Funktionsbaustein wie z. B. R_TRIG in einer Leitung aufgerufen werden. Die Spulen können durch die Operatoren S oder R ein RS-Flip-Flop nachbilden.

Im Strukturierten Text in Bild 3.24c wird das Setzen und Rücksetzen jeweils durch eine bedingte Zuweisung ausgeführt, wobei das zuletzt ausgeführte Rücksetzen die vorherige Zuweisung überschreibt.

In der Anweisungsliste nach Bild 3.24d muss zuerst ein Wert in den Akkumulator mit dem Befehl LD (Load) oder LDN (Load negated) geladen werden, bevor er verknüpft werden kann. Mit ST (Store) wird der Wert des Akkumulators in einer Variable gespeichert. Der Funktionsbaustein wird mit CAL aufgerufen. Auch hier lässt sich mit den Operatoren S und R ein RS-Flip-Flop nachbilden.

Die Software zu diesem Beispiel kann auf der SPS-Lern-und-Übungsseite getestet werden.

Der Vergleich dieser vier Programmiersprachen verdeutlicht, dass die Funktionsbausteinsprache die verständlichste Darstellung für eine Verknüpfungslogik ist.

3.3.6 Ablaufsprache (AS)

Eine Sonderstellung nimmt die Ablaufsprache AS (Sequential Function Chart, SFC) ein, denn mit ihr können sequenzielle Steuerungsaufgaben in Form von Schrittketten programmiert werden [65, 16]. Dabei werden mehrere Schritte eines Prozessablaufs aneinandergereiht, wie in Bild 3.25 die Schritte `Init`, `Auf`, `Pumpen` und `Stop`.

Aktionen und Transitionen

Ein Schritt besteht jeweils aus

- den ihm zugeordneten *Aktionen*, die aktiviert werden, solange der Schritt aktiv ist, sowie
- einer nachfolgenden *Transition*, die einen Boole'schen Ausdruck als Weiterschaltbedingung in den nächsten Schritt darstellt.

Während Aktionen Aktoren, wie das Ventil `YS1` oder die Pumpe `NS1` in Bild 3.25, ansteuern, resultieren Transitionen aus einer Verknüpfung von Sensorinformationen, z. B. des Niveauschalters `LS1`. Die Transition ist eine Weiterschaltbedingung und ergibt demzufolge einen Boole'schen Ausdruck, der, wenn er `TRUE` ist, den Übergang zum nächsten Schritt durchführt.

Ob ein Schritt aktiv oder inaktiv ist, kann durch eine *implizite* Variable der Schrittkette, den sog. Schrittmerker (`SCHRITTNAME.X`), abgefragt werden. Beispielsweise kann in Bild 3.25 der Schrittmerker `Pumpen.X` abgefragt werden. Ist er `TRUE`, bedeutet dies, dass sich die Schrittkette im Schritt `Pumpen` befindet.

Auch die Zeit, die ein Schritt schon aktiviert ist, kann abgefragt werden. Durch die interne Schrittkettenvariable `SCHRITTNAME.T` wird angegeben, *wie lange* sich die Kette schon im Schritt `SCHRITTNAME` befindet. In Bild 3.25 wird z. B. die Variable `Auf.T` als Transition verwendet, um zu warten, bis das Ventil vollständig aufgefahren wurde.

Beispiel 3.13: Ablaufsteuerung einer Tankbefüllung

Zur Befüllung eines Tanks soll zunächst das Ventil YS1 aufgefahren und erst nach 5 s, nachdem das Ventil geöffnet wurde, darf die Pumpe NS1 eingeschaltet werden. Dies ist notwendig, damit die Pumpe, die schneller anläuft, nicht

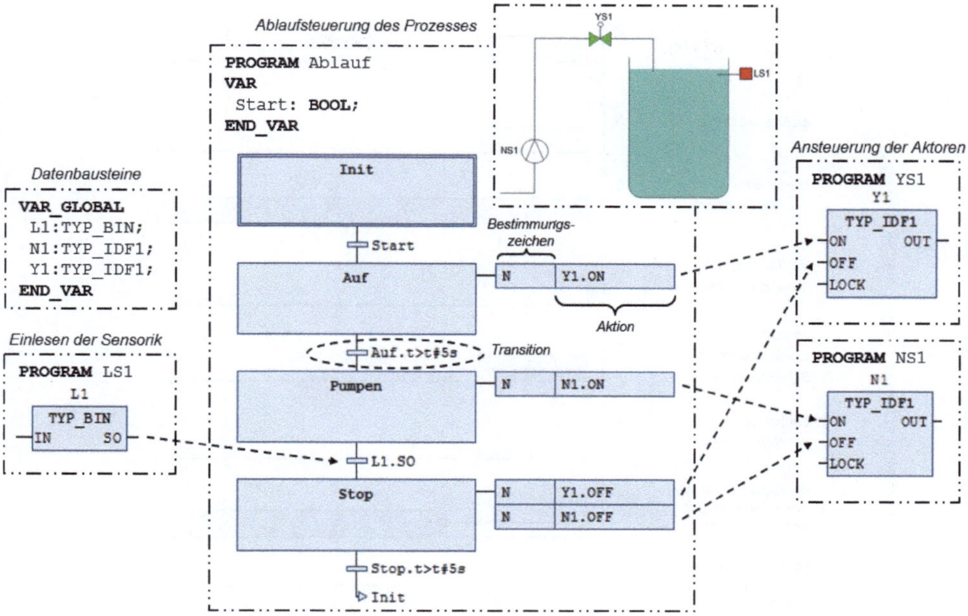

Bild 3.25 Aufbau einer Schrittkette bestehend aus Aktionen, Transitionen und Sprüngen, wodurch in diesem Beispiel ein Behälter befüllt wird

gegen ein noch teilweise geschlossenes Ventil pumpt. Wenn der Niveauschalter im Schritt `Pumpen` meldet, dass der Behälter voll ist, so muss die Pumpe ausgeschaltet und das Ventil zugefahren werden.

Die Schrittkette im Programm `Ablauf` steuert diesen Prozess vollautomatisch, der Bediener muss lediglich den Ablauf starten. Bild 3.25 zeigt, dass die Schrittkette mithilfe der global deklarierten Datenbausteine Sensorinformation zur Weiterschaltung einliest und durch ihre Aktionen in den jeweiligen Schritten Aktoren ansteuert. Die Software zu diesem Beispiel kann auf der SPS-Lern-und-Übungsseite getestet werden.

Bestimmungszeichen (Qualifier)

Bestimmungszeichen geben an, wie die Aktionen verarbeitet werden sollen. Die Aktionen in Bild 3.25 enthalten ein `N` als Bestimmungszeichen vor dem zu aktivierenden Steuersignal. Dieses `N` bedeutet, dass das Signal *nicht speichernd* gesetzt wird, d. h. sobald der Schritt nicht mehr aktiv ist, wird auch das Signal nicht mehr aktiviert.

Neben dem Bestimmungszeichen `N` für nicht speichernd gibt es Bestimmungszeichen wie `S`, `R`, `L`, `D` und `P`. Werden die Ansteuersignale mit dem Bestimmungszeichen `S` versehen, bleiben sie so lange gesetzt, bis sie in einem der folgenden Schritte durch das Bestimmungszeichen `R` zurückgesetzt werden. Diese Bestimmungszeichen ersetzen quasi ein RS-Flip-Flop in der Ansteuerlogik. Da in den Funktionsbausteinen der Aktoren, z. B. in `TYP_IDF1` (s. Bild 3.25) aber schon ein RS-Flip-Flop enthalten ist, das die Ansteuersignale speichert, darf dies in der Schrittkette nicht zusätzlich erfolgen, sondern die Steuersignale müssen dort nicht speichernd aktiviert werden.

Darüber hinaus gibt es die Möglichkeit, Ansteuersignale zeitlich limitiert (`L`) oder verzögert (`D`) zu setzen. Diese Bestimmungszeichen ersetzen Timer, die meist auch schon in der Ansteuerlogik der Funktionsbausteine integriert sind.

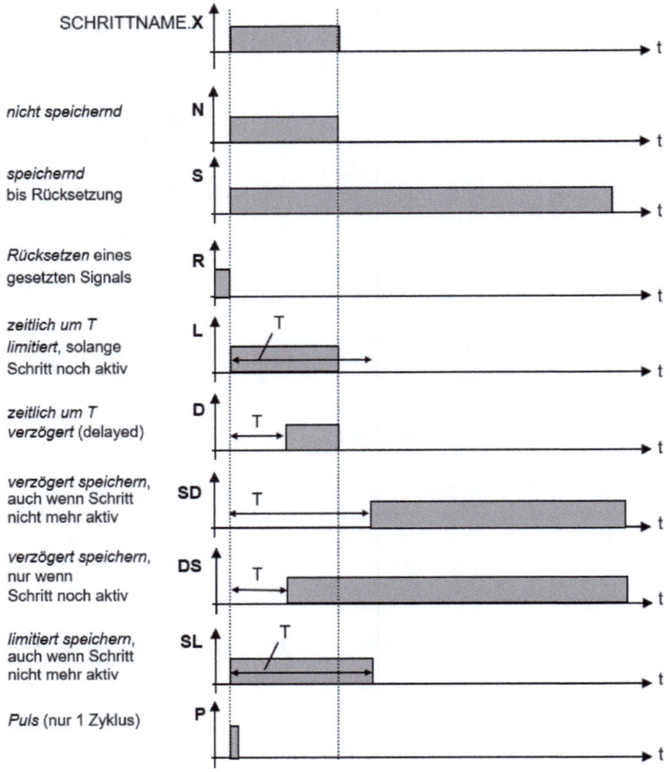

Bild 3.26 Bestimmungszeichen in den Aktionen einer Schrittkette geben an, wie die Steuersignale verarbeitet werden

Schließlich verursacht ein Puls (P), dass das Steuersignal nur kurzzeitig über einen Zyklus aktiviert wird. In Bild 3.26 ist die Wirkungsweise der verschiedenen Bestimmungszeichen anhand von Zeitdiagrammen veranschaulicht.

Strukturen von Schrittketten

Die Struktur einer Schrittkette ist durch eine Aneinanderreihung von Aktionen und Transitionen gekennzeichnet. Neben Sprüngen gibt es auch die Möglichkeit, mehrere Zweige einer Ablaufkette parallel oder alternativ abzuarbeiten. Bei einer Alternativverzweigung wird stets nur *einer* der parallelen Zweige abgearbeitet, und zwar der, dessen erste Transition nach der Verzweigung `TRUE` ist. In Bild 3.27a wird also entweder der linke Alternativzweig mit `s2` abgearbeitet, wenn die Variable `t1=TRUE` ist, oder es wird der rechte Alternativzweig mit `s3` abgearbeitet, wenn `t2=TRUE` ist.

Prinzipiell sollten die Transitionen an Alternativverzweigungen komplementär zueinander sein. Wenn jedoch der Fall eintritt, dass mehrere Transitionen erfüllt sind (z. B. `t1` und `t2`), dann werden die Transitionen von links nach rechts ausgewertet und der Alternativzweig aktiviert, dessen Transition als erste von links den Wert `TRUE` hat. In Bild 3.27a würde also nur der Zweig mit `t1` ausgeführt, wenn beide Transitionen `TRUE` sind.

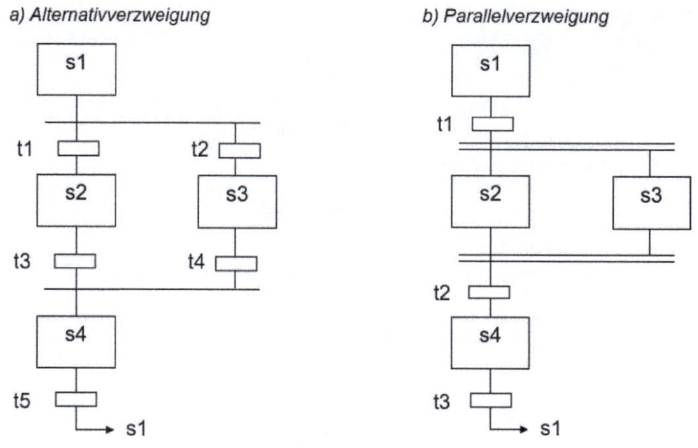

Bild 3.27 Schrittketten mit Alternativ- und Parallelverzweigung

Im Unterschied dazu werden bei einer Parallelverzweigung (Bild 3.27b) stets *alle* parallelen Zweige der Kette abgearbeitet. Die Zusammenführung der Parallelzweige kann aber erst erfolgen, wenn die Schritte in allen Zweigen vollständig abgearbeitet wurden. Der formale Unterschied zwischen Parallel- und Alternativverzweigung lässt sich anhand der Einfach- und Doppelstriche erkennen. Des Weiteren beginnen und enden die Alternativverzweigungen mit Transitionen, während die Parallelverzweigungen jeweils mit Aktionen in den Parallelzweigen beginnen und enden.

3.3.7 Anwender-Datentypen

Für eine übersichtliche Programmstrukturierung hat der Anwender die Möglichkeit, eigene Anwender-Datentypen (User Data Types, UDT) mit dem Schlüsselwort `TYPE` zu definieren. Anwender-Datentypen können wie in Tabelle 3.9 aufgeführt für verschiedene Zwecke verwendet werden, z. B. zur Aufzählung von Konstanten, für Unterbereiche oder alternative Namen für Standard-Datentypen.

Anwender-Datentypen dienen zur besseren Lesbarkeit der Software für spezielle Anwendungen, z. B. der Warenverwaltung in einem Lager. Am häufigsten werden *Strukturen* verwendet, die es erlauben, unterschiedliche Datentypen zu einer Datenstruktur zusammenzufassen.

Beispiel 3.14: Warenverwaltung in einem Hochregallager

Ein Hochregallager nach Bild 3.28 hat in seinen Lagerfächern Container mit unterschiedlichen Waren eingelagert. Die Datenverwaltung basiert deshalb auf der Variablen `Lager`, die eine Matrix mit 10x6 Elementen darstellt. Jedes Element ist vom `TYPE Warendaten` gemäß Tabelle 3.9 und gibt die Ware vom `TYPE Schrauben` und ihre Anzahl in diesem Lagerfach an.

Im Programm `Lagerverwaltung` in Bild 3.28 kann der Bediener vorgeben, welchen Artikel er in einen Container einlagern oder auslagern will. Das Programm sucht die Position des entsprechenden Lagerfaches, damit der Hochregallageraufzug an diese Position fahren und den Container ein- bzw. auslagert. Der Bestand, das heißt die Variable `Anzahl`, wird entsprechend um die eingelagerte Menge erhöht bzw. um die ausgelagerte Menge verringert. Die Software zu diesem Beispiel kann auf der SPS-Lern-und-Übungsseite getestet werden.

Tabelle 3.9 Anwender-Datentypen

Datentyp	*Erläuterung*	*Beispiel*

Referenz	Alternativer Name für Standard- Datentyp	`TYPE`
		`Artikelnummer:USINT;`
		`END_TYPE`

Aufzählung	Aufzählung von String-Konstanten	`TYPE`
		`Schrauben:(L30M4,L40M4,L50M5);`
		`END_TYPE`

Unterbereiche	Datentyp, dessen Wertebereich nur eine Untermenge eines Basistypen umfasst	`TYPE`
		`SubInt:INT (-4095..4095);`
		`END_TYPE`

Struktur	Zusammenfassung ungleicher Datentypen	`TYPE Warendaten:STRUCT`
		`Warentyp:Schrauben;`
		`Anzahl:INT;`
		`END_STRUCT`
		`END_TYPE`

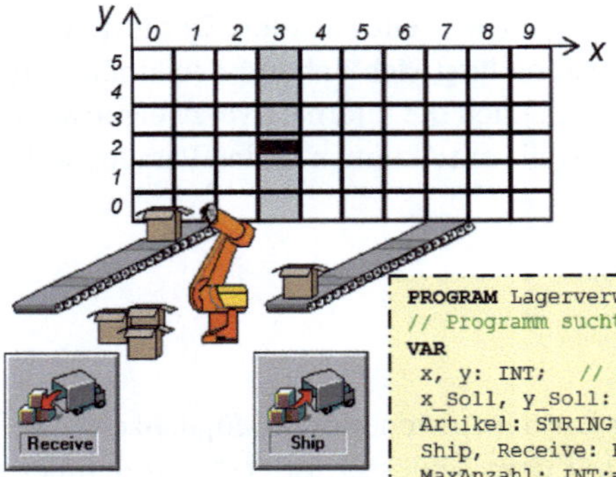


```
PROGRAM Lagerverwaltung
// Programm sucht einen Artikel im Lager und aktualisiert Warenbestand
VAR
 x, y: INT;  // aktuelle Position im Lager
 x_Soll, y_Soll: INT;      // Sollposition des Warenaufzugs
 Artikel: STRING:='30M6';  // gesuchter Artikel
 Ship, Receive: BOOL;      // Einlagern oder Auslagern
 MaxAnzahl: INT:=500;      // Max. Anzahl an Artikeln im Lagerfach
 Menge: INT;               // gewünschte Menge
 Lager: ARRAY[0..9,0..5]   // Warenbestand im Lager
       OF WarenDaten:=[(Warentyp:='30M8',Anzahl:=17),
                       (Warentyp:='30M6',Anzahl:=60),
END_VAR                      . . .
FOR x:=0 TO 9 DO            (Warentyp:='60M8',Anzahl:=89)];
   FOR y:=0 TO 5 DO
      IF Lager[x,y].Warentyp=Artikel THEN // Artikel gefunden
         x_Soll:=x;         // Anfahrposition für Warenaufzug
         y_Soll:=y;
         // Aktualisierung des Warenbestands
         IF Receive=TRUE AND Lager[x,y].Anzahl+Menge<=MaxAnzahl THEN
            Lager[x,y].Anzahl:=Lager[x,y].Anzahl+Menge;
         ELSIF Ship=TRUE AND Lager[x,y].Anzahl-Menge>=0 THEN
            Lager[x,y].Anzahl:=Lager[x,y].Anzahl-Menge;
         END_IF
      END_IF
   END_FOR
END_FOR
Einlagern:=Auslagern:=0;   // Taster
```

Bild 3.28 Programm zur Warenverwaltung eines Hochregallagers mit 60 Lagerfächern, in denen Container mit unterschiedlichen Schrauben eingelagert sind

3.4 KI-gestützte SPS-Programmierung

Viele Programmierer nutzen heutzutage Large Language Models wie ChatGPT zur Entwicklung von Apps in Standard-Programmiersprachen, wie C, C# oder Python. Auch SPS-Hersteller wie Beckhoff zeigen, dass Teile der SPS-Software mit KI automatisch erstellt werden können und wollen ein Large Language Model mit SPS-spezifischen Fachwissen in ihr Programmiersystem integrieren [22].

Allerdings eignet sich ChatGPT bislang nur, um Code in Textsprachen wie Strukturierten Text zu erstellen. Natürlich dürfen die Vorschläge der KI nicht blind übernommen werden, sondern erfordern eine Überprüfung und Verbesserung durch erfahrene Programmierer, insbesondere wenn damit Anlagen mit einem gewissen Gefahrenpotenzial gesteuert werden.

Außerdem soll sich die SPS-Software durch Transparenz, Verständlichkeit, Erweiterbarkeit auszeichnen, weshalb zumindest die oberen Anwenderebenen mit grafischen Programmiersprachen wie FUP oder AS programmiert werden sollten. ChatGPT kommt deshalb eher wie im folgenden Beispiel für die Entwicklung der internen Software von Funktionsbausteinen in Frage, die sehr oft von den Herstellern bereits fertig angeboten werden.

Beispiel 3.15: Programmierung eines Funktionsbausteins mit ChatGPT

ChatGPT soll einen Funktionsbaustein zum Einlesen eines binären Sensors im Ruhestromprinzip programmieren. Das Ergebnis in Bild 3.29 zeigt einen durchaus brauchbaren Code, der auch funktioniert.

```
FUNCTION_BLOCK FB_SensorMonitor
VAR_INPUT
   SensorInput : BOOL;    // Eingang vom Sensor (im Ruhestromprinzip)
   Acknowledge : BOOL;    // Quittierungstaste vom Bediener
END_VAR

VAR_OUTPUT
   Alarm : BOOL;          // Alarmstatus für die HMI
END_VAR

VAR
   SensorState : BOOL;    // Interner Zustand des Sensors
   AlarmActive : BOOL;    // Interner Zustand des Alarms
END_VAR

// Sensorzustand aktualisieren
SensorState := NOT SensorInput;

// Alarmlogik
IF SensorState THEN
   AlarmActive := TRUE;
END_IF

// Quittierung des Alarms
IF Acknowledge THEN
   AlarmActive := FALSE;
END_IF

// Ausgabe des Alarms
Alarm := AlarmActive;

END_FUNCTION_BLOCK
```

Bild 3.29 Von ChatGPT programmierter Funktionsbaustein, der durch Eingabe folgender Aufgabe entstand: „Programmiere einen Funktionsbaustein für eine SPS, mit dem ein binärer Sensor im Ruhestromprinzip eingelesen wird. Der Baustein soll eine Alarmmeldung für die HMI erzeugen, wenn der Sensor ausgelöst wird. Der Bediener soll die Alarmmeldung quittieren können."

Vergleicht man das Ergebnis mit dem in Bild 3.24 erstellten Funktionsbaustein `TYP_BIN`, so zeigen sich für das kleine Beispiel folgende Unterschiede

- die Variable `Sensorstate` ist nicht als Ausgangsvariable deklariert, um den Baustein mit anderen Bausteinen verknüpfen zu können,
- der Alarm wird als Ausgangsvariable deklariert, obwohl dies für den Zugriff der HMI nicht erforderlich ist,
- wenn der Fehler noch ansteht, nachdem der Alarm quittiert wurde, wird die Alarmmeldung erneut ausgelöst, was die Quittierung obsolet macht,
- gewünschte Baustein- und Variablennamen müssen vorgegeben werden.

Natürlich können diese Unterschiede durch genauere Vorgaben beseitigt werden, aber dann ist mitunter der Aufwand für die Vorgaben höher als die Codierung.

Das Beispiel zeigt, dass Entwickler nicht von automatisierungstechnischem Grundwissen wie Ruhestromprinzip, Datenaustausch mit der HMI, Quittier-Taster etc. entbunden werden, weil die KI noch nicht in der Lage ist, dieses verteilt vorliegende und oft implizit formulierte Wissen in ihre Lösung einzubinden.

Je mehr die SPS-Software mit vorgefertigten und getesteten Funktionsbausteinen konfiguriert statt programmiert wird, desto weniger dürfte ChatGPT relevant sein. Die Hauptarbeit und Herausforderung liegt bei der SPS-Programmierung im Design und der Strukturierung einer komplexen Software. Diese Arbeit könnte ChatGPT nur erledigen, wenn umfangreiche Spezifikationen eingegeben werden [185].

Zusammenfassung

Die SPS-Programmierung nach IEC 61131 ist nicht nur für SPSen, sondern für alle Automatisierungssysteme (z. B. PLSe) *die* Standardform der industriellen Programmierung. Ihre Stärke liegt in der transparenten Darstellung und der Möglichkeit zur objektorientierten Strukturierung der Software.

Der große Vorteil der SPS-Programmiersprachen gegenüber Hochsprachen wie C, Java, Python ist die Mischung von Textsprachen und grafischen Sprachen. Dadurch können kompliziertere Algorithmen effizient im Strukturierten Text (ST) wie in Hochsprachen programmiert und als Funktionsbausteine gekapselt werden. Da das Innenleben der Funktionsbausteine für den Anwender weniger interessant ist, stört ihn die textuelle Programmierung nicht. Doch die Zusammenschaltung der Funktionsbausteine zur Ansteuerung der Feldgeräte, die für Anwender entscheidend sind, weil sie das Verhalten der Anlage bestimmen, erfolgt grafisch in der Funktionsbausteinsprache (FUP). Der übergeordnete Prozessablauf kann sehr anschaulich als Schrittkette in der Ablaufsprache (AS) programmiert werden, was zur Verständlichkeit und Transparenz der Software beiträgt.

Ein Leitfaden zur Verwendung der Programmiersprachen ist in Tabelle 3.10 dargestellt.

Tabelle 3.10 Vor- und Nachteile der SPS-Programmiersprachen

	Vorteil	Nachteil	Einsatzempfehlung
Anweisungsliste (AWL) *Instruction List (IL)*	ähnlich Assembler, traditionelle SPS-Sprache	unübersichtlich, fehleranfällig, umständlich	-
Strukturierter Text (ST) *Structured Control Language (SCL)*	ähnlich C, sehr kompakt, Gleichungen leicht programmierbar	unübersichtlich, fehleranfällig, wartungsaufwändig	Programmierung des Innenlebens von Anwender-Funktionsbausteinen oder Anwender-Funktionen
Funktionsplan (FUP) *Function Block Diagram (FBD)*	übersichtlich, ähnlich Blockschaltbild, gut verständlich	für Gleichungen umständlich	Programmierung der Ansteuerprogramme für Feldgeräte und deren Verknüpfungen
Kontaktplan (KOP) *Ladder Diagram (LD)*	hardwarenah, ähnlich Relais- und Schütztechnik	unübersichtlich, umständlich	-
Ablaufsprache (AS) *Sequential Function Chart (SFC)*	übersichtlich, ähnlich Flussdiagramm	Betriebsarten und Schutzfunktionen schwer umsetzbar	Programmierung des Prozessablaufs

Wiederholungsfragen

1. Welche Komponenten umfasst das Softwaremodell?
2. Welche Variablentypen und welche Standard-Datentypen gibt es in der IEC 61131?
3. Was versteht man unter der Zykluszeit einer Task?
4. Welche Standard-Funktionen (FCs) und Standard-Funktionsbausteine (FBs) kennen Sie?
5. Erläutern Sie das prinzipielle Verhalten der Bausteine RS, TP, TON, TOF, CTUD!
6. Wie erfolgt die Kommunikation
   a) innerhalb eines Programms,
   b) zwischen verschiedenen Programmen?
   c) zwischen SPSen?
7. Wie wird ein analoger Sensor in die SPS eingelesen?
8. Welche Programmiersprachen gibt es nach IEC 61131?
9. Was versteht man unter dem Ruhestromprinzip?
10. Wie sind Ablaufsteuerungen nach IEC 61131 aufgebaut? Welche Bestimmungszeichen gibt es für Aktionsblöcke?
11. Wie lassen sich die Aktivität eines Ablaufschritts und die verstrichene Zeit, in der sich die Steuerung in diesem Schritt befindet, auslesen?
12. Wie ist der Aufbau einer
    a) Parallelverzweigung und einer
    b) Alternativverzweigung?
13. Welche Anwender-Datentypen können Sie nach IEC 61131 deklarieren?

Die Antworten finden Sie auf der SPS-Lern-und-Übungsseite.

Übung 3.1: Messung der Zykluszeit mit Timern

Erstellen Sie ein Programm zur Messung der Zykluszeit von Codesys im Simulationsbetrieb, indem Sie das Hauptprogramm PLC_PRG tausendmal durchlaufen lassen und die Zeit durch einen Timer messen.

Eine Lösung zu dieser Übung finden Sie auf der SPS-Lern-und-Übungsseite.

Übung 3.2: Steuerung eines Warenaufzugs mit Zählern

Der Transportaufzug eines automatisierten Lagers nach Bild 3.30 wird durch den Motor NS_Y mit zwei Drehrichtungen angesteuert. Der Bediener gibt für die anzufahrende Etage in der HMI die Sollposition SOLL_Y vor.

Zur Ermittlung der Ist-Position ist am Aufzug ein induktiver Näherungsschalter GIS_Y angebracht. Da sich in jeder Etage ein Magnet befindet, wird immer dann ein binärer Schaltimpuls an die SPS gesendet, wenn der Aufzug eine Etage erreicht hat und an deren Magneten vorbeigefahren ist.

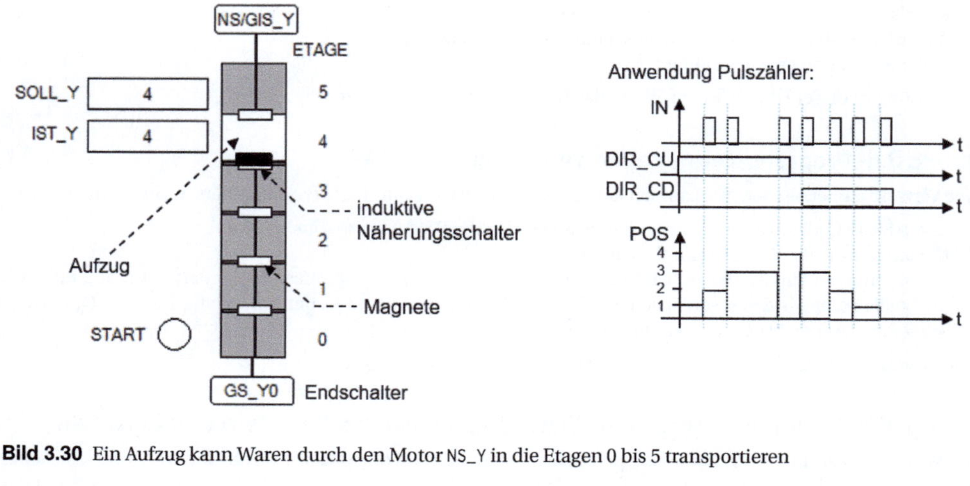

Bild 3.30 Ein Aufzug kann Waren durch den Motor NS_Y in die Etagen 0 bis 5 transportieren

a) Öffnen Sie von der Webseite das Projekt U3_2_Aufzug in Codesys und erstellen Sie das Programm GIS_Y, das die Schaltimpulse des induktiven Näherungsschalters durch den Funktionsbaustein TYP_PULSE aus Bild 3.17 einliest und die Aufzugposition ermittelt!
b) Erstellen Sie mithilfe des Funktionsbausteins TYP_IDF2 (vgl. Bild 3.15) das Programm NS_Y, um durch Soll-/Istwert-Vergleich die entsprechenden Drehrichtungen des Motors für den Aufzug anzusteuern!
c) Testen Sie das Programm in der Simulation!

Eine Lösung zu dieser Übung finden Sie auf der SPS-Lern-und-Übungsseite.

Übung 3.3: Analoge Füllstandmessung

Ein Tanklager besteht aus 3 Tanks, die jeweils mit bis zu 1200 Kubikmeter mit schwerem Heizöl befüllt sein können. Die Füllstände LI1, LI2 und LI3 werden als 4...20mA-Signale in Analogwerte umgewandelt und an den Kanaladressen %IW1, %IW2 und %IW3 gespeichert. Damit stets genügend Heizöl zur Befüllung der Tankwagen bereitsteht, soll eine Alarmmeldung ausgegeben werden, wenn die Gesamtmenge 800 Kubikmeter unterschreitet.

Erstellen Sie ein Programm, das mithilfe des Funktionsbausteins TYP_AIN aus Bild 3.20 die verfügbare Gesamtmenge ermittelt und bei Unterschreiten des Grenzwerts eine Alarmmeldung erzeugt!

Eine Lösung zu dieser Übung finden Sie auf der SPS-Lern-und-Übungsseite.

Übung 3.4: Einlesen analoger Eingänge ohne Über- und Untersteuerungsbereich

Ein Tachometer misst die Drehzahl eines Antriebs. Die Drehzahl n wird als Spannungssignal U_E eingelesen und als 16-Bit-Datenwort x_W ohne Darstellung des Über- und Untersteuerungsbereichs eingelesen, wobei folgende Stützstellen des linearen Zusammenhangs gegeben sind:

U_E/V	-10	-5	0	5	10
x_W	-32768	-16382	0	16381	32767
n/Umin^{-1}	-3000	-1500	0	1500	3000

Passen Sie den Funktionsbaustein TYP_AIN an und erstellen Sie ein Programm, das die gemessene Drehzahl als Process Value (PV) ermittelt!

Eine Lösung zu dieser Übung finden Sie auf der SPS-Lern-und-Übungsseite.

Übung 3.5: Programmierung einer Motoransteuerung in FUP, AWL, KOP und ST

Zur Ansteuerung eines Motors mit fester Drehzahl und einer Drehrichtung soll der Funktionsbaustein TYP_IDF1 aus Bild 3.12

a) jeweils in FUP, AWL, KOP und ST programmiert werden und
b) der Funktionsbaustein jeweils im Programm NS1 instanziiert und
c) in der Simulation getestet werden!

Eine Lösung zu dieser Übung finden Sie auf der SPS-Lern-und-Übungsseite.

Übung 3.6: Programmierung einer Verkehrsampel in AS

Eine Verkehrsampel mit den drei Lampen Rot, Gelb und Grün wird von einer SPS über binäre Ausgänge angesteuert.

a) Legen Sie in Codesys das Programm Ampel als POU in der Programmiersprache AS an!
b) Deklarieren Sie die Variablen für die Lampen!
c) Programmieren Sie den zyklischen Prozessablauf in AS so, dass die Rotphase 30 s dauert, danach 5 s die rote und gelbe Lampe brennen, im Anschluss daran für 20 s die grüne Lampe, danach 5 s lang die gelbe Lampe und schließlich wieder 30 s die rote Lampe brennt.

Eine Lösung zu dieser Übung finden Sie auf der SPS-Lern-und-Übungsseite.

Übung 3.7: Programmierung eines Werkzeugmagazins mit Feldern und Schleifen

Ein Werkzeugmagazin umfasst die Positionen 0...5. An jeder Position des Magazins kann eines von 8 verschiedenen Werkzeugen eingelagert sein. Der Benutzer gibt den gewünschten Werkzeugtyp 0...7 über Schalter vor, die mit den acht Eingängen einer digitalen Eingangsbaugruppe verbunden sind. Das Programm soll die Position des gewünschten Werkzeugtyps über die Leuchten einer digitalen Ausgangsbaugruppe ausgeben.

a) Welche Variablen müssen deklariert werden?
b) Schreiben Sie das Programm in ST! Die Lagerposition, an der sich das gesuchte Werkzeug befindet, soll durch Leuchten der zugehörigen Ausgangskanäle an der SPS angezeigt werden!
c) Testen Sie Ihr Programm für die Magazinstände
   a) |6|1|4|5|7|0|,
   b) |3|7|0|1|7|7| und
   c) |3|7|5|1|1|7|,

   wenn jeweils ein Werkzeug vom Typ 7, 6 und 5 herausgesucht werden soll! Welcher Ausgangskanal wird dann jeweils angesteuert?

Eine Lösung zu dieser Übung finden Sie auf der SPS-Lern-und-Übungsseite.

Übung 3.8: Softwareentwicklung durch ChatGPT

Für die Entwicklung eines Motorbausteins soll ChatGPT verwendet werden.

a) Fordern Sie ChatGPT unter chatgpt.com auf, einen SPS-Funktionsbaustein für einen Motor mit fester Drehzahl und einer Drehrichtung zu entwickeln!
b) Vergleichen Sie das Ergebnis mit dem Funktionsbaustein TYP_IDF1 aus Beispiel 3.5!
c) Verändern Sie Ihre Vorgaben, wie verändert ChatGPT seinen Funktionsbaustein?

4 Entwurf kontinuierlicher Steuerungen

Intelligente Feldgeräte und Automatisierungssysteme, die Maschinen oder Anlagenteile ansteuern, kommunizieren als *Cyber Physical Systems* (CPS) nicht nur mit der Cloud, sondern auch untereinander. Diese Machine-to-Machine-Collaboration ermöglicht eine kontinuierliche Prozesssteuerung in Echtzeit. Meist wird sie durch eine Verknüpfungslogik wie in Bild 4.1 in einer SPS ausgeführt, sie kann aber auch verteilt in den Mikroprozessoren der Feldgeräte ablaufen.

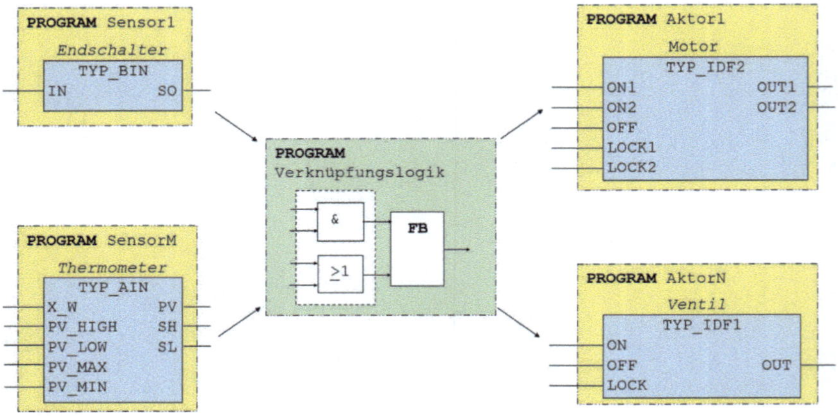

Bild 4.1 Verknüpfung von Programmen zur Sensordatenauswertung (links) und zur Ansteuerungen von Aktoren (rechts)

Die Verknüpfungslogik wird in einem Funktionsplan erstellt, der kontinuierlich, d. h. in jedem Abtastzyklus, abgearbeitet und als *Continuous Function Chart* (CFC) bezeichnet wird.

Im Folgenden wird der Entwurf kontinuierlicher Steuerungen erläutert. Wegen der Komplexität industrieller Anlagen muss zunächst im Rahmen des Software-Engineerings für eine transparente *Softwarestrukturierung* gesorgt werden.

4.1 SPS-Software-Engineering

Bei jeder automatisierungstechnischen Aufgabe stellt sich das Problem, aus einer verbalen Aufgabenbeschreibung eine Software zu entwickeln. Um solche Textaufgaben systematisch zu lösen, werden die Aufgabenstellung und die daraus folgende Softwarestruktur mithilfe von UML-Diagrammen modelliert.

Die Unified Modelling Language (UML) ist in der Informatik bei großen Softwareprojekten seit Langem etabliert [77] und bietet sich für den Softwareentwurf in Automatisierungsprojekten genauso an. Das SPS-Programmiersystem Codesys bietet sogar ein Tool, mit dem eine Aufgabe in UML modelliert und daraus automatisch die SPS-Software erzeugt wird [59].

In UML gibt es Verhaltens- und Strukturdiagramme. Die generelle Vorgehensweise beim SPS-Programmentwurf unterteilt sich wie in Bild 4.2 dargestellt in 6 Stufen, die im Folgenden erläutert werden.

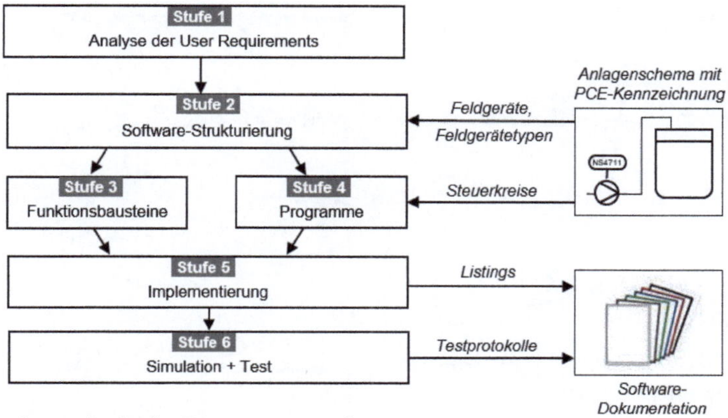

Bild 4.2 Vorgehensweise für den Programmentwurf

4.1.1 Analyse der User Requirements

Häufig beschreibt der Anlagenbetreiber die Funktionen, die in seiner Anlage automatisch ausgeführt werden sollen, durch ein paar Seiten Text. Um diese Betreiberanforderungen (User Requirements) vollständig zu verstehen und zu erfassen, empfiehlt es sich, den Text auf folgende Fragen zu untersuchen:

1. Welches sind die wichtigsten *Aufgaben*, die die Anlage ausführen soll?
2. Welche *Akteure* sind zur Ausführung dieser Aufgaben erforderlich? Dies können der Bediener oder auch die Sensoren und Aktoren sein.
3. Welche *Aktivitäten* führen die Akteure aus?

Die Antworten zu diesen Fragen lassen sich oft einfach durch Unterstreichen von Schlüsselwörtern im Text kenntlich machen, wie das folgende Beispiel zeigt.

Beispiel 4.1: Analyse der Aufgabenstellung

Folgender Prozess soll automatisiert werden: „Zwei Medien sollen in einem Behälter vermischt werden. Wenn der Mischbehälter leer ist, wird zunächst das **Medium A** über die Pumpe NS1 eingefüllt, bis der Niveauschalter LS2 erreicht ist. Danach soll das **Medium B** unter ständigem **Rühren** durch die Pumpe NS2 in den Behälter befördert werden, bis der Niveauschalter LS3 erreicht ist. Schließlich kann der Bediener das Gemisch **abfüllen**, indem er das Ventil YS1 über ein Bedienfeld in der Anzeige- und Bedienkomponente auf- und zufährt. Wird der Niveauschalter LS1 erreicht, ist der Behälter leer. Dann ist der RührerNS3 auszuschalten und das Ventil YS1 zuzufahren".

Die wichtigsten **Aufgaben** der Anlage als Antwort auf Frage 1 wurden im obigen Text fett, die Akteure als Antwort auf Frage 2 unterstrichen dargestellt. Diese Ergebnisse können nun sehr anschaulich in einem Use-Case-Diagramm wie in Bild 4.3 festgehalten werden. Die wichtigsten Aufgaben der Anlage werden darin ebenso aufgeführt wie die Sensoren, Aktoren und der Bediener als Akteure.

Zusätzlich werden nun die *Aktivitäten* der Akteure in das Use-Case-Diagramm eingetragen. Diese sind als Antworten auf die Frage 3 ebenfalls aus dem Aufgabentext herauszulesen. Im Use-Case-Diagramm nach Bild 4.3 veranschaulichen die Pfeile, die von den Sensoren bzw. dem Bediener ausgehen, die Aktivierung der einzelnen Aufgaben. Die Pfeile, die von den Aufgaben ausgehen, kennzeichnen die Ansteuerung der Aktoren.

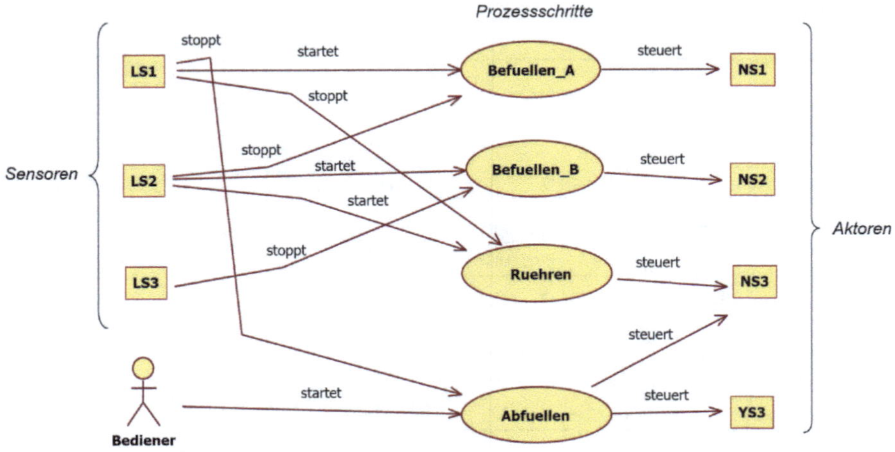

Bild 4.3 UML-Use-Case-Diagramm zur Modellierung der automatisierungstechnischen Aufgabenstellung

Das *UML-Use-Case-Diagramm* beschreibt also das gewünschte Verhalten der zu automatisierenden Anlage. Es stellt alle Anforderungen der verbalen Aufgabenstellung grafisch dar und dient somit als anschaulichere Variante der Textaufgabe.

4.1.2 Objektorientierte Softwarestrukturierung

In der Prozessautomatisierung sind in der Regel Hunderte von Feldgeräten (Sensoren und Aktoren) anzusteuern. Um diese immense Menge an Software transparent zu gestalten, ist eine objektorientierte Strukturierung notwendig. Zur Darstellung der geplanten Softwarestruktur eigenen sich *UML-Klassendiagramme.*

Objektorientiertheit bedeutet, die Objekte der realen Welt in der Software nachzubilden. In der Automatisierungstechnik sind die *Objekte* die Feldgeräte der Anlage, also z. B. die Sensoren `LS1`, `LS2`, `LS3` und die Aktoren `NS1`, `NS2`, `NS3` und `YS1` in Bild 4.3. Diese sind auch im Anlagenschema aufgeführt, das den Aufbau der zu automatisierenden Anlage darstellt und meist Teil der Aufgabenstellung ist.

Bild 4.4 zeigt das Anlagenschema für das Beispiel der Mischanlage. Darin sind die Feldgeräte durch ihre PCE-Kategorie und -Funktion gekennzeichnet (vgl. Abschnitt 2.7). `LS` bedeutet ein binärer Niveauschalter, `NS` ein Ein/Aus-Motor und `YS` ein Auf/Zu-Ventil. Jedes Feldgerät (Objekt) kann so durch seine *PCE-Funktion* leicht einem Feldgerätetyp, d. h. einer *Klasse,* zugeordnet werden.

In Produktionsanlagen gibt es zwar viele Feldgeräte, meist aber nur wenige Klassen, durch die sie sich voneinander unterscheiden. Die Zuordnung der Objekte zu den Klassen kann sehr

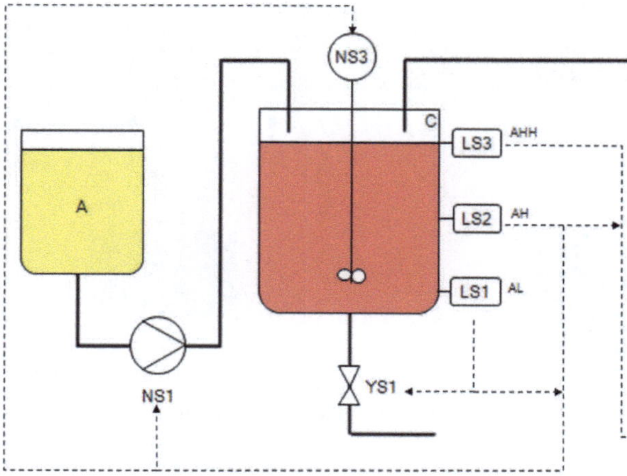

Bild 4.4 Anlagenschema einer Mischanlage

anschaulich durch ein *Klassendiagramm* wie Bild 4.5 verdeutlicht werden. Auch wenn Klassendiagramme hauptsächlich zur objektorientierten Programmierung (s. Kapitel 6) eingesetzt werden, können sie hier schon sehr gut die Softwarestruktur veranschaulichen.

Beispiel 4.2 Softwarestrukturierung

Die Mischanlage aus Bild 4.4 besteht aus 7 Feldgeräten. Die Niveauschalter `LS1`, `LS2` und `LS3` lesen jeweils ein binäres Sensorsignal ein und geben durch eine entsprechende Meldung an, dass ein Grenzwert „Behälter leer", „halb voll" oder „voll" erreicht ist. Diese gemeinsame Funktionalität soll geräteneutral durch die Klasse `TYP_BIN` programmiert werden. Auch die Ein-/Aus-Motoren `NS1`, `NS2`, `NS3` und das Auf/Zu-Ventil `YS1` funktionieren in gleicher Weise: Durch Aktivierung der Eingänge `ON` und `OFF` wird ein Motor ein- oder ausgeschaltet bzw. ein Ventil auf- oder zugefahren. Der die Klasse `TYP_IDF1` realisierende Funktionsbaustein wurde ja schon in Abschnitt 3.1.6 vorgestellt.

Aus diesen Überlegungen ergibt sich die Softwarestruktur für die Mischanlage nach dem UML-Klassendiagramm in Bild 4.5. Für jedes der 7 Feldgeräte wird ein Programm vorgesehen, in dem ein Funktionsbaustein der Klasse `TYP_BIN` oder `TYP_IDF1` instanziiert wird. Diese Instanzbausteine heißen auch Datenbausteine und stellen die Objekte dar. Die Anlage besteht also aus 7 Objekten der Feldgeräte, die auf zwei unterschiedlichen Feldgerätetypen, den Klassen `TYP_BIN` und `TYP_IDF1`, beruhen.

Ein Klassendiagramm stellt dar, wie verschiedene Klassen untereinander und zu Objekten in Beziehung stehen [115]. Im Beispiel von Bild 4.5 zeigen die Pfeile an, welche Klasse in einem Objekt instanziiert wird.

Die Anlagenstruktur wird durch folgende *Modularisierung* in der Anwendersoftware nachgebildet:

- Für jeden Feldgerätetyp (Klasse), z. B. Sensor, Motor, Ventil oder Regler, wird ein Anwender-Funktionsbaustein entwickelt.
- Für jede Instanz des Anwender-Funktionsbausteins (Objekt) wird eine globale Instanzvariable als Datenbaustein angelegt, der nur aus dem Erstbuchstaben der PCE-Kennzeichnung und der Feldgerätenummer besteht.

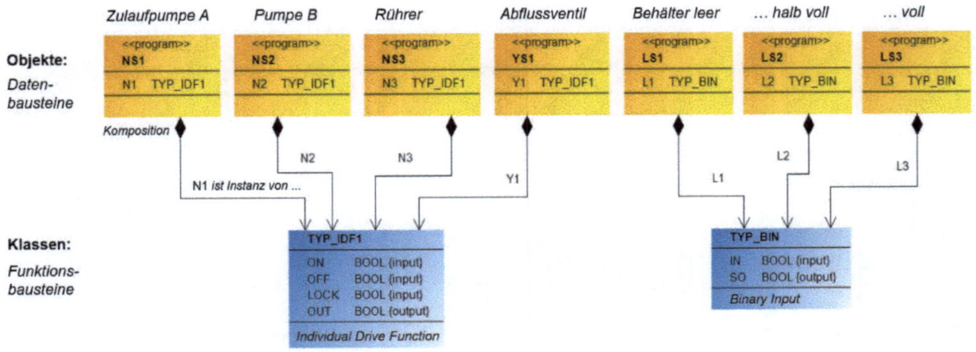

Bild 4.5 Softwarestruktur für die Mischanlage veranschaulicht in einem Klassendiagramm

Durch die Vielzahl der Feldgeräte entstehen so zwar viele globale Variablen. Die Variablenliste entspricht aber exakt der Feldgeräteliste (PCE-Stellenliste) des Anlagenplaners. Somit erreicht man eine eindeutige Abbildung zwischen der *realen Welt* in der Anlage und der Steuerungssoftware, was sehr zur Verständlichkeit der SPS-Software beiträgt. Voraussetzung ist, dass die Namen der Funktionsbausteine, Variablen und Programme eindeutig mit der *PCE-Kennzeichnung* und Nummer der Feldgeräte im Anlagenschema übereinstimmen.

4.1.3 Entwurf der Feldgeräteklassen

Die im Klassendiagramm gefundenen Feldgeräteklassen werden in der SPS als Funktionsbausteine programmiert. Dabei treten in automatisierten Anlagen meist immer die gleichen Feldgeräteklassen auf, für die es bereits entwickelte und getestete Funktionsbausteine gibt. Im Anhang B sind Funktionsbausteine für die wichtigsten Feldgerätetypen in einer *Bibliothek* zusammengefasst, die in Codesys-Projekte eingebunden werden kann.

Es empfiehlt sich, die Anwender-Software durch solche *vorgefertigten* Funktionsbausteine zusammenzusetzen und möglichst keine neuen Funktionsbausteine zu entwickeln, denn so werden bekannte und schon erprobte Bausteine eingesetzt, was die Zuverlässigkeit und Transparenz der Software verbessert. Eine professionelle Softwareentwicklung für Automatisierungssysteme beruht demnach auf dem Grundsatz „*Konfigurieren* statt Programmieren".

Die Sensoren der hier betrachteten Mischanlage werden durch den Funktionsbaustein `TYP_BIN` in der Software abgebildet, der bereits in Beispiel 3.12 (s. Bild 3.24) zum Einlesen binärer Sensorsignale im Ruhestromprinzip entwickelt wurde.

Die Ventile und Motoren der Mischanlage werden durch den Einzelsteuerfunktionsbaustein `TYP_IDF1` angesteuert. Vom Prinzip her ist die grundlegende Ansteuerung für einen Ein/Aus-Motor und für ein Auf/Zu-Ventil gleich. Die Logik muss das Ein- und Ausschalten bzw. das Auf- und Zufahren über einen binären Ausgangskanal ansteuern. Diese sehr einfache Logik zur Ansteuerung der Ventile und Motoren wurde bereits Beispiel 3.5 im durch den Funktionsbaustein `TYP_IDF1` realisiert (s. Bild 3.12).

4.1.4 Entwurf der Ansteuerprogramme

Zur Ansteuerung von Sensoren und Aktoren müssen die Funktionsbausteine (Klassen) in Programmen instanziiert werden. Dann können die Ein- und Ausgänge der Funktionsbausteine mit den Kanaladressen der SPS-Ein-und -ausgänge oder auch mit SPS-internen Signalen verknüpft werden, die z. B. eine Verriegelung, Aktivierung oder Deaktivierung von Aktoren veranlassen.

Instanziierung der Funktionsbausteine

Die entwickelten Funktionsbausteine sind nun gemäß dem Klassendiagramm nach Bild 4.5 zu instanziieren. Dies erfolgt zunächst durch Deklaration der Instanzvariablen als *Datenbausteine*. Diese werden *global* deklariert, damit auf sie von allen Programmen zugegriffen werden kann:

```
VAR_GLOBAL
 L1,L2,L3: TYP_BIN;        //Niveauschalter
 N1,N2,N3,Y1: TYP_IDF1;    //Motoren und Ventil
END_VAR
```

Der Funktionsbaustein TYP_BIN zur Sensorauswertung wird dann in den Programmen LS1, LS2 und LS3 für die drei Niveauschalter instanziiert. Bild 4.6 zeigt den Aufbau dieser Programme.

Genauso wird in Bild 4.7 der Funktionsbaustein TYP_IDF1 zur Ansteuerung der Motoren und Ventile in den Programmen NS1, NS2, NS3 bzw. YS1 instanziiert. Da das Ein- und Ausschalten durch zwei Signale ON und OFF erfolgt und intern im Funktionsbaustein durch ein RS-Flip-Flop gespeichert wird, sollte das Ein- und Ausschalten durch tastende Signale erfolgen, die nur bei steigender Signalflanke für einen EVA-Zyklus TRUE sind. Dies wird durch den Funktionsbaustein R_TRIG erreicht.

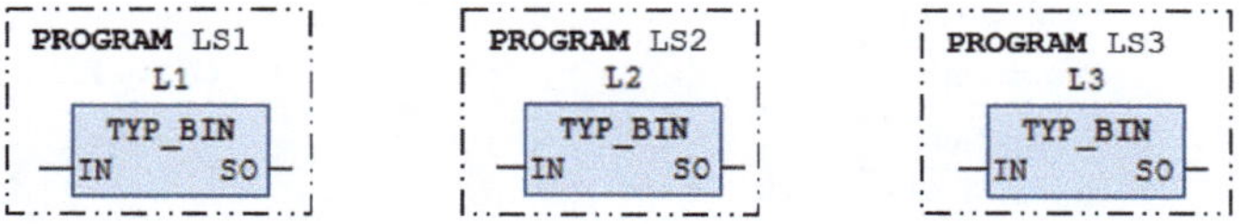

Bild 4.6 Programme zum Einlesen der binären Sensorsignale

Nun sind die Ein- und Ausgänge der Funktionsbausteine von außen zu beschalten, z. B. mit Kanaladressen oder über eine Zusatzlogik mit Steuersignalen, um den Aktor zu aktivieren (ON) oder zu deaktivieren (OFF).

Entwurf der Zusatzlogik

Die erforderliche Zusatzlogik lässt sich gut aus dem Use-Case-Diagramm (s. Bild 4.3) ablesen. Dort ist gemäß der Aufgabenstellung eingetragen, bei welchem Niveaugrenzwert ein Motor ein- bzw. ausgeschaltet werden soll. Die gestrichelten *Wirkungslinien* im Anlagenschema nach Bild 4.4 entsprechen diesen Aktivitäten im Use-Case-Diagramm und können z. B. durch Steuerkreise noch detaillierter ausgeführt werden.

Um den Zusammenhang zwischen den ursächlichen Prozesszuständen und ihren Auswirkungen auf die Aktoren eindeutig darzustellen, wird oft auch eine sog. Cause-and-Effect-Matrix wie in Tabelle 4.1 aufgestellt.

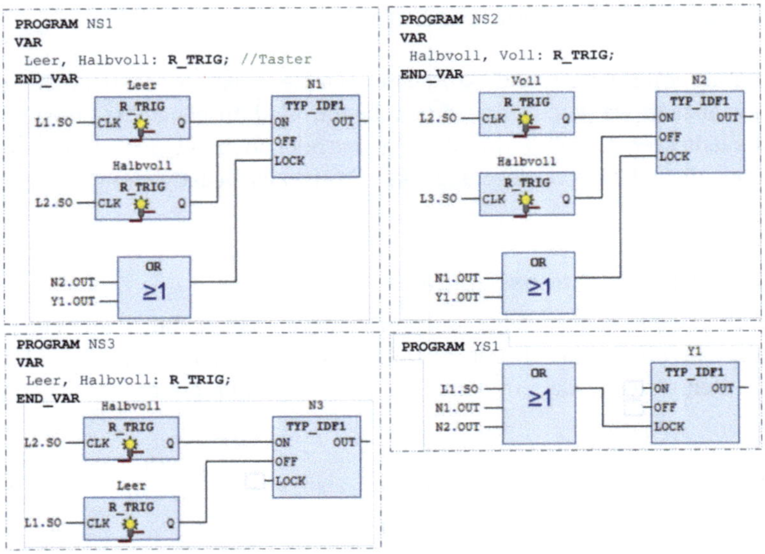

Bild 4.7 Programme zur Ansteuerung der Aktoren

Tabelle 4.1 Cause-and-Effect-Matrix zur Vorgabe, welcher Aktor bei welchen Prozesszuständen aktiviert (ON), deaktiviert (OFF) oder verriegelt (LOCK) werden soll

Ursachen (Causes)	Kommentar	Wirkungen (Effects)			
		N1	N2	N3	Y1
L1.SO	Behälter leer	ON		OFF	LOCK
L2.SO	Behälter halb voll	OFF	ON	ON	
L3.SO	Behälter voll		OFF		
N1.OUT	Pumpe läuft		LOCK		LOCK
N2.OUT	Pumpe läuft	LOCK			LOCK
N3.OUT	Rührer läuft				
Y1.OUT	Ventil ist auf	LOCK	LOCK		

Beispiel 4.3: Cause-and-Effect-Matrix

Aus der Cause -and-Effect-Matrix nach Tabelle 4.1 lässt sich eindeutig ablesen, dass beispielsweise die Zulaufpumpe NS1 einzuschalten ist, wenn der Behälter leer ist, und wieder auszuschalten ist, wenn der Behälter halb voll ist. Demnach ist in Bild 4.7 am Funktionsbaustein N1 der Eingang ON mit der binären Meldung L1.SO für den unteren Niveaugrenzwert und der Eingang OFF mit der binären Meldung L2.SO für den mittleren Niveaugrenzwert verbunden. Die Ansteuerung wird verriegelt, wenn die andere Zulaufpumpe NS2 gerade läuft oder das Ablaufventil YS1 geöffnet ist. Deshalb wird der Verriegelungseingang LOCK des Funktionsbausteins N1 in Bild 4.7 mit einer ODER-Verknüpfung der Signale N2.OUT und Y1.OUT verbunden.

Für die anderen Aktoren fügt man genauso die Sensorsignale der Ursachen aus der Cause-and-Effect-Matrix an die Eingänge der Aktoren, die die gewünschte Wirkung ausführen. Das Ablaufventil soll nur von Hand auf- oder zugefahren werden, ist aber automatisch zu verriegeln, wenn der Behälter leer ist oder gerade befüllt wird.

4.1.5 Implementierung in der SPS

Um die entwickelten Programme für die SPS lauffähig zu machen, müssen sie von einer Task aufgerufen werden. Außerdem muss die Hardwarekonfiguration der SPS im Programmiersystem bekannt gemacht werden, damit die Feldgeräte über die richtigen E/A-Kanaladressen angesteuert werden.

Hardwarekonfiguration

Wie in Abschnitt 3.1 erläutert sind die eingesetzten Ressourcen wie CPU, Bussystem sowie Ein- und Ausgangsbaugruppen so im Programmiersystem anzugeben, wie sie als Hardware in der SPS eingebaut sind. Für das Beispiel der Mischanlage kann das Steuerungssystem wie in Beispiel 3.1 durch eine Soft-SPS mit Remote-I/O und digitalen Ein-/Ausgangsbaugruppen konfiguriert werden. Dann kann die Software in die SPS geladen werden.

Bei einer Hardware-SPS muss dafür noch die Verbindung des Programmiergeräts (PC, Notebook, Tablet) mit der SPS konfiguriert werden, die meistens durch eine TCP/IP-Verbindung per LAN-Kabel realisiert wird.

Taskzuordnung und Zuordnung der E/A-Kanäle

Eine Task organisiert den Programmablauf mit einer determinierten Zykluszeit, die der Bediener vorgeben kann (vgl. Abschnitt 3.1.3). In manchen SPS-Programmiersystemen gibt es auch freilaufende Tasks, die die Programme so schnell abarbeiten wie die SPS kann. Eine solche Task ist quasi das Hauptprogramm, das alle anderen Programme, Funktionen oder Funktionsbausteine aufruft.

Beispiel 4.4: Programmabarbeitung und E/A-Zuordnung

In diesem Beispiel sollen die Programme nur von *einer* Task aufgerufen werden, und zwar vom Programm PLC_PRG, das den Aufruf der Ansteuerprogramme für die Mischanlage aus Bild 4.4 folgendermaßen in der Programmiersprache ST realisiert:

```
PROGRAM PLC_PRG
VAR
  Anlage: BOOL;    //reale Anlage oder Simulation
END_VAR
//Einlesen
IF Anlage THEN
 L1.IN:=%IX0.0;
 L2.IN:=%IX0.1;
 L3.IN:=%IX0.2;
ELSE Simulation();
END_IF

// Verarbeiten
 LS1();
 LS2();
 LS3();
 NS1();
 NS2();
 NS3();
 YS1();

//Ausgeben
IF Anlage THEN
 %QX1.0:=N1.OUT;
 %QX1.1:=N2.OUT;
 %QX1.2:=N3.OUT;
 %QX1.3:=Y1.OUT;
END_IF
```

Dabei werden die E/A-Kanaladressen an einer zentralen Stelle, nämlich im Programm PLC_PRG, den Sensoren und Aktoren zugewiesen aber nur dann, wenn nicht simuliert wird, d. h. die Variable Anlage TRUE ist. Das Programm PLC_PRG stellt somit den EVA-Prozess sehr anschaulich dar.

Die Software zu diesem Beispiel kann auf der SPS-Lern-und-Übungsseite getestet werden.

4.1.6 Simulation und virtuelle Inbetriebnahme

In der Regel muss die Automatisierungssoftware zunächst virtuell in Betrieb genommen werden, damit bei Fehlfunktionen Schäden in der realen Anlage vermieden werden. Auch aus Zeitgründen ist es sinnvoll, die Software komplett zu testen, bevor die Anlage fertig gebaut ist.

Um die Steuerungssoftware ohne Anlage testen zu können, muss das Anlagenverhalten grob simuliert werden. Durch die Anlagensimulation entsteht sozusagen ein digitaler Zwilling der Anlage, der es auch ermöglicht, nach Inbetriebnahme der Anlage, Änderungen zuerst in der Simulation auszuprobieren und die Auswirkungen auf alle anderen Softwaremodule zu evaluieren, bevor die Änderung in der realen Anlage wirksam wird.

Mathematische Modellierung des Prozessverhaltens

Das dynamische Verhalten vieler technischer Prozesse lässt sich sehr einfach modellieren, so dass eine Simulation möglich ist, die zwar keine exakte, aber eine prinzipielle Nachbildung des realen Anlagenverhaltens ermöglicht. Damit kann das prinzipielle Verhalten der Steuerungssoftware schon getestet werden kann, bevor die reale Anlage fertiggestellt ist.

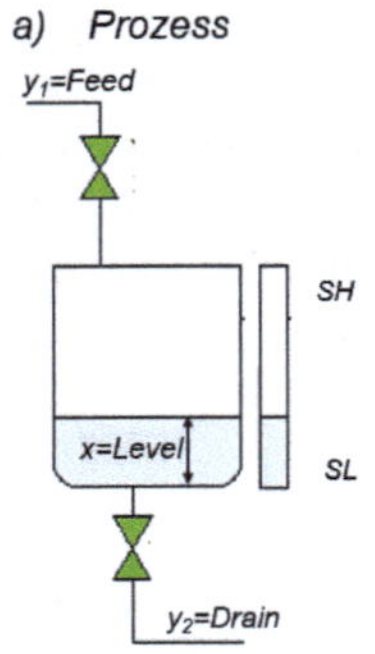

b) Prozesssimulation

```
FUNCTION_BLOCK SIM I
VAR_INPUT            VAR_OUTPUT          VAR
   y: BOOL;             x: REAL;            i:INT;
   K_I:REAL;         END_VAR                x_alt:REAL;
   x0:REAL;                              END_VAR
END_VAR              IF i=0 THEN
                        x:=x0;
                     END_IF
                     x:=x_alt+K_I*y;
                     x_alt:=x;
                     i:=1;
```

Bild 4.8 Simulation einer Behälterbefüllung

Beispiel 4.5: Simulation eines Befüllvorgangs

Durch Öffnen des Zulaufventils in einen Behälter wie in Bild 4.8a steigt der Füllstand $L(t)$ in Abhängigkeit des Öffnungsgrads $y(t)$ des Zulaufventils. Je weiter das Zulaufventil geöffnet ist, umso schneller steigt der Füllstand. Der Öffnungsgrad ist also proportional zur Änderungsgeschwindigkeit des Füllstands oder anders ausgedrückt der Füllstand ist proportional zum Integral des Öffnungsgrads:

$$y \sim dL/dt \qquad \Rightarrow L(t) = L_0 + K_I \int y(t)dt \tag{4.1}$$

Nummerisch ergibt sich für diese Integration die Gleichung für den Füllstand $L(k)$ nach k Abtastschritten:

$$L(k) = L_0 + K_I \sum_{i=1}^{k} y(i) \tag{4.2}$$

Gleiches gilt für den Füllstand $L(k-1)$ nach $k-1$ Abtastschritten:

$$L(k-1) = L_0 + K_I \sum_{i=1}^{k-1} y(i) \tag{4.3}$$

Subtrahiert man jetzt Gleichung 4.3 von Gl. 4.2, so erhält man:

$$L(k) = L(k-1) + K_I \cdot y(k) \tag{4.4}$$

Diese Gleichung ist im Funktionsbaustein `SIM_I` in Bild 4.8b programmiert und kann zur Simulation der Mischanlage verwendet werden.

Dabei wird der Zulauf hier von den Pumpen `N1` und `N2` realisiert, deren Drehzahl n proportional zur Anstiegsgeschwindigkeit dL/dt ist. Außerdem ist der Abfluss durch das Ventil `Y1` zu berücksichtigen, der den Füllstand reduziert und hier als negativer Stellwert auf den Prozess wirkt. Die Logik des Simulationsprogramms in Bild 4.9 zeigt die Simulation des Füllstands `Level_C` durch den Baustein `SIM_I`. In Abhängigkeit der Füllstandshöhe werden dann die Eingangssignale der Niveauschalter `L1`, `L2` und `L3` im Ruhestromprinzip vom Simulationsprogramm aktiviert.

Genauso wird der Baustein `SIM_I` zur Simulation der Füllstände der Tanks A und B in der Mischanlage verwendet. Die Software zu diesem Beispiel kann auf der SPS-Lern-und-Übungsseite getestet werden.

```
PROGRAM Simulation
VAR
    Level_C: REAL;
    Tank_C: SIM_I;
END_VAR
```

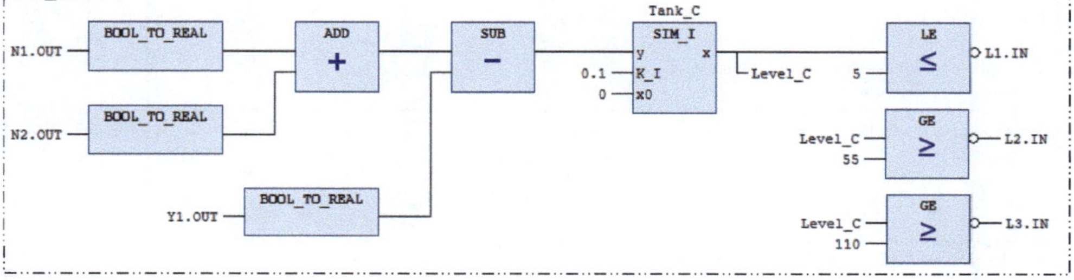

Bild 4.9 Simulation einer Behälterbefüllung

Simulationsbausteine

Die Simulationssoftware sollte wie die Steuerungssoftware *objektorientiert* strukturiert werden. Somit wird für die wichtigsten Feldgeräte- und Prozesstypen auch jeweils ein anlagenneutraler Funktionsbaustein zur Simulation entwickelt.

Tabelle 4.2 gibt einen Überblick der Simulationsbausteine für einige ausgewählte Prozesse.

Mithilfe der Simulation kann die Software direkt nach Erstellung auch ohne reale Anlage getestet werden. Natürlich ersetzt dies nicht den Test mit der realen Anlage, doch es erleichtert die Inbetriebnahme erheblich, wenn das Zusammenspiel der Softwaremodule grundsätzlich funktioniert und anschließend nur noch Probleme im Zusammenspiel mit der Anlagenhardware gelöst werden müssen.

Modultests

Auch beim Testen der entwickelten Software geht man *objektorientiert* vor. Da für jeden Feldgerätetyp ein Funktionsbaustein entwickelt wurde, sind diese Funktionsbausteine zunächst einzeln im Rahmen von Modultests zu testen. Wurden die Funktionsbausteine z. B. in einem anderen Projekt schon getestet, kann im nächsten Projekt auf einen erneuten Modultest verzichtet werden.

Es empfiehlt sich, die Modultests durchzuführen, bevor die Funktionsbausteine mehrmals instanziiert werden und sich Fehler eventuell zahlreich fortpflanzen. Um das Verhalten der Module wie etwa des Funktionsbausteins `TYP_IDF1` zu testen, ist zunächst eine Testinstanz des Funktionsbausteins in der SPS-Software anzulegen.

Tabelle 4.2 Dynamisches Übertragungsverhalten zur groben Modellbildung und Simulation technischer Prozesse

Prozess	Modell		Beispiel
Simulation des Füllstands *L* bei Öffnen des Zulaufventils *y* oder: Simulation der Position *x* einer Achse, bei Bewegung des Antriebs mit der Drehzahl *n*	Integrales Verhalten	SIM_I: Eingänge y, K_I, x0; Ausgang x	Bild 4.8 in Beispiel 4.5
Simulation der Temperatur *T* bei Öffnen des Heizventils *y*	Verzögerungs-verhalten 1. oder 2. Ordnung	SIM_PT1: Eingänge y, K, T_T0; Ausgang x SIM_PT1: Eingänge y, K, T_T0; Ausgang x	Übung 4.7
Simulation des Drucks *P* bei Öffnen des Gaszustromventils *y* oder: Simulation der Motordrehzahl *n* bei Anlegen einer Spannung *U* an den Motor	Verzögerungs-verhalten 1. Ordnung	SIM_PT1: Eingänge y, K, T_T0; Ausgang x	Übung 4.5
Simulation des Durchflusses *F* bei Öffnen des Zulaufventils *y*	Proportionales Verhalten mit Totzeit	SIM_PTt: Eingänge y, K, d; Ausgang x	Beispiel 5.1
Simulation eines Analysewerts (z.B. pH-Wert) bei Öffnen des Zulaufventils *y*	Verzögerungs-verhalten 2. Ordnung	SIM_PT2: Eingänge y, T1_T0, T2_T0; Ausgang x	

In einem Testplan wie z. B. Tabelle 4.3 wird festgelegt, was für die *Durchführung* eines Testschritts zu tun ist und welche Kriterien zur *Akzeptanz* eines erfolgreichen Tests erfüllt sein müssen. Bei Ausführung des Tests wird dieser Testplan um eine dritte Spalte ergänzt, in der das *Testergebnis* eingetragen wird.

Ein exemplarisches Testprotokoll des Funktionsbausteins `TYP_IDF1` ist in Tabelle 4.3 dargestellt. Diese ist jedoch nicht als statische Wahrheitstabelle zu interpretieren, sondern die *zeitliche* Reihenfolge der Tests muss wegen des Speicherverhaltens des RS-Flip-Flops berücksichtigt werden. Die linke Spalte beschreibt dabei den Testvorgang, die mittlere Spalte das Akzeptanzkriterium und die rechte Spalte das Testergebnis. Wenn dieser Test erfolgreich verlief, kann man auf die Tests der anderen Instanzen des Funktionsbausteins verzichten, denn es handelt sich ja um den gleichen Baustein.

Integrationstests

Zusätzlich muss aber das Zusammenspiel der Module und deren Verknüpfungen, wie z. B. die Zusatzlogik, in einem Integrationstest getestet werden. Hierfür werden als Testvorgang Bedienervorgaben, *Sollwerte* und die vom Prozess erzeugten *Messwerte* manuell oder durch eine Simulation vorgegeben. Daraufhin werden die Ausgänge der Steuerung, also die *Stellwerte*, und ihre Auswirkungen überprüft. Das Verhalten der Steuerung mit dem (simulierten) Prozess lässt sich in der HMI des SPS-Programmiersystems beobachten und überprüfen.

Auch bei diesen sog. Integrationstests sind Testvorgang, Akzeptanzkriterium und Testergebnis wie in Tabelle 4.4 zu protokollieren. Der Testablauf berücksichtigt die Vorgaben der Cause-and-Effect-Matrix (s. Tabelle 4.1).

Tabelle 4.3 Modultest des Funktionsbausteins `TYP_IDF1`

Test-Nr.	Testvorgang (Aktivierung der Eingänge des Moduls)			Akzeptanzkriterium (Überprüfung der Ausgänge des Moduls)	Testergebnis
Schritt	ON	OFF	LOCK	OUT	OUT
1	0	0	0	0	0
2	1	0	0	1	1
3	0	0	0	1	1
4	0	0	1	0	0
5	1	0	1	0	0
6	1	0	0	1	1
7	0	1	0	0	0
8	1	1	0	0	0

Tabelle 4.4 Integrationstest der Mischanlage

Test Nr.	Testvorgang (Aktivierung der Causes, d.h. der Soll- und Messwerte)	Akzeptanzkriterium (Überprüfung der Effects, d.h. der Stellwerte)	Testergebnis
1	`Y1.ON=1` (YS1 manuell auffahren)	Füllstand sinkt	OK
2	`L1.SO=1` (Behälter leer)	NS1 schaltet ein, Füllstand steigt, NS2, NS3 und YS1 sind verriegelt.	OK
3	`L2.SO=1` (Behälter halb voll)	NS1 schaltet aus, NS2 und NS3 schalten ein, Füllstand steigt, NS1 und YS1 sind verriegelt.	OK
4	`L3.SO=1` (Behälter voll)	NS2 schaltet aus, Rührer läuft weiter, NS1 und NS2 sind verriegelt.	OK
5	`Y1.ON=1` (YS1 manuell auffahren)	Füllstand sinkt, Rührer läuft weiter, NS1 und NS2 sind verriegelt.	OK
6	`L1.SO=1` (Behälter leer)	weiter wie in Schritt 2.	OK

Somit kann die SPS-Software zu 100% vor Auslieferung in einem sog. *Factory Acceptance Test (FAT)* getestet werden. Das Zusammenspiel mit den realen Sensoren und Aktoren der Anlage erfolgt während der Inbetriebnahme und wird im im Abschnitt 10.4 erläutert.

4.2 Entwurf der Verknüpfungslogik

Oft ist die Logik in einer Funktion oder einem Funktionsbaustein überschaubar und ihr Entwurf gelingt *intuitiv*. Gerade die Verknüpfung mehrerer Programme führt aber zu komplexen Systemen, deren Wechselwirkungen kompliziert sind.

Um dann die richtige Verknüpfungslogik zu finden, werden im Folgenden Entwurfsmethoden vorgestellt, mit denen die Verknüpfungslogik für Schaltnetze und Schaltwerke wie mit einer Art Kochrezept entwickelt werden kann.

4.2.1 Entwurf von Schaltnetzen

Schaltnetze sind binäre Verknüpfungssteuerungen *ohne* Gedächtnis, d. h. es findet keine Speicherung von Signalzuständen statt, die im nächsten Bearbeitungszyklus der SPS wieder verwendet werden. Somit umfassen Schaltnetze hauptsächlich Verknüpfungen von Boole'schen Funktionen wie `AND`, `OR`, `NOT`, `XOR`. Ein Schaltnetz nach Bild 4.10 ordnet jeder Eingangskombination $\vec{u}$ eindeutig eine Ausgangskombination $\vec{v}$ zu. Somit erhält man bei gleichen Eingangssignalen $\vec{u} = (u_1, u_2, ..., u_N)^T$ auch stets die gleichen Ausgangssignale $\vec{v} = (v_1, v_2, ..., v_M)^T$. Da *Funktionen* in der SPS auch kein Gedächtnis haben, sind sie somit immer Schaltnetze. Ein Schaltnetz kann aber auch Teil eines Programms oder eines Funktionsbausteins sein.

Zur Programmierung von Schaltnetzen ist es hilfreich, die Schaltfunktion $\vec{v} = \vec{f}(\vec{u})$ mit einem geeigneten Entwurfsverfahren zu ermitteln [46].

Bild 4.10 Ein Schaltnetz besitzt kein Gedächtnis. Es erzeugt demnach bei gleichem Eingangsmuster $\vec{u}$ immer das gleiche Ausgangssignalmuster $\vec{v}$

Wahrheitstabelle

Das einfachste Verfahren zur Ermittlung der gesuchten Schaltfunktion ist eine Wahrheitstabelle, die wie in Tabelle 4.5 die Ein- und Ausgangskombinationen gegenüberstellt. Im Allgemeinen sind in einer Wahrheitstabelle für *alle* Eingangskombinationen die entsprechenden Ausgangswerte zu ermitteln. Für N Eingänge ergeben sich somit 2^N Zeilen in der Wahrheitstabelle.

Minterme und Maxterme

Die Eingangskombinationen einer Wahrheitstabelle lassen sich durch sog. Minterme oder Maxterme beschreiben.

Ein *Minterm* ist eine UND-Verknüpfung (Konjunktion) der Eingangsvariablen in negierter Form, wenn ihr Wert $u_j = 0$ ist, oder in nicht negierter Form, wenn ihr Wert $u_j = 1$ ist. Jede dieser Konjunktionen nennt man einen Minterm der Wahrheitstabelle. Für N Eingänge lassen sich also 2^N Minterme m_i formulieren. Betrachtet man die Wahrheitstabelle 4.5, so ergibt sich z. B. in Zeile 2 für den Eingangsvektor $\vec{u} = (0, 1, 0)^T$ der Minterm $m_2 = \bar{u}_1 \wedge u_2 \wedge \bar{u}_3$.

Statt Mintermen können auch sog. *Maxterme* zur Beschreibung der Eingangskombinationen herangezogen werden. Dabei wird jede Eingangsvariable in negierter Form, wenn ihr Wert $u_j = 1$ ist, oder in nicht negierter Form, wenn ihr Wert $u_j = 0$ ist, auf ein ODER-Gatter geschaltet.

Das Ergebnis dieser Disjunktion ist ein Maxterm. Betrachtet man wieder den Eingangsvektor $\vec{u} = (0,1,0)^T$ in Zeile 2 der Wahrheitstabelle 4.5, so ergibt sich als Maxterm $M_2 = u_1 \vee \bar{u}_2 \vee u_3$.

In der Wahrheitstabelle 4.5 sind alle Min-und Maxterme für ein Schaltnetz mit $N = 3$ Eingängen angegeben.

Tabelle 4.5 Wahrheitstabelle für ein Schaltnetz $v = f(u_1, u_2, u_3)$ mit den Mintermen $m_0, ..., m_7$ und den Maxtermen $M_0, ..., M_7$

Zeile i	u_1	u_2	u_3	$v = f_i$	Minterme m_i	Maxterme M_i
0	0	0	0	0	$\bar{u}_1 \wedge \bar{u}_2 \wedge \bar{u}_3$	$u_1 \vee u_2 \vee u_3$
1	1	0	0	1	$u_1 \wedge \bar{u}_2 \wedge \bar{u}_3$	$\bar{u}_1 \vee u_2 \vee u_3$
2	0	1	0	1	$\bar{u}_1 \wedge u_2 \wedge \bar{u}_3$	$u_1 \vee \bar{u}_2 \vee u_3$
3	1	1	0	1	$u_1 \wedge u_2 \wedge \bar{u}_3$	$\bar{u}_1 \vee \bar{u}_2 \vee u_3$
4	0	0	1	0	$\bar{u}_1 \wedge \bar{u}_2 \wedge u_3$	$u_1 \vee u_2 \vee \bar{u}_3$
5	1	0	1	0	$u_1 \wedge \bar{u}_2 \wedge u_3$	$\bar{u}_1 \vee u_2 \vee \bar{u}_3$
6	0	1	1	0	$\bar{u}_1 \wedge u_2 \wedge u_3$	$u_1 \vee \bar{u}_2 \vee \bar{u}_3$
7	1	1	1	1	$u_1 \wedge u_2 \wedge u_3$	$\bar{u}_1 \vee \bar{u}_2 \vee \bar{u}_3$

Disjunktive und konjunktive Normalform:

Die Vorgehensweise zur Ermittlung der Schaltfunktion $\vec{v} = \vec{f}(\vec{u})$ ist nun so, dass man in der Wahrheitstabelle die Zeilen untersucht, in denen der Ausgang $v = f_i = 1$ (=TRUE) ist. Ermittelt man für jede dieser Zeilen den dazugehörigen Minterm m_i und schaltet diese Minterme auf ein ODER-Gatter (Disjunktion), so erhält man die gesuchte Schaltfunktion für den Ausgang v. Diese Schaltfunktion wird auch als *disjunktive* Normalform (DNF) bezeichnet:

$$v = f(u_1, u_2, ..., u_N) = \bigvee_{i=0}^{2^N-1} f_i \cdot m_i(u_1, u_2, ..., u_N) \tag{4.5}$$

Alternativ hierzu lässt sich die Schaltfunktion aber auch dadurch ermitteln, dass man in der Wahrheitstabelle die Zeilen betrachtet, für die am Ausgang $v = f_i = 0$ (=FALSE) eingetragen ist. Wenn in mehreren Zeilen eine 0 eingetragen ist, ergibt sich die Schaltfunktion v aus einer UND-Verknüpfung der Maxterme M_i, die für den Ausgang in der i-ten Zeile den Wert $f_i = 0$ bzw. $\bar{f}_i = 1$ hervorrufen:

$$v = f(u_1, u_2, ..., u_N) = \bigwedge_{i=0}^{2^N-1} \bar{f}_i \cdot M_i(u_1, u_2, ..., u_N) \tag{4.6}$$

Diese Form der Schaltfunktion nennt man *konjunktive* Normalform (KNF). In jedem Fall sind die Ergebnisse der konjunktiven (KNF) und der disjunktiven Normalform (DNF) gleich. Welche man verwendet, hängt davon ab, ob es einfacher ist, die Minterme oder die Maxterme zu ermitteln, ob also für den jeweiligen Ausgang mehr 1-Signale oder mehr 0-Signale in der Wahrheitstabelle eingetragen sind.

Im Fall von Schaltnetzen mit mehr als einem Ausgang sind diese Schaltfunktionen nacheinander für jeden der Ausgänge $\vec{v} = (v_1, v_2, ..., v_M)^T$ zu ermitteln.

Beispiel 4.6: Wahrheitstabelle

Es soll ein Schaltnetz mit den drei Eingängen u_1, u_2 und u_3 sowie dem Ausgang v entworfen werden. Das gewünschte Verhalten des Schaltnetzes ist in Wahrheitstabelle 4.5 angegeben. Aus Tabelle 4.5 ergeben sich folgende Minterme, die einen Funktionswert $f_i = 1$ für den Ausgang v erzeugen:

$$m_1 = u_1 \wedge \bar{u}_2 \wedge \bar{u}_3 \tag{4.7}$$

$$m_2 = \bar{u}_1 \wedge u_2 \wedge \bar{u}_3 \tag{4.8}$$

$$m_3 = u_1 \wedge u_2 \wedge \bar{u}_3 \tag{4.9}$$

$$m_7 = u_1 \wedge u_2 \wedge u_3 \tag{4.10}$$

Damit ist die DNF der Schaltfunktion:

$$v = m_1 \vee m_2 \vee m_3 \vee m_7 = u_1 \wedge \bar{u}_2 \wedge \bar{u}_3 \vee \bar{u}_1 \wedge u_2 \wedge \bar{u}_3 \vee u_1 \wedge u_2 \wedge \bar{u}_3 \vee u_1 \wedge u_2 \wedge u_3 \tag{4.11}$$

Andererseits ergeben sich aus Tabelle 4.1 aber auch folgende Maxterme, die einen Funktionswert $f_i = 0$ für den Ausgang v erzeugen:

$$M_0 = u_1 \vee u_2 \vee u_3 \tag{4.12}$$

$$M_4 = u_1 \vee u_2 \vee \bar{u}_3 \tag{4.13}$$

$$M_5 = \bar{u}_1 \vee u_2 \vee \bar{u}_3 \tag{4.14}$$

$$M_6 = u_1 \vee \bar{u}_2 \vee \bar{u}_3 \tag{4.15}$$

Die KNF der Schaltfunktion ist somit:

$$v = M_0 \wedge M_4 \wedge M_5 \wedge M_6 = (u_1 \vee u_2 \vee u_3) \wedge (u_1 \vee u_2 \vee \bar{u}_3) \wedge (\bar{u}_1 \vee u_2 \vee \bar{u}_3) \wedge (u_1 \vee \bar{u}_2 \vee \bar{u}_3) \tag{4.16}$$

Mit der so gewonnenen Schaltfunktion für v ließe sich die Logik leicht als Verknüpfungssteuerung, z. B. in der Funktionsbausteinsprache, aufbauen.

Das Problem dieses Schaltungsentwurfsverfahrens ist jedoch, dass die Logik sehr komplex werden kann. Ein Maß Λ für die *Komplexität* der Logik ist die Summe der Signale und der notwendigen UND-/ODER-Verknüpfungen:

$$\Lambda = n_{Signale} + n_{Verknüpfungen} \tag{4.17}$$

Im Beispiel 4.6 gibt es 3 Eingangssignale und im Fall der DNF 8 UND- sowie 3 ODER-Verknüpfungen. In Summe erhält man also eine Komplexität von $\Lambda = 14$. Für die KNF erhält man ebenfalls $\Lambda = 14$. Dabei stellt sich die Frage, ob die Schaltfunktion nicht auch in einer geringeren Komplexität darstellbar wäre.

Karnaugh-Veitch-Diagramme

Um die Logik für eine Schaltfunktion mit *minimaler* Komplexität zu finden, werden Karnaugh-Veitch-Diagramme (KV-Diagramme, s. Bild 4.11) als Entwurfsverfahren eingesetzt. In einem solchen Diagramm wird die Wahrheitstabelle in Form einer Matrix dargestellt, wobei die Eingangskombinationen $\vec{u} = (u_1, u_2, u_3)^T$ an den Zeilen und Spalten der Matrix festgelegt und die Ausgangswerte v_i in die Felder der Matrix eingetragen werden.

Betrachtet man wieder die Wahrheitstabelle 4.5 mit 3 Eingängen und einem Ausgang, so werden die Funktionswerte für den Ausgang v aus den Zeilen 0...7 der Wahrheitstabelle in die Felder 0...7 des KV-Diagramms eingetragen (vgl. Bild 4.11a). Die Zeilen- bzw. Feldnummer i entspricht der Dualzahl, die die Werte der jeweiligen Eingangskombination darstellen:

$$i = u_1 \cdot 2^0 + u_2 \cdot 2^1 + u_3 \cdot 2^2 \tag{4.18}$$

Zum Beispiel entspricht die Eingangskombination $\vec{u} = (0, 1, 1)^T$ der Dualzahl 6 und wird ins Feld 6 des KV-Diagramms eingetragen. In Tabelle 4.5 steht in der Zeile 6 der Funktionswert

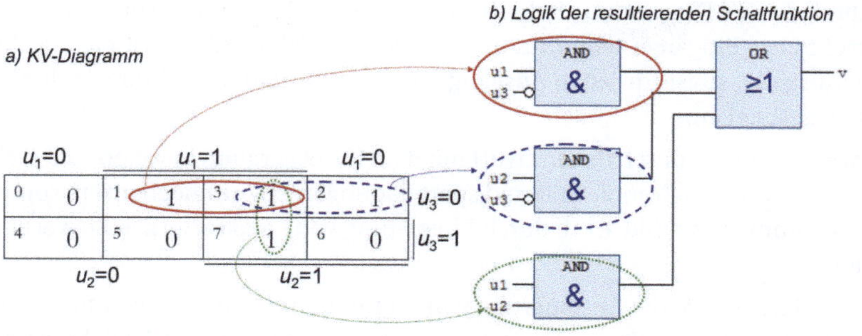

Bild 4.11 Die Werte der Schaltfunktion v werden als 0 oder 1 in die Felder des Karnaugh-Veitch-(KV-)Diagramms eingetragen. Aus (benachbarten) Feldern mit einer 1 ergeben sich die Minterme für die Logik der Schaltfunktion

$v = 0$. Deshalb wird im Feld 6 von Bild 4.11a eine 0 eingetragen. Werden alle Funktionswerte für v so in das KV-Diagramm eingefügt, erhält man zunächst lediglich eine etwas kompaktere Darstellung der Wahrheitstabelle.

Der Vorteil dieser Darstellungsweise liegt darin, dass man nach Symmetrien suchen kann. Ziel ist es, benachbarte Felder mit einer 1 zusammenzufassen und dabei zusammenhängende oder symmetrische 2er-, 4er- oder 8er-Pärchen zu bilden. In Bild 4.11a kann man die drei eingekreisten 2er-Pärchen erkennen, die als Minterme für die Logik der Schaltfunktion in Bild 4.11b formuliert werden.

Die resultierende Schaltfunktion nach Gl. 4.22 ist weitaus weniger komplex als die allein durch die Wahrheitstabelle gefundene Schaltfunktion nach Gl. 4.11. Beide Gleichungen führen aber zu identischen Ergebnissen.

Beispiel 4.7: KV-Diagramm

Für das Beispiel 4.6 soll mithilfe des KV-Diagramms eine Vereinfachung der Schaltfunktion nach Gl. 4.11 gefunden werden. In der Wahrheitstabelle 4.5 gibt es $2^3 = 8$ Ausgangswerte für v. Das KV-Diagramm in Bild 4.11a veranschaulicht, wie diese Ausgangswerte gemäß den festgelegten Eingangswerten $\vec{u} = (u_1, u_2, u_3)^T$ in das Diagramm eingetragen werden. Die Eingangswerte sind so festgelegt, dass sich in den Spalten die 0/1-Muster für u_1 und u_2 überlappend gegenüberstehen. In der oberen Zeile werden die Ausgangswerte für $u_3 = 0$ und in der unteren Zeile für $u_3 = 1$ eingetragen.

Somit beschreibt das Feld 0 die Eingangskombination $\vec{u} = (0,0,0)^T$, die nach Gl. 4.18 als Dualzahl interpretiert auch den Wert 0 ergibt. Die weiteren Felder 1, 2 und 3 von links nach rechts stehen für die Eingangskombinationen $\vec{u} = (1,0,0)^T$, $(0,1,0)^T$ und $(1,1,0)^T$. In der unteren Zeile beschreiben die Felder 4...7 von links nach rechts die Ausgangswerte für die Eingangskombinationen $\vec{u} = (0,0,1)^T$, $(1,0,1)^T$, $(0,1,1)^T$ und $(1,1,1)^T$.

Zur Ermittlung der minimalen Schaltfunktion trägt man nun die jeweiligen Ausgangswerte für v in die Felder 0...7 ein und sucht unter den Feldern, in die eine 1 eingetragen ist, nach 2er-, 4er- oder 8er-Pärchen. In Bild 4.11a findet man die drei umkreisten 2er-Pärchen, für die folgende Minterme formuliert werden können:

$$m_{13} = u_1 \wedge \bar{u}_3 \tag{4.19}$$

$$m_{23} = u_2 \wedge \bar{u}_3 \tag{4.20}$$

$$m_{37} = u_1 \wedge u_2 \tag{4.21}$$

Durch eine ODER-Verknüpfung dieser Minterme ergibt sich die Schaltregel:

$$v = m_{13} \vee m_{23} \vee m_{37} = u_1 \wedge \bar{u}_3 \vee u_2 \wedge \bar{u}_3 \vee u_1 \wedge u_2 \tag{4.22}$$

Diese Schaltfunktion ist zwar identisch zu Gln. 4.11 und 4.16, sie benötigt aber nur 5 statt 11 Verknüpfungen, so dass sich als Maß für die Komplexität $\Lambda = 8$ statt 14 ergibt.

Der Nachteil der KV-Diagramm-Methode liegt sicherlich in dem Problem, dass die Diagramme für mehr als 4 Eingänge sehr groß und unübersichtlich werden. Hat ein Schaltnetz mehr als einen Ausgang, so ist für jeden Ausgang eine Schaltfunktion und demnach auch ein KV-Diagramm zu erstellen.

Trotzdem erreicht man durch den Entwurf mit dem KV-Diagramm in vielen Fällen eine Schaltfunktion mit minimaler Komplexität und spart dadurch nicht nur Rechenzeit, sondern gestaltet das Programm wie in Bild 4.11b durch Einsparung von Logikgattern auch wesentlich übersichtlicher.

Viele Anwendungen wie die Ansteuerung von Motoren und Ventilen erfordern allerdings das *Speichern* bestimmter Zustände. Der Entwurf von Schaltungen mit Speicherverhalten wird nachfolgend erläutert.

4.2.2 Entwurf von Schaltwerken

Schaltwerke sind Verknüpfungssteuerungen *mit* Gedächtnis, die interne Zustände einer Logik speichern können. Im Gegensatz zu Schaltnetzen ohne Gedächtnis können in Schaltwerken für ein- und dieselbe Eingangskombination $\vec{u}$ abhängig von den inneren Zuständen $\vec{z}$ verschiedene Ausgangskombinationen $\vec{v}$ auftreten (s. Bild 4.12).

Die Zustände werden im Gedächtnis des Schaltwerks gespeichert.

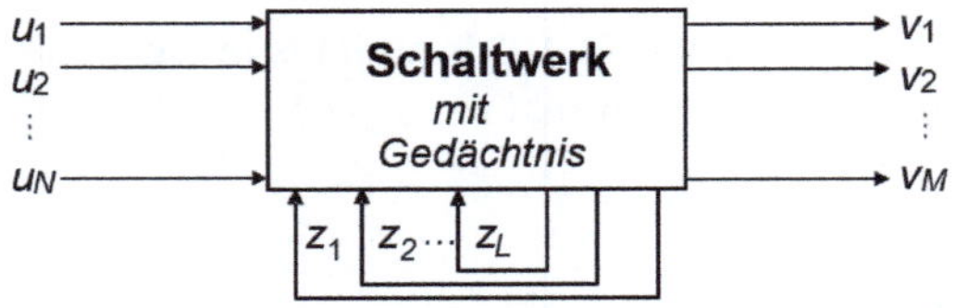

Bild 4.12 Ein Schaltwerk erzeugt aus den Eingängen $\vec{u}$ unter Einbeziehung der gespeicherten Zustände $\vec{z}$ die Ausgänge $\vec{v}$

Automatenentwurf

Für den Entwurf von Schaltwerken wird ein systematisches Vorgehen in vier Schritten vorgeschlagen, das auf der Struktur des Moore-Automaten aufbaut [85, 87].

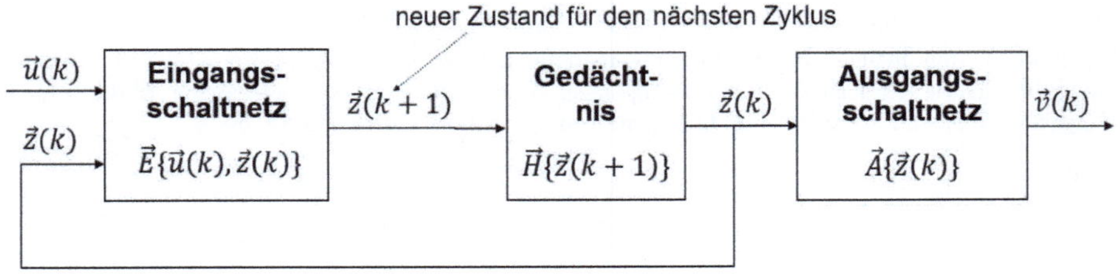

Bild 4.13 Struktur des Moore-Automaten zum Entwurf von Schaltwerken

Das Verhalten des Schaltwerks lässt sich durch den in Bild 4.13 skizzierten *Moore-Automaten* beschreiben [46]. Er ist ein endlicher deterministischer Automat und umfasst drei Blöcke:

- Ein Eingangsschaltnetz $\vec{E}$, das anhand der aktuellen Eingangssignale $\vec{u}(k)$ und der im letzten Zyklus gespeicherten Zustände $\vec{z}(k)$ die neuen Zustände $\vec{z}(k+1)$ erzeugt,
- ein Gedächtnis, das diese neuen Zustände $\vec{z}(k+1)$ durch Halteglieder $\vec{H}$ für den nächsten Abtastzyklus $k+1$ speichert, und
- ein Ausgangsschaltnetz $\vec{A}$, das in Abhängigkeit der aktuellen Zustandssignale $\vec{z}(k)$ die Ausgangssignale $\vec{v}(k)$ hervorruft.

Dieses Verhalten lässt sich durch die folgenden *Zustandsgleichungen* zusammenfassen:

$$\vec{z}(k+1) = \vec{E}\{\vec{u}(k), \vec{z}(k)\} \tag{4.23}$$

$$\vec{v}(k) = \vec{A}\{\vec{z}(k)\} \tag{4.24}$$

Das Entwurfsverfahren wird im Folgenden am Beispiel einer Gepäckanlage an einem Flughafen erläutert.

Beispiel 4.8: Gepäckanlage

Wie in Bild 4.14 skizziert, besteht die Anlage aus zwei Förderbändern, die durch die Motoren NS1 und NS2 angetrieben werden. Diese Ein/Aus-Motoren können durch den Funktionsbaustein `TYP_IDF1` angesteuert werden. Außerdem besitzt die Anlage eine Lichtschranke GS zur Kollisionsvermeidung der Koffer auf Band 1 und 2 sowie einen Handschalter HS, mit dem der Bediener die Anlage ein- und ausschaltet.

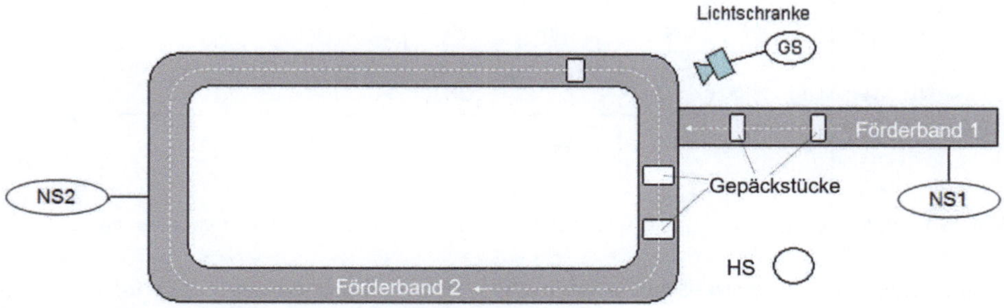

Bild 4.14 Anlagenschema der Gepäckausgabe am Flughafen

Zur Kommunikation mit den Ansteuerprogrammen für diese Geräte werden die folgenden Variablen global deklariert:

```
VAR_GLOBAL
  HS           :BOOL;         // Handschalter an HMI
  GS AT%IX0.0  :BOOL;         // Lichtschranke im Arbeitsstromprinzip
  N1, N2       :TYP_IDF1;     // Instanzvariablen für Motoren NS1 und NS2
  Z: ARRAY[0..4] OF BOOL;     // Zustandssignale
END_VAR
```

Außerdem wurde für die Zustandssignale des Moore-Automaten ein globales Array deklariert, das sowohl in der Verknüpfungslogik als auch in den Ansteuerprogrammen der Motoren verwendet werden kann.

Schritt 1: Identifikation der Zustände

Anders als bei den Entwurfsverfahren für Schaltnetze muss bei Schaltwerken die Dynamik der Ein- und Ausgangssignale berücksichtigt werden. Hierfür betrachtet man den typischen Zeitverlauf dieser Signale in einem UML-Zeitdiagramm wie in Bild 4.15.

Nach Gl. 4.24 ergeben sich die Ausgänge $\vec{v}(k)$ alleine aus den Zustandssignalen $\vec{z}(k)$. Demnach lassen sich aus dem inversen Zusammenhang die Zustände rekonstruieren:

$$\vec{z}(k) = \vec{A}^{-1}\{\vec{v}(k)\} \tag{4.25}$$

Hierfür verfolgt man im Zeitdiagramm *nur* das Signalmuster der Ausgänge $\vec{v}(k)$ von $k = 0$ bis $k \to \infty$, wie in Bild 4.15 durch den grauen Balken angedeutet. Immer wenn sich das Signalmuster der Ausgänge ändert, erfolgt ein Zustandswechsel. Gleiche Signalmuster beschreiben nur dann denselben Zustand, wenn die gleichen zeitlichen Bedingungen vorherrschen.

Beispiel 4.9: UML-Zeitdiagramm der Ein- und Ausgangssignale für die Gepäckanlage

Der zeitliche Ablauf der Anlage ist im Zeitdiagramm in Bild 4.15 dargestellt. Wenn die Gepäckstücke am Rollfeld ankommen, startet der Bediener durch den Handschalter `HS` die Anlage und legt die Gepäckstücke auf das Förderband. Das Förderband `NS1` läuft daraufhin sofort los, das Förderband `NS2` erst 30 *s* später, wenn die ersten Koffer in der Ankunftshalle angelangt sind. Wenn beide Bänder laufen und der Sensor `GS` einen Koffer detektiert, muss das Förderband `NS1` anhalten, um eine Kollision zu vermeiden. Wird im Anschluss 10 *s* lang kein Koffer mehr als Hindernis erkannt, läuft das Förderband `NS1` wieder an. Nachdem alle Koffer auf das Band gelegt wurden, kann der Handschalter zurückgesetzt werden, so dass das Förderband `NS1` anhält. Das Förderband `NS2` läuft aber noch so lange, bis 120 *s* lang kein Koffer mehr detektiert wurde.

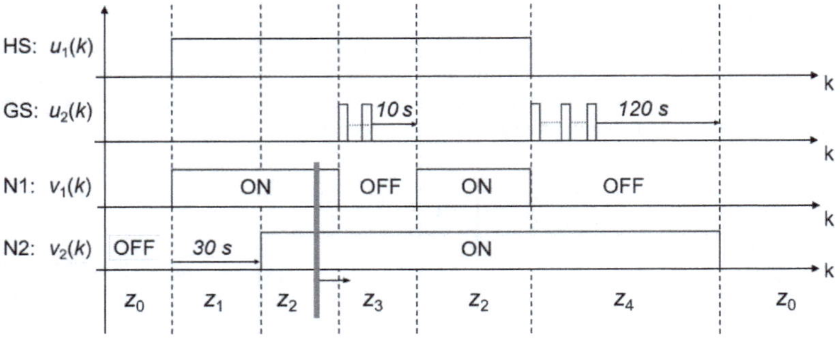

Bild 4.15 Ermittlung der Zustände z_i anhand des UML-Zeitdiagramms der Ein- und Ausgangssignale

Die Zeitverläufe von Handschalter `HS` und Lichtschranke `GS` stellen die Eingangssignale des Schaltwerks dar, die Ausgangssignale sind die Steuersignale `N1.ON`, `N1.OFF`, `N2.ON` und `N2.OFF` der Motoren NS1 und NS2.

Zur Identifikation der Zustände verfolgt man im Zeitdiagramm aus Bild 4.15 das Signalmuster der Ausgänge v_1 und v_2 entlang der Zeitachse k von links nach rechts (wie durch den grauen Balken in Bild 4.15 angedeutet). Immer wenn ein neues Signalmuster auftritt, wird ein neuer Zustand eingeführt. Im Zustand z_0 sind beide Motoren aus ($v_1 = v_2 = 0$). Dann wird `NS1` eingeschaltet ($v_1 = 1, v_2 = 0$), so dass ein neuer Zustand z_1 eingeführt wird. Folgt man so der Zeitachse k von links nach rechts, lassen sich 5 Zustände $z_0, ..., z_4$ unterscheiden. Obwohl die Ausgangssignalmuster für z_3 und z_4 gleich sind, gelten für sie andere zeitliche Bedingungen, weshalb die Zustände zu unterscheiden sind. Im Zustand z_3 läuft nämlich ein Timer, bis 10 *s* lang kein Koffer mehr detektiert wird, im Zustand z_4 läuft aber ein anderer Timer, bis 120 *s* lang kein Koffer mehr detektiert wird. Dagegen tritt der Zustand z_2 zweimal auf, weil beide Male das gleiche Ausgangssignalmuster vorliegt und kein Timer läuft.

Die Zustandsermittlung basiert also auf folgenden Regeln:

- Ungleiche Ausgangssignalmuster $\vec{v}(k)$ erzeugen unterschiedliche Zustände.
- Gleiche Ausgangssignalmuster $\vec{v}(k)$ erzeugen gleiche Zustände, wenn das Zeitverhalten der Ausgangssignale genau gleich ist. Sie erzeugen jedoch unterschiedliche Zustände bei unterschiedlichem Zeitverhalten, d. h.
  - wenn unterschiedliche Timer laufen,
  - wenn unterschiedliche Signalflanken (steigende/fallende) vorliegen.

Schritt 2: Entwurf des Ausgangsschaltnetzes

Mithilfe der gefunden Zustände kann nun das Ausgangsschaltnetz gemäß Gl. 4.24 ermittelt werden. Aus dem Zeitdiagramm nach Bild 4.15 erkennt man, dass der Motor NS1 in den Zuständen z_1 und z_2 ein- sowie in den Zuständen z_0, z_3 und z_4 auszuschalten ist. Ebenso lässt sich ablesen, dass die Zustände z_2, z_3, z_4 den Motor NS2 ein- und die Zustände z_0 und z_1 ihn ausschalten. Mithilfe der global deklarierten Zustandsvariablen lassen sich demnach die Motorbausteine wie in Bild 4.16 ansteuern.

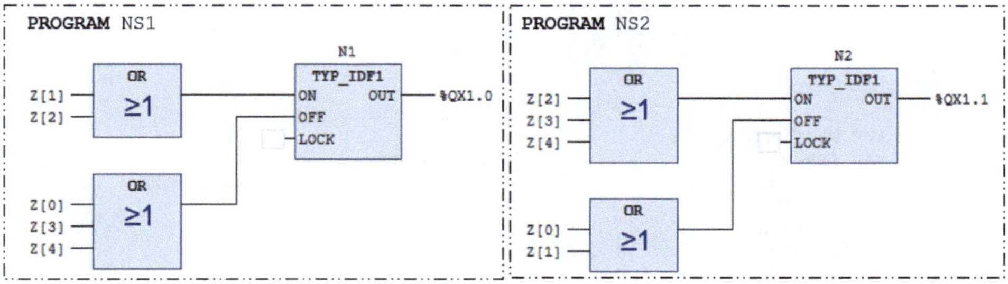

Bild 4.16 Ausgangsschaltnetz zur Ansteuerung der Motoren NS1 und NS2

Schritt 3: Entwurf der Halteglieder

Als Halteglieder stehen nach IEC 61131 RS-Flip-Flops, Zähler und Timer zur Verfügung. Grundsätzlich könnte für die Speicherung *eines* Zustands jeweils ein separates RS-Flip-Flop vorgesehen werden. Dieser Ansatz entspricht aber dem einer Ablaufkette und wird in Kapitel 5 vorgestellt.

Zustandskodierung

Prinzipiell benötigt man aber nur r RS-Flip-Flops, um 2^r Zustände zu speichern. Somit ergibt sich die Anzahl r der erforderlichen RS-Flip-Flops aus der Anzahl L der unterschiedenen Zustände:

$$r \geq \log_2(L) \tag{4.26}$$

Da für unser Beispiel $L = 5$ Zustände aus dem Zeitdiagramm ermittelt wurden, sind demnach $r = 3$ RS-Flip-Flops zur Kodierung der Zustände notwendig.

Die Zustandssignale $\vec{z} = (z_0, z_1, ..., z_{L-1})^T$ ergeben sich im Moore-Automaten aus der Ausgangssignalkombination der Halteglieder $\vec{H} = (H_1, H_2, \ldots, H_r)^T$. Diese sind für das Beispiel der Gepäckanlage in Tabelle 4.6 festgelegt. Die Zustandscodierung ist dabei nach dem sog. Gray-Code gewählt, damit bei einem Zustandswechsel möglichst wenige Signaländerungen auftreten, was im Allgemeinen zu einer minimalen Komplexität der Schaltung führt. Sie kann im Einzelfall jedoch auch anders gewählt werden.

Die Programmierung dieser Logik erfolgt aus Verallgemeinerungsgründen mit dem in Bild 4.17 dargestellten Funktionsbaustein H_3BIT, der wie ein 3-Bit-Multiplexer die Ausgangssignale der RS-Flip-Flops als Gray-Code den Zustandsvariablen z0,...,z7 zuordnet. Dieser Funktionsbaustein kann unabhängig von dieser Aufgabenstellung als Halteglied für beliebige Schaltwerke mit L≤8 Zuständen verwendet werden, also auch für die Gepäckanlage mit 5 Zuständen. Wenn weniger als 8 Zustände benötigt werden, bleiben die Ausgänge der nicht benötigten Zustände unverknüpft.

Tabelle 4.6 Zustandstabelle für das Beispiel der Gepäckanlage

	Haltegliedausgänge		
Zustände	H1.Q	H2.Q	H3.Q
z_0	0	0	0
z_1	1	0	0
z_2	1	1	0
z_3	0	1	0
z_4	0	1	1

```
FUNCTION_BLOCK H_3BIT
VAR_INPUT                          VAR_OUTPUT
    S1: BOOL;                          z0,z1,z2,z3,z4,z5,z6,z7: BOOL;
    R1: BOOL;                      END_VAR
    S2: BOOL;
    R2: BOOL;                      VAR
    S3: BOOL;                          H1,H2,H3: RS;
    R3: BOOL;                      END_VAR
END_VAR
```

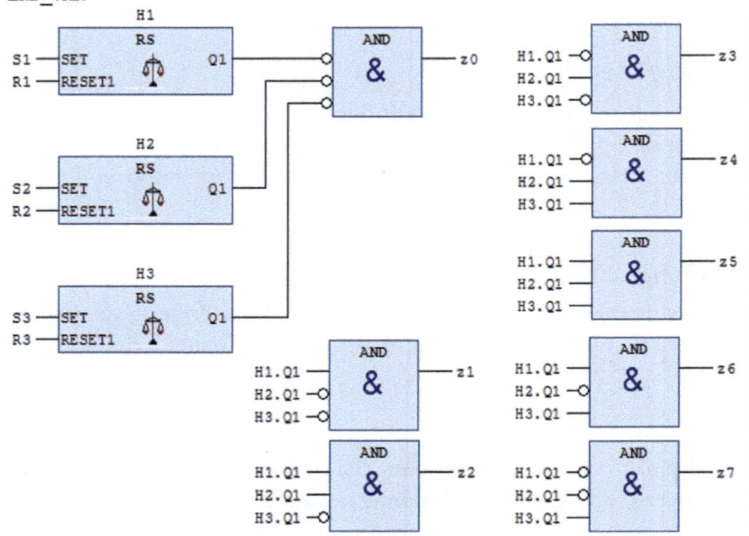

Bild 4.17 Funktionsbaustein `H3_BIT` zur Kodierung von 8 Zuständen durch 3 RS-Flip-Flops

Zustandsdiagramm

Aus dem UML-Zeitdiagramm nach Bild 4.15 lässt sich die Zustandsfolge ablesen. Die gefundenen Zustände werden in einem UML-Zustandsdiagramm jeweils in einen Kreis eingetragen, die Übergänge von einem Zustand zum nächsten werden durch Pfeile gekennzeichnet.

- Innerhalb der Kreise wird unter der Zustandsbezeichnung z_i die Zustandskodierung nach Tabelle 4.6 angegeben.
- An die Pfeile zwischen den Kreisen werden die Bedingungen geschrieben, die den Übergang von einem Zustand zum nächsten verursachen. Somit sieht man auf einen Blick, wel-

che Zustandsübergänge $\vec{z}(k) \rightarrow \vec{z}(k+1)$ es gibt und durch welche Eingangs- und Zustandssignale $\vec{u}(k)$ bzw. $\vec{z}(k)$ sie hervorgerufen werden.

- Wenn ein Pfeil Anfang und Ende an demselben Zustand hat, wird dadurch gekennzeichnet, dass die Aktionen in diesem Zustand *erneut* aktiviert werden sollen. In Bild 4.18 wird z. B. im Zustand z_3 der Timer `T10` gestartet. Der Timer wird immer wieder neu gestartet, wenn die Lichtschranke `GS` einen Koffer detektiert.

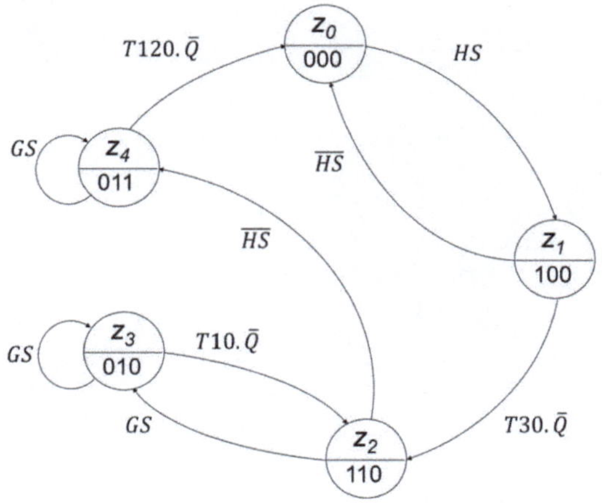

Bild 4.18 UML-Zustandsdiagramm für das Beispiel der Gepäckanlage

Beispiel 4.10: UML-Zustandsdiagramm für eine Gepäckanlage

Aus dem Zeitdiagramm in Bild 4.15 kann man ablesen, dass ein Übergang von z_0 nach z_1 erfolgt, wenn der Handschalter `HS` eingeschaltet wurde. Dabei wird der Timer `T30` gestartet, dessen Ausgangssignal `T30.Q` nach 30 s deaktiviert wird (Ausschaltverzögerung `TOF`). Während dieser Zeit bleibt das System im Zustand z_1, nach Ablauf der Zeit, wenn also `T30.Q̄=TRUE`, erfolgt der Übergang in den Zustand z_2.

Wenn der Sensor GS einen Koffer erkennt, erfolgt der Übergang nach z_3. Dabei wird der Timer `T10` als Ausschaltverzögerung gestartet, dessen Ausgang 10 s nach dem Sensorsignal zurückgesetzt wird. Erkennt der Sensor `GS` während der 10 s noch ein Gepäckstück, startet der Timer erneut. Sobald die 10 s vollständig abgelaufen sind, springt das System in den Zustand z_2 zurück.

Nachdem alle Koffer auf das Band gelegt wurden und der Bediener die Anlage ausgeschaltet hat, wird im Zustand z_4 der Motor `NS1` ausgeschaltet und der Timer `T120` als Ausschaltverzögerung gestartet, dessen Ausgang nach 120 s zurückgesetzt wird. Erkennt die Lichtschranke `GS` während dieser Zeit noch einen Koffer, startet auch dieser Timer erneut. Erst wenn die 120 s vollständig abgelaufen sind, weil kein Koffer mehr detektiert wurde, erfolgt der Rücksprung in den Zustand z_0.

Das UML-Zustandsdiagramm lässt sich also direkt aus dem UML-Zeitdiagramm ableiten. Da das Zeitdiagramm jedoch aus Platzgründen meistens nur den regulären Betrieb der Anlage beschreibt, ist der *irreguläre* Betrieb, wie z. B. das Ausschalten der Anlage im Notfall, im Zustandsdiagramm noch zu ergänzen. Im Beispiel von Bild 4.18 soll die Gepäckanlage im Zustand z_1 auch direkt wieder ausgeschaltet werden können, falls doch noch keine Koffer transportiert werden sollen. In allen anderen Zuständen sollen die Nachlaufzeiten der Förderbänder ohne weitere Ausschaltmöglichkeit ausgeführt werden.

Zustandsübergangstabelle

Nachdem nun feststeht, welche Signale Zustandsübergänge hervorrufen, muss man sich jetzt für jeden Zustandsübergang überlegen, welche Speicher und Zeitglieder zu aktivieren oder zu deaktivieren sind.

Tabelle 4.7 Zustandsübergangstabelle für das Beispiel der Gepäckanlage

		Übergangsaktionen [1]					
Übergangsbedingungen	Zustandsübergänge	H1	H2	H3	T30	T10	T120
HS	$z_0 \to z_1$	S			IN		
$\overline{HS}$	$z_1 \to z_0$	R					
$T30.\bar{Q}$	$z_1 \to z_2$		S				
GS	$z_2 \to z_3$	R				IN	
GS	$z_3 \to z_3$					IN	
$T10.\bar{Q}$	$z_3 \to z_2$	S					
$\overline{HS}$	$z_2 \to z_4$	R		S			IN
GS	$z_4 \to z_4$						IN
$T120.\bar{Q}$	$z_4 \to z_0$		R	R			

[1] S ≡ Setzen, R ≡ Rücksetzen, IN ≡ Timereingang setzen

Die Zustandsübergangstabelle 4.7 beschreibt auf der rechten Seite die Übergangsaktionen, die bei einem Zustandsübergang durchzuführen sind. Zum einen wird hierbei festgelegt, welche RS-Flip-Flops für die *Kodierung* des neuen Zustands zu setzen oder zurückzusetzen sind. Um beispielsweise beim Übergang von z_0 nach z_1 die Codierung $\vec{H} = (1,0,0)^T$ für den Zustand z_1 zu erzeugen, ist das Halteglied `H1` zu setzen.

Zum andern sind gemäß dem UML-Zeitdiagramm (Bild 4.15) die Timer `T30`, `T10` bzw. `T120` beim Übergang in die Zustände z_1, z_3 und z_4 zu aktivieren. Demnach ist beim Zustandsübergang von z_0 nach z_1 der Timer `T30` als Ausschaltverzögerung (`TOF`) zu starten, um nach 30 s in den Zustand z_2 zu springen.

Als Timer werden hier grundsätzlich `TOF`-Timer verwendet, weil nur `TOF`-Timer während der Verzögerungszeit *erneut gestartet* werden können (vgl. Bild 3.13). Dies ist bei all den Zustandsübergängen in Tabelle 4.7 notwendig, die im aktuellen Zustand verharren (z. B. $z_3 \to z_3$ oder $z_4 \to z_4$). Dabei wird der `TOF`-Timer gestartet, wenn die Übergangsbedingung erfüllt ist und der aktuelle Zustand gerade verlassen wird (z. B. `T30.IN=HS` $\wedge$ z_0). Dann ist der Timer-Eingang `IN` nur für einen EVA-Zyklus 1 bzw. `TRUE`. Die fallende Flanke `IN` = 1 → 0 startet beim Funktionsbaustein `TOF` die Zeitzählung.

Schritt 4: Ermittlung des Eingangsschaltnetzes

Das Eingangsschaltnetz ergibt sich aus der Zustandsübergangstabelle 4.7. In der linken Spalte sind die Signale eingetragen, die einen Zustandsübergang auslösen.

Zur Ermittlung der Schaltfunktionen ist nun für jedes in der Zustandsübergangstabelle eingetragene `S`, `R` oder `IN` die zugehörige Übergangsbedingung mit dem aktuellen Zustand konjunktiv zu verknüpfen:

$$\text{Übergangsaktion} = \text{Übergangsbedingung} \wedge \text{aktueller Zustand} \quad (4.27)$$

Für jeden Haltegliedeingang wird so die *disjunktive Normalform* (vgl. Gl. 4.5) erzeugt, ähnlich wie im Abschnitt 4.2.1 für die Wahrheitstabelle beschrieben. Die disjunktiven Normalformen aller Übergangsaktionen ergeben die Logik für das Eingangsschaltnetz des Moore-Automaten nach Gl. 4.23.

Dabei ist zu beachten, dass das Eingangsschaltnetz die aktuellen Zustände $\vec{z}(k)$ verarbeiten soll, d. h. die neuen Zustände $\vec{z}(k+1)$ dürfen in Bild 4.19 erst zuletzt durch den Funktionsbaustein `H3_Bit` zugewiesen werden. Die Timerbausteine müssen deshalb *über* der Zustandszuweisung angeordnet werden.

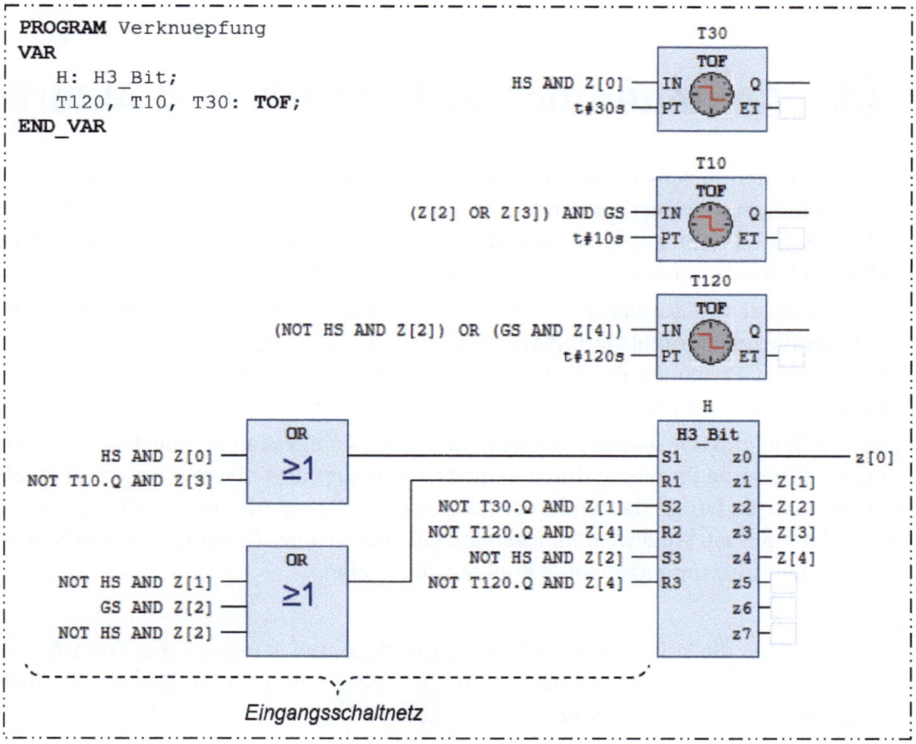

Bild 4.19 Ansteuerprogramm der Gepäckanlage als Moore-Automat

Beispiel 4.11: Logikentwurf aus der Zustandsübergangstabelle

Das Eingangsschaltnetz wird aus der Zustandsübergangstabelle 4.7 hergeleitet. Jede Übergangsaktion ergibt sich gemäß Gl. 4.27 aus einer UND-Verknüpfung der Übergangsbedingung mit dem *aktuellen* Zustand. Mehrere Übergangsaktionen für denselben Haltegliedeingang werden disjunktiv verknüpft. Demnach ermittelt man aus den Übergangsaktionen der Tabelle 4.7 die folgenden Schaltfunktionen für die Flip-Flops des Halteglieds `H`:

$$\mathrm{H1.S} = \mathrm{HS} \wedge z_0 \vee \mathrm{T10.}\overline{\mathrm{Q}} \wedge z_3 \quad (4.28)$$

$$\mathrm{H1.R} = \overline{\mathrm{HS}} \wedge z_1 \vee \mathrm{GS} \wedge z_2 \vee \overline{\mathrm{HS}} \wedge z_2 \quad (4.29)$$

$$\mathrm{H2.S} = \mathrm{T30.}\overline{\mathrm{Q}} \wedge z_1 \quad (4.30)$$

$$\mathrm{H2.R} = \mathrm{T120.}\overline{\mathrm{Q}} \wedge z_4 \quad (4.31)$$

$$\mathrm{H3.S} = \overline{\mathrm{HS}} \wedge z_2 \quad (4.32)$$

$$\mathrm{H3.R} = \mathrm{T120.}\overline{\mathrm{Q}} \wedge z_4 \quad (4.33)$$

Mit der gleichen Vorgehensweise erhält man die Verknüpfungslogik für die Timereingänge in Bild 4.19. So wird beispielsweise der Timer T30 durch die Variable HS beim Übergang z_0 nach z_1 aktiviert usw.

Die Software zu diesem Beispiel kann auf der SPS-Lern-und-Übungsseite getestet werden.

Beim Automatenentwurf kann man anstelle des Funktionsbaustein H3_Bit natürlich auch einzelne Flip-Flops verwenden, wenn dies einfacher ist (z. B. bei Haltegliedern mit weniger als 5 Zuständen). Mitunter ist es auch sinnvoll, die Flip-Flops in den Einzelsteuerfunktionsbausteinen TYP_IDF1 und TYP_IDF2 als Halteglieder zu nutzen. Dadurch lässt sich die Komplexität der Logik verringern.

4.3 Ansteuerung der Sensorik und Aktorik

In den vergangenen Beispielen wurden schon zahlreiche Funktionsbausteine zum Einlesen von Sensordaten, zur Simulation und zum Ansteuern von Motoren und Ventilen entwickelt. Viele dieser Beispiele sind aus didaktischen Gründen sehr einfach gehalten, so dass die resultierenden Funktionsbausteine nur eine sehr rudimentäre Funktionalität bieten.

Auch die Hersteller von Automatisierungssystemen bieten oft solche Funktionsbausteine an [31, 3]. In der Prozessautomatisierung werden Bausteine nicht nur zur SPS-Programmierung, sondern auch zur Erstellung der HMI-Software herstellerunabhängig als sog. Module Type Package (MTP) standardisiert [160].

Die industriellen Funktionsbausteine haben zwar mehr Fähigkeiten und decken zahlreiche in der Praxis auftretende Probleme durch Schutzschaltungen und Alarmierungen ab, doch sie werden genauso als fertige Bausteine zur Lösung einer Automatisierungsaufgabe eingesetzt wie die in diesem Buch vorgestellten, *vereinfachten* und in einer Bibliothek auf der SPS-Lern-und-Übungsseite zusammengefassten Funktionsbausteine.

Somit kann die Software weitgehend aus fertigen und getesteten Funktionsbausteinen zusammengesetzt und zur Produktion konfiguriert werden (Plug and Produce), anstatt sie neu zu programmieren (Low Code).

4.3.1 Funktionsbausteine zum Einlesen von Sensordaten

Bisher wurden schon einige Funktionsbausteine für binäre und analoge Sensoren vorgestellt, die in Tabelle 4.8 aufgeführt sind.

Binäre Sensoren übertragen ein High- oder Low-Signal an die SPS. Im Arbeitsstromprinzip wird dieses binäre Eingangssignal einfach durch eine globale Variable mit direkter Adressierung eingelesen, wie z. B. die Lichtschranke GS in Beispiel 4.8.

Meistens arbeiten binäre Sensoren aber im Ruhestromprinzip. Für diese Fälle wurde in Beispiel 3.12 der Funktionsbaustein TYP_BIN entwickelt, der das Sensorsignal negiert einliest und eine Alarmmeldung ausgibt.

Das Einlesen von analogen Sensorwerten erfolgt durch den Funktionsbaustein TYP_ AIN aus Beispiel 3.9. Er liest ein analoges Datenwort x_W ein und skaliert es auf den physikalischen

Tabelle 4.8 Funktionsbausteine zum Einlesen von Sensordaten

Sensortyp	Funktionsbaustein	Beispiel
Binärer Sensor im Ruhestromprinzip	TYP_BIN *binärer Eingang (%IX...)* — IN / SO — *binäre Meldung*	Bild 3.24 in Beispiel 3.12

Binärer Sensor im Arbeitsstromprinzip	`VAR_GLOBAL`
	`GS AT%IX0.0: BOOL; // Lichtschranke`
	`END_VAR`
		Beispiel 4.8

Pulszähler	TYP_PULSE *Pulseingang (%IX...)* — CLK / POS — *Zählwert* *Richtung beim Count up* — DIR1 / SH — *max. Zählwert erreicht* *Richtung beim Count down* — DIR2 / SL — *min. Zählwert erreicht*	Bild 3.17 in Beispiel 3.7, Übung 3.2
Encodereingang	TYP_ENC *Zählwert (%ID...)* — CV / Pos — *zurückgelegte Strecke* *Auflösung: Strecke / Impuls* — K *Start der Bewegung* — Start	Übung 4.4
Analoger Sensor	TYP_AIN *Eingangsdatenwort (%IW...)* — X_W / PV — *Messwert (Process Value)* *oberer Grenzwert* — PV_HIGH / SH — *oberer Grenzwert erreicht* *unterer Grenzwert* — PV_LOW / SL — *unterer Grenzwert erreicht* *Messbereichsende* — PV_MAX / ERROR *Messbereichsanfang* — PV_MIN	Bild 3.20 in Beispiel 3.9, Übung 3.3

Messbereich des Sensors gemäß Gl. 3.5, so dass der Sensorwert PV (Process Value) z. B. als Füllstand in Litern oder als Temperatur in °C vorliegt.

Pulsförmige Sensorsignale können durch den Funktionsbaustein TYP_PULSE eingelesen werden, um z. B. wie in Übung 3.2 die Position eines Aufzugs mit einem induktiven Näherungsschalter zu ermitteln. Wenn die Frequenz der Pulsfolge aber wie bei Drehgebern in der Antriebstechnik so hoch ist, dass der binäre SPS-Eingang die Impulse so schnell nicht einlesen kann, müssen die Sensoren an Encoder-Eingangsbaugruppen angeschlossen werden. Diese haben wie in Abschnitt 2.4.5 beschrieben einen Zähler in der Hardware der Eingangsbaugruppe integriert und stellen den Zählwert CV direkt als Doubleword im Eingabeabbild des RAMs bereit. Der Funktionsbaustein TYP_ENC berechnet aus den gezählten Impulsen z. B. die zurückgelegte Strecke einer Antriebsachse (s. Übung 4.4).

4.3.2 Funktionsbausteine zum Ansteuern von Motoren

In der Fabrik- und Prozessautomatisierung werden die in Tabelle 4.9 aufgeführten Motortypen häufig eingesetzt. Die Funktionsbausteine TYP_IDF1 und TYP_IDF2 für Motoren mit fester Drehzahl und einer bzw. zwei *Drehrichtungen* wurden anhand einfacher Beispiele bereits besprochen, ebenso der Funktionsbaustein TYP_SMOT zur direkten Ansteuerung eines Schrittmotors durch binäre Ausgänge der SPS. Oft werden Schrittmotoren von schnellen Pulsausgangsbaugruppen (Pulstrain) angesteuert, die ein Taktsignal mit hoher Frequenz ausgeben können, so dass der Schrittmotor eine Achse sehr schnell und sehr genau ansteuern kann. In diesem Fall gibt die SPS z. B. durch den Funktionsbaustein TYP_AOUT die Schritte vor, die der Schrittmotor pro Sekunde ausführen soll.

Tabelle 4.9 Funktionsbausteine zur Ansteuerung von Motoren

Motortyp	Funktionsbaustein	Beispiel
Motor mit fester Drehzahl und einer Drehrichtung (Ein/Aus-Motor)	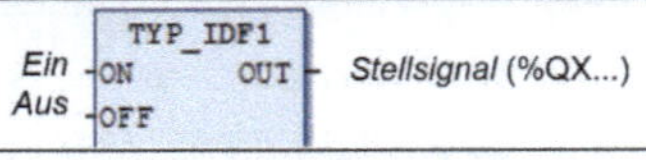	Bild 3.12 in Beispiel 3.5
Motor mit fester Drehzahl und zwei Drehrichtungen	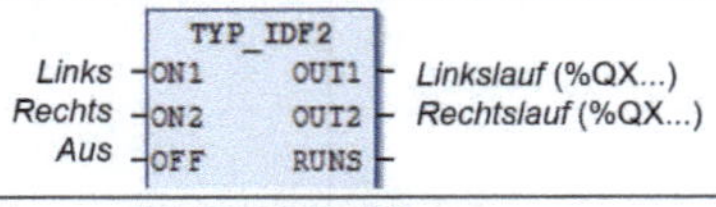	Bild 3.15 in Beispiel 3.6
Schrittmotor	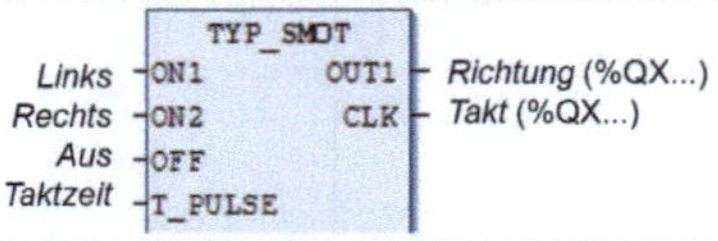	Bild 3.15 in Beispiel 3.6
Polumschaltbarer Motor	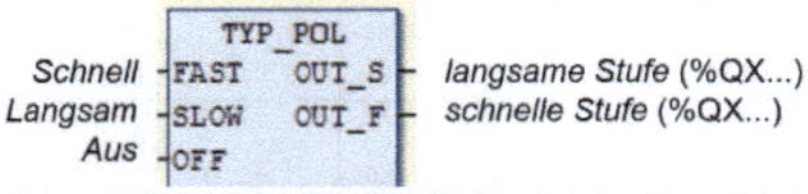	Übung 4.2
Drehzahlveränderbarer Motor	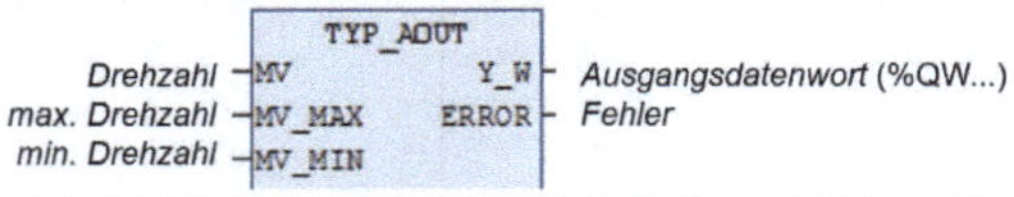	Bild 4.20, Übung 4.5

Außerdem gibt es den Funktionsbaustein TYP_POL, der polumschaltbare Motoren mit zwei festen *Geschwindigkeitsstufen* LANGSAM und SCHNELL ansteuern kann (s. Übung 4.2).

In der Regel wird die Motorgeschwindigkeit aber mithilfe eines Frequenzumrichtes kontinuierlich eingestellt. Ein Umrichter (converter) ist eine Elektronikeinheit, die die Drehzahl- und Stromregelung des Motors durchführt. Die SPS muss hierfür lediglich die gewünschte Drehzahl als Stellwert über einen analogen Ausgang an den Umrichter übertragen. Die Umwandlung eines Stellwerts MV (Manipulated Variable) in ein analoges Ausgangsdatenwort erfolgt gemäß dem linearen Zusammenhang zwischen Stellwert und Ausgangsdatenwort nach Bild 4.20 und lässt sich unter Berücksichtigung der Stellwertbegrenzung MV_{Min} und MV_{Max} durch folgende Gleichung beschrieben:

$$y_w = (MV - MV_{Min}) \cdot \frac{27648}{MV_{Max} - MV_{Min}} \tag{4.34}$$

Diese Gleichung ist im Funktionsbaustein TYP_AOUT in Bild 4.20 programmiert. Außerdem wird die Drehzahl bei Verriegelung des Motors auf Null gesetzt und das Datenwort auf den Standardwertebereich zwischen 0 und 27648 begrenzt.

Für kleinere Gleichstrommotoren wird oft statt einer Umrichter- eine PWM-Baugruppe eingesetzt, die in Abschnitt 2.4.6 beschrieben wurde. Die Vorgabe des Puls-/Pausenverhältnisses an den PWM-Ausgang erfolgt auch durch den Funktionsbaustein TYP_AOUT (s. Übung 4.5).

4.3.3 Funktionsbausteine zum Ansteuern von Ventilen

Funktionsbausteine für Ventile unterscheiden sich nur wenig von den Motorbausteinen. Tabelle 4.10 listet die gängigsten Ventiltypen und deren Bausteine auf. Hierbei ist die einfachste

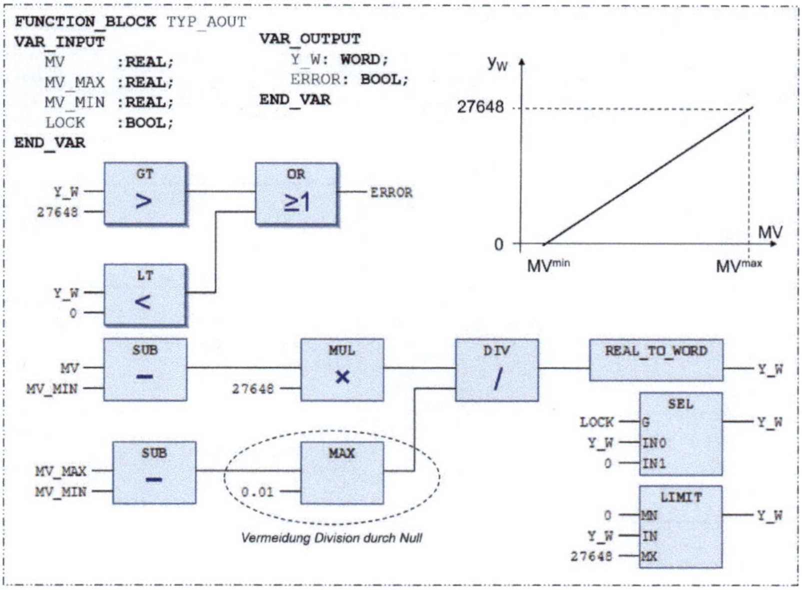

Bild 4.20 Funktionsbaustein TYP_AOUT zur Ausgabe eines analogen Ausgangs

Variante das Zweiwege- oder Auf/Zu-Ventil, das den Weg einer Flüssigkeit durch ein Rohr öffnen oder schließen kann. Die Logik wird durch den Baustein TYP_IDF1 bereitgestellt, der auch schon zur Ansteuerung des Ein/Aus-Motors diente.

An Rohrleitungsverzweigungen werden häufig *Dreiwegeventile* eingesetzt, die für die Flüssigkeit die beiden Wege AC und BC öffnen können (vgl. Tabelle 4.10). Die Ansteuerlogik ist die gleiche wie für den Motor mit zwei Drehrichtungen, so dass hier der Baustein TYP_IDF2 verwendet werden kann.

Darüberhinaus gibt es an Rohrleitungskreuzungen die Möglichkeit, *Vierwegeventile* einzusetzen. Diese erfordern eine Logik, die die vier Ventilzustände AD, BD, CD und ZU ansteuert. Diese vier Zustände lassen sich mit zwei RS-Flip-Flops codieren. Der Zustandsgraf in Bild 4.42 veranschaulicht die Wirkungsweise der Ventilansteuerung. Die sich daraus ergebende Schaltung für den Baustein TYP_IDF3 wird in Übung 4.3 erörtert.

Bei *Regelventilen* lässt sich der Öffnungsgrad und damit die Durchflussmenge kontinuierlich zwischen 0 % und 100 % verändern. Hierfür wird in der SPS der gewünschte Ventil-Öffnungsgrad als Stellwert MV vorgeben und durch den Funktionsbaustein TYP_AOUT als Ausgangsdatenwort y_W an die analoge Ausgangsbaugruppe übergeben. Diese überträgt einen dazu proportionalen Ausgangsstrom an den Positioner des Regelventils, der das Ventil entsprechend öffnet (s. Bild 2.10).

4.3.4 Schutzfunktionen

Die Ansteuerung von Motoren und Ventilen erfordert die Berücksichtigung elementarer Sicherheitsvorkehrungen. Diese verfolgen das Ziel, die Motoren und Ventile vor Fehlern zu

Tabelle 4.10 Funktionsbausteine zur Ansteuerung von Ventilen

<table>
<tr><th>Ventiltyp</th><th>Funktionsbaustein</th><th>Beispiel</th></tr>
<tr><td>Zweiwegeventil
(Auf/Zu-Ventil)
</td><td>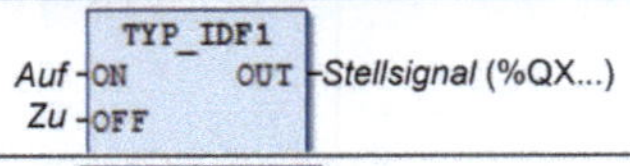</td><td>Bild 3.12 in Beispiel 3.5</td></tr>
<tr><td>Dreiwegeventil
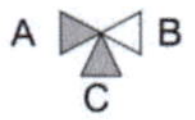</td><td>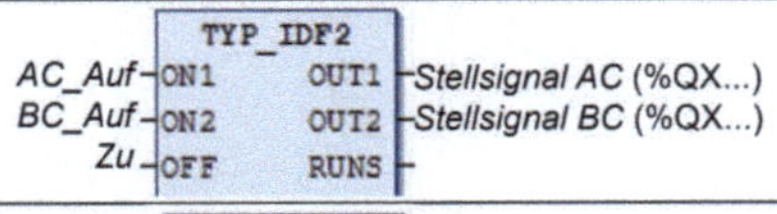</td><td>Bild 3.15 in Beispiel 3.6</td></tr>
<tr><td>Vierwegeventil
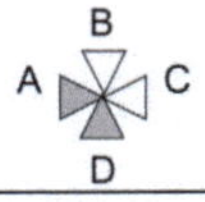</td><td>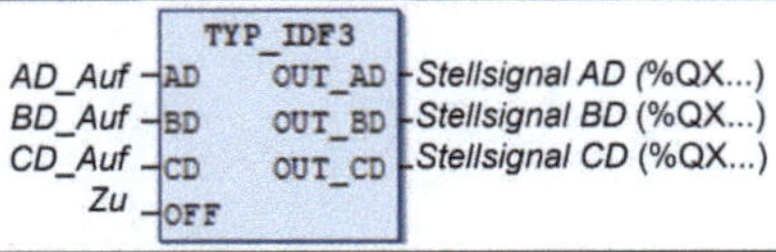</td><td>Bild 4.42 in Übung 4.3</td></tr>
<tr><td>Regelventil
</td><td>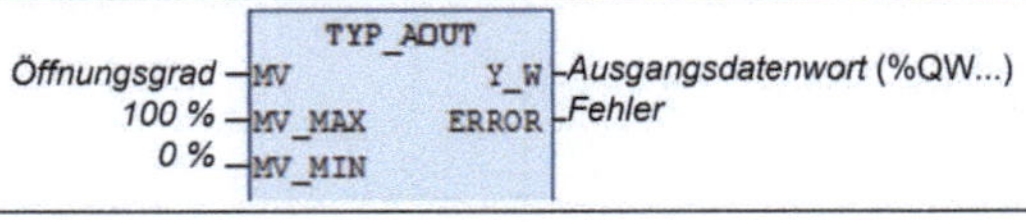</td><td>Bild 4.20, Übung 4.7</td></tr>
</table>

schützen und sie im Fehlerfall in einen sicheren Zustand zu überführen. Prinzipiell lassen sich zwei Fehlerarten unterscheiden:

- Prozessfehler (z. B. Behälterüberlauf, Trockenlauf einer Pumpe, Überhitzung oder Überdruck in Behältern etc.) und
- Gerätefehler (z. B. Drahtbruch, Überhitzung eines Antriebs etc.).

Prozessfehler, wie z. B. ein Behälterüberlauf, sollen durch die Steuerung verhindert werden, d. h. in der Software sind *präventive* Maßnahmen durch Abschaltung und Verriegelung vorzusehen, um solche Fehler zu vermeiden.

Verriegelungen

Wenn Sensoren gefährliche Prozesszustände erkennen, müssen die relevanten Aktoren verriegelt werden. Zur Spezifikation werden die Verriegelungen in eine *Cause-and-Effect-Matrix* wie in Tabelle 4.1 eingetragen.

Verriegelung bedeutet, das Gerät in den sicheren Zustand zu überführen, d. h. Motoren sind auszuschalten, Zulaufventile sind zu-, Entlüftungsventile aufzufahren. Solange der gefährliche Prozesszustand ansteht, darf es nicht möglich sein, das Gerät in einen anderen Zustand als den sicheren Zustand zu überführen.

Zur Verriegelung der Motoren und Ventile wurde in den bisher besprochenen Bausteinen stets der Verriegelungseingang `LOCK` vorgesehen (s. z. B. Bild 4.21), der das Stellsignal deaktiviert und seine Aktivierung blockiert. Typische Verriegelungsmaßnahmen sind z. B. der *Trockenlaufschutz* bei Pumpen, die verriegelt werden, wenn das vorgeschaltete Ventil den Flüssigkeitszulauf zur Pumpe absperrt, oder der *Überlaufschutz* für Behälter, bei dem die Zulaufpumpen und -ventile verriegelt werden, wenn der Füllstand eine gewisse Obergrenze erreicht.

Schutzschalter

Im Gegensatz dazu wirken die Maßnahmen infolge von Gerätefehlern nicht präventiv, sondern *korrektiv*. Das bedeutet, der Fehlerfall ist schon eingetreten, wenn die Steuerung reagiert. Die Reaktion der Steuerung kann somit nur folgende Maßnahmen umfassen:

- *Abschaltung* des fehlerhaften Geräts und Überführung der Teilanlage in den sicheren Zustand,
- *Alarmierung* des Fehlers im Leitsystem durch optische und akustische Meldung,
- erst wenn der Fehler *nicht* mehr ansteht und die Alarmmeldung vom Bediener quittiert wurde, darf das Gerät wieder in den Betriebszustand überführt werden.

Zur Erkennung von Gerätefehlern sind häufig Schutzschalter in die Geräte eingebaut, die als binäres Sensorsignal in die SPS eingelesen werden. Beispielsweise besitzen Motoren einen *Bimetallschalter*, der bei Überhitzung des Motors ein binäres Alarmsignal an die SPS sendet. Darüberhinaus sind auch *Reparaturschalter* notwendig, die in der SPS signalisieren, dass ein Motor oder eine Maschine in der Anlage gerade repariert wird und keinesfalls aktiviert werden darf.

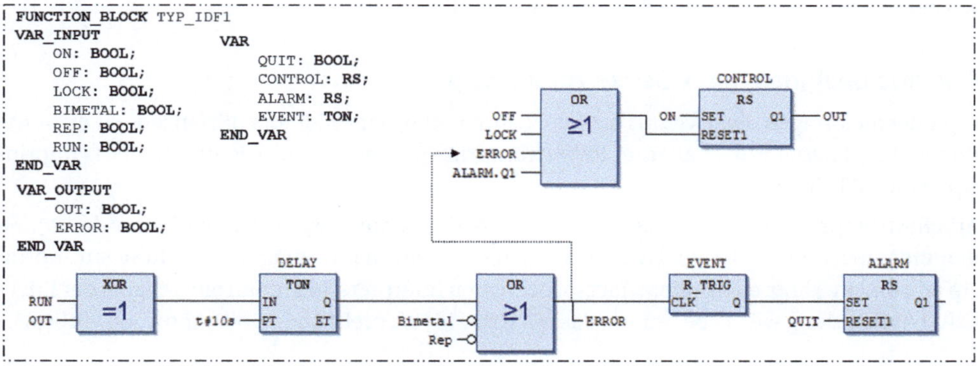

Bild 4.21 Erweiterung des Einzelsteuerfunktionsbausteins TYP_IDF1 für Motoren um Schutzschalter, Laufzeitüberwachung und Alarmierung

Ruhestromprinzip und Alarmierung

Für binäre Störmeldesignale wird eine Drahtbruchsicherung durch das Ruhestromprinzip realisiert. Dabei wird ein 1-Signal an die SPS gesendet, solange *kein* Fehlerfall vorliegt. Wird ein 0-Signal von der SPS eingelesen, liegt entweder ein Gerätefehler oder ein Drahtbruch vor. In jedem Fall ist also der Motor abzuschalten.

Als Konsequenz dieser Maßnahmen werden die Eingänge REP und BIMETAL des Motorbausteins TYP_IDF1 in Bild 4.21 negiert auf den Rücksetzeingang des RS-Flip-Flops CONTROL geführt, damit nur im Fehlerfall (0-Signal) ein Rücksetzen erfolgt.

Prinzipiell ist zwischen dem Stör- bzw. Fehlersignal ERROR und der Alarmmeldung ALARM zu unterscheiden. Durch die Störung wird eine Alarmmeldung (z. B. Leuchten einer Lampe oder Ertönen einer Hupe) abgesetzt. Quittiert der Bediener die Alarmmeldung durch die Taste QUIT, wird der Alarm zurückgesetzt. Die Störung liegt aber eventuell immer noch an.

Laufzeitüberwachung

Neben einer Temperaturüberwachung muss in vielen Fällen auch die Ansteuerung des Geräts überwacht werden. Es kann nämlich vorkommen, dass zwar von der SPS ein Stellsignal an den Aktor ausgegeben wurde, dieser aber aufgrund eines Fehlers nicht reagiert. Um solche sog. Laufzeitfehler zu erkennen, ist z. B. an der Motorwelle ein Sensor angebracht, der erkennt, ob sich die Welle dreht oder nicht. Dreht sich die Welle, wird ein binäres Sensorsignal, die sog. Laufmeldung, an die SPS übertragen.

Die Software kann dann *Laufzeitfehler* erkennen, indem sie überprüft, ob sich das Stellsignal und die Laufmeldung über einen gewissen Zeitraum widersprechen (s. XOR-Gatter in Bild 4.21). Ist dies der Fall, kommt es zu einer Störung, denn entweder erfolgte eine Laufmeldung, ohne dass der Motor angesteuert wurde, oder nach einer Ansteuerung blieb die Laufmeldung aus. In beiden Fällen handelt es sich um einen Gerätefehler und der Motor wird ausgeschaltet.

Bei Ventilen werden in der Regel die beiden Endlagen Auf und Zu durch Endschalter überwacht. Diese senden zwei Rückmeldesignale RM_AUF und RM_ZU als binäre Eingänge an die SPS. Die Software muss nun wie beim Motor in Bild 4.21 überwachen, dass bei Ansteuerung des Ventils nach einer gewissen Zeit die Rückmeldung RM_AUF und beim Absteuern nach einer gewissen Zeit die Rückmeldung RM_ZU kommt (vgl. Übung 4.6).

Rückmeldesignale im Arbeitsstromprinzip

Die Rückmeldungen eines Ventils bzw. die Laufmeldung eines Motors dürfen jedoch nicht wie Bimetall und Reparaturschalter im Ruhestromprinzip, sondern müssen im Arbeitsstromprinzip in die SPS eingelesen werden.

Arbeitsstromprinzip bedeutet, es wird ein 1-Signal gesendet, wenn sich der Motor dreht, und dementsprechend ein 0-Signal, wenn er sich nicht dreht. Würde man hier das Ruhestromprinzip anwenden, käme es zu einer widersprüchlichen Interpretation (denn ein 0-Signal der Rück- bzw. Laufmeldung würde bedeuten, dass sich der Motor dreht oder ein Drahtbruch vorliegt).

4.3.5 Betriebsarten

Durch Betriebsarten können Aktoren wie in Bild 4.22 veranschaulicht

- *manuell* durch den Bediener an der HMI,
- *automatisch* durch ein SPS-Programm und
- *lokal* an einem vor-Ort-Bedientableau

angesteuert werden.

Um die Ansteuerung über diese drei Betriebsarten voneinander unterscheiden zu können, sind die Steuerungssignale AUT_ON, MAN_ON und LOC_ON bzw. AUT_OFF, MAN_OFF und LOC_OFF einzuführen (vgl. Bild 4.22).

Das Zusammenspiel dieser Betriebsarten funktioniert nur, wenn für eine Einzelsteuerfunktion stets nur eine der drei Betriebsarten angewählt ist. Die Anwahl einer Betriebsart darf also nur dann möglich sein, wenn noch keine andere Betriebsart angewählt worden ist, denn sonst könnte beispielsweise die Automatik einen Motor einschalten und der Bediener denselben Motor sofort wieder ausschalten. Um diese gegenseitige Behinderung zu vermeiden, muss eine Regelung für die Betriebsartenumschaltung gefunden werden.

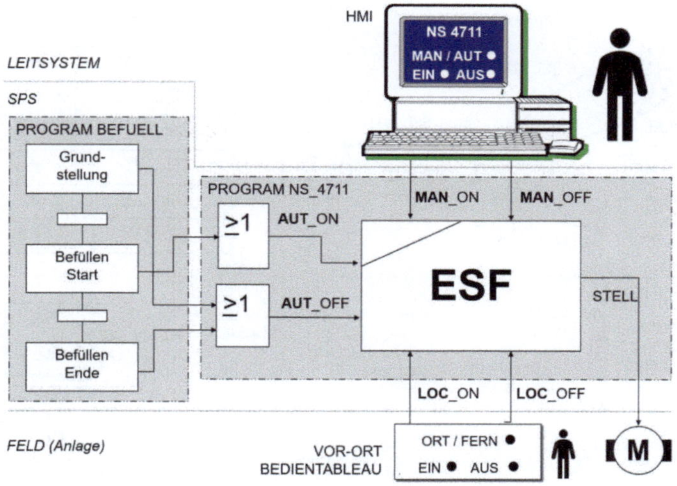

Bild 4.22 Ansteuermöglichkeiten einer Einzelsteuerfunktion (ESF) durch die Betriebsarten Automatik (AUT), Manuell (MAN) und Vor Ort (LOCAL)

Konzepte zur Betriebsartenumschaltung

Für die Umschaltungen zwischen den Betriebsarten existieren verschiedene Konzepte, die sich je nach Anwendung und der Bedienphilosophie des Anlagenbetreibers unterscheiden. Bei der zunächst vorgeschlagenen neutralen Betriebsartenumschaltung sind alle Betriebsarten *gleichberechtigt*, wie der Zustandsgraf in Bild 4.23 verdeutlicht.

Die Umschaltung zwischen den Betriebsarten erfolgt über die Anwahlsignale `SEL_AUT`, `SEL_MAN` und `SEL_LOCAL`. Neben den drei Betriebsarten AUT, MAN und LOCAL (vor Ort) wird noch ein vierter Zustand FREE eingeführt. Nur in diesem Zustand FREE darf eine Betriebsart angewählt werden. Solange diese Betriebsart dann nicht wieder freigegeben wurde, kann keine andere Betriebsart angewählt werden. Die entsprechende Logik zeigt Bild 4.23 im Funktionsbaustein `MODES`.

Obwohl für kleinere Anlagen manchmal auch gemeinsame Betriebsarten für alle Aktoren in der Anlage festgelegt werden, ist es im Allgemeinen sinnvoll, für jeden Motor und jedes Ventil eine eigene Betriebsart festzulegen. So ist es durchaus möglich, dass der eine Aktor gerade vor Ort bedient, während ein anderer automatisch von der SPS angesteuert wird. Deshalb wird der Funktionsbaustein `MODES` zur Betriebsartenumschaltung im Einzelsteuerfunktionsbaustein `TYP_IDF1` in Bild 4.24 instanziiert.

Das Ein- und Ausschalten einer Einzelsteuerfunktion kann nun jeweils in einer der drei Betriebsarten erfolgen. Wie in Bild 4.24 dargestellt, wird zunächst durch den Baustein `SEL_MODE` die gewünschte Betriebsart angewählt. Erst wenn sich die Einzelsteuerfunktion in einer der Betriebsarten AUT, MAN, LOCAL befindet, kann das entsprechende Steuersignal `AUT_ON` oder `AUT_OFF` bzw. `MAN_ON` oder `MAN_OFF` bzw. `LOC_ON` oder `LOC_OFF` wirken und das Stellsignal `OUT` aktivieren.

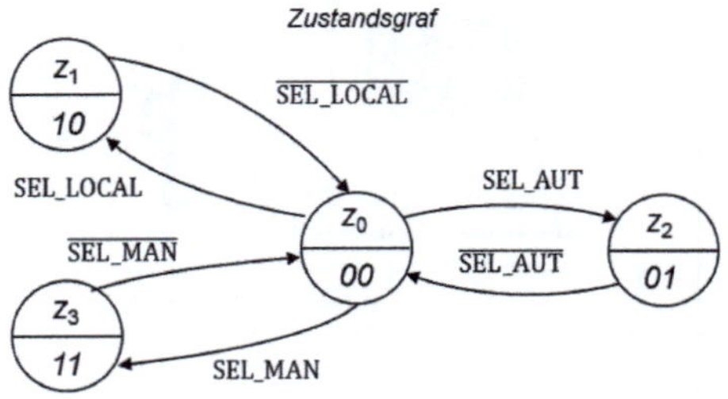

Zustandsübergangstabelle		H1	H2
SEL_LOCAL	$z_0 \rightarrow z_1$	S	
$\overline{\text{SEL\_LOCAL}}$	$z_1 \rightarrow z_0$	R	
SEL_AUT	$z_0 \rightarrow z_2$		S
$\overline{\text{SEL\_AUT}}$	$z_2 \rightarrow z_0$		R
SEL_MAN	$z_0 \rightarrow z_3$	S	S
$\overline{\text{SEL\_MAN}}$	$z_3 \rightarrow z_0$	R	R

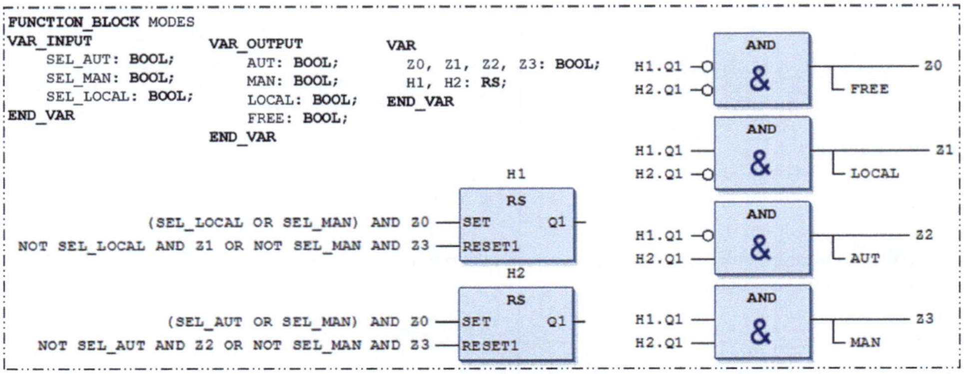

Bild 4.23 Umschaltung zwischen den Betriebsarten Automatik (AUT), Manuell (MAN) und vor Ort (LOCAL) durch den Funktionsbaustein `MODES`

Die Eingänge `AUT_ON` und `AUT_OFF`[1] werden als Eingangsvariablen des Funktionsbausteins nach außen geführt, weil auf sie andere Programme, z. B. eine Schrittkette, zugreifen, um automatisch den Prozessablauf zu steuern.

Beispiel 4.12: Betriebsartenhierarchie

Häufig wird vom Anlagenbetreiber eine Hierarchie der Betriebsarten gewünscht, wie etwa:

1. Die Betriebsart vor Ort hat höchste Priorität, d. h. wenn der Wahlschalter Ort/Fern (Local/Remote) im Feld gedrückt wird, soll die Betriebsart vor Ort angewählt werden - egal welche Betriebsart aktuell angewählt ist.
2. Die zweithöchste Priorität hat die Betriebsart manuell, d. h. wenn der Wahlschalter MAN/AUT in der HMI gedrückt wird und der Wahlschalter Ort/Fern (Local/Remote) nicht aktiviert ist, soll die Betriebsart MAN angewählt werden, auch wenn gerade AUT aktiv ist.
3. AUT ist automatisch angewählt, wenn beide Wahlschalter nicht aktiviert sind, d. h. weder die Betriebsart MAN und noch die Betriebsart LOCAL angewählt wurden. AUT hat somit die niedrigste Priorität.

Da der Funktionsbaustein `MODES` jedoch unabhängig von der Philosophie einsetzbar sein soll, muss die Hierarchie der Betriebsarten durch eine Beschaltung von außen realisiert werden. Wie in Bild 4.24 dargestellt, kann die Betriebsart LOCAL jederzeit durch Aktivierung des Schalters `LOC_REM` (Ort/Fern) angewählt werden, die Betriebsart MAN jedoch durch den Wahlschalter `MAN_AUT` nur dann, wenn `LOC_REM` nicht angewählt ist. Sind weder `LOC_REM` noch `MAN_AUT` angewählt, befindet sich die Einzelsteuerfunktion automatisch in der Betriebsart AUT.

Die Software zu diesem Beispiel kann auf der SPS-Lern-und-Übungsseite getestet werden.

[1] Im Folgenden werden die Automatik-Eingänge `AUT_ON` und `AUT_OFF` aus Gründen der Übersichtlichkeit nur noch als `ON` und `OFF` deklariert

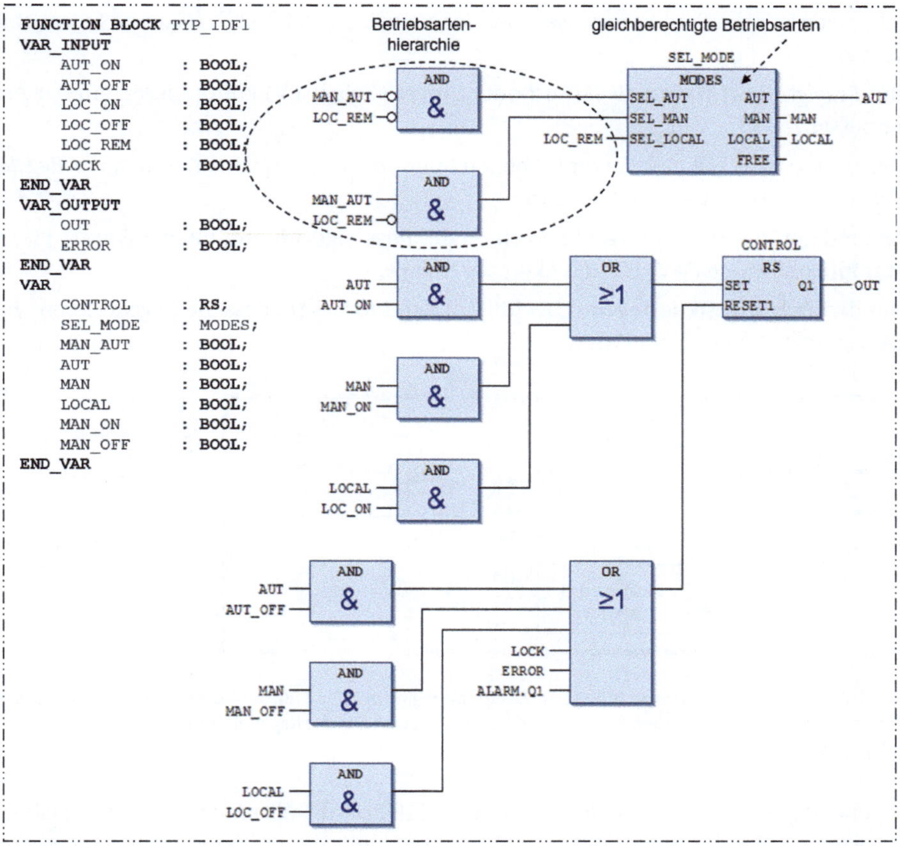

Bild 4.24 Ansteuerung des Einzelsteuerfunktionsbausteins TYP_IDF1 mit den Betriebsarten LOCAL (Priorität 1), MAN (Priorität 2) und AUT (Priorität 3)

Manche Anlagenbetreiber vertrauen aber ihrem Bedienpersonal weniger und wählen deshalb eine Betriebsartenhierarchie, bei der AUT die höchste Priorität hat. Solche Hierarchien taugen nicht für alle Anwendungen, so dass im Allgemeinen eine *neutrale* Betriebsartenumschaltung vorzuziehen ist. Dabei werden die Betriebsarten durch Wahlschalter in der HMI oder vor Ort angewählt und auf die Eingänge SEL_AUT, SEL_MAN bzw. SEL_LOCAL geleitet, so dass eine neutrale Betriebsartenumschaltung wie im Zustandsdiagramm von Bild 4.23 erreicht wird.

4.4 Die SPS als Regler

Eine SPS eignet sich nicht nur für Steuerungsaufgaben, sondern kann auch hervorragend als digitaler Regler eingesetzt werden. Gerade durch die in der IEC 61131 genormte Tasksteuerung und die komfortablen Programmiermöglichkeiten im Strukturierten Text (ST) lassen sich Regelungen in der SPS sehr gut realisieren.

Die charakteristische Funktionsweise einer Regelung lässt sich durch folgende Eigenschaften beschreiben:

1. Die *Regelgröße* $x(k)$ wird als Istwert oder Process Value (PV) kontinuierlich in der Anlage gemessen.
2. Der Istwert wird mit einem vorgegebenen Sollwert $w(k)$ verglichen, indem die *Regeldifferenz* $e(k) = w(k) - x(k)$ gebildet wird.
3. Anhand der Regeldifferenz $e(k)$ berechnet der Regelalgorithmus einen *Stellwert* $y(k)$ oder Manipulated Value (MV) für den Aktor der Anlage.
4. Der dadurch angesteuerte Aktor beeinflusst den Prozess so, dass die Regeldifferenz innerhalb einiger *Zyklen* zu Null wird.

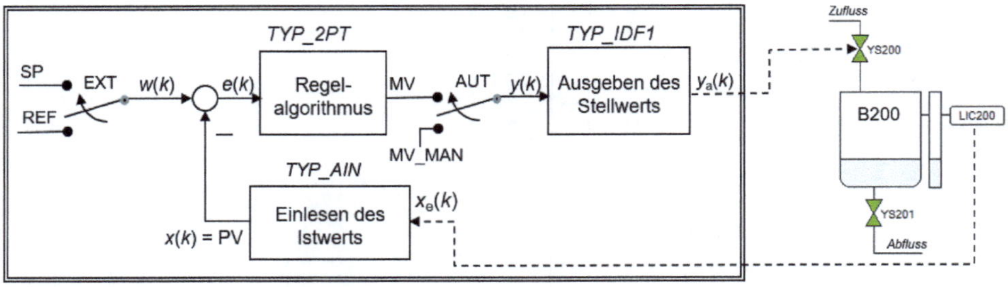

Bild 4.25 Aufbau eines Regelkreises mit einem Zweipunktregler, der den Füllstand vom Sensor `LIC200` als Istwert $x(k)$ einliest, ihn vom vorgegebenen Sollwert $w(k)$ subtrahiert und aus der Regeldifferenz $e(k)$ das Zulaufventil `YS200` ansteuert

Ein solcher Regelungsprozess stellt die in Bild 4.25 skizzierte Füllstandregelung dar. Dabei wird die Füllstandshöhe der Flüssigkeit im Behälter B200 mit dem Sensor `LIC200` gemessen und durch den Funktionsbaustein `TYP_AIN` vom Analogeingang der SPS eingelesen. Liegt der gemessene Füllstand unterhalb des Sollwerts, ist die Regeldifferenz positiv und der Regelalgorithmus fährt das Zulaufventil `YS200` über den Funktionsbaustein `TYP_IDF1` auf, so dass der Füllstand ansteigt. Sobald der Istwert den Sollwert übersteigt, fährt der Regler das Ventil zu. Wenn der Bediener aber dann Flüssigkeit entnimmt, sinkt der Istwert wieder unter den Sollwert, sodass das Zulaufventil erneut vom Regler aufgefahren wird, bis der Sollwert wieder erreicht ist.

4.4.1 Schaltende Regler

Schaltende Regler gelten eigentlich als Steuerung, denn sie können nur wenige diskrete Schaltstufen als Stellwerte ausgeben. Bei einem *Zweipunktregler* nach Bild 4.26a sind es zwei Schaltstufen (z. B. Ein/Aus oder Auf/Zu), bei einem *Dreipunktregler* nach Bild 4.26b drei Schaltstufen.

In der Praxis haben schaltende Regler eine Schaltverzögerung oder Hysterese, damit z. B. der Zweipunktregler bei Erreichen des Sollwerts ($e = 0$) nicht andauernd hin- und herschaltet. Die *Hysterese* sorgt dafür, dass etwa der Füllstand in Bild 4.29 bis zu einen gewissen Maß über den Sollwert steigt, und erst bei einer Regeldifferenz $e \leq -\varepsilon$ das Zulaufventil schließt. Auch wenn Flüssigkeit abfließt, wird das Zulaufventil dementsprechend erst etwas unterhalb des Sollwerts

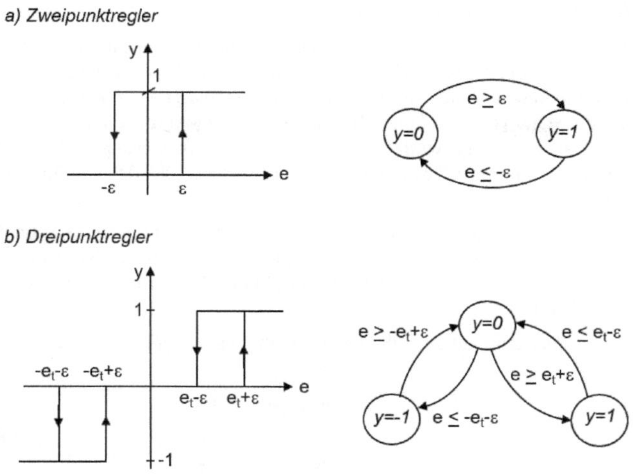

Bild 4.26 Kennlinien und Zustandsdiagramme schaltender Regler mit Hysterese

```
FUNCTION_BLOCK TYP_2PT
VAR_INPUT
  SP, PV: REAL;
  eps: REAL;
  AUT, EXT: BOOL;
  MV_MAN: REAL;
END_VAR
VAR
  w, Ref: REAL;
END_VAR
VAR_OUTPUT
  MV: REAL;
END_VAR

IF EXT THEN
  w:=SP;          // externer Sollwert
  ELSE w:=Ref;    // interner Sollwert von HMI
END_IF
IF NOT AUT THEN
  MV:=MV_MAN;     // Betriebsart MAN
END_IF

// Betriebsart AUT
IF AUT AND (w-PV)>=eps THEN
  MV:=1;
END_IF
IF AUT AND(w-PV)<=-eps THEN
  MV:=0;
END_IF
```

Bild 4.27 Funktionsbaustein TYP_2PT für einen Zweipunktregler mit zwei Schaltstufen (MV=1 und MV=0)

($e \geq \varepsilon$) wieder aufgefahren. Je größer die Hysterese ε, desto größer ist die Schwankung des Istwerts um den Sollwert.

Ein Zweipunktregler kann in der SPS durch den Funktionsbaustein TYP_2PT nach Bild 4.27 realisiert werden. Da die Umschaltung zwischen den Schaltstufen nur bei $e \geq \varepsilon$ bzw. $e \leq -\varepsilon$ stattfindet, wird so sehr einfach die Hysterese erzeugt. Die automatische Regelung wird durch die Variable AUT ein- bzw. ausgeschaltet. Ist AUT=0, muss der Bediener die gewünschte Schaltstufe als Manipulated Value MV_MAN von Hand vorgeben. Der Sollwert w kann *extern* von einem anderen Programm als Setpoint SP vorgegeben werden. Ist EXT=0, muss der Bediener den Sollwert über das Visualisierungssystem vorgeben, das ihn auf die Variable Ref schreibt.

Ein Reglerbaustein wird nach IEC 62424 mit den Kennbuchstaben UC im Anlagenschema dargestellt (vgl. Tabelle 2.3). Dementsprechend heißt die Instanzvariable des Reglerbausteins TYP_2PT in Bild 4.28 U200. Der Reglerbaustein wird stets zusammen mit dem Sensorbaustein TYP_AIN im Ansteuerprogramm der Reglermessstelle (hier: LIC200) aufgerufen.

Beispiel 4.13: Füllstandregelung mit Zweipunktregler

Der Füllstand im Behälter B200 in Bild 4.25 soll mit einem Zweipunktregler auf den Sollwert $w = 350\,l$ geregelt werden. Hierfür wird zunächst der Istwert des Füllstands durch den Funktionsbaustein `TYP_AIN` im Programm `LIC200` eingelesen. Der Funktionsbaustein `TYP_2PT` aus Bild 4.27 realisiert einen Zweipunktregler. Solange der Istwert `L200.PV` kleiner als der Sollwert ist, wird die Schaltstufe `MV=1` aktiviert und das Zulaufventil `YS200` aufgefahren. Wenn die Grenze $w + \varepsilon = 360\,l$ erreicht ist, wird das Zulaufventil durch Aktivierung der Schaltstufe `MV=0` zugefahren. Die Schaltstufen wirken im Programm `YS200` auf die Eingänge `ON` bzw. `OFF` des Ventilbausteins `TYP_IDF1` (s. Bild 4.28).

Wird nun das Abflussventil `YS201` durch den Bediener aufgefahren, sinkt der Füllstand. Sobald die Untergrenze $w - \varepsilon = 340\,l$ erreicht ist, aktiviert der Regler wieder die Schaltstufe `MV=1`. Das Ergebnis der Zweipunktregelung in Bild 4.29 ist eine Dauerschwingung des Istwerts um den Sollwert. Bei kontinuierlichem Abfluss schaltet der Regler das Zulaufventil periodisch auf und zu.

Die Software zu diesem Beispiel kann auf der SPS-Lern-und-Übungsseite getestet werden.

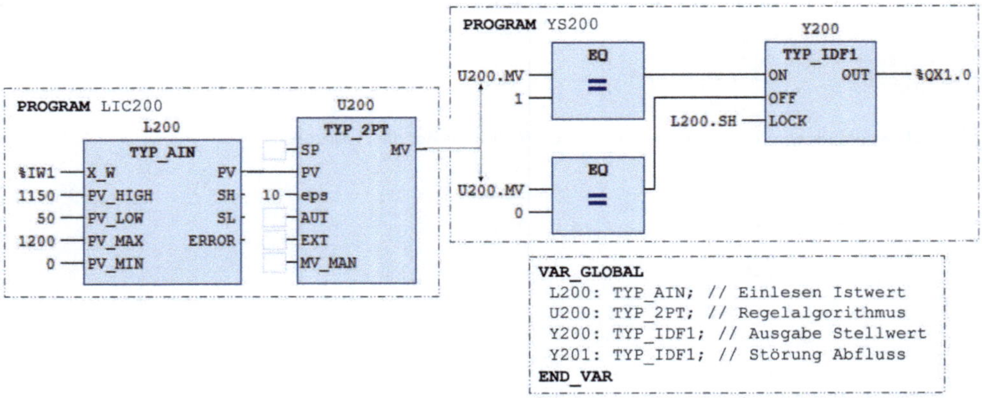

Bild 4.28 Das Programm `LIC200` liest die Regelgröße ein, führt die Zweipunktregelung aus und steuert das Ventil `YS200` an

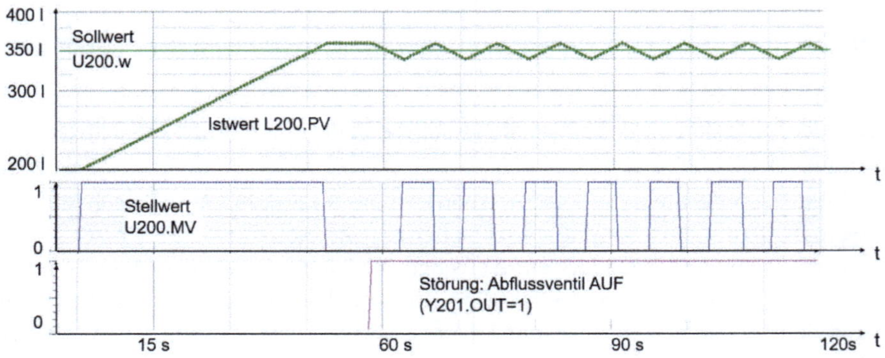

Bild 4.29 Die ausgeführte Zweipunktregelung erzeugt eine Dauerschwingung um den Sollwert, da der Zulauf neuer Flüssigkeit ständig auf- und zugefahren muss, um die Regelabweichung zu kompensieren

4.4.2 Reglerbetriebsarten

Regelung und Steuerung sind kein Widerspruch, sondern sie arbeiten wie schon in Kapitel 1 erläutert Hand in Hand. Die SPS muss Regler ansteuern, um sie z. B. zu starten, zu beenden oder um Sollwerte vorzugeben. Da dies automatisch oder manuell erfolgen kann, werden für Regler folgende Betriebsarten verwendet: Die Betriebsarten extern (EXT) und intern (INT) für die Sollwertvorgabe und die Betriebsarten manuell (MAN) und automatisch (AUT) für die Stellwerterzeugung.

Die Regler-Funktionsbausteine wie in Bild 4.27 unterscheiden die Betriebsarten durch Aktivierung der Variablen `EXT` und `AUT`. Dies bewirkt für die *Stellwerterzeugung*, dass

- in der Betriebsart AUT (`AUT=1`) der Aktor durch den Regelalgorithmus angesteuert und
- in der Betriebsart MAN (`AUT=0`) der Stellwert `MV_MAN` vorgegeben wird, ohne dass der eigentliche Regelalgorithmus den Aktor beeinflusst.

De facto heißt das, in MAN ist die Regelung ausgeschaltet, in AUT ist sie eingeschaltet. Um den Aktor *ohne* Regelung zu können, muss der Regler also in die Betriebsart MAN geschaltet werden. Dies ist etwa beim Start eines Prozessablaufs notwendig, wenn alle Aktoren in eine definierte Grundstellung zu fahren sind. Deshalb sind Regler zu Beginn immer in MAN geschaltet und der manuelle Stellwert entspricht der Grundstellung des Aktors.

Die Betriebsarten für die *Sollwertvorgabe* bewirken, dass der Sollwert

- in der Betriebsart INT (`EXT=0`) durch eine lokale Variable (z. B. `Ref` in Bild 4.27) im Regelungsprogramm erzeugt wird, die vom Bediener über das Visualisierungssystem verändert werden kann, und
- in der Betriebsart EXT (`EXT=1`) von einem anderen Programm, z. B. einer Schrittkette, vorgegeben wird. Dabei bleibt die Vorgabe im Visualisierungssystem unwirksam.

> Die Reglerbetriebsarten dürfen keinesfalls mit den in Abschnitt 4.3.5 besprochenen Betriebsarten für Motoren und Ventile verwechselt werden. Tabelle 4.11 zeigt, welche Kombinationen durch die Verschaltung von Regler und Aktor möglich sind.

Tabelle 4.11 Kombinationen der Betriebsarten von Regler und Aktor

Regler	Auswirkung	Aktor
MAN	keine Regelung, Aktor kann nur über die Variable `MV_MAN` des Reglers angesteuert werden	AUT
AUT	Automatische Regelung, Aktor wird vom Regler automatisch angesteuert.	AUT
MAN	Keine Regelung, Aktor kann manuell oder vor Ort angesteuert werden.	MAN/ vor Ort

Prinzipiell unterscheidet man schaltende und kontinuierliche Regler. Die Füllstandregelung kann statt durch einen Zweipunktregler auch durch einen *kontinuierlichen* Regler wie in Bild 4.30 erfolgen. Dieser erzeugt ein analoges Stellsignal, das die Öffnungsweite des nachgeschalteten Regelventils entsprechend der Regeldifferenz kontinuierlich zwischen 0 und 100 % verändert.

4.4.3 Kontinuierliche Regler

Kontinuierliche Regler erzeugen einen kontinuierlich veränderbaren Stellwert, der von einem Analogausgangskanal der SPS an den Aktor, beispielsweise einen Umrichter oder ein Regelventil, übertragen wird. Der Regelalgorithmus bestimmt, wie groß der Stellwert sein muss, damit sich die Regeldifferenz verkleinert. In der Praxis wird oft ein sog. PID-Regler als Standard eingesetzt, mit dem sich erfahrungsgemäß viele Prozesse stabil regeln lassen.

In der SPS sind für den Aufbau einer solchen Regelung drei Funktionsbausteine erforderlich:

- Das Einlesen des analogen Istwerts erfolgt durch den Funktionsbaustein `TYP_AIN`.
- Die Berechnung des Stellwerts mit einem geeigneten Regelalgorithmus kann z. B. durch den Funktionsbaustein `TYP_PID` in Bild 4.31 ausgeführt werden.
- Zur Ausgabe des Stellwerts muss sein Wertebereich an den Wertebereich des SPS-Ausgangskanals mit dem Funktionsbaustein `TYP_AOUT` angepasst werden.

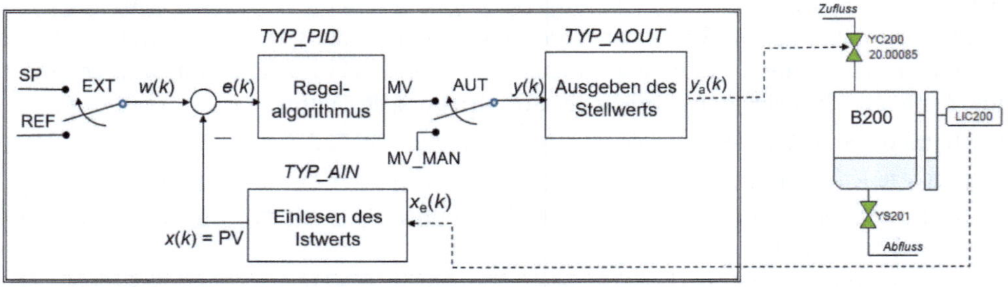

Bild 4.30 Aufbau eines Regelkreises mit einem PID-Regler, der den Füllstand `LIC200` als Istwert $x(k)$ einliest, ihn vom vorgegebenen Sollwert $w(k)$ subtrahiert und mit dem Stellwert $y(k)$ das Regelventil `YC200` ansteuert

PID-Regler

Mit einem PID-Regler lassen sich viele Prozesse in der Fabrik- und Prozessautomatisierung sehr gut regeln [129, 85, 88].

Er erzeugt seinen Stellwert in Abhängigkeit der Regeldifferenz $e(t)$ durch folgenden Zusammenhang:

$$y(t) = K_P \cdot \left[e(t) + \frac{1}{T_N}\int e(t)dt + T_V\frac{de(t)}{dt}\right] \tag{4.35}$$

Der Stellwert setzt sich also aus einem proportionalen, einem integralen und einem differenziellen Anteil der Regelabweichung zusammen:

- Der *proportionale* Anteil (P-Anteil) reagiert sofort auf Regeldifferenzen, indem er eine Stellgröße y_P erzeugt, die proportional zur aktuellen Regeldifferenz e ist:

  $$y_P(t) = K_P \cdot e(t) \tag{4.36}$$

  Der P-Anteil berücksichtigt somit sozusagen die *Gegenwart.*

- Der *integrierende* Anteil (I-Anteil) integriert die Regeldifferenz und reduziert sie dadurch für $t \to \infty$ auf null:

$$y_I(t) = \frac{1}{T_N} \cdot \int e(t)dt \tag{4.37}$$

  Der I-Anteil berücksichtigt sozusagen die *Vergangenheit* der Regelung, denn durch das Integral werden alle zurückliegenden Werte der Regelabweichung mit einbezogen.

- Der *differenzierende* Anteil (D-Anteil) reagiert durch die Ableitung der Regeldifferenz sehr schnell auf Änderungen:

$$y_D(t) = T_V \cdot \frac{de(t)}{dt} \tag{4.38}$$

  Der D-Anteil berücksichtigt durch die Ableitung die Tendenz des *zukünftigen* Verlaufs der Regelabweichung.

Da die SPS nur zu diskreten Zeitpunkten $k = 0, 1, 2, \ldots$ Istwerte einlesen und Stellwerte ausgeben kann, müssen die Gln. 4.36 - 4.38 diskretisiert werden. Dabei macht man sich folgende Näherung für das Differenzial 1. Ordnung zu Nutze:

$$\frac{de(t)}{dt} \approx \frac{e(k) - e(k-1)}{T_0} \tag{4.39}$$

Die Zykluszeit T_0 beschreibt die Zeit, in der eine Task das Regelungsprogramm abarbeitet. T_0 ist somit der Zeitraum, der zwischen dem Einlesen zweier aufeinander folgender Istwerte vergeht. Sie wird deshalb auch als Abtastzeit bezeichnet.

Die Werte $e(k)$ und $e(k-1)$ beschreiben die *Regeldifferenz* zu den Abtastzeitpunkten k und $k-1$. Somit lassen sich P- und D-Anteil im Zeitdiskreten folgendermaßen darstellen:

$$y_P(k) = K_P \cdot e(k) \tag{4.40}$$

$$y_D(k) \approx T_V \cdot \frac{e(k) - e(k-1)}{T_0} \tag{4.41}$$

Löst man für den I-Anteil Gl. 4.37 nach e auf, so erhält man

$$e(t) = T_N \cdot \frac{dy_I(t)}{dt} \tag{4.42}$$

Das in Gl. 4.39 zeitdiskret formulierte Differenzial lässt sich nun im I-Anteil in Gl. 4.42 einsetzen. Löst man nach $y_I(k)$ auf, so ergibt sich:

$$y_I(k) \approx y_I(k-1) + \frac{T_0}{T_N} \cdot e(k) \tag{4.43}$$

Die Werte $e(k-1)$ und $y_I(k-1)$ stammen aus dem vorherigen Abtastzyklus. Deshalb sind im D- bzw. I-Anteil diese Werte als Gedächtnis zwischenzuspeichern. In Bild 4.31 sind zunächst die Funktionsbausteine für den I- und D-Anteil gemäß Gl. 4.41 bzw. 4.43 dargestellt. Die Parameter `TN_T0` und `TV_T0` sind dabei Vielfache der Abtastzeit T_0.

Der Regelalgorithmus nach Gl. 4.35 ist im Funktionsbaustein `TYP_PID` in Bild 4.31 dargestellt. Für den Sollwert (Set Point) wird die Variable `SP`, für den Istwert die Variable `PV` (Process Value) verwendet. Über die Variable `AUT=1` wird der Regler eingeschaltet. In der Betriebsart MAN

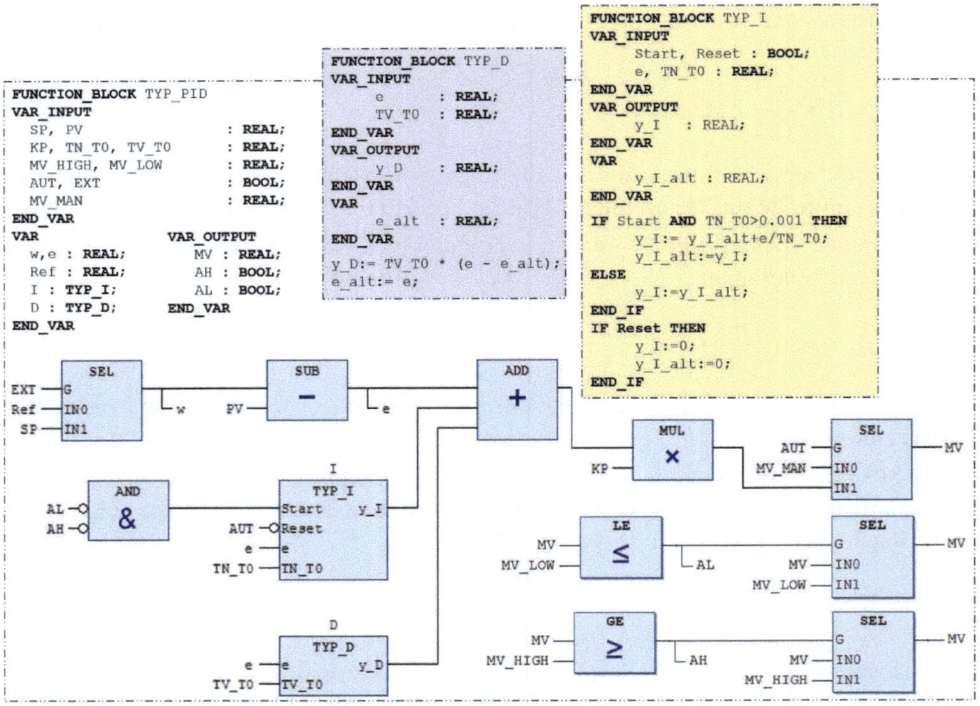

Bild 4.31 Logik des Regler-Funktionsbausteins TYP_PID und seiner Übertragungsglieder TYP_I und TYP_D

(AUT=0) kann der manuelle Stellwert MV_MAN (Manipulated Value) vorgegeben werden, um etwa eine sprungförmige Anregung auf den Prozess zu schalten.

D- und I-Anteil des Reglers lassen sich ausschalten, indem die Parameter TV_T0 bzw. TN_T0 gleich null gesetzt werden. Damit lassen sich auch P-, PI- und PD-Regler mit dem Baustein TYP_PID realisieren.

Darüberhinaus überwacht der Baustein, ob die errechnete Stellgröße y eine festgelegte Ober- oder Untergrenze MV_HIGH bzw. MV_LOW verletzt. Dies wird durch die Variablen AH und AL alarmiert, und nur die Ober- bzw. Untergrenze wird als Stellwert ausgegeben. Eine solche Stellwertbegrenzung ist notwendig, um das Stellglied, also hier den Antrieb für das Regelventil, nicht zu überlasten.

Wenn die Stellgröße in der Begrenzung ist, muss die Integration im Funktionsbaustein TYP_I angehalten werden, da sonst der I-Anteil über jedes vernünftige Maß anwachsen würde (Anti-Reset-Windup-Maßnahme [85]).

Beispiel 4.14: Füllstandregelung mit PID-Regler

Der Füllstand des Behälters B200 in Bild 4.30 soll geregelt werden. Der Zufluss wird durch das Regelventil YC200 so eingestellt, dass der Füllstand gemessen durch den Sensor LIC200 den gewünschten Sollwert erreicht und diesen auch hält, wenn durch Öffnen des Ventils YS201 Flüssigkeit entnommen wird.

Bild 4.32 zeigt den Funktionsplan der Regelung. Gemäß der Regelkreisstruktur wird zunächst der Istwert L200.PV über das Eingangsdatenwort %IW1 vom Funktionsbaustein TYP_AIN eingelesen. Dieser wird im Funktionsbaustein TYP_PID mit dem internen Sollwert verglichen und für die Regeldifferenz wird gemäß dem PID-Regelalgorithmus nach Bild 4.31 der Stellwert `U200.MV` erzeugt. Im Ansteuerprogramm für das Regelventil `YC200` skaliert der Funktionsbaustein `TYP_AOUT` den Stellwert auf den analogen Ausgangskanal `%QW1`.

Die Software zu diesem Beispiel kann auf der SPS-Lern-und-Übungsseite getestet werden.

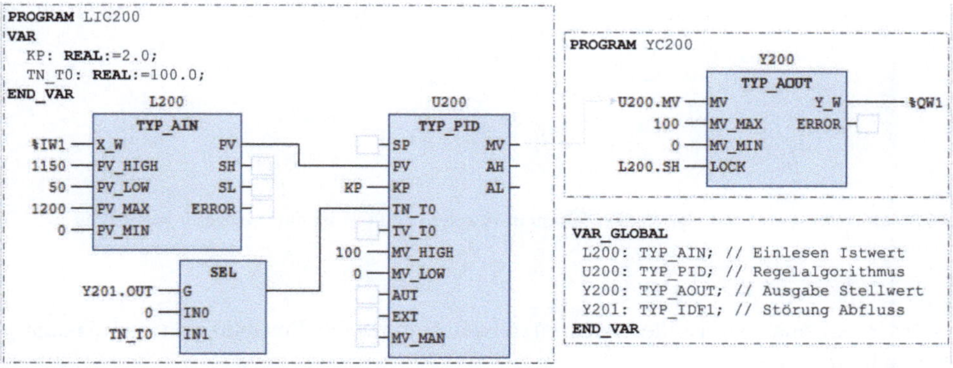

Bild 4.32 Programme `LIC200` zur Regelung des gemessenen Füllstands und `YC200` zur Regelventilansteuerung

Reglereinstellung

Es bleibt die Frage zu beantworten, welche Werte für die Parameter K_P, T_V und T_N eingestellt werden sollten. Im Allgemeinen kann man sagen:

- Durch Vergrößerung des Proportionalbeiwerts K_P wird der Sollwert zwar *schneller* erreicht.
- Durch eine Vergrößerung der Vorhaltzeit T_V wirken die abrupten und *reflexartigen* Reaktionen auf Sollwertänderungen länger.
- Durch eine Verkleinerung der Nachstellzeit T_N beginnt die *Feinausregelung* der Regelabweichung früher.

Diese Aussagen sind sehr unpräzise und können zu Schwingungen und ggf. instabilem Verhalten führen. Da die Reglerparameter nur bei bekanntem Prozessverhalten optimal eingestellt werden können, wird zur Ermittlung des Prozessverhaltens häufig die sog. *Sprungantwort* des Prozesses aufgenommen. Dazu wird

1. der Regler zunächst in MAN geschaltet,
2. eine sprunghafte Veränderung des Stellwerts $y(t)$ durch Vorgabe eines neuen Werts für `MV_MAN` hervorgerufen und
3. die Antwort des Prozesses, also das Zeitverhalten des Istwerts $x(t)$, aufgezeichnet.

Viele industrielle Prozesse zeigen dabei ein Verzögerungsverhalten, d. h. der Istwert $x(t)$ nähert sich wie in Bild 4.33a mit exponentiellem Sättigungsverlauf dem Sollwert an. Für diese typische Sprungantwort wird zunächst die Wendetangente ermittelt. Aus den Schnittpunkten dieser Wendetangente mit der t-Achse bzw. mit der Asymptote $x_\infty = x(t \to \infty)$ ergeben sich dann die Verzugszeit T_u und die Ausgleichszeit T_g.

Mit diesen Werten sowie der Prozessverstärkung $K_\infty = x_\infty / y_\infty$ lassen sich die Parameter für P-, PI- und PID-Regler wie in Bild 4.33b angegeben ermitteln. Die Werte wurden für analoge Regler von Chien, Hrones und Reswick empirisch ermittelt, sind aber nur anwendbar für nicht schwingungsfähige Verzögerungsprozesse mit Ausgleich und $0 < T_u / T_g < 1/3$.

Wenn die Zykluszeit der SPS gegenüber der Verzugszeit vernachlässigbar ist ($T_0 \ll T_u$), können die Einstellregeln nach Chien, Hrones und Reswick auch für digitale Regler in der SPS verwen-

a) Wendetangentenverfahren

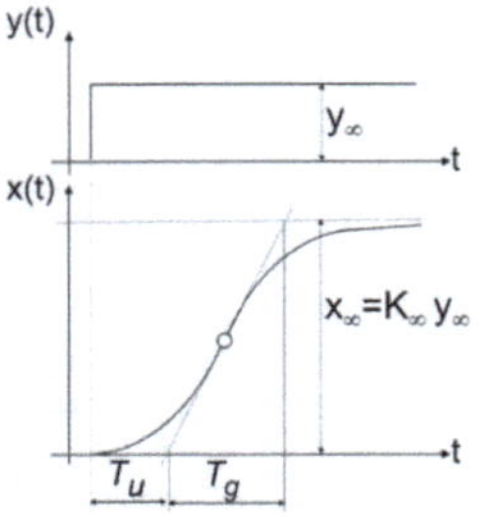

b) Einstellparameter für P-, PI-, PID-Regler

	ohne Überschwingen			mit 20% Überschwingen		
	K_P	T_N	T_V	K_P	T_N	T_V
P	$\frac{0.3\cdot T_g}{K_\infty\cdot T_u}$	–	–	$\frac{0.7\cdot T_g}{K_\infty\cdot T_u}$	–	–
PI	$\frac{0.35\cdot T_g}{K_\infty\cdot T_u}$	$1.2\cdot T_g$	–	$\frac{0.6\cdot T_g}{K_\infty\cdot T_u}$	T_g	–
PID	$\frac{0.6\cdot T_g}{K_\infty\cdot T_u}$	T_g	$0.5\cdot T_u$	$\frac{0.95\cdot T_g}{K_\infty\cdot T_u}$	$1.35\cdot T_g$	$0.47\cdot T_u$

Bild 4.33 Einstellung der Parameter K_P, T_N, T_V von PID-Reglern für Prozesse mit Verzögerungsverhalten ab 2. Ordnung

det werden. Ansonsten muss die Zykluszeit mit den empirischen Einstellregeln nach Takahashi berücksichtigt werden [89].

In den meisten SPSen kann die Zykluszeit T_0 in einer Task eingestellt und damit den Reglerprogrammen zugewiesen werden.

Manche Prozesse können nicht mit dem Wendetangentenverfahren eingestellt werden. Hierzu zählen Prozesse mit Verzögerungsverhalten 1. Ordnung ($T_u = 0$), wie z. B. bei der Drehzahlregelung von Motoren, oder Prozesse mit integrierendem Verhalten, wie sie bei Füllstandregelungen vorliegen. Hier ist dann zunächst die Regelstrecke mithilfe der Sprungantwort zu identifizieren, wie das folgende Beispiel zeigt.

Beispiel 4.15: Identifikation der Füllstandsregelstrecke

Zur Regelung des Füllstands in Bild 4.30 wird die Sprungantwort der Regelstrecke aufgenommen. Hierfür wird dem Regler in der Betriebsart MAN der Stellwert MV_MAN = 100 manuell vorgegeben. Somit ist der Regelkreis geöffnet und das Regelventil wird zu 100 % aufgefahren. Durch die geöffnete Leitung fließt die Flüssigkeit mit maximaler Geschwindigkeit in den Behälter B200. Aus Bild 4.34a erkennt man, dass der Füllstand linear ansteigt, so dass sich folgender Zeitverlauf angeben lässt:

$$L(t) = L(t_0) + K \cdot y(t) \cdot (t - t_0) \qquad \forall \quad t_0 \le t \le t_{end} \tag{4.44}$$

In diesem Beispiel ist der Anfangswert des Füllstands zum Zeitpunkt des Sprungs $L(t_0) = 0$. Als Geradensteigung lässt sich ablesen $K = (1150\,l)/(65\,s) = 18\,l/s$. Da die Geschwindigkeit des Füllstandes nahezu proportional zum Öffnungsgrad des Regelventils ist, ergibt sich der Istwert $x(t) = L(t)$ durch Integration des Stellwerts $y(t)$:

$$\frac{dL}{dt} = K \cdot y(t) \qquad \Longrightarrow \qquad L(t) + \frac{1}{K}\int y(t)dt \tag{4.45}$$

Die Gleichung zeigt, dass der Prozess integrierendes und nicht verzögerndes Verhalten aufweist. Somit können die Reglerparameter nicht nach Bild 4.33 ermittelt werden, sondern müssen durch eine theoretische Modellbildung des zu regelnden Prozesses ermittelt werden.

Allgemein kann man sagen, dass PID-Regler für anspruchsvolle Regelungen, insbesondere von pH-Wert, Temperatur und Drehzahl, geeignet sind (vgl. Übung 4.7). Es gibt aber auch Prozesse, bei denen der D-Anteil nachteilig ist, z. B. bei Druck- oder Durchflussregelungen, die sich besser mit PI-Reglern realisieren lassen [89]. Für Füllstandregelungen ohne Störungen reicht häufig auch ein einfacher P-Regler aus.

Beispiel 4.16: Parametrierung des Füllstandsreglers

Für das in Beispiel 4.15 gefundene integrierende Prozessverhalten ist im einfachsten Fall schon ein P-Regler ausreichend. Dieser folgt dem Regelgesetz

$$y(t) = K_P \cdot [w - L(t)] \tag{4.46}$$

Setzt man das in Gl. 4.45 ein, lässt sich die Differenzialgleichung durch Trennung der Variablen leicht lösen:

$$\frac{dL}{dt} = K \cdot K_P \cdot [w - L(t)] \tag{4.47}$$

$$\int_{L(t_0)}^{L(t)} \frac{dL}{w - L(t)} = K \cdot K_P \cdot \int_{t_0}^{t} dt \tag{4.48}$$

$$L(t) \quad = \quad w - [w - L(t_0)]e^{-K \cdot K_P \cdot (t - t_0)} \tag{4.49}$$

Der Zeitverlauf des geregelten Füllstands in Bild 4.34b zeigt ein stabiles Verzögerungsverhalten 1. Ordnung. Je größer K_P umso schneller sollte der Sollwert erreicht werden. Da das Regelventil jedoch maximal zu 100 % geöffnet werden kann, gibt der Regler bei zu großem K_P stets den maximalen Stellwert aus und schaltet dann schlagartig auf 0 %, wenn der Sollwert erreicht ist. Er verhält sich dann wie ein Zweipunktregler und nicht wie ein kontinuierlicher Regler. Für $K_P = 2$ reduziert der Regler ab einer Regeldifferenz von $w - x = 50\,l$ den Stellwert, so dass sich der Istwert gemäß Gl. 4.49 an den Sollwert annähert.

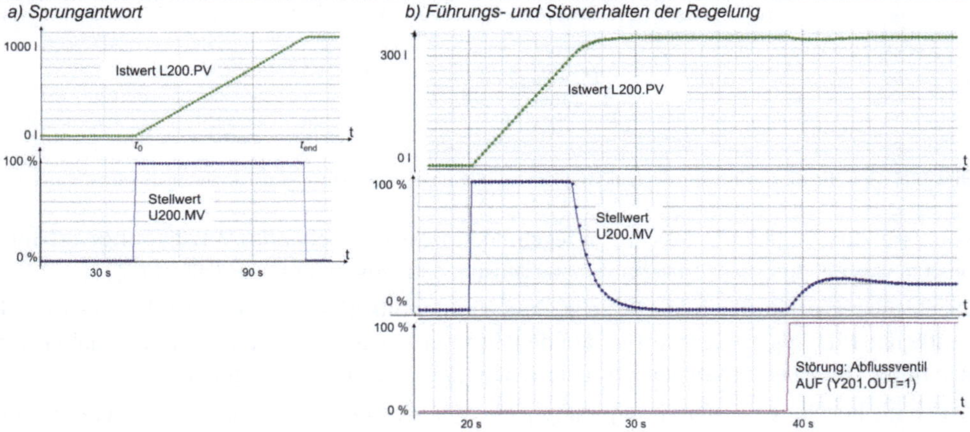

Bild 4.34 Verhalten des Füllstandreglers bei Aufnahme der Sprungantwort in der Betriebsart MAN und bei automatischer Regelung in der Betriebsart AUT

Wenn das Abflussventil YS201 geöffnet wird, sinkt der Füllstand und der Regler muss den Stellwert erhöhen, um die Störung auszuregeln. Dies gelingt nur zufriedenstellend, indem man auch den I-Anteil des Reglers aktiviert. Hierfür wird in Bild 4.30 eine Nachstellzeit aufgeschaltet, die hundertmal so groß wie die Zykluszeit der Regelung ist (`TN_T0=100`). Bild 4.34b zeigt, dass die Störung dadurch sehr gut ausgeregelt wird. Zur Ausregelung von Störungen muss also ein Füllstandregler mit PI-Verhalten eingesetzt werden. Die Software zu diesem Beispiel kann auf der SPS-Lern-und-Übungsseite getestet werden.

4.4.4 Selbsteinstellende Regler

Die Reglereinstellung kann mitunter zeitaufwändig sein, so dass eine automatische Parametrierung des PID-Reglers wünschenswert wäre. Vor allem bei Prozessen, die sich im Lauf der Zeit z. B. durch Alterung verändern, müssen sich die Regler an das veränderte Prozessverhalten selbsttätig anpassen.

Das Verfahren nach Chien, Hrones und Reswick (Bild 4.33) ist zur automatischen Reglereinstellung jedoch ungeeignet, weil die Wendetangente und damit T_u und T_g nur sehr ungenau online und automatisch ermittelt werden können. Als Alternative wird ein Zweipunktregler eingesetzt, der den geschlossenen Regelkreis zu Dauerschwingungen anregt.

Schwingungsanalyse durch Zweipunktregler

Die Idee der Schwingungsanalyse geht auf das Reglereinstellverfahren nach Ziegler-Nichols zurück, bei dem zunächst ein P-Regler den Prozess regelt. Die Reglerverstärkung K_P wird dann solange erhöht, bis die Regelgröße grenzstabile Dauerschwingungen ausführt. Dies führt bei den meisten industriellen Anlagen aber zu nicht tolerierbaren Belastungen des Stellglieds, weil die Reglerverstärkung dann zu hohe Stellwerte erzeugt. Deshalb setzt man im Regelkreis nach Bild 4.35 einen Zweipunkt- oder Relais-Regler mit wählbarer Amplitude d ein, der die Regelgröße x aus dem stationären Zustand heraus in Dauerschwingung versetzt [128].

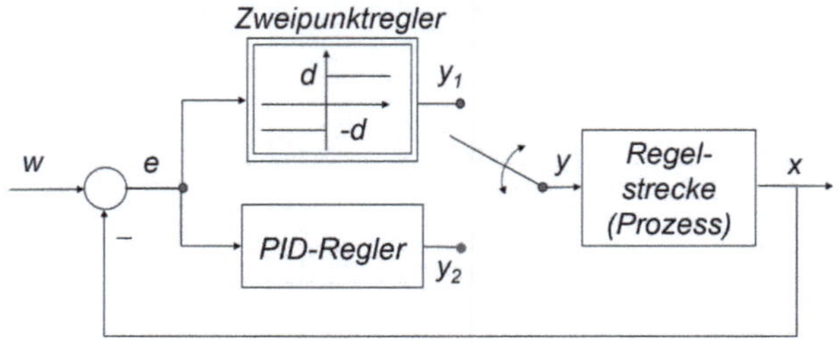

Bild 4.35 Umschaltung zwischen Zweipunktregler und PID-Regler, um Schwingungsanalysen durchzuführen

Voraussetzung ist jedoch, dass der zu regelnde Prozess ausreichendes Verzögerungsverhalten besitzt, was bei den meisten verfahrenstechnischen Prozessen aber der Fall ist.

Die Regelkreisstruktur in Bild 4.35 zeigt, dass zur Identifikation des Prozessverhaltens vom eigentlichen PID-Regler (Stellwert y_2) auf den Zweipunktregler (Stellwert y_1) umgeschaltet werden muss. Der Zweipunktregler kann die Schaltstufen $+d$ und $-d$ ausgeben.

Durch die Regelung mit dem Zweipunktregler ergibt sich in Bild 4.36a ein periodisches Rechtecksignal um den stationären Arbeitspunkt mit der Amplitude d für den Verlauf der Stellgröße $y(t)$ und eine grenzstabile Dauerschwingung mit der Amplitude A_D und der Periodendauer T_P für die Regelgröße $x(t)$, wenn der Sollwert konstant ist. Mit diesen Größen lassen sich die Reglerparameter nach Ziegler-Nichols gemäß Bild 4.36b ermitteln.

Zur Ausführung der Schwingungsanalyse wird der Funktionsbaustein `TYP_TUNE` nach Bild 4.37 eingesetzt. In diesem wird auf den aktuellen Stellwert `MV=`$y(t_0)$ in Abhängigkeit von der Regelabweichung e der Wert $+d$ bzw. $-d$ hinzu addiert:

$$y(t) = \begin{cases} y(t_0) + d & \forall\, e \geq 0 \\ y(t_0) - d & \forall\, e < 0 \end{cases} \tag{4.50}$$

Daraufhin werden *Amplitude* und Periodendauer des Zeitverlaufs der Regelabweichung $e(t)$ bestimmt. Da es sich um eine sinusförmige Dauerschwingung handelt, kann ihre Amplitude A_D als das $\sqrt{2}$-fache des Effektivwerts E (root mean square value, rms) ermittelt werden:

$$A_D = \sqrt{2}E = \sqrt{\frac{2}{T_P}\int_0^{T_P} e^2(t)\,dt} \tag{4.51}$$

a) Schwingungsanalyse

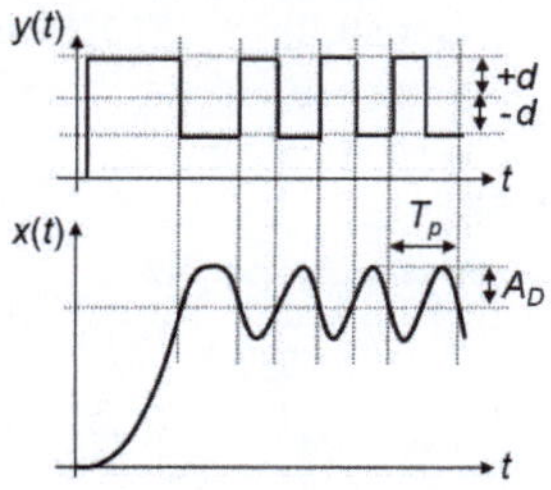

b) Einstellparameter für P-, PI-, PID-Regler

	K_P	T_N	T_V
P	$\frac{2 \cdot d}{\pi \cdot A_D}$	–	–
PI	$\frac{1.6 \cdot d}{\pi \cdot A_D}$	$0.8 \cdot T_P$	–
PID	$\frac{2.4 \cdot d}{\pi \cdot A_D}$	$0.5 \cdot T_P$	$0.12 \cdot T_P$

Bild 4.36 Reglereinstellung durch Schwingungsanalyse nach Ziegler/Nichols

Nähert man für den Effektivwert das Integral nummerisch durch eine Summe, so ergibt sich als iterative Berechnungsmöglichkeit in der SPS für E^2 zum Abtastzeitpunkt k:

$$E^2(k) = \frac{1}{T_P}\sum_{i=1}^{k} e^2(i) = \frac{1}{T_P}[e^2(k) + \sum_{i=1}^{k-1} e^2(i)] = E^2(k-1) + \frac{1}{T_P}e^2(k) \qquad (4.52)$$

E^2 wird im Funktionsbaustein TYP_TUNE nach Bild 4.37 durch die Variable rms berechnet und die *Periodendauer* T_P der Schwingung durch die Anzahl N der EVA-Zyklen zwischen zwei Nulldurchgängen der Schwingung mit positiver Steigung. Daraus ermittelt der Baustein die PID-Reglerparameter gemäß Bild 4.36.

```
FUNCTION_BLOCK TYP_TUNE
VAR_INPUT
    SP, PV, MV: REAL;
    d: INT;
    TUNE: BOOL;
    TYP: INT;
END_VAR
VAR_IN_OUT
    KP, TN_T0, TV_T0: REAL;
END_VAR
VAR_OUTPUT
    y: REAL;
END_VAR
VAR
    amplitude, e, e_alt: REAL;
    rms: REAL:=1.0;
    i:INT;
    N:INT:=1;
END_VAR

IF TUNE THEN
   e:=SP-PV;                  // 2-Punktregler
   IF e>0 THEN
      y:=MV+d;
      ELSE y:=MV-d;
   END_IF
   IF e>=0 AND e_alt<0 THEN // Nulldurchgang
      N:=i;                   // Periodendauer
      i:=1;
      amplitude:=SQRT(2*rms);
      rms:=0;
      CASE TYP OF          // Parametrierung
        0: KP:=2*d/3.14159/amplitude;
        1: KP:=1.6*d/3.14159/amplitude;
           TN_T0:=0.8*N;
        2: KP:=2.4*d/3.14159/amplitude;
           TN_T0:=0.5*N;
           TV_T0:=0.12*N;
      END_CASE
   END_IF
   rms:=rms+e*e/N;            // Effektivwert
   i:=i+1;
   e_alt:=e;
END_IF
```

Bild 4.37 Funktionsbaustein TYP_TUNE zur automatischen Parametrierung eines PID-Reglers

Automatische Reglereinstellung

Zur automatischen Reglereinstellung wird der Baustein TYP_TUNE in die Logik des Funktionsbausteins TYP_PID aus Bild 4.31 integriert. Wenn die Variable TUNE aktiviert ist, regelt der Zweipunktregler den Prozess und ermittelt die Parameter K_P, T_N, T_V des PID-Reglers. Ansonsten regelt der PID-Regler mit den aktualisierten Parametern den Prozess. Die Erweiterung des selbsteinstellenden, Self-Tuning- oder ST-Reglers im Funktionsbaustein TYP_PID_ST ist in Bild 4.38 veranschaulicht.

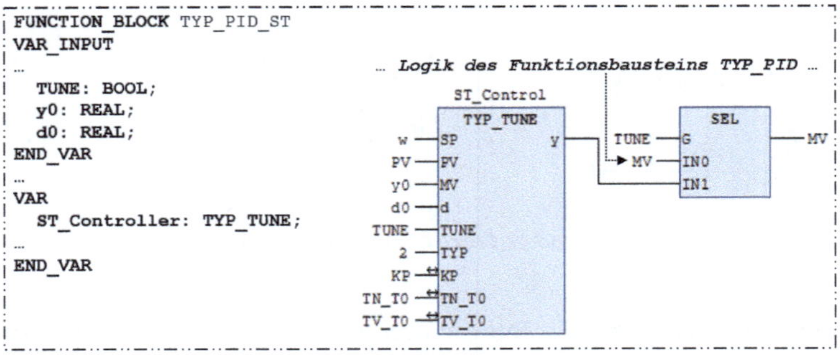

Bild 4.38 Ergänzung des Funktionsbausteins TYP_PID aus Bild 4.31 um den Baustein TYP_TUNE zur automatischen Einstellung der PID-Reglerparameter K_P, T_N, T_V

Beispiel 4.17: Schwingungsanalyse an einem Temperaturprozess

Die Flüssigkeit im Behälter B1 soll wie in Bild 4.39a skizziert mittels Durchlauf von warmem Wasser (WW) durch den Behältermantel erhitzt werden. Hierfür muss das Ablaufventil YS2 geöffnet und wenige Sekunden später die Zulaufpumpe NS1 eingeschaltet werden. Der Temperaturregler TIC1 soll dann das Regelventil YC1 soweit öffnen, dass ein gewünschter Temperatursollwert erreicht wird.

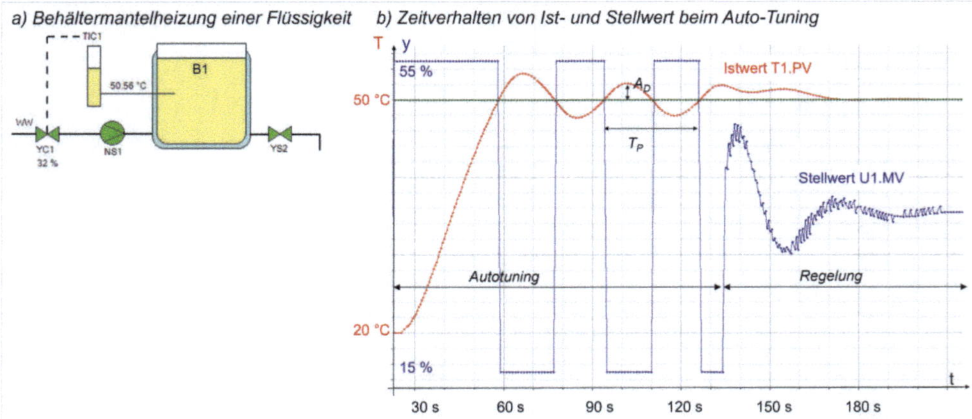

Bild 4.39 Beim Autotuning erzeugt der Zweipunktregler Dauerschwingungen des Istwerts

Um die Parameter des Temperaturreglers automatisch zu ermitteln, wird zu Beginn das Autotuning mit dem Zweipunkregler durchgeführt. Dieser fährt wegen der positiven Regeldifferenz das Ventil zu 55 % auf und führt damit die Temperatur in die Nähe des gewünschten Sollwerts. Überschreitet der Istwert den Sollwert schaltet der Zweipunktregler auf die untere Schaltstufe, so dass das Ventil nur noch zu 15 % geöffnet ist. Die Temperatur kühlt sich dadurch etwas ab, bis der Sollwert unterschritten wird und der Regler wieder mehr Warmwasser zuführt.

Gemäß Gl. 4.50 wird der Stellwert periodisch durch Sprünge mit der Schaltstufe $d = 20\,\%$ um den stationären Stellwert von 35 % verändert. Die Reaktion des Prozesses ist, dass die Temperatur T1.PV in Bild 4.39b Dauerschwingungen ausführt. Deren Amplitude wird mithilfe des gemessenen Effektivwerts nach Gl. 4.51 zu $A_D = 1{,}74\,\mathrm{K}$ berechnet.

Zwischen zwei Nulldurchgängen der Dauerschwingung zählt der Funktionsbaustein N=67 EVA-Zyklen. Somit ergeben sich gemäß Bild 4.36b folgende Reglerparameter:

$$T_N / T_0 = 0{,}5 \cdot N = 33{,}5 \qquad mit:\ N = T_P / T_0 \qquad T_V / T_0 = 0{,}12 \cdot N = 8{,}04 \tag{4.53}$$

Da die Reglerparameter `TN_T0` bzw. `TV_T0` unabhängig von der Zykluszeit vorgegeben werden, ist auch die Periodendauer T_P auf die Zykluszeit von in diesem Beispiel $T_0 = 500\,ms$ zu beziehen. Damit erhält man $T_N = 16,25\,s$, $T_V = 4.02\,s$ und als Periodendauer $T_P = 33,5\,s$, die in Bild 4.39b auch messbar ist. Mit den so ermittelten Parametern führt der PID-Regler die Temperatur zum Sollwert.

Die Software zu diesem Beispiel kann auf der SPS-Lern-und-Übungsseite getestet werden.

Durch Analyse der Dauerschwingung werden PID-Parameter eingestellt, die den Prozess stabil und ohne bleibende Regelabweichung regeln. Bei *zeitvarianten* Prozessen, die ihr Verhalten mit der Zeit verändern, muss, wie in Bild 4.35 dargestellt, von Zeit zu Zeit vom regulären PID-Regler auf den Zweipunktregler umgeschaltet werden, um einen solchen Schwingversuch durchzuführen und die Reglerparameter anzupassen.

Zusammenfassung

Zum Entwurf kontinuierlicher Steuerungen und Regelungen wurde folgendes Vorgehen vorgestellt:

1. Ausarbeitung der Aufgabenstellung (User Requirements) durch Use-Case-Diagramme, Anlagenschema, Cause-and-Effect-Matrizen
2. Softwarestrukturierung: Für jeden Feldgerätetyp wird ein Funktionsbaustein als *Klasse*, für jedes Feldgerät ein Ansteuerprogramm mit der Instanz des Funktionsbausteins als *Objekt* vorgesehen
3. Die entwickelten Funktionsbausteine werden zum projektübergreifenden Einsatz in einer Bibliothek gesammelt. Die auf der SPS-Lern-und-Übungsseite bereitgestellte automation.library umfasst
   - Funktionsbausteine zum Einlesen von *Sensordaten* (s. Tabelle 4.8),
   - Funktionsbausteine zum Ansteuern von *Motoren* (s. Tabelle 4.9),
   - Funktionsbausteine zum Ansteuern von *Ventilen* (s. Tabelle 4.10),
   - die Funktionsbausteine TYP_2PT, TYP_3PT, TYP_PID, TYP_TUNE zum Ansteuern von *Reglern*.

   Die Funkionsbausteine haben Betriebsarten und Schutzfunktionen integriert, mit denen Aktoren und Regler innerhalb der zulässigen Grenzen automatisch und manuell angesteuert werden können.
4. Die Logik zur Zusammenschaltung der Sensor- und Aktorbausteine kann systematisch z. B. durch den *Automatenentwurf* entwickelt werden.
5. Die so entworfene Software wird durch Zuweisung von Tasks, E/A-Adressen und Hardwarekonfiguration in der SPS implementiert
6. Mithilfe der *Simulationsbausteine* aus Tabelle 4.2 wird die Steuerungssoftware virtuell in Betrieb genommen und getestet
7. Neu entwickelte Funktionsbausteine müssen durch einen *Modultest* geprüft und protokolliert werden.
8. Das Zusammenspiel der Steuerungssoftware mit der (virtuellen) Anlage wird durch einen *Integrationstest* geprüft.

Wiederholungsfragen

1. Welche Stufen sind beim SPS-Software-Engineering auszuführen?
2. Was beschreibt ein UML-Use-Case-Diagramm?
3. Was beschreibt ein UML-Klassendiagramm?
4. Wozu dient eine Cause-and-Effect-Matrix?
5. Wie lässt sich das Verhalten der Anlage simulieren?
6. Was wird bei Modul- und Integrationstests überprüft?
7. Wie erfolgt der Entwurf von Schaltnetzen?
8. Erläutern Sie die Struktur des Moore-Automaten!
9. Wie erfolgt der Entwurf von Schaltwerken?
10. Welche Funktionsbausteine zum Einlesen von Sensordaten kennen Sie?
11. Welche Funktionsbausteine zum Ansteuern von Motoren und Ventilen kennen Sie?
12. Welche Schutzfunktionen können Prozessfehler und Gerätefehler abfangen?
13. Welche Betriebsarten gibt es und wie werden sie programmiert?
14. Wie werden schaltende Regler in der SPS realisiert?
15. Welche Betriebsarten für Regler gibt es?
16. Wie werden kontinuierliche Regler in der SPS realisiert?
17. Wie findet man die passenden Reglerparameter?
18. Wie werden selbsteinstellende Regler in der SPS realisiert?

Die Antworten finden Sie auf der SPS-Lern-und-Übungsseite.

Übung 4.1: Automatenentwurf für eine Ampelanlage

Die Ampeln A1, A2 und A3 einer Verkehrskreuzung (s. Bild 4.40) sollen mit einer SPS gesteuert werden. Die Ampeln A1 und A2 dürfen nur dann grün leuchten, wenn die Ampel A3 schon mindestens $15s$ lang rot leuchtet und umgekehrt. Die Grünphase aller Ampeln beträgt $60s$. Das Umschalten von Grün nach Rot bzw. von Rot nach Grün erfolgt über eine Gelbphase von $5s$. Im Grundzustand sollen A1 und A2 grün, A3 dagegen soll rot leuchten. Nur wenn die Induktionsschleife GS ein Auto in der Seitenstraße detektiert, sollen A3 auf Grün und A1 sowie A2 auf Rot schalten.

a) Deklarieren Sie die Ein- und Ausgangsvariablen des Schaltwerks!
b) Zeichnen Sie ein typisches Impulsdiagramm und bestimmen Sie die Zustände!
c) Zeichnen Sie den Zustandsgraf und ermitteln Sie die Zustandsübergangstabelle!
d) Bestimmen Sie das Eingangs- und das Ausgangsschaltnetz!
e) Erstellen Sie das Programm zur Steuerung der Ampelanlage!
f) Testen Sie Ihr Programm in Codesys!

Die Lösung zu dieser Übung finden Sie auf der SPS-Lern-und-Übungsseite.

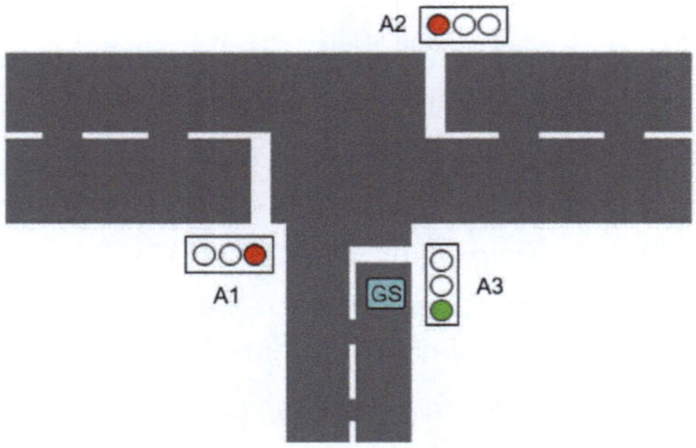

Bild 4.40 Verkehrskreuzung mit den anzusteuernden Ampeln A1, A2 und A3 sowie der Induktionsschleife GS, mit der der Verkehr aus der Nebenstraße erkannt wird

Übung 4.2: Automatenentwurf für einen Motor mit zwei Geschwindigkeitsstufen

Es soll der Funktionsbaustein `TYP_POL` zur Ansteuerung eines Motors zwei festen *Geschwindigkeitsstufen* entwickelt werden. Zur Anwahl der Bewegung stehen Eingangsvariablen `FAST`, `SLOW` und `OFF` des Funktionsbausteins zur Verfügung. Die Stellsignale `OUT_S` und `OUT_L` aktivieren die langsame bzw. schnelle Geschwindigkeitsstufe. Es ist zu beachten, dass der Motor aus dem Stand heraus immer zuerst für mindestens 10 *s* die langsame Geschwindigkeitsstufe einnehmen muss, bevor die schnelle Geschwindigkeitsstufe angesteuert werden kann. Das Verhalten ist im Zustandsdiagramm in Bild 4.41 skizziert.

a) Erstellen Sie die Zustandsübergangstabelle!
b) Entwerfen Sie daraus die Logik des Funktionsbausteins `TYP_POL`!

Die Lösung zu dieser Übung finden Sie auf der SPS-Lern-und-Übungsseite.

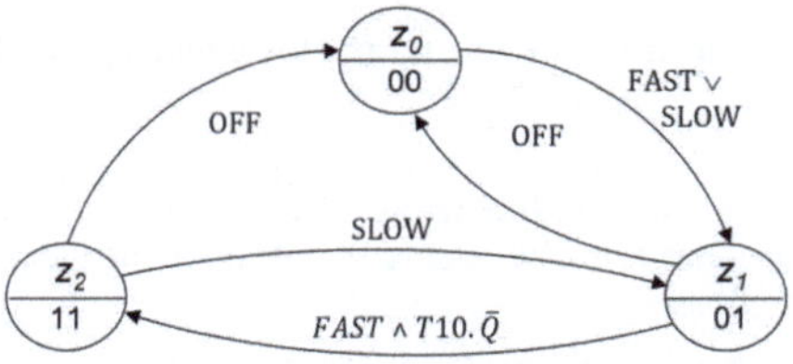

Bild 4.41 Zustandsdiagramm zur Ansteuerung eines Motors mit zwei Geschwindigkeitsstufen

Übung 4.3: Automatenentwurf für ein Vierwegeventil

Es soll die Ansteuerlogik für ein Vierwege-Magnetventil (vgl. Tabelle 4.10) entworfen werden, das die Ventilstellungen AD, BD, CD und ZU einnehmen kann. Der Zustandsgraf in Bild 4.42 verdeutlicht das gewünschte Verhalten.

a) Wie viele Halteglieder sind erforderlich?
b) Entwickeln Sie die Zustands- und die Ausgangstabelle für die Schaltung!
c) Erstellen Sie die Zustandsübergangstabelle!
d) Entwerfen Sie die Logik für den Funktionsbaustein `TYP_IDF3`!
e) Testen Sie eine Instanz des Bausteins in Codesys!

Die Lösung zu dieser Übung finden Sie auf der SPS-Lern-und-Übungsseite.

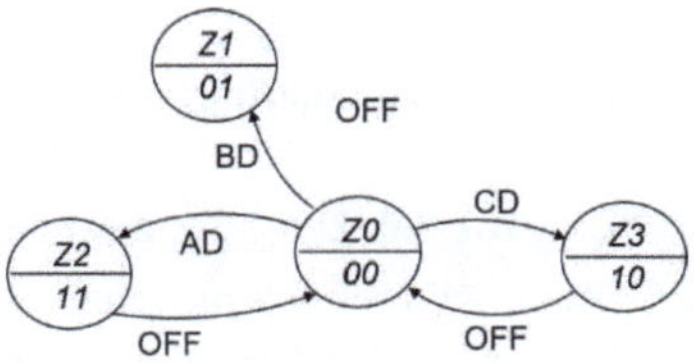

Bild 4.42 Verhalten eines Vierwegeventils, dessen Stellungen AD, BD, CD und ZU durch die Zustände `Z0`, ..., `Z3` charakterisiert werden

Übung 4.4: Funktionsbaustein zum Einlesen optischer Inkrementalgeber (Encoder)

Die Position einer Linearachse wird wie in Bild 4.43 skizziert durch optische Inkrementalgeber (Encoder) gemessen. Die Encoder sind an der sich bewegenden Achse befestigt und senden Impulssignale an eine schnelle Zählerbaugruppe (s. Bild 2.11), die die Anzahl der Impulse durch Hardwarezähler zählt und den aktuellen Zählwert als Doubleword im RAM abspeichert.

a) Entwickeln Sie den Funktionsbaustein `TYP_ENC` (s. Tabelle 4.8), der die zurückgelegte Strecke der Achse ermittelt! Hierzu ist die Differenz zwischen aktuellem Zählwert und dem Zählwert beim Bewegungsstart zu ermitteln. Die zurückgelegte Strecke ergibt sich durch Multiplikation dieser Differenz mit der Auflösung K in cm/Impuls.
b) Instanziieren Sie den Funktionsbaustein `TYP_ENC` im Programm `GI_1` und berechnen Sie darin mithilfe des Funktionsbausteins `TYP_D` (s. Bild 4.31) die Geschwindigkeit der Achse durch die Näherung:

$$v(k) \approx \frac{s(k) - s(k-1)}{T_0} \tag{4.54}$$

Das Programm `Encoder` soll einer Task mit einer Zykluszeit $T_0 = 40\,ms$ zugeordnet werden.

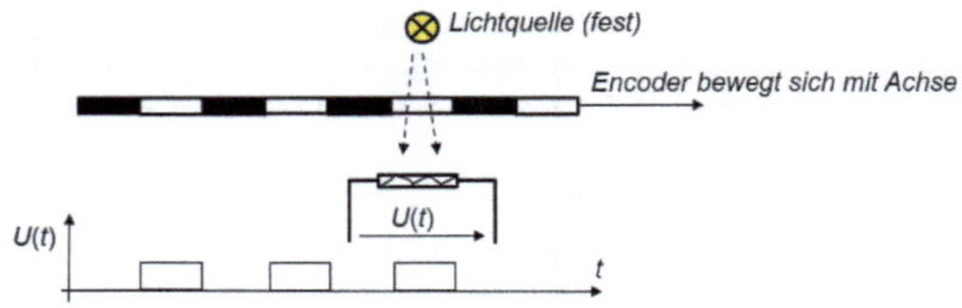

Bild 4.43 Positionsmessung einer Linearachse durch optische Inkrementalgeber (Encoder)

c) Nun soll ein kreisförmiger Encoder mit 5000 Strichen an der Motorwelle angebracht werden, um die Winkelstellung und Winkelgeschwindigkeit der Achse zu messen. Wie können die Funktionsbausteine aus a) und b) für diesen Drehgeber eingesetzt werden?

Die Lösung zu dieser Übung finden Sie auf der SPS-Lern-und-Übungsseite.

Übung 4.5: Drehzahlregelung eines Motors mit Pulsweitenmodulation (PWM)

Ein Gleichstrommotor wird über eine PWM-Ausgangsbaugruppe (s. Bild 2.12) angesteuert, die Impulse an den Stromsteller des Motors ausgibt. Je größer das Puls-/Pausenverhältnis, das einen Wert zwischen 0 und 100% einnehmen kann, umso schneller dreht sich der Motor. Die Winkelgeschwindigkeit des Motors wird durch einen Drehgeber aus Übung 4.4c ermittelt.

a) Ermitteln Sie im Programm `GI_1` aus den eingelesenen Impulsen die Winkelgeschwindigkeit bzw. die Drehzahl des Motors!
b) Programmieren Sie im Programm `NC_1` die Drehzahlregelung des Motors und geben Sie den Stellwert des Reglers als Puls-/Pausenverhältnis an die PWM-Ausgangsbaugruppe aus! Das Puls/Pausenverhältnis wird als 16-Bit-Ausgangsdatenwort ohne Über- und Untersteuerungsüberwachung, d. h. als reines Datenwort mit einem Wertebereich von 0...65535, an die PWM-Baugruppe ausgegeben. Passen Sie hierfür den Funktionsbaustein `TYP_AOUT` entsprechend an!
c) Parametrieren Sie den Regler und zeichnen Sie die Zeitverläufe der Soll-, Ist- und Stellsignale als Traceaufzeichnung auf!

Die Lösung zu dieser Übung finden Sie auf der SPS-Lern-und-Übungsseite.

Übung 4.6: Endlagenüberwachung für ein Zweiwegeventil

Zur Überwachung seiner Ansteuerung besitzt ein Zweiwege-Magnetventil zwei binäre Eingänge (`RM_AUF` und `RM_ZU`), die der Steuerung zurückmelden, ob das Ventil geöffnet oder geschlossen ist. Schreiben Sie einen Ventilsteuerbaustein, der mithilfe dieser Eingänge eine Laufzeitüberwachung wie in Abschnitt 4.3.5 für die beiden Endlagen Auf und Zu vornimmt!

Die Lösung zu dieser Übung finden Sie auf der SPS-Lern-und-Übungsseite.

Übung 4.7: Temperaturregelung

Die Flüssigkeit in einem Behälter soll wie in Bild 4.44 skizziert durch warmes Wasser, das durch den Behältermantel läuft, erhitzt werden. Hierfür muss das Ablaufventil YS2 geöffnet und wenige Sekunden später die Zulaufpumpe NS1 eingeschaltet werden. Der Temperaturregler `TIC1` soll dann das Regelventil YC1 soweit öffnen, dass ein gewünschter Temperatursollwert erreicht wird.

a) Startet man den Durchlauf von warmem Wasser bei voll geöffnetem Regelventil, lässt sich der in Bild 4.44 dargestellte Kurvenverlauf für die Temperatur T der Flüssigkeit ermitteln. Bestimmen Sie anhand dieser Sprungantwort die Reglerparameter eines PID-Reglers mit empirischen Einstellregeln nach Bild 4.33!
b) Programmieren Sie den Temperaturregler sowie die Ansteuerprogramme für `NS1` und `YS2`, die automatisch mit dem Regler gestartet werden sollen!
c) Testen Sie die Regelung in der Simulation, indem Sie das Führungsverhalten als Traceaufzeichnung in Codesys aufnehmen!

Die Lösung zu dieser Übung finden Sie auf der SPS-Lern-und-Übungsseite.

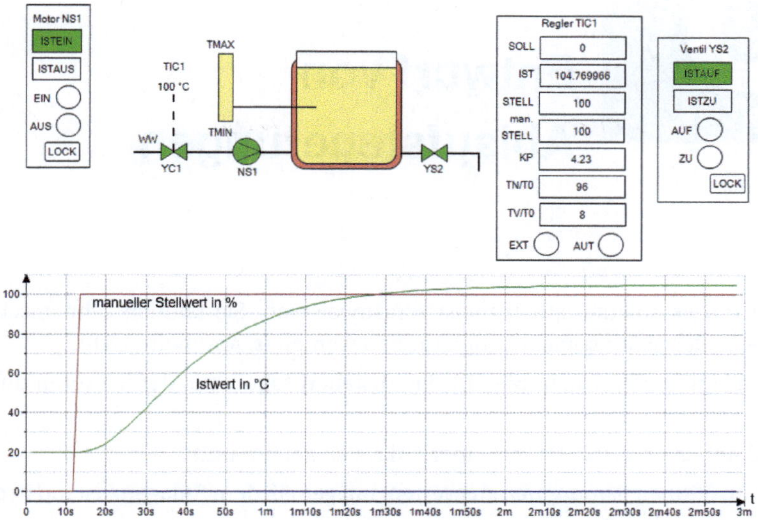

Bild 4.44 Der Temperaturregler TIC1 soll den Warmwasserdurchlauf (WW) durch den Behältermantel so einstellen, dass eine gewünschte Temperatur der Flüssigkeit im Behälterinneren erreicht wird. Zur Parametrierung des Reglers wird die Sprungantwort der Temperatur in °C gemessen

5 Entwurf von Ablaufsteuerungen

Industrielle Prozessabläufe laufen meist schrittweise ab. Sie können sehr anschaulich als *Schrittketten* in der Ablaufsprache programmiert werden (s. Abschnitt 3.3.6).

Schrittketten verknüpfen wie in Bild 5.1 die Ansteuerprogramme der Sensoren und Aktoren, indem sie

- in den Aktionen einzelne *Aktoren* einer Anlage ansteuern und
- in den Transitionen *Sensordaten* auswerten, um gemäß dem Anlagenzustand in den nächsten Schritt zu springen.

Im Unterschied zu Continuous Function Charts (CFCs), die quasi-kontinuierlich ablaufen, erfolgt die Ansteuerung durch eine Schrittkette oder Sequential Fuction Chart (SFC) *ereignisdiskret*, denn nur wenn die Transition eines Schritts erfüllt ist, springt die Kette in den nächsten Schritt.

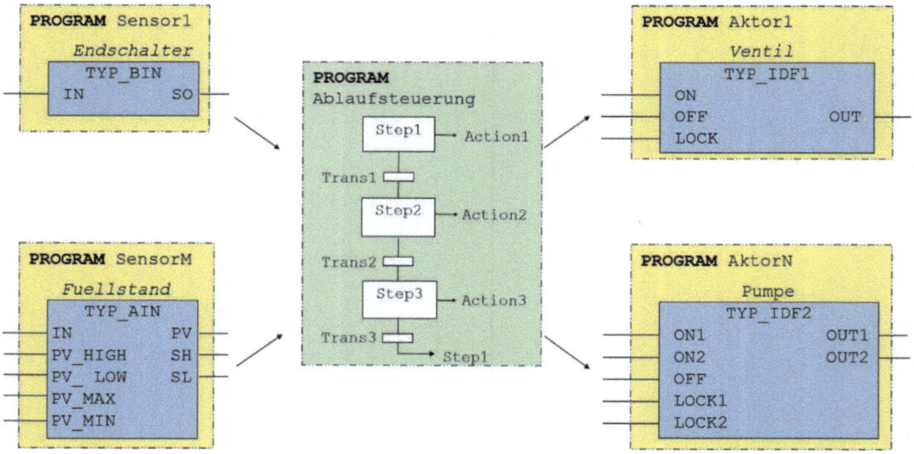

Bild 5.1 Zusammenspiel einer Ablaufsteuerung (SFC-Programm) mit den CFC-Programmen zur Auswertung von Sensoren bzw. Ansteuerung von Aktoren

5.1 Entwurf aus Zustandsfolge

Ablaufsteuerungen können sehr einfach mithilfe von Zustandsdiagrammen entworfen werden, die bereits beim Entwurf von Schaltwerken eingesetzt wurden. Grundsätzlich kann jedes *Schaltwerk* durch eine Verknüpfungslogik im CFC oder auch als Schrittkette (SFC) programmiert werden.

Für die Gepäckanlage aus Beispiel 4.8 lässt sich das *UML-Zustandsdiagramm* aus Bild 5.2a in eine Schrittkette nach Bild 5.2b überführen. In der Schrittkette werden die Zustände in Form von Schritten aneinandergereiht. Dabei ist zu beachten, dass zwei von einem Zustand wegführende Transitionen eine Alternativverzweigung darstellen, d. h. es wird nur der Folgezustand eingenommen, dessen Transitionsbedingung erfüllt ist.

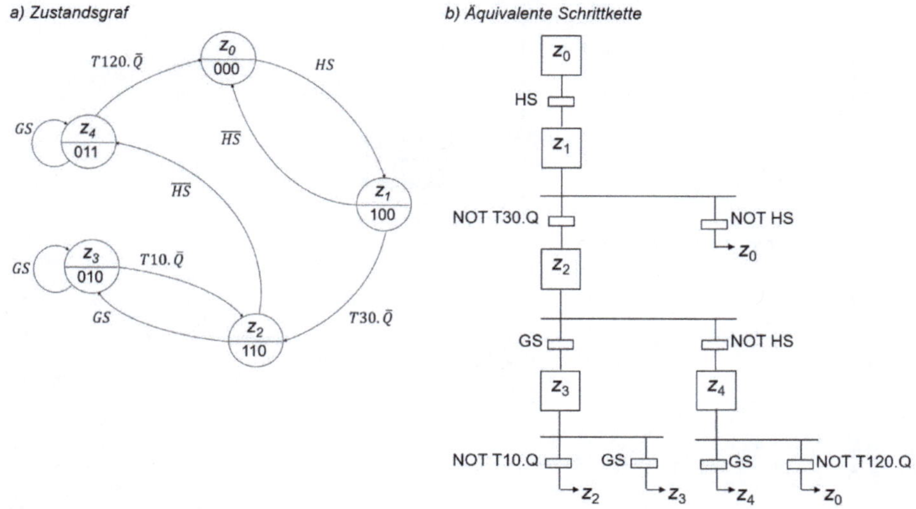

Bild 5.2 Überführung des Zustandsdiagramms der Gepäckanlage aus Bild 4.14 in eine äquivalente Schrittkette

Die so entworfene Schrittkette geht jedoch wegen der vielen Verzweigungen sehr in die Breite. Die Darstellung als Zustandsgraf ist kompakter.

5.2 Entwurf aus zeitlicher Abfolge

Oft ist der Prozessablauf aber eine einfache Schrittfolge und die Schrittkette ist unverzweigt. Dann genügt ein einfaches *UML–Zeitdiagramm* für den Entwurf. Das Zeitdiagramm in Bild 5.3 zeigt z. B., welche Aktoren in den jeweiligen Schritten angesteuert werden und welche Sensoren als Transitionen den Übergang von einem Schritt zum nächsten hervorrufen.

Beispiel 5.1: Trennanlage zur Wasseraufbereitung

Die Anlage zur Wasseraufbereitung nach Bild 5.3a sammelt zunächst Schmutzwasser im Behälter B200. Dazu wird nach einem Startsignal des Bedieners das Ventil `YS200` geöffnet, bis der Flüssigkeitspegel `L200.PV` (Process Value) den gewünschten Sollwert erreicht hat. Danach wird das Schmutzwasser bei geschlossenen Ventilen durch die Pumpe `NS200` in das Filter F300 gedrückt.

Wenn sich nach 40*s* genügend Druck aufgebaut hat, wird die Durchflussregelung `FIC300` gestartet, und das Ventil `YS100` geöffnet. Da die Schmutzpartikel nicht durch die Poren der Filterrohre hindurch gelangen können, tritt nur reines Wasser durch die Filterporen, das im Behälter B100 gesammelt wird. Das restliche Schmutzwasser fließt durch das Regelventil `YC300` zurück in den Behälter B200 und kann zyklisch erneut gefiltert werden, bis B100 vollgelaufen ist.

Dieses Prozessverhalten wird durch das Zeitdiagramm in Bild 5.3b modelliert. Es zeigt, in welchem Schritt, welche Aktoren aktiv sind und welche Sensoren zu diesem Zustand geführt haben.

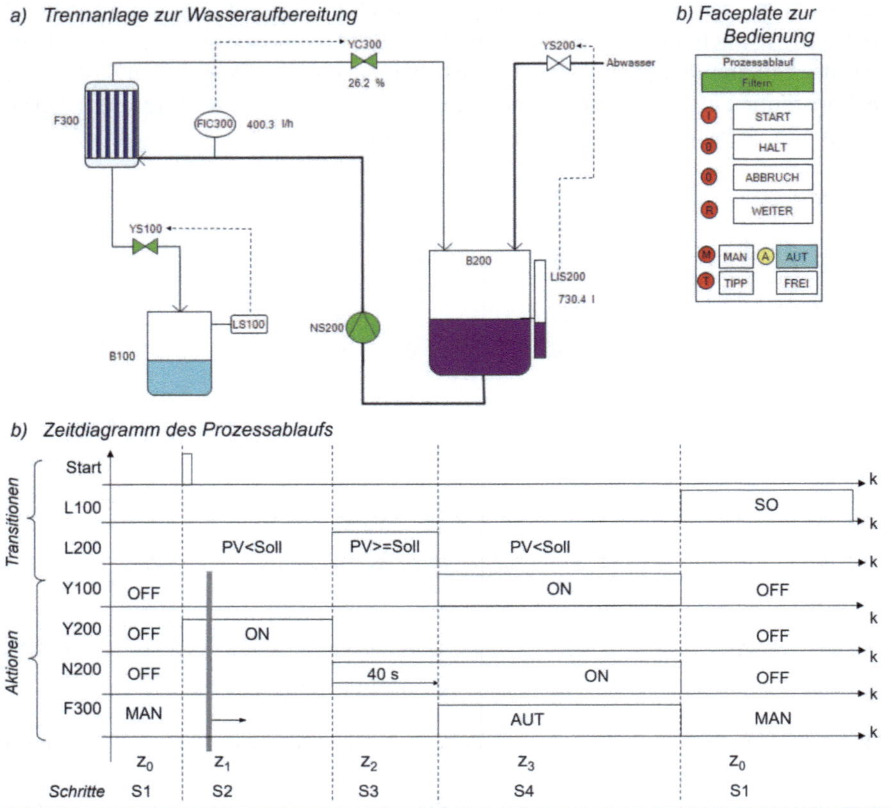

Bild 5.3 Wasseraufbereitung durch eine Trennanlage

5.3 Modellierung durch Aktivitätsdiagramm

Oft wird der zu automatisierende Prozess durch ein Flussdiagramm dargestellt. In UML können Flussdiagramme wie in Bild 5.4a durch Aktivitätsdiagramme dargestellt werden. Früher waren diese Modelle als Vorgabe für den SPS-Programmierer sehr wichtig, weil es keine Ablaufsprache gab und Schrittketten mithilfe von RS-Flip-Flops in FUP oder AWL programmiert wurden (s. Übung 5.4).

> Heutzutage hat der SPS-Programmierer die Möglichkeit, Prozessabläufe in der Ablaufsprache (AS) direkt als Schrittkette wie Bild 5.4b zu programmieren. Die Darstellung des Prozessablaufs in der Ablaufsprache ist der im Aktivitätsdiagramm sehr ähnlich. Insofern ist die Schrittkette in Codesys sowohl Spezifikation als auch ein lauffähiges Programm, d. h. auf eine Darstellung des Prozessablaufs in einem Fluss- oder Aktivitätsdiagramm kann i. d. R. verzichtet werden.

5.4 Programmierung industrieller Abläufe

Die Ablaufsprache erlaubt es, den schrittweisen Ablauf industrieller Prozess grafisch als Schrittkette zu programmieren. Aus dem Zeitdiagramm nach Bild 5.3 lassen sich für die Trennanlage vier Prozessschritte identifizieren, die im Aktivitätsdiagramm und im Programm der Schrittkette in Bild 5.4 dargestellt sind.

Im Allgemeinen startet eine Schrittkette aus einer definierten Grundstellung heraus, in der alle Aktoren ausgeschaltet werden und die Anlage in einen sicheren Zustand geführt wird. Da die Schrittkette aber ein Programm ist, das in jedem EVA-Zyklus abgearbeitet wird, muss sie, wenn sie nicht aktiv ist, in einem Schritt stehen, der *keine* Ansteuerungen vornimmt. In diesem *Init-Schritt* macht die Schrittkette gar nichts und der Bediener hat die Möglichkeit, die Aktoren in der Betriebsart MAN oder vor Ort anzusteuern.

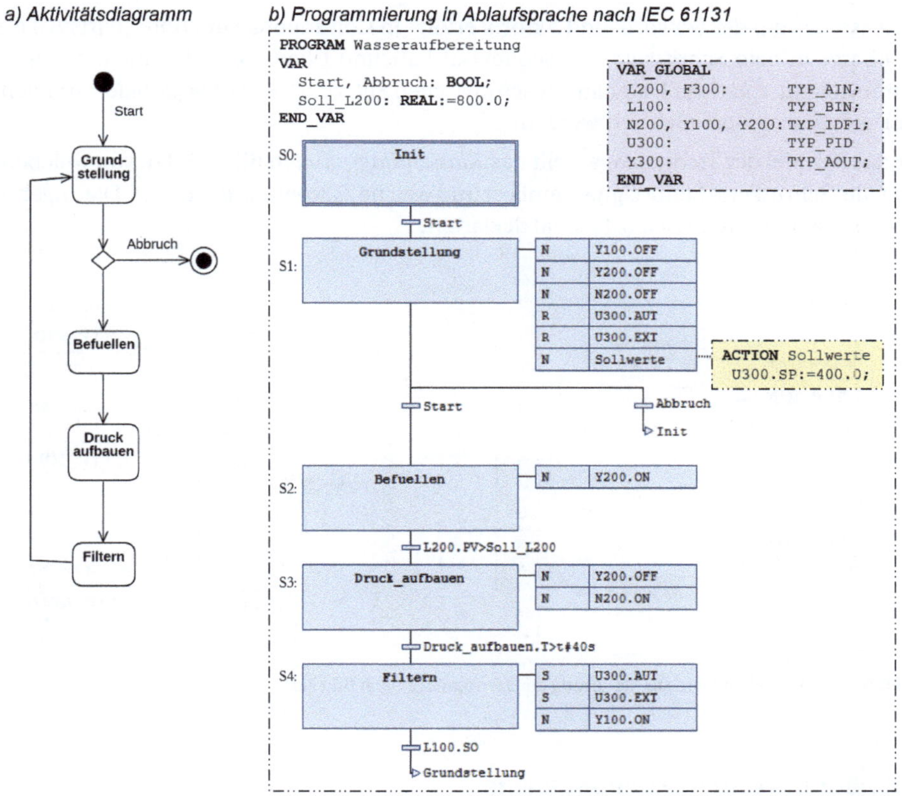

Bild 5.4 Aktivitätsdiagramm und Schrittkette für einen Prozess zur Wasseraufbereitung

Beispiel 5.2: Schrittkette zur Wasseraufbereitung

Der Prozessablauf zur Wasseraufbereitung wird durch die in Bild 5.4 dargestellte Schrittkette realisiert. Dabei werden zunächst nach dem Initialisierungsschritt alle Aktoren in die Grundstellung gefahren. Das heißt die Motoren werden ausgeschaltet und die Ventile i. d. R. zugefahren.

Außerdem wird der Regler in der Betriebsart `MAN` betrieben und damit ausgeschaltet. In der `ACTION Sollwerte` wird der Reglerbaustein `U300` für die Betriebsart Extern mit Sollwerten aus der Schrittkette beschrieben.

Nach erneuter Betätigung der START-Taste öffnet die Kette den Zulauf Y200, bis der Füllstand im Behälter B200 den Sollwert erreicht hat. Im Schritt Druck_aufbauen wird dann die Flüssigkeit durch die Pumpe N200 in das Filter befördert. Bei geschlossenen Ventilen YS100 und YC300 steigt der Druck im Filter an, so dass die Flüssigkeit durch die Filterporen gedrückt wird.

Sobald der notwendige Druck nach ca. 40 *s* erreicht ist, wird im Schritt Filtern der PID-Durchflussregler F300 gestartet, der das Regelventil Y300 so weit öffnet, dass sich ein Durchfluss von 400 *l/h* einstellt. Außerdem wird das Ventil Y100 geöffnet, und das gereinigte Wasser fließt in den Behälter B100. Der Durchflussregler U300 ist so robust, dass er diese Störung ausregelt und den gewünschten Durchfluss aufrechterhält. In diesem Schritt kann ständig neues Abwasser zufließen und gefiltert werden, bis der Behälter B100 vollgelaufen ist. Dann springt die Kette wieder in die Grundstellung und alle Aktoren werden ausgeschaltet bzw. zugefahren.

Der Bediener kann die Kette erneut starten oder abbrechen. Bei Abbruch erfolgt der Rücksprung in den Init-Schritt. Die Software zu diesem Beispiel kann auf der SPS-Lern-und-Übungsseite getestet werden.

5.4.1 Verknüpfung von CFCs und SFCs

Die Ansteuerung der Sensorik und Aktorik erfolgt in Continuous Function Charts (CFCs). Da die übergeordnete Schrittkette als Sequential Function Chart (SFC) in einem eigenen Programm abläuft, muss der Datenaustausch zwischen SFC und CFCs über globale Variablen, z. B. mit Datenbausteinen, realisiert werden.

Für das Beispiel der Trennanlage stellt das *Klassendiagramm* in Bild 5.5 dar, von welchen Sensoren die Schrittkette Statussignale einliest und welche Aktoren sie ansteuert. Die zugehörigen Datenbausteine sind in Bild 5.4 global deklariert.

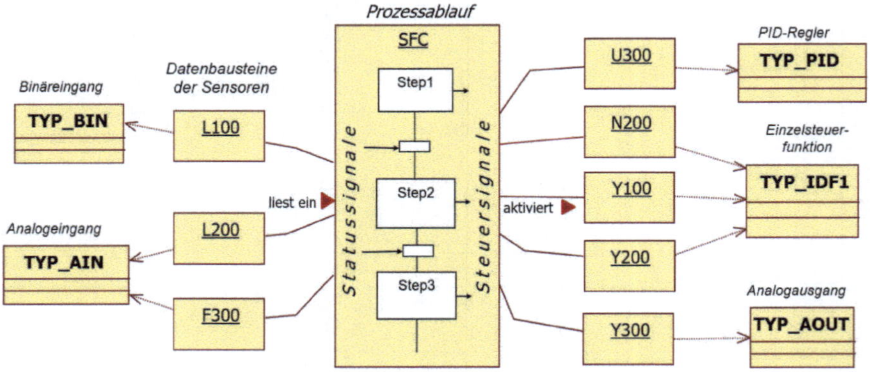

Bild 5.5 Klassen und Objekte zur Steuerung der Trennanlage nach Bild 5.3

Verknüpfung durch Datenbausteine

Wie bei der generellen Vorgehensweise zum SPS-Software-Engineering in Abschnitt 4.1 empfohlen, ist für jeden Sensor und für jeden Aktor eine globale *Instanzvariable* als Datenbaustein des typischen Funktionsbausteins der Klasse anzulegen. Datenbausteine stellen alle Ein- und Ausgangsvariablen der instanziierten Funktionsbausteine *global* zur Verfügung. Somit können die Schrittketten die Datenbausteine nutzen, um

- *Statussignale* der Sensoren als Weiterschaltbedingung in Schrittketten abzufragen,
- *Steuersignale* zu aktivieren, um die Aktoren anzusteuern.

Durch Verwendung globaler Instanzvariablen (Datenbausteine) können SFCs und CFCs also sehr einfach Daten austauschen. Die Ansteuerung bzw. Auswertung der CFCs erfolgt im Beispiel der Trennanlage über die Datenbausteine `L100`, `L200`, `F300`, `N200`, `U300` etc., die in allen Programmen verfügbar sind.

Bild 5.6 veranschaulicht den Datenaustausch exemplarisch anhand des Schritts `Filtern`. Indem die Schrittkette die globale Variable `Y100.ON` aktiviert, wird im Programm `YS100` der Funktionsbaustein `Y100` vom `TYP_IDF1` aktiviert. Im Programm `PLC_IOs` wird dem Ventil der binäre Ausgangskanal `%QX1.0` zugewiesen, jedoch nur wenn die SPS die *Anlage* ansteuern soll. Wenn die Anlage zu Test- oder Schulungszwecken *simuliert* werden soll, wird die Kanaladressierung nicht ausgeführt. Dann simuliert das Simulationsprogramm den Füllstand und beschreibt den Eingang des Niveauschalters `L100.IN`, der in der Realität über die Kanaladresse `%IX0.0` vom Sensor beschrieben wird.

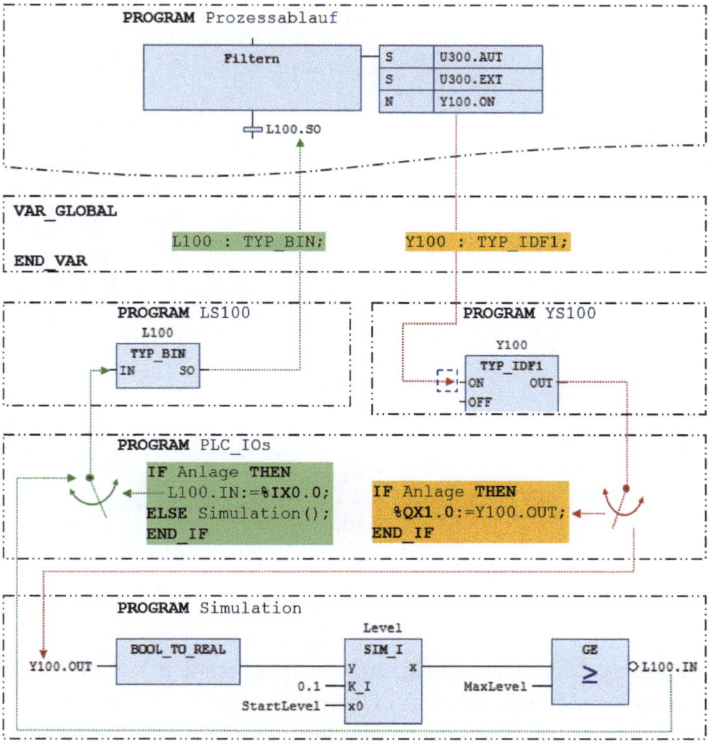

Bild 5.6 Datenaustausch zwischen SFC und CFCs über Datenbausteine

Die Schrittkette verwendet die globale Variable `L100.SO` als Weiterschaltbedingung. Wenn der Behälter B100 vollgelaufen ist, d. h. `L100.SO` den Wert `TRUE` hat, erfolgt der Übergang in den nächsten Schritt.

Nachteilhaft an diesem Ansatz der Verknüpfung durch Datenbausteine ist, dass die Information, welcher Aktor angesteuert wird, nur an der Quelle also in der Aktion der Schrittkette sichtbar ist. Am Aktor selbst sieht man gar nicht, dass die Schrittkette ihn ansteuert (s. Funktionsbaustein `Y100` in Bild 5.6). Außerdem sind widersprüchliche Ansteuerungen möglich, die zum Überschreiben einer Aktivierung oder Deaktivierung führen können.

Verknüpfung durch implizite Schrittkettenvariablen

Als Alternative können Schrittmerker zur Ansteuerung der Sensoren und Aktoren verwendet werden. Ein Schrittmerker ist eine implizite Schrittkettenvariable, die für jeden Schritt ohne Deklaration und programmübergreifend zur Verfügung steht. Der Zugriff auf einen Schrittmerker erfolgt durch

`<Programmname>.<Schrittname>.x`

Damit kann die Schrittkettenansteuerung an der *Senke*, also am Funktionsbaustein, erfolgen. Dies bedeutet, dass an der *Quelle*, also in der Schrittkette wie in Bild 5.7, zwar keine Aktionen sichtbar sind. Dafür sieht man am Aktor selbst, welche Schrittkette in welchen Schritt den Aktor ansteuert. Dadurch können mehrere Aktionen aus unterschiedlichen Schrittketten den Aktor ansteuern.

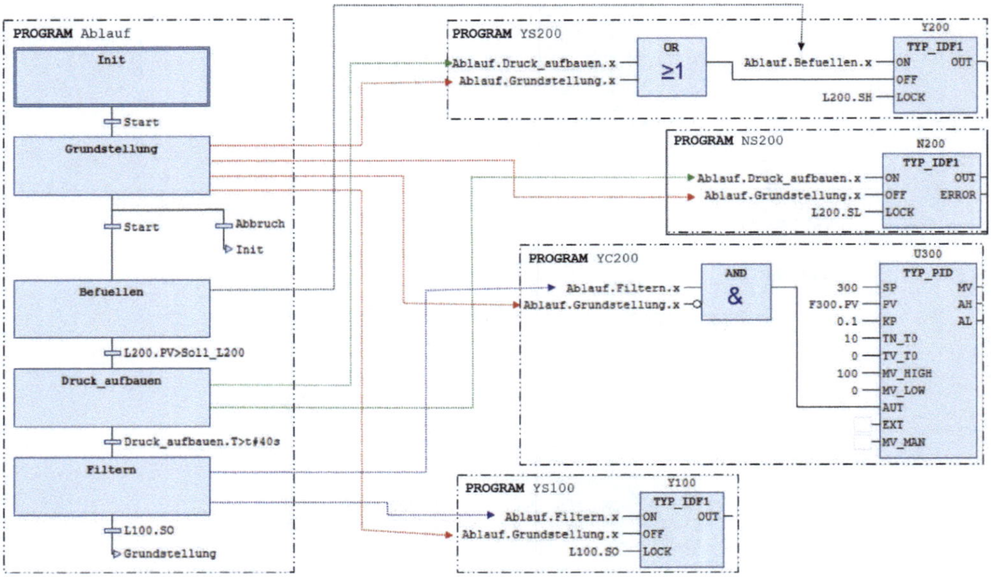

Bild 5.7 Datenaustausch zwischen SFC und CFCs über Schrittmerker

Nachteilig ist natürlich, dass an der Schrittkette die Aktionen nicht sichtbar sind. Außerdem ist der Programmieraufwand höher, weil jeder CFC geöffnet und verändert werden muss. Änderungen im Prozessablauf sind dann sehr aufwendig und verursachen ein erneutes Testen nicht nur des SFCs, sondern auch aller veränderten CFCs.

Als weitere Alternative könnte man *neue* globale Variablen anlegen, die sowohl in den Aktionen der SFC als auch zur Ansteuerung der Aktoren in den CFCs verwendet werden. Dies würde aber noch mehr globale Variablen hervorrufen, was die Übersichtlichkeit der Software stark verschlechtert. Programmierer und Kunden müssen entscheiden, welche Nachteile toleriert werden können.

5.4.2 Schutzfunktionen und Betriebsarten

Wie Einzelsteuerfunktionen müssen auch Ablaufsteuerungen manuell bedienbar sein, um im Notfall oder während der Inbetriebnahme die Schritte von Hand verlassen zu können, ohne dass eine Transition erfüllt sein muss. Noch wichtiger ist der Einbau von Schutzfunktionen, die bei Ausfall einzelner Geräte die Schrittkette automatisch in einen sicheren Zustand überführen.

Anhalten und Beenden einer Schrittkette

In einer Ablaufsteuerung muss die Möglichkeit vorgesehen werden, die Kette im Fall einer Störung anzuhalten oder gar abzubrechen. Dies sollte der Bediener durch Anwahl der Tasten HALT oder ABBRUCH im Bedienfenster der Schrittkette (s. Bild 5.3b) veranlassen können.

In beiden Fällen sind alle von der Schrittkette angesteuerten Geräte in ihre Grundstellung zu fahren, wodurch die Anlage in einen sicheren Zustand überführt wird. Hierfür wird im Funktionsplan der Schrittkette nach Bild 5.8 in jedem Schritt ein Alternativzweig eingeführt, über den die Kette bei Aktivierung der Befehle `ABBRUCH` oder `HALT` in den Schritt `Grundstellung` zurückspringt.

Nach einem `ABBRUCH` springt die Kette in den Initialschritt und kann durch den Taster `START` wieder von vorne beginnen. Sollte die Kette aber nur angehalten werden, wird der Ablauf durch den Befehl `WEITER` in einem definierten Schritt fortgesetzt. Hierfür speichert die ACTION `Steuerung` in Bild 5.8, welcher Schritt gerade aktiv war, als der HALT-Befehl aktiviert wurde. Durch die Alternativverzweigung nach der Grundstellung springt die Kette wieder in den Schritt zurück, in dem sie fortzusetzen ist.

Beispiel 5.3: HALT-Konzept für die Wasseraufbereitungsanlage

Für die Wasseraufbereitungsanlage aus Bild 5.3 soll die Ablaufsteuerung so modifiziert werden, dass der Bediener die Ablaufkette über die Taste `ABBRUCH` im Faceplate beenden und über die Taste `HALT` anhalten kann. Dies wird im Schritt `Grundstellung` durch die ACTION `Steuerung` realisiert, die *speichernd* aktiviert und dadurch dauerhaft in jedem Schritt der Schrittkette ausgeführt wird.

Hierfür speichert die ACTION `Steuerung` durch die implizite Schrittkettenvariable `SFCCurrentStep` den Namen des Schritts, in dem die Schrittkette gerade steht, wenn die Taste `HALT` oder `ABBRUCH` aktiviert wird. In Codesys gibt es eine Reihe impliziter Schrittkettenvariablen, sog. AS-Flags, die nicht explizit deklariert werden müssen, aber trotzdem nach Aktivierung im Menü „Tools|Optionen|AS“ verfügbar sind.

Die Variable `SFCCurrentStep` ist vom Typ `STRING` und speichert den Namen des aktuell aktiven Schritts. Im Fall eines HALT-Befehls speichert die ACTION `Steuerung` den Text der Variablen `SCFCurrentStep` in der Variablen `Schritt`. Die `SEL`-Funktion verhindert, dass im Schritt `Grundstellung` der gespeicherte Schrittname überschrieben wird.

Außerdem wird in jedem Schritt der Ablaufkette eine Alternativverzweigung hinzugefügt, die bei `HALT` in den Schritt `Grundstellung` zurückspringt, wo alle Aktoren ausgeschaltet werden. Danach kann durch den Befehl `WEITER` in einen vorgegebenen Schritt zurückgesprungen werden, z. B. in den, der bei Aktivierung des `HALT`-Befehls gerade aktiv war.

Häufig muss auch der vorangegangene Schritt noch einmal ausgeführt werden, um den gleichen Prozesszustand wie beim Anhalten wieder zu erreichen. Wird die Kette beispielsweise im Schritt `Filtern` angehalten, so ist in den Schritt `Druck_aufbauen` zurückzuspringen, weil der Druck zwischenzeitlich abgeklungen ist und deshalb durch den Regler `FIC300` neu eingestellt werden muss.

Die Software zu diesem Beispiel kann auf der SPS-Lern-und-Übungsseite getestet werden.

Auf den ersten Blick erscheint dieses Konzept für ein simples Anhalten der Ablaufkette etwas kompliziert. Eine einfachere Alternative wäre, die Ablaufkette bei einem HALT-Befehl einfach im aktuellen Schritt zu belassen und alle beteiligten Aktoren zu verriegeln. Hierbei entsteht

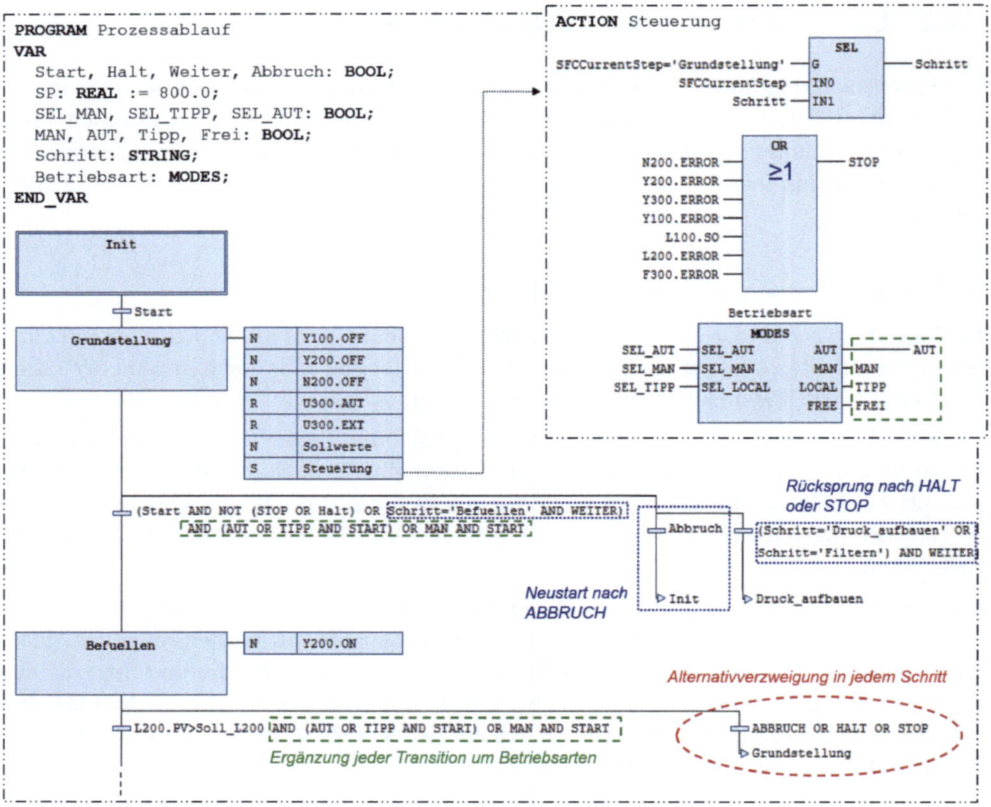

Bild 5.8 Steuerung einer Schrittkette mit Betriebsarten und Möglichkeiten für ABBRUCH, HALT und STOP

jedoch der Nachteil, dass beim Wiederanfahren der Anlage die Verriegelungen aller Aktoren gleichzeitig aufgehoben werden, d. h. alle Aktoren fahren auf einen Schlag wieder an.

Genau dies soll die Schrittkette aber in einer vorgegebenen Reihenfolge *nacheinander* und nicht gleichzeitig ausführen. Wenn beispielsweise eine Pumpe gleichzeitig mit einem vorgelagerten Ventil angesteuert wird, pumpt diese eine Zeit lang gegen das geschlossene Ventil, weil das Auffahren des Ventils in der Regel viel länger dauert als das Loslaufen der Pumpe.

Dieser Nachteil kann mit dem in Bild 5.8 vorgeschlagenen HALT-Konzept vermieden werden. Hier wird nach der Grundstellung individuell entschieden, in welchem Schritt der Ablauf fortgesetzt werden soll, so dass die Aktoren in der vorgesehenen Reihenfolge wieder anlaufen.

Automatisches STOP im Fall einer Störung

Prinzipiell können die Befehle für `HALT` und `ABBRUCH` wie in Bild 5.3b über das Bedienfeld der Schrittkette vom Bediener ausgelöst werden. Um die Sicherheit jedoch nicht von der Aufmerksamkeit des Bedieners abhängig zu machen, sollte die Schrittkette auch immer dann *automatisch* angehalten werden, wenn eines der von ihr angesteuerten Feldgeräte in Störung geht.

Hierfür ist eine *kontinuierliche* Störüberwachung erforderlich, die im Fall eines gestörten Feldgeräts die Schrittkette sofort anhält. Deshalb wird in der ACTION `Steuerung` die Variable `STOP` auf TRUE gesetzt, wenn ein Sensor oder Aktor der Anlage eine Störung hat (s. Bild 5.8). Im Fall einer Störung wird ein STOP-Signal aktiviert, woraufhin die Ablaufsteuerung automatisch in den Schritt Grundstellung springt.

Betriebsarten

Neben dem automatischen Betrieb sollten für Test und Inbetriebnahme auch manuelle Bedienmöglichkeiten für die Schrittketten vorgesehen werden. Deshalb unterscheidet man bei Ablaufsteuerungen folgende Betriebsarten:

- Automatik (AUT): Die Aktionen der Schrittkette werden automatisch ausgeführt, wenn die Transitionen (Weiterschaltbedingungen) erfüllt sind.
- Manuell (MAN): Die Aktionen der Schrittkette werden aktiviert, wenn der Bediener die START-Taste drückt, auch wenn die Transitionen nicht erfüllt sind.
- Tippen (TIPP): Die Aktionen der Schrittkette werden aktiviert, wenn die Transitionen erfüllt sind *und* der Bediener die START-Taste drückt.

Die Betriebsart Manuell birgt die Gefahr, dass Aktionen der Schrittketten nicht nur bei der Inbetriebnahme, sondern auch im produktiven Betrieb der Anlage aktiviert werden, ohne dass die Transitionen erfüllt sind. Um solche irregulären Bedienvorgänge der Steuerung zu vermeiden, sind die Betriebsarten TIPP und MAN nur über Zugriffsrechte für den Anlagenfahrer zugänglich zu machen.

Die Umschaltung zwischen diesen Betriebsarten erfolgt wie bei Einzelsteuerfunktionen durch den Funktionsbaustein MODES aus Abschnitt 4.3.5. Dieser Funktionsbaustein wird in der Ablaufkette in Bild 5.8 in der Aktionslogik Steuerung eingesetzt, um durch Anwahl der Variablen SEL_AUT, SEL_MAN und SEL_TIPP die entsprechende Betriebsart zu wählen.

In der Schrittkette selbst ist nun in jeder Transition abzufragen, in welcher Betriebsart die Ablaufsteuerung gerade läuft (s. Bild 5.8). Die prozessbedingte Weiterschaltbedingung ist hierfür so zu erweitern, dass sie nur greift, wenn die Betriebsart AUT angewählt ist oder der Bediener in der Betriebsart TIPP die START-Taste drückt.

Ist die Betriebsart MAN angewählt, so ist die Transition unabhängig von der prozessbedingten Weiterschaltbedingung erfüllt, sobald der Bediener die START-Taste drückt. Die Gleichung für die Transitionsbedingung lässt sich demnach folgendermaßen formulieren:

$$\text{Transition} = \text{Prozessbedingung} \wedge (\mathtt{AUT} \vee \mathtt{TIPP} \wedge \mathtt{START}) \vee (\mathtt{MAN} \wedge \mathtt{START}) \qquad (5.1)$$

> Die Mechanismen für Betriebsarten und Schutzfunktionen sind gerade für lange Schrittketten aufwendig. Deshalb und aus Gründen der Übersichtlichkeit sollte man lange Schrittketten aus mehreren Schrittketten mit wenigen Schritten zusammensetzen. Hierfür können Schrittketten als Funktionsbausteine gekapselt und dann mit anderen zusammengesetzt werden wie der folgende Abschnitt gezeigt.

5.5 Ablaufmodellierung durch projektneutrale Grundfunktionen

In der heutigen Industrie 4.0 müssen die Prozesse flexibel auf individuelle Kundenwünsche anpassbar sein. Beim Entwurf sind deshalb möglichst parametrierbare Module in Form *prototypischer* Schrittketten zu entwickeln, die je nach Prozessablauf flexibel zusammengesetzt werden können. Ziel ist es, die Idee projektneutrale Typicals zu bilden, auch auf Prozessabläufe zu übertragen.

Wiederverwendbare Ablauftypicals erhält man, wenn man grundlegende Tätigkeiten, wie Heizen, Kühlen, Befüllen o. ä. in kurzen Schrittketten als *Funktionsbausteine* programmiert. Diese Funktionsbausteine realisieren Grundfunktionen, die in verschiedenen Projekten und Programmen immer wieder benötigt werden.

5.5.1 Prozessanalyse

Um geeignete Prozessablauf-Typicals zu entdecken, muss der Produktionsprozess in einzelne *Prozessphasen* zerlegt werden. Hierzu verfolgt man am besten den Materialfluss und stellt die Prozessphasen, in denen das Material bearbeitet wird, wie in Bild 5.9 als Aktionen in einem Prozessphasendiagramm dar. Danach überlegt man, aus welchen Schritten die Prozessphasen bestehen und entwickelt hierfür eine Schrittkette, die anlagenneutral als Funktionsbaustein programmiert und als *Grundfunktion* in verschiedenen Prozessen eingesetzt werden kann.

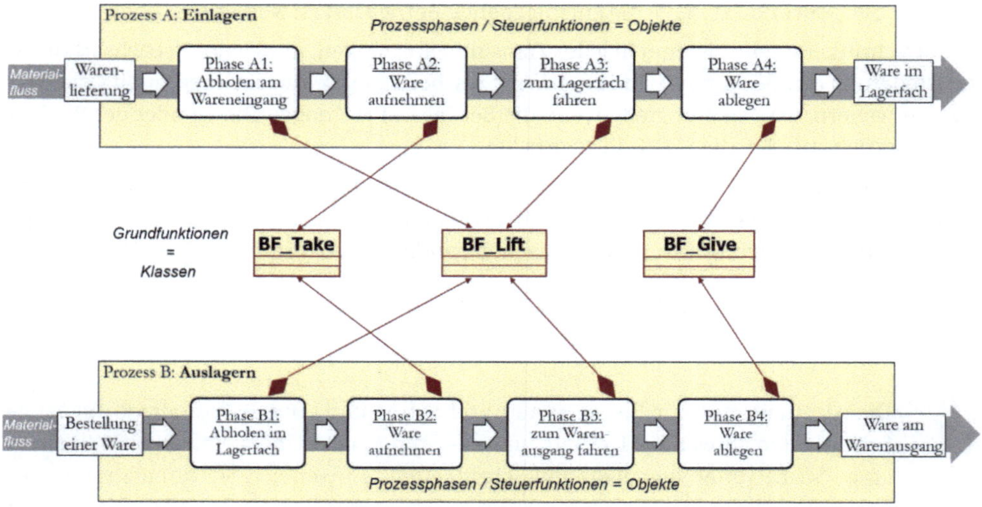

Bild 5.9 Prozesszerlegung in Phasen (Steuerfunktionen) und ihre Verallgemeinerung als Grundfunktionen

Beispiel 5.4: Prozessanalyse in einem Hochregallager

Für das Beispiel eines automatischen Lagers nach Bild 5.10 sind die wesentlichen Use-Cases das *Einlagern* und das *Auslagern* von Waren. Hierfür steuert die SPS die Antriebe `NS_X` und `NS_Y` des Warenaufzugs an, bis die Positionssensorik `GIS_X` bzw. `GIS_Y` erkennt, dass eine vorgegebene Lachfachposition erreicht ist. Dort kann durch den Antrieb `NS_Z` eine Lade herausgefahren werden, um Warencontainer aufzunehmen oder abzulegen.

Verfolgt man den Materialfluss während des Einlagerns, so findet man die in Bild 5.9 dargestellten Prozessphasen: In der 1. Prozessphase fährt der Warenaufzug zum Wareneingang und nimmt dort in der 2. Phase die Ware auf. Danach fährt er sie zu einem vorgegebenen Lagerfach (Phase A3) und legt sie dort ab (Phase A4).

Untersucht man den Prozess des Auslagerns, so ergeben sich folgende Prozessphasen: In der Phase B1 muss der Aufzug zuerst zu dem Lagerfach fahren, in dem die bestellte Ware eingelagert ist. Dort nimmt er die Palette mit der Ware auf (Phase B2) und fährt sie zum Warenausgang (Phase B3), wo er sie auf einem weiteren Förderband abläd (Phase B4).

Bei der Prozessanalyse stellt man fest, dass die Phasen des Prozesses A in unterschiedlicher Reihenfolge und mit unterschiedlichen Parameter auch im Prozess B verwendet werden. Die Programmierung sollte deshalb anlagenneutral durch Klassen erfolgen.

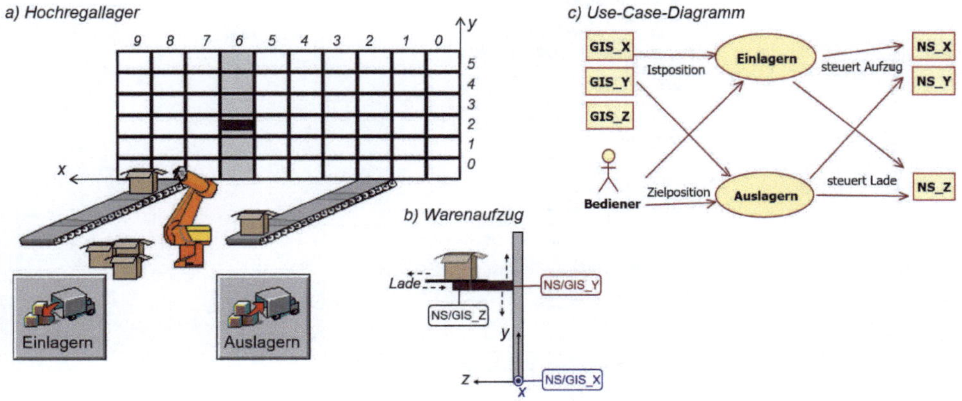

Bild 5.10 Anlagenschema und Use-Case-Diagramm für ein automatisiertes Hochregallager

5.5.2 Entwurf anlagenneutraler Grundfunktionen

Die im vorigen Abschnitt gefundenen Prozessphasen werden nun als Schrittkette in einem Funktionsbaustein programmiert. Die Grundfunktionen stellen verallgemeinerte Klassen der in Bild 5.9 gefundenen Prozessphasen dar. Dabei steuern sie Feldgeräte eines bestimmten Typs an, aber nicht ein bestimmtes Feldgerät einer konkreten Anlage. Um beispielsweise im Hochregallager zu einer Lagerfachposition zu fahren, steuert die Grundfunktion `BF_LIFT` (s. Bild 5.11) zwei Antriebe in x- und y-Richtung an, bis die Positionssensorik meldet, dass der Aufzug an der vorgegebenen Position angelangt ist.

Beispiel 5.5: Grundfunktionen für ein Hochregallager

In einem Hochregallager werden Waren ein- oder ausgelagert. Sowohl für das Einlagern als auch für das Auslagern ist es erforderlich, zu einem Lagerfach zu fahren, Waren aufzunehmen oder abzulegen. Deshalb werden gemäß dem Klassendiagramm nach Bild 5.9 die Grundfunktionen (Basic Functions) `BF_Lift`, `BF_Take` und `BF_Give` für die Use-Cases Einlagern und Auslagern entwickelt.

Die Grundfunktion `BF_Lift` steuert die Bewegung der x-Achse nach links oder nach rechts und der y-Achse nach oben und unten. Ist der Sollwert für die vorgegebene Lagerfachposition kleiner als die aktuelle x-Position, wird die Drehrichtung 2 aktiviert, andernfalls die Drehrichtung 1. Dieser Ablauf ist im Funktionsbaustein `BF_Lift` (s. Bild 5.11) anlagenneutral programmiert, d. h. die Schrittkette steuert einen allgemeinen Funktionsbaustein `TYP_IDF2` für einen Motor mit zwei Drehrichtungen an und liest die aktuelle Position vom Funktionsbaustein `TYP_PULSE` ein.

Dabei wird davon ausgegangen, dass die Positionsermittlung in x-, y- und z-Richtung wie in Übung 3.2 mithilfe von induktiven Näherungsschaltern erfolgt. Diese lesen ein Pulssignal ein, wenn der Aufzug an einem Magneten, der in der Lagerwand eingebaut ist, vorbeifährt. Der Funktionsbaustein TYP_PULSE liest die Pulssignale ein und zählt sie richtungsabhängig hoch- oder herunter.

Die Funktionsbausteine sind als Ein- und Ausgangsvariablen (VAR_IN_OUT) der Grundfunktion deklariert und können somit gelesen und beschrieben werden. Zum Aufnehmen und Ablegen der Waren durch die Lade werden außerdem die Grundfunktionen BF_Give und BF_Take entwickelt. Diese Bausteine sind auf der SPS-Lern-und-Übungsseite programmiert.

Natürlich können die Achsen des Aufzugs auch gleichzeitig fahren, indem die Motoren für die x- und y-Achse in einer Parallelverzweigung angesteuert werden.

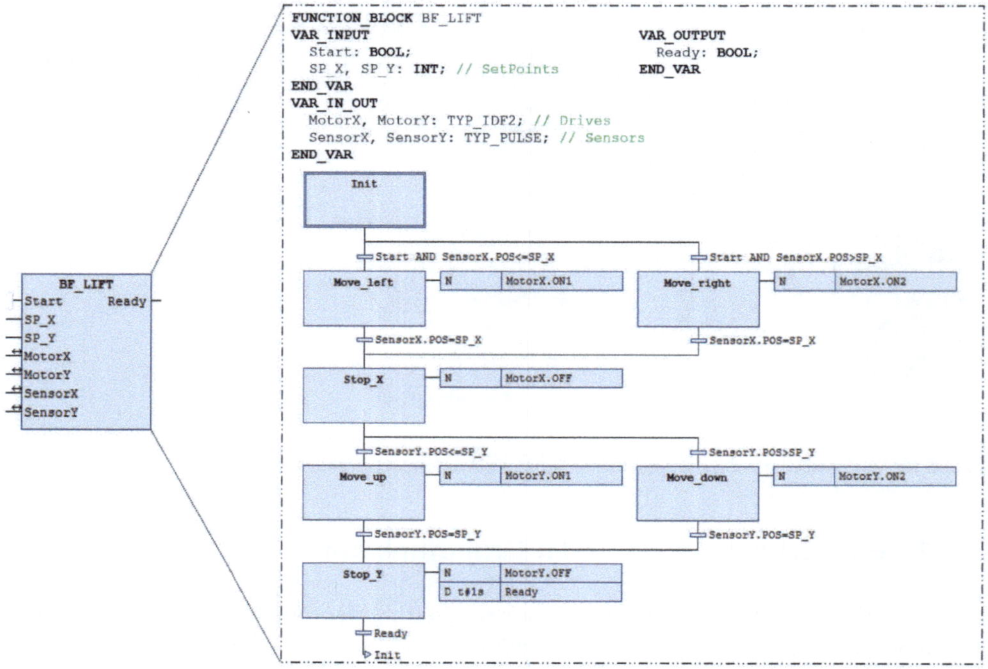

Bild 5.11 Grundfunktion BF_Lift zum Anfahren einer Lagerfachposition

Die Grundfunktion in Bild 5.11 könnte auch nur eine Achse ansteuern, was eine modularere Lösung darstellt. Dann müssten in der übergeordneten Schrittkette aber zwei Grundfunktionen, eine für die x- und eine für die y-Achse, aufgerufen werden, was die Zusammensetzung des Prozessablaufs aufwändiger und unübersichtlicher macht.

Insofern ist stets ein Kompromiss zwischen *Modularität* und *Aggregation* zu finden, um die Software einerseits nicht zu kleinteilig, andererseits aber auch allgemein einsetzbar zu gestalten.

5.5.3 Zusammensetzung der Ablaufsteuerung

Die Entwicklung anlagenneutraler Ablauftypicals, hat den Vorteil, dass der Prozessablauf durch Aneinanderfügen fertiger Grundfunktionen modelliert und programmiert werden kann. Beim Entwurf kann man sich also ganz auf den Prozessablauf konzentrieren. Die Festlegung auf die spezielle Anlage erfolgt durch die Zuordnung der Feldgeräte erst danach.

In Bild 5.12 wird der Prozess des Einlagerns von Waren durch eine Schrittkette programmiert, die in jedem Schritt eine Prozessphase als `ACTION` aufruft. In dieser wird der Funktionsbaustein der jeweiligen Grundfunktion aufgerufen. Außerdem werden die Feldgeräte dem Funktionsbaustein zugewiesen. Um beispielsweise zum Wareneingang zu fahren, steuert die Grundfunktion `BF_Lift` in Phase 1 die Motoren `NX` und `NY` in Abhängigkeit der von den Sensoren `GX` und `GY` gemessenen Positionen an.

In den folgenden Schritten werden dann die Prozessphasen zur *Aufnahme* der Waren, für ihren *Transport* zu einem gewünschten Lagerfach und schließlich zur *Ablage* in diesem Lagerfach durch die entwickelten Grundfunktionen `BF_Take`, `BF_Lift` und `BF_Give` ausgeführt.

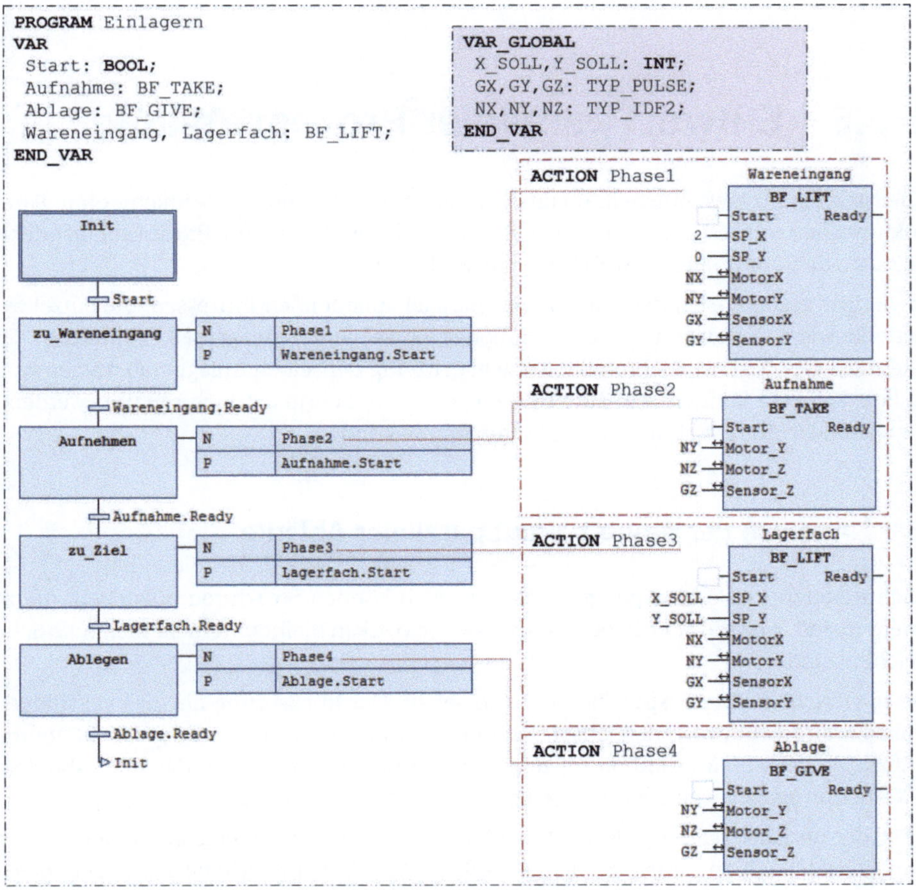

Bild 5.12 Schrittkette zusammengesetzt aus den Grundfunktionen `BF_Take`, `BF_Lift` und `BF_Give`

Beispiel 5.6: Schrittkettenentwurf mit Grundfunktionsbausteinen

Funktionsbausteine werden in den Actions einer Schrittkette aufgerufen. Eine ACTION ist sozusagen ein Unterprogramm, das nur abgearbeitet wird, solange die Schrittkette diese ACTION in einem Schritt aktiviert. Wie in Bild 5.12 dargestellt, steuert die Schrittkette den Warenkorb durch die Grundfunktion BF_Lift zu der Einlagerstelle (2|0). Anschließend wird ein Warencontainer durch die Grundfunktion BF_Take vom Zuführband aufgenommen und durch die Grundfunktion BF_Lift zum gewünschten Lagerfach an der Position (X_SOLL|Y_SOLL) gefahren. Dort stellt die Grundfunktion BF_Give den Warencontainer ab.

Die Weiterschaltung von einem Schritt zum nächsten kann immer erst erfolgen, wenn die Ausgangsvariable Ready der in dem Schritt aufgerufenen Grundfunktionen TRUE ist, denn dann ist die entsprechende Grundfunktion beendet. Im nächsten Schritt kann eine neue Grundfunktion gestartet werden. Die Software zu diesem Beispiel kann auf der SPS-Lern-und-Übungsseite getestet werden.

Die Grundfunktionsbausteine können für den Ablauf des Auslagerns wiederverwendet werden (s. Übung 5.5). Beim Auslagern ist zwar die Ablaufreihenfolge eine andere, weil zuerst die Zielfahrt zum vorgesehenen Lagerfach und dann die Aufnahme der Kiste sowie das Fahren zur Auslagerposition und schließlich die Ablage des Warencontainers ausgeführt werden muss. In den aufgerufenen Actions werden aber wieder die gleichen Grundfunktionen aufgerufen wie in Bild 5.12.

5.6 Entwurf paralleler Prozessabläufe

Bisher wurden im Wesentlichen Ablaufsteuerungen mit nur einer Schrittkette ohne Parallelstrukturen betrachtet. Deren Entwurf ergibt sich meist direkt aus dem Prozessablauf oder lässt sich durch den Automatenentwurf systematisch herleiten.

Schwieriger gestaltet sich der Entwurf von parallel ablaufenden Prozessen, die einzelne Anlagenteile wie z. B. Behälter, Motoren, Roboter, Förderbänder etc. gemeinsam nutzen. Dann besteht die Gefahr, dass mehrere Prozesse gleichzeitig denselben Anlagenteil nutzen wollen. Parallele Prozesse können z. B. durch Parallelzweige in Schrittketten ausgeführt werden, die aber wie Bild 5.13 zu unerlaubten Strukturen führen können.

5.6.1 Analyse der Steuerbarkeit paralleler Abläufe

In Schrittketten mit Verzweigungen und Sprüngen können Strukturen entstehen, die nicht steuerbar sind, weil die Schrittkette beispielsweise stecken bleibt und nicht mehr alle Schritte erreichbar sind.

Eine *unerreichbare* Kette ist in Bild 5.13a zu sehen. Der Rücksprung nach s4 verhindert die Parallelzusammenführung der Schritte s2 und s4, denn der Schritt s2 wird gar nicht mehr ausgeführt. Die Kette bleibt somit in s4 stehen und kann nicht mehr weiterlaufen. Außerdem ist die Kette irreversibel, weil der Anfangsschritt s1 nicht mehr erreicht wird.

Im Fall der *unsicheren* Kette in Bild 5.13b würde zwar kein Problem entstehen, wenn die Transition t2 nach der Alternativverzweigung erfüllt ist. Wenn aber t3 erfüllt ist, erfolgt über s5 der Sprung nach s2. Auch dann kann die Parallelzusammenführung nicht mehr stattfinden, weil s4 nicht ausgeführt wird. In diesem Fall würde die Schrittkette im Schritt s2 stehen bleiben,

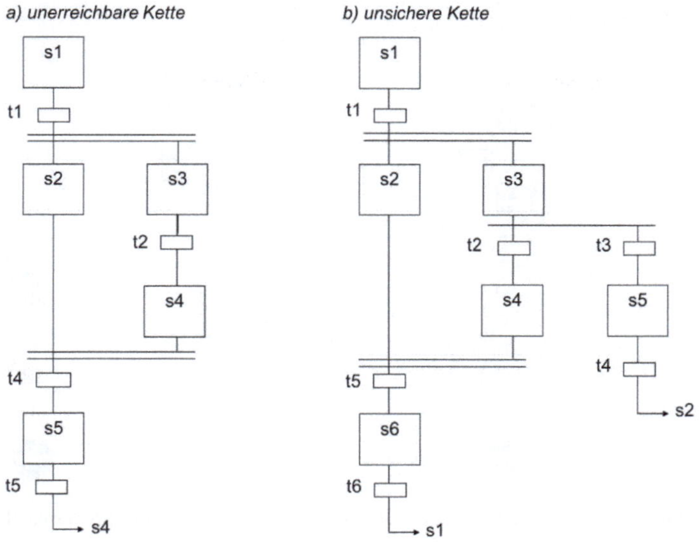

Bild 5.13 Unerlaubte Strukturen in Schrittketten

die Schritte s6, s1 etc. würden nicht mehr erreicht. Da man vorab nicht weiß, welcher der beiden Alternativzweige ausgeführt wird, gilt die Erreichbarkeit aller Schritte der Schrittkette als *unsicher.*

Solche Fehler infolge von unsicheren oder unerreichbaren Ketten müssen durch einen sorgfältigen Entwurf der Ablaufkette verhindert werden.

Erreichbarkeitsgraf

Um nun zu prüfen, ob eine Ablaufsteuerung unsicher oder unerreichbar ist, überführt man die Schrittkette in den sog. Erreichbarkeitsgrafen. Dieser ist ein Zustandsgraf wie in Bild 5.14, in dessen Zustände die gleichzeitig aktiven Schritte der Schrittkette eingezeichnet werden.

Für das Beispiel der unerreichbaren Kette aus Bild 5.13a ergibt sich der Erreichbarkeitsgraf nach Bild 5.14a. Man erkennt, dass die Schrittkette im Schritt s4 verklemmt ist, weil Schritt s2 nicht erreicht wird, was die Parallelzusammenführung verhindert. Aus dem gleichen Grund ergibt sich für die unsichere Kette aus Bild 5.13b ein Deadlock in Schritt s2 (s. Bild 5.14b).

Für den Entwurf bedeutet dies, die Ablaufsteuerung muss so umgestaltet werden, dass Deadlocks vermieden werden [4]. Im Fall der unsicheren Kette nach Bild 5.13b sollte der Rücksprung nach s3 anstatt nach s2 erfolgen, damit die Parallelschaltung wieder zusammengeführt werden kann.

5.6.2 Modellierung paralleler Prozessabläufe mit Petri-Netzen

Petri-Netze können das Schaltverhalten von Schrittketten mathematisch beschreiben [85]. Gerade wenn parallele Prozessabläufe durch mehrere Schrittketten angesteuert werden, können

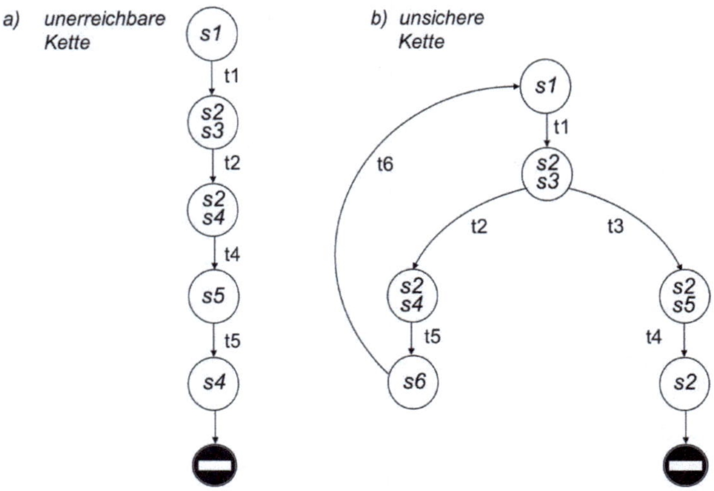

Bild 5.14 Überführung der Schrittketten aus 5.13 in Zustandsgrafen zur Überprüfung ihrer Erreichbarkeit

Petri-Netze diese als Ganzes betrachten. Im Unterschied zu Zustandsgrafen können in Petri-Netzen *mehrere* Schritte gleichzeitig aktiv sein [4].

Ein Beispiel zeigt die Anlage in Bild 5.15. Hierbei sollen fertig bearbeitete Werkstücke von einem Roboter gegriffen und in einem Hochregallager eingelagert werden. Parallel dazu sollen Rohlinge aus einem Lager ausgelagert und zur Bearbeitung auf dem Förderband abgelegt werden. Vor dem Greifen und vor dem Ablegen werden Objekte bzw. freie Plätze auf dem Förderband von einer Kamera inspiziert, was eine gewisse Wartezeit in Anspruch nimmt.

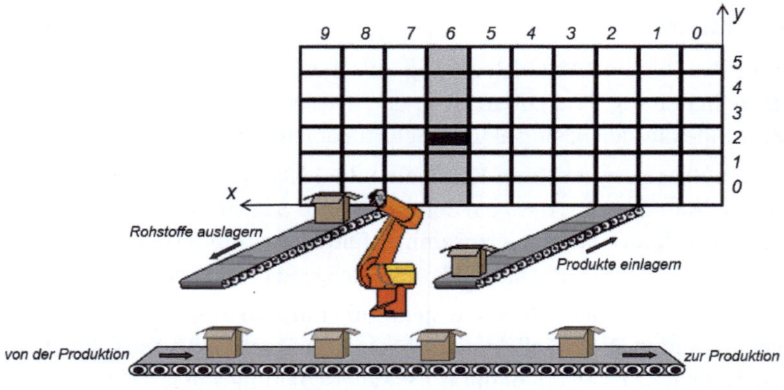

Bild 5.15 Parallele Werkstückhandhabung durch einen Roboterarm, der einerseits Teile vom Band greift und einlagert und andererseits ausgelagerte Teile zur weiteren Bearbeitung auf das Band legt

Der Prozess des Greifens und Einlagerns wird in Bild 5.16 durch die Schrittkette `Prozess_A` gesteuert, der des Auslagerns und Ablegens durch die Schrittkette `Prozess_B`. Laufen die beiden Schrittketten als Programme nun gleichzeitig in der SPS ab, so beobachtet man, dass der Roboter manchmal gleichzeitig von den Schritten s_2 und s_6 beansprucht wird, ebenso wie das

Lager von den Schritten s_3 und s_4. Wie lässt sich also verhindern, dass parallele Prozessabläufe gleichzeitig die gemeinsam genutzten Anlagenteile (wie z. B. Roboter, Hochregallager in Bild 5.15) in Anspruch nehmen?

Hierfür wird das dynamische Verhalten des Petri-Netzes algebraisch beschrieben. Die Markierung der aktuell aktiven Schritte wird durch den Markierungs- oder auch Schrittvektor

$$\vec{s} = (s_1, s_2, ..., s_n)^T \quad \text{mit}: \ s_i \in \{0, 1\} \tag{5.2}$$

dargestellt. Dabei bekommen die aktiven Schritte den Wert 1 und die inaktiven den Wert 0 zugewiesen. Ebenso werden die aktiven Transitionen durch den Schalt- oder Transitionsvektor

$$\vec{t} = (t_1, t_2, ..., t_n)^T \quad \text{mit}: \ t_i \in \{0, 1\} \tag{5.3}$$

zusammengefasst.

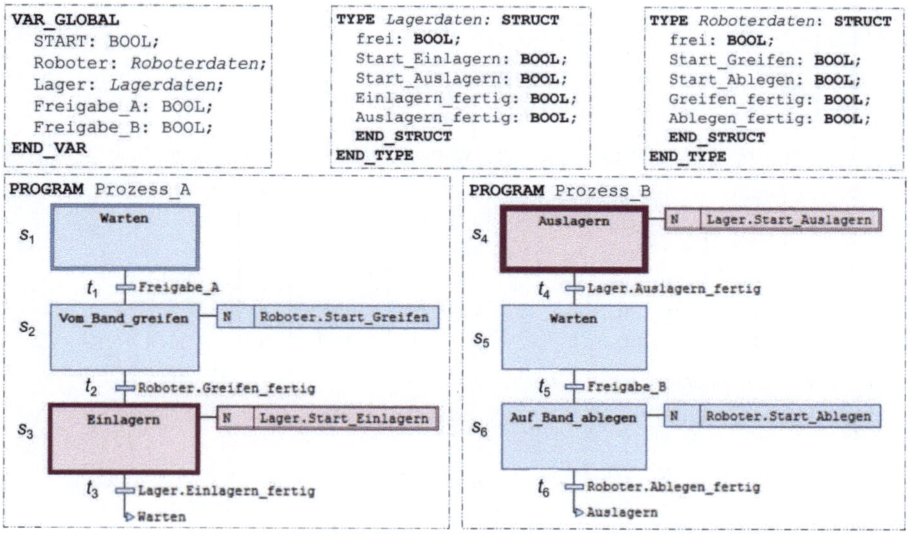

Bild 5.16 Die Prozesse A und B werden parallel abgearbeitet. Dabei darf nicht gleichzeitig auf Roboter oder Hochregallager zugegriffen werden, d. h. die Schritte s_2 und s_6 dürfen ebenso wenig gleichzeitig aktiv sein wie die Schritte s_3 und s_4.

In Anlehnung an die Zustandsgleichungen des Automaten in Abschnitt 4.2.2 stellt sich das dynamische Verhalten des Petri-Netzes folgendermaßen dar:

$$\vec{s}(k+1) = \vec{s}(k) + \Delta\vec{s}(k) = \vec{s}(k) + N \cdot \vec{t}(k) \quad \text{mit}: \ s_i, t_i, n_{ij} \in \{0, 1\} \tag{5.4}$$

Die Matrix N heißt *Netzmatrix*, denn sie beschreibt, wie die Markierungen im Petri-Netz durch das Schalten der Transitionen verändert werden. Dies veranschaulicht das folgende Beispiel.

Beispiel 5.7: Parallele Werkstückhandhabung modelliert als Petri-Netz

Die beiden parallelen Ablaufketten in Bild 5.16 können algebraisch als Petri-Netz beschrieben werden. Zu Anfang wartet der Prozess A, während das Transportband im Schritt s_1 von einer Kamera inspiziert wird. Gleichzeitig werden vom Prozess B Rohlinge ausgelagert (s_4). Da also die Schritte s_1 und s_4 aktiv sind, lautet die Anfangsmarkierung:

$$\vec{s}(k=0) = (1, 0, 0, 1, 0, 0)^T \tag{5.5}$$

Wenn nun auf dem Förderband ein Objekt erscheint, schaltet die Transition t_1, der Schritt s_1 wird deaktiviert und der Schritt s_2 wird aktiviert, d. h. durch

$$\vec{t}(k=0) = (1,0,0,0,0,0)^T \tag{5.6}$$

wird

$$\vec{s}(k=1) = (0,1,0,1,0,0)^T \tag{5.7}$$

Die Änderung des Schaltvektors für die Transition t_1 ist also:

$$\Delta\vec{s}(k=0) = \vec{s}(k=1) - \vec{s}(k=0) = (-1,1,0,0,0,0)^T \tag{5.8}$$

Die Netzmatrix, die die Änderung des Markierungsvektors $\Delta\vec{s}$ für alle Transitionen beschreibt, enthält also in der Spalte der schaltenden Transition und in der Zeile des neu markierten Schritts eine 1, dagegen in der Zeile des zuvor markierten Schritts eine –1:

$$N = \begin{array}{c} \begin{matrix} t_1 & t_2 & t_3 & t_4 & t_5 & t_6 \end{matrix} \\ \begin{pmatrix} -1 & 0 & 1 & 0 & 0 & 0 \\ 1 & -1 & 0 & 0 & 0 & 0 \\ 0 & 1 & -1 & 0 & 0 & 0 \\ 0 & 0 & 0 & -1 & 0 & 1 \\ 0 & 0 & 0 & 1 & -1 & 0 \\ 0 & 0 & 0 & 0 & 1 & -1 \end{pmatrix} \end{array} \begin{array}{c} \\ \Delta s_1 \\ \Delta s_2 \\ \Delta s_3 \\ \Delta s_4 \\ \Delta s_5 \\ \Delta s_6 \end{array} \tag{5.9}$$

Mit der Zustandsgleichung 5.4 erhält man so für den nächsten Zeitpunkt den Markierungsvektor:

$$\vec{s}(k+1) = \begin{pmatrix} 1 \\ 0 \\ 0 \\ 1 \\ 0 \\ 0 \end{pmatrix} + \begin{pmatrix} -1 & 0 & 1 & 0 & 0 & 0 \\ 1 & -1 & 0 & 0 & 0 & 0 \\ 0 & 1 & -1 & 0 & 0 & 0 \\ 0 & 0 & 0 & -1 & 0 & 1 \\ 0 & 0 & 0 & 1 & -1 & 0 \\ 0 & 0 & 0 & 0 & 1 & -1 \end{pmatrix} \cdot \begin{pmatrix} 1 \\ 0 \\ 0 \\ 0 \\ 0 \\ 0 \end{pmatrix} = \begin{pmatrix} 0 \\ 1 \\ 0 \\ 1 \\ 0 \\ 0 \end{pmatrix} \tag{5.10}$$

Führt man diese Untersuchungen weiter, so ergeben sich mit

$$\vec{t}(k=1) = (0,0,0,1,0,0)^T \quad \Longrightarrow \quad \vec{s}(k=2) = (0,1,0,0,1,0)^T \tag{5.11}$$

$$\vec{t}(k=2) = (0,0,0,0,1,0)^T \quad \Longrightarrow \quad \vec{s}(k=3) = (0,1,0,0,0,1)^T \tag{5.12}$$

$$\vec{t}(k=3) = (0,1,0,0,0,0)^T \quad \Longrightarrow \quad \vec{s}(k=4) = (0,0,1,0,0,1)^T \tag{5.13}$$

$$\vec{t}(k=4) = (0,0,0,0,0,1)^T \quad \Longrightarrow \quad \vec{s}(k=5) = (0,0,1,1,0,0)^T \tag{5.14}$$

Der Vektor $\vec{s}(k=3)$ zeigt also an, dass die Schritte s_2 (Ablegen) und s_6 (Greifen) gleichzeitig aktiv sind. Beide Schritte erfordern denselben Roboter und dürfen deshalb nicht gleichzeitig ausgeführt werden. Da auch nur ein Hochregallager vorhanden ist, dürfen auch die Schritte s_3 und s_4 *nicht* gleichzeitig ausgeführt werden wie in $\vec{s}(k=5)$.

Um diese Konflikte zu vermeiden, muss das Petri-Netz um folgende Randbedingungen ergänzt werden:

$$s_2(k) + s_6(k) \leq 1 \qquad \text{und} \qquad s_3(k) + s_4(k) \leq 1 \tag{5.15}$$

oder mithilfe von Randbedingungsmatrix L und –vektor $\vec{b}$ ausgedrückt:

$$\begin{pmatrix} 0 & 1 & 0 & 0 & 0 & 1 \\ 0 & 0 & 1 & 1 & 0 & 0 \end{pmatrix} \vec{s} \leq \begin{pmatrix} 1 \\ 1 \end{pmatrix} \tag{5.16}$$

$$L \qquad \vec{s} \leq \quad \vec{b} \tag{5.17}$$

Dieses einfache Beispiel zeigt, dass Petri-Netze in der Lage sind, die Markierungswechsel einer Ablaufsteuerung vorauszuberechnen und so zu analysieren, ob die Schrittketten ausführbar sind oder wie in diesem Fall zu Kollisionen führen.

5.6.3 Algebraischer Entwurf zur Koordination paralleler Prozesse

Parallel ablaufende Prozesse erfordern eine Koordination, wenn sie auf gemeinsame Anlagenteile wie den Roboter oder das Hochregallager in Bild 5.15 zugreifen. Um *Kollisionen* zu vermeiden, dürfen also Schritte der Ablaufketten, die dieselben Anlagenteile benutzen, nicht gleichzeitig ausgeführt werden. Diese Randbedingungen werden durch die Ungleichung 5.17 formuliert [87].

Zur Erfüllung der *Randbedingungen* werden zusätzliche Zustände eingeführt, die angeben, ob die gemeinsam benutzten Anlagenteile zum Zeitpunkt k frei oder belegt sind. Im Beispiel wären dies der Zustand `Roboter_frei` (s_7) und der Zustand `Lager_frei` (s_8). Diese werden als zusätzliche Stellen $\vec{s}_z$ im Petri-Netz eingeführt und bewirken, dass aus der Ungleichung 5.17 eine Gleichung wird:

$$L \cdot \vec{s}(k) + \vec{s}_z(k) = \vec{b} \tag{5.18}$$

In der Ungleichung 5.17 war es möglich, dass z. B. s_2 oder s_6 oder keiner von beiden Schritten aktiv war. Die Summe $s_2 + s_6$ war deshalb entweder 1 oder 0. Durch den Zusatzzustand s_7 wird nun für den Fall, dass einer der beiden Schritte den Roboter belegt, eine 0 hinzuaddiert. Somit ist die Summe $s_2 + s_6 + s_7 = 1$. Wenn aber keiner der beiden Schritte den Roboter beansprucht, wird durch den Zusatzzustand s_7 eine 1 hinzuaddiert (`Roboter_frei`). Auch dann ist die Summe stets:

$$s_2 + s_6 + s_7 = 1$$

Da Gleichung 5.18 für den Zeitpunkt k ebenso gilt wie für den Zeitpunkt $k+1$, lässt sich schreiben:

$$L \cdot \vec{s}(k) + \vec{s}_z(k) = \vec{b} = L \cdot \vec{s}(k+1) + \vec{s}_z(k+1) \tag{5.19}$$

Durch Umstellen der Terme erhält man:

$$-L \cdot [\vec{s}(k+1) - \vec{s}(k)] = \vec{s}_z(k+1) - \vec{s}_z(k) \tag{5.20}$$

Nun lässt sich für $\vec{s}(k+1) - \vec{s}(k)$ und für $\vec{s}_z(k+1) - \vec{s}_z(k)$ der Zusammenhang aus Gl. 5.4 einsetzen, und es ergibt sich ein Entwurfsgesetz für die Zusatz-Netzmatrix N_z:

$$-L \cdot N = N_z \tag{5.21}$$

Damit lässt sich die Gleichung für die *Zusatzzustände* aufstellen:

$$\vec{s}_z(k+1) = \vec{s}_z(k) + N_z \cdot \vec{t}(k) \tag{5.22}$$

Diese Gleichung gibt an, welche Transitionen des Petri-Netzes die Zusatzzustände aktivieren und auf welche Transitionen die Zusatzzustände wirken [87]. Mit dieser Kenntnis lassen sich die parallelen Ablaufketten aus Bild 5.16 um die Zusatzzustände s_7 und s_8 zu dem Petri-Netz in Bild 5.17 erweitern.

Beispiel 5.8: Koordination der parallelen Werkstückhandhabung

Zur Koordination der beiden parallelen Ablaufketten in Bild 5.16 werden die beiden Zusatzzustände s_7 (`Roboter_frei`) und s_8 (`Lager_frei`) eingeführt, für die sich nach Gl. 5.21 folgende Zusatz-Netzmatrix N_z ergibt:

$$N_z = -L \cdot N = \begin{pmatrix} -1 & 1 & 0 & 0 & -1 & 1 \\ 0 & -1 & 1 & 1 & 0 & -1 \end{pmatrix} \tag{5.23}$$

Die Zustandsgleichungen für die Zusatzzustände ergeben sich somit nach Gl. 5.22:

$$s_7(k+1) = s_7(k+1) - t_1(k) + t_2(k) - t_5(k) + t_6(k) \quad (5.24)$$

$$s_8(k+1) = s_8(k+1) - t_2(k) + t_3(k) + t_4(k) - t_6(k) \quad (5.25)$$

Hieraus lässt sich ablesen, dass der Zustand s_7 bei Erfüllung der Transitionen t_1 oder t_5 seine Markierung verliert (Pfeile in Bild 5.17 zeigen von s_7 weg), während er sie bei Erfüllung der Transitionen t_2 oder t_6 gewinnt (gestrichene Pfeile in Bild 5.17 zeigen zu s_7 hin).

Der Zustand s_8 wird durch die Transitionen t_3 oder t_4 aktiviert und durch die Transitionen t_2 oder t_6 deaktiviert. Damit lässt sich das Petri-Netz, das aus den unkoordinierten Schrittketten in Bild 5.16 gebildet wird, um die Zusatzzustände s_7 und s_8 erweitern (vgl. Bild 5.17).

Es bleibt die Frage, wie das Petri-Netz aus Bild 5.17 in einem SPS-Programm umgesetzt werden kann.

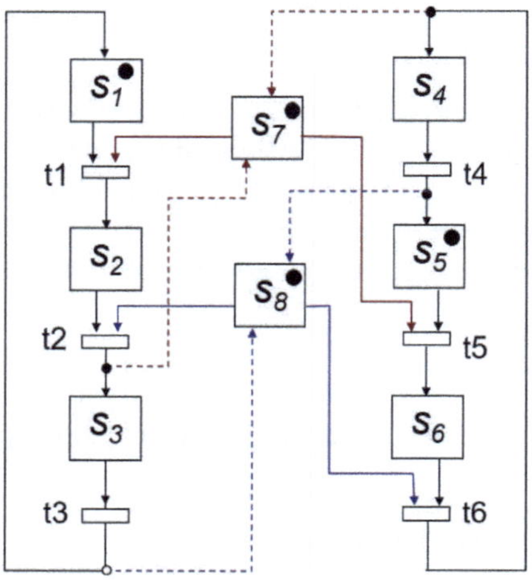

Bild 5.17 Petri-Netz für die Anlage aus Bild 5.15 mit den beiden Zusatzzuständen s_7 (`Roboter_frei`) und s_8 (`Lager_frei`)

5.6.4 Programmentwurf aus Petri-Netzen

Prinzipiell bestehen zwei Möglichkeiten, die Lösung aus Bild 5.17 in einem SPS-Programm umzusetzen, und zwar als kompakte oder als modulare Lösung.

Kompakte Lösung

Zur Ermittlung der kompakten Lösung ist zunächst der *Erreichbarkeitsgraf* des Petri-Netzes zu zeichnen. Dazu werden die gleichzeitig markierten Teilzustände des Petri-Netzes als Gesamtzustand in einem Zustandsgraf eingetragen. Bild 5.18a zeigt den Erreichbarkeitsgraf für das Petri-Netz nach Bild 5.17, das die parallelen Prozesse zur Werkstückhandhabung modelliert.

Dieser weist keine Verklemmungen auf und ermöglicht es, aus jedem Zustand heraus in den Anfangszustand zurückzukehren. Eine Steuerung für diesen Prozess ist also sicher erreichbar und kann deshalb realisiert werden.

Wie in Abschnitt 5.1 gezeigt, kann jeder Zustandsgraf in eine Ablaufkette überführt werden. Bild 5.18b zeigt die aus dem Erreichbarkeitsgrafen ermittelte Ablaufkette. Diese Lösung ist zwar kompakt, denn sie umfasst nur ein Programm in Form einer Ablaufkette. Aber die so ermittelte Ablaufkette ist häufig stark verzweigt und teilweise etwas unübersichtlich. Eine Alternative bietet die modulare Lösung.

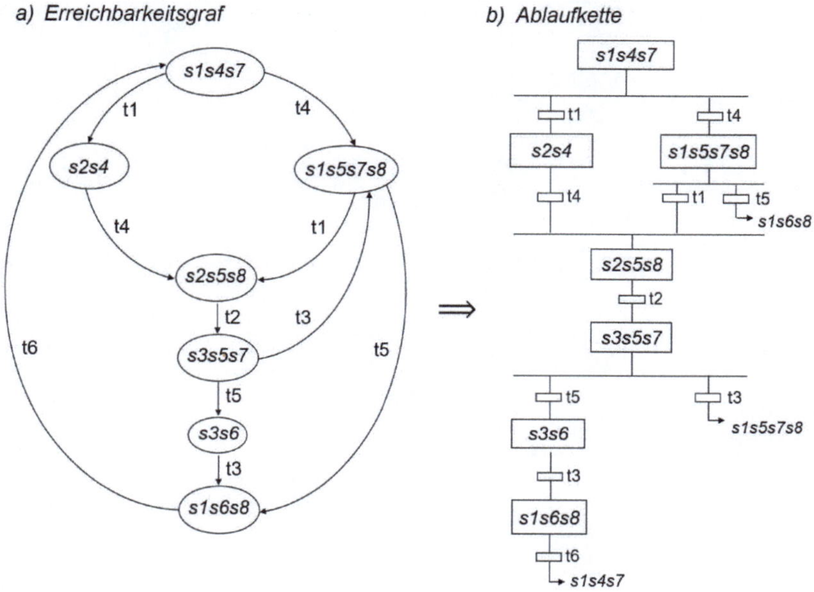

Bild 5.18 Erreichbarkeitsgraf (links) für das Petri-Netz aus 5.17 und die sich daraus ergebende Schrittkette (rechts)

Modulare Lösung

Die modulare Lösung besteht aus drei Programmen, den beiden Programmen für die Ablaufketten (z. B. Bild 5.16) und einem *Koordinationsprogramm* wie in Bild 5.19. Während die Ablaufketten in der Programmiersprache AS erstellt werden, realisiert das Koordinationsprogramm die Zusatzzustände durch RS-Flip-Flops in der Funktionsbausteinsprache.

Für das in Bild 5.17 dargestellte Petri-Netz bedeutet dies, dass die Zusatzzustände s_7 und s_8 durch RS-Flip-Flops im Programm `Koordination` realisiert sind. Sie werden von den Transitionssignalen der Ablaufketten gesetzt und zurückgesetzt (s. Bild 5.19).

Beispiel 5.9: Modulare Lösung zur Koordination paralleler Prozesse

Bild 5.19 zeigt das Koordinationsprogramm für das Beispiel der parallelen Werkstückhandhabung auf der Anlage nach Bild 5.15.

Die Zustände s_7 und s_8 werden durch jeweils ein RS-Flip-Flop gespeichert. Aus Gl. 5.24 erkennt man, dass die Transitionen t_1 oder t_5 das Flip-Flop für den Zustand s_7 zurücksetzen, während es durch die Transitionen t_2 oder t_6 gesetzt wird. Entsprechend wird der Zustand s_8 durch die Transitionen t_3 oder t_4 gesetzt und durch die Transitionen t_2 oder t_6 zurückgesetzt (vgl. Gl. 5.25).

Da die Zustände beim Verlassen der Transitionen erreicht werden, die eventuell aber noch länger erfüllt sind, darf der Zustandswechsel nur bei einem Schrittübergang, also bei einer negativen Flanke des Transitionssignals erfolgen. Bei Start der Anlage, muss die Anfangsmarkierung gesetzt werden.

Die so ermittelten Zusatzzustandssignale sind als globale Variablen `Roboter.frei` und `Lager.frei` in den Schrittketten `Prozess_A` und `Prozess_B` nach Bild 5.16 zu ergänzen. Die Software zu diesem Beispiel kann auf der SPS-Lern- und-Übungsseite getestet werden.

```
PROGRAM Koordination
VAR
 T1, T2, T3, T4, T5, T6: R_TRIG; //Transition erfüllt, wenn Folgeschritt erreicht
 S7, S8: RS; // Zusatzzustände
END_VAR
```

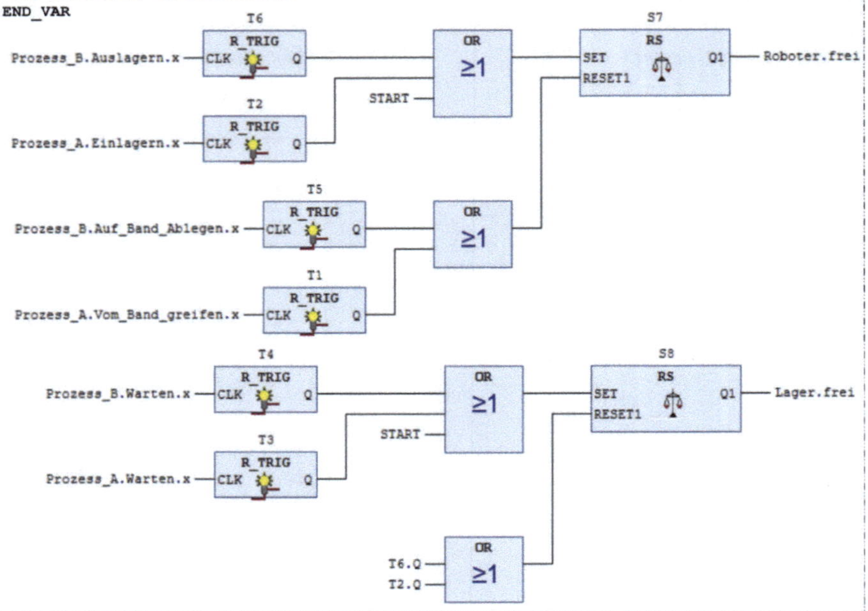

Bild 5.19 Koordinationsansatz für die parallelen Prozesse nach Bild 5.16

Zusammenfassung

Industrielle Prozessabläufe können sehr gut durch *Schrittketten* modelliert und programmiert werden. Lange Schrittketten können durch projektneutrale *Grundfunktionen* strukturiert werden, die man mithilfe einer Prozessanalyse ermittelt. Bei parallelen Abläufen müssen Randbedingungen in *Petri-Netzen* berücksichtigt werden, um den zeitgleichen Zugriff auf ein- und dieselben Betriebsmittel zu verhindern und die Erreichbarkeit der Prozessschritte sicherzustellen.

Mit den hier besprochenen Ablaufsteuerungen ergibt sich der in Bild 5.20 dargestellte, allgemeinen Aufbau der Automatisierungssoftware. Die Ansteuerung der Aktoren und das Einlesen der Sensordaten erfolgt durch CFCs. Hierarchisch sind die Schrittketten (SFCs) den CFCs übergeordnet, denn sie aktivieren durch ihre Aktionen die Ansteuerprogramme der Feldgeräte. Umgekehrt erfolgt die Weiterschaltung von einem Schritt zum nächsten durch Auswertung der Sensorinformation. Die CFCs lesen ihrerseits die Messwerte der Sensoren über die SPS-Eingangskanäle ein und steuern durch die Stellsignale die Aktoren über die Ausgangskanäle der SPS an.

Außerdem hat der Bediener die Möglichkeit, über das Human Machine Interface (HMI) Abläufe zu starten, Sollwerte vorzugeben oder Parameter einzustellen und die wichtigsten Anlagen- und Prozesszustände zu beobachten.

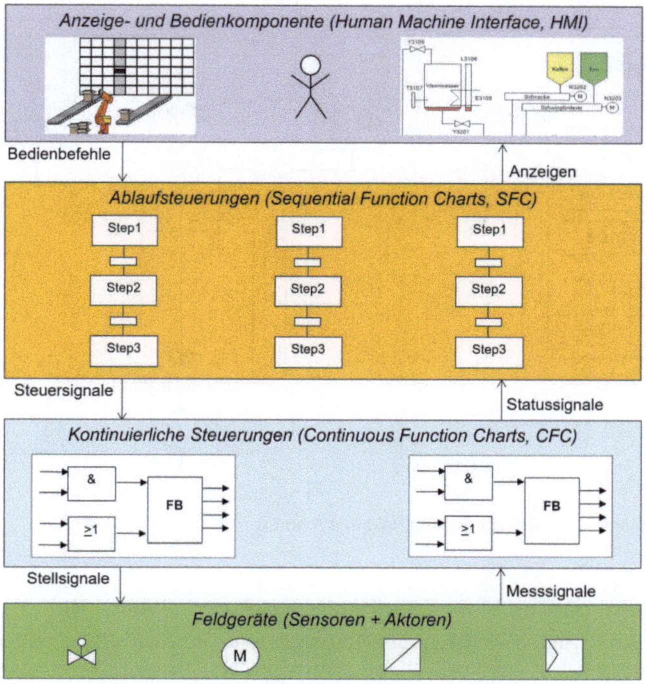

Bild 5.20 Grundsätzlicher Aufbau der SPS-Software mit 4 Ebenen

Wiederholungsfragen

1. Wie kann man eine Ablaufkette systematisch entwerfen?
2. Wie erfolgt der Datenaustausch zwischen SFCs und CFCs?
3. Welche Schutzfunktionen sind für Schrittketten vorzusehen und wie werden sie realisiert?
4. Welche Betriebsarten gibt es für Schrittketten und wie werden sie realisiert?
5. Wie erfolgt die Prozessanalyse?
6. Was versteht man unter einer Grundfunktion?
7. Wie erfolgt die Ablaufprogrammierung mit Grundfunktionen?
8. Wofür werden Petri-Netze eingesetzt?
9. Wie lässt sich die Erreichbarkeit einer Schrittkette nachweisen?
10. Wie kann man Abläufe mit Petri-Netzen modellieren?
11. Wie lässt sich eine Koordination für parallele Abläufe entwerfen?
12. Wie erfolgt die Realisierung koordinierter Abläufe in der SPS?

Die Antworten finden Sie auf der SPS-Lern-und-Übungsseite.

Übung 5.1: Steuerung einer Dreitankanlage durch Verknüpfung von SFC und CFCs

Die in Bild 5.21 skizzierte verfahrenstechnische Anlage soll automatisiert werden. Hierzu wird zunächst die Flüssigkeit B bis zum Niveauschalter LS3 in den Behälter C vorgelegt. Anschließend müssen unter ständigem Rühren 50 Liter der Flüssigkeit A hinzudosiert werden, bevor die Mixtur abgefüllt wird.

a) Erstellen Sie die CFCs! Welche der bereits verwendeten Typicals können Sie nutzen?
b) Erstellen Sie die Ablaufkette in AS!
c) Ergänzen Sie ein Konzept für `HALT`, `STOP` und `ABBRUCH`!
d) Erweitern Sie die Ablaufkette um Betriebsarten!

Die Lösung zu dieser Übung finden Sie auf der SPS-Lern-und-Übungsseite.

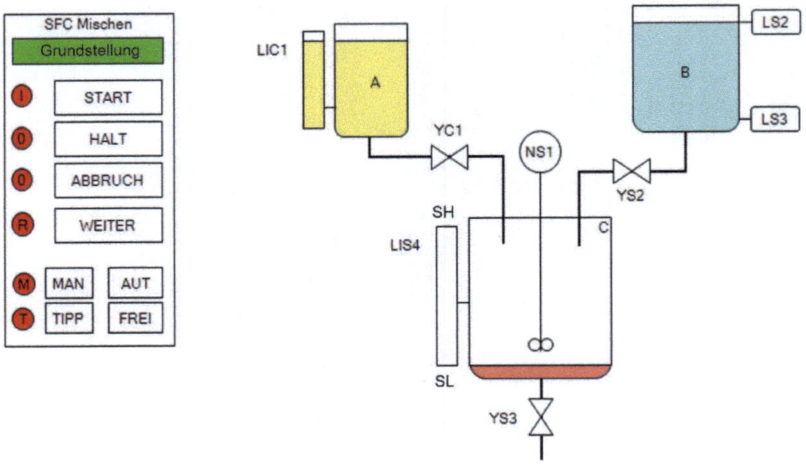

Bild 5.21 3-Tankanlage zum Mischen der Flüssigkeiten A und B

Übung 5.2: Strukturierung einer Schrittkette zur Ampelsteuerung

Die Ampeln A1, A2 und A3 einer Verkehrskreuzung (s. Bild 5.22) sollen mit einer SPS wie in Übung 3.6 gesteuert werden. Aufgrund der dargestellten Verkehrssituation dürfen die Ampeln aber nur nacheinander eingeschaltet werden

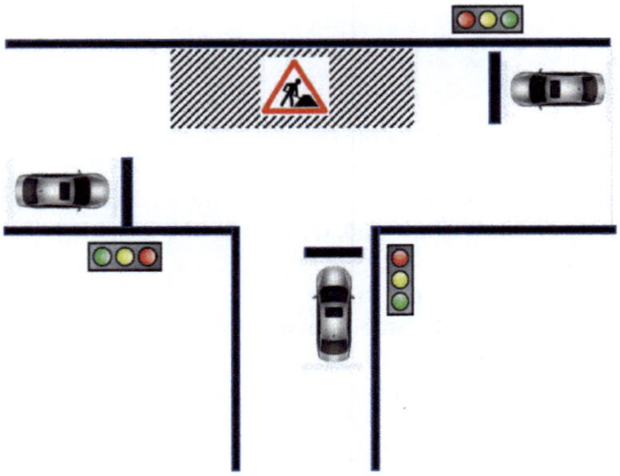

Bild 5.22 Verkehrskreuzung mit drei anzusteuernden Ampeln

a) Programmieren Sie die Ampelschaltung in einem Programm! Verteilen Sie die Schritte auf drei `ACTIONS` in der Programmiersprache AS, die jeweils eine Ampel ansteuern!
b) Entwickeln Sie eine Grundfunktion für die Ansteuerung einer Ampel!
c) Entwickeln Sie ein Programm in AS, die die drei Ampeln durch Nutzung der Grundfunktion aus b) ansteuern!

Die Lösung zu dieser Übung finden Sie auf der SPS-Lern-und-Übungsseite.

Übung 5.3: Verknüpfung von SFC und CFCs durch implizite Variablen

Für eine Gebäudeheizung soll eine Schrittkette programmiert werden, die die Heizung im Tag-Betrieb ein- und im Nacht-Betrieb ausschaltet.

a) Programmieren Sie eine Schrittkette, die in einem Schritt den Tag-Betrieb zwischen 6:00 und 20:00 Uhr und im folgenden Schritt den Nacht-Betrieb zwischen 20:00 Uhr und 6:00 Uhr aktiviert! Die aktuelle Uhrzeit wird durch die Variable `Uhrzeit` vom Datentyp `TIME_OF_DAY` gegeben.
b) Entwickeln Sie mithilfe eines RS-Flip-Flops einen CFC, zum Ein- und Ausschalten der Heizung!
c) Verknüpfen Sie den SFC aus a) und den CFC aus b) durch implizite Schrittkettenvariablen!

Die Lösung zu dieser Übung finden Sie auf der SPS-Lern-und-Übungsseite.

Übung 5.4: Programmierung einer Schrittkette mit RS-Flip-Flops in FUP

Mit dem in Bild 5.23 dargestellten Schrittkettenbaustein lassen sich Ablaufketten in der Funktionsbausteinsprache entwickeln, was den praktischen Anforderungen für Schutzfunktionen und Betriebsarten manchmal besser entgegenkommt als die Programmiersprache AS.

Der Schrittbaustein besitzt dieselbe Funktionalität wie eine Aktion/Transition in AS. Der Schrittmerker `ACTIVE` wird gesetzt, wenn die vorangehende Transition (`TRANS`) erfüllt ist und die vorherige Aktion (`PREV`) noch aktiv ist. Damit wird verhindert, dass Schritte aktiviert werden, deren vorherige Transition zwar erfüllt ist, die aber nach der Ablaufreihenfolge noch gar nicht an der Reihe sind. Der Schrittmerker `ACTIVE` wird ebenso wie die Variable `PREV` zurückgesetzt, wenn der nächste Schritt (`NEXT`) aktiviert ist.

```
FUNCTION_BLOCK STEP
VAR_INPUT
  PREV: BOOL;
  NEXT: BOOL;
  TRANS: BOOL;
  NO: INT;
END_VAR
VAR_IN_OUT
  STEP_NO: INT;
END_VAR
VAR_OUTPUT
  ACTIVE: BOOL;
  ERR: BOOL;
  STEP_TIME: TIME;
END_VAR
VAR
  MAX_TIME: TIME:=t#30m;
  ACTION: RS;
  CLOCK: TON;
  STEP_ACTION: R_TRIG;
END_VAR
```

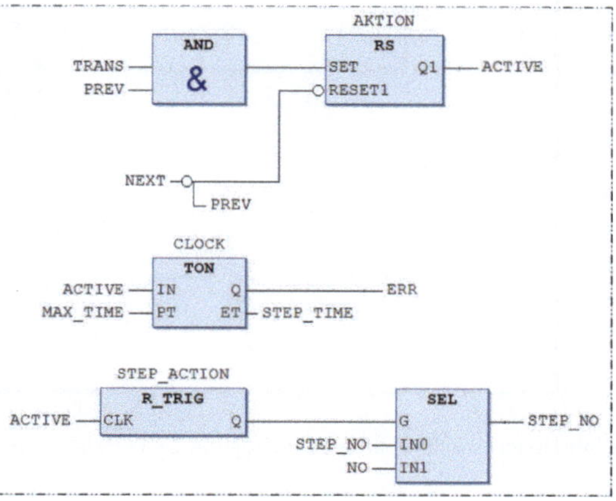

Bild 5.23 Aufbau eines Schrittbausteins zur Realisierung von Ablaufketten in FUP

Der Schrittbaustein meldet einen Fehler (`ERR`), wenn der Schritt länger als eine einstellbare Maximalzeit (`MAX_TIME`) aktiv ist. Weiterhin überschreibt der Baustein die Nummer des gerade aktiven Schritts (`STEP_NO`) mit seiner eigenen Schrittnummer (`NO`), sobald er aktiviert wurde. Somit ist mit der Variablen `STEP_NO` stets der gerade aktive Schritt in der Ablaufkette abrufbar.

Programmieren Sie die Ablaufkette zur Ansteuerung einer Verkehrsampel wie in Übung 3.6 in der Funktionsbausteinsprache unter Verwendung des vorgegebenen Schrittbausteins!

Die Lösung zu dieser Übung finden Sie auf der SPS-Lern-und-Übungsseite.

Übung 5.5: Entwurf von Grundfunktionen für das Auslagern aus einem Hochregallager

Für das Hochregallager nach Bild 5.10 sollen die Grundfunktionen `BF_TAKE` für das Aufnehmen und `BF_GIVE` für das Ablegen von Waren wie in Beispiel 5.5 entwickelt werden. Um die Ware aufzunehmen, muss die Lade des Aufzugs unter die Kiste fahren, die auf einer Palette steht. Dann hebt der Aufzug die Kiste mit der Palette an und fährt die Lade ein. Zum Ablegen der Ware, fährt der Aufzug seine Lade mit der Kiste aus und senkt die Palette ab, bis sie auf dem Boden steht. Danach fährt er die Lade wieder ein.

a) Entwickeln Sie die Grundfunktion `BF_TAKE` zur Aufnahme der Warenkiste!
b) Entwickeln Sie die Grundfunktion `BF_GIVE` zur Ablage der Warenkiste!
c) Programmieren Sie mithilfe der Grundfunktionen aus a) und b) sowie der Grundfunktion `BF_LIFT` aus Beispiel 5.5 den Bewegungsablauf für das Auslagern von Waren aus dem Hochregallager!

Die Lösung zu dieser Übung finden Sie auf der SPS-Lern-und-Übungsseite.

Übung 5.6: Entwurf der Ablaufkette aus dem Erreichbarkeitsgraf

Die Reihenfolge der Handhabungsschritte in der Anlage aus Bild 5.16 soll geändert werden. Der Schritt s_3 (`Einlagern`) soll vor Schritt s_2 (`Vom_Band_greifen`) ausgeführt werden. Zeichnen Sie den Erreichbarkeitsgraf! Was ändert sich am Entwurf? Die Lösung zu dieser Übung finden Sie auf der SPS-Lern-und-Übungsseite.

Übung 5.7: Koordinationsentwurf für eine Zentrifuge

In der Anlage nach Bild 5.24 sollen zwei Produkte A und B durch wiederholtes Schleudern in einer Zentrifuge, die vom Motor `NS1` angetrieben wird, gereinigt werden.

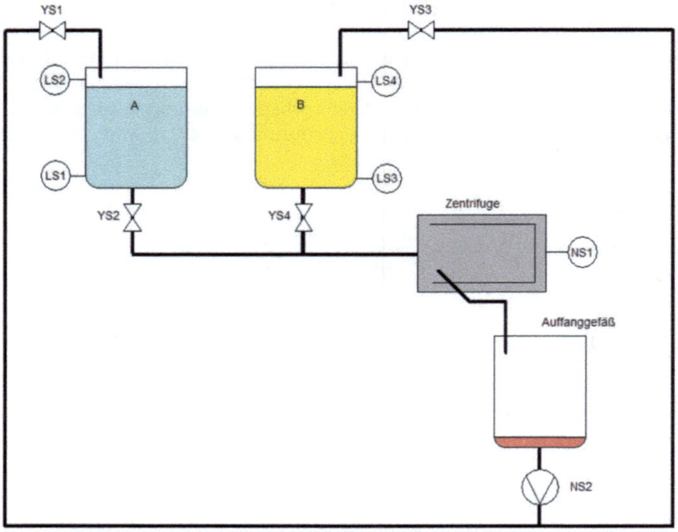

Bild 5.24 Verfahrenstechnische Anlage zur Reinigung der Flüssigkeiten A und B durch Schleudern in einer Zentrifuge

Bei Reinigung des Produkts A wird die Flüssigkeit aus dem Behälter A in die laufende Zentrifuge gefüllt, bis `LS1` erreicht ist. Danach wird die Flüssigkeit durch die Pumpe `NS2` zurück in den Behälter A gepumpt, bis `LS2` erreicht ist. Dieser Vorgang kann mehrmals wiederholt werden.

Gleiches kann mit Produkt B bzw. Behälter B ablaufen. Es darf jedoch stets nur ein Produkt in der Zentrifuge sein, d. h. Zentrifuge (`NS1`) und Pumpe (`NS2`) sind von beiden Reinigungsprozessen gemeinsam genutzte Anlagenteile.

a) Entwerfen Sie jeweils ein Petri-Netz für die Reinigungsprozesse A und B!
b) Geben Sie die Netzmatrix N an und formulieren Sie die Randbedingungen!
c) Berechnen Sie die Zustandsgleichungen für die zusätzlich eingeführten Zustände und ergänzen Sie das Petri-Netz aus a) um die zusätzlichen Zustände!
d) Zeichnen Sie den Erreichbarkeitsgraf und entwickeln Sie daraus die Schrittkette!

Die Lösung zu dieser Übung finden Sie auf der SPS-Lern-und-Übungsseite.

6 Objektorientierte SPS-Programmierung

Die objektorientierte Programmierung (OOP) ist in der Informatik seit Jahrzehnten gängige Praxis. In der Automatisierungstechnik wird die objektorientierte SPS-Programmierung noch zögerlich eingesetzt, obwohl die Software seit jeher objektorientiert strukturiert wird, indem Feldgeräte und Feldgerätetyen auf Objekte bzw. Klassen abgebildet werden (s. Abschnitt 4.1).

Doch die Vorteile der echten OOP durch Generalisierung, Vererbung, Kapselung und Polymorphismus zahlen sich gerade bei großen Softwareprojekten aus, wie sie bei der Automatisierung komplexer Anlagen auftreten. Die Programmierung ist effizienter und weniger fehleranfällig. Die Software wird somit übersichtlicher, flexibler einsetzbar und einfacher wartbar [115].

Mit Codesys und den darauf aufsetzenden SPS-Systemen von Herstellern, wie z. B. ABB, Beckhoff, Schneider u. a., ist es möglich, die SPS-Programmierung nach IEC 61131 objektorientiert durchzuführen [1, 65, 21, 173]. Dem Programmierer stehen somit Syntaxelemente wie Methoden, Eigenschaften, Interfaces, Vererbung etc. zur Verfügung. Bislang gibt es nur wenige Beispiele, die beschreiben, wie die *objektorientierte* SPS-Programmierung (OOSP) zur Anlagenautomatisierung genutzt werden kann [136, 171, 180].

> Im Folgenden wird der Versuch unternommen, die bisher behandelte grafische Logikprogrammierung mit der objektorientierten Programmierung zu kombinieren und damit die Vorteile beider Welten zu nutzen.

6.1 Klassen und Objekte

Die objektorientierte Programmierung beruht auf dem Prinzip, Objekte der *realen* Welt in der Software abzubilden. In der Automatisierungstechnik bedeutet dies, Sensoren und Aktoren als Objekte zu programmieren.

Die zahlreichen Objekte einer Anlage basieren meist auf einer überschaubaren Menge unterschiedlicher Klassen. In Bild 6.1 sind die Objekte und Klassen für eine Förderbandanlage aufgeführt.

Wie bisher dienen Funktionsbausteine zur Programmierung von Klassen, die in Programmen instanziiert werden. Die Instanzvariablen der Funktionsbausteine können global als Datenbausteine deklariert werden. Sie stellen im Klassendiagramm nach Bild 6.2 globale Objekte dar, die in Programmen zu einer Komposition zusammengestellt werden, deren existenzieller Teil die jeweilige Klasse ist.

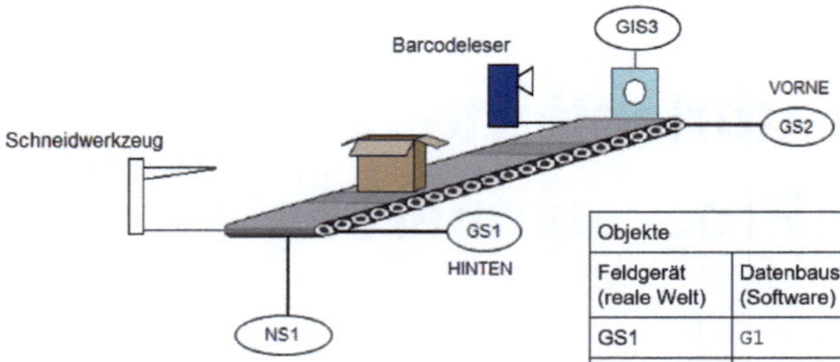

Objekte		Klassen	
Feldgerät (reale Welt)	Datenbaustein (Software)	Feldgerätetyp (reale Welt)	Funktionsbaustein (Software)
GS1	G1	Endschalter (hinten)	TYP_BIN
GS2	G2	Endschalter (vorne)	TYP_BIN
GIS3	G3	Ultraschallsensor	TYP_AIN
NS1	N1	Motor mit einer Drehrichtung	TYP_IDF1

Bild 6.1 Klassen und Objekte einer Förderbandanlage

6.2 Interfaces als abstrakte Klassen

Außerdem sind in Bild 6.2 die Schnittstellen der Klassen als sog. *Interfaces* dargestellt. Interfaces listen die Methoden und Eigenschaften (Properties) einer Klasse auf, jedoch ohne Code. Dieser wird in den Funktionsbausteinen programmiert, um beispielsweise mit Methoden einen Motor anzusteuern oder über die Eigenschaften eines Sensors seine Messwerte einzulesen. Die Funktionsbausteine *implementieren* somit die Interfaces der Klassen, was im Klassendiagramm in Bild 6.2 durch das Schlüsselwort `IMPLEMENTS` veranschaulicht ist.

Dieses Schlüsselwort ist auch bei der Deklaration des Funktionsbausteins in Bezug auf die Schnittstelle anzugeben, wie z. B. durch:

```
FUNCTION_BLOCK TYP_IDF1 IMPLEMENTS Drive1
```

Der Funktionsbaustein `TYP_IDF1` implementiert zur Ansteuerung eines Motors mit einer Drehrichtung das Interface `Drive1` mit den Methoden `AUT`, `FREE`, `OFF`, `ON1` und den Properties `Status` und `OPMode` (s. Bild 6.2). Somit stellt das Interface quasi nur eine leere Hülle der Klasse dar. Es wird auch als abstrakte Klasse bezeichnet, weil die Implementierung für das Interface unerheblich ist [171]. In Bild 6.2 sind außerdem die Interfaces `Sensor` und `Switch` der Klassen für einen analogen und einen binären Sensor exemplarisch aufgeführt.

6.3 Methoden und Eigenschaften

Vergleicht man konventionelle und objektorientierte SPS-Programmierung am Beispiel des Funktionsbausteins `TYP_IDF1` für einen Motor mit fester Drehzahl und einer Drehrichtung in Bild 6.3, erscheint die objektorientierte Programmierung auf den ersten Blick wenig vorteilhaft. Statt einer zusammenhängenden Logik entsteht ein Code, der in einzelne kleine Methoden und Eigenschaften (Properties) zerlegt ist, die jeweils für sich betrachtet nicht viel über die Gesamtfunktion des Bausteins aussagen. Der Überblick geht etwas verloren.

Die Vorteile werden erst bei der Ansteuerung des Funktionsbausteins sichtbar. Instanziiert man den in Bild 6.3 dargestellten Baustein `TYP_IDF1`, so erfolgt die Ansteuerung konventionell durch den Aufruf

```
N1(ON1:=TRUE; OFF:=FALSE; LOCK:=FALSE);
```

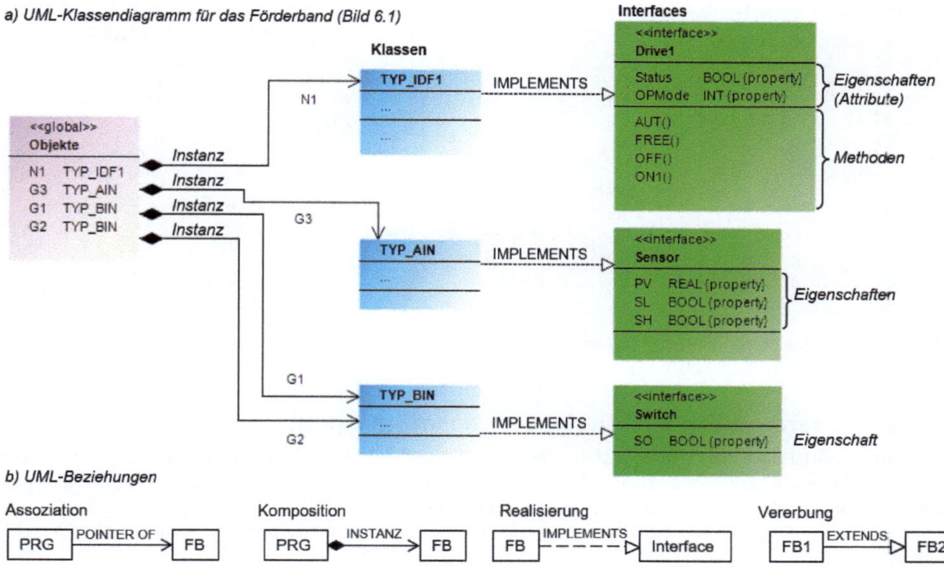

Bild 6.2 UML-Klassendiagramm der objektorientierten SPS-Software zur Steuerung des Förderbandes

wobei `N1` der Instanzname des Funktionsbaustein `TYP_IDF1` ist. In der objektorientierten Programmierung genügt es, einfach nur die gewünschte Methode

```
N1.ON1();
```

aufzurufen, um den Motor einzuschalten.

Ansteuerung von Aktoren

Rein formal wird eine Methode in Codesys als Funktion (Function Code) innerhalb eines Funktionsbausteins realisiert. Da sie Bestandteil eines Funktionsbausteins ist, können zu ihrer Programmierung sowohl die lokalen Variablen der Methode selbst als auch die des Funktionsbausteins verwendet werden. Ein Beispiel ist die Methode `ON1` in Bild 6.3, die im Funktionsbaustein `TYP_IDF1` die Variable `OUT1` zum Einschalten des Motor setzt. Dementsprechend gibt es auch die Methode `OFF` zum Rücksetzen des Stellsignals `OUT1`.

Die Laufmeldung des Motors wird durch die Eigenschaft (Property) `STATUS` eingelesen. Für Properties stehen die intrinsischen Methoden `SET` bzw. `GET` zur Verfügung. Diese sind Bestandteil einer Eigenschaft und müssen nicht deklariert werden. Die Property `STATUS` in Bild 6.3 gibt durch die Methode `GET` an, ob der Motor läuft (`N1.STATUS=TRUE`) oder nicht (`N1.STATUS=FALSE`).

> Methoden und Eigenschaften werden also dazu verwendet, die ursprüngliche Logik eines Funktionsbausteins in kleine Teile zu zerlegen, so dass nur die zu einer Methode oder Eigenschaft gehörende Logik abgearbeitet werden muss. Wie das Beispiel aus Bild 6.3 zeigt, erfolgt die Ansteuerung des Motors durch Methoden, die Abfrage von Statusinformationen durch Eigenschaften.

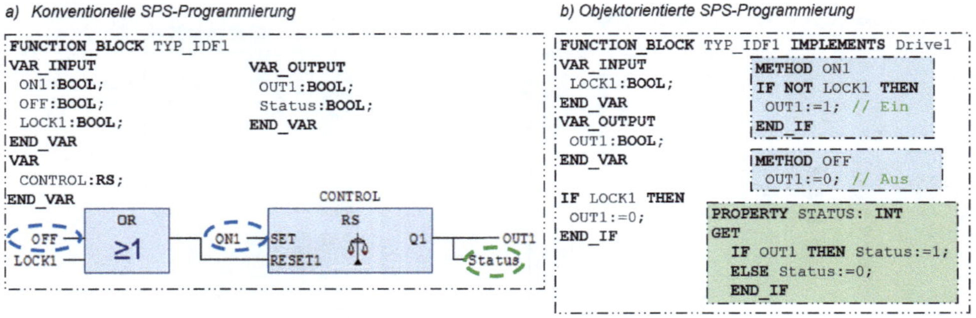

Bild 6.3 Konventionelle und objektorientierte Programmierung eines Motorbausteins für ein Förderband

Beispiel 6.1: Verriegelung des Antriebs an einem Transportband

Im Programm NS1 ist das Objekt N1 als Instanz der Klasse TYP_IDF1 dargestellt (s. Bild 6.4). Dabei ist die Variable LOCK1 die einzig verbliebene Eingangsvariable des Motorbausteins TYP_IDF1. Denn die Ansteuereingänge sind in der objektorientierten Variante in Bild 6.3 durch Methoden ersetzt worden.

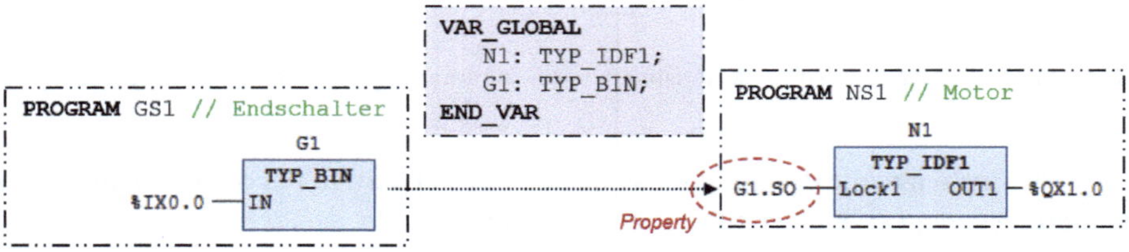

Bild 6.4 Instanziierung des Funktionsbausteins TYP_IDF1 und seine Verriegelung am Endschalter

Ebenso fehlt am Funktionsbaustein TYP_BIN für den Endschalter der Ausgang SO, der als Property in Bild 6.5a realisiert ist. Die Objekte N1 und G1 beider Klassen sind als globale Variablen deklariert und in den Programmen GS1 bzw. NS1 instanziiert. Zur Verriegelung des Motors wird an seinem Eingang LOCK1 die Property G1.SO des Endschalters GS1 abgefragt (s. Bild 6.4). Die Software zu diesem Beispiel kann auf der SPS-Lern-und-Übungsseite getestet werden.

Einlesen von Sensoren

Zum Einlesen von Sensordaten werden also Properties benutzt. Die Property meldet den Messwert als aktuellen Zustand oder Eigenschaft des Feldgeräts zurück. Für binäre Sensoren im Ruhestromprinzip meldet die Property SO des Funktionsbausteins TYP_BIN den negierten Rohwert des Sensorsignals (s. Bild 6.5a).

Analoge Sensoren werden durch den Funktionsbaustein TYP_AIN eingelesen, in dem die Property PV den Messwert (Process Value) aus dem eingelesenen analogen Datenwort gemäß Gl. 3.5 berechnet. Außerdem umfasst der Funktionsbaustein TYP_AIN in Bild auch die Properties SH (Switch High) und SL (Switch Low) für Schaltpunkte an einem oberen und unteren Grenzwert (s. Bild 6.5b).

Verknüpfungslogik

Die meisten Anwender möchten die Verriegelungslogik nach wie vor in einem Funktionsplan sehen, denn dort sieht man auf einen Blick, welche Ursachen zur Verriegelung eines Aktors

a) Funktionsbaustein zum Einlesen eines binären Sensors im Ruhestromprinzip

```
FUNCTION_BLOCK TYP_BIN IMPLEMENTS Switch
VAR_INPUT
 IN: BOOL;
END_VAR
VAR
 Alarm: RS;
 Quit: BOOL;
END_VAR
```

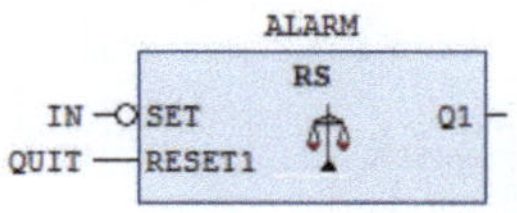


```
PROPERTY SO: BOOL
GET // Switch Optical
 SO:= NOT IN;
```

b) Funktionsbaustein zum Einlesen eines analogen Sensors

```
FUNCTION_BLOCK TYP_AIN IMPLEMENTS Sensor
VAR_INPUT
 X_W: WORD;
 PV_HIGH:REAL;
 PV_LOW:REAL;
 PV_MAX:REAL;
 PV_MIN:REAL;
END_VAR
VAR_OUTPUT
 ERROR:BOOL;
END_VAR
VAR
 X:REAL;
END_VAR

X:=PV; // für Visu
```

```
PROPERTY PV: REAL
GET // Process Value
 IF X_W>27648 OR X_W<0 THEN
  ERROR:=TRUE;
 ELSE
  ERROR := FALSE;
 END_IF
 PV:=INT_TO_REAL(X_W)*(PV_MAX-PV_MIN)/27648+PV_MIN;
```

```
PROPERTY SH: BOOL
GET // Switch High
 IF PV>PV_HIGH THEN SH:=TRUE;
 ELSE SH:=FALSE;
 END_IF
```

```
PROPERTY SL: BOOL
GET // Switch Low
 IF PV<PV_LOW THEN SL:=TRUE;
 ELSE SL:=FALSE;
 END_IF
```

Bild 6.5 Funktionsbausteine zum Einlesen von Sensordaten

führen. Außerdem müssen bestimmte Teile der Logik kontinuierlich und nicht ereignisgesteuert abgearbeitet werden. Deshalb wird auch weiterhin der Verriegelungseingang `LOCK1` für den Einzelsteuerfunktionsbaustein in Bild 6.4 vorgesehen, über den wie im Beispiel des Förderbands die Property `SO` des Endschalters `G1` den Motor `N1` verriegelt. In den meisten Funktionsbausteinen wird neben Methoden und Eigenschaften auch weiterhin konventionelle Logik programmiert, und zwar für:

- Verriegelungen, kontinuierliche Schaltungen und Regelungen,
- Verbindungen zu SPS-Ein- und Ausgangskanälen,
- Visualisierung von Alarmen und Prozesswerten,
- manuelle Bedienung und Vor-Ort-Bedienung.

Beispiel 6.2: Betriebsarten für Einzelsteuerfunktionen

In Abschnitt 4.3.5 wurden Betriebsarten AUT, MAN, LOCAL für Einzelsteuerfunktionen eingeführt, um zu unterscheiden, ob einen Aktor durch Taster vor Ort, manuell über die Anzeige- und Bedienkomponente in der Messwarte (HMI) oder automatisch durch ein anderes Programm angesteuert werden soll.

Da die Anwahl der Betriebsarten LOCAL durch einen Vor-Ort-Taster und die Anwahl der Betriebsart MAN per Mausklick durch den Bediener erfolgt, können diese Betriebsarten nicht durch Aufruf von Methoden aktiviert, sondern müssen durch konventionelle Logik im Funktionsbaustein `TYP_IDF1` realisiert werden (s. Bild 6.6). Die Ansteuerung des Motors in der Betriebsart LOCAL erfolgt mit den Variablen `L_ON1` und `L_OFF`, in der Betriebsart MAN mit den Variablen `M_ON1` und `M_OFF`.

Einzig die Anwahl der Betriebsart AUT erfolgt aus dem Programm heraus und wird deshalb durch Aufruf der Methode `AUT` aktiviert und durch Aufruf der Methode `FREE` deaktiviert.

Mithilfe der Property `OPMODE` in Bild 6.6 kann die angewählte Betriebsart überprüft werden. Durch die Abfrage `N1.OPMODE` wird der Wert 0 für FREE, 1 für AUT, 2 für MAN oder 3 für LOCAL zurückgemeldet. Die Software zu diesem Beispiel kann auf der SPS-Lern-und-Übungsseite getestet werden.

```
FUNCTION_BLOCK TYP_IDF1 IMPLEMENTS Drive1
VAR_INPUT
 Local, L_ON1, L_OFF: BOOL;
 LOCK1:BOOL;
END_VAR
VAR_OUTPUT
 OUT1:BOOL;
END_VAR
VAR
 MAN, M_ON1, M_OFF: BOOL;
 Mode:INT;
END_VAR
// konventionelle Logik
IF Mode=0 THEN  // Anwahl Betriebsart
 IF LOCAL THEN MODE:=3; END_IF
 IF MAN THEN MODE:=2; END_IF
END_IF
IF Mode=2 THEN  // Ansteuerung in MAN
 IF M_ON1 THEN OUT1:=1; END_IF
 IF M_OFF THEN OUT1:=0; END_IF
 IF NOT MAN THEN Mode:=0; END_IF
END_IF
IF Mode=3 THEN  // Ansteuerung in vor-Ort
 IF L_ON1 THEN OUT1:=1; END_IF
 IF L_OFF THEN OUT1:=0; END_IF
 IF NOT LOCAL THEN Mode:=0; END_IF
END_IF
IF LOCK1 THEN    // Verriegelung
 Out1:=0;
END_IF
```

```
METHOD ON1
AUT(); // autom. Einschalten
IF Mode=1 AND NOT LOCK1 THEN
 OUT1:=1;
END_IF
```

```
METHOD OFF
AUT(); // autom. Ausschalten
IF Mode=1 THEN
 OUT1:=0;
END_IF
```

```
METHOD AUT // Betriebsart
IF Mode=0 THEN // anwählen
  Mode:=1;
END_IF
```

```
METHOD FREE // Betriebsart
IF Mode=1 THEN // freigeben
  Mode:=0;
END_IF
```

```
PROPERTY Status: INT
GET // Rückmeldung
 IF OUT1 THEN Status:=1;
 ELSE Status:=0;
END_IF;
```

```
PROPERTY OPMODE: INT
GET // Betriebsart anzeigen
 OPMODE:=Mode;
```

Bild 6.6 Methoden und Eigenschaften des Einzelsteuerfunktionsbausteins für Motoren und Ventile

Datenkapselung

Der Zugriff auf Methoden, Eigenschaften und Klassen kann vom Programmierer eingeschränkt werden. Hierfür kann er bei der Deklaration den Zugriff durch folgende *Access Specifier* erlauben:

- `PUBLIC`: Die Methode, Eigenschaft oder der Funktionsbaustein kann von jedem ohne Einschränkung verwendet werden
- `PRIVATE`: Die Methode steht nur innerhalb der Klasse zur Verfügung, von außerhalb der Klasse kann die Methode nicht aufgerufen werden.
- `PROTECTED`: Auf die Methode kann nur die eigene Klasse oder deren Kindklassen zugreifen.
- `INTERNAL`: Auf die Klasse, Methode oder Eigenschaft kann nur aus dem eigenen Namensraum zugegriffen werden. Hiermit können z. B. bestimmte Methoden nur innerhalb einer Bibliothek zur Verfügung gestellt werden.
- `FINAL`: Die Klasse kann ihre Methoden nicht vererben, die Methoden dürfen nicht überschrieben werden.

Wird bei der Deklaration kein Access Specifier vorgegeben, so ist `PUBLIC` die Standardeinstellung.

6.4 Vererbung

Eine Klasse kann ihre Methoden und Eigenschaften an eine andere Klasse vererben. Dies ist vor allem sinnvoll, wenn eine Klasse eine Erweiterung der anderen darstellt, wie im Fall des Funktionsbausteins TYP_IDF2 für Motoren mit zwei Drehrichtungen, der z. B. die vorgestellten Methoden zur Betriebsartenanwahl genauso benötigt wie der Funktionsbaustein TYP_IDF1 für Motoren mit einer Drehrichtung.

Die Methoden AUT und FREE sowie die Property OPMODE werden durch das Schlüsselwort EXTENDS in der Deklaration

```
FUNCTION_BLOCK TYP_IDF2 EXTENDS TYP_IDF1
```

vom Funktionsbaustein TYP_IDF1 an den Funktionsbaustein TYP_IDF2 vererbt. Somit müssen sie nicht noch einmal programmiert werden. Lediglich die Methode ON2 zur Ansteuerung der zweiten Drehrichtung ist in Bild 6.7 neu zu erstellen.

```
FUNCTION_BLOCK TYP_IDF2 EXTENDS TYP_IDF1 IMPLEMENTS Drive2
VAR_INPUT
 L_ON2: BOOL;
 LOCK2: BOOL;
END_VAR
VAR_OUTPUT
 OUT2: BOOL;
END_VAR
VAR
 M_ON2: BOOL;
END_VAR
...
// konventionelle Logik entsprechend Bild 6.6
...
```

```
METHOD ON2
AUT(); // autom. Einschalten
IF Mode=1 AND NOT LOCK2 THEN
 OUT2:=1;
END_IF
```

```
METHOD OFF
SUPER^.OFF(); // bisheriger Code
IF Mode=1 THEN
 OUT2:=0;
END_IF
```

```
PROPERTY Status: INT
GET // Rückmeldung
 IF OUT1 THEN Status:=1;
 ELSIF OUT2 THEN Status:=2;
 ELSE Status:=0;
END_IF;
```

Bild 6.7 Neue Methoden und Eigenschaften des Einzelsteuerfunktionsbausteins TYP_IDF2, die nicht von TYP_IDF1 geerbt oder überschrieben wurden

Geerbte Methoden können überschrieben werden, indem die Eltern-Methode mit

```
SUPER^.Methode();
```

in der neuen Methode aufgerufen und dann verändert wird. Ein Beispiel hierfür ist die Methode OFF in Bild 6.7. Sie wurde vom Baustein TYP_IDF1 geerbt und wird nun im Baustein TYP_IDF2 um das Rücksetzen des zweiten Ausgangs OUT2 erweitert. Die Property STATUS wird um die zweite Laufrichtung erweitert und deshalb im Funktionsbaustein neu angelegt. Sie überschreibt damit die Property STATUS der Elternklasse TYP_IDF1.

Die Vererbung bezieht sich jedoch nur auf Methoden, Eigenschaften und Variablen. Der übrige Code des Funktionsbausteins TYP_IDF2 bezüglich der Verriegelung LOCK1 und der Ansteuerung des Motors in den Betriebsarten MAN und LOCAL muss genauso programmiert werden wie im Funktionsbaustein TYP_IDF1. Deshalb empfiehlt es sich, den Code soweit wie möglich in Methoden und Eigenschaften zu erstellen.

Die Vererbung bezieht sich sowohl auf die Funktionsbausteine, als auch auf die Interfaces. So erbt in Bild 6.8 das Interface Drive2 der Klasse TYP_IDF2 alle Methoden und Eigenschaften des Interfaces Drive1 der Klasse TYP_IDF1 durch die Deklaration

```
INTERFACE Drive2 EXTENDS Drive1
```

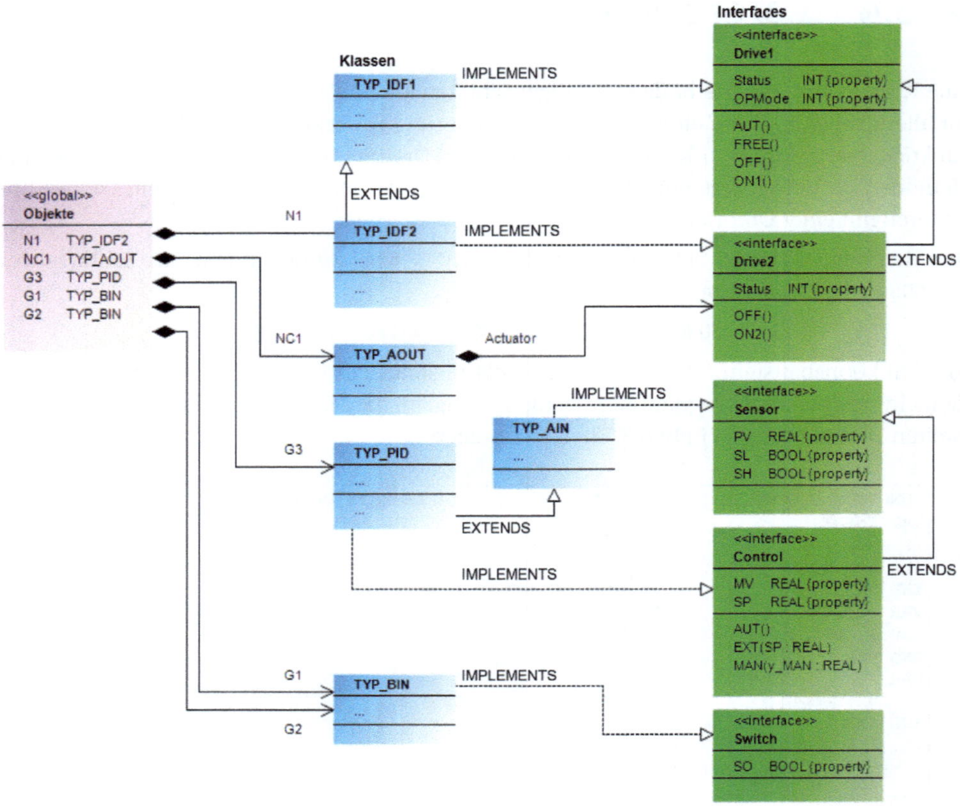

Bild 6.8 Vererbung der Methoden und Eigenschaften von Motoren mit einer Drehrichtung auf solche mit zwei Drehrichtungen sowie von Sensoren auf Regler

In ähnlicher Weise kann die Vererbung nun auch zur Erstellung des Funktionsbausteins `TYP_IDF3` oder für Reglerbausteine genutzt werden, wie das Klassendiagramm in Bild 6.8 zeigt.

Beispiel 6.3: Vererbung bei Reglerbausteinen

Das Transportband aus Bild 6.3 soll nun geregelt an eine Sollposition fahren, die ein Roboter vorgibt, um Objekte aus der Kiste zu greifen. Hierzu misst der Ultraschallsensor GIS3 den Abstand zum Transport-Container auf dem Förderband. Wegen der zusätzlichen Reglerfunktionalität werden Sensor und Aktor im Folgenden gemäß Tabelle 2.3 mit GIC3 bzw. NCS1 bezeichnet. Der Antrieb NCS1 soll seine Drehzahl an die zurückzulegende Distanz anpassen.

Zur Messung der Drehzahl wird der Funktionsbaustein `TYP_AIN` verwendet. Im Unterschied zur konventionellen Logik (s. Bild 3.20) steht der Process Value `PV` nicht als Variable, sondern als *Property* zur Abfrage in anderen Programmen zur Verfügung.

Da die Messung der Regelgröße elementarer Bestandteil jeder Regelung ist, vererbt der Funktionsbaustein `TYP_AIN` seine Eigenschaften (Properties) an den Reglerbaustein `TYP_PID` durch die Deklaration:

```
FUNCTION_BLOCK TYP_PID EXTENDS TYP_AIN
```

Dementsprechend erbt das Interface `Control` wie in Bild 6.8 dargestellt die Eigenschaften des Interfaces `Sensor`:

```
INTERFACE Control EXTENDS Sensor
```

Zur Anwahl der Reglerbetriebsarten werden im Funktionsbaustein `TYP_PID` die Methoden `AUT`, `EXT`, `MAN` entwickelt. Mithilfe der Eigenschaften `MV` und `SP` können der aktuelle Stellwert bzw. der vorgegebene Sollwert ausgelesen werden.

Man könnte nun auch auf die Idee kommen, alle Methoden und Eigenschaften durch Vererbung in einem Baustein für Regler und Aktor zusammenzufassen. Aber das Prinzip „ein Objekt pro Feldgerät“ soll im Sinne einer gut strukturierten Software erhalten bleiben. Die Verbindung zwischen den beiden Objekten `G3` und `N1` wird in Bild 6.9 durch die Eigenschaft `MV` erreicht, die am Funktionsbaustein `NC1` aufgerufen wird, um den Stellwert an den Analogausgang weiterzuleiten.

Außerdem wird der Aktor `N1` mit seinem Interface `Drive2` an den Baustein `TYP_AOUT` übergeben, wo er für positive `MV` die Methode `ON2` zur Aktivierung der *einen* Drehrichtung aufruft und für negative `MV` die Methode `ON1` für die *andere* Drehrichtung. Die Software zu diesem Beispiel kann auf der SPS-Lern-und-Übungsseite getestet werden.

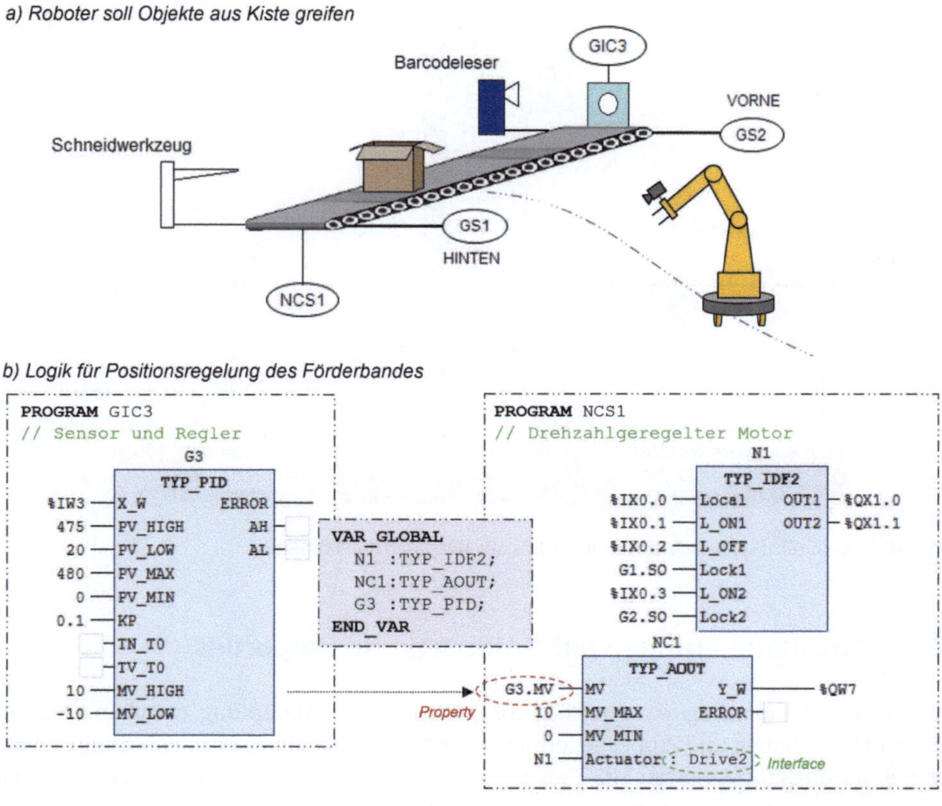

Bild 6.9 Positionsregelung einer Kiste auf einem Förderband mit zwei Drehrichtungen

Die objektorientierten Funktionsbausteine sind zur Verwendung in anderen Projekten in der Bibliothek `automationOOP.library` zusammengefasst und stehen auf der SPS-Lern-und-Übungsseite zur Verwendung zur Verfügung.

6.5 Objektorientierte Ansteuerung der Feldgeräte

Zur Ansteuerung der Sensoren, Regler und Aktoren wurden bisher zahlreiche Methoden und Eigenschaften definiert, mit deren Hilfe Sensoren und Aktoren in CFCs verknüpft werden können so wie etwa zur Drehzahlregelung in Bild 6.9. Die Verknüpfung kann aber auch durch Ablaufketten (SFCs) erfolgen, indem Properties zur Abfrage von Sensordaten als *Weiterschaltbedingungen* und Methoden in den *Aktionen* aufgerufen werden, um Aktoren oder Regler anzusteuern.

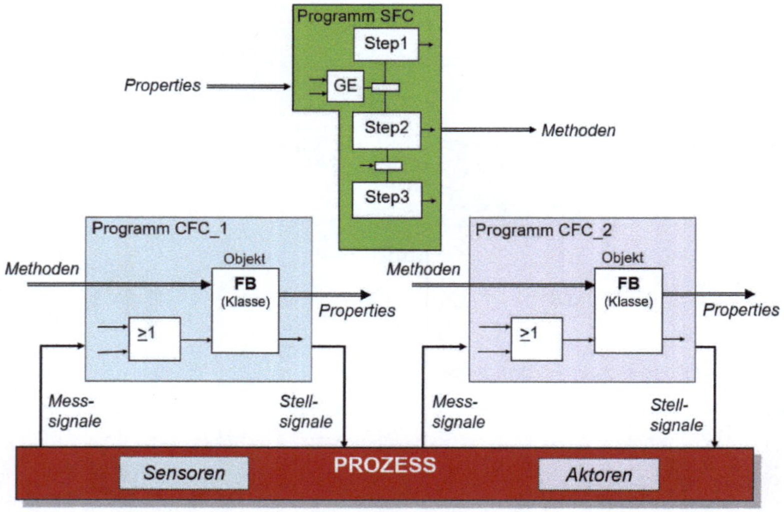

Bild 6.10 Kommunikation zwischen SFCs und CFCs mit Methoden und Properties

6.5.1 Ablaufsteuerungen mit Methoden und Properties

Das *Kommunikationsdiagramm* in Bild 6.10 zeigt, wie die Verknüpfung zwischen CFCs und SFCs durch Methoden und Properties erfolgt. Anstatt durch Variablen wie in Abschnitt 5.4 werden bei der objektorientierten SPS-Programmierung in den Aktionen Methoden aufgerufen und in den Transitionen Properties von Funktionsbausteinen abgefragt.

Für das Beispiel der Transportbandsteuerung steuert die Schrittkette in Bild 6.11 durch die Methoden `MAN` und `AUT` des Reglers den Antriebsmotor an. Da der Regler bereits im CFC die Methoden `ON1` , `ON2` und `OFF` des Motors *kontinuierlich* ansteuert, können diese nicht auch noch von der Schrittkette aus wirksam werden. Die Schrittkette hat also nur Zugriff auf den Regler, nicht auf den Motor.

Um die Kiste zum Endschalter GS2 zu fahren, muss der Regler GIC3 in die Betriebsart `MAN` geschaltet und die Drehzahl als *manueller Stellwert* von der Schrittkette an den Regler übergeben werden. Dazu ruft die Schrittkette in der Aktion `Vorfahren` die Methode `G3.MAN(-STELL)` des Reglers auf (s. Bild 6.11). Der dabei übergebene Stellwert wird auf die Klasse `TYP_AOUT` in

Bild 6.9 geschrieben und veranlasst den Aufruf der Methode `ON2` im Objekt `Actuator`, so dass das Band zum Barcodeleser fährt.

Auf die gleiche Art und Weise wird ein externer Sollwert durch Aufruf der Methode `G3.EXT(SOLL)` von der Schrittkette auf den Reglerbaustein `G3` der Klasse `TYP_PID` geschrieben. Die Transitionen der Schrittkette fragen die Properties der Feldgeräte ab, wie z. B. `G2.SO` oder `G3.PV`, um zu prüfen, ob der Endschalter angefahren wurde bzw. der Istwert den Sollwert erreicht hat.

Beispiel 6.4: Schrittkette zur Steuerung des Transportbands

Das Transportband aus Bild 6.9 soll nun folgende Positionen anfahren. Zunächst ist die Kiste zur Identifikation an den Barcodeleser zu fahren. Danach soll sie vom Schneidwerkzeug geöffnet und an eine vorgegebene Sollposition gefahren werden, an der ein Roboterarm Werkstücke aus der Kiste greifen kann.

Hierzu wird in Bild 6.11 eine Schrittkette in der Ablaufsprache AS programmiert, die im Schritt Grundstellung den Regler durch die Betriebsart `MAN` ausschaltet und den Motor mit dem Stellwert 0 zum Stehen bringt. Dies wird durch die Property `N1.Status=0` in der nachfolgenden Transition abgefragt. Außerdem wird durch die Property `N1.OPMODE=1` überprüft, ob der Motor in die Betriebsart AUT geschaltet wurde. Somit sind Regler und Motor für die weitere Ansteuerung durch die Schrittkette bereit.

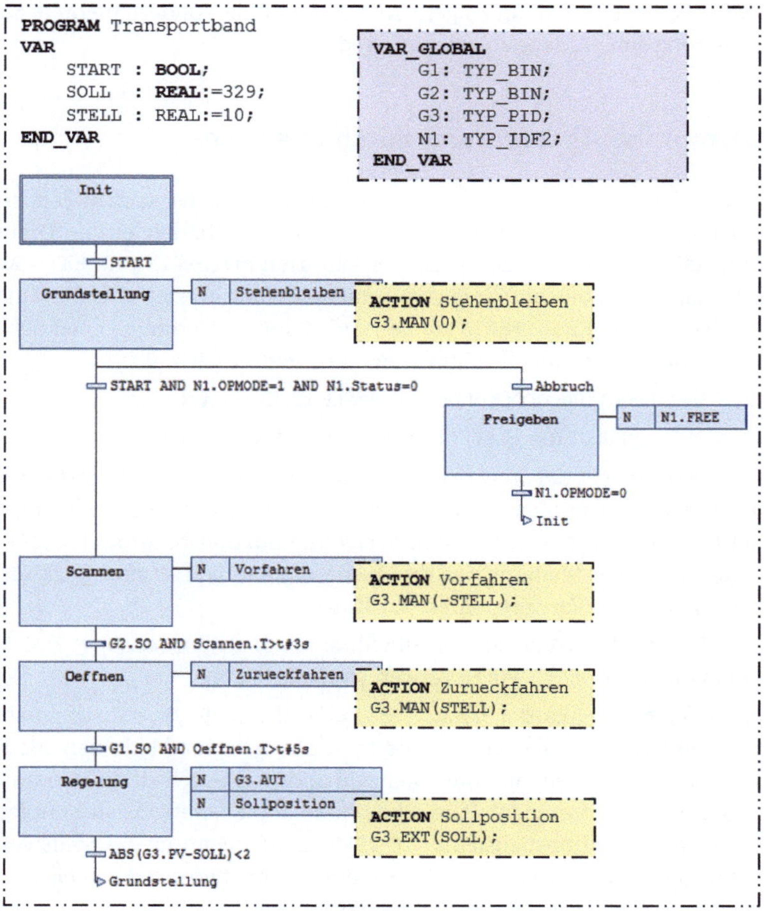

Bild 6.11 Schrittkette zur Steuerung des Transportbandes aus Bild 6.9

Im nächsten Schritt wird die ACTION `Vorfahren` aufgerufen, in der durch die Methode `G3.MAN` ein manueller Stellwert an den Motor übergeben wird, so dass sich das Transportband mit maximaler Drehzahl zum Barcodeleser bewegt. Wenn die Eigenschaft `G2.SO` meldet, dass die Kiste den Endschalter erreicht hat, werden im nächsten Schritt die ACTION `Zurueckfahren` aufgerufen, in der die Kiste in umgekehrter Richtung zum Schneidwerkzeug gefahren wird. Nachdem der Endschalter GS1 erreicht wurde, wird der Positionsregler durch Aufruf der Methode `G3.AUT` eingeschaltet.

Daraufhin führt die Regelung eine Bewegung des Transportbandes aus, bis die Kiste eine vorgegebene Sollpostion erreicht hat. Den Sollwert hierfür übergibt die Schrittkette durch Aufruf der Methode `G3.EXT(SOLL)` an den Reglerbaustein.

Mithilfe der Eigenschaften `G3.PV` sowie `G3.SP` wird festgestellt, wann der Istwert `PV` den Sollwert `SP` erreicht hat. Danach springt die Kette wieder in den Schritt Grundstellung, der das Band anhält. Die Schrittkette kann durch den Befehl `ABBRUCH` des Bedieners beendet werden und gibt dabei die Betriebsart des Motors frei. Die Software zu diesem Beispiel kann auf der SPS-Lern-und-Übungsseite getestet werden.

Wie das Beispiel der Transportbandsteuerung zeigt, lässt sich so der Prozessablauf sehr einfach in Schrittketten programmieren. Durch Methoden und Eigenschaften entstehen übersichtliche Strukturen, mit denen der Anwender intuitiv programmieren kann, ohne sich immer um alle Details, wie z. B. Betriebsartenansteuerung, Variablennamen o. ä., kümmern zu müssen. Dies wird noch deutlicher, wenn im Folgenden nicht nur eine, sondern mehrere Schrittketten zur Automatisierung einer Anlage erforderlich sind.

6.5.2 Polymorphe Ansteuerung durch Interfaces

Feldgeräte unterscheiden sich zwar in der Logik, die Schnittstelle nach außen ist jedoch oft gleich. Beispielsweise ist der jeweilige Regelalgorithmus bei PID-Regler und Dreipunktregler zwar unterschiedlich, die Methoden für die Betriebsarten AUT, MAN und EXT sowie die Properties zur Ausgabe von Soll- und Stellwerten müssen aber in allen drei Varianten vorhanden sein. Durch den Befehl `IMPLEMENTS` können gleichnamige Methoden einer Schnittstelle in Funktionsbausteinen unterschiedlich implementiert werden, wie z. B.:

```
FUNCTION_BLOCK TYP_PID IMPLEMENTS Control bzw.
FUNCTION_BLOCK TYP_3PT IMPLEMENTS Control
```

Bild 6.12 zeigt die Interfaces der Sensoren und Regler. Im Fall des PID-Reglers erzeugt die Methode `MAN` einen Stellwert mit kontinuierlichem Wertebereich, der durch die Eigenschaft `MV` abgefragt werden kann. Bei einem *Dreipunktregler* im Funktionsbaustein `TYP_3PT` nimmt der Stellwert in gleichnamiger Methode nur drei Werte an, nämlich -1 zum Rückwärtsfahren, 0 zum Stehenbleiben, 1 zum Vorwärtsfahren (s. Übung 6.2).

Ähnliches gilt für die Schnittstelle `Sensor`, die für einen analogen Sensor `TYP_AIN`, aber auch für einen Inkrementalsensor `TYP_PULSE` verwendet werden kann.

Auch die Schnittstellen der Aktoren in Bild 6.13 sind so allgemein, dass sie von mehreren Klassen verwendet werden. Die in der Schnittstelle `Drive2` festgelegten Methoden und Eigenschaften werden sowohl für Motoren mit fester Drehzahl und zwei Geschwindigkeitsstufen als auch von Schrittmotoren und Motoren mit Pulsweitenmodulation benötigt. Dabei erfolgt z. B. durch die Methode `ON2` des Funktionsbausteins `TYP_IDF2` die Ansteuerung des Stellsignals `OUT2` direkt. Dagegen erzeugt die Methode `ON2` im Fall eines Schrittmotors das Stellsignal `CLK` über einen Taktbaustein, so dass ein Taktsignal ausgegeben wird.

Auch hier werden also gleichnamige Methoden durch unterschiedliche Logik implementiert. Solche Methoden werden auch als *polymorph* (vielgestaltig) bezeichnet.

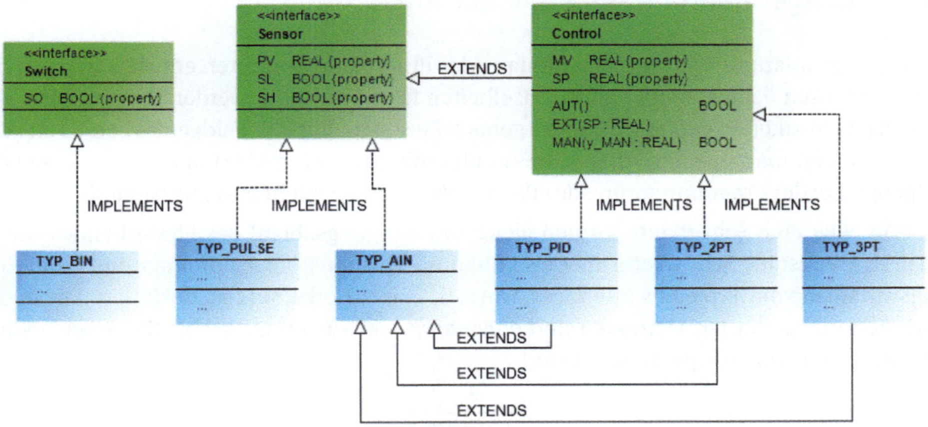

Bild 6.12 Interfaces der Sensoren und Regler

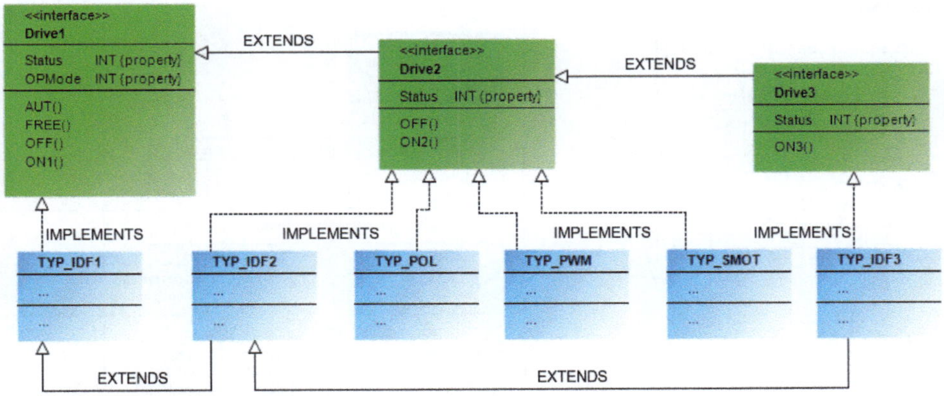

Bild 6.13 Interfaces der Aktoren

Polymorphismus

Unter Polymorphismus versteht man, dass Objekte in einem Programm oder einem Funktionsbaustein verschiedene Gestalten annehmen können. Beispielsweise steuert der Funktionsbaustein `TYP_AOUT` in Bild 6.9 einen Motor über das Interface `Drive2` an. Welcher Motortyp dadurch angesteuert wird, ist damit aber nicht festgelegt. Der Motor kann vom `TYP_IDF2` oder `TYP_PWM` sein. Alle diese Motoren können durch die Methoden `ON1` und `ON2` ihre Drehrichtung ansteuern. Die Software kann somit flexibel für verschiedene Motortypen verwendet werden.

> Polymorphe Funktionsbausteine nutzen also identische Namen für Methoden und Properties, die aber unterschiedlich implementiert sind [65, 115].

6.5.3 Anlagenneutrale Ablaufsteuerung

In der Anlagenplanung wird meist am Anfang das Produktionsverfahren entwickelt, bevor die Anlage mit ihren Feldgeräten in allen Einzelheiten feststeht. Somit werden Prozessabläufe in Form von Schrittketten geplant, ohne die genaue Funktionalität der Feldgeräte bereits zu kennen. Verwendet man in einer Schrittkette nun Interfaces als *abstrakte* Klassen, so müssen die Feldgeräte bei der Programmierung des Prozessablaufs noch nicht exakt feststehen.

Bild 6.14 zeigt eine Schrittkette für den gleichen Bewegungsablauf des Förderbandes wie in Bild 6.11. Hier ist die Schrittkette aber als Funktionsbaustein `BF_Band` programmiert, der Eingangsvariablen vom Typ eines Interfaces, wie z. B. `Control` oder `Switch`, deklariert. Die in der Schrittkette ausgeführten Methoden sind *polymorph*, weil sie für unterschiedliche Feldgerätetypen unterschiedlich implementiert sind.

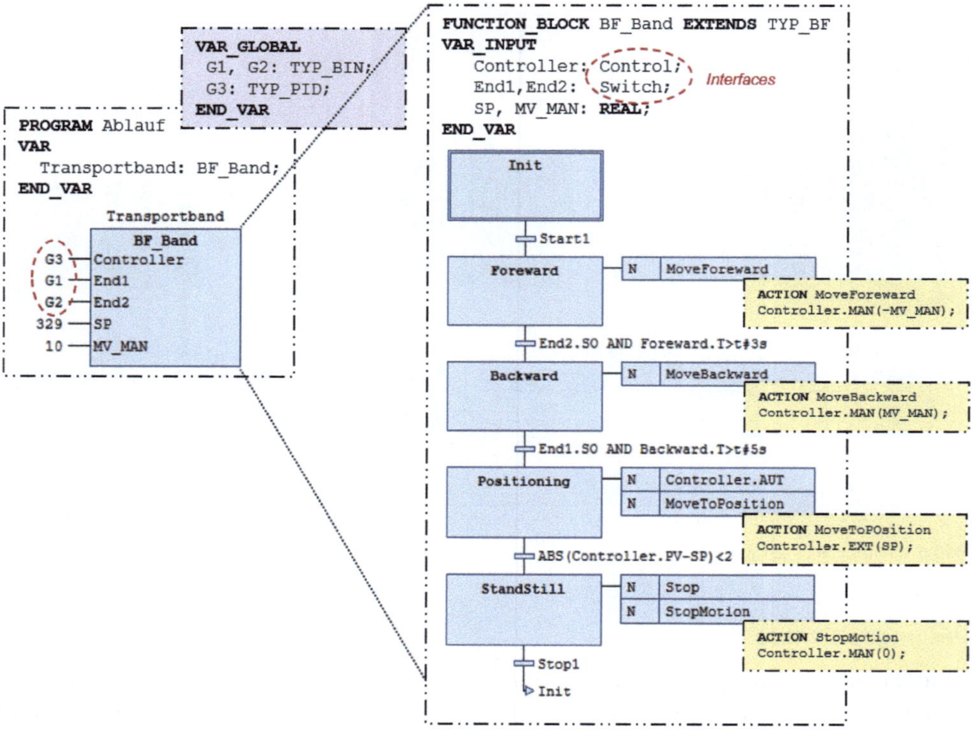

Bild 6.14 Anlagenneutrale Grundfunktion (`Basic_Function`) für den Bewegungsablauf des Transportbandes und Zuordnung der anzusteuernden Feldgeräte (`G1`, `G2`, `G3`) bei der Instanziierung des Funktionsbausteins

Somit kann die Schrittkette verschiedene Sensor-, Regler- und Motortypen ansteuern, je nachdem mit welchen Feldgeräten die Anlage ausgerüstet wird. Die Zuordnung der Feldgeräte erfolgt dann erst bei der Instanziierung des Schrittkettenbausteins.

Solche *anlagenneutralen* Schrittkettenbausteine wie in Bild 6.14 nennt man auch Grundfunktionen (engl. Phase oder Basic Function). Sie haben den Vorteil, dass sie als Funktionsbausteine für mehrfach auftretende Abläufe immer wieder verwendet werden können. Das Starten und Beenden von Grundfunktionen wird durch das in Bild 6.15 dargestellte Grundfunktions-

```
FUNCTION_BLOCK TYP_BF
VAR
    Start1, Stop1:BOOL;
END_VAR

METHOD Start        METHOD Stop         PROPERTY Ready:BOOL
  Start1:=1;          Start1:=0;        GET
  Stop1:=0;           Stop1:=1;           Ready:=Stop1;
```

Bild 6.15 Methoden und Properties zum Starten und Beenden von Grundfunktionen

typical `TYP_BF` und seine Methoden `Start` und `Stop` veranlasst. Diese werden ebenso wie die Property `Ready`, die meldet, dass die Grundfunktion fertig abgeschlossen ist, an alle Grundfunktionen vererbt.

Das Prinzip, Produktionsprozesse durch Aneinanderreihung von Grundfunktionen zu modellieren, bildet die Grundlage von Rezeptsteuerungen, die zur Automatisierung von Chargenprozessen in verfahrenstechnischen Anlagen eingesetzt werden.

6.6 Flexible Ablaufsteuerung durch Rezeptfahrweise

Die Rezeptfahrweise basiert auf der Idee, einen Produktionsablauf wie ein Kochrezept anlagenneutral mit skalierbaren Mengenangaben zu beschreiben. Dabei wird der Prozess in wiederverwendbare *Grundfunktionen* wie Rühren, Heizen, Dosieren und übergeordnete *Grundoperationen* für Hauptverfahrensschritte wie z. B. Lösen, Mischen, Trennen aufgeteilt. Grundoperationen und Grundfunktionen lassen sich gut als parametrierbare und wiederverwendbare Bausteine im Automatisierungssystem abbilden [16, 25, 81, 67]. Mithilfe der objektorientierten SPS-Programmierung werden die Abläufe zunächst anlagenneutral auf Basis von Klassen und ihren Interfaces entwickelt, denen erst bei Anwendung in einer konkreten Anlage die Objekte zur Ansteuerung der Feldgeräte zugewiesen werden.

Die Flexibilität von Rezeptsteuerungen wird dadurch erreicht, dass die Rezepte nicht nur *anlagenneutral*, sondern möglichst auch *mengen-* und *produktneutral* sind. Wie bei einem Kochrezept können die Mengenangaben für die Einsatzstoffe auf die gewünschte Produktmenge skaliert werden. Durch Parametrierung können Variationen beim Prozessablauf erreicht werden. Im Folgenden wird der Rezeptentwurf am Alltagsbeispiel des Kaffeekochens gezeigt, was durch wenig Variation auch für das Teekochen übernommen werden kann.

6.6.1 Entwurf von Rezeptsteuerungen

Das Prozessmodell in Bild 6.16 zeigt, dass ein *Grundrezept* aus mehreren Grundoperationen besteht, die wiederum aus mehreren Grundfunktionen bestehen. Parallel dazu besteht das Anlagenmodell aus Teilanlagen, die von den Grundoperationen angesteuert werden, und Anlagenteilen, die von den Grundfunktionen angesteuert werden [67]. Den Anlagenteilen werden bei Anwendung in einer konkreten Anlage deren Feldgeräten zugeordnet. Zur Herstellung einer einzelnen Charge wird das Grundrezept in einem *Steuerrezept* instanziiert, dem dann auch

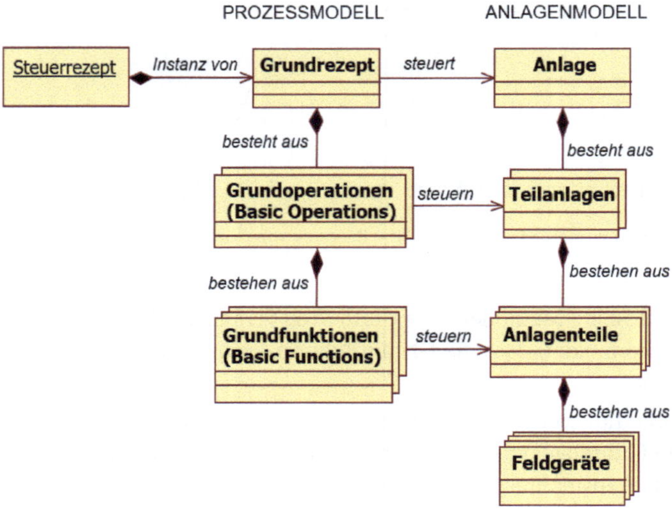

Bild 6.16 Prozess- und Anlagenmodell nach IEC 61512

konkrete Werte für die Rezeptparameter wie Starttermin, Chargennummer, Mengenvorgaben etc. zugewiesen werden.

Der *Steuerungsentwurf* basiert auf einem systematischen Vorgehen, der sog. SADT-Methode (Structured Analysis and Design Technique) [170]. Dabei wird der Herstellungsprozess wie bereits in Abschnitt 5.5 in Prozessphasen zerlegt, die durch anlagenneutrale Grundfunktionen als allgemein einsetzbare Klassen realisiert werden. Anschließend setzt man die Phasen durch Instanziierung dieser Klassen wieder zusammen. Das Vorgehen gliedert sich also in vier Schritte:

1. *Zerlegung* des Produktionsprozesses in verschiedene Tätigkeiten, die zur Herstellung des Produktes durchgeführt werden müssen,
2. Entwurf *anlagenneutraler* Grundfunktionen, die die ermittelten Tätigkeiten in Form von Ablaufketten unabhängig von bestimmten Geräten in der Anlage modellieren,
3. Komposition des Rezepts durch *Zusammensetzung* der Grundfunktionen zu Grundoperationen und Zusammensetzung der Grundoperationen zum Grundrezept,
4. Zuordnung der *Feldgeräte* in der Anlage zu den Grundfunktionen.

Bild 6.17 zeigt ein Prozessphasendiagramm für das Beispiel des Kaffee- bzw. Teekochens. Durch Verfolgung des Materialflusses kann man sich überlegen, wie das Material im Prozess bearbeitet wird. Dementsprechend findet man Prozessphasen, die zu Grundoperationen zusammengefasst werden können.

Im Prozessphasendiagramm sind die Ein- und Ausgangsstoffe links und rechts an die Prozessblöcke eingetragen. Die zur Automatisierung eingesetzte (Teil-)Anlage und der Bediener werden oben, die erforderlichen Softwaremodule wie Grundfunktionen und Rezeptparameter werden unten an den Prozessblöcken angegeben.

Schritt 1: Prozesszerlegung

Ausgehend vom Prozessphasendiagramm nach Bild 6.17 wird der Herstellungsprozess in einfache Teilvorgänge zerlegt und schrittweise verfeinert. Für das Kaffeekochen kommt man –

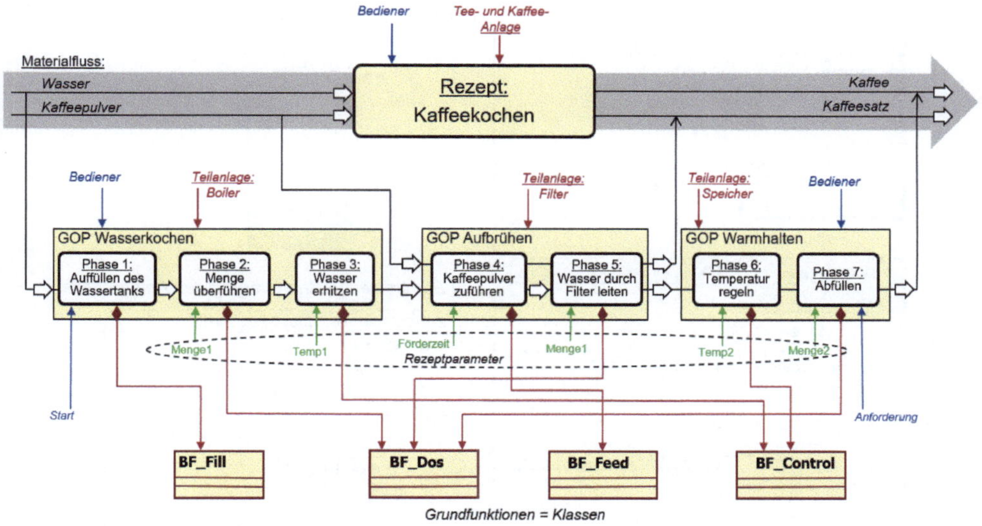

Bild 6.17 Prozessphasendiagramm für das Rezept Kaffeekochen

den Prozess auf einer normalen Kaffeemaschine vor Augen – auf die drei Grundoperationen „Wasserkochen“, „Aufbrühen“ und „Warmhalten“. Den gefundenen Grundoperationen werden verschiedene Grundfunktionen und Parameter zugeordnet.

Beispiel 6.5: Prozessanalyse für das Kaffeekochen

In der Grundoperation „Wasserkochen“ wird zunächst der Wasservorrat durch eine entsprechende Grundfunktion in Phase 1 aufgefüllt. In den folgenden Phasen 2 und 3 wird eine vorgegebene Menge Wasser in den Boiler überführt und erhitzt, bis das Wasser kocht. Durch die Grundoperation „Aufbrühen“ wird zunächst Kaffeepulver in ein Filter befördert (Phase 4) und anschließend das kochende Wasser durch das Filter in einen Warmhaltebehälter überführt (Phase 5). In Phase 6 wird der Kaffee durch die Grundoperation „Warmhalten“ auf einer gewissen Temperatur gehalten. Der Bediener kann dann in Phase 7 eine Tasse abfüllen.

Die Prozessphasen werden auch als *Steuerfunktionen* bezeichnet, weil sie Instanzen der Grundfunktionen darstellen. Zum Entwurf müssen für die Instanzen möglichst allgemeingültige Klassen als anlagenneutrale Grundfunktionen gefunden werden. So kann z. B. die Grundfunktion `BF_DOS` sowohl zum Überführen der Wassermenge in den Boiler (Phase 2) oder durch das Filter in den Warmhaltebehälter (Phase 5) als auch zum Abfüllen einer Tasse in Phase 7 eingesetzt werden. Die Grundfunktion `BF_Control` kann zum Wasserkochen in Phase 3 oder zum Warmhalten des Kaffees in Phase 6 benutzt werden. Einzig die Grundfunktionen `BF_Fill` und `BF_Feed` werden hier nur für jeweils eine Phase genutzt (s. z. B. Bild 6.18).

Schritt 2: Entwurf polymorpher Grundfunktionen

Die Grundfunktionen werden nun wie in Abschnitt 6.5.3 als Schrittketten in Funktionsbausteinen programmiert, ohne anlagenspezifische Feldgeräte anzugeben. Stattdessen wird in Bild 6.18 ein Prototyp eines Anlagenteils angenommen und für dessen Feldgeräte die Schrittkette programmiert.

Die Interfaces dieser Feldgeräte werden als Eingangsvariablen der Grundfunktionen deklariert, so dass ihre Methoden und Properties die Feldgeräte ansteuern können. Da die Methoden und Eigenschaften für verschiedene Feldgeräteklassen teilweise unterschiedlich imple-

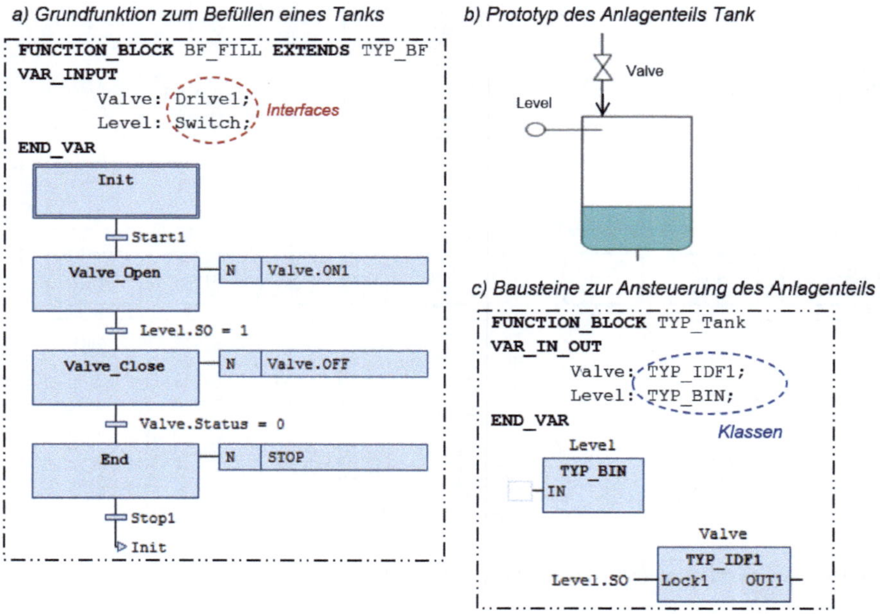

Bild 6.18 Grundfunktion `BF_FILL` zum Befüllen eines Tanks, dessen Feldgeräteklassen im Funktionsbaustein `TYP_Tank` angesteuert werden

mentiert sind, handelt es sich um *polymorphe* Grundfunktionen, die unterschiedliche Feldgerätetypen mit den gleichen Methoden und Properties ansteuern können.

Die folgenden Beispiele zeigen, wie gemäß dem Prozess- und Anlagenmodell aus Bild 6.16 Grundfunktionen und die Ansteuerung der zugehörigen Anlagenteile entwickelt werden.

Beispiel 6.6: Grundfunktion zum Befüllen eines Tanks

In Bild 6.18a ist die Grundfunktion (Basic Function) `BF_Fill` als Funktionsbaustein in AS programmiert. Sie steuert zum Befüllen eines Behälters ein Zulaufventil oder eine Zulaufpumpe an, bis ein Niveauschalter erreicht ist (s. Bild 6.18b). Hierfür verwendet sie die Methoden und Properties der Schnittstellen `Drive1` für ein Zulaufventil und `Switch` für einen Niveauschalter.

Der Prototyp des Anlagenteils Tank ist im Funktionsbaustein `TYP_Tank` programmiert (s. Bild 6.18c). Darin werden die Funktionsbausteine `TYP_IDF1` und `TYP_BIN` instanziiert, denn ohne Instanziierung kann keine Ansteuerung erfolgen. Außerdem sind in dem Funktionsbaustein des Anlagenteils schon interne Verriegelungen wie der Überlaufschutz programmiert.

Alle Grundfunktionen erweitern das Grundfunktionstypical `TYP_BF` nach Bild 6.15, damit durch dessen Methoden `START` und `STOP` sowie die Property `READY` das Starten und Beenden jeder Grundfunktion aktiviert werden kann.

Beispiel 6.7: Grundfunktion zum Dosieren

Die Grundfunktion `BF_DOS` in Bild 6.19a ermöglicht es, eine vorgegebene Menge einer Flüssigkeit mittels einer Pumpe und zweier Absperrventile in einen Behälter zu dosieren. Die dosierte Menge wird durch einen analogen Füllstandsensor gemessen und überwacht, in dem der Zulauf geschlossen wird, wenn die Differenz zwischen Sollwert `SP` und Istwert `Level.PV` klein genug ist. Dadurch kann die Grundfunktion die Menge sowohl für den Zulauf als auch für das Abfüllen von Flüssigkeiten überwachen.

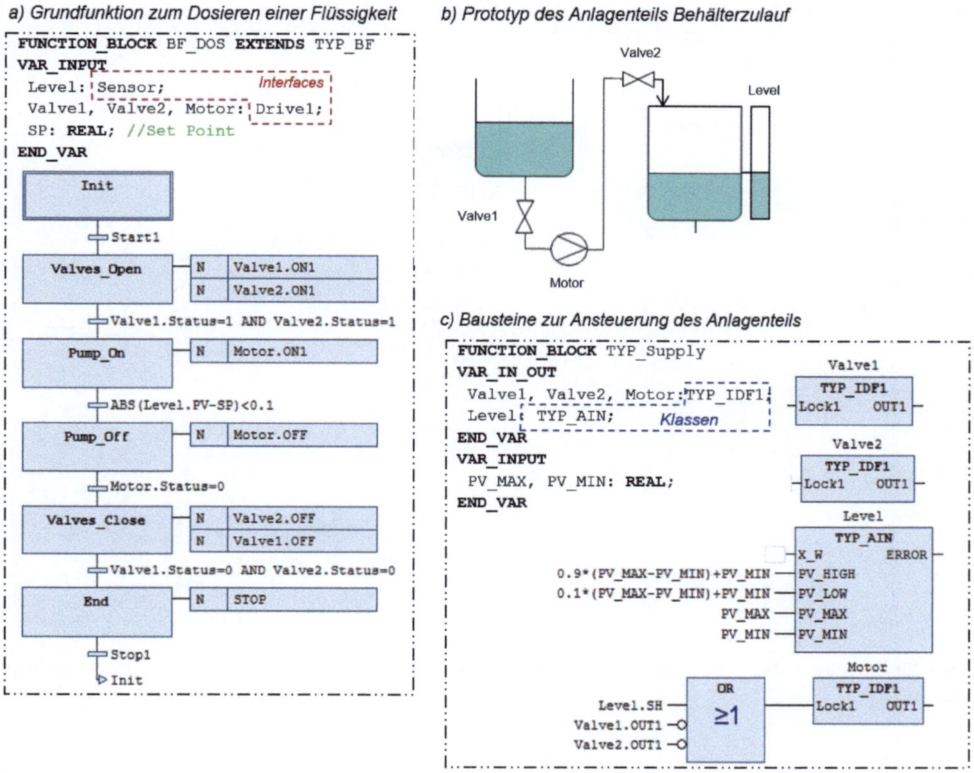

Bild 6.19 Grundfunktion `BF_Dos` zum Dosieren einer Flüssigkeit und die Ansteuerung des zugrundeliegenden Anlagenteils

Der zugrundegelegte Prototyp des Anlagenteils ist in Bild 6.19b skizziert und wird durch den Funktionsbaustein `TYP_Supply` in Bild 6.19c angesteuert.

Im Unterschied zu den Grundfunktionen, die die Methoden und Properties der Interfaces der Feldgeräte als Eingangsvariablen `VAR_INPUT` einlesen, müssen in den Funktionsbausteinen zur Ansteuerung der *Anlagenteile* die Klassen selbst als Ein- und Ausgangsvariablen (`VAR_IN_OUT`) übergeben werden, weil deren Datenbausteine Variablen enthalten, die gelesen und beschrieben werden.

Beispiel 6.8: Grundfunktion zum Regeln

Der Funktionsbaustein `BF_Control` in Bild 6.20a ermöglicht die Ansteuerung eines Regelprogramms und einer Pumpe, um z. B. die Flüssigkeit in einem Behälter aufzuheizen. Der Sollwert `SP` wird über die Methode `Controller.EXT` in den Regler geschrieben. Zum Abschalten der Regelung wird die Methode `Controller.MAN` aufgerufen, die den Stellwert Null an das Stellglied ausgibt und es so deaktiviert.

Die Bedingung zum Beenden der Regelung kann unterschiedlich sein, z. B. wird das Wasserkochen beendet, wenn die Solltemperatur von 100 °*C* erreicht ist. Zum Warmhalten des Kaffees muss der Regler diesen aber so lange auf der gewünschten Solltemperatur halten, bis der Behälter leer ist. Deshalb wird die Bedingung `StopController` zum Beenden des Reglers außerhalb des Grundfunktionsbausteins im Rezeptprogramm vorgegeben.

Die Grundfunktion kann verschiedene Anlagenteile ansteuern, z. B. einen PID-Regler für eine Behältermantelheizung nach Bild 6.20b,c. Dabei ist oft eine Pumpe ein- und auszuschalten, was auch durch die Grundfunktion erledigt

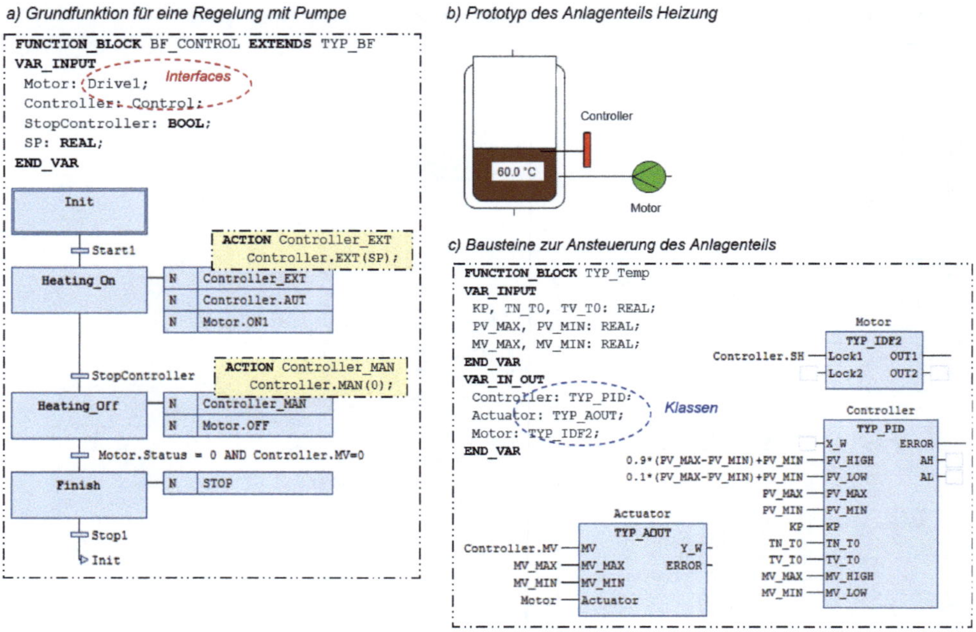

Bild 6.20 Grundfunktion `BF_Control` zur Ansteuerung eines Reglers und einer Pumpe, z. B. für eine Behältermantelheizung

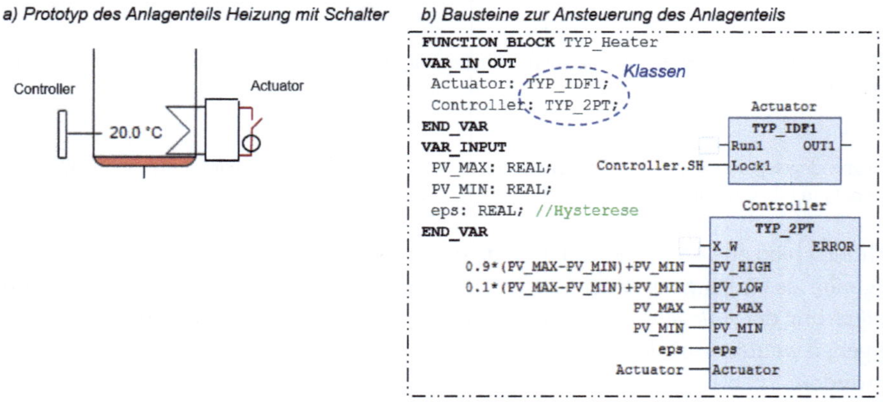

Bild 6.21 Zweipunktregelung zum Wasserkochen

werden kann. Die Grundfunktion soll aber gemäß des Prozessphasendiagramms (Bild 6.17) auch zum Wasserkochen verwendet werden. Der hierfür zugrundegelegte Anlagenteil nach Bild 6.21 besitzt eine elektrische Heizung, die durch einen Zweipunktregler im Funktionsbaustein `TYP_Heater` angesteuert wird.

Die Grundfunktion `BF_Control` kann also beide Anlagenteile ansteuern. Sie ruft die Methoden und Properties der Regler auf, und dabei spielt es keine Rolle, dass unterschiedliche Regelungsalgorithmen aktiviert werden. Die Grundfunktion ermöglicht eine polymorphe Ansteuerung von Anlagenteilen.

Als Ergebnis des Rezeptentwurfs sind nun Funktionsbausteine für Grundfunktionen und Anlagenteile entstanden, die als Typicals für *verschiedene* Anlagen und Projekte verwendet werden können.

6.6.2 Objektorientierte Programmierung des Prozessmodells

Nachdem der Produktionsprozess durch die SADT-Methode in Grundoperationen, Grundfunktionen und einzelne Schritte zerlegt wurde, ist nun das Rezept mit den entworfenen Grundfunktionen und Grundoperationen zusammenzusetzen. Damit lässt sich dann das Prozessmodell aus Bild 6.16 programmieren.

Schritt 3: Komposition des Rezepts

Das Rezept setzt sich aus den entwickelten Grundfunktionen so zusammen, wie der zu steuernde Prozess in Bild 6.17 zerlegt wurde. Das Rezeptprogramm nach Bild 6.22 ist eine Schrittkette, die nacheinander die Grundoperationen des Prozesses, wie z. B. `GOP_WasserKochen` ansteuert. Jede Grundoperation wird als ACTION in der Ablaufsprache auch als Schrittkette programmiert und ruft in ihren Schritten die Grundfunktionen (z. B. `BF_Fill`) der einzelnen Prozessphasen wiederum als ACTION auf. Diese ACTIONs sind nun in der Funktionsbausteinsprache erstellt und instanziieren die Funktionsbausteine der Grundfunktionen aus Schritt 2.

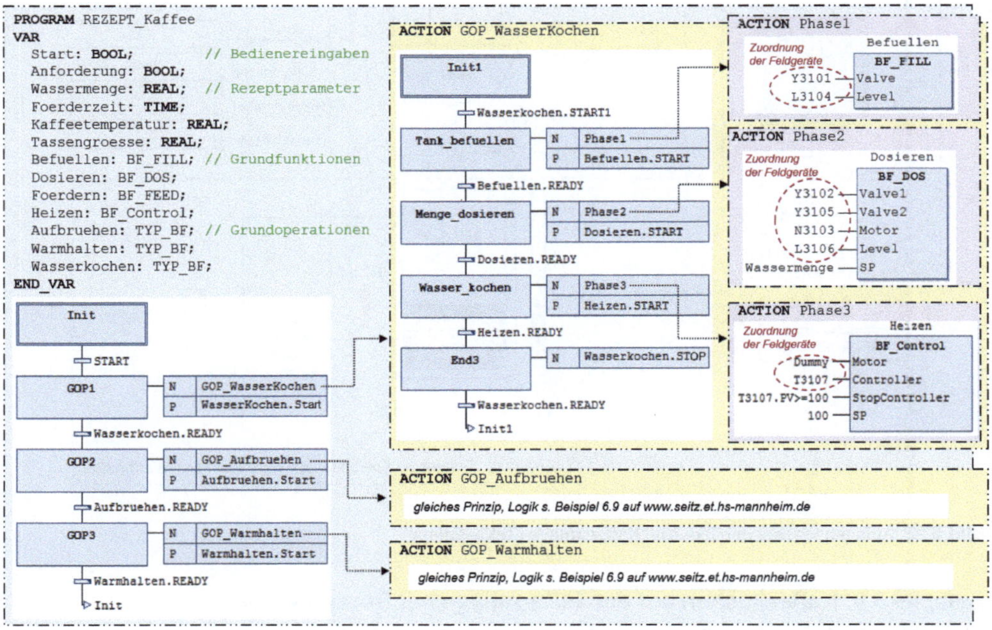

Bild 6.22 Das `REZEPT_Kaffee` startet die Grundoperationen und Grundfunktionen in der Reihenfolge des entworfenen Prozessablaufs. Das Rezept ist eine Schrittkette, die in ihren Schritten die Grundoperationen als ACTIONs aufruft. Die Grundoperationen sind ebenfalls Schrittketten, die in ihren Schritten Grundfunktionen als ACTIONs aufrufen.

Grundoperation und Grundfunktionen erben die Methoden und Properties der Klasse `TYP_BF`. Dadurch werden sie durch die Methode `START` aktiviert und, sobald die Property `READY` meldet, dass die Prozedur beendet ist, deaktiviert. Dann springt die übergeordnete Schrittkette in den nächsten Schritt und bearbeitet die nächste Grundoperation oder Grundfunktion.

Schritt 4: Zuordnung der Feldgeräte

Die Zuordnung der Feldgeräte zu den Grundfunktionen erfolgt in den ACTIONs der Prozessphasen wie in Bild 6.22, wo die Instanzvariablen der Feldgeräte (z. B. `Y3101`) mit den Prototypen (z. B. `Valve`) der Grundfunktionen (z. B. `BF_Fill`) verknüpft werden. Die Instanzvariablen der *Feldgeräte* müssen hierfür das gleiche Interface haben wie die Prototypen.

Dadurch wird im Folgenden das bisher anlagenneutral programmierte Beispiel des Kaffeekochens für eine konkrete Anlage, die in Bild 6.23 dargestellt ist, lauffähig gemacht.

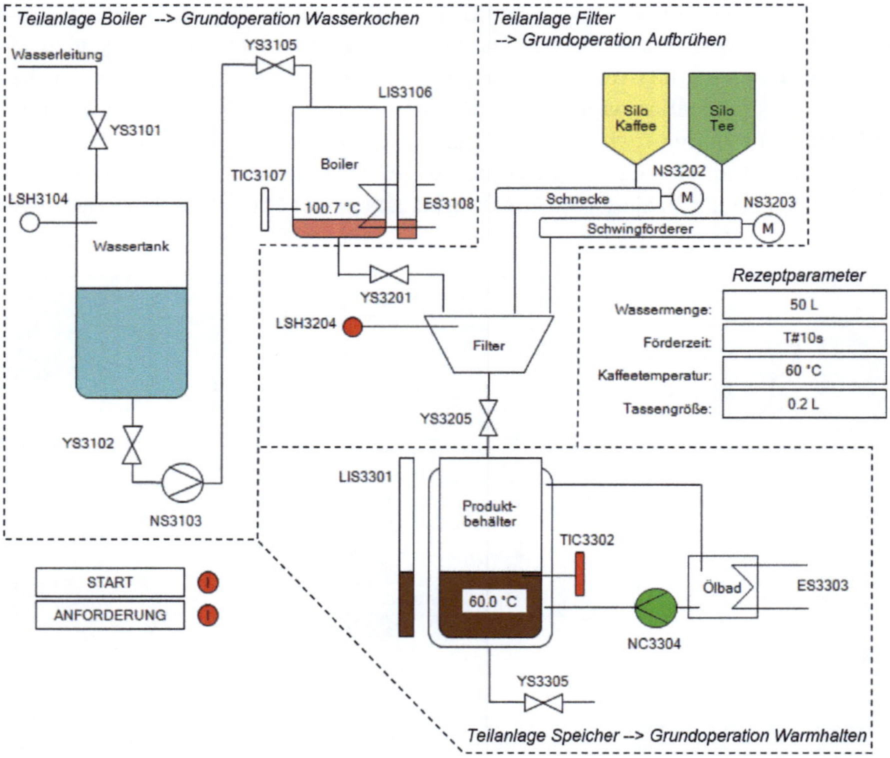

Bild 6.23 Anlagenschema der Tee- und Kaffeeanlage (TeKa-Anlage)

Beispiel 6.9: Kaffeekochen auf der TeKa-Anlage mit Rezeptfahrweise

Die in Bild 6.23 dargestellte TeKa-Anlage soll nun durch das Programm `Rezept_Kaffee` gesteuert werden. Darin werden nacheinander Grundoperationen `GOP WasserKochen`, `GOP_Aufbruehen` und `GOP_Warmhalten` aufgerufen und gestartet (s. Bild 6.22).

Beispielsweise wird durch Aufruf der Methode `WasserKochen.Start` die Schrittkette in der ACTION `GOP_WasserKochen` gestartet. Diese führt in der ACTION `Phase1` die Grundfunktion `BF_Fill` aus, der die Feldgeräte des Wassertanks, nämlich der Niveauschalter L3104 und das Zulaufventil Y3101 zugewiesen werden. Die Zuweisung zur Grundfunktion bewirkt, dass nach ihrem Start das Zulaufventil YS3101 aufgefahren wird, bis der Niveauschalter LS3104 meldet, dass der Wassertank voll ist. Dann fährt die Grundfunktion das Ventil wieder zu und wird beendet.

Im Anschluss daran wird eine vorgegebene Wassermenge durch die Grundfunktion BF_Dos in den Warmwasserbehälter gepumpt (Phase 2 Bild 6.22) und durch die Grundfunktion BF_Control in der ACTION Phase3 vom Zweipunktregler T3107 aufgeheizt, bis die Solltemperatur von 100 °C erreicht ist. Dabei werden den Grundfunktionen Dummy-Variablen zugewiesen, wenn keine entsprechenden Feldgeräte in der Anlage vorhanden sind.

Im weiteren Rezeptverlauf startet die GOP_Aufbruehen die Grundfunktion BF_Feed und damit den Förderantrieb N3202, um das Filter für eine vorgegebene Zeit mit Kaffeepulver zu befüllen. Anschließend wird das kochende Wasser durch Aktivierung der Grundfunktion BF_Dos durch das Filter in den Fertigproduktbehälter geleitet.

Schließlich aktiviert die GOP_Warmhalten die Grundfunktion BF_Control und regelt somit die Kaffeetemperatur mit dem PID-Regler T3302, der die Drehzahl der Pumpe N3305 so einstellt, dass mehr oder weniger Heizmedium durch den Mantel des Produktbehälters gepumpt wird. Die polymorphe Grundfunktion Heizen steuert also mit Zweipunkt- bzw. PID-Regler zwei unterschiedliche Reglertypen beim Wasserkochen bzw. Warmhalten an, die gleichnamige Methoden und Eigenschaften haben, aber unterschiedlich implementiert sind.

Parallel zum Warmhalten kann der Bediener eine Tasse Kaffee abfüllen, indem er die Anforderungstaste in der HMI drückt (s. Bild 6.23). Diese ist mit der Variablen Anforderung im Rezeptprogramm verknüpft und aktiviert in Phase7 erneut die Grundfunktion BF_Dos, wobei für den Sensor L3301 der Füllstand zum Zeitpunkt des Tastendrucks abzüglich der Tassengröße als Sollwert vorgegeben wird. Die Anforderung kann so oft wiederholt werden, bis der Behälter leer ist, was auch zur Folge hat, dass dann die Grundfunktion Heizen zum Warmhalten des Kaffees beendet wird.

Die Software zu diesem Beispiel kann auf der SPS-Lern-und-Übungsseite getestet werden.

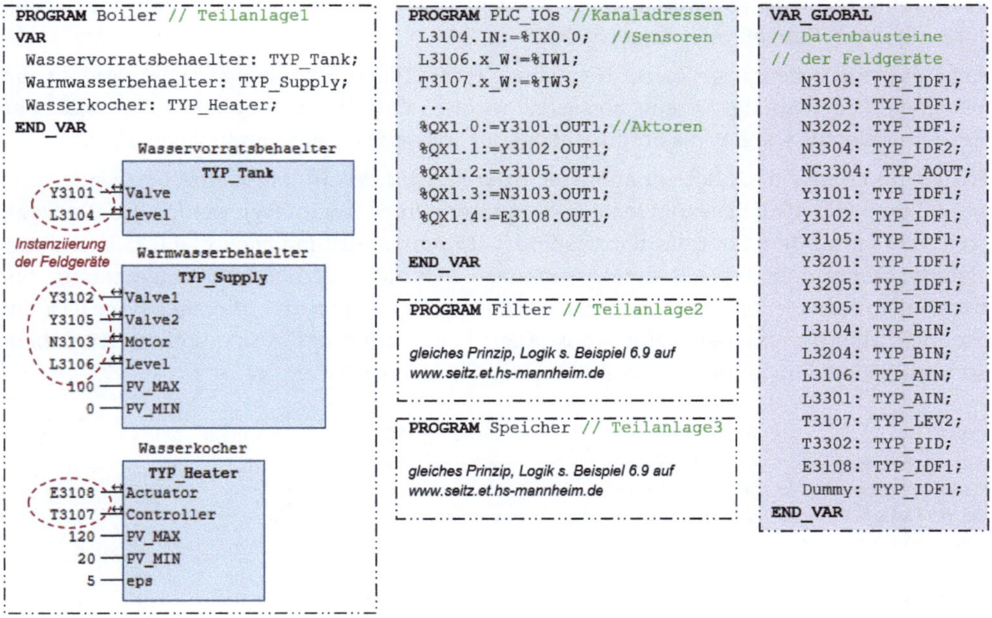

Bild 6.24 Programmierung des Anlagenmodells

6.6.3 Objektorientierte Programmierung des Anlagenmodells

Wie der Prozessablauf ist auch das Anlagemodell gemäß den Hierarchieebenen nach Bild 6.16 zu programmieren. Für die *Anlagenteile* wurden bereits Funktionsbausteine entwickelt, die in verschiedenen Anlagen einsetzbar sind (s. Bilder 6.18-6.21). Diese Bausteine werden nun in Ansteuerprogrammen für die Teilanlagen, wie z. B. im Programm `Boiler` in Bild 6.24, instanziiert. Dazu sind die Datenbausteine der Feldgeräte den Ein-/Ausgangsvariablen der Anlagenteile zuzuordnen. Anstatt also jedes Feldgerät einzeln zu instanziieren, muss dies nur für jeden Anlagenteil erfolgen. In Bild 6.24 wird auch die globale Deklaration der Feldgeräte und die Zuweisung der Kanaladressen der SPS-Ein- und -ausgänge vorgenommen, ohne die die Ansteuerung der Feldgeräte nicht funktionieren würde.

Wie das Beispiel zeigt, wird so eine modulare und äußerst flexible Rezeptsteuerung entwickelt, die aus lauter kleinen, wiederverwendbaren Bausteinen für Grundfunktionen und Anlagenteile besteht. Diese können durch eine *individuelle* Zusammensetzung zur Herstellung verschiedener Produkte genutzt werden und natürlich auch auf verschiedenen Anlagen mit ähnlichen Geräten ablaufen. Statt Kaffee kann das hier beispielhaft betrachtete Rezept durch wenige Modifikationen auch Tee herstellen (s. Übung 6.4).

6.6.4 Ausführung von Steuerrezepten

Der entworfene Rezeptablauf wird nach IEC 61512 auch als *Grundrezept* bezeichnet, das wie ein Kochrezept auf verschiedenen Anlagen gleichen Typs eingesetzt werden kann. Durch die Zuordnung der Feldgeräte wird das Rezept anlagenspezifisch. Es kann damit aber zur Herstellung mehrerer Chargen verwendet werden.

Ein *Steuerrezept* dient dagegen zur Herstellung *einer* Charge. Eine Charge ist das Produkt, das bei einem Durchlauf des Rezepts hergestellt wird. Zu ihrer Herstellung werden verschiedene Rezeptparameter, wie z. B. die Produktmenge, als Sollwerte für das Rezept vorgegeben.

In Codesys können diese Rezeptparameter in der *Rezepturverwaltung* vorgegeben werden und ohne Compilieren auf die Variablen des Rezeptprogramms geschrieben werden. Der Bediener stellt hierfür vor dem Start des Rezepts in der Rzepturverwaltung nach Bild 6.25 bestimmte *Rezeptparameter* ein, wie z. B. die Wassermenge oder die gewünschte Kaffeetemperatur. Somit werden verschiedene Parametersätze für die einzelnen Chargen vorbereitet, ohne dass das Programm hierfür verändert werden muss. Diese Parametrierung des Steuerrezepts trägt ebenso wie die Modularisierung zur Flexibilisierung der Rezeptsoftware bei.

Variable	Typ	Name	Kommentar	Minimalwert	Maximalwert	Charge_1	Charge_2
Rezept_Kaffee.Wassermenge	REAL	Wassermenge	zu produzierend...	0	200	50	12.5
Rezept_Kaffee.Foerderzeit	TIME	Kaffeemenge	zur Fördermeng...	t#0s	t#30m	T#10s	t#10s
Rezept_Kaffee.Kaffeetemperatur	REAL	Trinktemperatur	Temperatur im ...	20	100	60	60
Rezept_Kaffee.Tassengroesse	REAL	Tassengroesse	Abfüllmenge	0	1	0.2	0.2

Bild 6.25 Rezeptparameter für verschiedene Chargen des Rezepts Kaffee

Häufig läuft ein Rezept mehrfach zur Herstellung unterschiedlicher Mengen eventuell sogar auf unterschiedlichen Anlagen ab. Die Planung, wann welche Mengen auf welchen Anlagen und von welchem Rezept produziert werden sollen, nennt man *Disposition*. Dies wird im Abschnitt 8.5.2 im Zusammenhang mit der Produktionsplanung und -steuerung beschrieben.

Zusammenfassung

Das objektorientierte Konzept für CFCs wurde nun für SFCs durch polymorphe Grundfunktionen erweitert, veranschaulicht am Beispiel des Kaffeekochens. Grundfunktionen für häufig auftretende Prozesse wie Befüllen, Dosieren, Fördern, Heizen wurden entwickelt und in unterschiedlichen Anlagenteilen mehrfach im Rezept verwendet.

Durch *Vererbung* von Methoden und Eigenschaften und durch Nutzung unterschiedlicher Implementierungen von Interfaces verringert sich der Aufwand mit der objektorientierten Programmierung im Vergleich zur bisher vorgestellten strukturierten Programmierung [180].

Nachteilig ist, dass die *Ansteuerlogik* nicht wie bisher in einem Funktionsblock, sondern verteilt auf Methoden und Properties vorliegt. Geht man aber davon aus, dass die Benutzer der Steuerungssoftware im Allgemeinen nicht am Innenleben der Funktionsbausteine interessiert sind, kann dieser Nachteil aber verkraftet werden.

Zusammenfassend lässt sich sagen, dass die objektorientierte Programmierung folgende Vorteile hat [136]:

- Weniger Programmieraufwand insbesondere bei Erweiterungen, weil durch *Vererbung* viel Code nicht noch einmal programmiert werden muss (s. Bilder 6.7, 6.8),
- Ereignisbasierte Ansteuerung von Feldgeräten durch *Methoden* und *Properties*, mit denen der Datenverkehr zwischen Ansteuerprogrammen (und Schrittketten) übersichtlicher und sicherer gestaltet werden kann als mit globalen Variablen (s. Bild 6.11),
- Anlagenneutrale Programmierung des Prozessablaufs durch *polymorphe* Grundfunktionen mit abstrakten Klassen (s. Bilder 6.18–6.21), für die im Rahmen des Rezepts nachträglich unterschiedliche Feldgeräte zugeordnet werden können (s. Bilder 6.22, 6.23).

Dadurch wird eine noch bessere Programmstrukturierung erreicht, u. a. weil weniger Übergabeparameter erforderlich sind. Außerdem können Funktionsbausteine einfach erweitert werden, ohne Code duplizieren zu müssen. Damit ist nicht nur gemeint, dass Funktionsbausteine instanziiert werden können, sondern dass sie mithilfe von Interfaces als polymorphe Grundfunktionen für unterschiedliche Feldgerätetypen einsetzbar sind. Dies erspart viel Code und macht die Software modularer und übersichtlicher [180].

Sicherlich müssen sich SPS-Programmierer lösen von bewährter Logikprogrammierung, die allerdings häufig auch komplex und unübersichtlich war. Die Software ist nun verteilt auf mehrere Methoden, Properties und Funktionsbausteine, aber es entsteht insgesamt *weniger* Steuerungscode, der besser zu überblicken ist.

Die Vorteile auf CFC-Ebene sind vielleicht nicht so beeindruckend, aber für Schrittketten (SFC), die ebenfalls typisiert werden, kann durch objektorientierte Programmierung leicht eine *flexible* Rezeptsteuerung erstellt werden. Die Vorteile gegenüber der traditionellen strukturierten Programmierung überwiegen vor allem bei komplexeren Anwendungen, wie sie in der industriellen Automatisierung üblich sind.

Wiederholungsfragen

1. Welche Klassen und Objekte gibt es im Allgemeinen in Automatisierungsprojekten?
2. Welche Beziehungen werden in einem UML-Klassendiagramm dargestellt?
3. Wie kann man Methoden und Eigenschaften (Properties) in der Automatisierungstechnik nutzen?
4. Welche Methoden und Properties sind nützlich für Einzelsteuerfunktionen, Schalter, Sensoren, Regler?
5. Erläutern Sie das Prinzip der Vererbung!
6. Wie können Methoden überschrieben oder erweitert werden?
7. Wozu kann man Schnittstellen (Interfaces) nutzen?
8. Was versteht man unter Polymorphismus?
9. Wie werden Feldgeräte aus Schrittketten heraus angesteuert?
10. Was versteht man unter Grundfunktionen und Grundoperationen?
11. Wie ist die Vorgehensweise beim Rezeptentwurf?
12. Wie erfolgt die objektorientierte Programmierung des Prozessmodells?
13. Wie erfolgt die objektorientierte Programmierung des Anlagenmodells?
14. Was ist der Unterschied zwischen einem Grundrezept und einem Steuerrezept?
15. Was sind die Vorteile der objektorientierten SPS-Programmierung?

Die Antworten finden Sie auf der SPS-Lern-und-Übungsseite.

Übung 6.1: Objektorientierte Programmierung einer Dreitankanlage

Die Dreitankanlage nach Bild 4.4 soll objektorientiert programmiert werden.

a) Welche Objekte und Klassen sind zu entwickeln?
b) Programmieren Sie die Funktionsbausteine inklusive ihrer Methoden und Properties!
c) Der Rührer soll zwei Drehrichtungen ausführen können. Wie kann hier Vererbung genutzt werden?
d) Instanziieren Sie die Funktionsbausteine in den Ansteuerprogrammen der Feldgeräte!
e) Steuern Sie die Feldgeräte aus einer Schrittkette an!

Die Lösung zu dieser Übung finden Sie auf der SPS-Lern-und-Übungsseite.

Übung 6.2: Positionsregelung mit Dreipunktregler

Die Position der Transport-Container auf einem Förderband (s. Bild 6.9) soll hier durch einen *Dreipunktregler* anstatt wie in Beispiel 6.3 durch einen PID-Regler geregelt werden.

a) Entwickeln Sie den Funktionsbaustein `TYP_3PT` für den Dreipunktregler!
b) Implementieren Sie die Methoden und Properties für sein Interface `Controller`!
c) Instanziieren Sie den Reglerbaustein und verbinden Sie ihn mit dem Motorbaustein!
d) Nehmen Sie die Regelung in Betrieb!

Die Lösung zu dieser Übung finden Sie auf der SPS-Lern-und-Übungsseite.

Übung 6.3: Rezeptfahrweise für eine Behältersteuerung

Die Behältersteuerung nach Bild 6.26 soll durch Rezeptfahrweise automatisiert werden. Hierbei soll zunächst der Behälter mit den Produkten A und B befüllt werden. Durch Vermischung der beiden Substanzen und anschließendes Hochheizen und Abkühlen entsteht das gewünschte Produkt, das zu anderen Anlagenteilen weitergeleitet werden kann.

a) Entwickeln Sie folgende geräteneutrale Grundfunktionen als Funktionsbausteine in AS: `BF_DOS` zum Befüllen/-Ablassen, `BF_MIX` zum Rühren und `BF_Control` zum Heizen und Kühlen, indem Warmwasser (WW) und danach Kaltwasser (KW) durch den Behältermantel gepumpt wird.
b) Instanziieren Sie diese Funktionsbausteine in einem Rezept, um Substanz 1 bis zum Stand `L1.PV=Sollwert1` zuzugeben, Substanz 2 bis zum Stand `L1.PV=Sollwert2` zuzugeben, unter ständigem Rühren bis auf `TMAX` aufzuheizen, danach bis `TMIN` abzukühlen und schließlich das Produkt bis `L1.PV=0` abzulassen.
c) Wie ist das Programm zu ändern, wenn sich die Mengenverhältnisse zwischen Substanz 1 und 2 umkehren sollen?

Die Lösung zu dieser Übung finden Sie auf der SPS-Lern-und-Übungsseite.

Übung 6.4: Rezeptsteuerung zum Teekochen auf der TeKa-Anlage

Für die TeKa-Anlage nach Bild 6.23 soll ein Rezept zum Teekochen erstellt werden. Hierfür können die in den Beispielen 6.6–8 eingesetzten Grundfunktionen verwendet werden. Der Ablauf ist identisch zum `Rezept_Kaffee` mit

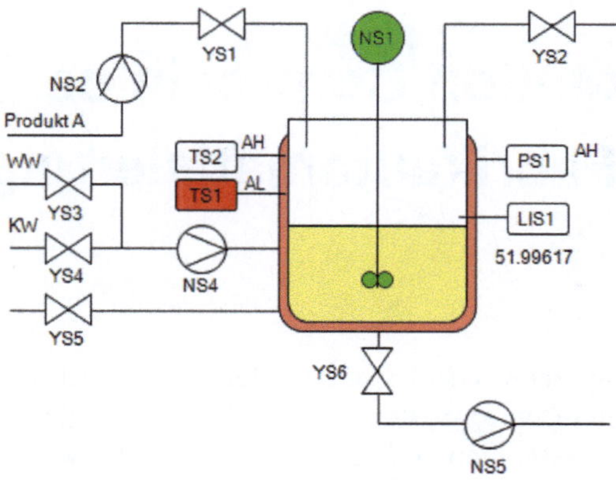

Bild 6.26 Steuerung eines Reaktors

Ausnahme der Befüllung des Filters. Dieses ist zunächst mit Teeblättern zu bestücken, bevor das kochende Wasser bei geschlossenem Abfluss Y3205 eingefüllt wird. Nach Ablauf einer vorzugebenden Brühzeit wird der Tee in den Produktbehälter gefüllt, bevor erneut kochendes Wasser in das Filter gefüllt wird. Dieser Vorgang wiederholt sich so oft, bis der Boiler leer ist. Programmieren Sie das `Rezept_Tee`!

Die Lösung zu dieser Übung finden Sie auf der SPS-Lern-und-Übungsseite.

Übung 6.5: Steuerung der Raumbeleuchtung in Gebäuden

In Gebäuden soll die Steuerung der Raumbeleuchtung objektorientiert programmiert werden [180].

a) Programmieren Sie den Funktionsbaustein `LightRoom` für Räume mit einer Lampe, der jeweils durch eine Methode die Lampe ein- und ausschaltet!
b) Programmieren Sie den Funktionsbaustein `LightRoom2` für Räume mit zwei Lampen, indem Sie das Prinzip der Vererbung anwenden!
c) Legen Sie das Interface `Room` mit den beiden Methoden fest und implementieren Sie sie!
d) Programmieren Sie unter Verwendung des Interfaces den Funktionsbaustein `RoomControl`, der abhängig von der aktuellen Uhrzeit die Lampen eines Raums abends ein- und morgens ausschaltet!
e) Instanziieren Sie den Funktionsbaustein zur Steuerung mehrerer unterschiedlicher Räume im Programm `Gebaeudesteuerung`!

Die Lösung zu dieser Übung finden Sie auf der SPS-Lern-und-Übungsseite.

7 Motion Control in der Fabrikautomatisierung

Zur Automatisierung fertigungstechnischer Prozesse in der digitalen Fabrik werden zahlreiche SPSen eingesetzt, die als Motion-Control-Systeme (MCS) die Bewegungen von Förderbändern, Transportsystemen, Werkzeugmaschinen und Robotern steuern. Da viele dieser Bewegungen gleichzeitig und aufeinander abgestimmt stattfinden müssen, dient eine übergeordnete Steuerung wie die Cloud-SPS in Bild 7.1 zur *Koordination* des Bewegungsablaufs.

Außerdem können die Maschinen und Geräte in der Fabrikhalle als *digitale Zwillinge* im Internet of Things abgebildet werden, um beispielsweise Bewegungen in der Fertigungszelle zu planen, vorab zu simulieren oder Produktions- und Wartungsvorgänge zu veranlassen und zu dokumentieren. Dazu sammelt eine Cloud-SPS die Daten der einzelnen Maschinen und Anlagenteile und koordiniert ihre Bewegungen, indem sie sie zum geplanten Zeitpunkt nacheinander oder parallel aktiviert und Kollisionen oder Deadlocks verhindert.

Im Folgenden wird zunächst der Entwurf zur optimalen Steuerung solcher Fertigungsabläufe beschrieben. Danach wird erläutert, wie die einzelnen Bewegungen von Werkzeugmaschinen und Robotern mit SPSen oder *Motion-Control-Systemen* automatisiert werden.

7.1 Entwurfsmethodik zur Steuerung von Fertigungsabläufen

In der *Industrie 4.0* müssen Fertigungsabläufe und die sie steuernde Software möglichst modular und flexibel gestaltet werden, damit individuelle Kundenwünsche berücksichtigt werden können. Um den Ablauf trotzdem effizient und ohne Kollisionen zu planen, geht man nach einer Entwurfsmethodik in 6 Stufen vor [131].

Stufe 1: Identifikation der Fertigungsschritte und Ablaufreihenfolge

Zunächst sind die wesentlichen Fertigungsschritte zu identifizieren. Darunter versteht man Tätigkeiten, die Maschinen mit den Werkstücken ausführen, z. B. das Greifen, Ablegen oder Bearbeiten eines Werkstücks. Wenn schon ein Prototyp des zu fertigenden Produkts vorhanden ist, lassen sich die Arbeitsschritte durch Demontage des Produkts ermitteln. Die *umgekehrte* Demontagereihenfolge ergibt dann die Reihenfolge der Tätigkeiten für den Montageablauf.

Beispiel 7.1: Identifikation der Tätigkeiten in einer Fertigungszelle

Die Anlage aus Bild 7.1 besteht aus einem Hochregallager, aus dem Rohteile ausgelagert und von einem Roboterarm auf ein autonomes Transportfahrzeug gelegt werden. Das Fahrzeug transportiert die Rohteile zu einer Werkzeugmaschine, wo sie ein zweiter Roboterarm zunächst auf den Bearbeitungsstapel legt. Dann werden sie nacheinander

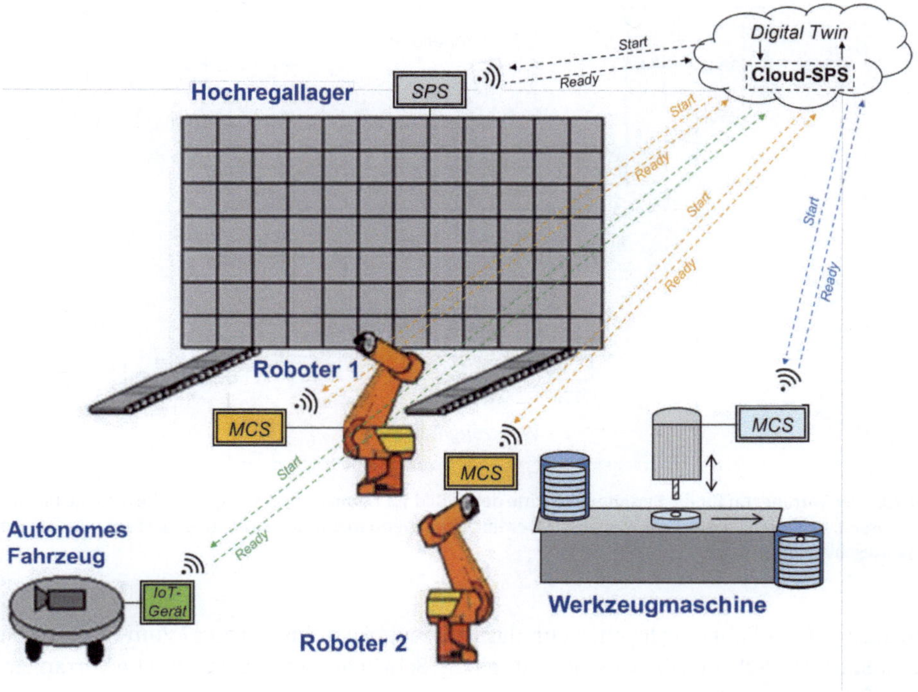

Bild 7.1 Steuerung einer Fertigungszelle mit Hochregallager, Roboterarmen, Werkzeugmaschine und autonomen Fahrzeug: Eine übergeordnete Cloud-SPS koordiniert die Bewegungen, die von SPSen und Motion-Control-Systemen (MCS) gesteuert werden

von der Werkzeugmaschine bearbeitet in einem weiteren Speicher abgelegt, woraus der Roboterarm die Fertigteile wieder auf das Fahrzeug legt. Schließlich transportiert das Fahrzeug die Teile wieder zum Einlagern in das Hochregallager. Dieser Ablauf kann durch die folgenden neun Fertigungsschritte beschrieben werden. Sie stellen die wesentlichen Tätigkeiten dar, die zur Bewegung der Rohteile und der Fertigteile auszuführen sind:

- s1: Auslagern von Rohteilen aus dem Hochregallager
- s2: Ablegen der Rohteile auf das Fahrzeug mit Roboter 1
- s3: Rohteile zur Werkzeugmaschine fahren
- s4: Aufnehmen der Rohteile mit Roboter 2
- s5: Bearbeiten der Rohteile durch die Werkzeugmaschine
- s6: Ablegen der gefertigten Teile auf das Fahrzeug mit Roboter 2
- s7: Fertigteile zum Hochregallager fahren
- s8: Aufnehmen der Fertigteile mit Roboter 1
- s9: Einlagern der Fertigteile in das Hochregallager

Die Ablaufreihenfolge ist in Bild 7.2 durch die dicken Pfeile gekennzeichnet.

Für den so gefundenen Fertigungsablauf sind jedoch noch Abhängigkeiten zwischen den Fertigungsschritten zu beachten.

Stufe 2: Erkennen von Abhängigkeiten

In der Regel kann ein Schritt nur dann ausgeführt werden, wenn sein Vorgängerschritt beendet ist. Oft ist das aber nicht nur ein Schritt, sondern es müssen mehrere Schritte beendet sein, bevor ein Schritt ausgeführt werden kann. Beispielsweise kann Roboter 1 nur dann Teile im

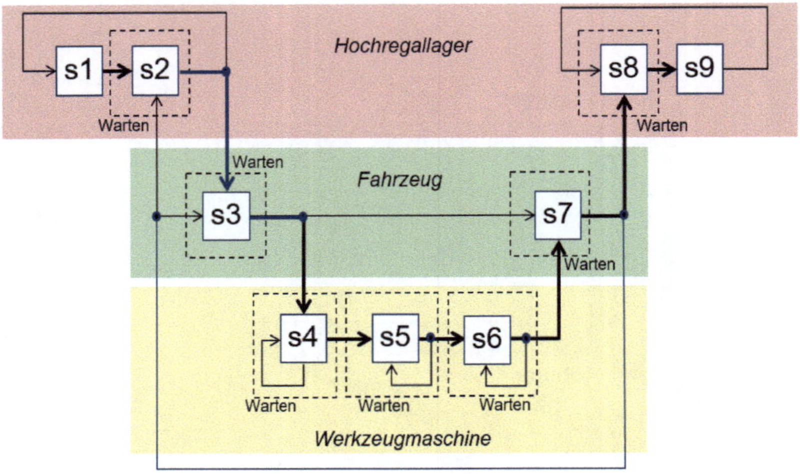

Bild 7.2 Der Vorranggraf für die Fertigungsschritte der in Bild 7.1 betrachteten Anlage, welche Schritte beendet sein müssen, bevor ein Folgeschritt ausgeführt werden kann. Wenn mehrere Schritte beendet sein müssen, wird ein Warteschritt eingefügt

Schritt s2 auf das Fahrzeug legen, wenn das Fahrzeug zuvor im Schritt s7 zum Hochregallager gefahren ist. Die Schritte, die von mehr als einem Schritt abhängig sind, sind im Vorranggrafen nach Bild 7.2 eingerahmt.

Vorranggrafen beschreiben die Ablaufreihenfolge der Fertigungsschritte und geben an, welcher Schritt *Vorrang* vor dem nächsten hat. Der Vorranggraf in Bild 7.2 zeigt die Ablaufreihenfolge der Fertigungsschritte s1 bis s9 sowie die Abhängigkeiten der Schritte voneinander. Beispielsweise kann Schritt s3 erst ausgeführt werden, wenn die Vorgängerschritte s7 und s2 beendet sind.

Stufe 3: Einteilung in Montagestationen und Parallelisierung

Die Prozesse an einer Montagestation sollen zyklisch und parallel zu denen der anderen Montagestationen ablaufen. Das Hochregallager in Bild 7.1 soll z. B. ein- und auslagern, während das Fahrzeug hin- und herfährt und die Werkzeugmaschine Werkstücke bearbeitet. Demnach lässt sich diese Anlage grob in die *Montagestationen* Hochregallager, Fahrzeug und Werkzeugmaschine unterteilen.

Beispiel 7.2: Parallelisierung von Teilprozessen

Für die in Bild 7.1 skizzierte Fertigungszelle lassen sich folgende 6 *Teilabläufe* bilden, die jeweils zyklisch ablaufen.

1. Im Hochregallager kann z. B. der Aufzug andauernd durch die Schritte s1 und s2 Rohteile *auslagern* und auf dem Transportfahrzeug ablegen.
2. Einen weiteren solchen Teilablauf stellt das Greifen von Fertigteilen vom Fahrzeug und das *Einlagern* in das Hochregallager in den Schritten s8 und s9 dar.
3. Das Fahrzeug fährt zwischen Hochregallager und Werkzeugmaschine hin und her, um Werkstücke zu *transportieren* (Schritte s3 und s7).
4. Die Werkzeugmaschine kann die Rohteile in s5 andauernd *bearbeiten*, solange der Vorratsspeicher mit Rohteilen gefüllt ist.
5. Genauso kann der Roboter 2 dauerhaft Rohteile vom Fahrzeug zur Werkzeugmaschine *auflegen* (s4) oder
6. Fertigteile aus dem Vorratsspeicher auf dem Fahrzeug *ablegen* (s6).

Die Schritte s4, s5, s6 können also unabhängig voneinander ausgeführt werden. Der Vorranggraf in Bild 7.2 stellt die Bearbeitungszyklen durch dünne Pfeile dar. Er zeigt die beschriebenen 6 parallelen Teilprozesse von Hochregallager, Fahrzeug und Werkzeugmaschine.

Für diese Teilprozesse sind nun Schrittketten zu entwickeln, die mit Petri-Netzen wie in Abschnitt 5.6.2 entworfen werden.

Stufe 4: Entwurf eines Petri-Netzes für jede Montagestation

Für die im Vorranggraf gefundenen Bearbeitungszyklen wird in Bild 7.3 jeweils eine Schrittkette als Petri-Netz entworfen. Da die Werkstücke oft von einem Betriebsmittel zum nächsten übergeben werden, das dann auch zur richtigen Zeit bereitstehen muss, sind vor jedem dieser Schritte *Warteschritte* vorzusehen. Dadurch wartet die Schrittkette, bis das Betriebsmittel, z. B. das Fahrzeug im Schritt s2, auch am Hochregallager steht, damit der Roboter die Rohteile darauf ablegen kann.

Beispiel 7.3: Petri-Netz-Entwurf für die Montagestationen

Voraussetzung für die Ausführung der in Bild 7.2 eingerahmten Fertigungsschritte ist, dass zwei andere Schritte beendet sind. Um dies zu gewährleisten, ist für diese Schritte jeweils ein *Warteschritt* einzufügen.

Damit also in den Schritten s2 bis s8 die benötigten Betriebsmittel zur Verfügung stehen, werden vor diesen Schritten die Warteschritte sW2,..., sW8 vorgesehen. Dadurch wartet die Schrittkette, bis das Betriebsmittel, z. B. das Fahrzeug im Schritt s2 auch am Hochregallager steht und der Roboter die Rohteile darauf ablegen kann.

Die einzelnen Schrittketten zum Einlagern, Auslagern, Transport, Teile aufnehmen, bearbeiten und ablegen mit den Warteschritten sW2 bis sW8 sind in Bild 7.3 dargestellt.

Stufe 5: Restriktionen einfügen und Koordination der Petri-Netze

Um Verklemmungen zu vermeiden, sind Randbedingungen zu berücksichtigen, damit etwa die Roboter 1 und 2 oder das Lager nicht gleichzeitig von unterschiedlichen Schritten beansprucht werden. Gemäß dem in Abschnitt 5.6 vorgestellten algebraischen Koordinationsansatz müssen Zusatzzustände oder Koordinationsschritte eingeführt werden, die die Verfügbarkeit gemeinsam genutzter Betriebsmittel angeben.

Bei der hier betrachteten Fertigungszelle sind die gemeinsam benutzten Betriebsmittel die beiden Roboter und das Hochregallager. Dementsprechend werden folgende Zusatzzustände definiert:

- s19 für Lager_frei,
- s28 für Roboter1_frei,
- s46 für Roboter2_frei.

Statt des in Abschnitt 5.6.3 vorgestellten algebraischen Koordinationsansatzes, genügt es hier, sich zu überlegen, bei welchen Transitionen diese Zusatzzustände ihre Markierung verlieren und nach welchem Schritt sie sie wieder zurückgewinnen. Das Petri-Netz in Bild 7.3 wird um die Zusatzschritte ergänzt, indem Pfeile zu den Transitionen hinzugefügt werden, die das Betriebsmittel erfordern. Nach Beendigung eines Schrittes, der das Betriebsmittel benutzt hat, führt ein Pfeil von der folgenden Transition zum Zusatzschritt zurück.

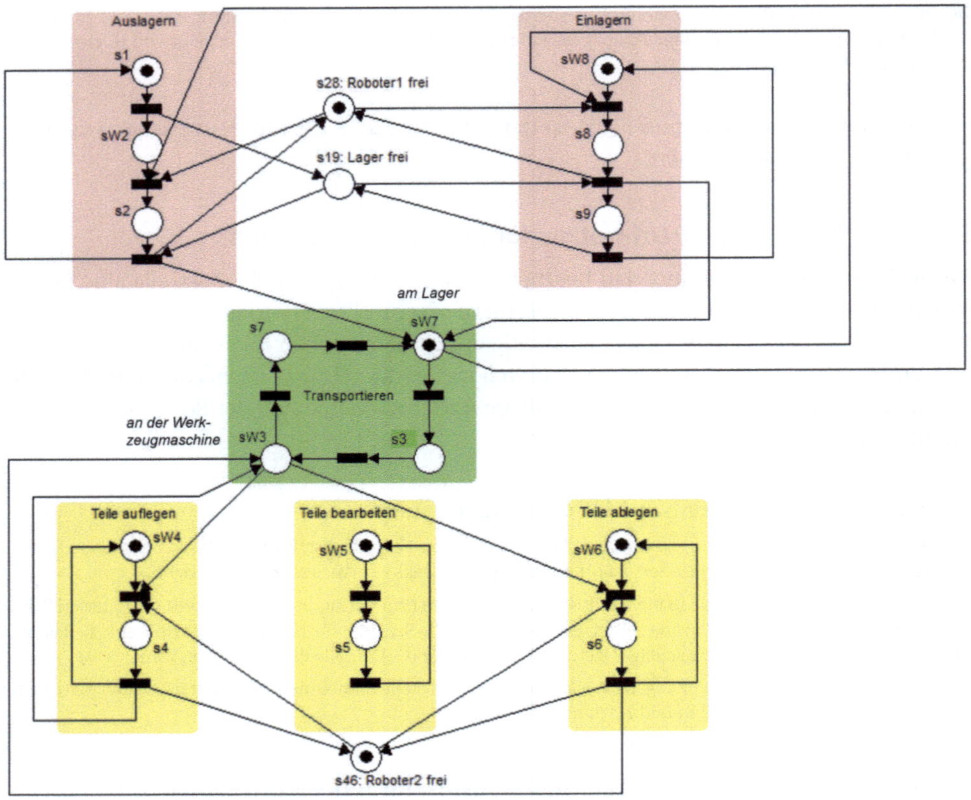

Bild 7.3 Petri-Netz für die Fertigungszelle aus Bild 7.1 mit den koordinierten Schrittketten, Einlagern, Auslagern, Transport, Teile aufnehmen, bearbeiten und ablegen

Beispiel 7.4: Koordination der parallelen Teilabläufe in einer Montagestation

Um zu verhindern, dass in den Schritten s1 und s9 gleichzeitig auf das Lager zugegriffen wird, muss die Markierung von s19 über die entsprechenden Transitionen an s1 oder s9 übergeben werden (s. Pfeile, die in Bild 7.3 von s19 wegführen). Andererseits erhält der Zusatzzustand s19 seine Markierung zurück, wenn s1 oder s9 abgeschlossen sind (s. Pfeile, die in Bild 7.3 zu s19 hinführen). Genauso verliert der Zusatzschritt s28 seine Markierung, wenn Roboter 1 in Schritt s2 oder s8 benutzt wird. Der Zusatzzustand s28 gewinnt die Markierung zurück, wenn s2 bzw. s8 beendet ist.

Da auch an der Werkzeugmaschine nur ein Roboter zur Bestückung zur Verfügung steht, verliert der Zusatzzustand s46 seine Markierung, wenn Roboter 2 die Werkmaschine beläd (s4) oder entläd (s6). Nach Beendigung dieser Schritte gewinnt der Zusatzschritt s46 seine Markierung wieder zurück. Durch diese Überlegungen können die Zusatzzustände auch ohne algebraischen Ansatz in das Petri-Netz in Bild 7.3 eingefügt werden.

Stufe 6: Verknüpfung der Montagestationen

Zur Verknüpfung der Montagestationen werden die in Stufe 4 eingeführten Warteschritte verwendet. Beispielsweise muss das Fahrzeug am Lager sein (sW7), damit Roboter 1 im Schritt s8 Teile aufnehmen oder im Schritt s2 Teile abgeben kann. Außerdem muss das Fahrzeug an der Werkzeugmaschine sein (sW3), damit Roboter 2 im Schritt s4 Teile der Werkzeugmaschine zuführen und im Schritt s6 Teile abführen kann. Auch hier genügt es, sich zu überlegen, zu welchen Transitionen die Pfeile der Schritte sW7 bzw. sW3 geführt werden müssen und nach welchen Transitionen sie die Markierung zurückerlangen.

Beispiel 7.5: Verknüpfung der Montagestationen

Ist das Fahrzeug im Schritt sW7 am Lager angelangt, ist dies als Bedingung für die Ausführung der Schritte s2 (Rohteile auf das Fahrzeug legen) bzw. s8 (Fertigteile vom Fahrzeug greifen) in deren vorgelagerten Transitionen zu prüfen. Nach Beendigung der Schritte s2 und s8 erhält sW7 seine Markierung zurück.

Ist das Fahrzeug dagegen im Schritt sW3 an der Werkzeugmaschine angekommen, ist dies als Bedingung für die Ausführung der Schritte s4 (Rohteile vom Fahrzeug greifen) bzw. s6 (Fertigteile auf das Fahrzeug ablegen) in deren vorgelagerten Transitionen zu prüfen. Nach Beendigung der Schritte s4 und s6 erhält auch sW3 seine Markierung zurück.

Das so entwickelte Petri-Netz in Bild 7.3 lässt sich auch durch Simulation analysieren.

Es gibt im Internet eine Reihe von Apps, mit denen Petri-Netze sehr einfach gezeichnet und simuliert werden können, z. B. das auf der SPS-Lern-und-Übungsseite zum Download bereitstehenden Programm HPSim [9]. War die Simulation damit erfolgreich, kann das Petri-Netz wie in Abschnitt 5.6.4 beschrieben *modular* in der SPS programmiert werden. Das bedeutet, für die Fertigungszelle nach Bild 7.3 sollte für jeden der parallelen Teilprozesse jeweils eine Schrittkette und zusätzlich ein Koordinationsprogramm entwickelt werden, das die Zusatzzustände ansteuert (s. Übung 7.1).

7.2 Motion-Control in der SPS

Die im vorigen Abschnitt beschriebenen Bewegungen von Werkzeugmaschinen und Robotern wurden bislang oft durch spezielle Steuerungen wie CNC (Computerized Numerical Control) oder RC (Robot Control) ausgeführt. Die Besonderheit dieser Steuerungen war bislang im Unterschied zur SPS, dass sie numerische Funktionen sehr schnell, d. h. mit *Zykluszeiten* unter 1 ms, durchführen können. Heutige PC-basierte Steuerungen sind aber so leistungsfähig, dass Motion-Funktionen und SPS-Logik in einem einzigen sog. Motion-Control-System ausgeführt werden.

7.2.1 Aufbau von Motion-Control-Systemen

Motion-Control-Systeme (MC-Systeme) steuern meist mehrere Motoren an, die in Verbindung mit Getrieben z. B. die Achsen einer Werkzeugmaschine oder eines Roboters bewegen [18]. Um Bewegungen mit unterschiedlichen Geschwindigkeiten ausführen zu können, werden drehzahlveränderbare Motoren mit Umrichtern eingesetzt.

Ein *Umrichter* ist eine Leistungselektronikeinheit außerhalb der Steuerung, die aus der statischen Versorgungsspannung eine variable Ausgangsspannung am Motor erzeugt. Durch Veränderung dieser Ausgangsspannung lässt sich die Drehzahl des Motors einstellen.

Die Software des Motion-Control-Systems kann auf unterschiedlichen Hardwareplattformen laufen. Bild 7.4 zeigt drei mögliche Strukturen von Motion-Control-Systemen: Neben der *hardwarebasierten* Variante kann die Software auch auf einem PC laufen, oder sie ist antriebsnah

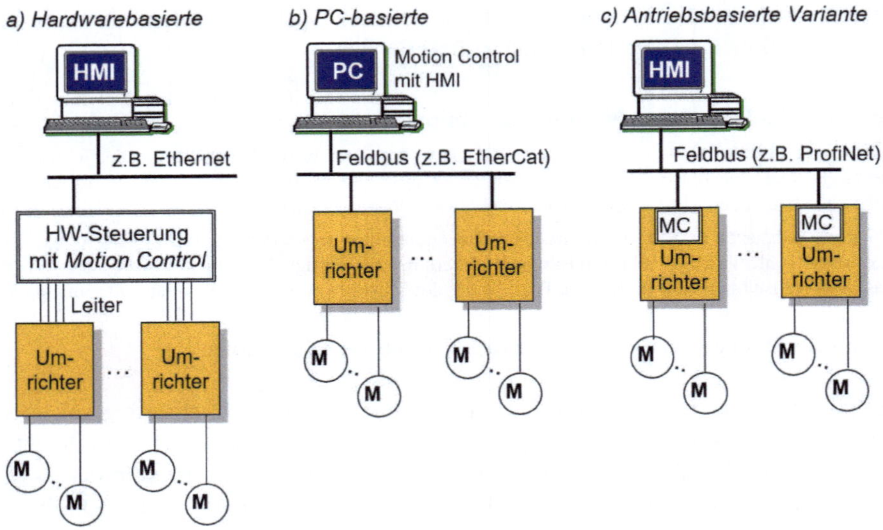

Bild 7.4 Aufbau-Varianten eines Motion-Control-Systems

im Mikrocontroller des Umrichters implementiert. Diese dezentrale, *antriebsnahe* Variante ist besonders für zeitkritische Regelungen von vielen Motoren interessant, weil die Busübertragungszeiten zwischen Motion-Control-System und Umrichter entfallen.

Für die zentrale, *PC-basierte* Variante ist jedoch ein schneller Datenaustausch im Bereich von 100 µs erforderlich. Dies erreicht ein Industrial Ethernet wie z. B. Sercos III, EtherCAT oder ProfiNet-IRT, das eine nahezu zeitgleiche (isochrone) Datenübertragung aller Umrichter mit der SPS ermöglicht (s. Abschnitt 8.1.1). Dabei werden die Echtzeitdaten exklusiv über einen eigenen Datenkanal, quasi wie auf einer Busspur, an den nicht-isochronen Daten vorbeigeleitet [44, 125].

Die Hardware des Motion-Control-Systems muss im Programmiersystem bekannt gemacht werden. Hierzu wählt der Benutzer in der Hardware-Konfiguration die Ressourcen, d. h. Hardwarekomponenten wie CPU, Bussystem, Umrichterbaugruppen etc., die er in seinem Motion-Control-System einsetzt, aus dem Gesamtkatalog des Herstellers aus (vgl. Abschnitt 3.1.1).

Wenn Hardwarekomponenten anderer Hersteller verwendet werden, müssen diese im Programmiersystem bekannt gemacht werden. Dazu wird eine Gerätestammdatei (GSD) oder Electronic Device Description (EDD) in das Motion-Control-System geladen, die die Eigenschaften des Feldgeräts beschreibt ebenso wie die Daten, die es mit dem Motion-Control-System austauscht.

Beispiel 7.6: Hardware-Konfiguration eines Motion-Control-Systems

Mit Codesys kann eine Soft-SPS als Motion-Control-System eingesetzt werden. Die Systemstruktur entspricht der in Bild 7.4b skizzierten PC-basierten Variante.

Um die Hardware im Programmiersystem bekannt zu machen, wird wie in Beispiel 3.1 das Steuerungssystem ausgewählt und konfiguriert. Hierzu trägt man im Gerätebaum (s. Bild 7.5) folgende Ressourcen ein:

a) Soft-SPS, z. B. „CoDeSys SoftMotion Win V3 x64",
b) Industrial Ethernet-Schnittstelle in der Steuerung (Master), z. B. „EtherCAT_Master",

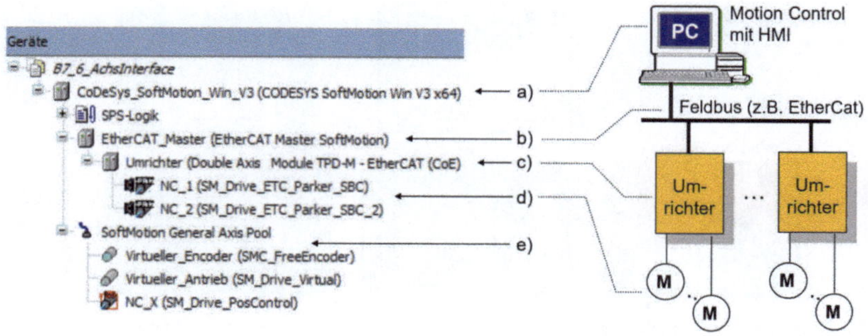

Bild 7.5 Hardware-Konfiguration für ein Motion-Control-System mit Soft-SPS (a), Busmaster (b) und -slave (c), realen Antrieben (d) und virtuellen Antrieben und Encodern (e)

c) Umrichter (Slave), z. B. „Double Axis Module TPD-M“ für Antriebe der Fa. Parker,
d) reale Antriebe, z. B. „SM_Drive_ETC_Parker_SBC“,
e) virtuelle Antriebe und Encoder in Codesys, z. B. „SM_Drive_PosControl“, „SMC_FreeEncoder“ oder „SM_Drive_Virtual“

Wie in Bild 7.5 zu sehen, gibt es im sog. „SoftMotion General Axis Pool“ von Codesys auch virtuelle Achsen, mit denen Antriebsachsen simuliert und erprobt werden können, ohne eine Busverbindung konfigurieren zu müssen.

Für jeden in der Hardware-Konfiguration angelegten virtuellen Antrieb wird von Codesys eine Variable (z. B. `NC_X` in Bild 7.5) vom Datentyp `AXIS_REF` angelegt. Diese Struktur umfasst alle relevanten Antriebsdaten, die bei der Programmierung verwendet werden können. In den folgenden Beispielen werden diese virtuellen Achsen zur Simulation von Bewegungen verwendet. Die Software zu diesem Beispiel kann auf der SPS-Lern-und-Übungsseite getestet werden.

Kernstück eines Motion-Control-Systems ist also die Software, die Funktionen zur Programmierung der Bewegungsachsen zur Verfügung stellt.

7.2.2 Motion-Control durch SPS-Programmierung nach PLCopen

Neben der SPS-Programmierung hat die PLCopen auch die Programmierung von Motion-Control-Systemen unter dem Dach der IEC 61131 standardisiert. Dies ist durchaus schlüssig, weil Motion-Control-Funktionen zunehmend in leistungsstarken PC-basierten SPSen statt in proprietären Systemen ausgeführt werden [109].

Die Programmierung erfolgt wie in Bild 7.6 dargestellt mit standardisierten *Funktionsbausteinen* für Einzel- und Multiachsen, wie sie in Werkzeugmaschinen eingesetzt werden. Auch für die Ansteuerung von Industrierobotern sind Funktionsbausteine definiert und werden mittlerweile von mehreren Herstellern angeboten [18, 12, 80, 174]. Diese MC-Bausteine erfordern keine Spezialkenntnisse der Antriebstechnik oder Robotik, sondern das Anwendungsprogramm steht im Mittelpunkt.

Motion-Control-Bausteine basieren auf einem *Achsinterface*, das so konfigurierbar ist, dass es unterschiedliche Motortypen einheitlich ansteuern kann. Für jeden Motortyp bieten die Hersteller spezifische Umrichterbaugruppen oder Motorsteuerkarten an, die aber auf die einheitliche Schnittstelle der PLCopen angepasst sind. Unterschiedliche Antriebe und Umrichter werden so auf eine allgemeine Schnittstelle abgebildet.

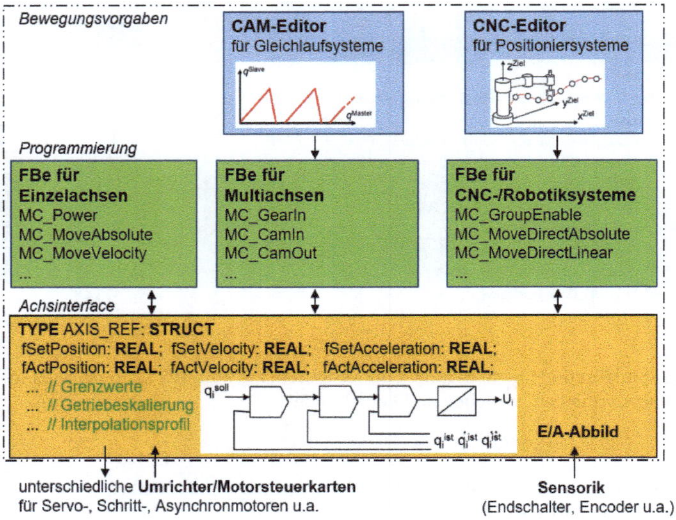

Bild 7.6 Programmiersystem für Motion-Control-Funktionen

Dadurch können Antriebe in neuen Projekten einfach ausgetauscht, die Anwenderprogramme aber wieder verwendet werden. Die Schnittstelle verbindet die Antriebe mit dem Ein-/Ausgabeabbild des Motion-Control-Systems. Dabei werden Bewegungsdaten an die Umrichter übertragen und Rückmeldungen über den Istzustand des Antriebs zyklisch aktualisiert. Die Datenstruktur `AXIS_REF` stellt alle Parameter sowie Soll- und Istwerte einer Achse in der Software bereit.

Somit können die standardisierten Motion-Control-Bausteine auf diese Daten zugreifen. Beispielsweise steuert der Baustein `MC_MoveAbsolute` eine Achse zu einer vorgegebenen Soll-Position, egal ob sie von einem Schrittmotor oder einem Servomotor angetrieben wird. Der Anwender muss sich um die spezifischen Eigenschaften der elektrischen Motoren nicht mehr kümmern und kann sich ganz auf das Automatisierungsproblem konzentrieren.

Zur Vorgabe der auszuführenden Bewegungen stellen die Motion-Control-Systeme gemäß Bild 7.6 einen CNC- und CAM-Editor zur Verfügung, mit denen Bewegungen z. B. von Positionssystemen oder Gleichlaufsystemen vorgegeben werden können.

7.3 Steuerung einer Bewegungsachse

Eine Bewegungsachse besteht wie in Bild 7.7 aus einem Motor, der über ein Lineargetriebe, z. B. den Arbeitstisch einer Werkzeugmaschine, bewegt. Das Lineargetriebe setzt die rotatorische Bewegung der Antriebswelle mit der Motordrehzahl $n(t)$ in eine lineare Bewegung des Arbeitstisches entlang einer Achse, hier der x-Achse, um.

Zur Steuerung muss stets der Funktionsbaustein `MC_Power` aktiviert werden, der den Motor eingeschaltet und die Lageregelung freigibt. Für eine lagegeregelte Bewegung und Interpolation

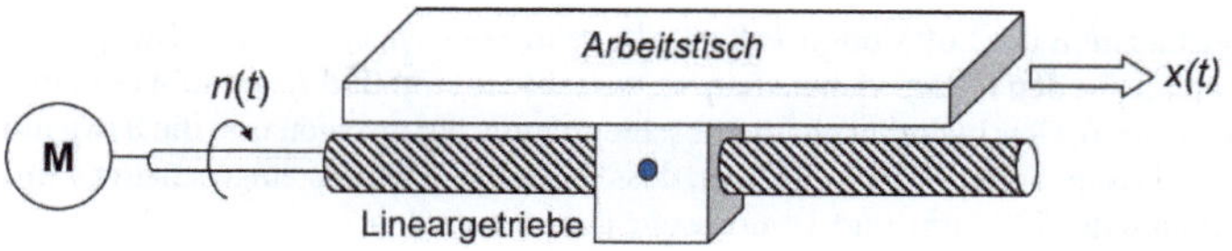

Bild 7.7 Aufbau einer Linearachse, deren Motor über ein Getriebe den Arbeitstisch einer Werkzeugmaschine linear in x-Richtung bewegt

einer Achse stehen verschiedene Funktionsbausteine wie z. B. der Funktionsbaustein `MC_MoveAbsolute` zur Verfügung.

Beispiel 7.7: Funktionsbausteine zur Ansteuerung einer Linearachse

Durch Auswahl der SoftMotion-SPS in Beispiel 7.6 werden die für Motion Control erforderlichen Bibliotheken in Codesys automatisch eingebunden. Dann kann in der Hardware-Konfiguration eine Achse wie z. B. die Achse `NC_X` deklariert werden.

Zur Ansteuerung dieser Achse werden im Programm `Achsbewegung` nach Bild 7.8a die Funktionsbausteine `MC_MoveAbsolute` für eine diskrete Bewegung zu einer vorgegebenen Position und `MC_MoveVelocity` für eine kontinuierliche Bewegung mit konstanter Geschwindigkeit eingebunden. Das Verhalten der so programmierten Achse wird durch das Zustandsdiagramm in Bild 7.8b beschrieben.

Der Baustein `TYP_Axis` stellt die Infrastruktur der Achse bereit (s. Bild 7.8c) und umfasst folgende Funktionsbausteine:

- `MC_Power` zur Einschalten des Umrichters,
- `MC_Jog` zur manuellen Ansteuerung einer Bewegung durch Tastendruck des Bedieners
- `MC_SetPosition` zur Einstellung der Referenzposition, wenn die Achse den Endschalter (z. B. `GX`) erreicht,
- `MC_Reset`, um die Achse nach einem Fehler zurückzusetzen.

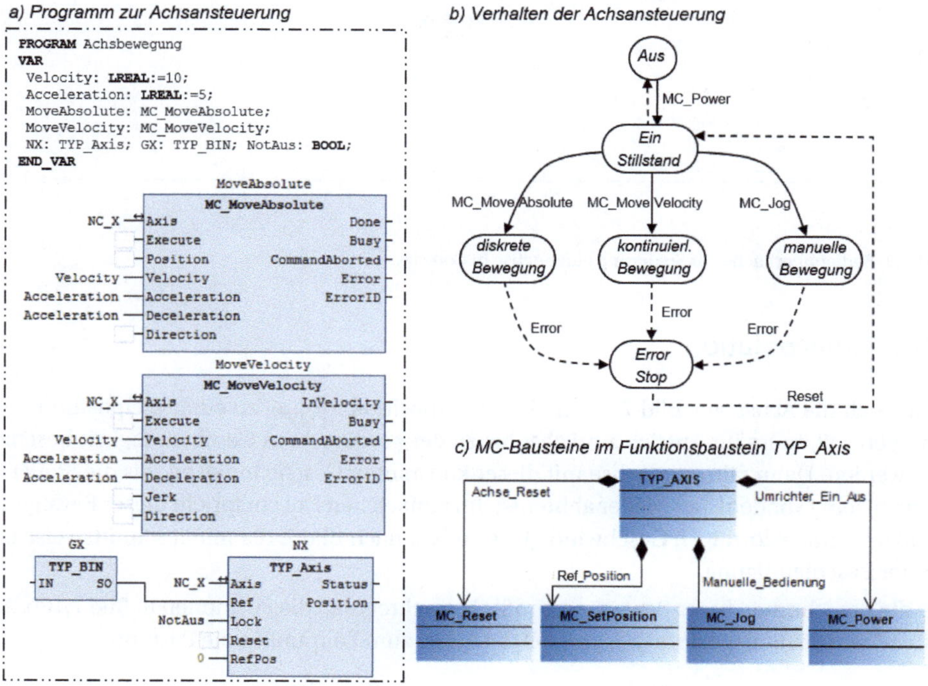

Bild 7.8 Programm zur Ansteuerung einer Antriebsachse mit MC-Bausteinen nach PLCopen

Für jeden Funktionsbaustein des SoftMotion-Pakets gibt es in Codesys ein eigenes Faceplate zur Bedienung des Bausteins. Das Faceplate für den Funktionsbaustein `MC_MoveAbsolute` in Bild 7.9 erlaubt es dem Bediener, die Werte für die gewünschte Position, Geschwindigkeit und Beschleunigung einzutragen und die Bewegung über den Button `Execute` ausführen zu lassen. Voraussetzung ist aber, dass der Antrieb bereits eingeschaltet wurde. Die Software zu diesem Beispiel kann auf der SPS-Lern-und-Übungsseite getestet werden.

Bild 7.9 zeigt die während der Bewegung der Achse `NC_X` aufgezeichneten Verläufe des zurückgelegten Wegs $x(t)$, der Geschwindigkeit $v(t)$ und der Beschleunigung $a(t)$. Man erkennt einen *trapezförmigen* Verlauf für die vom Achsinterface eingelesenen Geschwindigkeit `NC_X.fActVelocity` und einen *s-förmigen* Verlauf der gemessenen Position `NC_X.fActPosition`. Die Funktionsweise der dabei vom Funktionsbaustein `MC_MoveAbsolute` ausgeführten Achsinterpolation und Lageregelung wird im Folgenden erläutert.

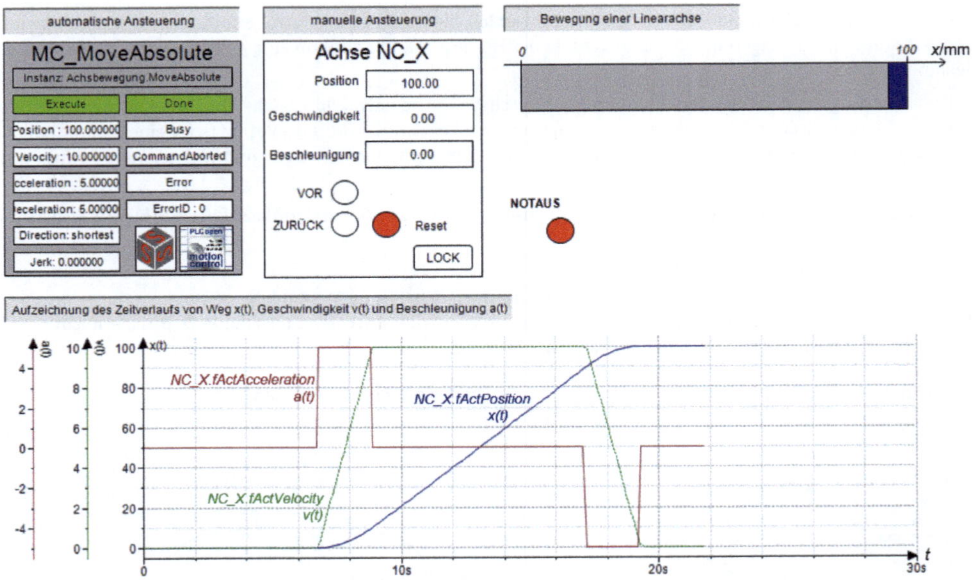

Bild 7.9 Bedienoberfläche zur Steuerung einer Achse in Codesys

7.3.1 Interpolation

Wenn sich die Achse aus Bild 7.7 von einer Startposition x_{START} zu einer Zielposition x_{ZIEL} bewegen soll, muss ihr Antrieb zunächst bis zu der gewünschten Geschwindigkeit beschleunigt werden. Dann fährt die Achse mit dieser konstanten Geschwindigkeit, bis die Steuerung sie rechtzeitig vor dem Ziel wieder abbremst. Im einfachsten Fall entspricht dieses Bewegungsprofil dem trapezförmigen Geschwindigkeitsverlauf nach Bild 7.10a mit abschnittsweise konstanter Beschleunigung.

Für die Berechnung dieses Bewegungsprofils betrachtet man die Positionen in Bild 7.10b. Ausgehend von der Startposition x_{START} soll die Achse zum Zeitpunkt t die Position

$$x(t) = x_{START} + \begin{cases} s_p(t) & \forall\, x_{START} \leq x_{ZIEL} \quad \text{(Vorwärtsfahrt)} \\ -s_p(t) & \forall\, x_{START} > x_{ZIEL} \quad \text{(Rückwärtsfahrt)} \end{cases} \tag{7.1}$$

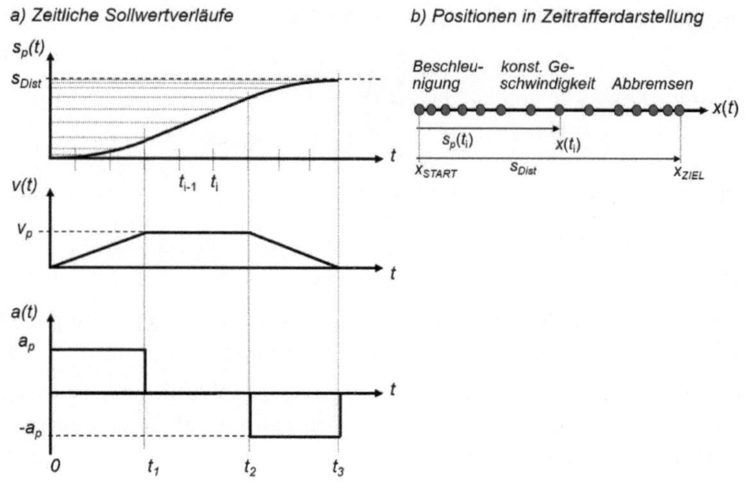

Bild 7.10 Sollwertvorgabe durch ein s-förmiges Wegprofil $s_p(t)$, trapezförmiges Geschwindigkeitsprofil $v(t)$ und konstante Beschleunigungsabschnitte $a(t)$

erreichen. Dabei ist $s_p(t)$ der bis zum Zeitpunkt t zurückgelegte Weg. Dieser lässt sich durch Integration des trapezförmigen Geschwindigkeitsverlaufs berechnen:

$$s_p(t) = \begin{cases} \frac{1}{2}a_p t^2 & \forall\, 0 < t \leq t_1 \\ v_p(t-t_1) + \frac{1}{2}a_p t_1^2 & \forall\, t_1 < t \leq t_2 \\ v_p(t-t_2) - \frac{1}{2}a_p(t-t_2)^2 + v_p(t_2-t_1) + \frac{1}{2}a_p t_1^2 & \forall\, t_2 < t \leq t_3 \\ s_{Dist} & \forall\, t > t_3 \end{cases} \tag{7.2}$$

Dementsprechend ergibt sich für die Steuerung die zurückzulegende Strecke $s_p(t)$, die dem Lageregelkreis als Soll-Position in jedem Zyklus vorgegeben wird.

Wie aus Bild 7.10 ersichtlich bedeutet diese Sollwertvorgabe in äquidistanten Zeitabständen, dass sich die Streckenlänge Δs_p zwischen zwei Sollwerten $s_p(t_i)$ und $s_p(t_{i-1})$ während der Beschleunigungsphase *vergrößert*, bei konstanter Geschwindigkeit *gleich bleibt* und beim Abbremsen wieder *verringert*. Diese Wegdynamik wird allein durch die Streckenvorgabe $s_p(t)$ erreicht, d. h. ohne explizite Vorgabe des Geschwindigkeits- und Beschleunigungsverlaufs.

Für den Ablauf der Interpolation ist es jedoch wichtig, zu welchen Zeitpunkten t_1, t_2 und t_3 die Umschaltung zwischen Beschleunigungs-, maximaler Geschwindigkeits- und Abbremsphase erfolgen muss. Dabei geht man nach folgenden Schritten vor:

1. Berechnung der gesamten *Weglänge*:

$$s_{Dist} = x_{START} - x_{ZIEL} \tag{7.3}$$

2. Berechnung der *Beschleunigungszeit*:

$$t_1 = \frac{v_p}{a_p} \tag{7.4}$$

3. Berechnung der Fahrtzeit bis zum Einsetzen des *Bremsvorgangs*:

$$s_{Dist} = \int_0^{t_3} v(t)dt = v_p \cdot t_2 \quad \Rightarrow t_2 = \frac{s_{Dist}}{v_p} \tag{7.5}$$

Dabei wird ein symmetrisches Geschwindigkeitsprofil, d. h. $t_1 = t_3 - t_2$, vorgesehen.

4. Berechnung der Gesamtfahrtzeit:

$$t_3 = t_1 + t_2 \tag{7.6}$$

Im Allgemeinen werden also die gewünschte Maximalgeschwindigkeit v_p und die Beschleunigung a_p vorgegeben [177] und daraus die Umschaltzeitpunkte bestimmt.

Wenn aber die zurückzulegende Distanz so kurz ist, dass bei limitierter Beschleunigung die vorgegebene Geschwindigkeit nicht erreicht werden kann, schließt sich an die Beschleunigungsphase direkt die Bremsphase an, d. h.

$$t_2 = \frac{s_{Dist}}{v_p} \stackrel{!}{=} \frac{v_p}{a_p} \tag{7.7}$$

Für solch einen *zeitoptimalen* Weg ist die maximal erreichbare Geschwindigkeit

$$v_p = \sqrt{s_{Dist} \cdot a_p} \tag{7.8}$$

```
FUNCTION_BLOCK TYP_IPO // Baustein zur Achsinterpolation
VAR_INPUT
  Start: BOOL;           // Start des Timers
  sDist: REAL;           // zurückzulegende Distanz
  vp,ap: REAL;           // Vorgabe der Höchstgeschw./-beschleunigung
END_VAR
VAR_OUTPUT
  sp: REAL;              // Sollwerte für Wegposition zum Zeitpunkt t
END_VAR
VAR
  t,t1,t2,t3: REAL;      // gemessene Zeit, Umschaltzeitpunkte
  uhr: TP;               // Timer zur Zeitmessung
  a_max: REAL:=50;       // max. ausführbare Beschleunigung
END_VAR
ap:=LIMIT(0.000001,ap,a_max);        // max. erreichbare Beschleunigung
vp:=LIMIT(0.0001,vp,SQRT(sDist*ap));// und Geschwindigkeit
t2:=sDist/vp;                        // Umschaltzeiten
t1:=vp/ap;
t3:=t1+t2;                           // Gesamtfahrtzeit
uhr(IN:=Start,PT:=REAL_TO_TIME(t3));// Timer
t:=TIME_TO_REAL(uhr.ET);
IF t<t1 THEN                         // Beschleunigen
  sp:=0.5*ap*t*t;
ELSIF t>=t1 AND t<t2 THEN            // konst. Geschwindigkeit
  sp:=0.5*ap*t1*t1+vp*(t-t1);
ELSIF t>=t2 AND t<t3 THEN            // Bremsen
  sp:=0.5*ap*t1*t1+vp*(t-t1)-0.5*ap*(t-t2)*(t-t2);
ELSE                                 // Ende der Bewegung
  sp:=sDist;
END_IF
```

Bild 7.11 Die Achsinterpolation mit trapezförmigem Geschwindigkeitsprofil wird Funktionsbaustein `TYP_IPO` programmiert

Beispiel 7.8: Programmierung der Interpolation einer Linearachse

Der Algorithmus für die Interpolation einer Achse ergibt sich aus den Gln. 7.2-7.8 und ist im Funktionsbaustein TYP_IPO nach Bild 7.11 programmiert.

Zu Beginn der Interpolation werden Beschleunigung und Geschwindigkeit auf die maximal erreichbaren Werte gemäß Gl. 7.7 begrenzt. Dann werden die Umschaltzeitpunkte nach den Gln. 7.4 und 7.5 berechnet. Für die eigentliche Interpolation wird nun der Timer UHR gestartet, mit dessen Hilfe

- die Zeit gemessen,
- zu den Umschaltzeitpunkten in die jeweilige Bewegungsphase geschaltet und
- die entsprechende Wegvorgabe $s_p(t)$ berechnet wird.

Die Software zu diesem Beispiel kann auf der SPS-Lern-und-Übungsseite getestet werden.

Der Ausgang des Interpolators $s_p(t)$ bestimmt nach Gl. 7.1 den Positionssollwert $x^{soll}(t) = x(t_i)$ für die sich anschließende Lageregelung. Damit die Regelung schneller konvergiert als der Interpolator neue Sollwerte vorgibt, muss die Interpolationszeit t_{IPO} viel größer sein als die Zykluszeit T_0 der Regelung.

7.3.2 Lageregelung

Aufgabe der Lageregelung ist es, die Antriebe so anzusteuern, dass die vom Interpolator vorgegebene Wegstrecke hinreichend genau abgefahren wird und auftretende Störungen ausgeregelt werden. Hierfür wird der in Bild 7.12 skizzierte Lageregelkreis aufgebaut, der aus drei Kaskaden besteht.

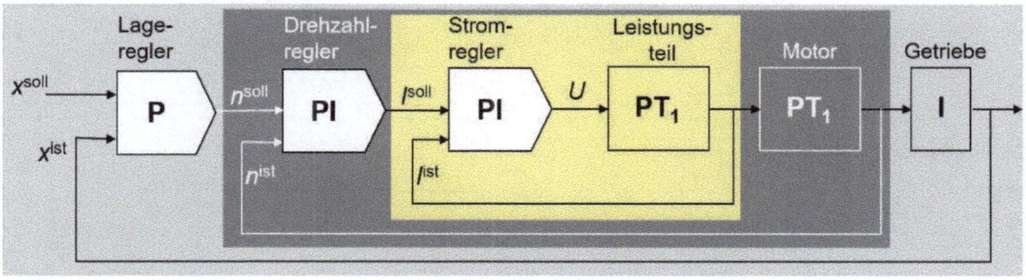

Bild 7.12 Lageregelkreis einer Antriebsachse zur Regelung ihrer Position $x(t)$, Geschwindigkeit $v(t)$ und Beschleunigung $a(t)$

Die äußere Kaskade regelt die Position auf den vorgegebenen Lagesollwert x^{soll}. An der Achse befindet sich hierfür eine Positionssensorik, die die tatsächlich zurückgelegte Strecke x^{ist} misst. Dabei kommen meistens optische *Inkrementalweggeber* (Encoder) zum Einsatz [81]. Die Anzahl der von ihnen empfangenen Lichtimpulse ist proportional zum zurückgelegten Weg. Die Impulse werden von einer schnellen Zählerbaugruppe (s. Abschnitt 2.4.5) in die SPS eingelesen. Aus dem Zählwert wird wie in Übung 4.4 gezeigt nicht nur die Ist-Position x_{ist}, sondern durch numerische Differenziation auch die Geschwindigkeit bzw. die zu ihr proportionale Drehzahl n_{ist} berechnet.

Der Ausgang des Lagereglers bildet den Sollwert für den Drehzahlregler in der mittleren Kaskade. Da die Geschwindigkeit der Achse proportional zur Drehzahl des Antriebs ist, wird der Regler auch als Geschwindigkeitsregler bezeichnet.

Die innere Kaskade des Lageregelkreises regelt den Motorstrom, der proportional zum Drehmoment des Motors und somit zur Beschleunigung der Achse ist. Der Sollwert des Stromregelkreises wird vom Ausgang des Drehzahlreglers bestimmt. Der Ausgang des Stromreglers ist schließlich die Steuerspannung *U*, gemäß der das Leistungsteil den Motor mit mehr oder weniger Strom versorgt.

Im Allgemeinen wird die Lageregelung in der Umrichter-Elektronik realisiert. Diese Elektronikeinheit ist, wie in Bild 7.4b dargestellt, heutzutage meist über einen Feldbus an das Motion-Control-System angekoppelt. Vom Motion-Control-System werden dann die Sollwerte und Reglerparameter an den Umrichter übertragen.

Beispiel 7.9: Simulation des Lageregelkreises

Obwohl in den meisten Systemen die Lageregelung als Hardware im Umrichter integriert ist, soll hier in einer Simulation das Verhalten des Lageregelkreises veranschaulicht werden. Dies ist deshalb wichtig, weil die Parametrierung der Regler mitunter vom Motion-Control-System aus vorgenommen werden muss.

Für Lage-, Drehzahl- und Stromregler wird der Funktionsbaustein `TYP_PID` aus Bild 4.31 eingesetzt, auch wenn nur PI- und P-Verhalten erforderlich sind. Der Reglerbaustein bietet aber zum einen eine Stellwertbegrenzung und zum anderen durch Betriebsarten die Möglichkeit, die einzelnen Kaskaden getrennt zu starten.

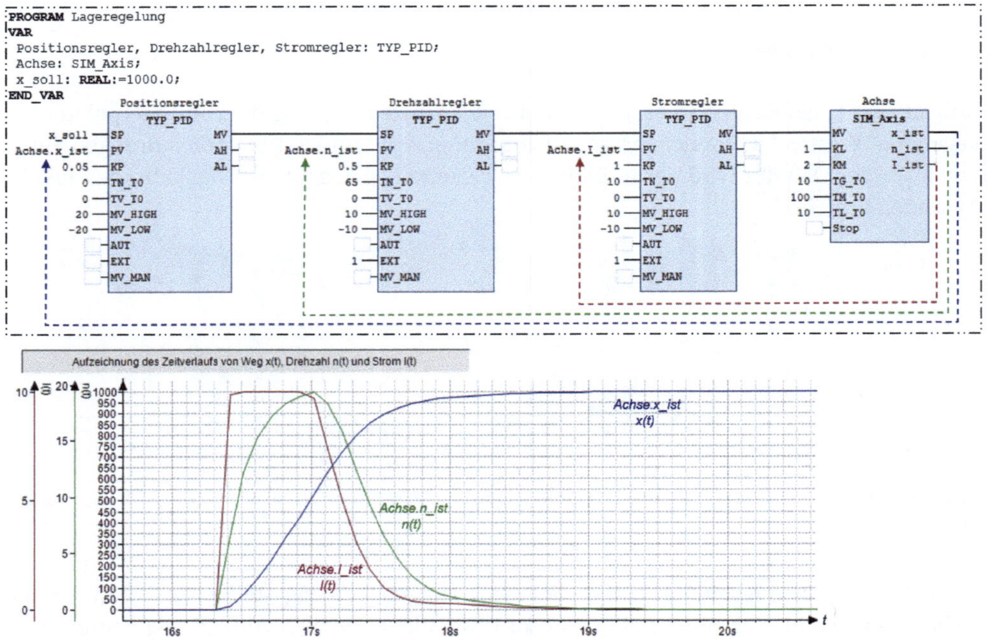

Bild 7.13 Programm `Lageregelung` und Einschwingverhalten der simulierten Antriebsachse

Zur Inbetriebnahme wird zuerst ein Sollwert vorgegeben und danach werden Strom-, Drehzahl- und Lageregler nacheinander durch Aktivierung der Betriebsart `AUT` gestartet. Daraus ergibt sich das in Bild 7.13 dargestellte Einschwingverhalten. Die aufgezeichneten Zeitverläufe zeigen, dass der vorgegebene Positionssollwert durch kriechendes Einschwingverhalten erreicht wird, während Strom und Drehzahl nach anfänglich starkem Anstieg sich in dem Maße dem Wert Null annähern wie die Position ihrem Sollwert.

Zur Einstellung der Reglerparameter wird zunächst der Stromregelkreis in `AUT` geschaltet, während die beiden anderen Regler in der Betriebsart manuell bleiben. Der Sollwert wird dabei durch den manuellen Stellwert `MV_MAN` des vorgeschalteten Drehzahlreglers vorgegeben. Danach schaltet man in gleicher Weise den Drehzahlregler hinzu und schließlich auch den Lageregler. Die Reglerparameter werden mithilfe von Sprungantworten, wie in Übung 7.2 gezeigt, ermittelt.

Die Software zu diesem Beispiel kann auf der SPS-Lern-und-Übungsseite getestet werden.

Wegen des langsamen kriechenden Einschwingverhaltens wird der Lageregelung in der Praxis eine *Interpolation* vorgeschaltet. Sie gibt Wegsollwerte mit geringem Abstand voneinander vor. Dabei wird wie in Übung 7.3 der nächste Sollwert vorgegebenen, bevor der letzte vollständig erreicht ist. So wird das kriechende Einschwingen nur für das letzte Inkrement vollständig ausgeführt. Die Achse folgt damit dem von der Interpolation vorgegebenen, s-förmigen Wegverlauf (s. Bild 7.10)

Die Bewegungssteuerung *einer* Achse, z. B. durch den Funktionsbaustein `MC_MoveAbsolute`, umfasst also Interpolation und Lageregelung. Um mit einem Werkzeug kartesische Bahnen in der Ebene oder im Raum abzufahren, bedarf es aber der Koordination *mehrerer* Achsen, z. B. in einer Werkzeugmaschine.

■ 7.4 Steuerung von Werkzeugmaschinen

In einer digitalen Fabrik werden zahlreiche Maschinen zur Bearbeitung von Werkstücken eingesetzt. Sie sind wie in Abschnitt 7.1 gezeigt untereinander so zu koordinieren, dass der gewünschte Produktionsprozess effizient und konfliktfrei abläuft. Vorgaben über die Form der zu bearbeiteten Werkstücke werden von Computer-Aided-Engineering-Systemen (CAE) meist über die Cloud an die Motion-Control-Systeme übertragen, die die Werkzeugmaschinen entsprechend ansteuern.

Zwei wichtige Typen von Werkzeugmaschinen sind in Bild 7.14 skizziert. Während bei Drehmaschinen das Werkstück rotiert, ist es bei Fräsmaschinen das Werkzeug, das vom Hauptantrieb in eine schnelle Rotation versetzt wird und dadurch die Schnittkraft aufbringt, um das Werkstück zu bearbeiten. Für die Bewegungssteuerung sind jedoch die *Vorschubantriebe* die wichtigeren Komponenten. Sie bewirken, dass das Werkzeug in x-, y- und z-Richtung bewegt wird, um z. B. durch Abfahren der Objektkontur den Grat eines Werkstücks abzufräsen.

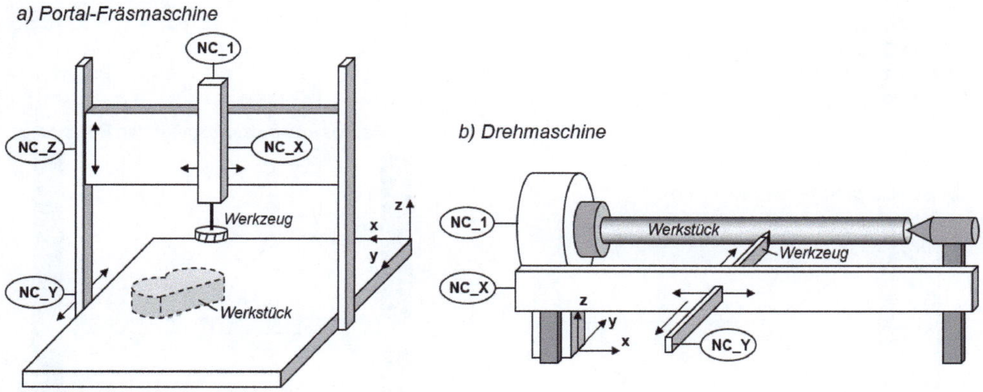

Bild 7.14 Typische Werkzeugmaschinen mit einem Hauptantrieb NC_1 und den Vorschubantrieben NC_X, NC_Y, NC_Z, die das Werkzeug so bewegen, dass eine gewünschte Form des Werkstücks gefertigt wird

7.4.1 Bahnplanung durch CNC-Programmierung

Bisher wurden Werkzeugmaschinen durch klassische CNCs gesteuert. Darin konnte die Bahn des Werkzeugs mit CNC-Befehlen nach DIN 66025/ISO 6983 vom Bediener vorgegeben werden [38]. Eine Auswahl wichtiger Befehle ist in Tabelle 7.1 zusammengestellt.

Tabelle 7.1 CNC-Befehle nach DIN 66025/ISO 6983 (Auswahl)

Wegfunktionen	*Geometriedaten*	*Technologiedaten*	*Maschinendaten*
G00 fahre zu Punkt ohne Bahninterpolation	**X20 Y30** Punktkoordinaten	**S1000** Spindeldrehzahl	**M00** HALT
G01 fahre Gerade	**I10 J-10** Kreismittelpunkt	**F100** Vorschub-geschwindigkeit	**M03** Spindel im Uhrzeigersinn
G02 fahre Kreisbogen im Uhrzeigersinn	**R30** Radius einer Kreisbahn	**E50** Vorschub-beschleunigung	**M04** Spindel im Gegenuhrzeigersinn
G03 fahre Kreisbogen im Gegenuhrzeigersinn			**M30** Programmende mit Rücksetzen

Die vom Werkzeug oder Greifer abzufahrende Bahn kann durch Geraden-, Kreisbogenabschnitte oder Splines approximiert werden. Der Bediener gibt mithilfe der Wegfunktionen (G-Codes) G01 bzw. G02 oder G03 die Stützpunkte für die Bahn und die dazwischen abzufahrende Bahnform als Linear- oder Zirkularbewegung vor [75].

Alternativ hat er in einem Motion-Control-System wie dem SoftMotion-Paket von Codesys die Möglichkeit, die Bahn in einem sog. CNC-Editor *grafisch* zu erstellen (s. Bild 7.15). Es empfiehlt sich, die abzufahrende Bahn zunächst grob zu zeichnen. Parallel dazu erstellt das System automatisch das CNC-Programm auf Basis der Zeichnung. Der Bediener kann dann die exakten

a) Bahnvorgabe durch CNC-Programm

```
N00 G00 X0 Y0 E100 F100 E-100     % Anfahren der Startposition
N10 G01 X50 Y50 E100 F100 E-100   % Anfahren der XY-Position auf einer Geraden
N20 G03 X0 Y50 E30 R25 F50 E-30   % Anfahren der XY-Position auf einer Kreisbahn
N30 G03 X100 Y50 E30 F50 E-30 R50 % im Gegenuhrzeigersinn mit Radius R
N40 G01 X50 Y50 E100 F100 E-100   % Anfahren der XY-Position auf einer Geraden
N50 G00 X0 Y0 E100 F100 E-100     % Zurückfahren zur Startposition
```

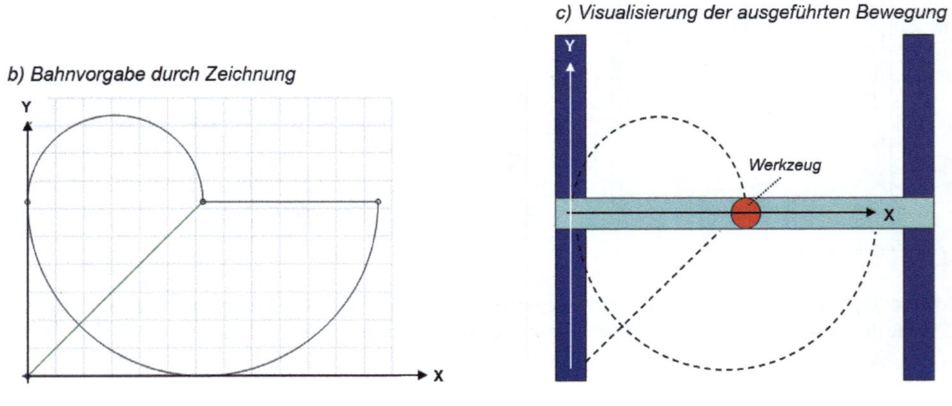

Bild 7.15 Bahnvorgabe im CNC-Editor und Visualisierung der CNC-Maschine

Anfahrpositionen und Geschwindigkeiten im zugehörigen CNC-Programm ergänzen bzw. korrigieren.

Das so erzeugte CNC-Programm wird von Codesys automatisch als Liste in eine Datenstruktur geschrieben, die in Bild 7.16 als Eingangsvariable für den Funktionsbaustein zur Interpolation dient.

Beispiel 7.10: Steuerung einer Portalfräsmaschine durch ein CNC-Programm

Eine Portalfräsmaschine, wie in Bild 7.14a skizziert, besteht aus drei kartesischen Achsen in x-, y- und z-Richtung. Es soll jedoch nur eine Kontur in der xy-Ebene abgefahren werden, um z. B. den Grat eines Werkstücks mit bekannter Geometrie abzufräsen. Hierfür wird im CNC-Editor die in Bild 7.15b dargestellte Kontur gezeichnet, die dem CNC-Programm in Bild 7.15a entspricht.

Die Adresse der daraufhin von Codesys automatisch erzeugten Datenstruktur `Bahn_1` wird in Bild 7.16 dem Funktionsbaustein `SMC_INTERPOLATOR` zugeführt. Dieser führt eine Bahninterpolation durch und erzeugt wie in Abschnitt 7.3.1 erläutert durch Aneinanderreihung kleiner Strecken die Soll-Positionen entlang der Bahn. Diese Sollpositionen werden durch die Datenstruktur `p_Ziel` an den Funktionsbaustein `SMC_TRAFO_GANTRY2` weitergeleitet. Darin werden die Bahnsollwerte in Sollwerte für die Lageregelung der Bewegungsachsen umgerechnet. Diese Sollwerte werden durch die Variablen `NCX.fSetPosition` und `NCY.fSetPosition` der Achsschnittstelle zum Umrichter übertragen.

Die Software zu diesem Beispiel kann auf der SPS-Lern-und-Übungsseite getestet werden.

```
PROGRAM Bahnsteuerung
VAR
  IPO : SMC_INTERPOLATOR;          // Bahninterpolation
  R_TRAFO: SMC_TRAFO_Gantry2;      // Koordinatentransformation
END_VAR
```

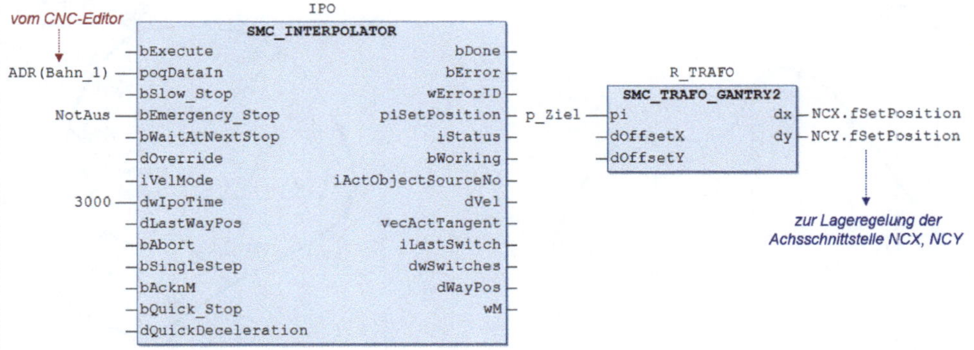

Bild 7.16 Das Programm `Bahnsteuerung` liest die im CNC-Editor vorgegebene `Bahn_1` (vgl. Bild 7.15a) ein und führt die Interpolation und Koordinatentransformation für ein Portalsystem (Gantry) aus

Das Beispiel zeigt nur den einfachen Fall der Koordination zweier Achsen, die eine ebene Bahn mit einem Werkzeug abfahren. Im CNC-Editor können aber auch räumliche Bahnkurven grafisch und mithilfe von G-Codes vorgegeben werden. Sie steuern dann Werkzeugmaschinen, die drei Linearachsen zur Bewegung des Werkzeugs entlang der drei Raumachsen x, y und z besitzen und zusätzlich drei Drehachsen zur Anpassung der Orientierung des Werkzeugs an die Werkstückoberfläche.

> Das Motion-Control-System bietet somit nicht nur standardisierte Bausteine zur Steuerung und Visualisierung, sondern auch virtuelle Achsen für Simulation und Test der programmierten Bewegung.

7.4.2 Bewegungsvorgaben durch Kurvenscheiben

In vielen Maschinen ist es erforderlich, dass eine Achse den Bewegungen einer anderen folgt. Dabei führt die *Masterachse* meist eine gleichförmige Bewegung aus. Abhängig von der Position der Masterachse $x(t)$ fährt die *Slaveachse* zu einer Position $y(t)$, die durch einen mathematischen Zusammenhang $y = f(x)$ vorgegeben wird.

Die Vorgabe dieses Zusammenhangs erfolgt im Motion-Control-System in einer CAM-Table oder grafisch im CAM-Editor. Cam bezeichnet im Englischen eine Kurvenscheibe. Früher wurden Master- und Slaveachsen fast ausschließlich durch mechanische Kurvenscheiben miteinander gekoppelt.

Periodische Kurvenscheiben

Eine *mechanische* Kurvenscheibe ist eine rotierende Scheibe, auf deren Rand wie in Bild 7.17 die Slaveachse über eine Führungsrolle eine nichtlineare Bewegung ausführt. Die Form der Kurvenscheibe repräsentiert somit die Bahn, die vom Werkzeug abgefahren wird. Für den gewünschten Kurvenverlauf in Bild 7.17a ergeben sich aus den Stützstellen $y(\alpha_i)$ die Abstände des Kurvenscheibenrands zum Drehpunkt in Bild 7.17b.

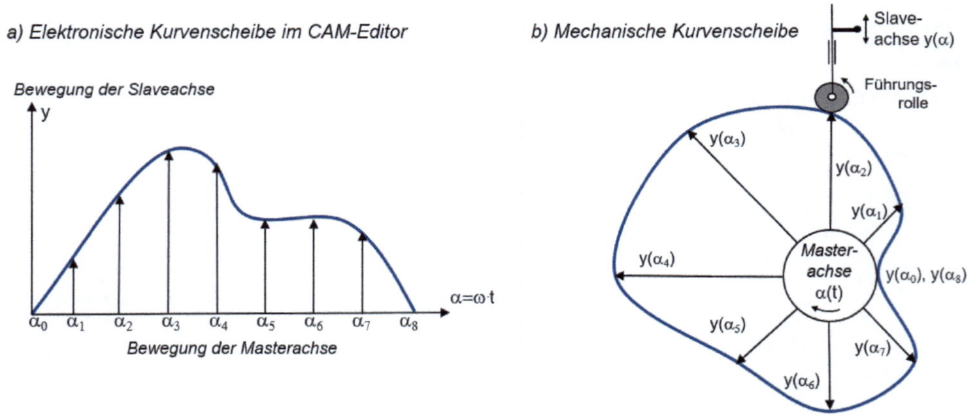

Bild 7.17 Kurvenscheibe zur Kopplung einer Master- und einer Slaveachse

Führt die Masterachse oder auch *Königswelle* dann Drehbewegungen mit konstanter Geschwindigkeit aus, bewegt sich die Slaveachse gemäß der Kennlinie

$$y = f(\alpha) \tag{7.9}$$

Der Zusammenhang zwischen Master-Position $\alpha(t)$ und der korrespondierenden Slave-Position $y(t)$ kann auch durch eine *elektronische* Kurvenscheibe im CAM-Editor eines Motion-Control-Systems vorgegeben werden. Dabei werden einzelne Stützstellen grafisch eingefügt oder ihre Position wird nummerisch in eine Tabelle eingetragen. Zwischen den Stützstellen wird der Kennlinienverlauf wahlweise linear oder durch Polynome 5. Ordnung (Splines) interpoliert. Auf Basis dieser Vorgaben und der bekannten Bewegung des Masters berechnet das System automatisch auch die Geschwindigkeits- und Beschleunigungsverläufe für die Slaveachse [76].

Als Master kann auch eine *virtuelle Achse* im Motion-Control-System angelegt werden. Bewegt sich diese auch mit konstanter Geschwindigkeit, gibt die Kurvenscheibe den gewünschten Zeitverlauf der Slaveposition $y(t)$ vor.

Nockenschalter

Außer der Kurvenscheibe werden oft auch Nockenscheiben vom Master mitgedreht. Eine Nockenscheibe wie in Bild 7.18 besitzt Ausstanzungen, die einen elektrischen Kontakt schließen und somit einen Aktor, z. B. das Relais A1, aktivieren. Das Relais kann dann beispielsweise die Spritzwasserzufuhr einschalten, wenn das Werkzeug auf das Werkstück trifft und die spanende Bearbeitung einsetzt. Beim Herausfahren des Werkzeugs kann die Spritzwasserzufuhr wieder ausgeschaltet werden.

Überfährt das Werkzeug auf der Kurvenscheibe eine solche Nocke (engl. Tappet), wird im Motion-Control-System eine vorgegebene Boole'sche Variable auf `TRUE` gesetzt und damit ein Ereignis aktiviert. Dies kann in der Praxis auch zur Aktivierung einer Drehrichtungsumkehr oder zum Ein- und Ausschalten von Achsen genutzt werden.

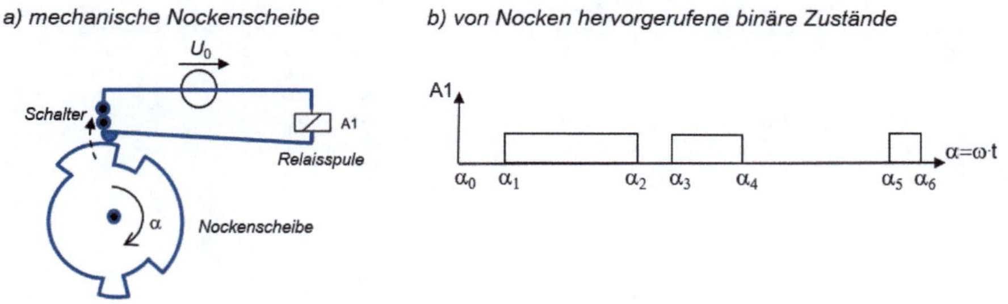

Bild 7.18 Nockenscheibe zur Aktivierung binärer Schaltsignale

Programmierung nach PLCopen

Die PLCopen hat Funktionsbausteine zur Steuerung von Multiachsen genormt. Diese erlauben es, Kurvenscheiben, die im CAM-Editor wie in Bild 7.19a erstellt wurden, einzulesen, und eine dementsprechende gekoppelte Bewegung mit dem Slave auszuführen [80]. In Übung 7.5 werden diese Funktionsbausteine zur Steuerung einer *fliegenden Säge* mithilfe periodischer Kurvenscheiben eingesetzt.

Es gibt aber auch Anwendungen, die nicht-periodische Kurvenscheiben ausführen, wie das folgende Beispiel zeigt.

Beispiel 7.11: Nicht-periodische Kurvenscheibe zur Steuerung einer Drehmaschine

Zur Bewegungssteuerung des Schneidwerkzeugs einer Drehmaschine wird im CAM-Editor die Kurvenscheibe „Drehmaschine_1" angelegt (s. Bild 7.19a). Da die Bewegung des Schneidwerkszeugs als Slave in y-Richtung erfolgt und die der Masterachse in x-Richtung, stellt die vorgegebene Bahn genau das Profil dar, das aus dem Werkstück herausgedreht werden soll (s. Bild 7.19b). Dabei wird das erste und letzte Polygon der Kurvenscheibe so festgelegt, dass die Geschwindigkeit ohne Sprünge aus der Ruhelage ($v = 0$) heraus startet und auch in der Ruhelage wieder endet.

Bild 7.20 zeigt die Software zur Steuerung von Master- und Slaveachse. Im Programm `Master` wird die Masterachse `NC_X` durch den Funktionsbaustein `MC_MoveAbsolute` programmiert, der den Schlitten in x-Richtung um eine vorgegebene Strecke bewegt.

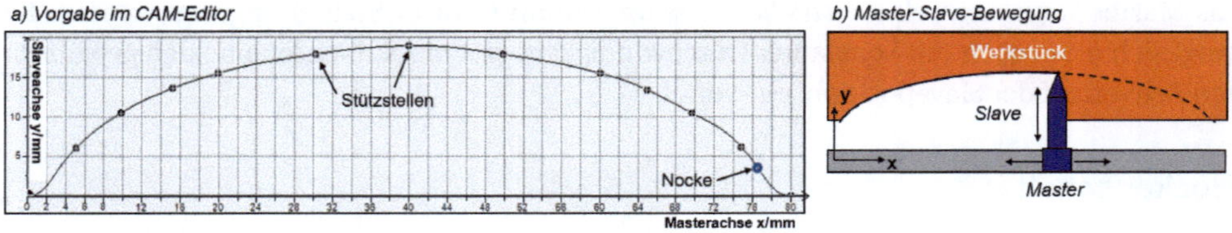

Bild 7.19 Steuerung einer Drehmaschine durch eine Kurvenscheibe

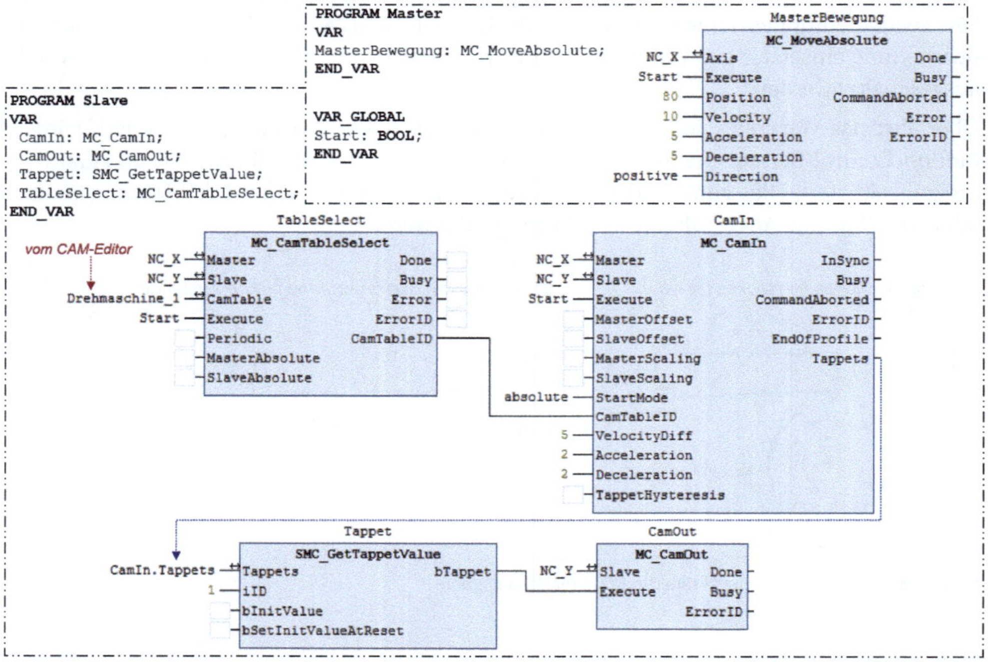

Bild 7.20 Während der gleichförmigen Bewegung des Masters führt der Slave die von der im CAM-Editor vorgegebene Bewegung entlang der Kurvenscheibe aus

Für die Bewegung der Slaveachse `NC_Y` wird im Programm `Slave`

- zunächst die Kurvenscheibe mit dem Namen `Drehmaschine_1` durch den Funktionsbaustein `MC_CamTableSelect` eingelesen,
- dann die Bewegung der Slaveachse durch den Funktionsbaustein `MC_CamIn` berechnet und ausgeführt, und
- schließlich beim Erreichen der Nocke die Slavebewegung durch den Funktionsbaustein `MC_CamOut` beendet.

Die in der Kurvenscheibe angegebenen Nocken (Tappets) werden vom Funktionsbaustein `MC_CamIn` während der Fahrt erkannt. Dabei setzt der Funktionsbaustein `SMC_GetTappetValue` eine Boole'sche Variable, die in diesem Beispiel die Bewegung beendet. Die Software zu diesem Beispiel kann auf der SPS-Lern-und-Übungsseite getestet werden.

7.4.3 Elektronisches Getriebe

Master- und Slaveachsen können auch direkt in einem vorgegebenen Drehzahl- oder Geschwindigkeitsverhältnis miteinander gekoppelt werden. Anstatt dies mechanisch, z. B. durch ein Zahnradgetriebe, zu realisieren, bietet die PLCopen die Standard-Funktionsbausteine `MC_GearIn` und `MC_GearOut`, die eine elektronische Kopplung zweier Achsen ermöglichen.

Im Beispiel von Bild 7.21a wird die Winkelgeschwindigkeit ω_2 des Taktschneiders auf die Winkelgeschwindigkeit ω_1 des Rollenantriebs gemäß der unterschiedlichen Radien der Walzen angepasst:

$$\omega_2 = \omega_1 \frac{r_1}{r_2} \tag{7.10}$$

Im Funktionsbaustein `MC_GearIn` werden Zähler (Numerator) und Nenner (Denominator) des Geschwindigkeitsverhältnisses (Ratio) vorgegeben, mit dem der Slave an die Geschwindigkeit des Masters gekoppelt wird (s. Bild 7.21b, c).

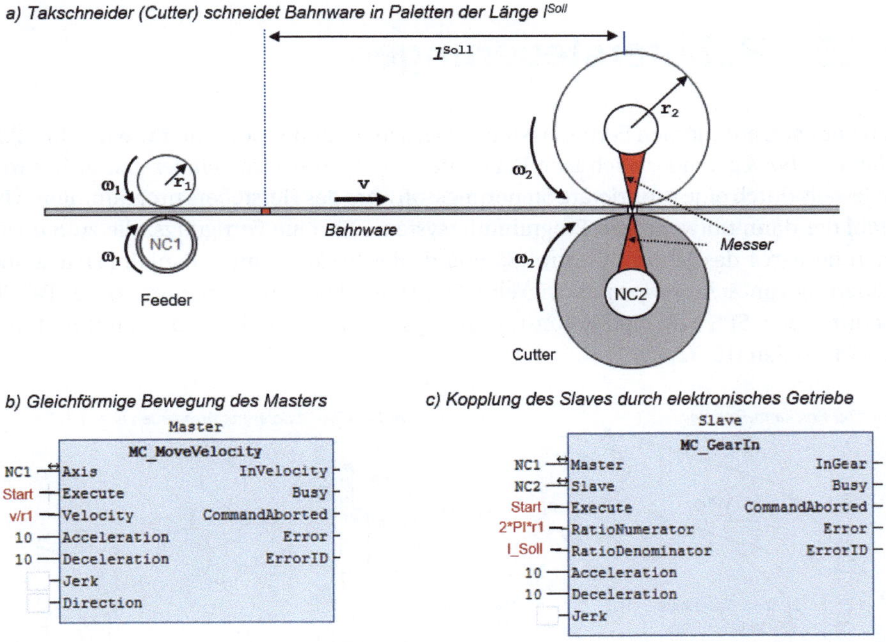

Bild 7.21 Der Taktschneideantrieb NC2 ist an die Drehzahl des Feeders (NC1) gekoppelt, so dass die Bahnware in Paletten der Länge l^{Soll} zerschnitten wird

Beispiel 7.12: Elektronisches Getriebe für einen Taktschneideantrieb

Ein Taktschneider nach Bild 7.21a zerschneidet eine Bahnware in gleichgroße Platten. Dabei ergibt sich die Länge der Platten l^{Soll} durch den Radius r_2 der Schneidwalze

$$l^{Soll} = 2\pi r_2 \tag{7.11}$$

Die Bahngeschwindigkeit v wird durch den Rollenantrieb (Feeder) bestimmt:

$$v = \omega_1 r_1 \tag{7.12}$$

Damit erhält man die Zeit t_{cut} zwischen zwei Schnitten

$$t_{cut} = \frac{l^{Soll}}{v} \tag{7.13}$$

und somit die erforderliche Geschwindigkeit des Taktschneideantriebs (Cutter)

$$\omega_2 = \frac{2\pi}{t_{cut}} = \frac{2\pi}{l^{Soll}} v \tag{7.14}$$

Die gewünschte Bahngeschwindigkeit v wird durch den Funktionsbaustein `MC_MoveVelocity` realisiert, der den Masterantrieb `NC1` in Bild 7.21b mit der Winkelgeschwindigkeit ω_1 ansteuert. Der Taktschneider `NC2` wird dann in Bild 7.21c durch den Funktionsbausteine `MC_GearIn` als Slave mit dem Master im Geschwindigkeitsverhältnis ω_2 / ω_1 gekoppelt. Durch den Baustein `MC_GearOut` wird die Kopplung wieder aufgehoben.

Die Software zu diesem Beispiel kann auf der SPS-Lern-und-Übungsseite getestet werden.

Ein elektronisches Getriebe wird auch für viele andere Anwendungen eingesetzt wie z. B. der Bahnspannungsregelung bei Wickelmaschinen mithilfe einer *Tänzerwalze* (s. Übung 7.6).

7.5 Robotersteuerungen

In den heutigen autonomen Fertigungslinien werden oft Industrieroboter wie in Bild 7.22 zum Greifen und Bewegen oder auch zum Bearbeiten von Werkstücken eingesetzt. Bisher wurden diese jeweils durch eine proprietäre Steuerungssoftware des Herstellers programmiert. Um die Vielzahl der dann notwendigen Programmiersysteme für eine Fertigungszelle zu reduzieren, wurden im Part 4 des Motion-Control-Standards der PLCopen auch Funktionsbausteine zur Ansteuerung von *Achsgruppen* entwickelt [109]. Damit können Roboterarme oder Parallelroboter durch eine SPS bzw. ein Motion-Control-System nach IEC 61131 programmiert und angesteuert werden [18, 12, 84, 174].

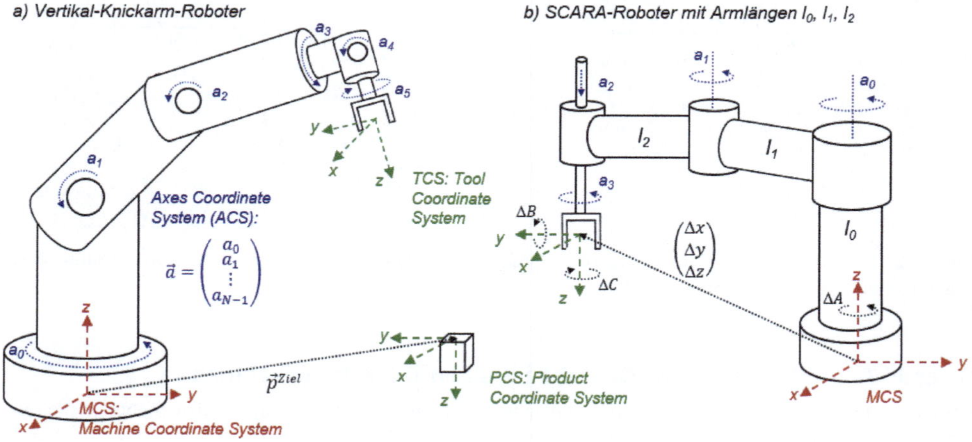

Bild 7.22 Aufbau typischer Industrieroboter

Roboterarme wie der Vertikal-Knickarm-Roboter in Bild 7.22a sind dem menschlichen Arm nachgebildet mit drei rotatorischen Achsen in Rumpf, Schulter, Ellbogen sowie drei Achsen im Handgelenk. Die Achsen werden in der Regel durch bürstenlose Gleichstrommotoren angetrieben. In den Achsen befinden sich meist Resolver oder optische Encoder, die die aktuellen Winkelstellungen $a_0, a_1, \ldots, a_5$ der Gelenke messen.

Ein *Vertikal-Knickarm-Roboter* mit 6 Achsen ist universell einsetzbar, weil er mit seinem Greifer jede Position und Orientierung in seinem *Arbeitsraum* anfahren kann. Dagegen dienen sog. SCARA-Roboter (Selective Compliance Assembly Robot Arm) hauptsächlich für Handhabungsaufgaben, bei denen der Greifer Objekte von oben greift und an einer anderen Stelle ablegt (Pick-and-Place). Ein *SCARA-Roboter* wie in Bild 7.22b besitzt drei rotatorische Achsen a_0, a_1, a_3, durch die der Greifer jede Position und Orientierung in der *Ebene* oberhalb der Arbeitsfläche (z. B. einem Tisch) anfahren kann. Zusätzlich besitzt er eine *translatorische* Schubachse a_2 zum Absenken den Greifers, um das Objekt zu greifen.

Ein Roboter kann durch Ansteuerung seiner einzelnen Achsen $\vec{a}$ im Achskoordinatensystem (ACS) bewegt werden oder durch Vorgabe einer kartesischen Zielposition $\vec{p}^{Ziel}$ im Maschinenkoordinatensystem (MCS). Dabei müssen sich die Achsen so bewegen, dass das Werkzeugkoordinatensystem (TCS) mit dem Objektkoordinatensystem (PCS) zur Deckung kommt.

7.5.1 Koordinatentransformation

Eine Koordinatentransformation berechnet den Zusammenhang zwischen dem *kartesischen* Koordinatensystem des Greifers oder Werkzeugs (TCS) und den Gelenkstellungen des Roboters im Achskoordinatensystem (ACS). Die kartesische Position des Greifers wird durch die Verschiebung des MCS um Δx, Δy, Δz in den Ursprung des TCS beschrieben.

Die Orientierung des Greifers wird durch die sog. Euler-Winkel ΔA, ΔB und ΔC beschrieben. Dabei ergibt sich die Orientierung des TCS, indem das MCS nach der Verschiebung zunächst um den Winkel ΔA um die z-Achse gedreht wird, danach um den Winkel ΔB um die neue y-Achse und schließlich um den Winkel ΔC um die neue z-Achse.

Der Zusammenhang zwischen der kartesischen Lage des Greifers, zusammengefasst als Lagevektor $\vec{p} = (\Delta x, \Delta y, \Delta z, \Delta A, \Delta B, \Delta C)^T$ des TCS, und den Gelenkstellungen $\vec{a} = (a_0, a_1, \ldots, a_{n-1})^T$ des Roboters im Achskoordinatensystem ACS

$$\vec{p} = \vec{f}(\vec{a}) \tag{7.15}$$

wird als *Vorwärtstransformation* bezeichnet. Dabei beschreibt die im Allgemeinen nichtlineare Vektorfunktion $\vec{f}$ die Kinematik des Roboters.

Um den Roboter aber anzusteuern, indem man eine gewünschte Lage $\vec{p}$ für das TCS vorgibt, müssen die Achsstellungen $\vec{a}$ aus der Umkehrfunktion $\vec{f}^{-1}$ ermittelt werden:

$$\vec{a} = \vec{f}^{-1}(\vec{p}) \tag{7.16}$$

Dieser Zusammenhang wird auch als *Rückwärtstransformation* bezeichnet. Am besten veranschaulicht man sich die Zusammenhänge für die Arbeitsfläche des SCARA-Roboters aus Bild 7.22b. Dazu wird der Roboter wie in Bild 7.23 in die xy-Ebene seines MCS projeziert.

Beispiel 7.13: Programmierung der Vorwärtstransformation für einen SCARA-Roboter

Ausgehend von der Geometrie des Roboters in Bild 7.23a ergibt sich die Vorwärtstransformation für die Position des TCS in der xy-Ebene aus den rechtwinkligen Dreiecken

$$\Delta x = \Delta x_1 + \Delta x_2 = l_1 \cos a_0 + l_2 \cos(a_0 + a_1) \qquad \Delta y = \Delta y_1 + \Delta y_2 = l_1 \sin a_0 + l_2 \sin(a_0 + a_1) \tag{7.17}$$

Die z-Position des Greifers ergibt sich aus der Höhe l_0 des SCARA-Roboters und der Position seines Schubgelenks a_2 (vgl. Bild 7.22b)

$$\Delta z = l_0 - a_2 \tag{7.18}$$

a) SCARA-Roboter projeziert auf xy-Arbeitsfläche

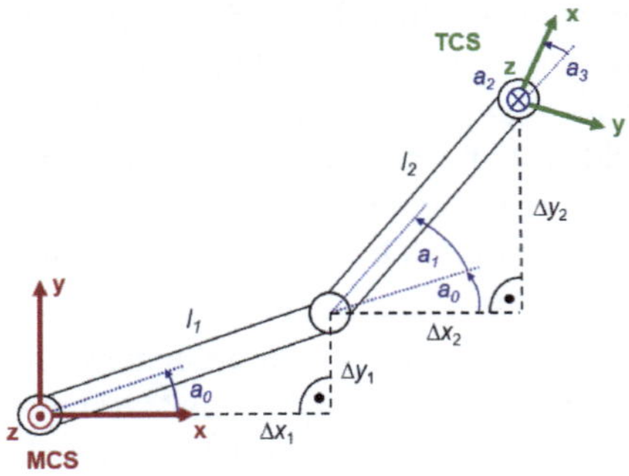

b) Programmierung der direkte kinematischen Transformation

```
METHOD AxesToCartesian
VAR_IN_OUT
 f:SMC_Frame; // Koordinatensystem mit
 ...          // 3x3-Drehmatrix mR and 3x1-Ortsvektor vT
END_VAR
VAR_IN_OUT CONSTANT
 a:TRAFO.AXISPOS_REF; // Achskoordinaten a0,a1,a2,a3
END_VAR
//Position TCS bzgl. MCS
f.vT.dX:=l1*COS(a.a0*PI/180)+l2*COS((a.a0+a.a1)*PI/180);
f.vT.dY:=l1*SIN(a.a0*PI/180)+l2*SIN((a.a0+a.a1)*PI/180);
f.vT.dZ:=l0-a.a2;
//Orientation TCS bzgl. MCS
SMC_Matrix3_FromZYZ_deg(f.mR,dA_deg:=180,dB_deg:=180,
                                  dC_deg:=-a.a0-a.a1-a.a3);
...
```

Bild 7.23 Berechnung der Vorwärtstransformation für den SCARA-Roboter aus Bild 7.22b

Die Orientierung des TCS ergibt sich durch eine Drehung des MCS um seine z-Achse um 180°, eine anschließende Drehung um die neue y-Achse um 180° und eine Drehung um die neue z-Achse um die negative Summe der Drehgelenkwinkel:

$$\Delta A = 180^\circ \qquad \Delta B = 180^\circ \qquad \Delta C = -(a_0 + a_1 + a_3) \tag{7.19}$$

Die Programmierung erfolgt in der Methode `AxesToCartesian` des Funktionsbausteins `Kinematic`, der kontinuierlich von der SPS abgearbeitet wird. Diese berechnet aus den Achskoordinaten, die durch die Struktur `a` mit den Gelenkstellungen `a0`, `a1`, `a2` und `a3` eingelesen wird, das Koordinatensystem `f` des TCS bezüglich der Roboterbasis MCS (s. Bild 7.23b). Das Koordinatensystem `f` besteht aus dem Verschiebungsvektor `vT` mit den Koordinaten Δx, Δy und Δz für die Position des Greifers und der Drehmatrix `mR`, die die Verdrehung des TCS gegenüber dem MCS mit der ZYZ-Winkeldefinition nach Euler angibt [177]. Durch die vorkonfektionierte Funktion `SMC_Matrix3_FromZYZ_deg` wird die Orientierungsmatrix `mR` durch Angabe der Eulerwinkel ΔA, ΔB und ΔC berechnet.

Beispiel 7.14: Programmierung der Rückwärtstransformation

Da der Roboter zur Bewegung aber die Gelenkstellungen als Sollwerte für die Lageregelung braucht, sind die Gleichungen aus Beispiel 7.13 nach a_0,a_1,a_2 und a_3 aufzulösen. Betrachtet man hierfür Bild 7.24a, ergeben sich der Winkel α und die Hypothenuse r aus dem rechtwinkligen Dreieck:

$$\alpha = \arctan \frac{\Delta y}{\Delta x} \qquad \forall\, \alpha \in [-90°,90°] \qquad r = \sqrt{\Delta x^2 + \Delta y^2} \tag{7.20}$$

Die Winkel β und γ ergeben sich durch Anwendung des Kosinussatzes im Dreieck mit den Seiten l_1, l_2 und r:

$$\beta = \arccos \frac{l_1^2 + r^2 - l_2^2}{2 \cdot l_1 \cdot r} \qquad \forall\, \beta \in [0°,180°] \tag{7.21}$$

$$\gamma = \arccos \frac{l_1^2 + l_2^2 - r^2}{2 \cdot l_1 \cdot l_2} \qquad \forall\, \gamma \in [0°,180°] \tag{7.22}$$

Da der Kosinus aber eine symmetrische Funktion ist, liefert der Arcus-Kosinus zwei Ergebnisse, nämlich den positiven und den negativen Winkel. Demzufolge ergeben sich für die Gelenkwinkel zwei mögliche Lösungen:

$$a_0 = \alpha \pm \beta \tag{7.23}$$

$$a_1 = 180° \pm \gamma \tag{7.24}$$

wobei die Lösung mit dem Pluszeichen der Elbow-up-Stellung und die mit dem Minuszeichen der in Bild 7.24a dargestellten Elbow-down-Stellung des Roboters entspricht.

Die übrigen Gelenkstellungen erhält man gemäß Gl. 7.19 und Gl. 7.18:

$$a_3 = -\Delta C - a_0 - a_1 \tag{7.25}$$

$$a_2 = l_0 - \Delta z \tag{7.26}$$

a) SCARA-Roboter projeziert auf xy-Arbeitsfläche

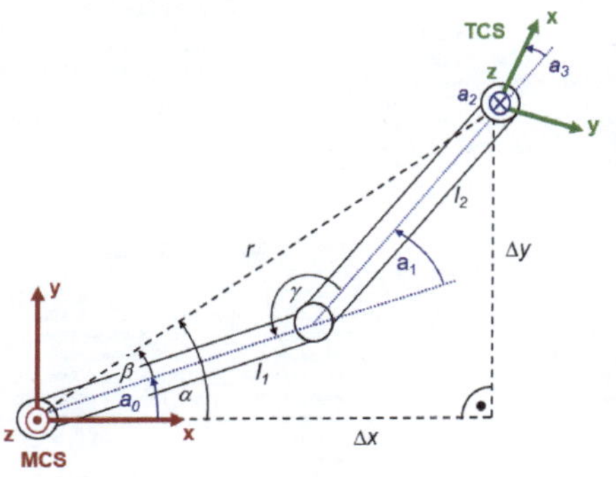

b) Programmierung der inversen kinematischen Transformation

```
METHOD CartesianToAxes
VAR_IN_OUT
 a:TRAFO.AXISPOS_REF; // Achskoordinaten a0,a1,a2,a3
END_VAR
VAR_IN_OUT CONSTANT
 f:SMC_Frame; // Koordinatensystem mit 3x3-Drehmatrix mR
 ...          // und 3x1-Ortsvektor vT
END_VAR
rr:=SQRT(f.vT.dX*f.vT.dX+f.vT.dY*f.vT.dY); // Hilfslinie r
IF ABS(f.vT.dX)<0.001 THEN Nenner:=0.001;  // Vermeidung
ELSE Nenner:=f.vT.dX; END_IF               // Division durch 0
IF ABS(rr)<0.001 THEN rr:=0.001; END_IF
alfa:=ATAN(f.vT.dY/Nenner);
beta:=ACOS((l1*l1+rr*rr-l2*l2)/(2*l1*rr));
gamma:=ACOS((l1*l1+l2*l2-rr*rr)/(2*l1*l2));
a.a0:=(alfa-beta)*180/PI;        // Drehgelenk a0
a.a1:=-180-gamma*180/PI;         // Drehgelenk a1
a.a2:=10-f.vT.dZ;                // Schubgelenk a2
SMC_Matrix3_ToZYZ_deg(mR:=f.mR,dA_deg=>A_deg);
a.a3:=A_deg-180-a.a0-a.a1;       // Drehgelenk a3
...
```

Bild 7.24 Berechnung der Rückwärtstransformation für einen SCARA-Roboter

Bei der Programmierung in der Methode `CartesianToAxes` des Funktionsbausteins `Kinematic` ist zu beachten, dass numerische Instabilitäten in Folge des Dividierens durch sehr kleine Zahlen vermieden werden müssen. Durch die vorkonfektionierte Funktion `SMC_Matrix3_ToZYZ_deg` werden die Eulerwinkel ΔA, ΔB und ΔC aus der Orientierungsmatrix `mR` berechnet. Für die Konstellation des SCARA-Roboters, der senkrecht von oben greift, gilt $\Delta A = 180° - \Delta C$. Die Funktion berechnet deshalb die Gelenkstellung a_3 aus dem Winkel ΔA (s. Bild 7.24b).

Die Software zu diesem und dem vorigen Beispiel kann auf der SPS-Lern-und-Übungsseite getestet werden.

7.5.2 Programmierung von Bewegungsabläufen

Zur Programmierung von Bewegungsabläufen eines Roboters muss zunächst seine Achsgruppe und Kinematik definiert werden. Dann kann mithilfe standardisierter Funktionsbausteine nach PLCopen

- eine Punkt-zu-Punkt-Fahrt (Point-to-Point, PTP) ohne exakte Bahnverfolgung oder
- eine Bewegung auf einer *linearen* oder *zirkularen* Bahnkurve

angesteuert werden.

Definition der Achsgruppe

Eine Achsgruppe besteht aus einzelnen Achsen, die in der Hardwarekonfiguration definiert sein müssen. Diese Achsen kann man in der SPS durch den Funktionsbaustein `MC_GroupEnable` in Bild 7.25 zu einer Achsgruppe zusammenfassen. Die Achsgruppe muss zusätzlich im Gerätebaum angelegt werden. Dabei sind die zugehörigen Achsen sowie die Kinematik der Achsgruppe festzulegen.

Im vorigen Abschnitt wurde die Kinematik für die Achsgruppe `RobotScara3` im Funktionsbaustein `Kinematic` mit den Methoden `AxesToCartesian` und `CartesianToAxis` selbst programmiert. Es gibt aber auch fertig konfigurierte Achsgruppen, die im Programmiersystem des Motion-Control-Systems angewählt werden können, ohne dass die Koordinatentransformation noch programmiert werden muss. In Codesys gibt es vorgefertigte Achsgruppen für Knickarm-Roboter mit 3, 5 oder 6 Gelenken (s. Übung 7.7) sowie für SCARA- und Delta-Roboter.

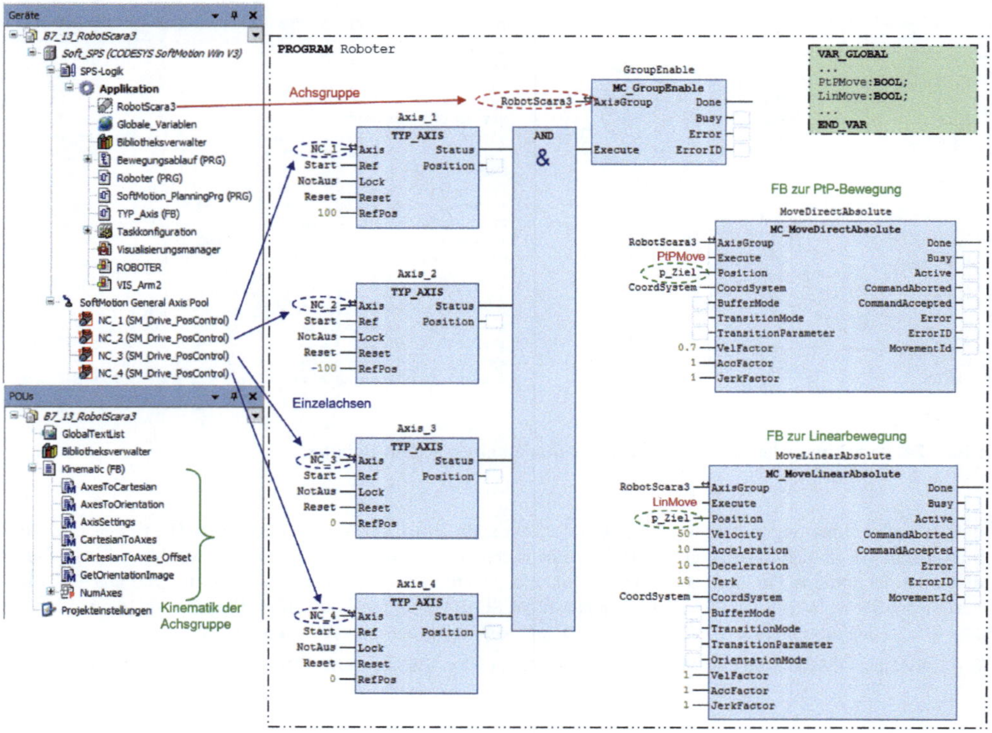

Bild 7.25 Definition der Achsgruppe `RobotScara3` und Programmierung der Roboterbewegung durch Standard-Funktionsbausteine nach PLCopen wie `MC_MoveDirectAbsolute` und `MC_MoveLinearAbsolute`

Sobald alle Einzelachsen aktiv sind, was am Ausgang ihres Umrichterbausteins `MC_Power` durch den `Status=TRUE` angezeigt wird, aktiviert der Funktionsbaustein `MC_GroupEnable` auch die Achsgruppe (s. Programm `Roboter` in Bild 7.25).

Punkt-zu-Punkt-Steuerung

Um eine Punkt-zu-Punkt-Bewegung des Roboters zu einer gewünschten Zielposition auszuführen, wird der Funktionsbaustein `MC_MoveDirectAbsolute` unter Vorgabe der Zielposition `p_Ziel` gestartet. Bei einer PtP-Bewegung wird intern in dem Baustein *zuerst* eine Rückwärtstransformation auf die Gelenkstellung $\vec{a}^{Ziel}$ und dann die Interpolation und Lageregelung der einzelnen Achsen auf die Sollwerte a_i^{Soll} durchgeführt.

PtP-Bewegungen ermöglichen hohe Verfahrgeschwindigkeiten. Die Bewegungsbahn zwischen Start- und Zielpunkt darf jedoch keine Rolle spielen, da sich die Gelenke unabhängig voneinander bewegen. Die resultierende Bahn des Greifers ist so für den Anwender schwer vorherzusehen.

Bahnsteuerung

Wenn zur Werkstückbearbeitung jedoch eine *Bahn* durch Geraden- oder Kreisabschnitte vorgegeben werden muss, kann diese durch Ansteuerung der Funktionsbausteine `MC_MoveDirect`

`Linear` (s. Bild 7.25) oder `MC_MoveDirectCircular` abgefahren werden. Statt in absoluten Koordinaten können die Zielpunkte mit entsprechenden Bausteinen auch *relativ* zur momentanen Stellung vorgegeben werden.

Die Funktionsbausteine zur Bahnsteuerung führen intern *zuerst* eine Bahninterpolation für einen Geraden- oder Kreisbogenabschnitt durch. Dann werden die Positionen $\vec{p}^{Soll}$ der einzelnen Weginkremente durch eine Rückwärtstransformation in die entsprechenden Achsstellungen $\vec{a}^{Soll}$ umgerechnet, die als Sollwerte für die Lageregelung dienen.

Zielpunkte und Fahrbefehle können schrittweise für die einzelnen Bewegungssequenzen vorgegeben werden, wie die Schrittkette im folgenden Beispiel zeigt.

Beispiel 7.15: Steuerung eines Fertigungsablaufs

Ein SCARA-Roboter soll zur Montage an einem Fließband eingesetzt werden. Zur Vereinfachung werden nur die Bewegungen in der xy-Ebene wie in Bild 7.26a betrachtet. Zunächst soll der Roboter eine Schraube aus einer Kiste greifen und sie dann in ein Werkstück schrauben, während es vom Förderband transportiert wird.

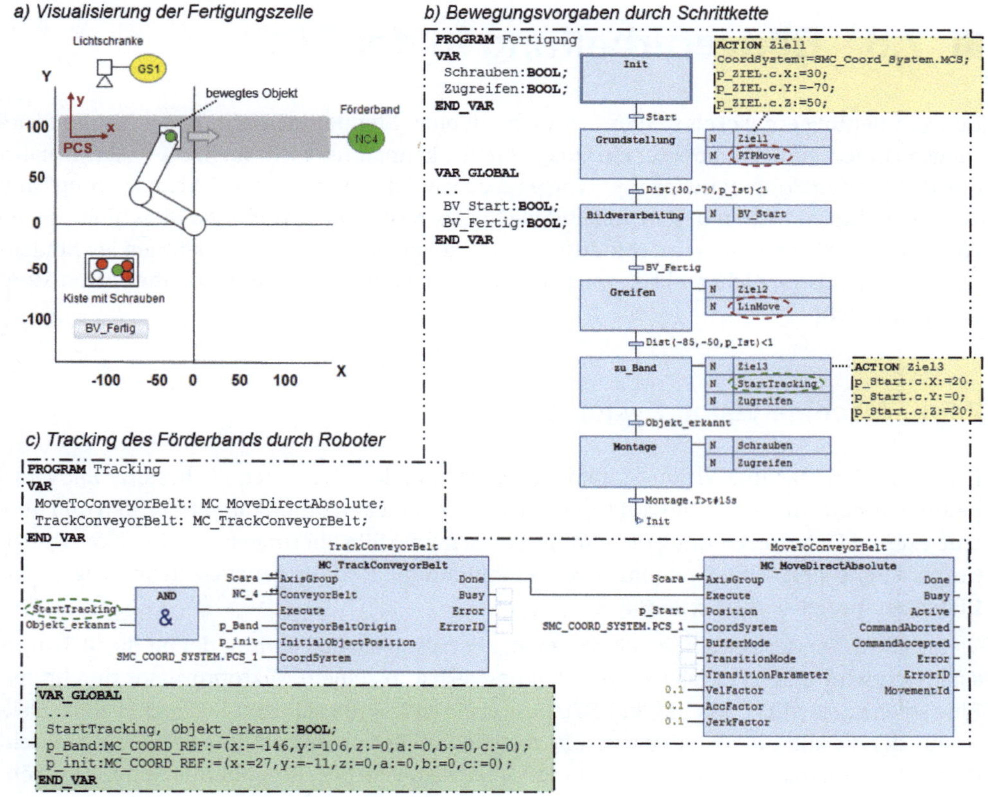

Bild 7.26 Steuerung einer Fertigungszelle mit einem 2-gelenkigen Roboterarm, der Schrauben aus einer Kiste holt und sie während der Bewegung in ein Werkstück auf einem Förderband montiert

Dieser Ablauf wird durch die Schrittkette in Bild 7.26b gesteuert. Dabei wird der Roboter zuerst durch den Befehl `PTPMove` in die Grundstellung an der Position `p_Ziel` gefahren. Die globale Variable `PtpMove` aktiviert den Funktionsbaustein `MC_MoveDirectAbsolute` in Bild 7.25. Danach erfasst eine Bildverarbeitung die Position der Schrauben in einer Kiste. Durch den Befehl `LinMove` im Schritt `Greifen` wird der Funktionsbaustein `MC_MoveLinearAbsolute` in Bild 7.25 aktiviert und der Greifer entlang einer linearen Bahn zu der ermittelten Position der Schraube führt. Nach dem Greifen der Schraube wartet der Roboter, bis die Lichtschranke GS1 ein Objekt auf dem Förderband erkennt.

Dann führt der Roboter durch den Befehl `StartTracking` die Schraube im Schritt `zu_Band` zu dem bewegten Objekt. Dabei koordiniert der Funktionsbaustein `MC_TrackConveyorBelt` die Roboterbewegung mit der kontinuierlichen Bewegung des Objekts auf dem Band. Dazu muss die absolute Position des Bands `p_Band` im `MCS` ebenso vorgegeben werden wie relativ dazu die Position des Objekts `p_Init` beim Start des Trackings. Nach dem Start des Trackings steuert der Funktionsbaustein `MC_MoveDirectAbsolute` den Roboter zum Objekt an der Position `p_Start` bezüglich des Objektkoordinatensystems `PCS_1`.

Von da ab bewegen sich Objekt und Roboter im Schritt `Montage` synchron, so dass der Greifer die Schraube während der Bewegung in die Bohrung des Objekts einschrauben kann. Die Software zu diesem Beispiel kann auf der SPS-Lern-und-Übungsseite getestet werden.

Erkennung und Lokalisierung der zu greifenden Objekte, wie z. B. der Schrauben im obigen Beispiel, kann durch eine automatische Bildverarbeitung in der SPS erfolgen.

7.6 Bildverarbeitung in der SPS

Bildverarbeitung entwickelt sich immer mehr zu einer Standarddisziplin in der Automatisierungstechnik. Damit ein Roboter ein Objekt greifen kann, muss nicht mehr die exakte Anfahrposition für den Robotergreifer $\vec{p}^{Ziel}$ vorgegeben werden, sondern eine Bildauswertung kann automatisch die Position des zu greifenden Objekts bestimmen. Wenn die Maschinen sehen können, wird die Fertigung in der Industrie 4.0 flexibler, denn die Objekte können leicht identifiziert und müssen nicht mehr so genau positioniert werden, was die Handhabung und Montage vereinfacht.

7.6.1 Machine-Vision-Systeme

Bisher wurden Machine-Vision-Systeme meist wie in Bild 7.27a durch PC-basierte Bildverarbeitungssysteme realisiert, die von Experten in Hochsprachen programmiert werden und über eine externe Datenverbindung die Bildmerkmale an die SPS übertragen. Solche Bildverarbeitungssysteme sind auf eine einfache Kameraanbindung und die genaue Auswertung großer Bilddaten spezialisiert [158, 96, 34].

Viele SPS-Anwender betrachten eine Kamera aber als normalen Sensor, der an die SPS angeschlossen wird und sämtliche Vorverarbeitung selbst in seinem Mikroprozessor durchführt. Eine solche *SmartCam* wie in Bild 7.27b besitzt einen leistungsfähigen Rechner in ihrer Elektronik, der die komplette Bildauswertung meist durch fest programmierte Funktionen durchführt und die extrahierten Merkmale zur SPS überträgt. Vom SPS-Programmiersystem aus können solche Systeme wie *Simatic MV* von Siemens [152] oder die SmartCams von B+R [11] zwar parametriert, aber nicht frei nach IEC 61131 programmiert werden.

Deshalb besteht der Wunsch auf Anwenderseite nach einem *gemeinsamen* Programmiersystem für Logic, Motion und Machine Vision in einem sog. Programmable Automation Controller (PAC) nach Bild 7.27c. Die Bilder der Digitalkamera können direkt an eine PC-basierte SPS mit Motion-Control-Funktionalität übertragen werden. Einige Hersteller wie z. B. Beckhoff mit

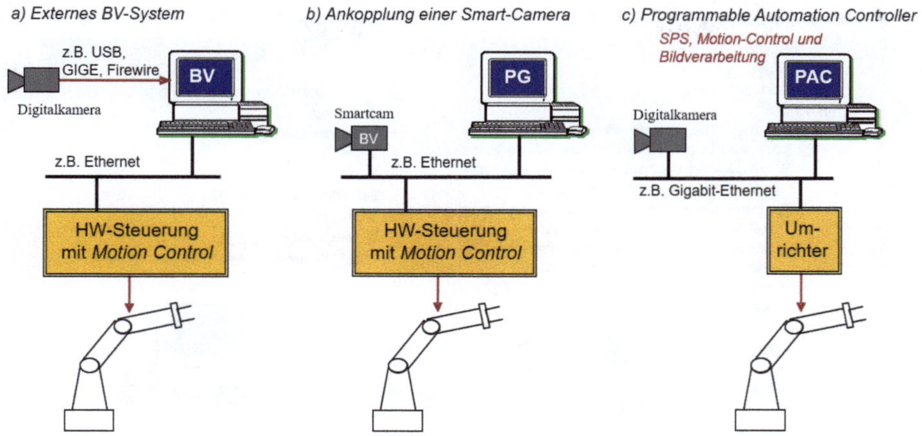

Bild 7.27 Systemstrukturen zur Einbindung von Bildverarbeitung in ein Motion-Control-System

TwinCAT Vision bieten schon die SPS-Programmierung der Bildverarbeitung mit Funktionsbausteinen für bestimmte Kameras an [21].

Beispiel 7.16: Bildverarbeitung in Codesys mit RaspberryPi

Für viele Anwendungen genügt eine grobe Auswertung der aufgenommenen Szene. Um z. B. einfache Objekte zu greifen, kann man mit einer Kamera, die über ein Camera Serial Interface (CSI) an den RaspberryPi angeschlossen ist, aus Codesys heraus die Bildaufnahme aktivieren.

Dazu wird in Codesys mithilfe eines Plug-in der RaspberryPi als Device angelegt und diesem die Kamera als Ressource im Gerätebaum angehängt (s. Bild 7.28b). Der Kameraserver des RaspberryPi kann dann von der SPS-Logik angesprochen werden, so dass dieser ein Bild aufnimmt und es als Bitmap-Datei in einer RAM-Disk abspeichert. Der Vorteil der RAM-Disk ist, dass alle Bilder nur im Arbeitsspeicher (RAM) und nicht auf der Micro-SD-Karte gespeichert werden, was eine schnelle Bildaufnahme ermöglicht [52].

Auch kleinere Roboter mit Gleichstrom- oder Schrittmotoren können vom „SoftMotion General Axis Pool" des RaspberryPi angesteuert werden. Hierfür wird der Raspberry über seinen I2C-Bus mit einer Motorsteuerplatine verbunden, die die Antriebe gemäß der vorgegebenen Winkelstellung ansteuert und die von den Drehgebern gemessene Winkelstellung einliest [139]. Somit kann der RaspberryPi mit Codesys wie in Bild 7.27c als PAC verwendet werden.

Roboter mit stärkeren Antrieben benötigen Umrichterbaugruppen, die wie in Bild 7.28a über eine Remote-IO an die SPS angekoppelt werden [135]. Obwohl dabei Bildverarbeitung und Roboteransteuerung auf unterschiedlichen Rechnern laufen, werden sie unter *einer* Programmierumgebung in Codesys entwickelt und können über globale Netzwerkvariablen im User Datagram Protocol (UDP) leicht Daten austauschen (s. Abschnitt 3.2.3).

7.6.2 Programmierung der Bildverarbeitung nach IEC 61131

Die Software eines Bildverarbeitungssystems unterteilt sich im Allgemeinen in folgende 5 Stufen:

1. Durch die *Bildaufnahme* wird ein Videobild eingelesen und quantisiert, d. h. es wird wie in Bild 7.29 z. B. in 144 Zeilen und 108 Spalten unterteilt. Die dadurch entstandene Matrix besteht entsprechend aus 144 x 108 Bildelementen, sog. *Pixeln,* die jeweils einen Helligkeitswert bzw. Grau- oder Farbwert speichern.

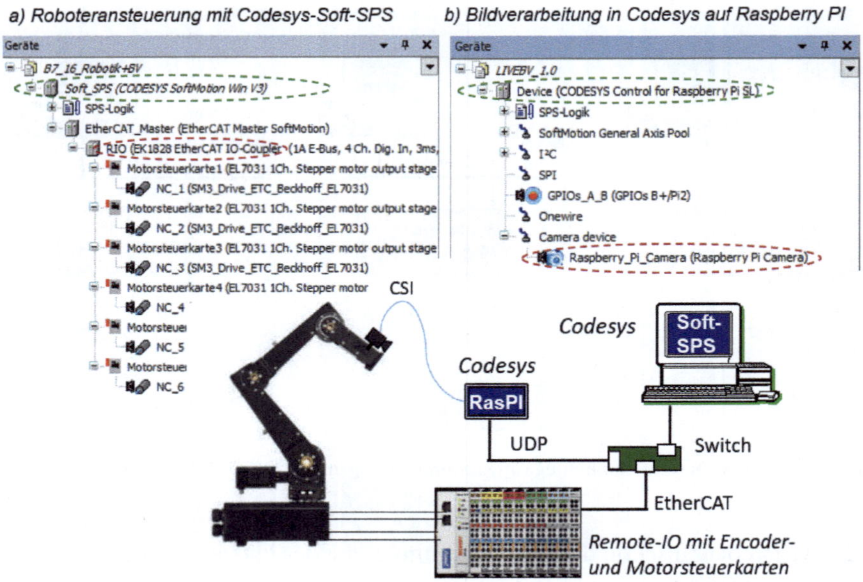

Bild 7.28 Bildverarbeitung und Motion-Control mit Codesys

2. *Bildaufbereitung*: Durch Anwendung von Bildfiltern wird das verrauschte Originalbild aufbereitet, so dass die Objekte farblich homogener und vom Hintergrund besser zu unterscheiden sind.
3. *Bildsegmentierung*: Dann werden die Objekte zunächst vom Hintergrund und danach z. B. in einem Silhouettenbild voneinander getrennt (s. Bild 7.29).
4. *Merkmalsextraktion*: Für die segmentierten Objekte kann nun die Position des Flächenschwerpunkts im Bild berechnet werden.
5. *Positionsermittlung*: Aus den Bildkoordinaten der Objektposition werden durch eine inverse perspektivische Transformation die Weltkoordinaten berechnet, die als Zielposition für den Robotergreifer dienen.

Für Bildverarbeitungsaufgaben wurden Funktionsbausteine nach IEC 61131 entwickelt [52], die als Bibliothek auf der SPS-Lern-und-Übungsseite zum Download zur Verfügung stehen. In Übung 7.8 werden diese Bausteine zur Berechnung der Position von Schrauben verwendet (s. Bild 7.29).

7.6.3 Bestimmung der 3D-Zielposition

Für die von der Bildverarbeitung ermittelten *Merkmale*, z. B. die Flächenschwerpunkte der Schrauben in Bild 7.29, ist nun jeweils die 3D-Position als Anfahrposition für den Roboter zu berechnen. Die Vermessung der Merkmalen basiert auf einem Kameramodell für die Optik. Im einfachsten Fall kann hier das Lochkameramodell nach Bild 7.30a zu Grunde gelegt werden. Demnach wird ein Lichtstrahl vom Punkt P durch die Kameralinse auf die Bildebene im Punkt B abgebildet. Diese Abbildung der Position $\vec{p} = (p_x, p_y, p_z)^T$ eines Raumpunktes auf die

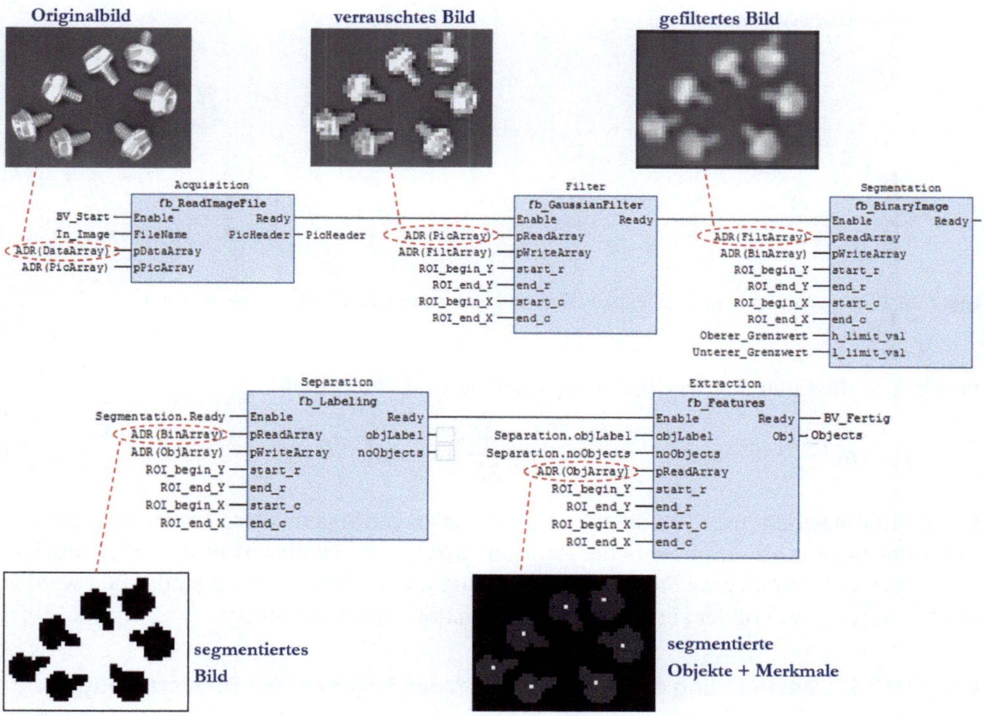

Bild 7.29 Stufen der Bildverarbeitung: Das Grauwertbild links oben wird zunächst eingelesen und durch Filterung aufbereitet. Die Segmentierung erfolgt durch eine Binärbilderzeugung und Trennung der Objekte. Anhand der verbleibenden Objektsilhouetten werden Merkmale für Position und Größe der Objekte ermittelt

Position $\vec{b} = (b_x, b_y)^T$ des zugehörigen Bildpunktes nennt man *direkte* perspektivische Transformation (DPT):

$$b_x = f \cdot \frac{p_x}{p_z} \qquad b_y = f \cdot \frac{p_y}{p_z} \tag{7.27}$$

Die Grauwerte jedes Bildpunkts werden im Arbeitsspeicher der Kamera mit zugehörigen Bildspaltennummer u und Bildzeilennummer v abgespeichert. Dabei werden die Objekte realitätsgetreu wie Bild 7.30b dargestellt.

Im Beispiel von Bild 7.30b verläuft die horizontale Bildachse u parallel zur x-Achse und die vertikale Bildachse v parallel zur y-Achse. So ergibt sich:

$$u = \frac{f}{\lambda_u} \cdot \frac{p_x}{p_z} + u_M \qquad v = \frac{f}{\lambda_v} \cdot \frac{p_y}{p_z} + v_M \tag{7.28}$$

Dabei ist λ ein Skalierungsfaktor, der aus den Positionsdimensionen in mm die Zeilen- und Spaltennummer des entsprechenden Pixels bestimmt. Die Koordinaten $(u_M|v_M)$ sind die des Bildmittelpunkts M (vgl. Bild 7.30).

Die Aufgabe der SPS besteht jedoch darin, aus den gemessenen Bildkoordinaten u und v die 3D-Position des Merkmals p_x, p_y und p_z zu bestimmen, also die sog. *inverse* perspektivische Transformation (IPT) [134]. In vielen Fällen ist dabei der Abstand der Kamera zum Objekt p_z

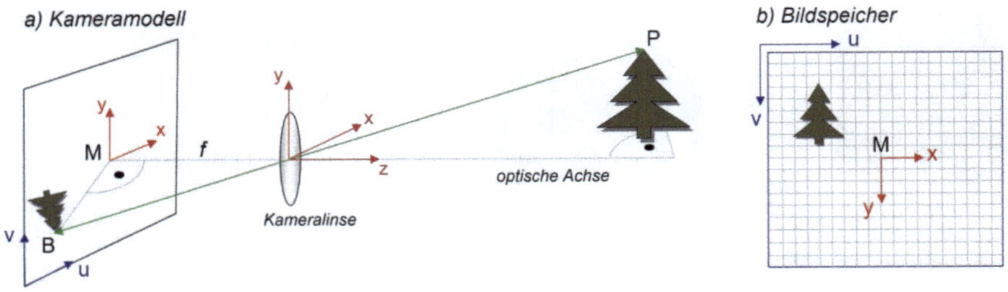

Bild 7.30 Positionsbestimmung eines Punktes *P* mithilfe der gemessenen Bildkoordinaten *u* und *v*

bekannt, so dass man für die Objektposition in der xy-Ebene erhält:

$$p_x = p_z \cdot \frac{\lambda_u}{f} \cdot (u - u_M) \qquad p_y = p_z \cdot \frac{\lambda_v}{f} \cdot (v - v_M) \tag{7.29}$$

In diesem Fall spricht man von einer 2-dimensionalen Vermessung der Merkmale, da die dritte Dimension, die z-Komponente der Position, bekannt ist. Ist dies nicht der Fall, muss eine 3D-Vermessung durch eine *Stereobildverarbeitung* wie in Übung 7.9 vorgenommen werden. Hierfür werden zwei Bilder aus unterschiedlichen Kameralagen benötigt.

Beispiel 7.17: Bestimmung der Anfahrposition des Roboters mit Bildverarbeitung

Zur Positionsbestimmung der Schrauben aus Beispiel 7.15 wird eine Kamera über der Kiste angebracht, die ein Videobild der Szene wie in Bild 7.31 aufnimmt. Die ersten 4 Stufen der Bildverarbeitung erzeugen gemäß Bild 7.29 die Positionen der Schrauben in Bildkoordinaten u_i, v_i.

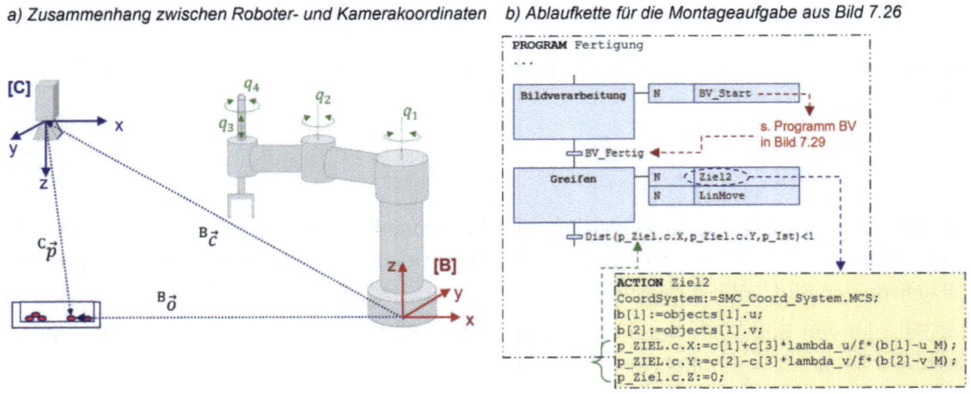

Bild 7.31 Die Messung der Objektposition bezieht sich auf das Kamerakoordinatensystem [C], dagegen wird der Greifer bezüglich des Roboterbasiskoordinatensystems [B] angesteuert

Die Schrittkette in Bild 7.31b setzt im Schritt Bildverarbeitung die globale Variable `BV_Start` auf `TRUE`, die im Programm `BV` die Bildaufnahme und die folgenden Funktionsbausteine nach Bild 7.29 aktiviert. In der Visualisierung von Codesys werden die Grauwerte des Originalbilds `InputImage` und des ausgewerteten Bildes `OutputImage` dargestellt.

Nachdem die Flächenschwerpunkte der Objekte in den Variablen `objects[i].u` bzw. `objects[i].v` gespeichert wurden, veranlasst die globale Variable `BV_Fertig=TRUE` die Transition in den nächsten Schritt, in dem die ACTION

`Ziel2` im Schritt `Greifen` die Position der zu greifenden Schraube berechnet. Diese Position bezüglich des Basiskoordinatensystems [B] des Roboters ergibt sich nach Bild 7.31 durch eine Transformation des Koordinatensystems [B] nach [C], die sich aus einer Verschiebung um den Vektor ${}^{B}\vec{c}$, einer Rotation um die y-Achse um den Winkel $\Delta B = 180°$ und einer Rotation um die neue z-Achse um den Winkel $\Delta C = 180°$ zusammensetzt:

$$ {}^{B}\vec{o} = {}^{B}T_{C} \cdot {}^{C}\vec{p} + {}^{B}\vec{c} = Rot_{y}(180°) \cdot Rot_{z}(180°) \cdot {}^{C}\vec{p} + {}^{B}\vec{c} \tag{7.30} $$

Setzt man für den Vektor ${}^{C}\vec{p}$ die Gl. 7.29 ein, ergibt sich die Objektposition ${}^{B}\vec{o}$ bezüglich des Basiskoordinatensystems folgendermaßen:

$$ {}^{B}o_{x} = {}^{B}c_{x} + {}^{C}p_{z} \cdot \frac{\lambda_{u}}{f} \cdot (u - u_{M}) \qquad {}^{B}o_{y} = {}^{B}c_{y} - {}^{C}p_{z} \cdot \frac{\lambda_{v}}{f} \cdot (v - v_{M}) \qquad {}^{B}o_{z} \approx 0 \tag{7.31} $$

Damit kann der Roboter die Objektposition ${}^{B}\vec{o}$ anfahren, die Schraube greifen und wie in Beispiel 7.15 am Förderband montieren. Die Software zu diesem Beispiel kann auf der SPS-Lern-und-Übungsseite getestet werden.

Bildverarbeitung wird in der digitalen Fabrik auch zur Navigation autonomer Fahrzeuge wie in Bild 7.1 benötigt. Übung 7.10 behandelt die Steuerung solcher mobilen Roboter mit einem Motion-Control-System.

Zusammenfassung

Dieses Kapitel hat gezeigt, dass nicht nur Logik- und Ablaufsteuerungen in der SPS realisiert werden können, sondern auch

- Motion-Control-Aufgaben zur Steuerung von Werkzeugmaschinen,
- Robotik und Bildverarbeitung,

wenn diese in PC-basierten Steuerungen ablaufen.

Die Programmierung erfolgt mit standardisierten Funktionsbausteinen nach PLCopen

- zur Ansteuerung einzelner Achsen,
- zur Koordination und Synchronisation mehrerer Achsen für Werkzeugmaschinen
- und zur Steuerung von Achsgruppen wie bei Industrierobotern.

In Codesys können die MC-Bausteine mit virtuellen Achsen auch in der Simulation erprobt und visualisiert werden.

Ein Schlüssel zur Autonomieerhöhung von Robotern ist die Bildverarbeitung, weil dadurch zu greifende Objekte lokalisiert werden und die Systeme auf unvorhergesehene Ereignisse wie z. B. Hindernisse reagieren können. Funktionsbausteine zur Bildauswertung in der SPS stehen auf der SPS-Lern-und-Übungsseite zum Download zur Verfügung.

Autonome Systeme und Roboter sind zentraler Bestandteil der Industrie 4.0. Die hier gezeigte modulare Softwareentwicklung ermöglicht eine flexible Steuerung dieser Cyber Physical Systems.

Die SPS steuert dabei nicht nur Maschinen und Anlagenteile einer Produktionsanlage, wie Roboter, Fahrzeug, Förderbänder, Hochregallager etc., sondern sie übernimmt als übergeordnete Steuerung auch die Bewegungskoordination. Diese übergeordnete Steuerung kann als virtuelle Steuerung in der Cloud laufen, die Anlagenzustände im digitalen Zwilling speichern und mit dem digitalen Zwilling geplante Bewegungen in der Simulation ausprobieren, bevor sie in der Anlage wirksam werden.

Wiederholungsfragen

1. Wie erfolgt die Entwurfsmethodik zur Planung von Fertigungsabläufen?
2. Wie erfolgt die Planung der Fertigungsschritte mit einem Vorrangsgraf?
3. Wie erfolgt die Verknüpfung der Montagestationen mit Petri-Netzen?
4. Welche Aufbauvarianten gibt es für Motion-Control-Systeme?
5. Wie erfolgt die Ansteuerung einer Achse im Motion-Control-System?
6. Wie erfolgt die Achsinterpolation?
7. Erklären Sie die Lageregelung?
8. Wie erfolgt die Bahnvorgabe?
9. Was versteht man unter Kurvenscheiben und Nocken?
10. Wie erfolgt die Kopplung von Master- und Slaveachsen durch Kurvenscheiben?
11. Wie erfolgt die Kopplung von Master- und Slaveachsen durch ein elektronisches Getriebe?
12. Welche Robotertypen kennen Sie?
13. Was versteht man unter Vorwärts- und Rückwärtstransformation?
14. Was ist der Unterschied zwischen einer Punkt-zu-Punkt- bzw. einer Bahnfahrt? Durch welche Funktionsbausteine können sie programmiert werden?
15. Wie erstellt man eine Achsgruppe?
16. Welche Systemstrukturen zur Ankopplung von Bildverarbeitung in ein Motion-Control-System gibt es?
17. Welche Stufen der Bildverarbeitung unterscheidet man?
18. Wie kann eine Bildverarbeitung Bewegungen steuern?

Die Antworten finden Sie auf der SPS-Lern-und-Übungsseite.

Übung 7.1: Programmierung eines Fertigungsablaufs

Die Fertigungszelle aus Bild 7.1 soll durch eine SPS gesteuert werden. Programmieren Sie das Steuerungsprogramm für das Petri-Netz nach Bild 7.3 in Codesys!

Die Lösung zu dieser Übung finden Sie auf der SPS-Lern-und-Übungsseite.

Übung 7.2: Parametrierung des Strom-, Drehzahl- und Lagereglers

Für den in Beispiel 7.9 simulierten Lageregelkreis sollen die Reglerparameter systematisch ermittelt werden.

a) Öffnen Sie auf der SPS-Lern-und-Übungsseite das Codesys-Projekt zum Beispiel 7.9 und nehmen Sie zunächst die Sprungantwort des Stromverlaufs $I(t)$ mit einer Traceaufzeichnung auf! Geben Sie dazu im Faceplate des Stromreglers den manuellen Stellwert `MV_MAN=10` in der Betriebsart manuell vor!
b) Ermitteln Sie aus der Sprungantwort die Parameter K_L und T_L des als PT1-Glied simulierten Leistungsteils!
c) Berechnen Sie die Parameter K_P und T_N des Stromreglers!
d) Nehmen Sie nun das Führungsverhalten des Stromregelkreises und die Sprungantwort des Drehzahlverlaufs $n(t)$ auf, indem Sie in der Visualisierung des Codesys-Projekts den manuellen Stellwert `MV_MAN=5` am Drehzahlregler in der Betriebsart manuell vorgeben und den Stromregler auf `AUT` nehmen!
e) Ermitteln Sie daraus die Parameter K_M und T_M des simulierten Motors!
f) Berechnen Sie die Parameter K_P und T_N des Drehzahlreglers so, dass sich eine Überschwingweite $\ddot{u} = 5\%$ und eine Anregelzeit $T_{AN} = 2,5 T_M$ einstellt!
g) Nehmen Sie nun das Führungsverhalten des Drehzahlregelkreises und die Sprungantwort des Wegverlaufs $x(t)$ auf, indem Sie einen manuellen Stellwert `MV_MAN=10` am Positionsregler in der Betriebsart manuell vorgeben und Drehzahl- und Stromregler auf `AUT` nehmen!
h) Ermitteln Sie daraus den Verstärkungsfaktor K_G des simulierten Getriebes!
i) Berechnen Sie unter Berücksichtigung der Stellwertbegrenzung den Parameter K_P des Positionsreglers so, dass sich kein Überschwingen einstellt!
j) Zeichnen Sie das Einschwingverhalten des Positionskreises auf!

Die Lösung zu dieser Übung finden Sie auf der SPS-Lern-und-Übungsseite.

Übung 7.3: Zusammenspiel von Interpolation und Lageregelung

Aufgrund des relativ langsamen Einschwingens soll nun im Projekt aus Übung 7.2 ein Interpolator dem Lageregler zur Vorgabe der Sollwerte vorgeschaltet werden.

Fügen Sie hierzu den Funktionsbaustein `TYP_IPO` aus Beispiel 7.8 im Programm Interpolation ein und zeichnen Sie die Zeitverläufe von Weg, Drehzahl und Strom in einer Traceaufzeichnung auf!

Die Lösung zu dieser Übung finden Sie auf der SPS-Lern-und-Übungsseite.

Übung 7.4: CNC-Programmierung

Eine Fräsmaschine soll aus einem Zylinderblock mit einem Radius von $R = 70,71$ mm und einer Höhe von $h = 600$ mm, der mittig an der Position $(x_M | y_M) = (500mm|300mm)$ justiert ist, einen Quader mit maximaler Kantenlänge herstellen. Die Schnittlänge des Fräsers beträgt 200 mm. Erstellen Sie das CNC-Programm!

Die Lösung zu dieser Übung finden Sie auf der SPS-Lern-und-Übungsseite.

Übung 7.5: Periodische Kurvenscheiben zur Steuerung einer fliegenden Säge

Eine Bahnware wird in Bild 7.32 durch den Antrieb NC_1 mit konstanter Geschwindigkeit bewegt und von einer fliegenden Säge in gleichgroße Platten zersägt. Dazu muss das Portalsystem durch den Antrieb NC_X synchron zur Bahnware bewegt werden, damit die Säge durch den Vorschubantrieb NC_Y einen geraden Schnitt ausführen kann.

a) Aufbau einer fliegenden Säge

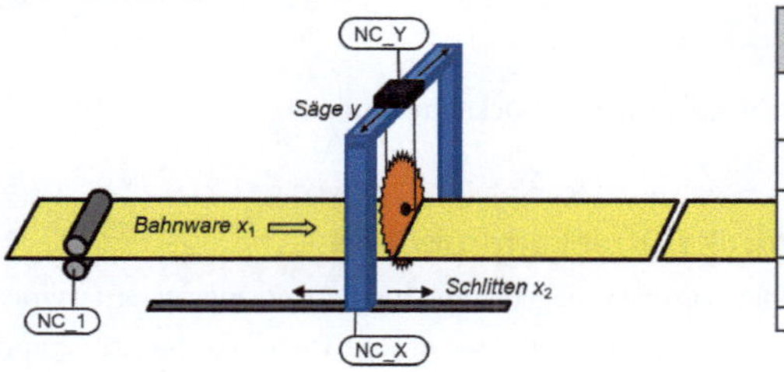

b) CAM-Table für die Synchronisation von Schlitten und Bahnware

Bahnsegment	Master-Position x_1	Slave-Position $x_2=f(x_1)$	Slave-Geschwindigkeit $v_2/v_1=f'(x_1)$	Slave-Beschleunigung $a_2/v_1^2=f''(x_1)$	Interpolationsfunktion
①	0mm	50mm	0	0	
					Polynom 5. Ordnung
②	100mm	100mm	1	0	
					Line
③	700mm	700mm	1	0	
					Polynom 5. Ordnung
④	780mm	50mm	0	0	
					Line
	800mm	50mm	0	0	

Bild 7.32 Aufbau der fliegenden Säge

a) Zeichnen Sie gemäß der gegebenen CAM-Table nach Bild 7.32b den Zusammenhang zwischen der Masterposition x_1 der Bahnware und der Slaveposition x_2 sowie dem Geschwindigkeitsverhältnis v_2 / v_1!
b) Programmieren Sie die gleichförmige Bewegung des Masters im Programm `Master`!
c) Programmieren Sie die Bewegung des Schlittens im Programm `X_Achse` gemäß der in a) entwickelten Kurvenscheibe!
d) Zeichnen Sie den Zusammenhang zwischen der Masterposition x_1 der Bahnware und der Slaveposition y der Säge so, dass keine Geschwindigkeitssprünge auftreten und der Rücklauf der Säge vor dem Rücklauf des Schlittens beendet ist!
e) Programmieren Sie die Bewegung der Säge im Programm `Y_Achse` gemäß der in d) entwickelten Kurvenscheibe!
f) Ergänzen Sie Nocken zum Ein- und Ausschalten des Sägeblatts!
g) Nehmen Sie das Projekt zu dieser Übung in Betrieb und zeichnen Sie die Zeitverläufe der Slave-Positionen mit einer Traceaufzeichnung auf!

Die Lösung zu dieser Übung finden Sie auf der SPS-Lern-und-Übungsseite.

Übung 7.6: Tänzerwalzenregelung bei Wickelmaschinen

Wickelmaschinen werden zur Bearbeitung aufgewickelter Bahnware, z. B. zum Bedrucken von Stoff- oder Papierrollen, eingesetzt [103]. Damit die Bahnspannung bei der Bearbeitung konstant bleibt, wird die Position y der Tänzerwalze in Bild 7.33 durch eine Regelung auf einen gewünschten Wert eingestellt.

a) Entwickeln Sie ein Programm zur Ansteuerung der Antriebsrolle NC1 mit dem Funktionsbaustein `MC_MoveVelocity` für eine Bahngeschwindigkeit v_1!
b) Entwickeln Sie ein Programm für den Regler nach Bild 7.33b mit dem Funktionsbaustein `TYP_PID`, der als Stellwert eine Geschwindigkeitskorrektur Δv für die Geschwindigkeit v_2 des Aufwicklers vorgibt!
c) Entwickeln Sie ein Programm zur Ansteuerung des Aufwicklers NC2 mithilfe des Funktionsbausteins `MC_GearIn`, der die Winkelgeschwindigkeit v_2 / r_2 des Aufwicklers (Slave-Achse) auf die veränderliche Bahngeschwindigkeit v_1 der Antriebsrolle (Masterachse) einstellt!
d) Nehmen Sie das Projekt zu dieser Übung mit dem Simulationsmodell der Wickelmaschine in Betrieb und stellen Sie die Reglerparameter ein!

Die Lösung zu dieser Übung finden Sie auf der SPS-Lern-und-Übungsseite.

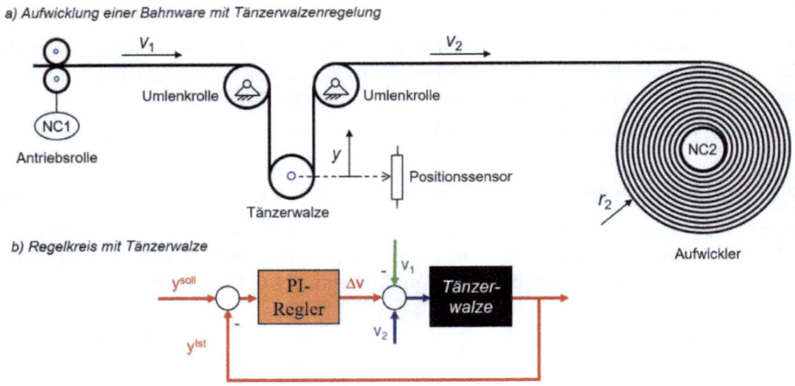

Bild 7.33 Tänzerwalzenregelung zur Einstellung der Bahnspannung bei Wickelmaschinen

Übung 7.7: Steuerung eines 6-achsigen Vertikal-Knickarmroboters

Der Vertikal-Knickarmroboter aus Bild 7.22a soll durch die in Codesys gegebenen Kinematiken angesteuert werden.

a) Öffnen Sie das Projekt zu dieser Übung auf der SPS-Lern-und-Übungsseite und legen Sie die Achsgruppe `RRR_KinWrist3` an!
b) Wählen Sie als Kinematik die des 3-achsigen RRR-Roboters und als Orientierungskinematik die einer 3-gelenkigen Zentralhand (Wrist3)!
c) Aktivieren Sie in der Visualisierung die Achsgruppe (Enable) und fahren Sie den Roboter in die Grundstellung (Home)!
d) Steuern Sie den Roboter durch Vorgabe von Gelenkstellungen in der Visualisierung und bestimmen Sie die zugehörigen Positionen und Orientierung des Tool Coordinate Systems (TCS)!
e) Steuern Sie den Roboter durch Vorgabe von Position und Orientierung des Tool Coordinate Systems (TCS) und bestimmen Sie die zugehörigen Gelenkstellungen!
f) Vergleichen Sie die Ergebnisse aus d) und e)!

Die Lösung zu dieser Übung finden Sie auf der SPS-Lern-und-Übungsseite.

Übung 7.8: Bildverarbeitungsstufen

Bildverarbeitung kann mit Codesys auch ohne Kamera entwickelt und getestet werden, wenn man ein abgespeichertes Bild einliest. Um die Bildverarbeitungsstufen nach Bild 7.29 nachvollziehen zu können, werden die erzeugten Bilder in der Visualisierung mithilfe des von Codesys mitgelieferten Webservers dargestellt.

a) Laden Sie die Datei `Bildverarbeitung.zip` von der SPS-Lern-und-Übungsseite herunter und entpacken Sie sie!
b) Für jedes in der Visualisierung angezeigte Bild muss eine Webseite angelegt werden. Kopieren Sie hierfür die in der zip-Datei enthaltenen htm-Dateien ebenso wie die bmp-Datei des Originalbilds in das in der Anleitung angegebene Verzeichnis!
c) Öffnen Sie die Visualisierung im Codesys-Projekt und starten sie die Bildverarbeitungskette!
d) Probieren Sie verschiedene Parameter aus!
e) Lesen Sie ein anderes einzulesendes Bild z. B. `Schrauben.bmp` ein, indem Sie es in `InPicture.bmp` umbenennen! Erzeugen Sie die Positionsmerkmale der Objekte!

Die Lösung zu dieser Übung finden Sie auf der SPS-Lern-und-Übungsseite.

Übung 7.9: 3D-Positionsermittlung durch Stereo-Kamera

Zwei Stereo-Kameras haben den Abstand von Δx im Kamera-Koordinatensystem. Berechnen Sie mithilfe der Gl. 7.29 die Positionen p_x, p_y und p_z in Abhängigkeit von Δx und den gemessenen Bildkoordinaten u_1, u_2, v_1 und v_2!

Die Lösung zu dieser Übung finden Sie auf der SPS-Lern-und-Übungsseite.

Übung 7.10: Steuerung eines mobilen Roboters

Ein Fahrzeug mit zwei Rädern wird von einem RaspberryPi mit Codesys angesteuert und soll wie in Bild 7.34a abgebildet im Stop-and-Go-Betrieb einzelne Punkte in einer Fabrikhalle anfahren. Die beiden Räder sollen durch Standard-Funktionsbausteine nach PLCopen wie z. B. `MC_MoveAbsolute` angesteuert werden.

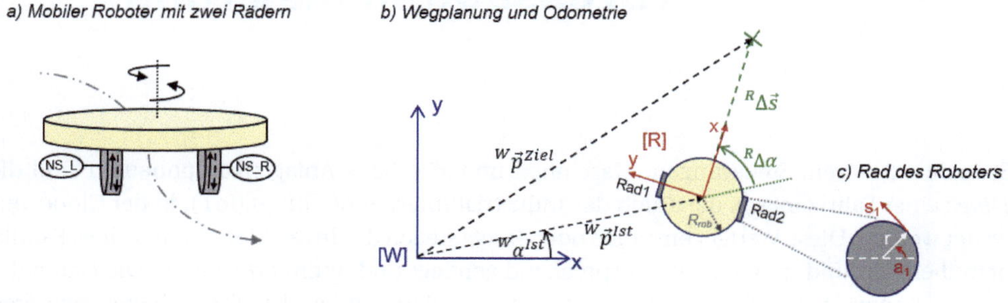

Bild 7.34 Steuerung eines zweirädrigen, mobilen Roboters

a) Programmieren Sie eine Schrittkette, die verschiedene Zielpunkte im Weltkoordinatensystem [W] vorgibt, und aus der Ziel- und der Istposition nach Bild 7.34b den zurückzulegenden Weg ${}^{R}\Delta\vec{s}$ oder die erforderliche Drehung um den Winkel ${}^{R}\Delta\alpha$ berechnet!

b) Entwickeln Sie das Programm `Odometrie`, das aus dem Zusammenhang aus a) die aktuelle Position in Weltkoordinaten entsprechend dem zurückgelegten Weg, der Istposition und dem Drehwinkel berechnet!

c) Fahren Sie mithilfe der Visualisierung in Codesys den dort vorgezeichneten Parcour in der Simulation ab!

Die Lösung zu dieser Übung finden Sie auf der SPS-Lern-und-Übungsseite.

8 Industrial IoT in der Prozessautomatisierung

Sensoren, Aktoren, Steuerungen, Maschinen und sämtliche Anlagenkomponenten sind die *Dinge* einer Fabrikanlage, die durch das Industrial Internet of *Things* (IoT), in der Cloud verwaltet werden. Diese Wertgegenstände oder Assets stellen das Investitionskapital eines Fabrikbetreibers dar und müssen dementsprechend gepflegt und optimiert werden. Die Daten der Assets können in der Cloud gespeichert und analysiert werden. Die Cloud bietet mehreren Nutzern zeitgleich Zugriff (Cloud Engineering, s. Kapitel 10) und gewährleistet die notwendige Cybersicherheit (s. Kapitel 9). Außerdem können durch die Fülle der gesammelten Daten aus allen Bereichen der Anlage (Big Data) mithilfe von künstlicher Intelligenz Rückschlüsse auf Optimierungspotenzial oder Fehlerketten gezogen werden.

Dabei werden die Prozessdaten wie in Bild 8.1 skizziert entweder von den intelligenten Sensoren selbst oder durch SPSen und HMIs gesammelt und zur Cloud übertragen. Parallel zum Industrial IoT muss es nach wie vor auch das Produktionsnetzwerk geben, um die Anlagensteuerung in Echtzeit gewährleisten zu können. Doch insbesondere die Systeme auf Unternehmens- und Betriebsleitebene werden durch die Datenhaltung in der Cloud und durch Cloud Services entlastet.

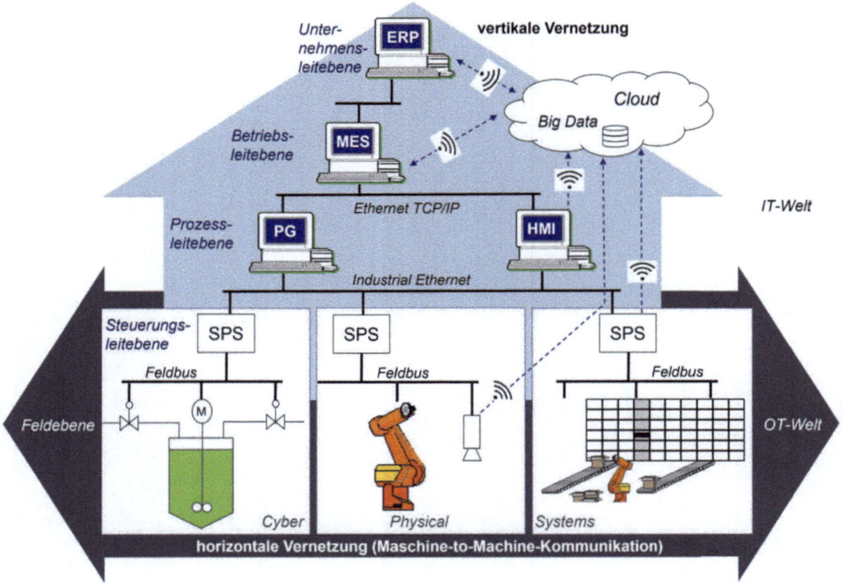

Bild 8.1 Horizontale und vertikale Vernetzung von Feldgeräten, SPSen, Human Machine Interfaces (HMI), Programmiergeräten (PG), Manufacturing Execution Systems (MES) und Enterprise Resource Planning Systems (ERP) mit der Cloud

8.1 Horizontale Vernetzung der Cyber Physical Systems

Cyber Physical Systems (CPS) sind Maschinen oder Anlagenteile, die über eine SPS oder ein IoT-Gateway miteinander und mit der Cloud Daten austauschen. Die Machine-to-Machine-Kommunikation (M2M) ermöglicht es den CPS, Produktionsabläufe autonom und flexibel anzusteuern, zu überwachen und ggf. auf unerwünschte Situationen zu reagieren.

8.1.1 Homogenes Netzwerk mit Industrial Ethernet

Mit Ethernet können in der IT-Welt große Netzwerke mit vielen Teilnehmern aufgebaut werden. Die zuverlässige Übertragung der Daten und ihre Adressierung erfolgt über TCP/IP (Transmission Control Protocol/Internet Protocol). Für die Automatisierung (OT-Welt) ist jedoch eine wichtige Anforderung, dass die Daten *deterministisch*, d. h. zu einem festgelegten Zeitpunkt, gesendet werden. Dies kann bei Ethernet TCP/IP aber nicht garantiert werden, weil das eingesetzte CSMA/CD-Verfahren (Carrier Sense Multiple Access/Collision Detection) jedem Teilnehmer zu jedem Zeitpunkt erlaubt zu senden. Bei Datenkollisionen müssen alle Sender ihre Übertragung unterbrechen und nach einem *zufälligen* Zeitabstand erneut starten [125, 179]. Somit kann nicht sicher vorherbestimmt werden, wann Daten von einem Sender tatsächlich beim Empfänger ankommen werden.

Industrial Ethernet erfüllt die Determiniertheit der Datenübertragung und ist kompatibel zum Ethernet TCP/IP. Dabei wird zwischen Echtzeit-Daten und Nicht-Echtzeit-Daten, die nicht deterministisch und etwas langsamer gesendet werden können, unterschieden, aber sie können über dasselbe Kabel übertragen werden. Als Beispiel für ein Industrial Ethernet wird hier *ProfiNet* betrachtet, das drei Kanäle unterscheidet:

- TCP/IP-Kanal: Daten, die *nicht* in Echtzeit übertragen werden müssen, können mithilfe des Transmission Control Protocols (TCP) gesichert und in Verbindung mit dem Internet Protocol (IP) in einem großen Netzwerk wie dem Internet mit vielen Teilnehmern versendet werden. In einem lokalen Netzwerk beträgt die Übertragungsdauer ca. 200 ms.
- RT-Kanal: Echtzeitdaten erhalten bei der Datenübertragung eine höhere Priorität als zeitunkritische Daten. Wie schon in Bild 2.16 skizziert, besitzt jeder Switch einen Speicher, der die eingelesenen Telegramme gemäß ihrer Priorität in eine Warteschlange einreiht. Dabei werden die Echtzeitdaten wegen ihrer höheren Prioritiät vorgelassen. Zeitunkritische Daten werden für eine spätere Übertragung zurückgestellt. Mit dem sog. *Realtime-Kanal RT* können Daten mit Zykluszeiten von 1..10 ms übertragen werden, was etwa im Bereich der Feldbusdatenübertragung liegt.
- IRT-Kanal: Für Motion-Control-Anwendungen mit besonders schnellen Regelkreisen steht ein *isochroner* Realtime-Kanal IRT zur Verfügung. Damit Busübertragungszeiten im Bereich vom 100 µs erreicht werden, wird die Übertragungsstrecke auf dem Ethernet für isochrone Daten zeitweise *exklusiv* reserviert. Wie bei einem Radrennen wird der normale Verkehr kurzzeitig gestoppt, um die Straße für die Rennfahrer frei zu halten. Alle Switches werden vorab so gestellt, dass der vorgesehene Übertragungsweg, z. B. zwischen den Umrichtern in Bild 8.2, als Punkt-zu-Punkt-Verbindung bereit steht und die Daten ohne Wartezeit übertragen werden können.

Standardisierung durch Time-Sensitive Network (TSN)

Time-Sensitive Networking stellt eine Art Toolbox für Echtzeit-Ethernet auf Standard-IT-Hardware dar [83]. Profinet erfüllt mit den oben aufgeführten Mechanismen schon viele Anforderungen des TSN, insbesondere die determinierte Weiterleitung von Daten durch Switches und die Kompatibilität zu Ethernet TCP/IP. Das Ziel der Kompatibilität mit Standard-Hardware ist aber noch nicht ganz erreicht, denn oft sind noch herstellerspezifische Gateways z. B. zur Kopplung von Profinet und EtherCAT wie in Bild 8.2 erforderlich.

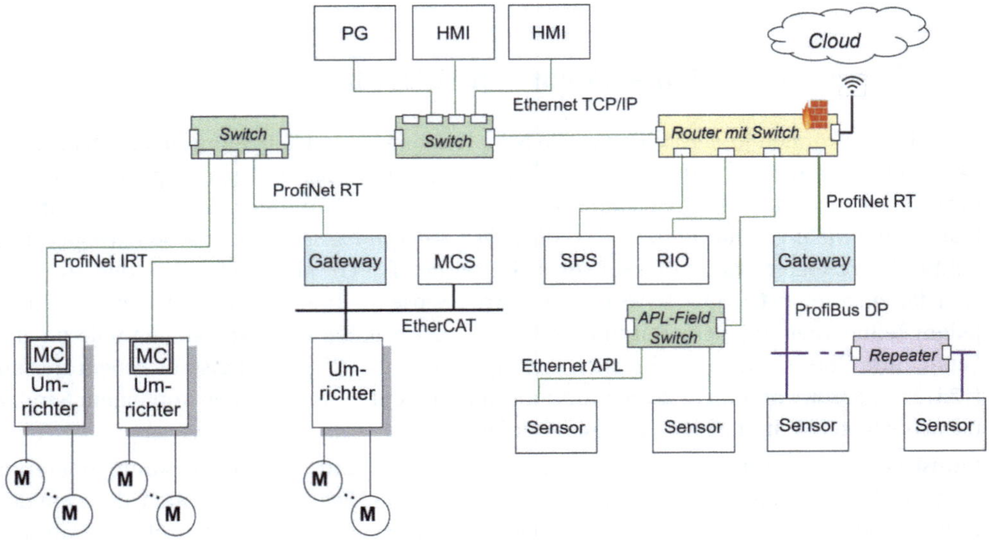

Bild 8.2 Beispiel eines Produktionsnetzwerks mit verschiedenen Segmenten, die durch Gateway, Switch, Router oder Repeater integriert werden

Mit industriellem Ethernet ist also nicht nur eine höhere Datenrate als mit proprietären Feldbussen möglich, sondern es wird auch eine homogene Netzwerkstruktur zwischen IT- und OT-Welt erreicht. Ein weiterer Vorteil besteht in der Möglichkeit, Steuerungen und Feldgeräte drahtlos über WLAN-Verbindungen ansteuern und überwachen zu können.

8.1.2 Werkzeuge zur Netzwerkintegration

Trotz der Vereinheitlichung der Netzwerktechnologie durch das Vordringen des Ethernets bis auf die Feldebene gibt es noch immer sehr viele verschiedene Bussysteme in Produktionsnetzen. In größeren Anlagen besteht deshalb oft die Notwendigkeit, verschiedene Netzsegmente miteinander zu verknüpfen. Hierfür können wie in Bild 8.2 skizziert folgende Integrationswerkzeuge [125] eingesetzt werden:

- *Hubs* und *Repeater* verstärken elektrische bzw. optische Signale und verlängern somit Bussegmente. Während ein Repeater nur einen Eingang und einen Ausgang hat, besitzt ein Hub mehrere Anschlüsse.
- *Switches* und *Bridges* koppeln Bussegmente gleichen Typs. Dabei leiten sie Nachrichten anhand der Hardwarezieladresse von einem Segment zum anderen. Der lokale Datenverkehr

wird abgewiesen, d. h. die Daten innerhalb eines Rings gelangen z. B. nicht über eine Bridge. Der Unterschied zwischen Bridges und Switches ist, dass Switches über mehr als nur zwei Anschlüsse verfügen.

- *Router* verbinden ebenso Netzsegmente mit gleichem Protokoll und Adressierungsmechanismen. Zusätzlich führen sie die Wegsuche für die Datenpakete in stark vermaschten Netzen wie dem Internet durch.
- *Gateways* koppeln Bussegmente ungleichen Typs. Dabei erfolgt eine Protokollumsetzung, damit auch Daten zwischen Netzen mit unterschiedlicher Kommunikationsarchitektur und inkompatiblen Protokollen ausgetauscht werden können.

Der APL-Field-Switch in Bild 8.2 verbindet als Switch zwei Ethernet-Bussegmente, stellt aber statt LAN-Buchsen Schnittstellen für Glasfaser- oder Zweidrahtleitungen von Ethernet APL zur Verfügung. Außerdem gibt es APL-Field-Switches, die auch *Trennverstärker* zur eigensicheren Ankopplung von Geräten im explosionsgefährdeten Bereichen integriert haben (s. Abschnitt 9.2).

8.1.3 Interoperabilität durch OPC-UA

OPC (Open Platform Communication) ist seit vielen Jahren das Standard-Kommunikationsprinzip in der Automatisierungstechnik, weil damit der Datenaustausch zwischen Systemen unterschiedlicher Hersteller und Plattformen erreicht werden kann. Früher war OPC nicht echtzeitfähig und konnte nur zur Kopplung zwischen PCs eingesetzt werden. Heutzutage läuft OPC-UA (Unified Architecture) auch in SPSen und ermöglicht mit TSN-basiertem Ethernet einen echtzeitfähigen Datenaustausch zwischen SPSen und sogar auch zwischen SPSen und Feldgeräten.

Datenaustausch zwischen SPSen über OPC-UA

Wie in Abschnitt 2.7.2 vorgestellt arbeitet OPC-UA meist mit dem Client-Server-Modell. Der OPC-Server in der SPS legt die aktuellen Variablenwerte in einer *Itemliste* ab und hält diese ständig aktuell (s. Bild 8.3). Der Anwender kann zuvor in einer sog. Symbolkonfiguration festlegen, welche Variablen der Server als Items bereitstellen soll (s. Beispiel 2.10).

Danach kann im Client nach aktiven OPC-Servern gesucht werden oder der Anwender spezifiziert den Server durch Eingabe der sog. URI (Uniform Resource Identifier), die aus der IP-Adresse des Servers und der Standard-Portnummer für OPC besteht. Nach dem Verbindungsaufbau überträgt der Server automatisch die Variablendeklaration für die von ihm bereitgestellten Symbole als sog. Datasource-Objects an den Client, wodurch z. B. die Deklaration der übertragenen Variablen automatisch durchgeführt wird. Während des Betriebs werden die Items gelesen bzw. beschrieben und als Werte in diese Variablen eingetragen. Außer Variablen können auch Methoden etwa zur objektorientierten zur Ansteuerung eines Motors übertragen und im Client ausgeführt werden.

Information Models

Informationsmodelle ermöglichen eine semantische und hierarchische Strukturierung der Daten, die ein OPC-Server bereitstellt. Dabei können z. B. die Daten eines Sensors durch die

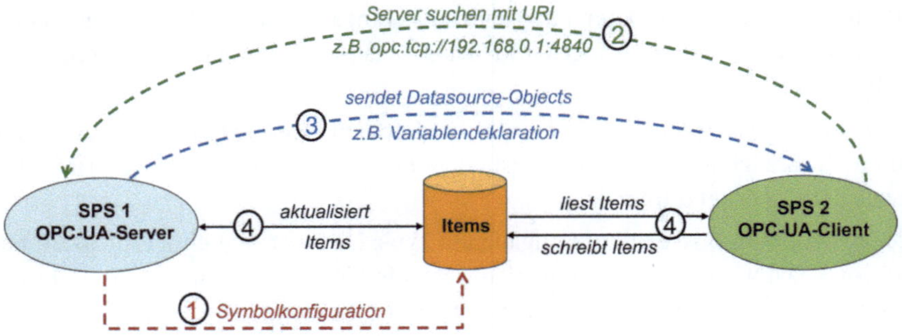

Bild 8.3 Die Konfiguration von OPC-UA-Server und Client erfolgt in drei Schritten. Nach der Symbolkonfiguration im Server (1) wird im Client durch Vorgabe der URI nach dem Server gesucht (2), der die Datasource-Objects an den Client übertragt (3). Dann können Daten vom Client gelesen und geschrieben werden (4)

Variable des Messwerts, seine Einheit, seinen Messbereich und Status zu einem Objekt zusammengefasst werden. Mehrere solcher Objekte von Feldgeräten können zu einem Objekt einer Maschine oder eines Anlagenteils aggregiert werden.

Der OPC-Server von Codesys strukturiert die Daten gemäß dem Softwaremodell aus Abschnitt 3.1. Die oberste Hierachieebene ist das DeviceSet mit mehreren Devices, auf denen OPC-Server laufen. Jedes Device wie z. B. die Soft-SPS „CODESYS Control Win V3 x64" kann unterschiedliche Ressourcen haben, z. B. eine CPU, auf der die Programme einer Application laufen. In einer Application (z. B. „OPC_Server" in Bild 8.4) gibt es Programme, Tasks und globale Variablenlisten (z. B. GVL). Demzufolge wird das Stellsignal der Pumpe in Bild 8.4 durch die Datenstruktur

```
DeviceSet.CODESYS Control Win V3 x64.Resources.OPC_Server.GlobalVars.GVL.N2.OUT
```

bereit gestellt. Da das Informationsmodell auch zum Client übertragen wird, legt dieser entsprechende Datasource-Objects an.

Je nach Aufbau der Hardware und des Programmiersystems unterscheiden sich aber die Informationsmodelle der SPS-Hersteller. Bei Siemens gibt es z. B. statt `GlobalVars` das Objekt `DatablockInstances`, das den Datenbaustein `N2` enthält. Oft wünscht der Anwender aber, dass die Items seiner Anlagen oder Maschinen immer mit demselben Informationsmodell beschrieben werden. Deshalb werden standardisierte Informationsmodelle von der OPC-Foundation [102] und der PLCopen [60] bereitgestellt. Darüber hinaus kann der Anwender ein eigenes Informationsmodell erzeugen und die Daten des SPS-Informationsmodells auf sein Informationsmodell abbilden. Damit können die Daten zur Steuerung von Maschinen und Anlagenteile hierarchisch und semantisch strukturiert werden, d. h. beispielsweise für einen Roboter, dass er mit Datenstrukturen für die Achsen, Antriebe, Motoren, Getriebe, Regler etc. den Aufbau des Roboters objektorientiert abbildet [90].

Beispiel 8.1: Konfiguration von OPC-UA-Server und Client

Die Anlage in Bild 8.4 besteht aus zwei Anlagenteilen, die jeweils von einer SPS automatisiert werden. Für den Datenaustausch wird in der PLC 2 durch eine Symbolkonfiguration festgelegt, dass die globale Instanzvariable `N2` des Funktionsbausteins `TYP_IDF1` vom Server bereitgestellt werden soll, um den Datenbaustein zur Steuerung der Pumpe NS2 auch im Client verfügbar zu haben.

Da die Nutzung der Variable über das Objekt DeviceSet wie oben dargestellt recht unhandlich ist, kann man einen *Kommunikationsverwalter* für den Server einrichten, der nur die konfigurierten Symbole als Datasource-Objects an den Client überträgt. In diesem Beispiel wurde die Symbolgruppe `Items` genannt, so dass im Client zur Steuerung des Behälters die Variable

```
Items.N2.Lock
```

anstatt

```
DeviceSet.CODESYS Control Win V3 x64.Resources.OPC_Server.GlobalVars.GVL.N2.Lock
```

verwendet werden kann.

Wenn in Bild 8.4 der Füllstand seinen oberen Grenzwert `L1.SH` erreicht, wird der Wert der Variablen `N2.LOCK` im Client auf `TRUE` gesetzt und auch im Server aktualisiert, so dass die Pumpe verriegelt und der Behälter nicht weiter befüllt wird. Die Software zu diesem Beispiel kann auf der SPS-Lern-und-Übungsseite getestet werden.

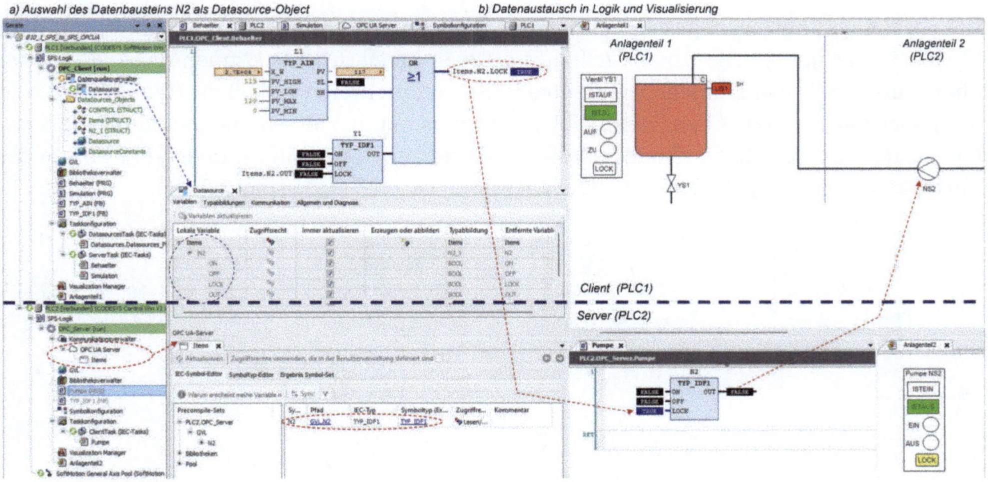

Bild 8.4 Konfiguration von OPC-UA-Server und Client zum Datenaustausch zwischen zwei SPSen

Durch die relativ einfache, einmalige Konfigurierung werden durch OPC-UA ganze Datenbausteine als Objekte zyklisch übertragen. Dadurch können die Strukturvariablen der Datenbausteine direkt zur Programmierung im Client verwendet werden. Grundsätzlich könnten beide SPSen auch gleichzeitig als Client und Server agieren, d. h. PLC 1 in Bild 8.4 könnte zusätzlich auch als Server den Datenbaustein `L1` für die PLC 2 bereitstellen, um dort die Verriegelung im Programm Pumpe vorzunehmen.

■ 8.2 Vertikale Vernetzung in die Cloud

Für die Anbindung der Cyber Physical Systems an die Cloud gibt es verschiedene Kommunikationsmechanismen: Meist erfolgt der Datenaustausch mit HMIs und anderen Auswertungsrechnern innerhalb des Produktionsnetzwerks über OPC-UA. Auch auf die Cloud kann über OPC-UA oder per HTTP oder MQTT (Message Queuing Telemetry Transport) zugegriffen werden. Die Cloud-Anbieter stellen in sog. IoT-Hubs mehrere dieser Übertragungsprotokolle zur Cloudanbindung von IoT-Geräten zur Verfügung [36].

8.2.1 Industrial IoT-Netzwerk mit OPC-UA

Mit OPC-UA wird ein einheitlicher, geräteunabhängiger Datenaustausch zwischen Feldgeräten, SPSen, den PCs im IT-Bereich und der Cloud erreicht, so dass IT- und OT-Systeme ein homogenes IoT-Netzwerk bilden. Dabei werden Prozesswerte nicht wie in Feldbussen dimensionslos übertragen, was zu Fehlinterpretationen bei der Auswertung führen kann, sondern OPC überträgt die Daten als sog. Items mit Variablennamen, Wert und Einheit. Dies ermöglicht auch bei vielen Datenquellen eine eindeutige semantische Interpretation und Auswertung der Daten z. B. zur Bilanzierung, Instandhaltung oder Qualitätsanalyse [122].

Aggregation von OPC-Servern

Wie im vorigen Abschnitt gezeigt, erfolgt der Datenaustausch über OPC-UA meist mit dem Client-/Servermodell. Die Server stellen ihre Daten bereit, Clients können diese lesen oder überschreiben. Dabei können OPC-Clients Items von mehreren OPC-Servern anfordern, wie beispielsweise der OPC-Client 1 in Bild 8.5, der Items mit den SPSen und dem Prozessleitsystem austauscht. Auch in der Cloud laufen OPC-Clients, so dass Benutzer über den Webbrowser Prozessdaten angezeigt bekommen oder auswerten können (s. Beispiel 2.9).

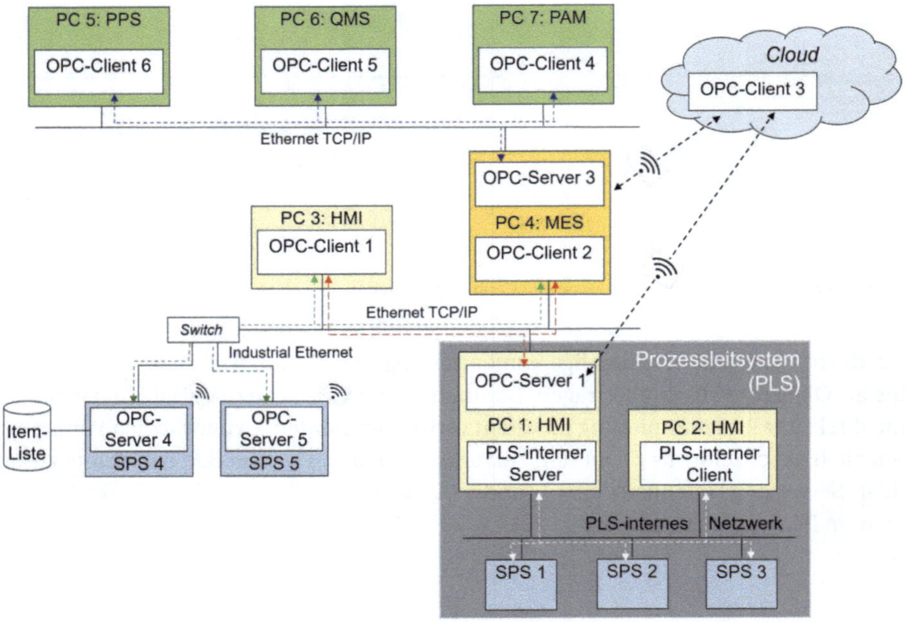

Bild 8.5 Systeme unterschiedlicher Hersteller werden durch OPC-UA vernetzt, um den vertikalen Datenaustausch zwischen den verschiedenen Automatisierungseinheiten und der Cloud zu ermöglichen

OPC-Server und OPC-Client können auch auf demselben System laufen. Im Beispiel von Bild 8.5 nimmt das Manufacturing Execution System (MES) als Client die Items der SPSen auf, verdichtet sie und wertet sie teilweise auch aus. Diese verdichteten Betriebsdaten stellt das MES dann als OPC-Server 3 den übergeordneten Managementsystemen zur Verfügung. Produktionsplanungs- und -steuerungssystem (PPS), Qualitätsmanagementsystem (QMS) und Plant-Asset-Management-System (PAM) können darauf als OPC-Clients zugreifen.

Security mit OPC-UA

Zur Sicherung des Datenaustauschs kann im OPC-Server eingestellt werden, dass sich Clients mit Username und Password authentifizieren müssen. Dazu bietet OPC-UA verschiedene Security Policies an, die Client und Server unterstützen müssen. Diese umfassen Mechanismen zur Authentifizierung von Client und Server und zur Verschlüsselung der Daten. Statt einer Authentifizierung mit Username und Password können auch Certificates oder Keys vergeben werden, die nur den jeweiligen Clients und Servern bekannt sind und zur Authentifizierung und Entschlüsselung der Daten dienen [73, 91].

Publish-Subscribe

Der zyklische Datenaustausch zwischen Client und Server über Zugriffspfade wie in Beispiel 8.1 ist gerade in großen Netzwerken langsam. Oft müssen mehrere Clients wie in Bild 8.5 auf einen oder auch mehrere Server zugreifen. Dabei fragen die Clients die gewünschten Daten bei einem Server als *Request* zyklisch an und erhalten daraufhin von diesem die Antwort als *Response*, auch wenn sich die Werte gar nicht verändert haben. In großen Netzwerken kann dieses Request/Response-Prinzip zwischen vielen Teilnehmern zu Verzögerungen führen.

Deshalb wurde ein Publish-Subscribe-Verfahren in OPC-UA integriert, das den Zugriff vieler Clients auf viele Server ermöglicht. Der Server veröffentlicht (*publish*) seine Daten in der Cloud eventbasiert, d. h. nur dann wenn eine signifikante Wertänderung vorliegt. Die Daten werden nach Themen (Topics) kategorisiert, die die Clients abonnieren (*subscribe*) können. Die Meldungen der abonnierten Topics werden dann den Clients zugeschickt [122].

Bild 8.6 veranschaulicht das Pub/Sub-Verfahren mit MQTT.

8.2.2 MQTT zur Anbindung von Kleingeräten an die Cloud

OPC-UA erfordert nicht unerhebliche Rechenkapazitäten für die semantische Interpretation der Daten. *Rechenkapazität* und *Energieverbrauch* sind zwar kein Thema bei größeren Automatisierungssystemen, aber in Edge Devices oder smarten Sensoren sind oft kleine Mikrocontroller eingebaut, für die OPC-UA ungeeignet ist. Für diese Geräte, die z. B. in der Gebäudeautomatisierung eingesetzt werden, stellt das schlanke IoT-Protokoll MQTT eine geeignete Alternative dar, gerade wenn bei *drahtloser* Verbindung die Teilnehmer nicht immer eine ausreichend starke Verbindung zur Cloud haben [141].

MQTT arbeitet mit einem Broker, der nach dem oben beschriebenen Publish/Subscribe-Verfahren (s. Bild 8.6) die Meldungen der *Publisher* annimmt und an die *Subscriber*, die das entsprechende Topic abonniert haben, sendet. Wenn diese kurzfristig nicht mit dem Netzwerk verbunden sind, speichert der Broker die Messages, bis der Client wieder online ist.

MQTT realisiert also nicht zwangsweise eine zyklische Datenübertragung und ist für Echtzeitkommunikation nicht geeignet. Die *ereignisbasierte* Kommunikation sorgt z. B. dafür, dass der Publisher nur Daten sendet, wenn sie sich verändert haben und eine neue Information vorliegt. Dies reduziert den Datenverkehr zur Cloud erheblich.

Da MQTT nicht wie OPC ein Datenmodell zugrunde liegt, ermöglicht es keine semantische Interpretation z. B. von Diagnosedaten. Als Sicherheitsmechanismen wird eine Authentifizierung der Teilnehmer und eine Verschlüsselung der Daten ermöglicht [116].

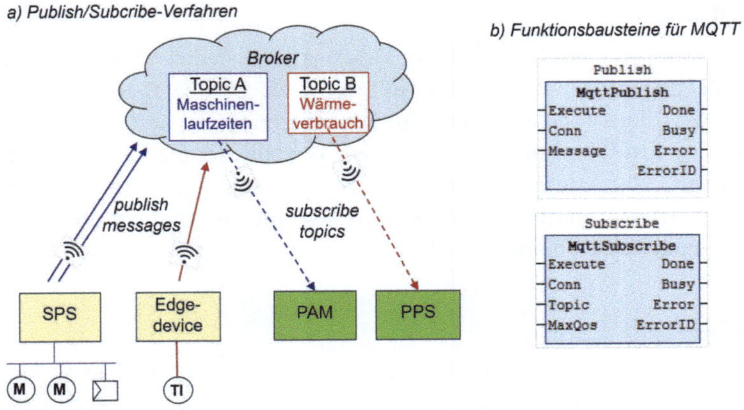

Bild 8.6 Publish/Subcribe-Verfahren mit MQTT z. B. zur Bilanzierung von Maschinenlaufzeiten in einem Plant Asset Managemensystem (PAM) oder des Wärmeverbrauchs in einem Produktionsplanungs- und steuerungssystem (PPS)

8.2.3 Plattformunabhängige Webvisualisierung

Häufig erfolgt das Bedienen und Beobachten der automatisierten Prozesse als PC- oder Target-Visualisierung in einer herstellerspezifischen Prozessvisualisierungssoftware. Dagegen kann eine Webvisualisierung in jedem Webbrowser und auf unterschiedlichen Plattformen wie PC, Tablet, Smartphone aufgerufen werden.

Hierfür läuft in der SPS ein *Web-Server*, der die Prozessgrafik als Webseite bereitstellt. Zur Erzeugung von Webseiten dient beispielsweise in Codesys die Programmiersprache HTML5 (Hyper Text Markup Language). Mit ihr können Texte, Links auf andere Webseiten, Bilder, Videos und JavaScripts in die Webseite integriert werden [95]. Mit einem JavaScript kann eine Dynamisierung von Grafikelementen programmiert werden, z. B. die farbliche Veränderung eines Symbols bei einer Wertänderung des hinterlegten Items [172].

Ruft ein Webclient die URL des Web-Servers auf (im Beispiel von Bild 8.7 wäre dies `http://192.168.61.102:8080/webvisu.htm`), so sendet der Webserver die Webseite mit eingebetteten JavaScripts verschlüsselt an den Webclient zurück. Die einzelnen *Java-Scripts* werden ereignisbasiert ausgeführt, beispielsweise bei einer Bedienereingabe oder wenn eine Variable ihren Wert ändert.

Das folgende Beispiel zeigt, dass auf dem Rechner des Clients keinerlei Software zur Prozessvisualisierung erforderlich ist. Die meisten Webbrowser unterstützen HTML5 und JavaScripts unabhängig vom Betriebssystem. So kann die Visualisierung z. B. auch unter Android auf einem Smartphone laufen. Diese Unabhängigkeit des Clients von Plattform und Software ist einer der wichtigsten Vorteile der Webvisualisierung.

Beispiel 8.2: Prozessvisualisierung im Webbrowser

Für die Tankbefüllung in Bild 8.7a soll eine Webvisualisierung zum Bedienen und Beobachten im Internet bereitgestellt werden. Hierzu ist in Codesys unter „Geräte/VisualizationManager“ eine Webvisualisierung anzulegen (s. Bild 8.7b).

Dabei sind folgende Einstellung vorzunehmen:

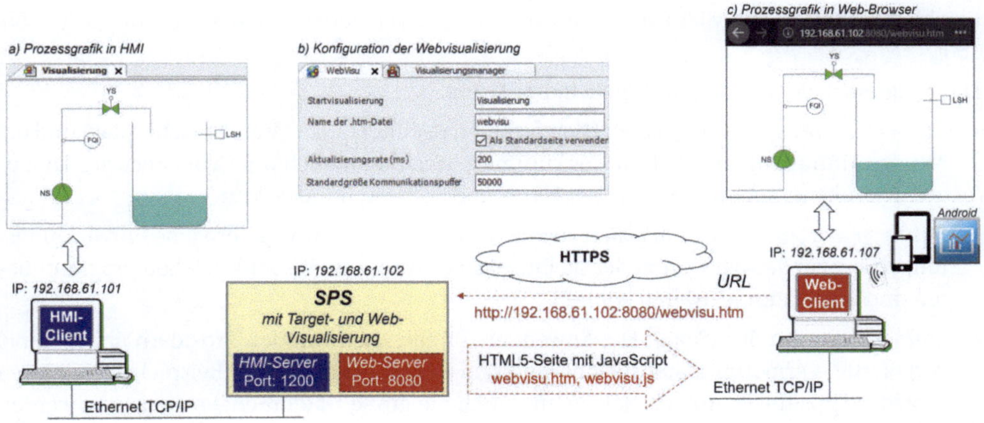

Bild 8.7 Ein Webserver in der SPS kommuniziert über JavaScript mit dem Webbrowser und stellt dort die Visualisierung in HTML5 dar

- Der Name der Prozessvisualisierung `Visualisierung`, die im Webclient dargestellt werden soll,
- der Name der HTML-Seite `webvisu.htm`, die im Client angezeigt werden soll,
- die Aktualisierungsrate (z. B. 200 *ms*), mit der die Items im Client aktualisiert werden sollen, und
- die Speichergröße (z. B. 50 *kB*) für die zu übertragenen Daten.

Nun ist die Soft-SPS „Codesys Win V3" vom Desktop aus zu starten. Danach ist das Projekt in die Soft-SPS zu laden und zu starten. Dann kann man auf demselben PC den Webbrowser starten und die URL des *Webservers* in der Soft-SPS `http://127.0.0.1:8080/webvisu.htm` eingeben.

Der Server sendet dem Client die Internet-Seite `webvisu.htm` mit dem JavaScript `webvisu.js` zurück. Drückt der Bediener auf das Symbol des Ventils, so erkennt das JavaScript den Wertwechsel für die Variable `YS` und überträgt den neuen Wert an den Web-Server, wo er der Variablen im SPS-Programm zugewiesen wird. Dadurch wird im SPS-Programm das Ventil YS aufgefahren und danach die Pumpe gestartet, so dass der Füllstand im Behälter ansteigt, bis der Niveauschalter LSH erreicht ist.

Über die TCP/IP-Verbindung werden die Werte auch in der Visualisierung der lokalen HMI zyklisch aktualisiert. Die neue Sensorinformation wird durch eine Farbänderung des Feldes `LSH` kenntlich gemacht. Die Soft-SPS stellt die Prozessdaten im Web-Server bereit, und das JavaScript schickt die aktualisierten Werte an den Web-Client, so dass auch dort die Webseite aktualisiert wird. Die Software zu diesem Beispiel kann auf der SPS-Lern-und-Übungsseite getestet werden.

Der Web-Client kann ein PC, Tablet oder Smartphone im Internet sein, auf dem die Bedien- und Beobachtungsoberfläche im Webbrowser läuft. Für Android und IOS gibt es Apps für Codesys, mit denen man die Anlage über das Smartphone bedienen und beobachten kann (s. Übung 8.1).

8.3 Betriebsdatenauswertung und Cloud Services

Mit der vorgestellten Infrastruktur des Produktionsnetzwerks können nun die von den Edge Devices gesammelten Prozessdaten in der Cloud gespeichert werden. Für das Cloud Computing bieten Anbieter wie Microsoft, Amazon, Google verschiedene Cloud Services an [5, 36, 155, 156].

Dabei unterscheidet man grundsätzlich drei Arten:

- *Infrastructure* as a Service (IaaS): Hierzu zählen Rechnerkapazitäten, Speicherplatz und die Netzwerkinfrastruktur. Die Provider kümmern sich damit auch um Cyber Security, Datenarchivierung und Aktualisierung der Hard- und Softwareinfrastruktur.
- *Platform* as a Service (PaaS): Damit stellen die Provider den Anwendern eine Entwicklungsumgebung zur Verfügung, mit der sie ihre eigenen Apps und Weboberflächen programmieren und ihre Daten verwalten können.
- *Software* as a Service (SaaS): Die Anwender können auch von den Providern angebotene, vorgefertigte Apps zur Datenspeicherung und -auswertung nutzen. Beispielsweise bieten Provider Apps für neuronale Netzen an, durch die große Datenmengen analysiert werden können.

Eine auf Produktionsanlagen zugeschnittene Lösung bietet die Firma Siemens mit ihrer IoT-Plattform *Mindsphere* an, durch die Produktionsdaten in der Cloud gespeichert und analysiert werden können [155]. Die Daten können dabei wie in Bild 8.1 direkt von Edge Controllern wie SPSen, Prozessleitsystemen etc. an die Cloud übertragen und dort als Big Data verarbeitet werden.

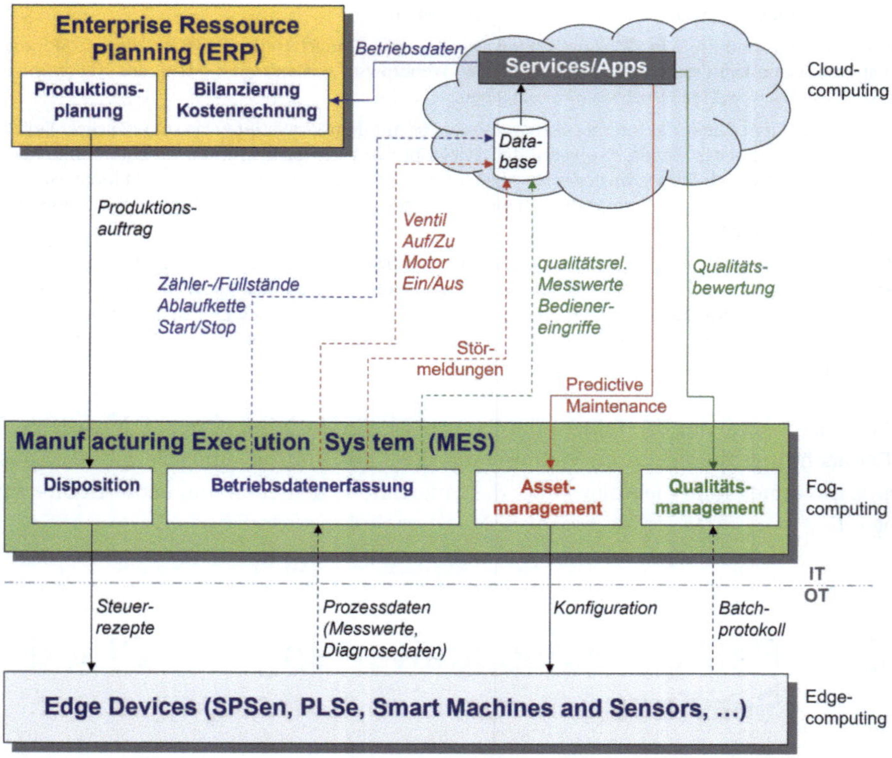

Bild 8.8 Produktionsplanung und Betriebsdatenauswertung im Zusammenspiel mit der Cloud

In großen Anlagen wurden die Prozessdaten bisher oft in Manufacturing Execution Systems (MES) gesammelt und in Langzeitdaten, sog. Betriebsdaten, umgewandelt, um die Datenmenge zu reduzieren. Viele Funktionen des MES können auch in einer SPS, dem PLS oder in der Cloud ausgeführt werden. Es gibt hierfür keine klaren Grenzen, der Trend geht hin zu einer Transformation in die Cloud.

Bild 8.8 zeigt eine hybride Struktur mit den herkömmlichen MES und ERP-Systemen, die die Cloud als Datenspeicher nutzen. Durch verschiedene Apps und Services können die Daten in der Cloud oder in MES und ERP-Systemen ausgewertet werden, um einen Qualitätsnachweis zu erbringen, Kosten, Verbrauchs- und Produktionsmengen zu bilanzieren oder die Instandhaltung der Feldgeräte zu planen.

Grundsätzlich verläuft der Informationsfluss in zwei Richtungen: Einmal von unten nach oben, um die Prozessdaten zu speichern und auszuwerten, und zum andern von oben nach unten, um Aufträge an MES und SPSen zu geben und den Prozessablauf automatisch ausführen zu lassen.

8.3.1 Betriebsdatenerfassung

Prozessdaten werden in der SPS etwa alle 10 ms eingelesen. So entsteht innerhalb kurzer Zeit eine riesige Datenmenge, die heutzutage auch als Big Data in der Cloud abgespeichert werden kann mit dem Ziel, bisher unerkannte Zusammenhänge und Abhängigkeiten zwischen den Daten mithilfe von Methoden der künstlichen Intelligenz (z. B. Deep Learning) zu entdecken.

Für die Bilanzierung von Verbrauchs- und Produktionsmengen, hilft es aber, die Datenmenge zunächst ohne wesentlichen Informationsverlust zu verringern. Beispielsweise muss ein Füllstand *nicht* alle 10 ms gespeichert werden, wenn er sich nicht verändert. Deshalb werden die zyklisch eingelesenen Prozesswerte i. d. R. vom MES in *Betriebsdaten* umgewandelt, die nur Werte enthalten, die sich signifikant unterscheiden. Betriebsdaten sind also *Langzeitdaten*, die eine Bilanzierung von Verbrauchs- und Produktionsmengen über Monate und Jahre hinweg ermöglichen [5].

Die Datenkompression muss *online* durchgeführt werden, d. h. wenn ein neuer Prozesswert eingelesen wird, ist direkt zu entscheiden, ob dieser Wert gespeichert werden muss oder nicht.

Swinging-Door-Algorithmus

Ein in der Praxis häufig eingesetztes Verfahren zur Online-Datenreduktion ist der *Swinging-Door-Algorithmus* [10]. Dabei wird zunächst ein Toleranzband $\pm\Delta y$ für die online abgespeicherten Prozessdaten $y(k)$ festgelegt. Verbindet man nun den zuletzt gespeicherten Punkt ($y(k_i)$ in Bild 8.9b) mit den Grenzen des Toleranzbandes des nächsten Punkts ($y(k_{i+1})$) durch die beiden gestrichelten Geraden, ergibt sich sozusagen der *Öffnungsspalt* einer Tür für den folgenden Punkt. Liegt der folgende Punkt ($y(k_i + 2)$ in Bild 8.9b) in diesem farblich markierten Bereich, wird der vorherige Wert $y(k_i + 1)$ gelöscht.

Mit den weiteren Punkten verfährt man genauso. Dabei stellt sich für den Wert $y(k_i + n + 1)$ die Frage, ob er innerhalb des Türspalts liegt, der durch die Geraden $y_+(k)$ und $y_-(k)$ begrenzt wird:

$$y_+(k) = m_+(k - k_i) + y(k_i) \quad mit: m_+ = \frac{y(k_i + n) + \Delta y - y(k_i)}{k_i + n - k_i} \tag{8.1}$$

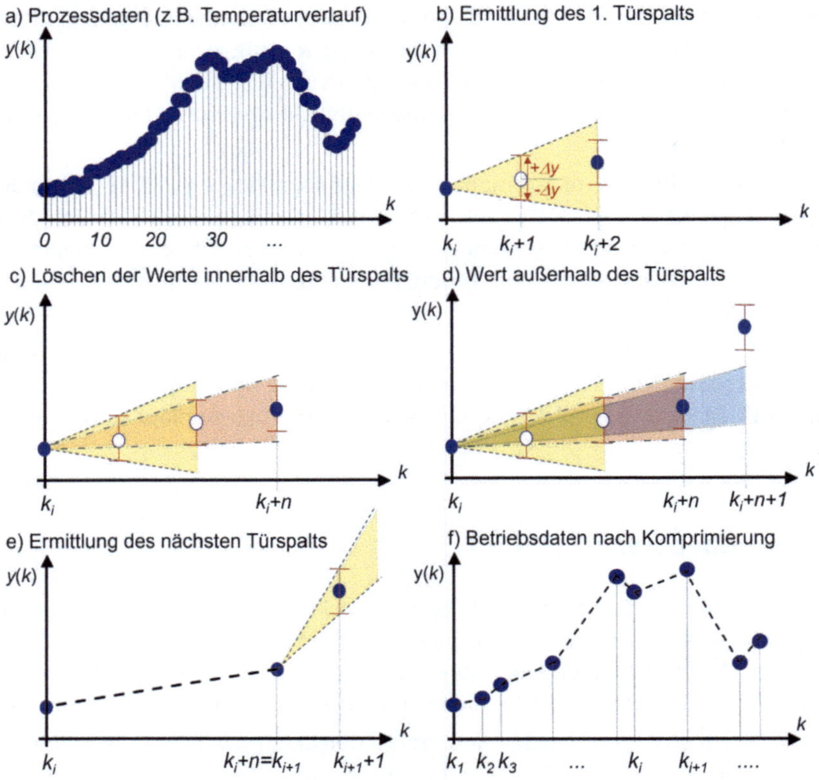

Bild 8.9 Swinging-Door-Algorithmus zur Betriebsdatenerfassung

$$y_{-}(k) = m_{-}(k - k_i) + y(k_i) \quad mit: m_{-} = \frac{y(k_i + n) - \Delta y - y(k_i)}{n} \tag{8.2}$$

Für den Fall, dass

$$y_{-}(k_i + n + 1) \le y(k_i + n + 1) \le y_{+}(k_i + n + 1) \tag{8.3}$$

wird der Wert $y(k_i + n)$ gelöscht (vgl. Bild 8.9b-d). Andernfalls wird der Wert $y(k_i + n)$ als neuer Betriebswert $y(k_{i+1})$ gespeichert und ist Ausgangspunkt für den nächsten Türspalt (s. Bild 8.9e). Die Weite des Türspalts verringert sich wie bei einer Schwingtür, je mehr Werte in einem Toleranzband liegen [143].

Die so verbleibenden Daten (in Bild 8.9f nur noch ca. 12 %) werden als Betriebsdaten in die Langzeitarchivierung übernommen. Der Vorteil dieses Verfahrens liegt darin, dass die Daten *online* verarbeitet werden können, d. h. jeder Prozesswert wird nach dem Einlesen sofort der Schwingtür zugeführt und ggf. gelöscht oder als komprimierter Betriebswert gespeichert. Somit sind für den Fall weniger Änderungen im Kurvenverlauf auch nur wenige Stützstellen notwendig. *Ausreißerwerte*, etwa in Folge von Störungen, gehen aber nicht verloren.

Die beschriebene Betriebsdatenverdichtung wird meistens im MES ausgeführt, kann aber auch in der SPS oder in der Cloud stattfinden [5]. Um den Datentransfer zu begrenzen, lohnt es sich i. d. R. aber die Datenverdichtung an der Quelle, also im MES oder im Automatisierungssystem durchzuführen. In Beispiel 8.4 wird der Swinging-Door-Algorithmus deshalb als Funktionsbaustein in Codesys programmiert.

Cloud-Anbindung und Speicherung historischer Zeitreihen

Betriebsdaten werden heutzutage meist in der Cloud gespeichert. Cloudanbieter wie Microsoft, Amazon, Google u. a. stellen Datenbanken mit Auswertungsfunktionen sowie Backup- und Archivierungsservices mit weiterer Offline-Datenkomprimierung zur Verfügung [36]. Viele Firmen scheuen sich aber, ihre Betriebsdaten in einer öffentlichen Cloud zu verwalten und bevorzugen eine *private Cloud*. In diesen kann eine IoT-Plattform wie z. B. *Mindsphere* von Siemens als Software eingesetzt werden, die die Daten von den Edge-Controllern in der Cloud sammelt, verarbeitet und auswertet. Dazu werden dem Anwender wie von einem Betriebssystem Werkzeuge in Form von APIs (Application Programmer Interfaces) zur Verfügung gestellt, mit denen er produktionsspezifische Auswertungen für MES und ERP-Systeme als Apps programmieren kann [155, 156].

Um die Speicherung historischer Zeitreihen mit einfachen Mitteln nachvollziehen zu können, werden in Bild 8.10a Betriebsdaten von Codesys per OPC an Node-RED und von dort mithilfe des MQTT-Protokolls an den IoT-Hub der Microsoft-Cloud *Azure* gesendet. Cloud Services wie die App „Azure Stream Analytics“ ermöglichen es, Streaming-Daten unterschiedlicher Quellen vom IoT-Hub zu lesen und in eine Datenbank zu schreiben. Zur Betriebsdatenauswertung könnten dann MES- oder ERP-Systeme auf die Datenbank zugreifen. Über einen ODBC-Treiber (Open Database Connectivity) ist der Zugriff auf eine SQL-Datenbank auch von Excel möglich, das oft als einfaches Tool für kleinere Auswertungen genutzt wird.

Die meisten Cloud-Systeme sind komplex und gebührenpflichtig. Das folgende Beispiel nach Bild 8.10b zeigt das Prinzip, wie eine SPS Betriebsdaten in eine MySQL-Datenbank schreiben

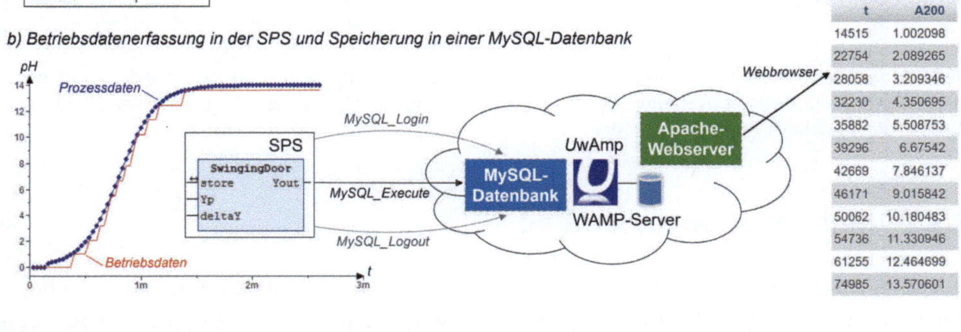

Bild 8.10 Veranschaulichung einer Betriebsdatenspeicherung und -auswertung mit einfachen Mitteln

kann, die zu Testzwecken mit einem WAMP-Server (Windows-, Apache-, MySQL-, PHP-) erstellt wird.

Beispiel 8.3: Betriebsdatenerfassung und -speicherung in einer MySQL-Datenbank

Der in Bild 8.10a skizzierte Anlagenteil dient zur pH-Werteinstellung eines sauren Mediums. Der Sensor AIC 200 misst den Verlauf des pH-Werts bei Zugabe von Natronlauge. Die Prozesswerte werden durch den Funktionsbaustein `SwingingDoor` während der Messung in Betriebsdaten umgewandelt und in einer MySQL-Datenbank gespeichert. Die Datenbank wird mithilfe des Freeware-Programms UwAmp [82] realisiert, das die Daten über einen Apache-Webserver bereitstellt.

Für den Zugriff auf die Datenbank baut der Funktionsbaustein `MySQL_Login` in Bild 8.11b die Socketverbindung mit der spezifizierten IP-Adresse über den MySQL-Standard-Port `3306` auf und loggt sich unter Angabe von Username und Password in die Datenbank „titration" ein.

Um die Betriebsdaten in die Datenbank zu schreiben, startet der Funktionsbaustein `SwingingDoor` durch die Variable `Exec1` in Bild 8.11c das Schreiben eines Datenbankbefehls durch den Funktionsbaustein `MySQL_Execute`. Der Datenbankbefehl ist eine Zeichenkette, die in Bild 8.11a aus mehreren Strings, u. a. dem zu speichernden Betriebswert, zusammengesetzt wird. Zum Beenden der Betriebsdatenerfassung erfolgt das Ausloggen mit dem Funktionsbaustein `MySQL_Logout`.

Der Vergleich der Titrationskurve mit den abgespeicherten Betriebsdaten in der Datenbank in Bild 8.10b zeigt, dass die SPS bei einer Abtastzeit von 1 *s* über knapp 180 *s* nur 12 Betriebsdaten gespeichert hat. Trotzdem stellt die Kurve der Betriebsdaten eine gute Repräsentation der Prozessdaten dar.

Die Software zu diesem Beispiel kann auf der SPS-Lern-und-Übungsseite getestet werden.

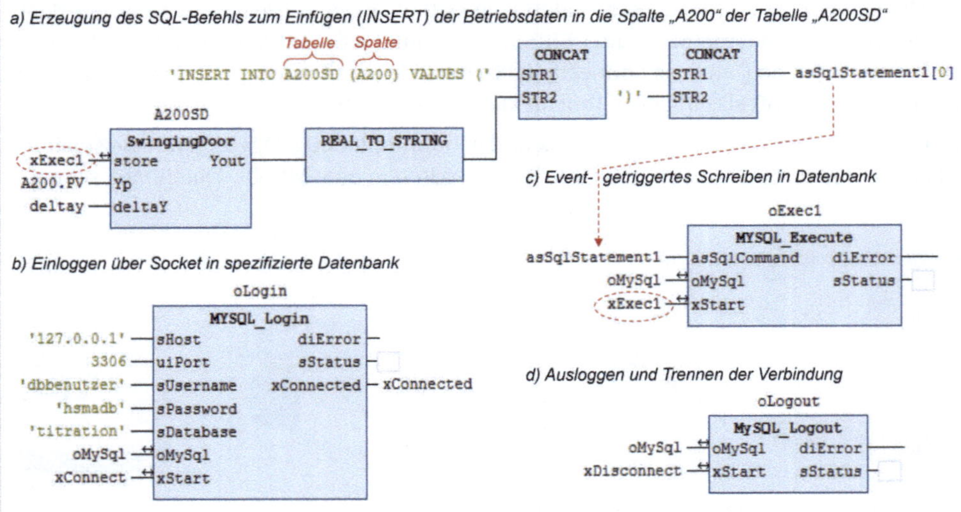

Bild 8.11 Zur Betriebsdatenspeicherung von der SPS in eine MySQL-Datenbank muss zunächst der SQl-Befehl als Zeichenkette zusammengesetzt werden. Mithilfe von MYSQL-Funktionsbausteinen können nach dem Einloggen Werte in die Datenbank geschrieben werden

8.3.2 Betriebsdatenauswertung

Die oben beschriebene Speicherung historischer Zeitreihen erlaubt es, Sensordaten über einen gewünschten Zeitraum zu bilanzieren. Um beispielsweise die verbrauchte Menge eines

Rohstoffs oder die hergestellte Menge eines Produkts zu bilanzieren, werden die Füllstandsverläufe L_i oder die gemessenen Durchflussgeschwindigkeiten F_i in den Zu- oder Ablaufleitungen aller N für ein Material in Anspruch genommenen Vorlagebehälter berechnet. Bei der Erfassung der Füllstände spielen die Zeitpunkte t_{auf} und t_{zu} eine Rolle, die angeben, wann z. B. ein Zulaufventil auf- bzw. zugefahren wurde:

$$\text{Produktionsmenge / Materialverbrauch} = \sum_{i=1}^{N} \begin{cases} L_i(t_{zu}) - L_i(t_{auf}) \\ \int F_i \, dt \end{cases} \tag{8.4}$$

Neben dem Materialverbrauch ist der *Energieverbrauch* einer Anlage ein wichtiger Bestandteil der Produktionskosten. Er basiert zum einen auf der Laufzeit der eingesetzten Maschinen. Die Maschinenlaufzeit eines Antriebs lässt sich durch zeitliche Integration seines binären Stellsignals y ermitteln:

$$\text{Maschinenlaufzeit } T_M = \int y \, dt \tag{8.5}$$

Zum anderen wird der Energieverbrauch aber auch durch durch die zugeführte thermische Energie Q zum Heizen und Kühlen eines Stoffes bestimmt:

$$Q = c \cdot \varrho \cdot L \cdot [T(t_{zu}) - T(t_{auf})] \tag{8.6}$$

Dabei ist c die spezifische Wärmekapazität, ϱ die Dichte des temperierten Stoffes und L das Füllstandsvolumen in einem Behälter. Die Temperaturdifferenz wird zwischen dem Ende eines Temperiervorgangs zum Zeitpunkt t_{End} und seinem Startzeitpunkt t_{Start} betrachtet.

Somit ergibt sich der Energieverbrauch aus den Laufzeiten der M in einer Anlage eingesetzten Maschinen, den K Temperaturmessstellen T_i in den Behältern sowie der Anzahl S der Schaltvorgänge von Ventilen und deren Energieverbrauch W_i für das Auf- und Zufahren:

$$\text{Energieverbrauch} = \sum_{i=1}^{M} P_i \cdot T_{Mi} + \sum_{i=1}^{K} Q_i + \sum_{i=1}^{S} W_i \tag{8.7}$$

Diese Auswertungen lassen sich oft durch Analyse einzelner *Zeitreihen* der historischen Betriebsdaten ermitteln, so dass man die Produktivität der Anlage über einen bestimmten Zeitraum beurteilen kann. Oft ist aber eine *chargenbezogene* Auswertung erforderlich, um die Produktionsmengen und -kosten für einzelne Chargen zu bilanzieren und so eine auftragsbezogene Bilanz zu ermitteln.

Electronic Batch Recording

Während der Herstellung einer Charge wird eine automatische Protokollierung aller Schaltvorgänge, Störmeldungen und Bedienereingriffe mit *Zeitstempel* ausgeführt. Auch die Aufzeichnung des Werteverlaufs einzelner Messstellen gehört zu den Standardfunktionen des Electronic Batch Records. Anhand eines solchen *Chargenprotokolls* ist eindeutig nachvollziehbar, was während des Rezeptablaufs in der Anlage geschah, sei es durch die Automatisierung oder durch den Bediener. Dies ist vor dem Hintergrund der Produkthaftung ein wichtiger Nachweis dafür, dass die automatisierte Anlage wie spezifiziert ablief und der Anlagenfahrer den Prozess ordnungsgemäß bediente.

Beim Electronic Batch Recording werden alle einander beeinflussenden Größen mit der gleichen Zeitbasis in einer gemeinsamen Tabelle der SQL-Datenbank abgespeichert, was die anschließende Betriebsdatenauswertung stark vereinfacht [138].

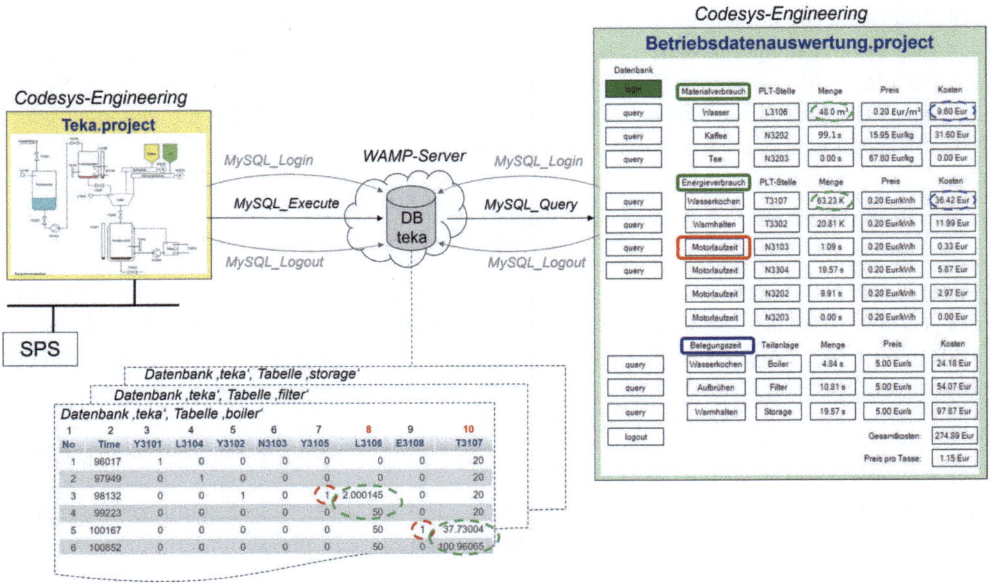

Bild 8.12 Betriebsdatenauswertung durch Electronic Batch Recording

Beispiel 8.4: Betriebsdatenauswertung der Tee- und Kaffeeproduktion

Die für eine Betriebsdatenauswertung relevanten Daten werden während des Rezeptablaufs der TeKa-Anlage aus Beispiel 6.9 in eine Datenbank geschrieben. Die Betriebsdaten während der Grundoperation "Wasserkochen" werden in die Tabelle 'boiler', die der GOP "Aufbrühen" in die Tabelle 'filter' und die der GOP "Warmhalten" in die Tabelle 'storage' geschrieben (s. Bild 8.12). Die Speicherung erfolgt ereignisbasiert, z. B. wenn das Zulaufventil Y3105 geöffnet oder das Heizungsrelais E3108 eingeschaltet wird.

Zur Auswertung der so gespeicherten Betriebsdaten werden durch den Funktionsbaustein `MySQL_Query` Abfragen in der Datenbank durchgeführt. Zunächst führt man beispielsweise die Abfrage durch, in welcher Zeile das Ventil Y3105 geöffnet wurde (`Y3105=1`). In der ermittelten Zeile 3 liest man dann in der angegebenen Spalte (z. B. `iCol=8`) den Prozesswert (z. B. `L3105=2`) aus. Sobald der Aktor deaktiviert wurde (z. B. `Y3105=0`), liest er wieder den entsprechenden Prozesswert aus (z. B. `L3105=50`) und berechnet aus der Differenz die verbrauchte Wassermenge und die damit verbundenen Kosten.

Ebenso können wie in Bild 8.12 dargestellt andere Verbrauchsmengen, Kosten für Energie und die Anlagenbelegung (quasi als Miete) berechnet werden, woraus sich die Gesamtkosten und der Preis pro Tasse Tee oder Kaffee ergeben. Die Software zu diesem Beispiel kann auf der SPS-Lern-und-Übungsseite getestet werden.

Neben Bilanzierungen können mit den Betriebsdaten auch Auswertungen für die Wartung und Instandhaltung der Anlage und die Produktqualität vorgenommen werden.

8.3.3 Asset Management

Als *Assets* bezeichnet man sämtliche Wertgegenstände in der Anlage, z. B. die eingesetzten Hardwarekomponenten wie Rechner, Maschinen, Anlagenteile und auch die Aktoren und Sensoren. Aufgabe des Asset Managements ist die Verwaltung und Überwachung dieser Assets, um ihren funktionsfähigen Zustand über den gesamten *Lebenszyklus* der Anlage zu erhalten. Die SPS kann hierfür grundlegende Daten, wie etwa Stör-, Alarm- oder Rückmeldungen von den an sie angeschlossenen Sensoren und Aktoren liefern.

Verwaltung der Assets in der Cloud

Die Verwaltung der Assets, die meist von unterschiedlichen Herstellern sind, erfolgt in einer Verwaltungsschale (Asset Administration Shell, AAS). Mit dem Eclipse AASx Package Explorer der Plattform Industrie 4.0 [49] können Anwender herstellerneutral eine Verwaltungsschale für ihr Asset erstellen und beispielsweise folgende Daten eintragen:

- Herstellerinformationen wie Datenblatt, Bedienungsanleitung, Stücklisten,
- Betreiberinformationen wie Aufstellungs- und Anschlusspläne, Inbetriebnahmeprotokolle,
- Geräteinformationen wie Energieverbrauch, Messwertverläufe, Stör-, Alarm- und Diagnosemeldungen.

Die Verwaltungsschalen aller Assets einer Anlage können miteinander verknüpft werden, so dass ein digitaler Zwilling der Anlage entsteht, auf den alle Nutzer z. B. über die Cloud zugreifen können. Die Nutzung von Verwaltungsschalen für das Engineeering und Lifecycle-Management der Anlage wird in Kapitel 10 beschrieben.

Da sich die Verwalttungsschalen insbesondere für Online-Geräteinformationen noch nicht durchgängig durchgesetzt haben, erfolgt die Konfiguration der Feldgeräte sowie die Fehlerdiagnose und Instandhaltungsplanung meist in sog. Plant-Asset-Management-Systemen.

Plant-Asset-Management-Systeme

Ein Plant-Asset-Management-System (PAM) kann über das Netzwerk zentral auf die Daten aller an die SPS angekoppelten Feldgeräte zugreifen (vgl. Bild 8.8) und ermöglicht somit eine zentrale Parametrierung und Konfiguration der Feldgeräte [62, 98]. Die zugehörigen Treiberdateien für die Feldgeräte in Form von GSD-, EDD-, DTM-Dateien (s. Beispiel 3.1) können aus der Cloud geladen werden.

Zur Planung von Wartungs- und Instandhaltungsmaßnahmen werden neben Störmeldungen auch die in der SPS ermittelten Betriebsdaten, wie die Anzahl der Schaltvorgänge von Ventilen oder die Betriebsstunden von Pumpen und Motoren genutzt, um eine Prognose für notwendige *Wartungstermine* oder die zu erwartende Lebensdauer der Geräte vorzunehmen (s. Abschnitt 8.3.2).

Der Vorteil liegt darin, Wartungsmaßnahmen gebündelt durchführen zu können. Wenn in nächster Zeit mehrere Feldgeräte gewartet werden müssen, bedeutet dies, dass der entsprechende Anlagenteil beispielsweise nur einmal statt mehrmals im Monat ausgeschaltet werden muss. Es ist unter Umständen sogar günstiger, Geräte bei einem ohnehin vorgesehenen Anlagenstillstand zu warten, auch wenn sie noch einige Wochen ohne eine Wartung weiterlaufen könnten. Denn ein mehrmaliger Anlagenstillstand wäre teurer als die verschwendete wartungsfreie Betriebszeit. Eine solche Planung der Instandhaltungsvorgänge stellt ein wesentliches Element des Asset Managements dar [121].

Condition Monitoring und Fehlerdiagnose

Die Zustandsüberwachung der Anlage und ihrer Feldgeräte bezeichnet man als *Condition Monitoring*. Die meisten Feldgeräte melden gerätespezifische Diagnosecodes, die zur Überwachung des Betriebszustands und der Fehlerdiagnose dienen. Diese sind jedoch auf ein einzelnes Feldgerät beschränkt und treten meist auch erst dann auf, wenn der Fehler schon vorliegt [121].

Häufig treten bei einem Fehler aber sehr viele Alarm- und Statusmeldungen zeitgleich auf. Deshalb werden bei einer signalbasierten *Fehlererkennung* wie in Bild 8.13 Mess- und Stellwerte mehrerer Einflussgrößen in der SPS oder im PLS überwacht und das Über- bzw. Unterschreiten von Grenzwerten gemeldet.

Aus dieser großen Anzahl an Status- und Alarmmeldungen muss durch eine *Fehlerdiagnose* auf den oder die ursächlichen Fehler zurückgeschlossen werden. Neuronale Netze können diese Klassifikationsaufgabe lösen und angeben, ob ein bestimmter Fehler die Ursache für das vorliegende *Alarmmuster* war oder nicht (s. Bild 8.13). Dafür muss das neuronale Netz aber mit vielen Alarmmustern für vordefinierte Fehlerfälle trainiert werden [104].

Für die erkannten Fehlerursachen werden oft mithilfe regelbasierter Systeme Maßnahmen zur *Fehlerbehebung* vorgeschlagen [39, 69].

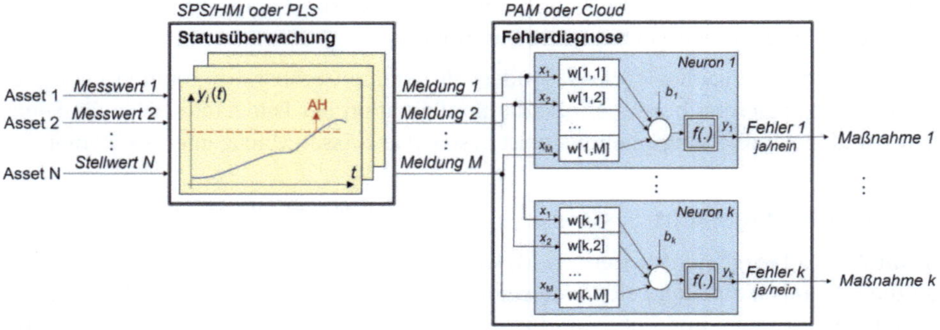

Bild 8.13 Condition Monitoring und Fehlerdiagnose mit einem neuronalen Netz, das anhand von Status- und Alarmmeldungen der Feldgeräte die Fehlerursache und die passenden Gegenmaßnahmen ermittelt

Der größte Rechenaufwand für ein neuronales Netz entsteht beim Training, das von leistungsstarken Rechnern z. B. in der Cloud ausgeführt werden kann. Cloudanbieter stellen Trainingsalgorithmen für neuronale Netze als *Software as a Service (SaaS)* zur Verfügung.

8.3.4 Qualitätsmanagement

Qualitätsmanagementsysteme (QMS) überwachen die Qualität des von einer Anlage hergestellten Produkts. Dazu wird im MES ein Prüfablauf als Schrittkette ausgeführt. Der Prüfablauf läuft parallel zum Prozessablauf in der SPS ab und wird von ihm wie in Bild 8.14 dargestellt gestartet.

Dabei werden folgende Qualitätsprüfungen ausgelöst:

- Qualitätskontrolle: Zu bestimmten Zeitpunkten kann der Prüfablauf eine Bedieneraufforderung zu einer Probenahme in Form eines Popup-Fensters in der HMI absetzen. Dann muss der Bediener eine Probe des hergestellten Produkts oder eines Zwischenprodukts entnehmen, diese ins Labor schicken und die Durchführung quittieren. Ist die Qualität der Probe in Ordnung, schickt das MES eine Bestätigung an die SPS, so dass der Prozessablauf weiterlaufen kann. Die Auswertung der *Laborproben* erfolgt in großen Produktionsbetrieben automatisiert in sog. Laboratory Information Management Systems (LIMS), die an das MES angekoppelt sind.

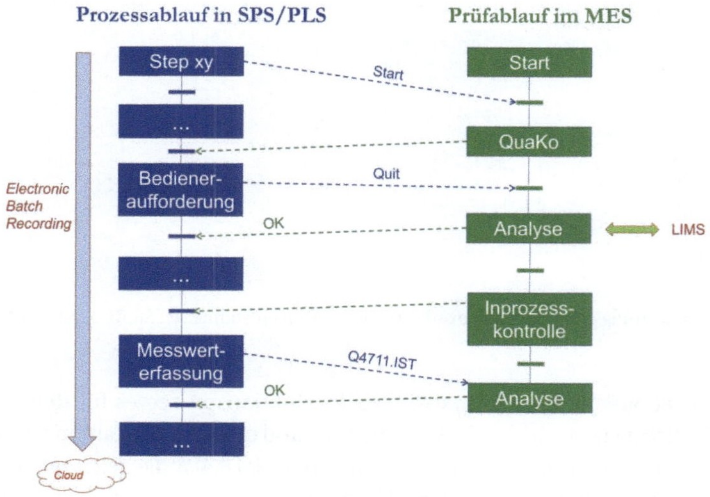

Bild 8.14 Prüfablauf zur Qualitätssicherung im MES parallel zum Prozessablauf in der SPS

- In-Prozess-Kontrolle: Außerdem fordert der Prüfablauf zu bestimmten Zeitpunkten die *Messung* qualitätsrelevanter Prozessgrößen. Die Sensordaten werden von der SPS zwar kontinuierlich erfasst, zur Qualitätsbewertung ist aber ein Messwert zu einem bestimmten Ereignis erforderlich, z. B. ein Temperaturwert nach erfolgter Reaktion. Dieses Ereignis wird von der Prüfkette erkannt. Sie fordert dann von der SPS die Messwerterfassung an und überprüft, ob der Messwert innerhalb der Toleranzgrenzen für eine ausreichende Qualität liegt. Erst wenn das MES dies bestätigt hat, kann der Prozessablauf weiterlaufen.

Beispiel 8.5: Qualitätsbewertung durch ein Neuron

Die Qualität einer exothermen Reaktion zweier Stoffe A und B soll anhand der Temperatur T in Abhängigkeit des Füllstands L im Reaktor nach Bild 8.15a beurteilt werden. Dazu wird ein Neuron (z. B. das Neuron k in Bild 8.13) mit den Eingängen $x_1 = T$ und $x_2 = L$ beschaltet und berechnet den Ausgang

$$y_k = \begin{cases} 1 & \forall \quad w_{k1}x_1 + w_{k2}x_2 + b_k \geqq 0 \\ 0 & \forall \quad w_{k1}x_1 + w_{k2}x_2 + b_k < 0 \end{cases} \tag{8.8}$$

wobei $y_k = 1$ eine gute und $y_k = 0$ eine schlechte Produktqualität kennzeichnen soll. Dieses eine Neuron kann auch in der SPS programmiert und als Funktionsbaustein wie in Bild 8.15b instanziiert und mit anderen Bausteinen zusammengeschaltet werden (s. Übung 8.3).

Um die Parameter des Neurons w_{k1}, w_{k2} und b_k zu ermitteln, wird das Neuron mit den in Bild 8.15c dargestellten Temperatur- und Füllstandswerten sowie der zugehörigen Qualität y_{Soll} trainiert. Das Training verändert in Abhängigkeit der Lernrate ε die Gewichtszellen

$$w_{k1}^{neu} = w_{k1}^{alt} + \varepsilon(y^{soll} - y) \cdot x_1 \qquad w_{k2}^{neu} = w_{k2}^{alt} + \varepsilon(y^{soll} - y) \cdot x_2 \qquad b_k^{neu} = b_k^{alt} + \varepsilon(y^{soll} - y) \tag{8.9}$$

solange, bis der Ausgangswert für y immer gleich dem Lehrersignal y^{soll} ist. Dann klassifiziert das Neuron den Qualitätszustand des Produkts anhand der in Bild 8.15c skizzierten Trenngeraden, die sich aus den erlernten Parametern des Neurons ergibt:

$$x_2 = -\frac{b_k}{w_{k2}} - \frac{w_{k1}}{w_{k2}} \cdot x_1 \tag{8.10}$$

Zur Klassifikation mehrerer Produktzustände können wie in Bild 8.13 mehrere Neuronen parallel geschaltet werden. Dieses so genannte Perceptron klassifiziert dann den richtigen Zustand des Produkts. Die Software zu diesem Beispiel kann auf der SPS-Lern-und-Übungsseite getestet werden.

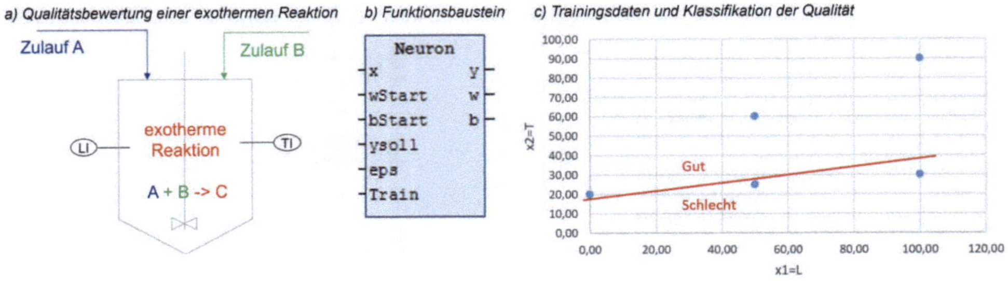

Bild 8.15 Qualitätsbewertung eines bei einer exothermen Reaktion entstandenen Stoffs durch ein Neuron

Da die Nachvollziehbarkeit des automatisierten Produktionsprozesses für den Nachweis der Produktqualität wichtig ist, werden alle Stellvorgänge und qualitätsrelevanten Sensordaten mit Zeitstempel in einem Electronic Batch Recording (s. Beispiel 8.4) aufgezeichnet. So können Zufuhrmengen, Stoffzusammensetzungen, Stoffeigenschaften u. a. für eine produzierte Charge nachgewiesen werden. Auch *Bedienereingaben*, wie z. B. „Laboranalyse des hergestellten Zwischenprodukts ist O. K.", werden mit Namen und elektronischer Unterschrift des Bedieners protokolliert und im QMS abgespeichert [126].

8.4 Künstliche Intelligenz für die Anlagenautomatisierung

Methoden der künstlichen Intelligenz (KI) basieren oft auf neuronalen Netzen, die z. B. anormales Verhalten einer Anlage erkennen, bevor dieses durch Schäden offensichtlich wird. Da neuronale Netze mit großen Datenmengen über einen langen Zeitraum trainiert werden müssen, werden sie oft als *Software as a Service* in der Cloud angeboten. Neuronale Netze bestehen aus künstlichen Neuronen, die wie im Beispiel 8.5 durch den Funktionsbaustein Neuron auch in der SPS programmiert werden können. Das in Bild 8.13 dargestellte Perceptron besteht nur aus einer Schicht parallel geschalteter Neuronen. Beim Deep-Learning werden mehrere dieser Schichten hintereinandergeschaltet.

8.4.1 Deep Learning in der Cloud

Eine der häufigsten Anwendungen von Deep Learning ist die Objekterkennung aus Kamerabildern. Dabei werden bereits trainierte Netze aus der Cloud verwendet, die Gegenstände des täglichen Lebens, wie z. B. Smartphone, Tastatur, Maus, Apfel etc. erkennen können. Diese Netze bestehen aus über 30 Schichten von vernetzten Neuronen. Um auch andere Objekte erkennen zu können, die z. B. ein Roboter wie Abschnitt 7.5 greifen soll, müssen mehrere Bilder des zu erkennenden Objekts aus verschiedenen Ansichten und in verschiedenen Varianten dem neuronalen Netz eintrainiert werden. Dabei werden nicht alle, sondern nur die hinteren 3-4 Schichten des neuronalen Netzes umtrainiert.

In der Prozessautomatisierung werden häufig Vibrationsmuster von Pumpen, Zentrifugen oder anderen Maschinen erlernt, um Fehler frühzeitig zu erkennen und eine Wartung zu veranlassen. Da Wartungen zwar Schäden vermeiden können, unnötige Wartungen aber durch Produktionsstillstand auch Schäden verursachen, ist es wichtig, dass die KI eine hohe Zuverlässigkeit hat. Hierfür müssen sehr viele Daten mit fehlerfreien und fehlerbehafteten Messwertverläufen trainiert werden, die durch Mitschreiben der Prozesswerte während des Lebenszyklusses der Anlage nicht im notwendigen Umfang gesammelt werden können. Deshalb erzeugt man Trainingsdaten durch Simulationsmodelle, die im digitalen Zwilling in der Cloud oder durch Simulationsbausteine in der SPS ablaufen können.

Da die Cloud Services kostenpflichtig sind, lohnt es sich mitunter, nur das aufwendige Training des neuronalen Netzes in der Cloud auszuführen. Grundsätzlich kann ein neuronales Netz auch in SPS programmiert werden und in Echtzeit ausgelesen werden, wenn die optimalen Netzwerkparameter bekannt sind. Nachdem das neuronale Netz also in der Cloud ausreichend trainiert wurde, können die Netzwerkparameter wie Gewichts- und Schwellenwerte der einzelnen Neuronen an die SPS übertragen werden (s. Bild 8.16). Das in der SPS programmierte neuronale Netz mit den optimalen Parametern erzeugt dann dieselben Vorhersagen oder Zuordnungen wie das Original in der Cloud. Wenn sich das neuronale Netz in der Cloud durch neue Trainingsdaten aktualisiert, werden auch die aktuellen Netzwerkparameter in der SPS angepasst.

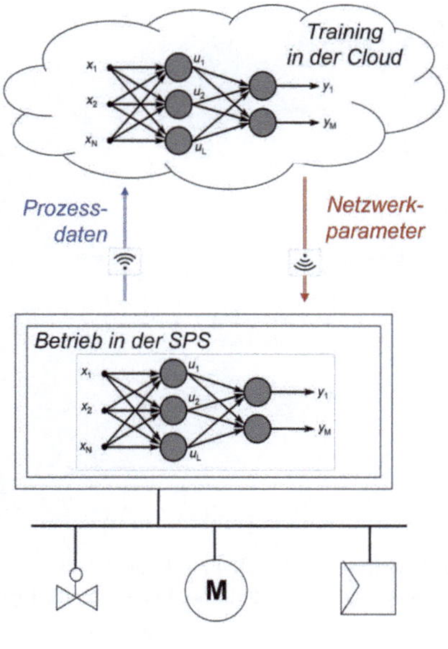

Bild 8.16 Training des neuronalen Netzes in der Cloud und Betrieb des trainierten Netzes in der SPS

8.4.2 Shallow Learning in der SPS

Bisher war die SPS als kleiner Rechner für große neuronale Netze mit vielen Schichten nicht geeignet. Dies hat sich geändert, weil einerseits schnelle IT-Server mit ausreichend Arbeitsspeicher als Hardware für (virtuelle) Soft-SPSen verfügbar sind und andererseits das rechenzeitaufwendige Training durch einen digitalen Zwilling in der Cloud ausgelagert werden kann wie in Bild 8.16 skizziert. Außerdem gibt es Anwendungen, die keine 30 sondern nur 2-3 verdeckte Schichten von Neuronen erfordern, wie das folgende Beispiel zeigt. Dann spricht man nicht von Deep, sondern von Shallow Learning, weil ein Netz mit wenig Schichten anschaulich gesprochen „nicht tief, sondern flach" ist.

Neuro-SPS

Neuronale Netze können wie in Bild 8.17 durch Funktionsbausteine modular und anschaulich in der SPS programmiert werden. Um die Anzahl der Neuronen und ihrer Ein- und Ausgänge flexibel parametrieren zu können, wird der Funktionsbaustein `Perceptron` im Strukturierten Text entwickelt, der aus mehreren parallel geschalteten Neuronen besteht und schon in Bild 8.13 dargestellt wurde. Ein Perceptron repräsentiert darin eine Neuronenschicht im neuronalen Netz. Das Beispiel in Bild 8.17 umfasst zwei Schichten: Die hidden Layer besteht aus N_{hid} Neuronen mit N_{in} Eingängen, die Output-Layer besteht aus N_{out} Neuronen mit N_{hid} Eingängen der hidden Layer.

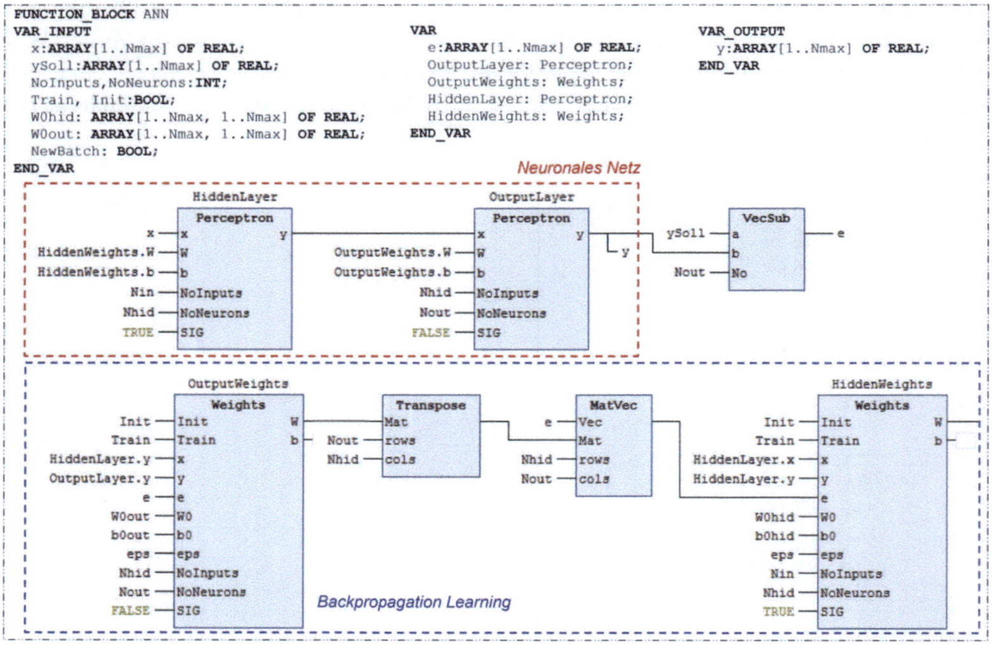

Bild 8.17 SPS-Programmierung eines neuronalen Netzes mit zwei Schichten durch den Funktionsbaustein `Perceptron`. Das Training der Netzwerkparameter W und $\vec{b}$ erfolgt anhand des Lernfehlers e in den Instanzen des Funktionsbausteins `Weights`

Beispiel 8.6: Programmierung eines neuronalen Netzes mit zwei Schichten in der SPS

In Bild 8.17 ist der Funktionsbaustein `ANN` für ein neuronales Netz mit zwei Schichten programmiert. Der Funktionsbaustein `Perceptron` berechnet für jedes der i parallel geschalteten Neuronen seinen Ausgangswert

$$y_i = f_i(\alpha_i) \qquad mit: \alpha_i = \vec{w}_i^T \vec{x} + b_i \qquad und: f(\alpha_i) = \begin{cases} \frac{1}{1+e^{-\alpha_i}} & SIG = True \\ K\alpha_i & SIG = False \end{cases} \tag{8.11}$$

indem er die Eingänge $\vec{x}$ mit dem Gewichtszellen $\vec{w}_i$ der Neuronen multipliziert und den Schwellenwert b_i hinzuaddiert. Als Aktivierungsfunktion f_i wird in der hidden Layer eine Sigmoidfunktion und in der Ausgangsschicht eine Gerade verwendet.

Das Training der Gewichte erfolgt mit dem Backpropagation-Algorithmus. Dabei werden zunächst die Gewichtszellen der Ausgangsschicht anhand des Lernfehlers $\vec{y}^{Soll} - \vec{y}$ wie in Gl. 8.9 verändert. Die Veränderung der Gewichte der verdeckten Schichten erfolgt ebenfalls anhand des Lernfehlers, aber angepasst an die Gewichte der Ausgangsschicht und der sigmoiden Aktivierungsfunktion. Die Gleichungen sind im Funktionsbaustein `Weights` auf der SPS-Lern-und-Übungsseite einsehbar.

Lernen des Prozessverhaltens

Neuronale Netze werden oft eingesetzt, um das Prozessverhalten zu erlernen und den Prozess mit diesem Modell, z. B. in einem digitalen Zwilling, simulieren zu können. Gerade wenn eine mathematische Modellbildung zu aufwendig ist, wird oft ein neuronales Netz zur Modellierung trainiert, indem man es wie in Bild 8.18a parallel zum Prozess schaltet, während dieser etwa durch einen Regler stimuliert wird.

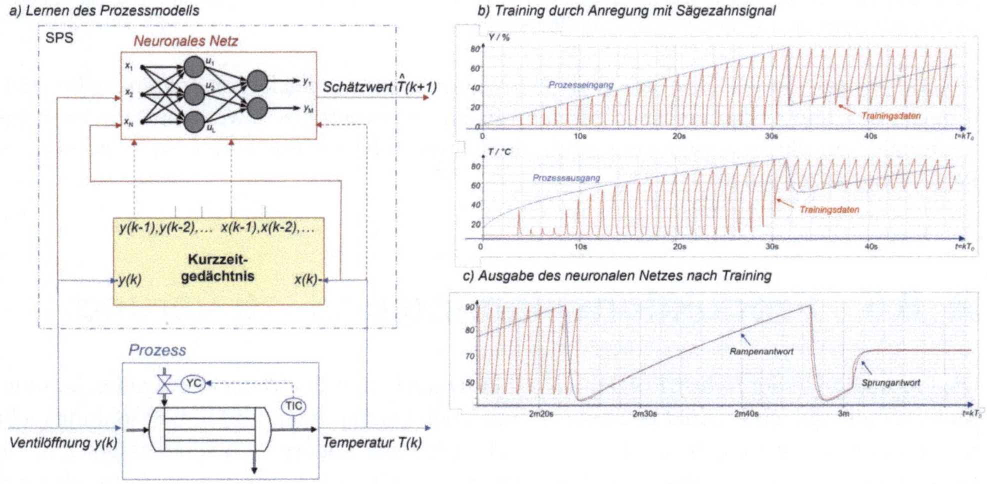

Bild 8.18 Lernen des Prozessverhaltens durch Abspeichern der aktuellen und vergangenen Prozessein- und -ausgangswerte in einem neuronalen Netz (a). Dieses wird mit Stellwerten in Form einer Sägezahnfunktion zusammen und den korrespondierenden Temperatur-Istwerten trainiert (b). Nach dem Training kann das neuronale Netz die Prozessantwort auf einen rampenförmigen und sprungförmigen Stellwertverlauf nahezu exakt nachbilden (c)

Die Signale der Prozessein- und -ausgangsgrößen werden in einem Kurzzeitgedächtnis gespeichert und dann dem neuronalen Netz eintrainiert. Somit lernt das neuronale Netz das *dynamische* Prozessverhalten und reagiert nach ausreichendem Training auch auf andere Anregungen so, wie es der reale Prozess tun würde.

Anhand des erlernten Verhaltens lässt sich das zukünftige Prozessverhalten vorhersagen, so dass Störungen und Fehler, die sich z. B. bei einem Wärmetauscher im Lauf der Zeit durch Alterung und Verschmutzung einstellen, frühzeitig erkannt werden können (s. Abschnitt 10.5.1).

Beispiel 8.7: Lernen des Prozessverhaltens eines Wärmetauschers

Ein Wärmetauscher wie in Bild 8.18a leitet heißes Wasser durch seine Innenrohrschlangen und erhitzt damit ein kaltes Medium, das die erhitzten Innenrohrschlangen umfließt. Eine Änderung des Öffnungsgrades y des Warmwasserzuflussventils YC verändert die Wärmemenge, so dass sich auch die Temperatur T des zu heizenden Mediums verändert. Dieses Verhalten ist gekennzeichnet durch ein nichtlineares Verzögerungsverhalten 1. Ordnung.

Zum Training wird das neuronale Netz deshalb mit dem Ventilöffnungsgrad $y(k-1)$, der den aktuellen Istwert $T(k)$ herbeiführt, und dem im Kurzzeitgedächtnis gespeicherten Vergangenheitswert $T(k-1)$ beschaltet. Der aktuelle Istwert $T(k)$ dient dabei als Lehrersignal

$$\mathscr{M}: y(k-1), T(k-1) \rightarrow T(k) \tag{8.12}$$

Um alle Stellwerte zu trainieren, wird der Ventilöffnungsgrad y in Form einer Sägezahnfunktion in Bild 8.18b kontinuierlich erhöht und zusammen mit der Temperatur T als Prozessantwort in jeweils einem Trainingsdatensatz abgespeichert. Während sich die realen Ein- und Ausgangssignale des Prozesses in Bild 8.18b relativ langsam verändern, wird das neuronale Netz mit den abgespeicherten Trainingsdatensätzen mehrmals zyklisch in über 100 Batches trainiert. Dabei stellen sich die Gewichte der Neuronen ständig auf die aktuell anliegenden Trainingsdaten ein. Nach ca. 2,5 min. zeigt der Schätzwert des neuronalen Netzes kaum Unterschiede zum realen Temperaturverlauf des Prozesses. Dabei wird der Schätzwert für die Temperatur im nächsten Abtastzeitpunkt $k+1$ durch den erlernten Zusammenhang ausgeben:

$$\hat{T}(k+1) = \mathscr{M}\{y(k), T(k)\} \tag{8.13}$$

Somit kann das neuronale Netz den Temperaturverlauf schätzen, nicht nur für die trainierten Anregungen der Sägezahnfunktion, sondern wie in Bild 8.18c dargestellt auch für sprungförmige Eingangsänderungen. Die Software zu diesem Beispiel kann auf der SPS-Lern-und-Übungsseite getestet werden.

Statt des Prozessmodells lässt sich auch das inverse Prozessmodell lernen, indem die Beschaltung der Ein- und Ausgangsgrößen des neuronalen Netzes vertauscht werden. Dann kann das neuronale Netz die Prozesseingangsgröße als Stellwert schätzen und könnte so als neuronaler Regler eingesetzt werden.

8.5 Produktionsplanung und -steuerung

Die Produktion in der Industrie 4.0 muss auf individuelle Kundenwünsche reagieren können. Kunden möchten ein Produkt heutzutage individuell konfigurieren und ihre Bestellung nicht nur in der Cloud verfolgen, sondern evt. auch kurzfristig Änderungen veranlassen, z. B. die Farbe des bestellten Produkts verändern. Demzufolge sind die Produktionsanlagen eher auf Einzelfertigung (Losgröße 1) auszulegen anstatt wie bisher auf Massen- und Serienfertigung.

Diese *Variantenvielfalt* ist sicherlich in der Fertigungsautomatisierung größer als in der Prozessautomatisierung. Sie erfordert aber prinzipiell eine flexible und automatisierte Produktionsplanung und -steuerung mit einer *zentralen* Datenhaltung in der Cloud. Die Steuerungssoftware muss so modular und flexibel wie in Kapitel 4–6 gestaltet werden, damit dem Kundenwunsch entsprechende *Rezepte* und *Parameter* an die dezentralen Steuerungen der Cyber Physical Systems verteilt werden und sie ihren Anlagenteil *autonom* steuern können.

Das Zusammenspiel zwischen Produktions- und Prozesssteuerung sowie der Materialfluss- und Ressourcensteuerung erfolgt wie in Bild 8.19 dargestellt durch die gemeinsame Datenbasis in der Cloud. Somit werden alle Systeme über den aktuellen Status der Aufträge und der Produktion informiert und können zeitnah auf Störungen oder Änderungen reagieren.

8.5.1 Produktionsplanung durch Enterprise Resource Planning

In einem ERP-System werden die Ressourcen der gesamten Produktion und Logistik zentral geplant. Hierzu erhält es Betriebsdaten aus der Cloud und wertet sie bezüglich Materialverbrauch, Kosten, Wartung und Qualität aus [117].

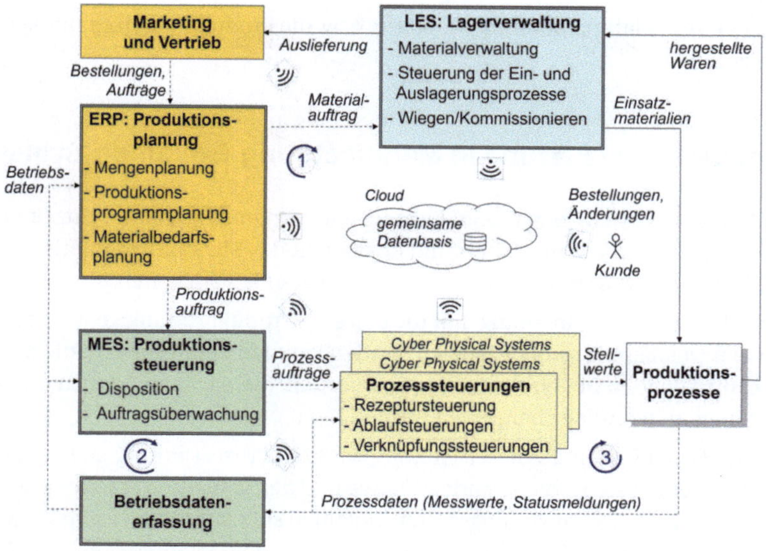

Bild 8.19 Zusammenspiel von Materialfluss- und Ressourcensteuerung (1), Produktionssteuerung (2) und Prozesssteuerung (3)

Für die Automatisierung von Prozessen führt das ERP-System auf Basis dieser Daten folgende Aufgaben aus:

- Mengenplanung: Anhand der vorliegenden Bestellungen und Absatzprognosen für das Produkt wird die zu produzierende *Menge* festgelegt, die für einen bestimmten *Zeitraum* benötigt wird.
- Produktionsprogrammplanung: Für die verschiedenen Produktionsanlagen eines Unternehmens wird unter Berücksichtigung der Anlagenauslastung ein Produktionsprogramm zusammengestellt. Darin wird zunächst grob festgelegt, wann auf welcher *Anlage* welche *Menge* des Produkts hergestellt werden kann. Die zur Produktion benötigten Personen, Materialien und Anlagen werden im ERP-System reserviert.
- Materialbedarfsplanung: Die zur Produktion benötigten Rohstoffe und ihre Einsatzmengen werden eingeplant, indem ein Materialauftrag an das *Logistic Execution Systems (LES)* gesendet wird. Das LES veranlasst dann die Bereitstellung der beauftragten Rohstoffe zum vorgegebenen Zeitpunkt am Produktionsort.

Die eingeplanten Produktionsvorgänge werden zu sog. *Produktionsaufträgen* zusammengestellt. Diese enthalten sämtliche Informationen, die zur Herstellung eines Produkts benötigt werden, wie Einsatzstoffe, Anlagen, Zeiträume etc. Die Aufträge werden so zusammengesetzt und an das Manufacturing Execution System (MES) übertragen, dass die Produktion just in time erfolgt und möglichst wenige Produktwechsel stattfinden. Dadurch werden Lagerkapazitäten sowie Reinigungs- und Umrüstzeiten klein gehalten.

Wie Bild 8.19 zeigt, arbeiten ERP- und MES-System gewissermaßen als Produktionsregler. Das bedeutet, dass sie ständig die Abweichung der Soll- und Istdaten überwachen und dementsprechend die Produktionsplanung anpassen [15]. Wenn z. B. Änderungswünsche des Kunden eingehen oder die Produktionsprozesse infolge von Störungen länger dauern als geplant, müssen Mengen- und Materialplanung angepasst bzw. die Produktionsprogramme terminlich *umgeplant* werden.

8.5.2 Produktionssteuerung in Manufacturing Execution Systems

Der vom ERP-System empfangene Produktionsauftrag wird im MES für die einzelnen Anlagen weiter verfeinert [126]. Außerdem steuert und überwacht das MES die Automatisierungssysteme (SPSen/PLSe) und Cyber Physical Systems durch folgende Tätigkeiten:

- Termin- und Kapazitätsfeinplanung: Für die einzelne Produktionsanlage wird geplant, welche *Menge* zu welchem *Termin* produziert werden kann. In der Regel wird die zu produzierende Gesamtmenge so in einzelne *Chargen* unterteilt, die nacheinander zu unterschiedlichen Terminen in der Anlage hergestellt werden.
- Auftragsveranlassung: Gemäß dieser Planung wird ein Prozessauftrag erstellt. Dieser umfasst die Nummer der zu produzierenden Charge und den geplanten Startzeitpunkt, zu dem das *Steuerrezept* im Automatisierungssystem ablaufen soll. Außerdem ist im Prozessauftrag festgelegt, welche Betriebsdaten zu welchem Zeitpunkt des Rezeptablaufs zurückgemeldet werden müssen, um sie mit Sollwerten zu vergleichen (s. Bild 8.20).
- Auftragsüberwachung: Erfassung der festgelegten *Rückmeldungen* der Prozesssteuerung, wie z. B. Start- und Endzeiten des Rezepts, Betriebsdaten zur Bestimmung des Material- und Energieverbrauchs, der Qualität etc. (s. Abschnitt 8.3.2). Bei Abweichungen des Betriebsgeschehens vom vorgesehenen Ablauf reagiert das MES mit Umplanung oder Meldung, dass manuelle Vorkehrungen getroffen werden müssen.

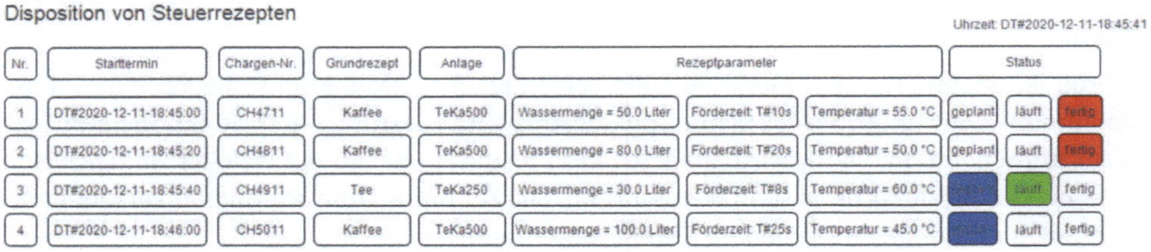

Bild 8.20 Planung der Steuerrezepte in der HMI, um eine bestimmte Charge zu einem vorgegebenen Termin auf der gewählten Anlage mit den eingetragenen Rezeptparametern herstellen

Um einen Produktionsauftrag auf einer Anlage auszuführen, sind oft mehrere Produktionsläufe erforderlich, weil in einem Durchlauf nur ein Teil der gewünschten Menge produziert werden kann. In jedem Durchlauf wird eine Charge hergestellt, die mit einer einzigartigen Nummer gekennzeichnet wird. Das Rezept für die Herstellung einer speziellen Charge nennt man Steuerrezept (s. Abschnitt 6.6.4).

Der Produktionsauftrag muss also in mehrere Steuerrezepte und Chargen zerlegt werden. Die Planung, wann welche Charge mit welchen Steuerrezept produziert werden soll, erfolgt in einer *Dispositionstabelle* wie in Bild 8.20.

Beispiel 8.8: Disposition der Steuerrezepte

Zur Planung und Ausführung von Steuerrezepten zum Tee- und Kaffeekochen auf der Teka-Anlage nach Bild 6.23 wird in der Visualisierung von Codesys eine *Dispositionstabelle* bereitgestellt, in die Starttermin, Chargennummer,

Name des Grundrezepts, die Produktionsanlage und die Rezeptparameter für ein Steuerrezept eingetragen werden. Der Disponent kann darin mehrere Steuerrezepte im Voraus für mehrere Tage eintragen und planen. Erst wenn das Steuerrezept als „geplant" kennzeichnet ist, überwacht Codesys, ob der vorgegebene Termin gleich der aktuellen Uhrzeit ist, und startet dann das Rezept automatisch. Dabei werden die in Bild 8.20 eingetragenen Werte der Rezeptparameter auf die entsprechenden Variablen im Grundrezept geschrieben.

Die Daten eines Steuerrezepts werden in einer *persistenten* Strukturvariablen gespeichert, damit sie auch bei Neustart der Steuerung oder Download der Software die eingetragenen Werte behalten. Ist ein Rezept fertig, wird das nächste automatisch zum vorgegebenen Termin gestartet. Die Software zu diesem Beispiel kann auf der SPS-Lern- und-Übungsseite getestet werden.

8.5.3 Logistic Execution Systems

Die Produktionsplanung und -steuerung muss sich darauf verlassen können, dass die benötigten Einsatzmaterialien rechtzeitig zu Produktionsbeginn bereitgestellt werden. Deshalb sind voll automatisierte *Lager* mit einer betriebsübergreifenden Datensteuerung aus den Betrieben nicht mehr wegzudenken, sie sind ein entscheidender Produktivitätsfaktor [162].

Bild 8.21 zeigt das Zusammenspiel zwischen Produktion und Lager und den entsprechenden Steuerungssystemen LES, MES und SPS.

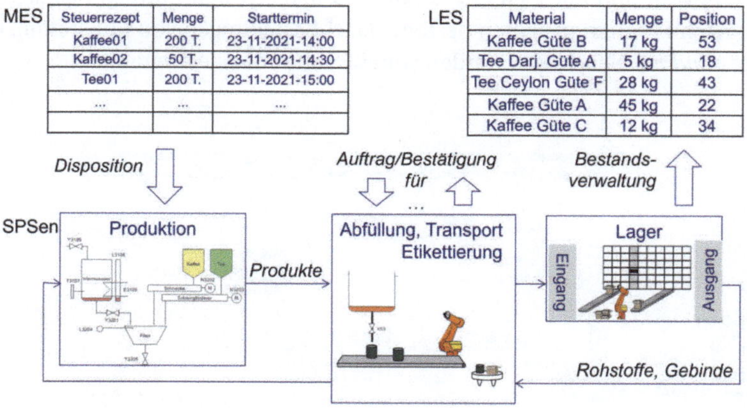

Bild 8.21 Automatisierung der logistischen Prozesse in einem Betrieb

Das LES steuert hierfür folgende Tätigkeiten:

- Kommissionierung: Gemäß dem vom ERP-System empfangenen Materialauftrag erstellt das LES einen Transportauftrag zum Auslagern der benötigten Rohstoffe [126]. Außerdem wird die Bereitstellung von sog. *Leergebinden* (je nach Produkt Säcke oder Fässer) beauftragt, in die die Rohstoffe und das herzustellende Produkt abgefüllt werden. Menge und Typ der ausgelagerten *Rohstoffe* werden verbucht und der Warenbestand wird wie in Beispiel 3.14 aktualisiert.
- Warentransport: Die SPS führt die Transportaufträge aus. Sie steuert wie in Beispiel 5.6 das Ein- und Auslagern von Waren im Hochregallager. Für den Transport von Leergebinden und Waren zu den Produktionsstätten, sowie zur Verpackungsstation oder zurück zum Lager steuern *Motion-Control-Systeme* wie in Beispiel 7.1 die Bestückung und Bewegung autonomer Fahrzeuge durch Roboterarme.

- Etikettierung: Beim Abfüllen müssen die Waren mit der korrekten Bezeichnung und Chargennummer etikettiert werden. Hierfür aktiviert das LES Druckaufträge für den Zeitpunkt, zu dem ein Gebinde manuell oder automatisiert mit dem zugehörigen Etikett beklebt werden soll. Die richtige Etikettierung ist für die *Produktsicherheit* unabdingbar.

8.5.4 Supply Chain Management

Die Produktionsautomatisierung wird auch über die Unternehmensgrenzen hinweg auf die sog. Supply Chain ausgedehnt. Die logistische Kette besteht darin, dass jeder Produktionsprozess Einsatzstoffe benötigt, die rechtzeitig von Lieferanten bereitgestellt werden müssen. Außerdem sind die von einem Produzent hergestellten Produkte oft Vorprodukte für die nächsten Produktionsprozesse. In einer solchen *logistischen Kette* ist ein Lieferant vom anderen abhängig, damit er den Auftrag an seinen Kunden termin- und qualitätsgerecht ausführen kann [162].

Um diese Prozesse für alle Beteiligten transparent zu machen und z. B. auf Terminverzögerungen rechtzeitig reagieren zu können, wird das Supply Chain Management (SCM) wie in Bild 8.22 mithilfe der Cloud automatisiert. Dabei stellen die Hersteller ihre Warenbestände zur Verfügbarkeitsabfrage für andere in die Cloud. Ein Hersteller kann so direkt in der Cloud *Bestellungen* absetzen und der Lieferant erhält automatisch den Auftrag, bestätigt diesen und aktualisiert nach Produktion seinen Bestand. Nachbestellungen von Rohstoffen, deren Vorrat im *Warenbestand* zur Neige geht, werden vom LES automatisiert veranlasst.

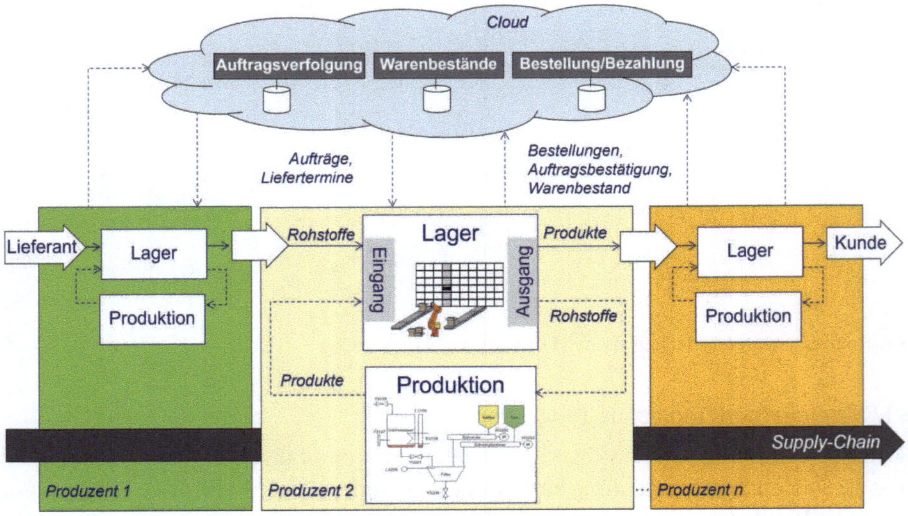

Bild 8.22 Im Industrial IoT kann das Supply Chain Management, also u. a. Auftragsverfolgung, Überwachung der Warenbestände und Abwicklung von Bestell- und Bezahlvorgängen, mithilfe der Cloud betriebsübergreifend automatisiert werden

Das Supply Chain Management kann also den Status des Produktionsprozesses nach außen sichtbar machen, so dass der Kunde jederzeit abfragen kann, wann mit der Lieferung zu rechnen ist. Außerdem erkennt der Betreiber, wo aktuell Engpässe, sog. *Bottle Necks*, in der logistischen Kette vorliegen.

Zusammenfassung

Ziel des Industrial IoT ist es, möglichst viele Daten über die Anlage zu sammeln, um Produktivität, Energie- und Ressourcenverbrauch sowie die Produktqualität zu analysieren und durch entsprechende Maßnahmen zu optimieren. Eine notwendige Bedingung hierfür ist, dass die Feldgeräte („The Things" oder die Assets der Anlage) durch *Industrial Ethernet* statt über 2/4-Leitertechnik an die SPS angekoppelt sind. Damit können sie neben den Messwerten z. B. auch Diagnose- und Verbrauchsdaten übertragen und Befehle zur Steuerung und Konfiguration entgegennehmen.

Die dadurch erreichte einheitliche Netzwerkstruktur ermöglicht es, dass SPSen als Cyber Physical Systems die Daten über *OPC-UA* oder MQTT zur Cloud übertragen, wo sie in einer zentralen Datenbasis gespeichert werden. Die Daten können dann mit dem *Swinging-Door-Algorithmus* verdichtet und z. B. hinsichtlich

- Ressourcen- und Energieverbrauch,
- Fehlerdiagnose, Wartungsplanung und
- Qualitätssicherung

für die gesamte Anlage ausgewertet werden.

In Ergänzung zur konventionellen Datenauswertung auf Basis bekannter mathematischer Modelle werden Methoden der künstlichen Intelligenz (KI) eingesetzt, um *neuronale Netze* zu trainieren und damit z. B.

- Fehler früher zu erkennen und Schäden zu vermeiden,
- unbekanntes Prozessverhalten zu erlernen und zu regeln oder
- die Produktqualität zu bewerten und zu verbessern.

Auch die Daten für Auftrags- und Warenverwaltung werden im Industrial IoT für eine Optimierung der Supply Chain in der Cloud verwaltet. Zur *Produktionsplanung und -steuerung* greifen Enterprise Resource Planning (ERP) und Manufacturing Execution Systems (MES) auf diese Daten zu, um das Produktionsprogramm und die benötigten Ressourcen (Materialien, Anlagen, Personal etc.) zu planen. Die Produktion der Chargen wird durch ein Electronic Batch Recording (ERB) dokumentiert und in der Cloud gespeichert, so dass der Produktionsprozess nachvollziehbar bleibt.

Die Umstellung der Produktion auf das Industrial IoT ist ein *Transformationsprozess*, bei dem die Funktionen der etablierten MES- und ERP-Systeme zunehmend als Apps in der Cloud zur Verfügung gestellt werden, mit denen die SPSen dann kommunizieren.

Mithilfe der künstlichen Intelligenz wird eine effektivere Datenauswertung und eine autonome Produktionsplanung und -steuerung erreicht, die auf individuelle Kundenwünsche kurzfristig und automatisiert reagieren kann.

Wiederholungsfragen

1. Was versteht man unter horizontaler und vertikaler Integration?
2. Welche Kanäle unterscheidet ProfiNet?
3. Was versteht man unter TSN?
4. Wofür werden Hubs, Switches, Router und Gateways eingesetzt?
5. Wie erfolgt der Datenaustausch zwischen Cyber Physical Systems über OPC-UA?
6. Wie erfolgt die Cloudanbindung über MQTT?
7. Wie erreicht man eine Fernbedienung und -beobachtung der Anlage über das Internet?
8. Welche Cloud Services werden von MES- und ERP-Systemen genutzt?
9. Wie erfolgen Betriebsdatenerfassung und -auswertung?
10. Was versteht man unter Electronic Batch Recording
11. Wie erfolgt ein Condition Monitoring mit Fehlerdiagnose?
12. Wie erfolgt das Zusammenspiel zwischen SPS und QMS?
13. Wie können neuronale Netze in der Cloud und in der SPS genutzt werden?
14. Wie erfolgt die Produktionsplanung und -steuerung?
15. Welche Aufgaben erfüllen Logistic Execution Systems?
16. Was versteht man unter Supply Chain Management?

Die Antworten finden Sie auf der SPS-Lern-und-Übungsseite.

Übung 8.1 Webvisualisierung per Smartphone

Zum Bedienen und Beobachten einer Anlage gibt es z. B. die Android-App „Codesys WebView", die über den Playstore kostenlos installiert werden kann.

a) Öffnen Sie das Projekt `B8_1_SPS_to_SPS_OPCUA.project` und starten Sie die Soft-SPS „Codesys Control Win V3 x64"!
b) Installieren und starten Sie die App! Aktivieren Sie die Suche nach dem Server!
c) Tippen Sie vom Smartphone aus auf das Ventilsymbol und beobachten Sie, wie die Pumpe anläuft und der Füllstand im Behälter ansteigt.

Die Lösung zu dieser Übung finden Sie auf der SPS-Lern-und-Übungsseite.

Übung 8.2: Betriebsdatenerfassung

Zur Betriebsdatenerfassung soll ein Messwert von der SPS eingelesen und mit dem Swinging-Door-Algorithmus verdichtet werden.

a) Öffnen Sie das Projekt `U8_2_SwingingDoor.project` und entwickeln Sie den Funktionsbaustein `SwingingDoor` wie in Abschnitt 8.3.1 beschrieben!
b) Erproben Sie die Wirkungsweise und protokollieren Sie Prozess- und Betriebsdaten in einer Traceaufzeichnung!
c) Wie verändert sich das Verhalten bei Änderung des Toleranzbandes Δy?

Die Lösung zu dieser Übung finden Sie auf der SPS-Lern-und-Übungsseite.

Übung 8.3: Training eines Neurons

Die chemische Reaktion in einem Behälter soll überwacht werden. Die Produktqualität wird von der Temperatur und der Produktmenge im Behälter (s. Bild 8.15) entscheidend beeinflusst.

a) Skizzieren Sie die Struktur des Neurons für diese Problemstellung! Wie ändern sich die Gewichte (Lernregel)?
b) Öffnen Sie das Projekt `U8_3_Neuron.project` und ergänzen Sie den Funktionsbaustein `Neuron` um die Signalfortpflanzung mit sprungförmiger Aktivierungsfunktion f gemäß Gl. 8.8!
c) Ergänzen Sie den Funktionsbaustein `Neuron` um die Gewichtseinstellung beim Training gemäß Gl. 8.9!
d) Starten Sie das Programm `Lernen` und trainieren Sie das Netz mit folgenden Lerndaten, die aus vorherigen Experimenten aufgezeichnet wurden! Die Anfangseinstellung der Parameter ist `w1=w2=0.1,b=0`.

$T/°C$	50	30	20	55	40	10	45	40
$L/ltr.$	100	500	400	120	600	200	1000	300
y^{soll}	1	0	0	1	1	0	0	1

e) Testen Sie die Klassifikation, ob die Produktqualität gewährleistet ist oder nicht, indem Sie die folgenden Daten in der Visualisierung vorgeben: $T = 30\,°C$ und $L = 300\,l$ sowie $T = 40\,°C$ und $L = 700\,l$!

Die Lösung zu dieser Übung finden Sie auf der SPS-Lern-und-Übungsseite.

Übung 8.4: Disposition und Rezeptverwaltung

Die Disposition von Prozessaufträgen soll für die in Übung 6.4 betrachtete TeKa-Anlage vereinfacht mit dem Rezepturverwalter in Codesys programmiert werden.

a) Öffnen Sie das Projekt `U6_4_TEKA.project` und fügen Sie im Rezepturverwalter ein neues Grundrezept „Tee“
b) Fügen Sie die Rezeptparameter `Wassermenge`, `Foerderzeit`, `TassengroeBe`, `Teetemperatur`, `Ziehzeit` und `Start` hinzu!
c) Erstellen Sie verschiedene Steuerrezepte mit unterschiedlichen Parameterwerten für unterschiedliche Chargen!
d) Erproben Sie Ihre Steuerrezept, indem Sie mit der rechten Maustaste auf einen Parameter Ihres Steuerreptes klicken und „Rezept schreiben“ auswählen!

Die Lösung zu dieser Übung finden Sie auf der SPS-Lern-und-Übungsseite.

Übung 8.5: Logistic Execution System (LES)

Vom ERP-System abgesetzte Material- und Produktionsaufträge bewirken im Lager Ein- und Auslagervorgänge (s. Beispiel 5.6). Dabei ist der Warenbestand im Lager wie im nachfolgenden Bild zu aktualisieren.

Als Rohstoffe für die TeKa-Anlage werden Kaffeepulver und Teeblätter verschiedener Güte in Paketen bereitgestellt. Damit werden in der TeKa-Anlage (s. Beispiel 6.9) entsprechender Kaffee und Tee hergestellt, in Dosen abgefüllt und eingelagert.

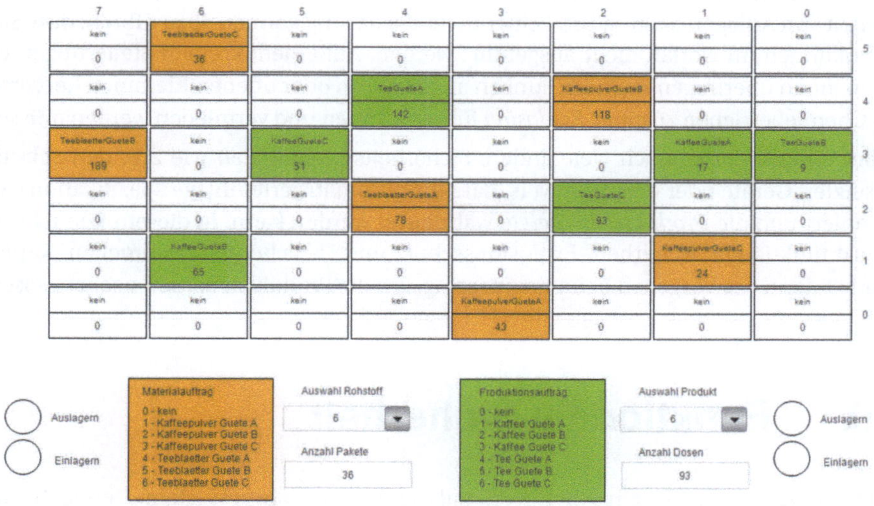

Bild 8.23 Warenbestand in einem Hochregallager mit der Möglichkeit, einen Produktionsauftrag zum Einlagern produzierter Waren oder einen Materialauftrag zum Auslagern von Rohstoffen vorzugeben

a) Öffnen Sie das vorbereitete Projekt `U8_5_LES.project` und legen Sie für den Warenbestand die Variable `Lager` als `ARRAY` vom TYPE `Warendaten` an!
b) Entwickeln Sie in Anlehnung an das Beispiel 3.14 das Programm `Materialauftrag` zum Ein- und Auslagern von Rohstoffen!
c) Entwickeln Sie das Programm `Produktionsauftrag` zum Ein- und Auslagern der hergestellten Produkte!
d) Testen Sie Ihre Programme, indem Sie den Bestand durch Ein- und Auslagern von Produkten und Rohstoffen verändern!

Die Lösung zu dieser Übung finden Sie auf der SPS-Lern-und-Übungsseite.

9 Safety und Security im Industrial IoT

Die Begriffe Safety und Security werden im Deutschen beide mit Sicherheit übersetzt. Im Englischen bezeichnet *Safety* die funktionale Sicherheit der Anlage. Dabei wird die Anlage im Notfall durch eine fehlersichere SPS in einen sicheren Betriebszustand geführt. Dagegen bezieht sich der Begriff *Security* auf die Informationssicherheit und den Schutz der Steuerungen und Rechner vor Datenverlust und Hakerangriffen aus dem Internet.

Ein wichtiges Ziel der Automatisierungstechnik ist es, Anlagen sicherer zu machen und Schäden von Mensch, Umwelt und Geräten abzuwenden. Aber die Steuerungen beeinflussen die Sicherheit von Anlagen auch selbst. Fehler in der Steuerung können dazu führen, dass Sicherheitsfunktionen im Notfall nicht ausgeführt werden. Außerdem können Steuerungen durch den von ihnen übertragenen Strom Funken an Schaltern oder offenen Klemmen hervorrufen, die in Chemiebetrieben zu einer *Explosion* führen können und vermieden werden müssen.

Darüber hinaus gibt es noch viele andere Sicherheitsmaßnahmen wie z. B. den Schutz der eingesetzten Geräte oder den Nachweis, dass die automatisierte Anlage spezifikationsgemäß funktioniert und die *Produktsicherheit* gewährleistet werden kann. In diesem Kapitel werden zunächst funktionale Sicherheit, Explosionsschutz und IT-Sicherheit besprochen, Kapitel 10 behandelt dann das Vorgehen beim Engineering, um die Produktsicherheit nachzuweisen.

9.1 Funktionale Sicherheit

Im Allgemeinen ist die SPS ein sehr zuverlässiges Automatisierungssystem. Dennoch kann es zu Ausfällen kommen, die dann die Ausführung der Sicherheitsfunktionen unmöglich machen. Um zu verhindern, dass dies zu Unfällen führt, müssen Steuerungen mit erhöhter Ausfallsicherheit, sog. *fehlersichere* oder *sicherheitsgerichtete* SPSen (SSPSen) eingesetzt werden.

Not-Aus-Schalter für Maschinen und Anlagenteile werden häufig aus Sicherheits- und Geschwindigkeitsgründen noch durch Hardware, also als *verbindungsprogrammierte Steuerung (VPS)*, realisiert [37].

9.1.1 Sicherheitsgerichtete Steuerungen

Sicherheitsgerichtete speicherprogrammierbare Steuerungen (SSPSen) arbeiten nach dem *Fail-Safe-Prinzip*. Demnach muss die SSPS garantieren, dass bei einem Ausfall einer ihrer Komponenten kein unzulässiger, gefährlicher Zustand in der Anlage entstehen kann. Sobald die SSPS also den Ausfall einer ihrer Komponenten bemerkt, fährt sie die Anlage in einen sicheren Zustand, um zu verhindern, dass ein Gefahrenzustand in der Anlage entsteht, während sie nicht voll betriebsbereit ist.

Beispiel 9.1: Sicherheitsgerichtete Steuerung eines Hochregallagers

In den Lagergängen eines Hochregallagers wie in Bild 5.10 halten sich selten Personen auf. Trotzdem besteht die Gefahr, dass jemand vom Aufzug erfasst wird. Deshalb wird eine SSPS eingesetzt, die die Antriebe des Aufzugs anhält, wenn der von den Distanzsensoren gemessene Abstand zu Hindernissen ein Minimum unterschreitet (s. Bild 9.1a).

Die Logik für das Abschalten ist mit fehlersicheren Funktionsbausteinen, die das Programmiersystem einer SSPS anbietet, zu programmieren. Die Antriebe werden durch den Fail-Safe-Mechanismus auch bei einem Fehler der SSPS angehalten.

Wenn ein ganzer Anlagenteil wie das Hochregallager komplett fehlersicher realisiert werden muss, kann dies durch eine autarke SSPS wie in Bild 9.1a erfolgen. Dies hat den Vorteil, dass Ausfälle der anderen SPSen die SSPS nicht beeinträchtigen und somit eine gute Verfügbarkeit gegeben ist.

Aber SSPSen sind teuer. Deshalb sollten nur Anlagenteile mit erhöhtem Risiko von ihr angesteuert werden und die restliche Anlage von normalen SPSen. Im Anlagenschema werden PCE-Stellen, die fehlersicher angesteuert werden müssen, als sog. Einrichtungen zur Anlagensicherung (EzA) mit dem Kennbuchstaben Z gekennzeichnet (s. Bild 9.1b).

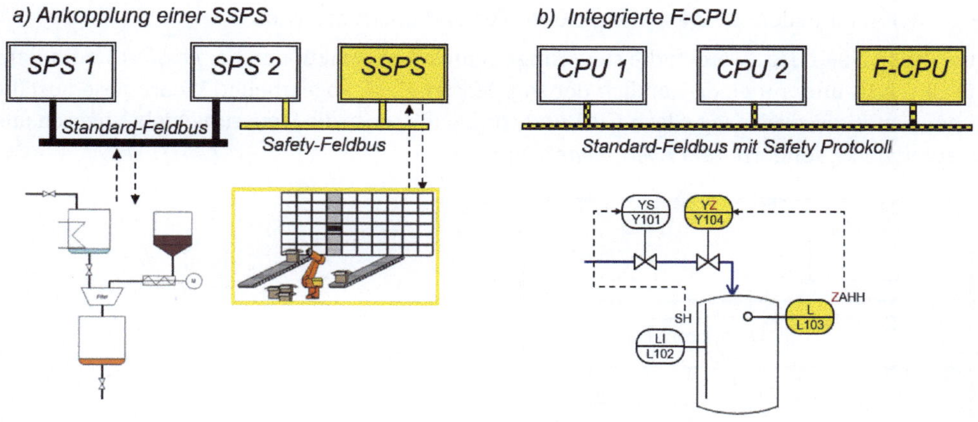

Bild 9.1 Fehlersichere Steuerungen können entweder als autarke SSPS oder als F-CPU in andere SPSen integriert werden

Beispiel 9.2: Fehlersichere Ausführung eines Überlaufschutzes

Ein Behälter mit brennbarer Flüssigkeit in Bild 9.1b darf nicht überlaufen, weil sich die Flüssigkeit entzünden und eine Explosion hervorrufen kann. Deshalb wird zusätzlich zur Füllstandsonde L102 der Überlaufschalter L103 eingebaut, der das Sicherheitsventil Y104 zufährt.

Die beiden PCE-Stellen mit dem Kennbuchstaben Z müssen in einer fehlersicheren CPU ausgeführt werden. Der Überlaufschutz ist somit redundant ausgeführt, denn selbst wenn das Ventil YS101 von der normalen CPU bei Erreichen des ersten Grenzwerts SH (Switch High) nicht zugefahren wird, fährt die F-CPU das dahinter eingebaute Ventil YZ104 zu, wenn der Niveauschalter beim zweiten Grenzwert ZHH (Safety Switch High High) ausgelöst wird.

Der Vorteil der Variante in Bild 9.1b ist, dass die fehlersicheren Komponenten besser auf die Anzahl der notwendigen Einrichtungen zur Anlagensicherung skaliert werden können. Außerdem muss keine eigene Schnittstelle zur SSPS konfiguriert werden, sondern es ist eine einheitliche Kommunikation über einen Standard-Feldbus mit Safety-Protokoll möglich [122].

Die Programmierung der fehlersicheren Anwendungen erfolgt mit fehlersicheren (gelben) Funktionsbausteinen. Aus der nicht-fehlersicheren Software heraus dürfen fehlersichere Ausgänge nur mit Zustimmung der fehlersicheren Software beschrieben werden [111].

9.1.2 Mehrkanalige SSPSen

Zweikanalige SSPSen besitzen wie in Bild 9.2 dargestellt zwei redundante CPUs ebenso wie jeweils zwei redundante E/A-Baugruppen. Dadurch können Messsignale verglichen und Stellsignale zurückgelesen und überprüft werden.

Redundanz

Fehlersichere Steuerungen beruhen wie schon in Bild 2.5a gezeigt auf dem Prinzip der aktiven Redundanz. Aktive Redundanz sorgt für eine erhöhte Sicherheit, während passive Redundanz eine erhöhte Verfügbarkeit der Steuerung ermöglicht. Bei zweikanaligen SSPSen laufen die Sicherheitsfunktionen also in zwei redundanten CPUs ab. Nur wenn beide CPUs zum gleichen Ergebnis gekommen sind, wird der Aktor angesteuert. Bei unterschiedlichem Ergebnis liegt offensichtlich in einer der beiden CPUs ein Fehler vor, und es wird ein 0-Signal ausgegeben, so dass der Aktor in den *sicheren*, energielosen Zustand überführt wird.

Im Unterschied dazu werden die steuerungstechnischen Funktionen bei *passiver* Redundanz in Bild 2.5b nur von einer, nämlich der sog. Master-CPU, abgearbeitet. Wenn diese ausfällt, übernimmt die zweite sog. Slave-CPU und sorgt dafür, dass die Steuerung nicht abgeschaltet werden muss, sondern weiter *verfügbar* bleibt.

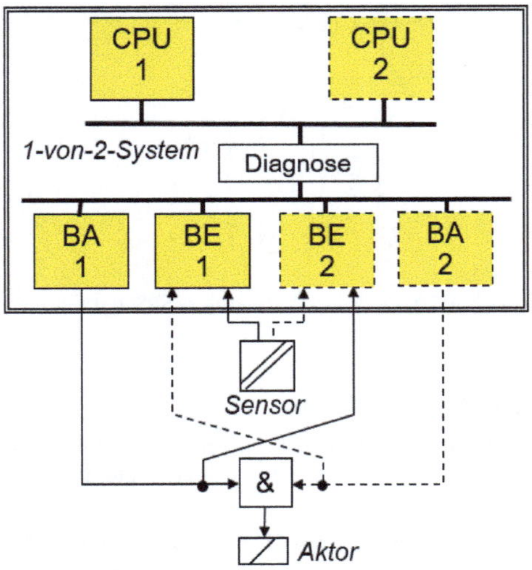

Bild 9.2 Eine zweikanalige SSPS besteht aus redundanten CPUs und E/A-Baugruppen

MooN-Systeme

Sicherheit und Verfügbarkeit dürfen also nicht verwechselt werden. Aktive Redundanz gewährleistet zwar Sicherheit, aber keine Verfügbarkeit, wenn die Anlage in den energielosen, sicheren Zustand geführt wurde. Mit passiver Redundanz würde zwar die Anlage bei Ausfall einer CPU weiter angesteuert, der Betrieb ist aber nicht sicher, weil die redundante CPU für den Fail-Safe-Mechanismus nicht mehr zur Verfügung steht.

Man bezeichnet Systeme mit aktiver Redundanz wie in Bild 9.2 auch als 1oo2-System, weil ein von zwei Teilsystemen ausfallen muss, um die Sicherheitsfunktion auszulösen. Eine hochverfügbare Steuerung mit passiver Redundanz wäre demzufolge ein 2oo2-System, weil zwei von zwei Teilsystemen ausfallen müssen, um die Anlage abzuschalten.

Um Sicherheit *und* Verfügbarkeit zu gewährleisten, gibt es 2oo3-Systeme und 2oo4-Systeme. Bei einem 2oo3-System darf ein Teilsystem einen Fehler haben und ausfallen. Die beiden Teilsysteme, die zu gleichem Ergebnis kommen, laufen weiter und erhalten die aktive Redundanz aufrecht. Es müssen also 2 von 3 Teilsystemen ausfallen, um die Sicherheitsfunktion auszulösen.

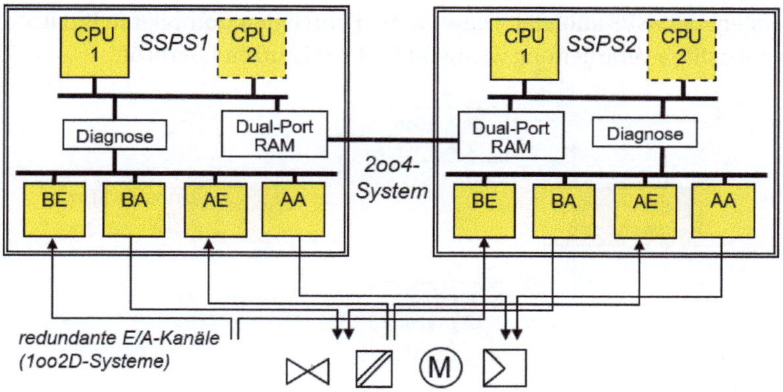

Bild 9.3 Fehlersichere und hochverfügbare Steuerung als 2oo4-System

Höchste Verfügbarkeit bei gleichzeitiger Sicherheit erreicht man durch Einsatz von 2oo4-Systemen nach Bild 9.3. Diese bestehen aus zwei 1oo2-Systemen, die über einen gemeinsamen Dual-Port-RAM miteinander Werte austauschen können. Wenn bei einem der 1oo2-Systeme eine Diskrepanz festgestellt wird, wird die fehlerhafte Einheit abgeschaltet. Übrig bleibt das funktionierende 1oo2-System mit voller Verfügbarkeit und allen Sicherheitsfunktionen [53, 54].

9.1.3 Einkanalige SSPSen

Heutzutage können fehlersichere Steuerungen auch ohne redundante Hardwarekomponenten realisiert werden, was für viele sicherheitskritische Anwendungen zugelassen ist. Die Sicherheit basiert hier auf dem Prinzip der Diversität. Dabei wird die Software auf zwei verschiedenen Wegen programmiert. Die in Bild 9.4 dargestellte diversitäre Verarbeitung von Sicherheitsfunktionen kann nacheinander auf einer CPU ablaufen [120].

Diese einfachste Form der Redundanz nennt man *Zeitredundanz*. Da die Software auf unterschiedliche Art und Weise realisiert wird, werden auch unterschiedliche Hardwarebereiche verwendet, so dass Fehler in einem der Bereiche erkannt werden.

Beispiel 9.3: Diversitäre Programmierung

Die Speicherzellen einer SPS werden vorwiegend über binäre Verknüpfungen verarbeitet. Eine simple UND-Verknüpfung der Speicherzellen A und B ergibt z. B.

$$C = A \wedge B \tag{9.1}$$

Zur diversitären Implementierung werden in einer SSPS zusätzlich die inversen Werte der Speicherzellen wie in Bild 9.4 gespeichert und durch eine diversitäre Operation, hier also eine ODER-Verknüpfung

$$D = \bar{A} \vee \bar{B} \tag{9.2}$$

verarbeitet. Schließlich erfolgt der Vergleich auf Antivalenz. Bei korrekter Verarbeitung muss

$$D = \bar{C} \tag{9.3}$$

sein. Ansonsten liegt ein Fehler vor und die SSPS muss die Anlage in den sicheren Zustand überführen (z. B. die Motoren abschalten).

Der Anwender verwendet für seine Software fehlersichere Funktionsbausteine, die das Programmiersystem der SSPS anbietet. Diese werden durch den Compiler in Binärcode übersetzt und durch diversitäre Verarbeitung wie in Bild 9.4 zur Laufzeit überprüft.

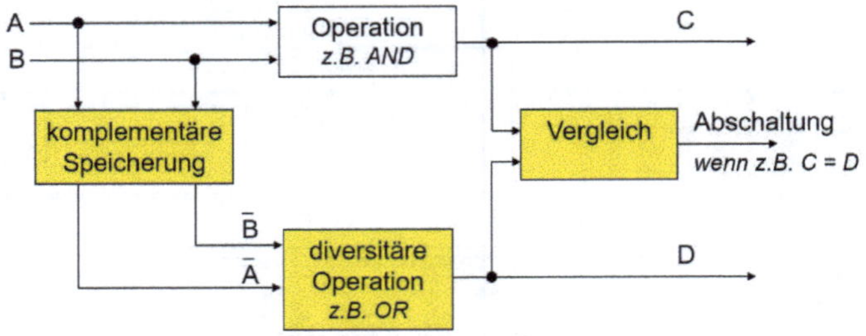

Bild 9.4 Diversitäre Implementierung am Beispiel einer UND-Verknüpfung

9.1.4 Selbsttests in SSPSen

In sicherheitsgerichteten Steuerungen werden im Hintergrund zahlreiche Selbsttests durchgeführt, um Störungen in der SSPS frühzeitig zu erkennen. In Bild 9.5 ist exemplarisch der Aufbau einer einkanaligen SSPS skizziert. Diese besitzt einen Mikroprozessor (µP), mehrere redundant ausgelegte Speichereinheiten (RAM, EEPROM), einen Speicherkomparator, eine Watchdogschaltung und die von einer Standard-SPS bekannten Komponenten [7].

Tests der CPU

In der CPU werden folgende Überwachungsfunktionen ausgeführt:

- In RAM und EEPROM werden die Daten *normal* und zusätzlich *invers* abgespeichert. Ein Speicherkomparator überwacht, dass zwei korrespondierende Speicherzellen zusammengenommen immer den Wert 1 haben.
- Die Komponenten müssen innerhalb einer vorgegebenen Zeitspanne einer *Watchdogschaltung* mitteilen, dass sie noch ordnungsgemäß arbeiten. Hierfür setzen sie Zähler in der Watchdogschaltung auf einen angeforderten Wert. Die Watchdogschaltung dekrementiert den Zähler, so dass eine neue Mitteilung eintreffen muss, bevor der Zählwert Null erreicht ist.

- Die Programme werden *(zeit)redundant* und *diversitär* verarbeitet und die Resultate zur Aufdeckung zufälliger Fehler verglichen.

Wenn bei diesen Überwachungen Fehler entdeckt werden, wird die Steuerung abgeschaltet und die Anlage in einen sicheren Zustand gefahren. Ansonsten verbindet ein Multiplexer eines der redundanten Systeme mit dem Prozess.

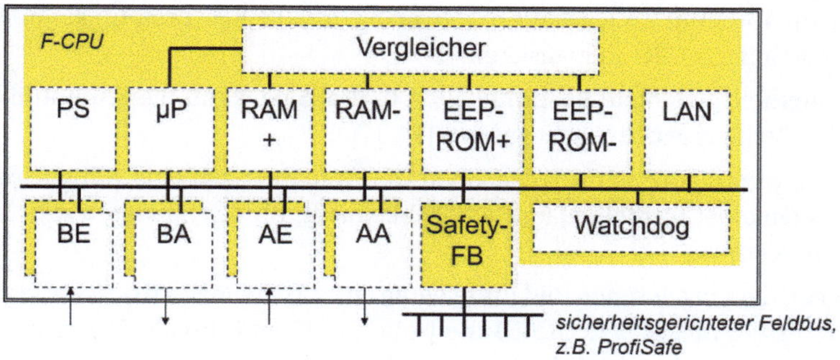

Bild 9.5 Möglicher Hardwareaufbau einer einkanaligen SSPS mit doppelten RAMs und EEPROMs, deren Resultate über einen Vergleicher online getestet und an die E/A-Kanäle weitergegeben werden

Test der E/A-Kanäle

Die Ein-/Ausgangskanäle sind in hohem Maße sicherheitskritisch, denn es können falsche Signale eingelesen oder ausgegeben werden. Beim Einlesen unterscheidet man *gefährliche* und *ungefährliche* Fehler. Wird im Fall des Tanküberlaufs aus Beispiel 9.2 irrtümlicherweise vom Niveauschalter ein 0-Signal eingelesen, fährt die SSPS das Zulaufventil zu, was unkritisch ist, auch wenn der Tank noch nicht voll ist. Liest die Steuerung jedoch irrtümlicherweise ein 1-Signal ein, obwohl der Behälter voll ist, lässt die SSPS das Zulaufventil geöffnet und der Behälter läuft über.

Um solche gefährlichen Fehler zu vermeiden, werden folgende Gegenmaßnahmen in den E/A-Baugruppen durchgeführt:

- Die Eingangssignale werden *redundant* eingelesen und verglichen.
- Nachdem die Eingangssignale im RAM abgespeichert wurden, werden die Eingangskanäle kurzzeitig mit Testsignalen beaufschlagt, um ihre *Beschreibbarkeit* zu testen.

Besonders kritisch sind Fehler, die den Ausgangskanal und damit die Sicherheitsabschaltung blockieren. Zur Vermeidung dieser Fehler werden folgende Maßnahmen ergriffen:

- *Zwei* Abschaltwege durch redundante Ausgänge oder durch ein zusätzliches Sicherheitsrelais im Ruhestromprinzip, das bei einer Störung die gesamte Ausgangsbaugruppe ausschaltet.
- Zurückführen des Ausgangssignals auf einen Eingangskanal und *Vergleich* mit dem Ausgangssignal.
- Verschiedene *Testsignale* an die Ausgangskanäle senden und zurücklesen, um ihre *Beschreibbarkeit* zu testen. Die Testsignale wirken nur so kurzzeitig, dass ein Aktor nicht darauf reagiert.

9.1.5 Sicherheitsgerichtete Feldbussysteme

Die Entwicklung sicherer Bussysteme ermöglicht es, wie in Bild 9.6 dezentrale Steuerungsstrukturen mit SSPSen aufzubauen. Darin können auch sicherheitsgerichtete E/A-Baugruppen in sicherheitsgerichteten Remote-I/O-Geräten (SRIO) eingebaut werden. Die im vorigen Abschnitt erläuterten Tests der E/A-Kanäle erfolgen dann dezentral im Mikroprozessor des SRIO. Dieser ist wie im Abschnitt 2.5 ausgeführt notwendig, um die Buskommunikation konventioneller Feldgeräte mit der CPU zu realisieren.

Durch das sicherheitsgerichtete Busprotokoll, z. B. ProfiSafe, kann die Kommunikation zwischen CPU und Peripherie überwacht werden [54, 179]:

- Hierbei muss innerhalb einer vorgegebenen Überwachungszeit eine gültige *Sequenznummer* zurückgemeldet werden. Damit wird überwacht, ob der Sender, also z. B. das E/A-Gerät, noch „lebendig“ ist.
- Die Gültigkeit der eingelesenen und im Telegramm vorhandenen Prozesswerte wird mittels eines *Cyclic Redundancy Checks (CRC)* überprüft. Dabei wird ein CRC-Wert vor dem Senden und nach dem Empfangen berechnet und verglichen.

Wenn hierbei Fehler auftreten, schicken die E/A-Geräte kein Acknowledge, wodurch die auf dieses Signal wartende CPU bei Timeout die Anlage abschaltet.

Die sichere Feldbustechnik, insbesondere das sichere Ethernet, erlaubt die bereits vorhandene Netzwerkstruktur zu nutzen, um über dieselben Leitungen sichere und nicht sichere Kommunikation auszuführen (s. Bild 9.6). Der Trend geht also dahin, Steuerungshardware nicht mehr getrennt für sichere und nicht sichere Funktionen aufzubauen, sondern für alles dieselbe Hardware zu nutzen und die Sicherheitsfunktionen durch Software zu realisieren.

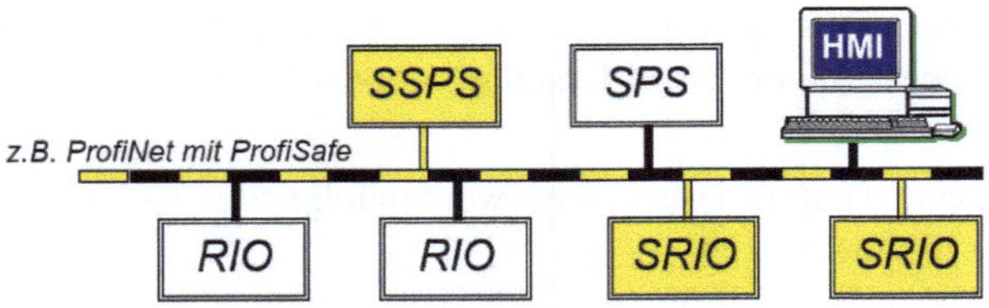

Bild 9.6 Sichere und nicht sichere Datenübertragung (grau bzw. schwarz) in einem dezentralen Automatisierungssystem mit SPSen, Remote-I/O und Human Machine Interface (HMI)

9.1.6 Gefahren- und Risikoanalyse

Um herauszufinden, ob eine fehlersichere Steuerung erforderlich ist oder eine normale Steuerung ausreicht, ist eine Gefahren- und Risikoanalyse durchzuführen. Zur Identifikation potentieller Gefahrenquellen analysiert ein Expertengremium aus erfahrenen Anlagenplanern und -betreibern jedes einzelne Aggregat in der Anlage, das auf den Prozess wirkt.

Im Rahmen dieses *Sicherheitsgesprächs* wird zunächst das gewünschte Sollverhalten des jeweiligen Aggregats beschrieben. Danach werden alle möglichen Abweichungen davon prognostiziert, die Ursachen dafür gesucht und ihre Auswirkungen abgeschätzt. Anhand des eingeschätzten Risikos werden Gegenmaßnahmen zur Anlagensicherung ergriffen, die ggf. in einer fehlersicheren Steuerungen ausgeführt werden. Diese Vorgehensweise wird als HAZOP-Methode (Hazards and Operability) bezeichnet [86].

Prognose von Fehlereignissen durch Ereignisbaumanalyse

Zur Erkennung möglicher Fehler kann eine Ereignisbaumanalyse (Event Tree Analysis, ETA) durchgeführt werden. Dabei geht man von möglichen unerwünschten Ereignissen während des Anlagenbetriebs aus und betrachtet die daraus entstehenden Konsequenzen. Die Ereignisse können aus den festgestellten Abweichungen vom *Sollverhalten* bestehen oder etwaige Gerätestörungen, kritische Prozesszustände, fehlerhafte Handlungen des Bedienpersonals sein.

Ausgehend von diesen Anfangsereignissen werden zunächst mögliche Folgeereignisse abgeleitet und in einem Baumdiagramm dargestellt. Wie das Beispiel in Bild 9.7 zeigt, ergeben sich daraus kritische und unkritische Auswirkungen. Stößt das Schiff beispielsweise gegen einen Eisberg und es tritt Wasser ein, so kann das Schiff weiterfahren, wenn dies durch den Feuchtesensor LSH erkannt wird und die Pumpe NS von der SPS angesteuert das eindringende Wasser abpumpt. Kann die Pumpe das Wasser nicht abpumpen, sinkt das Schiff.

Bild 9.7 Beispiel für eine Ereignisbaumanalyse (nach [93])

Die Ereignisbaumanalyse wird als Bottom-Up-Verfahren oder Vorwärtssuche bezeichnet, weil man von einem kritischen Ereignis ausgeht und die daraus evt. entstehenden Fehler ermittelt.

Ein Fehler kann aber mehrere Ursachen haben. Um Fehler zu vermeiden, muss man frühzeitig alle möglichen Fehlerursachen erkennen und diesen entgegenwirken. Deshalb werden bei der HAZOP-Analyse sowohl Vorwärts- als auch Rückwärtssuche angewendet.

Auffinden der Fehlerursachen durch Fehlerbaumanalyse

Als Ergänzung zur Ereignisbaumanalyse wird eine Fehlerbaumanalyse (Faul Tree Analysis, FTA) durchgeführt. Dabei geht man von einem Fehler aus und schließt auf die Ereignisse zurück, die diesen Fehler verursachen könnten.

Wie an dem Beispiel aus Bild 9.8 erkennbar, werden noch mehr potentielle Gefahrenquellen gefunden als bei der Ereignisbaumanalyse. Prinzipiell können natürlich auch bei der Ereignisbaumanalyse für ein Ereignis mehrere Fehler entdeckt werden. Durch verschachtelte Ereignis- und Fehlerbaumanalysen untersucht man so möglichst viele Fehler und ihre Ursachen.

Risikoanalyse für die Fehlerursachen

Bevor nun Maßnahmen gegen die möglichen Fehler ergriffen werden, ist ihr Risiko abzuschätzen, um die Verhältnismäßigkeit der Gegenmaßnahme zu berücksichtigen. Das mit einem

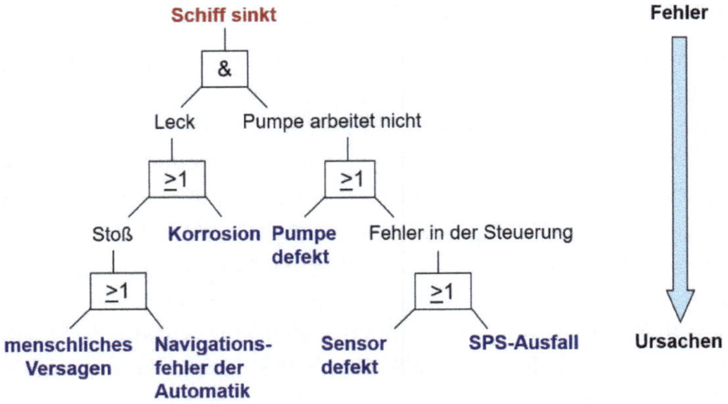

Bild 9.8 Fehlerbaumanalyse für das Beispiel aus Bild 9.7 [93]

Fehler verbundene Risiko lässt sich als Produkt des Schadensausmaßes *S* und der Auftrittshäufigkeit *H* des Fehlers ausdrücken:

$$Risiko = S \cdot H \tag{9.4}$$

Da die exakte Ermittlung anhand einer Formel jedoch schwierig ist, nutzt man für jeden möglichen Fehler einen sog. Risikograf nach IEC 61508 (s. Bild 9.9). Dieser bezieht sich auf die sog. GASE-Risikoparameter, die

- die Möglichkeit der Gefahrenabwendung *G*,
- die Aufenthaltsdauer *A* von Personen im Gefahrenbereich,
- das Schadensausmaß *S* und
- die Eintrittswahrscheinlichkeit *E* eines Fehlers

bewerten.

Je nach Größe dieser Parameter stellt der Risikograf bestimmte Anforderungen an die Steuerung, das Risiko zu reduzieren. Die IEC 61508 kennzeichnet diese Sicherheitsanforderungen an die Steuerung durch den sog. *Safety Integrity Level (SIL)* [66]. Da insbesondere für die unteren Schadensklassen keine SIL-Anforderungen angegeben sind, werden die Sicherheitsanforderungen an die Steuerung von Maschinen durch den *Performance Level (PL)* nach ISO 13849 beschrieben. Den Zusammenhang zwischen PL und SIL zeigt Bild 9.9 [37, 71].

Sowohl SIL als auch PL stellen jeweils ein Maß für die notwendige Zuverlässigkeit einer Steuerung dar, die eine Sicherheitsfunktion, wie z. B. das Schließen eines Ventils, ausführen muss.

Beispiel 9.4: Risikoanalyse für ein Hochregallager

Beim Hochregallager aus Beispiel 9.1 besteht die Gefahr, dass Personen, die sich selten in den Lagergassen aufhalten (A1), vom Aufzug erfasst werden können. Dies könnte im schlimmsten Fall zum Tod einer Person führen (S2). Für die Person gibt es im Grunde keine Möglichkeit, die Gefahr abzuwenden (G2). Verfolgt man für diese Parameter die Linien im Risikograf erhält man den Performance Level e. Da die Eintrittswahrscheinlichkeit des Fehlers ohne Schutzmaßnahmen relativ hoch (E3) einzustufen ist, ergibt sich nach IEC 61508 ein Safety Integrity Level von 3.

Beispiel 9.5: Risikoanalyse für Behälter mit brennbarer Flüssigkeit

Wenn ein Behälter mit explosiver Flüssigkeit wie in Beispiel 9.2 überläuft, besteht die Gefahr, dass ein Feuer ausbricht, das zu einer Explosion führt. Dabei können mehrere Personen zu Tode kommen (S3). Die Aufenthaltsdauer

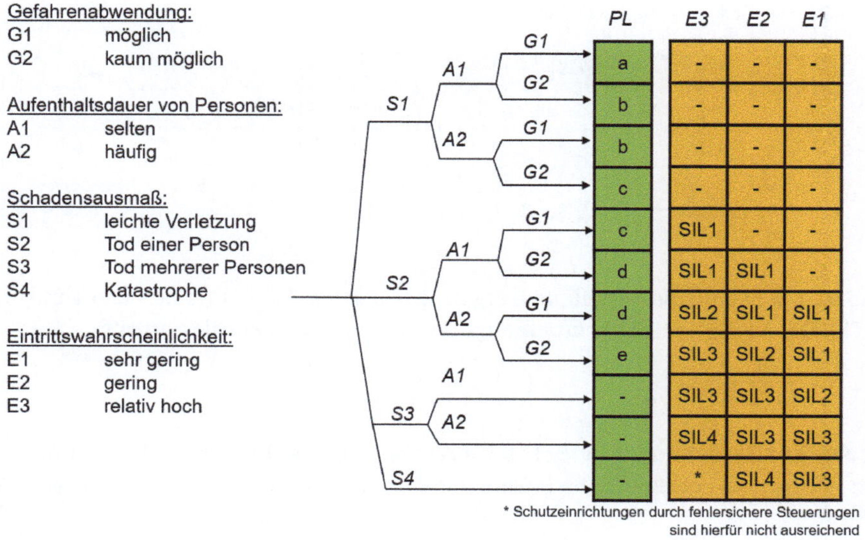

Bild 9.9 Risikograf zur Ermittlung der Sicherheitsanforderungen an Steuerungen von Maschinen und Anlagen gekennzeichnet durch den Performance Level (PL) im Maschinenbau bzw. den Safety Integrity Level (SIL) in der Verfahrenstechnik

von Personen, die sich im Gefahrenbereich, also im größeren Umkreis des Behälters, aufhalten, ist also recht häufig (A2). Eine Möglichkeit, sich zu schützen, gibt es nicht (G2). Die Eintrittswahrscheinlichkeit des Fehlers ohne Schutzmaßnahmen ist relativ hoch (E3). Somit ergibt sich als Anforderung für die Fehlersicherheit die Stufe SIL 4.

Gegenmaßnahmen anhand des Safety Integrity Levels (SIL)

Um sicherzustellen, dass die festgelegten Sicherheitsfunktionen von der Steuerung in jedem Fall ausgeführt werden, muss die Steuerung die an sie gerichteten Sicherheitsanforderungen, die sich aus der Risikoanalyse ergeben, erfüllen.

Dabei ist zum einen die Ausfallrate der Steuerung, die sog. *Probability of Failure per Hour (PFH)*, relevant und zum andern die Wahrscheinlichkeit eines Ausfalls gerade in dem Moment, wenn eine Sicherheitsfunktion ausgeführt werden soll *(Probability of Failure on Demand, PFD)*.

Tabelle 9.1 zeigt, welche maximalen Ausfallwahrscheinlichkeiten ein Sicherheitssystems in der jeweiligen SIL-Stufe aufweisen darf. Außerdem werden die üblichen Steuergeräte angegeben, die diese Ausfallwahrscheinlichkeiten erfüllen.

Berechnung der Propabilty of Failure per Hour (PFH)

Als Näherungsformel für die Probability of Failure per Hour (PFH) gilt:

$$PFH \approx \frac{1}{2} \lambda T \qquad (9.5)$$

Tabelle 9.1 Grenzen der Ausfallwahrscheinlichkeit für sicherheitsgerichtete Systeme pro Stunde (PFH) und im Bedarfsfall (PFD) für die jeweilige Sicherheitsstufe (SIL)

SIL	1	2	3	4
PFD	10^{-1}	10^{-2}	10^{-3}	10^{-4}
PFH	10^{-5}	10^{-6}	10^{-7}	10^{-8}
⇒ übliche Gegenmaßnahmen durch Einsatz	bewährter Standardgeräte	einkanaliger SSPSen	zweikanaliger SSPSen	bauteilsicherer VPSen

Dabei ist $T = 1h$ und die Ausfallrate λ ergibt sich aus dem Kehrwert der Mean Time to Failure (MTTF). Das ist die Zeit, die es durchschnittlich dauert, bis ein Fehler auftritt:

$$\lambda = \frac{1}{MTTF} \tag{9.6}$$

Beispiel 9.6: Berechnung der PFH für ein produziertes Gerät einer Bauserie

Von $n = 1000$ Geräten einer Bauserie hat innerhalb eines Monats $\Delta n = 1$ Gerät einen Fehler. Dies entspricht einer Ausfallrate von

$$\lambda = \frac{\Delta n / n}{\Delta t} = \frac{1/1000}{30 \cdot 24h} = 1{,}39 \cdot 10^{-6} \frac{1}{h} \tag{9.7}$$

und einer MTTF von 82 Jahren. Daraus ergibt sich für die Ausfallwahrscheinlichkeit PFH:

$$PFH \approx \frac{1}{2} \lambda T = \frac{1}{2} \cdot 1{,}39 \cdot 10^{-6} \frac{1}{h} \cdot 1h = 6{,}95 \cdot 10^{-7} \tag{9.8}$$

Gemäß Tabelle 9.1 erfüllt das Gerät damit die Sicherheitsstufe SIL 2.

Berechnung der Propabilty of Failure on Demand (PFD)

Zur Berechnung der PFH fließen alle Fehler mit ein. Bei der Berechnung der PFD werden i. d. R. nur die gefährlichen Fehler berücksichtigt. Gefährliche Fehler schränken die Sicherheit ein, weil sie die Ausführung der Schutzfunktionen hemmen. Ein Beispiel hierfür ist der Überlaufschutz aus Beispiel 9.2. Um einen ungefährlichen Fehler handelt es sich, wenn der Zulauf geschlossen wird, obwohl der Behälter noch nicht voll ist. Aber ein gefährlicher Fehler liegt vor, wenn der Zulauf nicht geschlossen wird und der Behälter überläuft. Die Ausfallrate setzt sich aus der Ausfallrate sicherer Fehler λ_S und der gefährlicher Fehler λ_D zusammen:

$$\lambda = \lambda_S + \lambda_D \tag{9.9}$$

Dementsprechend erhält man als Näherungsformel für die PFD:

$$PFD \approx \frac{1}{2} \lambda_D T_A \tag{9.10}$$

Dabei ist T_A die Anforderungszeit, in der die Schutzfunktion sicher funktionieren muss.

Beispiel 9.7: Berechnung der PFD für ein produziertes Gerät einer Bauserie

Bei dem Gerät aus Beispiel 9.6 schränken 50 % der Fehler die Sicherheit ein. Für die Berechnung der PFD sind nur die gefährlichen Fehler zu betrachten. Die Ausfallrate infolge gefährlicher Fehler ist demnach

$$\lambda_D = 0{,}5\lambda = 6{,}95 \cdot 10^{-7} \frac{1}{h} \tag{9.11}$$

Als Zeit T_A, in der das System funktionieren muss, wird z. B. die Betriebszeit zwischen zwei Wartungsintervallen betrachtet. In diesem Beispiel soll $T_A = 2$ Jahre = 17520 h betragen. Somit ergibt sich die PFD:

$$PFD \approx \frac{1}{2} \lambda_D T_A = 0{,}006 \tag{9.12}$$

Auch dieser Wert erfüllt die Obergrenze der Stufe SIL 2.

Berechnung der Fehlerwahrscheinlichkeiten der Steuerkette

Sicherheitsgerichtete SPSen (SSPSen) haben i. d. R. sehr geringe Fehlerwahrscheinlichkeiten PFH und PFD. Dabei ist jedoch zu beachten, dass eine Sicherheitsfunktion durch eine Steuerkette ausgeführt wird und somit auch die Ausfallwahrscheinlichkeiten der Sensoren und Aktoren mit zu betrachten sind [37, 7]. Die Ausfallwahrscheinlichkeit der gesamten Steuerkette ergibt sich durch eine Worst-Case-Betrachtung:

$$PFD_{gesamt} = PFD_{Sensorik} + PFD_{Steuerung} + PFD_{Aktorik} \tag{9.13}$$

Wenn beispielsweise die Ausfallwahrscheinlichkeit eines Sensors zu hoch ist, um die PFD_{gesamt} für die geforderte SIL-Stufe zu erfüllen, kann die $PFD_{Sensorik}$ durch parallele Verwendung eines zweiten, redundanten Sensors verringert werden. Auch die Ausfallwahrscheinlichkeit der Aktorik kann z. B. durch Reihenschaltung eines zweiten Ventils in der Zulaufleitung wie in Bild 9.1b verringert werden.

9.2 Steuerungen für explosionsgefährdete Betriebe

In der Verfahrenstechnik wird oft mit brennbaren Stoffen gearbeitet. Durch Feuer, große Hitze, elektromagnetische Strahlung oder elektrostatische Entladung kann eine Explosion verursacht werden, die im Wesentlichen durch organisatorische Maßnahmen verhindert werden muss.

Oft genügt schon ein kleiner Funken in einer elektrischen Schaltung, um eine Explosion auszulösen. Elektrische Motoren, z. B. für Pumpen oder Rührwerke, werden deshalb wie in Bild 9.10a in ein robustes Gehäuse eingebaut, das durch seine druckfeste Konstruktion verhindert, dass eine Explosion im Innern nach außen gelangen kann. Ventile werden wie in Bild 9.10b meistens pneumatisch angesteuert, weil dabei keine Explosionsgefahr besteht [157, 106].

Bild 9.10 Ansteuerung von Aktoren in Ex-Anlagen

9.2.1 Eigensichere Ansteuerung durch die SPS

Dennoch gibt es noch zahlreiche andere Geräte wie Schalter, Sensoren, Relais und Regler, die von der SPS durch elektrische Stromkreise angesteuert werden. Diese Stromkreise müssen *eigensicher* ausgelegt werden, d. h. sie müssen verhindern, dass es durch einen Funken oder eine heiße Oberfläche zu einer Explosion kommt.

Wie Bild 9.11a zeigt, beinhalten solche eigensicheren Stromkreise eine Barriere, die Strom und Spannung im Ex-Bereich begrenzen. Der in den Ex-Bereich übertragene Strom I_S wird durch den Shunt R begrenzt. Übersteigt die Spannung an der Zenerdiode einen maximal zulässigen Wert, bricht die Diode durch. Der dadurch fließende Strom I_Z ist so groß, dass die Sicherung F ausgelöst und der Stromkreis unterbrochen wird. Solche *Zenerbarrieren* sind in Trennverstärkern, eigensicheren E/A-Baugruppen und Feldbusbarrieren enthalten. Sie sorgen für eine eigensichere Ansteuerung der Feldgeräte (s. Bild 9.11a–c).

9.2.2 Eigensichere Feldbussysteme

Viele Feldbussysteme wie Profibus, Foundation Fieldbus, EtherCAT und Ethetnet APL werden auch in einer eigensicheren Ausführung angeboten. Der bekannteste Vertreter ist der *Profibus PA* (Process Automation) [125]. Dieser überträgt die Daten getaktet mit einer Manchestercodierung (Manchester Coded, Bus Powered, Instrinsically Safe, MBP-IS). Diese Übertragung ist sehr störungsarm und kommt mit kleinen Strom- und Spannungspegeln von 380 mA bzw. 17,5 V aus.

Datenübertragung und Energieversorgung erfolgen über ein- und dasselbe Kabel, das durch den Buskoppler vom nicht-eigensicheren Bereich galavanisch getrennt wird. Auch die Energieversorgung übernimmt der Buskoppler (s. Bild 9.11c), der die einzige Stromquelle im PA-Busnetzwerk ist. Alle Verbraucher sind Stromsenken und speisen beim Senden keine Leistung in das Netzwerk ein. Somit muss lediglich gewährleistet werden, dass die Summe der benötigten Verbraucherströme den Versorgungsstrom der Quelle nicht übersteigt [114].

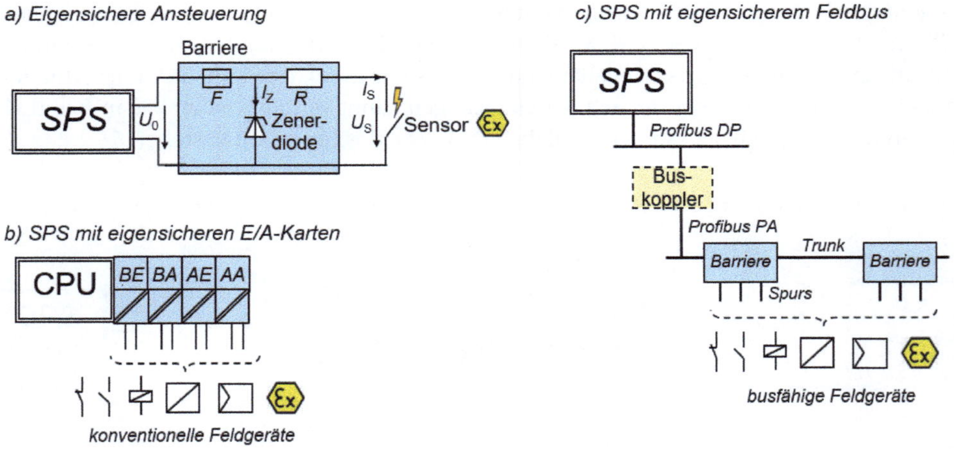

Bild 9.11 Eigensichere Ansteuerung der Feldgeräte über Zenerbarrieren (a), eigensichere E/A-Baugruppen (b) oder eigensicheren Feldbus wie z. B. Profibus-PA (c)

Aber die niedrigen Ströme und Spannungen verursachen natürlich Einschränkungen bezüglich der Leitungslänge und Anzahl der Busteilnehmer. Um mehr Teilnehmer zu versorgen oder längere Kabel einzusetzen, wird eine höhere Leistung benötigt. Wenn die Hauptleitung (Trunk) in Zonen mit geringerer Explosionsgefahr verläuft, darf über sie auch eine höhere Leistung übertragen werden, wenn durch mechanische Maßnahmen (Gehäuse, Verbindungstechnik) Kurzschlüsse, offene Klemmen und hohe Temperaturen sicher vermieden werden können.

Feldbusbarrieren wie in Bild 9.11c begrenzen dann die Leistung für die an den Stichleitungen (Spurs) angeschlossenen Feldgeräte, die somit auch in Zonen mit hoher Explosionsgefahr eigensicher angesteuert werden.

9.3 IT-Security

Da die Produktion von der SPS gesteuert wird, besteht ein erhebliches Sicherheitsrisiko darin, dass die SPS durch Cyberattacken umprogrammiert und die Produktion verändert wird. Das kann zu Unfällen, Stilllegungen der Anlage oder Produktmanipulationen führen und somit schwere Schäden für Leib und Leben und das Geschäft des Betreibers hervorrufen.

9.3.1 Analyse der Schwachstellen

Früher galten Automatisierungssysteme als sicher gegen Hackerangriffe, weil sie nicht mit dem Internet verbunden waren. Aber das industrielle Internet of Things erfordert immer mehr webfähige Geräte, die auch an das Automatisierungsnetzwerk angeschlossen werden. Betrachtet man die daraus resultierenden Schnittstellen einer SPS wie in Bild 9.12, findet man folgende Systeme, die potentielle Einfalltore für Viren, Würmer und Trojaner bieten:

1. PCs als Programmiergeräte (PG),
2. Anzeige- und Bedienstationen (HMIs),
3. PC-basierte SPSen (Soft-SPSen) mit Fernwartungszugang,
4. Speichergeräte, die über USB oder andere Schnittstellen mit der SPS verbunden werden,
5. webfähige Maschinen und Feldgeräte, z. B. Smart Sensors.

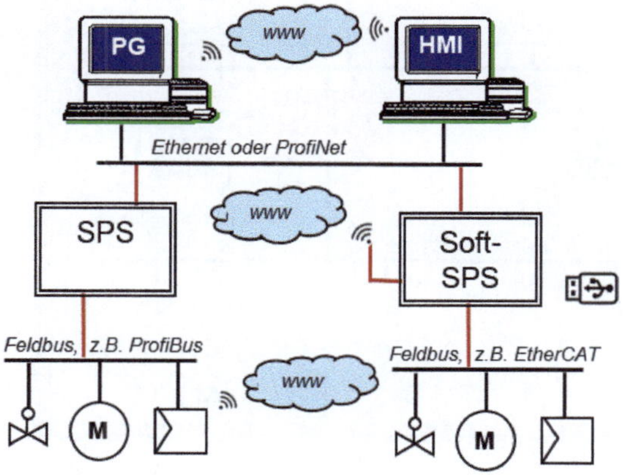

Bild 9.12 Die Schnittstellen einer SPS zum Internet stellen Schwachstellen bei möglichen Cyberattacken dar

Security Levels (SL)

Die IEC 62433 stellt einen Leitfaden dar, um die IT-Sicherheit von Automatisierungssystemen zu gewährleisten [165, 178]. Dabei wird wie in Abschnitt 9.1 zunächst eine Gefahren- und Risikoanalyse durchgeführt. Daraufhin werden wie bei der funktionalen Sicherheit vier *Sicherheitslevels* unterschieden:

- Während der Level SL 1 nur gegen gewöhnliche und zufällige Gefahren schützt,
- richten sich die Level SL 2 und SL 3 gegen vorsätzliche Hackerangriffe, die es auf Systeme mit keinen und wenig Sicherheitsmaßnahmen abgesehen haben.
- Der höchste Sicherheitslevel SL 4 erfordert Maßnahmen gegen aggressive und auf spezifische Anlagen ausgerichtete Hackerangriffe, die großen Schaden anrichten wollen.

9.3.2 Schutzmaßnahmen

Von der IEC 62433 wird die Verteidigungsstrategie *Defense-in-Depth* vorgeschlagen, die um den zu schützenden Kern mehrere Sicherheitszonen einrichtet [48]. Im Wesentlichen werden dabei fünf Zonen betrachtet, die sich an den Automatisierungsebenen orientieren und in Bild 9.13 dargestellt sind.

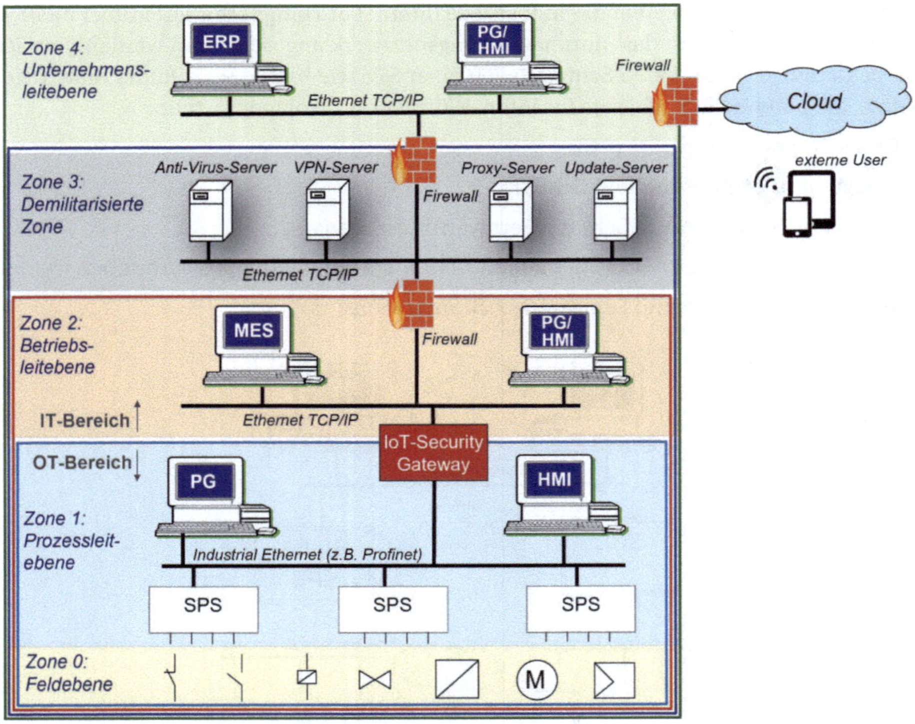

Bild 9.13 Schutzmaßnahmen für die Cyber Security von Automatisierungssystemen nach IEC 62433 durch eine Defense-in-Depth-Strategie mit Sicherheitszonen um den zu schützenden Operational-Technology-(OT)-Bereich

Die Zone 4 umfasst die Unternehmensleitebene mit dem Enterprise Resource Planning System (ERP), Zone 2 die Betriebsleitebene mit dem Manufacturing Execution System (MES), Zone 1 die Prozessleitebene mit den Automatisierungssystemen und Zone 0 die Feldebene mit den Sensoren und Aktoren. Dabei werden die Daten von Zone zu Zone weitergeleitet, die jeweils durch eine Firewall oder ein Gateway geschützt sind und nur zulässige Daten an die inneren Zonen weiterleiten.

Demilitarisierte Zone (DMZ)

Zwischen der an das Internet angeschlossenen Bürowelt und der Fabrik wird als Zone 3 in Bild 9.13 eine durch Firewalls abgeschirmte sog. demilitarisierte Zone eingerichtet. Sie realisiert Abwehrmaßnahmen z. B. durch Anti-Virus- und Proxy-Server. Ein direkter Zugriff auf die Zonen 1 und 2 ist somit nicht möglich. Die Daten werden zunächst in der DMZ geprüft und dann erst weitergeleitet.

Dabei dient ein Proxy-Server als Stellvertreter für den eigentlich adressierten Zielrechner, nimmt die Daten entgegen, kontrolliert sie und leitet sie dann ggf. an den Zielrechner weiter. Die gesamte Netzwerk-Kommunikation wird protokolliert, so dass sicherheitskritische Vorfälle erkannt und nachvollzogen werden können [48, 148, 146].

Firewall

In einem Firmennetzwerk werden Firewalls an mehreren Stellen eingesetzt (s. Bild 9.13). Eine Firewall ist eine Software, die Datenpakete kontinuierlich dahingehend filtert, ob die Verbindung erlaubt ist oder nicht. Dies kann vom Administrator durch spezielle Firewall-Regeln projektiert werden.

Außerdem werden in einer Whitelist alle erlaubten Anwendungen eingetragen. Datenpakete mit unbekannter Socketnummer werden so abgewiesen, und es kann sichergestellt werden, dass z. B. nur ein bestimmter PC mit einer zulässigen Anwendung auf eine Steuerung zugreifen darf [29, 145].

Security Gateway

Der IT- und OT-Bereich wird in Bild 9.13 durch ein cybersicheres IoT-Gateway verbunden, das die Daten vom IT-Netzwerk liest und sie in das Automatisierungsnetzwerk hineinschreibt und natürlich auch umgekehrt. Dadurch werden die verschiedenen Bereiche *physikalisch* getrennt.

Während eine Firewall die Daten nur anhand ihrer Port- und IP-Nummer herausfiltert, liest ein IoT-Security-Gateway die Daten *inhaltlich*, bevor es sie z. B. in ein industrielles Ethernet oder Feldbusprotokoll hineinschreibt. Dabei werden die Daten durch Virenscanner und Methoden der künstlichen Intelligenz auf vermeintliche Schadsoftware hin analysiert [58].

Authentifizierung

Selbstverständlich erfordert der Zugriff auf die einzelnen Komponenten eine Authentifizierung mit Benutzerkennung und Passwort. Anhand einer zentralen Benutzerverwaltung werden Zugriffsrechte, Gruppenzugehörigkeiten und Rollen der Anlagenbenutzer eindeutig definiert. Dabei sollten nur minimale Berechtigungen vergeben werden (Principle of Least Privilege), um den Wirkungskreis von Hakern einzuschränken [48, 178].

Auch hier werden alle Zugriffe protokolliert, um sicherheitsrelevante Systemereignisse nachvollziehen zu können [122].

Verschlüsselung

Daten werden nach außen grundsätzlich verschlüsselt übertragen. Für Internetdienste wird eine besonders sichere Socketverbindung durch Transport Layer Security (TLS) aufbaut, die durch *https* gekennzeichnet wird. Sie überträgt die Daten verschlüsselt von einer Webseite, deren Zertifikat der Anwender zuvor akzeptiert hat. Auch E-Mails werden zwischen den Netzen mit TLS verschlüsselt übertragen und nur bei akzeptiertem Zertifikat des Senders empfangen [113].

Während TLS für browserbasierte Anwendungen verwendet wird, erfolgt die Verschlüsselung bei Fernwartungsanwendungen mit IPsec. Diese ist anwendungsunabhängig und erlaubt dem Servicetechniker den Zugriff auf alle Anwendungen eines Rechners. Er benötigt aber eine spezielle VPN-Client-Software, um vom VPN-Server die Berechtigung für den Zugriff zu erhalten (s. Abschnitt 10.5.3).

Patchmanagement

Die Anlage muss ständig auf dem neuesten Updatestand gehalten werden, um das Risiko eines Angriffs durch bekannte Sicherheitslücken zu minimieren [145]. Patches für Betriebssystem-, Software- und Firmware-Updates sind aus dem Internet gesichert durch Firewalls auf die Rechner bzw. SPSen zu spielen, wenn die Dateien vom Hersteller signiert wurden. Nichtsignierte Dateien werden vom Update-Server in der demilitarisierten Zone abgewiesen (s. Bild 9.13).

Die Hersteller informieren i. d. R. über Schwachstellen und Sicherheitsempfehlungen ihrer Hardware. Kunden können solche Warnmeldungen als sog. Security-Alerts abonnieren und werden somit automatisch über evt. Handlungsbedarf informiert [145]. Plattformen wie Cert@VDE bieten Anwendern und Herstellern die Möglichkeit, IT-Sicherheitsvorfälle in der Automatisierungsindustrie über Unternehmensgrenzen hinweg zu melden [168].

Physikalische und organisatorische Maßnahmen

Schließlich muss auch das Gebäude der Produktionsanlage durch Zugangssicherungssysteme, wie Zaun, Werksschutz, Türzugangssysteme, Überwachungskameras etc. gesichert werden [100]. Die Rechner und SPSen sind in einem abschließbaren Schaltschrank zu installieren, um z. B. den Anschluss von USB-Sticks zu verhindern.

Die äußerste Sicherheitsschicht stellen organisatorische Schutzmaßnahmen dar, die z. B. Zugangsberechtigungen, Rechner- und Softwarewartung organisieren [165]. Regelmäßig sollten Schulungen zur Sensibilisierung von Mitarbeitern stattfinden, um das Sicherheitsmanagement einzuhalten und Angriffe z. B. durch Social Engineering zu vermeiden.

Zusammenfassung

Sicherheit hat beim Einsatz speicherprogrammierbarer Steuerungen viele Facetten, die beachtet werden müssen. Häufig werden SPSen eingesetzt, um die Sicherheit in einer Anlage zu gewährleisten, z. B. indem sie durch eigensichere Ansteuerung der Feldgeräte eine Funkenbildung und *Explosion* in der Anlage verhindern oder indem sie bei Gefahr durch Prozessfehler die Anlage abschalten. Dieses Abschalten muss aber je nach Risiko mit der entsprechenden Zuverlässigkeit durch *fehlersichere* Steuerungen ausgeführt werden.

Fehlersichere Steuerungen oder *sicherheitsgerichtete SPSen* arbeiten nach dem Failsafe-Prinzip. Durch redundante Komponenten, diversitäre Programmabarbeitung und zahlreiche Selbsttests, die im Hintergrund ablaufen, wird überprüft, ob die Steuerung selbst einen Fehler hat. Weil dann eine zuverlässige Fehlerkennung nicht mehr gewährleistet werden kann, wird die Anlage abgeschaltet, auch wenn kein Prozessfehler ansteht.

Die Entscheidung, ob eine solch aufwendige Steuerung notwendig ist, wird anhand einer *Risikobewertung* für vermeintlich auftretende Fehler getroffen, die mithilfe von Ereignisbaum- und Fehlerbaumanalysen ermittelt werden können. Je nach Risiko, das mit dem Betrieb einer Maschine oder eines Anlagenteils verbunden ist, müssen fehlersichere Steuerungen mit Fehlerwahrscheinlichkeiten PFD und PFH eingesetzt werden, die einen für das Saftey Integrity Level zulässigen Maximalwert jeweils nicht überschreiten.

Außerdem sind im Industrial IoT durch eine *Defense-in-Depth-Strategie* umfangreiche Maßnahmen zur IT-Sicherheit vorzusehen, damit die Daten von der SPS sicher z. B. an die Cloud übertragen und die SPSen vor Hackerangriffen geschützt werden.

Schließlich kann aber auch von der SPS selbst eine Gefahr ausgehen, wenn sie nicht spezifikationsgemäß arbeitet und dadurch die Produktqualität beeinträchtigt wird. Die *Produktsicherheit* wird durch umfangreiche Tests und Qualifizierung erreicht, wie im folgenden Kapitel beschrieben.

Wiederholungsfragen

1. Was versteht man unter dem Failsafe-Prinzip?
2. Wie ist der Aufbau zweikanaliger SSPSen?
3. Welche Systeme gewährleisten Sicherheit und Verfügbarkeit?
4. Was versteht man unter Redundanz und Diversität?
5. Wie ist der Aufbau einer einkanaligen SSPS?
6. Welche Selbsttests führen SSPSen durch?
7. Wie kann eine fehlersichere Kommunikation über Feldbus gewährleistet werden?
8. Welche Methoden der Gefahren- und Risikoanalyse kennen Sie?
9. Welche Anforderungen ergeben sich aus den Safety Integrity Levels?
10. Wie muss man in explosionsgefährdeten Anlagen Sensoren und Aktoren ansteuern?
11. Was versteht man unter Eigensicherheit?
12. Wie funktionieren Zenerbarrieren?
13. Wie können busfähige Feldgeräte eigensicher an die SPS angeschlossen werden?
14. Welche Schwachstellen bestehen bei einem Automatisierungssystem in der Industrie 4.0?
15. Welche Schutzmaßnahmen zur Cyber Security werden in der IEC 62433 vorgeschlagen?

Die Antworten finden Sie auf der SPS-Lern-und-Übungsseite.

Übung 9.1: Gefahren- und Risikoanalyse für eine chemische Reaktion

In einem Behälter werden zwei Flüssigkeiten zusammengeführt, wodurch eine exotherme Reaktion stattfindet. Die Kühlung wird durch einen Temperaturregler TIC realisiert. Aus Sicherheitsgründen ist ein Entlüftungsventil YS am Behälter angebracht, um den Behälter zu entspannen, wenn die Temperatur und dadurch auch der Druck zu groß werden.

a) Erstellen Sie eine Fehlerbaumanalyse für die Gefahr, dass der Behälter explodiert!
b) Welche Ereignisse können diesen Fehler verursachen? Erstellen Sie jeweils eine Ereignisbaumanalyse!
c) Ermitteln Sie die Sicherheitsstufe SIL!

Die Lösung zu dieser Übung finden Sie auf der SPS-Lern-und-Übungsseite.

Übung 9.2: Gefahren- und Risikoanalyse für Transportsysteme

Führen Sie jeweils eine Fehlerbaumanalyse, Ereignisbaumanalyse und Risikoabschätzung durch für

a) die vier Düsenantriebe eines Flugzeugs,
b) die Airbagauslösung in einem Auto!

Die Lösung zu dieser Übung finden Sie auf der SPS-Lern-und-Übungsseite.

Übung 9.3: Risikograf

Führen Sie jeweils eine Risikoabschätzung durch für

a) ferngesteuerte Kräne,
b) Pressen mit Einlegearbeiten,
c) Reaktorsysteme!
d) Welche Gegenmaßnahmen empfehlen Sie?

Die Lösung zu dieser Übung finden Sie auf der SPS-Lern-und-Übungsseite.

Übung 9.4: Auswertung redundanter Sensorsignale

Für zwei redundante Sensoren soll ein Programm erstellt werden, das die Sensorwerte einliest und bei Ungleichheit eine Störmeldung erzeugt.

a) Wie werden die beiden redundanten Sensorsignale in einem 1oo2- bzw. einem 2oo2-System eingelesen?
b) Erstellen Sie das Überwachungsprogramm, das die Störmeldung erzeugt!
c) Ergänzen Sie die Logik aus a) und b) für ein 2oo3-System und für ein 2oo4-System!

Die Lösung zu dieser Übung finden Sie auf der SPS-Lern-und-Übungsseite.

Übung 9.5: Auslegung eines eigensicheren Stromkreises

In einer Anlage im Ex-Bereich dürfen maximal Spannung bis 30 V und Ströme bis 100 mA auftreten.

a) Wie groß muss der Widerstand in Bild 9.11a ausgelegt, werden um die Strombegrenzung sicherzustellen?
b) Welche Durchbruchspannung muss die Zenerdiode aufweisen?
c) Wie groß sind die Ströme I_Z und I_S, wenn die Diode durchbricht?

Die Lösung zu dieser Übung finden Sie auf der SPS-Lern-und-Übungsseite.

10 Digital Engineering zuverlässiger Steuerungen

In den vorherigen Kapiteln wurde anhand vieler Beispiele beschrieben, wie Automatisierungssysteme aufgebaut und programmiert werden. Nun soll der Engineering-Prozess, d. h. die Planung, Realisierung und Inbetriebnahme von Automatisierungssystemen, betrachtet werden. Durch Einsatz digitaler Engineering-Werkzeuge, die über die Cloud mit den Steuerungen vernetzt sind, lässt sich das Engineering und die Instandhaltung der Anlage über ihren gesamten Lebenszyklus effizient gestalten.

10.1 Projektierung in der Cloud

Bei großen Anlagen arbeiten viele Ingenieure in einem Projekt. Ein Planungsdokument wird oft von mehreren bearbeitet und verändert. Dazu ist es notwendig, die Dokumente in der Cloud abzulegen, in verschiedenen Versionen zu verwalten und die Zugriffsrechte zu regeln. Durch die zentrale Datenverwaltung hat der Benutzer den Vorteil, sich nicht um die Speicherung und Sicherheit seiner Daten selbst kümmern zu müssen, denn dies übernehmen die Services der Cloud.

Bild 10.1 zeigt ein Beispiel für das Engineering in der Cloud, in der sowohl Planungsdokumente für die Anlage als auch die SPS-Softwareprojekte zentral abgespeichert sind. Letztere werden von den SPSen über ein Edge- oder IoT-Gateway in der Cloud gespeichert, auf die der Entwickler vom Programmiergerät (PG) aus zugreifen und die SPS-Software verändern oder ergänzen kann.

Das Edge-Gateway stellt eine sichere Verbindung zwischen den SPSen und der Cloud bereit. Dabei werden die Daten *verschlüsselt* von den SPSen über ein Transport Layer Security (TLS-Protokoll) an die Cloud übertragen. Der *Automation Server* von Codesys ermöglicht so die Verwaltung mehrerer Steuerungen und ihrer Software im Webbrowser auf PC, Tablet oder Smartphone. [32, 137].

10.1.1 Computer-Aided-Engineering-Systeme

CAE-Systeme dienen zur prozess- und anlagentechnische Planung und zur Erstellung der in Bild 10.2 aufgeführten Dokumente [23, 57]. Die dabei entwickelten Daten und Dokumente werden in einer zentralen Datenbank in der Cloud verwaltet. Während der Projektierung, aber auch bei den zahlreichen Änderungen im gesamten Lebenszyklus der Anlage müssen die Daten aller Komponenten der Anlage aktuell gehalten werden [118, 142].

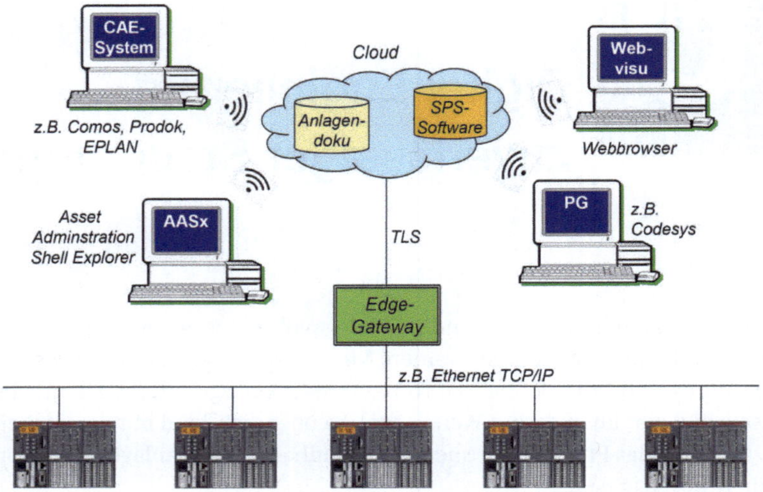

Bild 10.1 Das Engineering in der Cloud ermöglicht die Multi-User-Erstellung und Wartung der SPS-Software über lokale Programmiergeräte (PG), die Prozessvisualisierung über das Internet, die Erstellung der Anlagendokumentation durch CAE-Systeme und ihre Verwaltung in Asset Administration Shells (AAS)

Bild 10.2 zeigt die wichtigsten Planungsdokumente, die zur Automatisierung einer Produktionsanlage zu erarbeiten sind: Das Grundfließbild stellt die einzelnen Schritte des Produktionsprozesses dar, der im Labor entwickelt wurde. Dann werden die wichtigsten Apparate, Maschinen, Feldgeräte, Behälter und Rohrleitungen, die zur Durchführung des Prozesses notwendig sind, im Verfahrensfließbild zusammengestellt. Dieses wird um geeignete Sensoren und Aktoren in einem Anlagenschema oder Rohrleitungs- und Instrumentenfließbild (R&I) ergänzt. Dabei werden die Sensoren und Aktoren, die sog. Feldgeräte, durch elektronische Datenblätter spezifiziert. Schließlich wird die Verdrahtung der Feldgeräte mit dem Automatisierungssystem in Signal- und Stromlaufplänen projektiert.

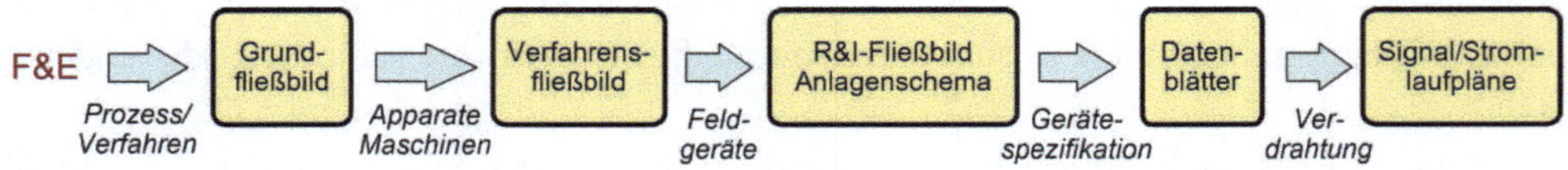

Bild 10.2 Vom CAE-System erzeugte Planungsdokumente zur Automatisierung von Produktionsanlagen

10.1.2 Gute Engineering-Praxis

Um nachzuweisen, dass die Anlage inklusive ihrer Automatisierungssysteme so realisiert wurde, wie in den Planungsdokumenten nach Bild 10.2 spezifiziert, wird im GAMP-Leitfaden (Good Automated Manufacturing Practice) ein Vorgehensmodell für das Engineering von Automatisierungssystemen empfohlen [72, 27]. Durch dieses Vorgehen beim Engineering wird die Zuverlässigkeit von Anlagen und damit die Sicherheit der von ihr hergestellten Produkte gewährleistet.

Das V-Modell

Das Vorgehensmodell (V-Modell) nach Bild 10.3 unterteilt den Engineering-Prozess in folgende Abschnitte:

- Für die *Planung* des Automatisierungssystems wird auf Basis einer betrieblichen Prozessbeschreibung ein Lastenheft erzeugt, das die zu automatisierenden Funktionen der Anlage sowie die Anforderungen an das Automatisierungssystem und das Projekt spezifiziert. Daraufhin erfolgt der Hard- und Softwareentwurf für das Automatisierungssystem im Pflichtenheft (s. Abschnitt 10.2).
- In der *Realisierungsphase* wird die Hardware des Automatisierungssystems bestellt, produziert und geliefert. Die Anwenderprogramme werden gemäß Pflichtenheft erstellt, getestet und dokumentiert. Mithilfe der Planungsunterlagen werden Modelle der Feldgeräte und Anlagenteile entwickelt, die eine *virtuelle Inbetriebnahme* ohne Anlage für Schulungs- und Testzwecke ermöglichen (s. Abschnitt 10.3).
- Während der Installationsphase wird zunächst die Steuerungshardware aufgebaut und das Zusammenspiel zwischen Hard- und Software *getestet.* Nachdem die Sensoren und Aktoren angeschlossen wurden, kann die Funktion der Steuerung, also das Zusammenspiel mit der Anlage, geprüft werden. Abschließend wird die Produktion überprüft, d. h. das Zusammenspiel der automatisierten Anlage mit den vorgesehenen Einsatzmaterialien (s. Abschnitt 10.4).

Daraufhin muss das hergestellte Produkt validiert werden. Dies betrifft aber die Qualität des Produkts, also seine Konstruktion oder chemische Zusammensetzung. Die Überprüfung der ordnungsgemäßen Funktion der Produktionsanlage und ihrer Automatisierungssysteme wie im V-Modell dargestellt bezeichnet man als *Qualifizierung.*

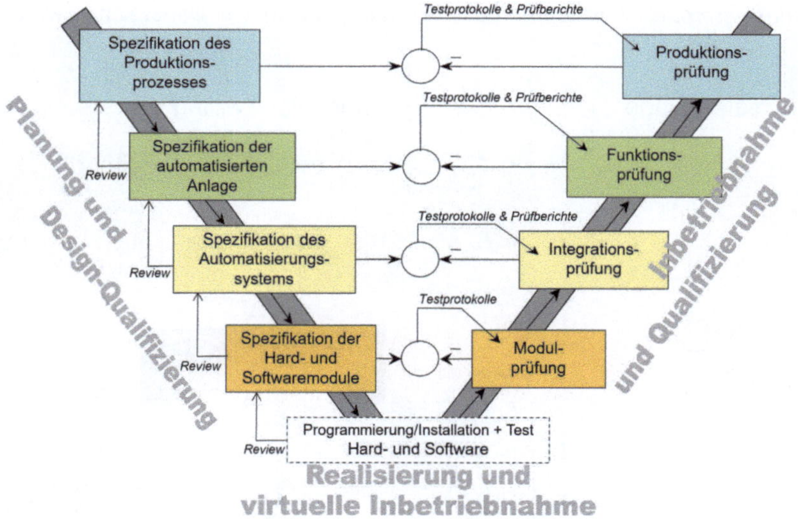

Bild 10.3 Vorgehensmodell beim Engineering

Zuverlässigkeit durch Qualifizierung

Unter *Qualifizierung* versteht man den Nachweis, dass die Anlage und ihre Komponenten so wie in den entsprechenden Spezifikationen vorgegeben funktionieren. Gemäß Bild 10.3 wird während der Inbetriebnahme geprüft, ob das Automatisierungssystem und seine Module im Zusammenspiel mit der Anlage so funktionieren, wie in der entsprechenden Spezifikation vorgegeben. Der Nachweis der akzeptierten Prüfung erfolgt durch Testprotokolle und Prüfberichte.

Zusätzlich ist auch der *Review* der Planungsunterlagen ein notwendiger Bestandteil der Qualifizierung, weil dadurch sichergestellt wird, dass alle Anforderungen der vorherigen Stufe in der folgenden Stufe vollständig berücksichtigt werden und keine Widersprüche auftreten (Design Qualification, DQ).

Das Zusammenführen aller Spezifikations- und Testdokumente wird durch die zentrale Datenhaltung in der Cloud vereinfacht. Problematisch bleibt jedoch das Management der verschiedenen *Dokumentenformate*, die aber in einer Verwaltungsschale (s. Abschnitt 8.3.3) geordnet und zugänglich gemacht werden können. Dadurch entsteht ein digitaler Zwilling der Anlage in der Cloud [159, 187].

10.1.3 Verwaltungsschale und digitaler Zwilling

Die beim Engineering zusammengetragenen Daten und Dokumente werden in einer Datenbank in der Cloud gespeichert und stellen somit ein *virtuelles Abbild* der Anlage und ihrer Komponenten, der sog. Assets, dar. Dieses virtuelle Abbild verändert sich während der Inbetriebnahme und des Betriebs, weil beispielsweise Feldgeräte altern und ausgetauscht werden müssen oder Prozessoptimierungen vorgenommen werden. Der digitale Zwilling stellt ein zu jedem Zeitpunkt aktuelles Abbild der Anlage dar [127].

Der digitale Zwilling besteht, wie Bild 10.4 zeigt, aus Informations- und Simulationsmodellen. *Simulationsmodelle* beschreiben das Verhalten der Anlage. Dabei kann das dynamische

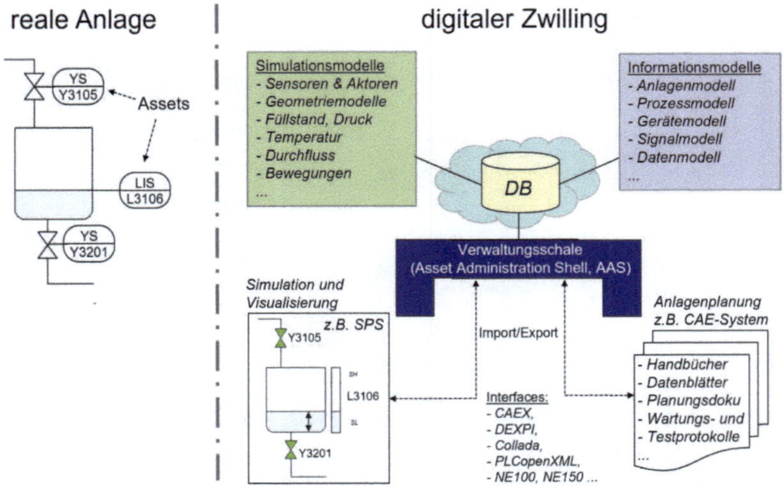

Bild 10.4 Ein digitaler Zwilling ist das digitale Abbild der Anlage, das Informations- und Simulationsmodelle umfasst. Die Modelle werden in einer Asset Administration Shell nach IEC 61406 verwaltet und können je nach Art des Dokuments über verschiedene Schnittstellen importiert und exportiert werden

Modell des Prozessverhaltens in einem Funktionsbaustein wie in Beispiel 4.5 programmiert werden, der die Veränderung des Füllstands eines Behälter nach Bild 10.4 simuliert.

Zur Veranschaulichung des simulierten Prozessverhaltens dient die Visualisierung, wie sie beispielsweise in der SPS programmiert werden kann (vgl. Abschnitt 2.7). Mithilfe von Geometriemodellen von Rohrleitungen, Behältern, Robotern oder anderen Anlagenkomponenten kann eine 3D-Visualisierung der Anlage erstellt und für eine virtuelle Inbetriebnahme genutzt werden, um z. B. die Verlegung der Rohrleitungen zu planen oder die Kollisionen von Robotern mit ihrer Umgebung zu vermeiden [124, 163].

Informationsmodelle beschreiben die Eigenschaften der Anlage und ihrer Assets. Sie ergeben sich aus den Daten der im CAE-System erstellten Planungsdokumente nach Bild 10.2:

- Das Anlagenmodell wird oft durch ein Anlagenschema oder Rohrleitungs- & Instrumentenfließbild dargestellt. Es ist aber mehr als das reine Bild, sondern seine PCE-Stellen, ihr Einbauort und ihre Verknüpfungen werden als Daten im digitalen Zwilling gespeichert.
- Das Prozessmodell wie in Bild 6.16 beschreibt, wie die Assets im Prozess verwendet werden, z. B. in Schrittketten oder Cause-and-Effect-Matrizen. Auch diese stellen quasi nur die grafische Repräsentation für den Anwender dar, im digitalen Zwilling werden die unterlagerten Daten gespeichert.
- Im Gerätemodell werden wichtige Eigenschaften der Assets gespeichert, z. B. Hersteller, Gewicht, Gehäusemaße, Messbereich, Versorgungsspannung etc.
- Im Signalmodell werden z. B. die E/A-Signale zur SPS beschrieben oder Informationen bezüglich eines Assets, die die SPS über OPC an die Cloud oder andere Systeme überträgt.
- Datenmodelle definieren Merkmale eines Feldgeräts, die während des Betriebs zur Auswertung in der Cloud oder anderen Systemen analysiert werden, z. B. die Messwerte des Füllstandssensors L3106 in Bild 10.4, durch die der Verbrauch des in der Tankanlage gespeicherten Materials berechnet werden kann.

Interoperabilität durch die Asset Administration Shell (AAS)

Die Informationsmodelle des digitalen Zwillings enthalten Planungsdokumente und viele weitere Daten und Dokumente, die während im Lebenszyklus der Anlage entstehen, wie z. B. Testprotokolle und Änderungsanweisungen. Die zahlreiche Dokumente werden von Planern, Anwendern und Lieferanten teilweise in unterschiedlichen Formaten erstellt und auf unterschiedlichen Kanälen übertragen, so dass es schwierig ist, bestimmte Dokumente über die Anlage zu finden und zu öffnen.

Deshalb sollten die Daten standardisiert in der Verwaltungsschale (engl. Asset Administration Shell, AAS) gespeichert werden [108, 161]. Die Verwaltungsschale enthält alle Informationen über ein Produkt oder eine Anlage und stellt Schnittstellen zur Verfügung, um Dokumente in unterschiedlichen Formaten zu öffnen und Daten über den aktuellen Anlagenzustand zu kommunizieren.

Mit dem AAS-Explorer (AASx) können Hersteller, Kunden oder Anwender eine Verzeichnisstruktur für die Daten einer Anlage oder ihrer Produkte festlegen. Hierfür werden Submodels angelegt, die das Produkt u. a. durch Eigenschaften (*Properties* wie z. B. Hersteller, Gewicht, Gehäusemaße etc.) und *Dateien*, wie z. B. Text-, Bild- oder Programmdateien, modellieren [49]. Über die Import/Export-Funktion des AAS-Explorers können Daten mit den SPSen und CAE-Systemen meist in einem XML-basierten Format ausgetauscht werden.

Für diesen Datenaustausch gibt es mehrere modellspezifische Schnittstellen, z. B. Dexpi und CAEX für das Anlagenmodell, Collada für das Geometriemodell, PLCopenXML für den Datenaustausch mit der SPS sowie die Empfehlungen der Namur NE 100 und NE 150 für Signal- und Datenmodelle [97, 99, 41]. Diese Datenaustauschformate sind in der Modellierungssprache AutomationML zusammengefasst [40].

Die Verwaltungsschale kann auch aktuelle Prozesswerte, wie z. B. Messwerte oder Rückmeldungen, dass eine Ventil gerade geöffnet oder geschlossen ist, über OPC-UA aus der SPS empfangen. Dadurch kann die Verwaltungsschale die aktuellen Zustände der Assets und ihre Spezifikationsdokumente darstellen und ist somit *das* Werkzeug, um Aufbau und Verhalten der Anlage als digitalen Zwilling abzubilden.

Beispiel 10.1: Asset Administration Shell für die Tee- und Kaffeeanlage

Die Verwaltungsschale für die Tee- und Kaffeeanlage aus Beispiel 6.9 wird mit dem Eclipse AASx Package Explorer der Plattform Industrie 4.0 erstellt [49] und besteht aus den oben aufgeführten Submodels des digitalen Zwillings (s. Bild 10.4). Zunächst werden Prozess und Anlage modelliert.

Wie in Bild 10.5 dargestellt besteht das *Prozessmodell* u.a. aus Grundfließbild, Prozessablaufplänen, Cause-and-Effect-Matrix, Test- und Wartungsprotokollen, die während oder nach der Inbetriebnahme z.B. bei Änderungen durchgeführt wurden. Die Dokumente können z. B. als pdf- oder Bilddateien in der AAS abgespeichert und angezeigt werden.

Das *Anlagenmodell* enthält u. a. ein Verfahrensfließbild, ein Anlagenschema (s. Bild 10.6), eine Liste aller Feldgeräte (PCE-Stellen, s. Bild 10.9) sowie eine Anforderungsbeschreibung der eingesetzten Feldgerätetypen als Modulspezifikation.

Darauf aufbauend werden im *Gerätemodell* das Automatisierungssystem und alle eingesetzten Feldgeräte modelliert. Zu jedem Feldgerät muss u. a. ein Datenblatt, die GSD-Datei zur Einbindung in die SPS und ein Stromlaufplan entwickelt werden, der die Verdrahtung zum Automatisierungssystem beschreibt.

In die AAS kann ein OPC-UA-Nodeset importiert werden, der die Übertragung von Items aus der SPS in das *Datenmodell* der AAS ermöglicht, um z. B. den Messwert des Füllstandsensors L3106 anzuzeigen (s. Bild 10.6). Das Automatisierungssystem wird durch einen Hardware- und Softwarestrukturplan sowie durch Beschreibungsdateien seiner Systemkomponenten modelliert (s. Bilder 10.7 und 10.8).

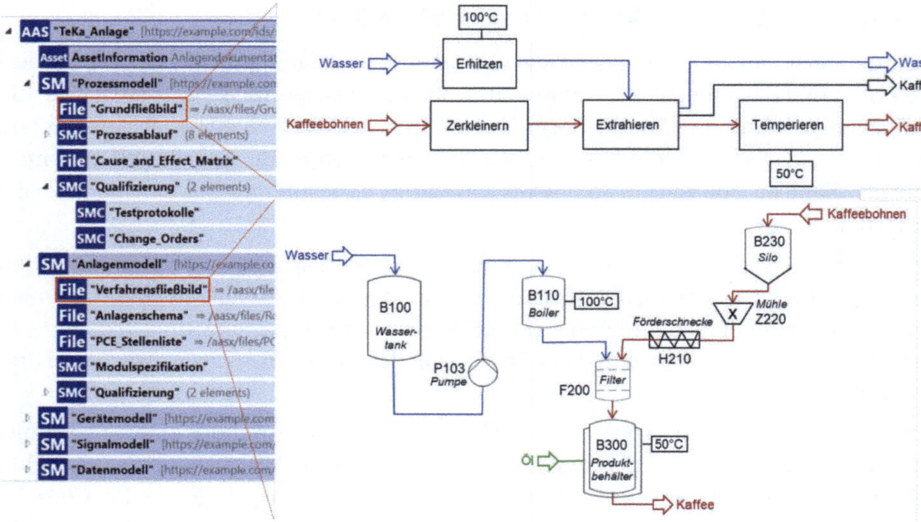

Bild 10.5 Grund- und Verfahrensfließbild zur Spezifikation des Prozessablaufs und Anlagenaufbaus: Die Dokumente können in einer AAS als digitaler Anlagenzwilling verwaltet werden

Schließlich entsteht das *Signalmodell* aus Signallisten der Variablen, die zwischen den SPSen ausgetauscht werden, und aus E/A-Listen für Signale, die über die Ein-/Ausgangsbaugruppen der SPSen zu den Feldgeräten übertragen werden. Diese Listen können z. B. in einer Datenbank wie MS Access automatisiert erstellt werden (s. Bild 10.9).

10.2 Planung der Automatisierung

Für die Planung der Automatisierung ist zunächst die Frage zu klären, welcher Prozess automatisiert werden soll. Hierzu wird im ersten Schritt des V-Modells nach Bild 10.3 der Produktionsprozess in einem Grundfließbild beschrieben.

10.2.1 Prozess- und Anlagenplanung

Meist wurde der zu automatisierende Prozess in jahrelanger Forschung im Labor entwickelt und in einem *Grundfließbild* beschrieben. Das Grundfließbild ist eine Art Blockschaltbild der wichtigsten Verfahrensschritte, die aus den Einsatzstoffen und Rohlingen (Edukten) ein Produkt herstellen. Im Grundfließbild werden der Materialfluss, die wichtigsten Prozessschritte und die Betriebsbedingungen dargestellt. Bild 10.5 zeigt oben das Grundfließbild für das Beispiel des Kaffeekochens.

Im Anschluss daran überlegt man sich die Apparate und Maschinen, die notwendig sind, um den Prozess ausführen und Produkt herzustellen. Die Apparate und Maschinen werden dann in einem *Verfahrensfließbild* zu einer Anlage zusammengefügt, so dass der Materialfluss und die Prozessschritte unter den angegebenen Betriebsbedingungen wie im Grundfließbild ausgeführt werden [23]. Das Verfahrensfließbild zeigt den Grobaufbau der Anlage wie für das Beispiel der Tee- und Kaffeeanlage in Bild 10.5 unten. Im Anlagenschema wird das Verfahrensfließbild um Sensoren und Aktoren ergänzt, die notwendig sind, um die Anlage zu automatisieren (s. Bild 10.6).

10.2.2 Automatisierungstechnisches Lastenheft

Im zweiten Schritt des V-Modells nach Bild 10.3 wird die Automatisierung der Anlage geplant. Das daraus entstehende Planungsdokument ist ein automatisierungstechnisches Lastenheft, das die Anforderungen an ein Automatisierungssystem spezifiziert, ohne das eines bestimmten Herstellers zu betrachten. Das Lastenheft beschreibt also systemneutral, *was* automatisiert werden soll.

Hierfür muss das Lastenheft u. a. folgende Dokumente enthalten:

- *Anlagenschema* mit Angabe aller Sensoren und Aktoren wie z. B. für die Tee- und Kaffeeanlage (s. Bild 10.6): Durch die PCE-Kennzeichnung der Feldgeräte nach IEC 62424 können Kategorie und Funktion der Sensoren und Aktoren abgelesen werden (vgl. Tabelle 2.3). Die gestrichelten Wirkungslinien in Bild 10.6 zeigen die Verknüpfungen der Feldgeräte in Form von Verriegelungen, Schaltvorgängen und Regelungen.
- *Gerätespezifikation*: Grobbeschreibung der Funktionsweise der eingesetzten Feldgerätetypen (Klassen) und Zuordnung aller Feldgeräte zu den spezifizierten Typen.

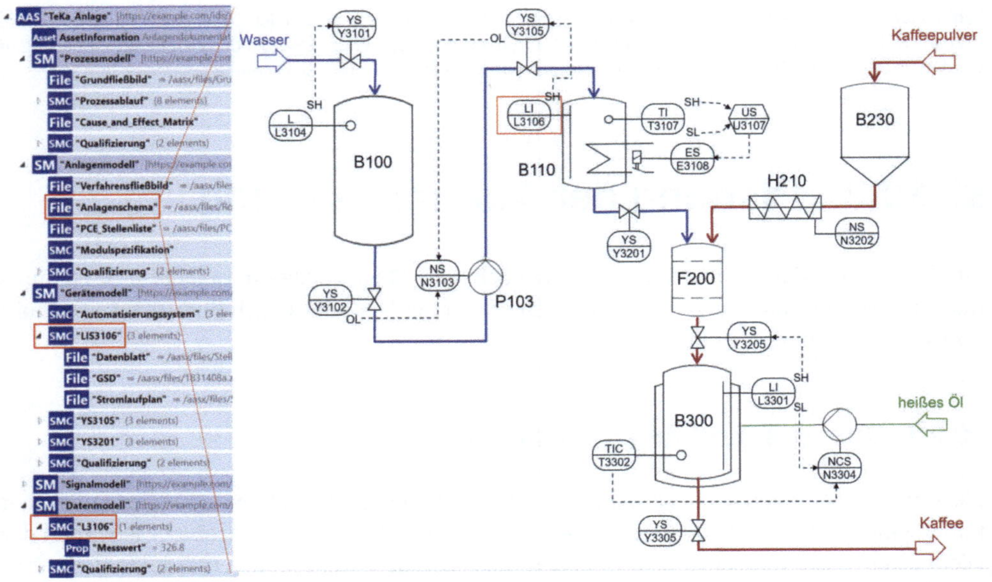

Bild 10.6 Anlagenschema einer Kaffeeanlage mit PCE-Kennzeichnung der Feldgeräte nach IEC 62424 als Bestandteil der AAS

- *Prozessspezifikation*: Prozessphasendiagramm (s. Bild 6.17), Ablaufpläne in Form von Schrittketten und Cause-and-Effect-Matrizen für Verriegelungen und Verschaltungen aufeinander einwirkender Geräte (s. z. B. Tabelle 4.1).
- *Bedienphilosophie*: Vorgaben hinsichtlich der Prozessgrafikbilder, des Betriebsartenkonzepts und der Behandlung von Störmeldungen.
- *Sicherheitsanforderungen*: Sicherheitsfunktionen, SIL-Stufe, explosionsgefährdete Anlagenbereiche, Anforderungen an Datenarchivierung und Produktqualität.
- *Verfügbarkeitsanforderungen*: Redundanzkonzept, Berücksichtigung einer gewissen Kanalreserve, Schnittstellen zu anderen Rechnersystemen und Anforderungen an die Stromversorgung.

Die systemneutralen Vorgaben des Lastenhefts dienen der Projektausschreibung durch den Auftraggeber. Die Hersteller von Automatisierungssystemen geben auf Grundlage des Lastenhefts ihr Angebot ab.

10.2.3 Automatisierungstechnisches Pflichtenheft

Nach Auftragsvergabe führt der Auftragnehmer die Ausführungsplanung (*Detail Engineering*) durch. Er beschreibt im *Pflichtenheft*, wie die Anforderungen des Lastenhefts mit dem ausgewählten Automatisierungssystem eines bestimmten Herstellers umgesetzt werden können. Die zu automatisierenden Funktionen und die Systemstruktur werden ebenso detailliert geplant wie die zugehörigen Tests, damit die Ansteuerung der Anlage spezifikationsgemäß funktioniert.

Das Pflichtenheft beschreibt also, *wie* und *womit* die Automatisierungsaufgabe gelöst wird.

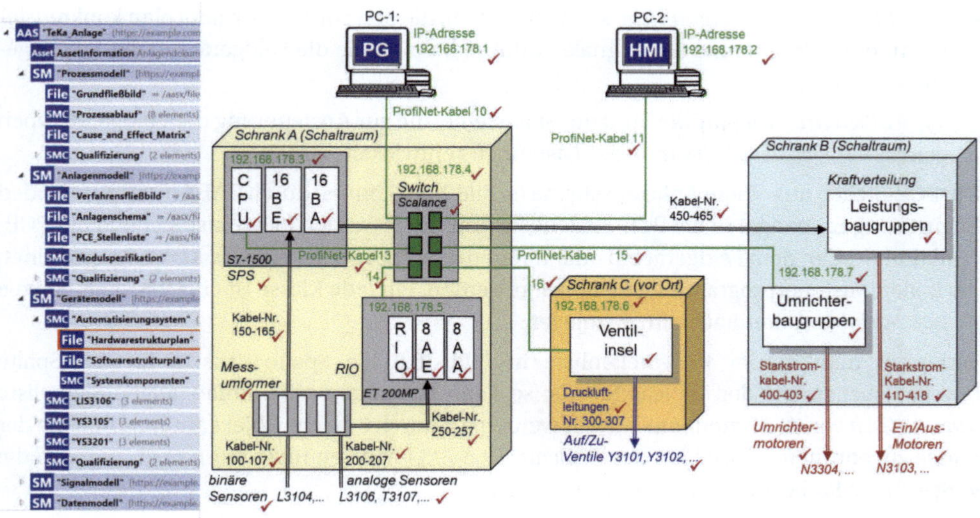

Bild 10.7 Beispiel für einen Hardwarestrukturplan mit Angabe aller Hardwarekomponenten zur Überprüfung der installierten Module

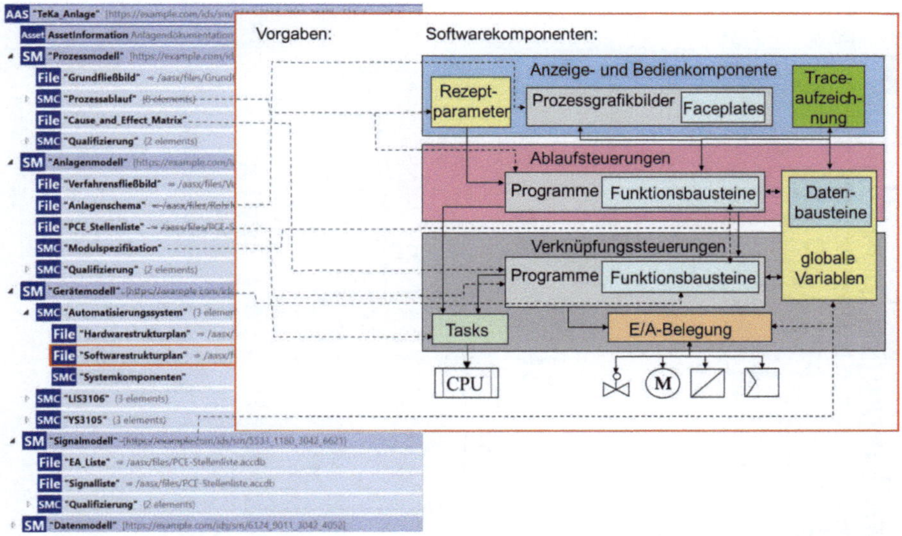

Bild 10.8 Softwarestrukturplan mit den Softwarekomponenten und den Vorgaben aus der AAS, mit deren Hilfe sie erstellt werden

Dabei sind insbesondere folgende Unterlagen zu erstellen, gegen die Hard- und Software später zu prüfen sind:

- *Hardwarestrukturplan* (vgl. z. B. Bild 10.7), der die eingesetzten Hardwaremodule (z. B. Rechner, Peripheriegeräte) inklusive ihrer Verbindungskabel darstellt.
- *Softwarestrukturplan* (s. Bild 10.8), der die zu programmierenden Softwaremodule und ihre Verknüpfungen überblicksartig aufzeigt.

- *PCE-Stellenliste* und *Signalliste* (s. z. B. Bild 10.9), die den Softwarestrukturplan konkretisieren und die Programme und Signale aufführen, durch die die Feldgeräte in der SPS angesteuert werden.
- *Typicalbeschreibung* für die Funktionsbausteine, die zur Ansteuerung der Feldgerätetypen gemäß der *Gerätespezifikation* des Lastenhefts entwickelt werden.

Die PCE-Stellen aus einem Anlagenschema (s. Bild 10.6) können durch CAEX (Computer Aided Engineering Exchange) in die PCE-Stellenliste importiert werden [68]. Entsprechend der PCE-Funktion werden dem Feldgerät ein oder mehrere Funktionsbausteine als *Klassen* zugeordnet, die in den Ansteuerprogrammen instanziiert werden. Für jede Klasse ist ein Objekt als globale *Instanzvariable* (Datenbaustein) anzulegen.

Verknüpft man in der PCE-Stellenliste in Bild 10.9 die Spalte `Klasse` mit der Spalte `Funktionsbausteine` der Typical-Tabelle, so kann die häufig sehr umfangreiche Signalliste *automatisch* von der Datenbank erstellt werden. Dadurch erbt ein Objekt automatisch die der Klasse zugeordneten Variablen des Typicals. Den E/A-Signalen muss dann noch *manuell* die vorgesehene Kanaladresse zugewiesen werden.

Abschließend ist zu prüfen, ob die Anforderungen des Lastenhefts im Pflichtenheft vollständig umgesetzt wurden und ob im Pflichtenheft Widersprüche zum Lastenheft aufgeführt sind. Diese Prüfung ist vom Auftraggeber durch einen Papiervergleich (*Review*) zwischen Lasten- und Pflichtenheft durchzuführen.

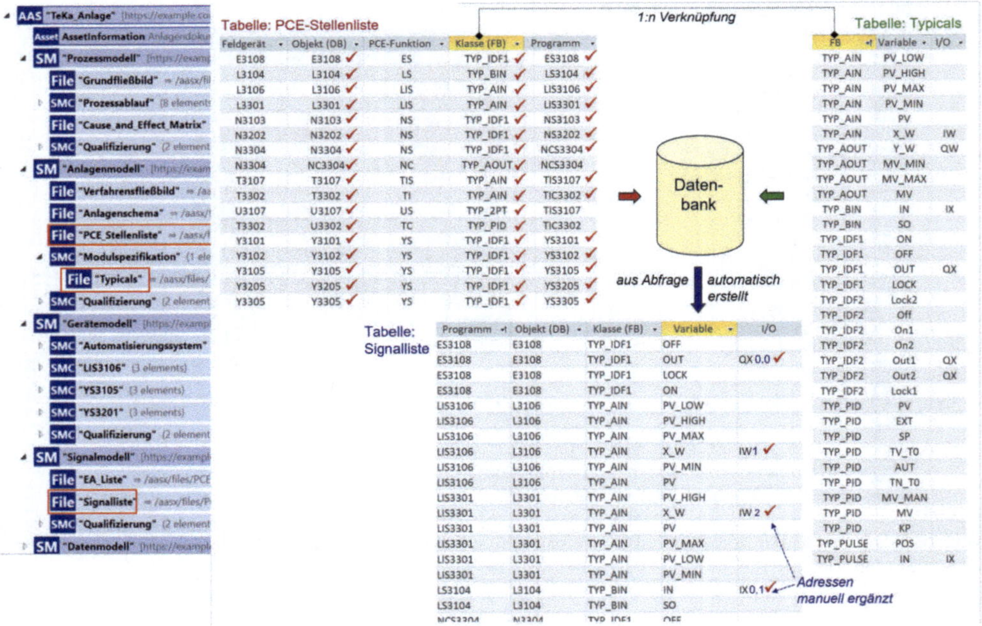

Bild 10.9 Aus der Verwaltung der Feldgeräte und ihrer Typicals ergeben sich die zu erzeugenden Programme, Funktions-/Datenbausteine, Variablen und I/O-Adressen, deren korrekte Realisierung in den Tabellen durch Abhaken dokumentiert wird

10.3 Realisierung des Automatisierungssystems

Anhand der Pflichtenheftvorgaben erfolgt nun die Realisierung der Hard- und Software des Automatisierungssystems. Die Hardwarekomponenten werden gemäß dem *Hardwarestrukturplan* (s. Bild 10.7) beim Hersteller bestellt und nach Lieferung im Schaltraum installiert. Sie durchlaufen bei der Herstellerfirma meistens eine umfassende Qualitätsprüfung und haben sich durch ihre weite Verbreitung im Betrieb bewährt. Somit ist hinsichtlich der Hardware vom Anwender lediglich zu prüfen, ob sie vollständig geliefert und alle Module korrekt zusammengebaut wurden.

Die Software dagegen ist im Allgemeinen vom Anwender selbst zu entwickeln. Die dabei zu erstellenden Softwaremodule sind im *Softwarestrukturplan* nach Bild 10.8 überblicksartig dargestellt und in ausführlichen Listen wie der PCE-Stellenliste im Einzelnen aufgeführt. Wie die Softwaremodule zu programmieren sind, war Gegenstand der Kapitel 3–7.

10.3.1 Automatische Codegenerierung

Bei großen Projekten lohnt es sich, Teile der Software automatisch zu erzeugen. Dazu kann man die Funktionsbausteine der Feldgeräteklassen aus der SPS im *PLCopenXML-Format* exportieren und in eine Datenbank importieren. Im Beispiel von Bild 10.10 werden die exportierten Funktionsbausteine als xml-Dateien in einer Access-Datenbank verwaltet.

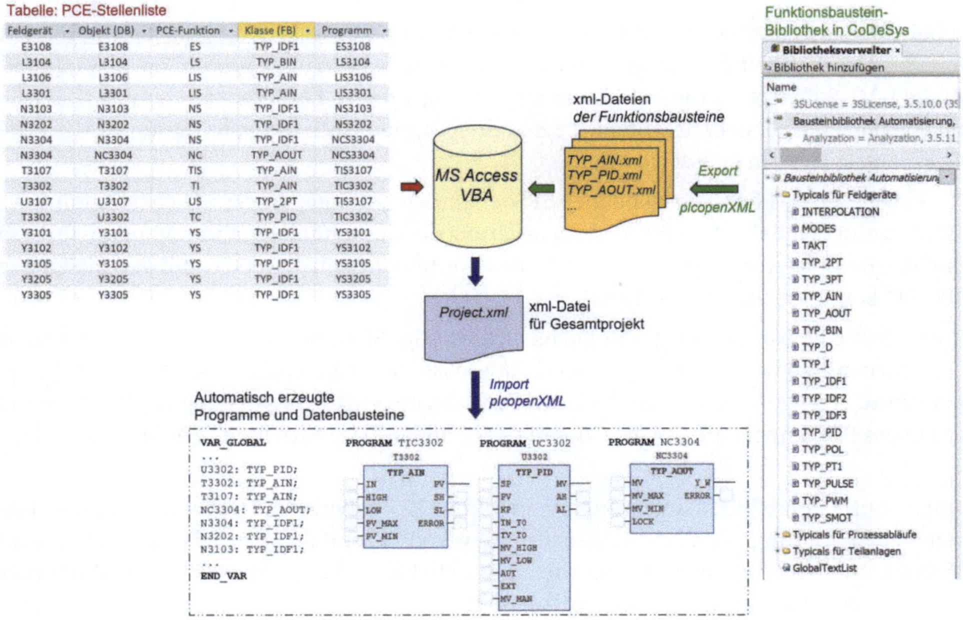

Bild 10.10 Automatische Codegenerierung mit PLCopenXML

Gemäß der Objekt- und Klassenzuordnung der Feldgeräte in der *PCE-Stellenliste* erzeugt ein Visual-Basic-Programm *eine* xml-Datei für *alle* zu erstellenden Programme jeweils mit einem Verweis auf die zugeordneten Daten- und Funktionsbausteine. Importiert man diese xml-Datei dann wieder in Codesys, wird für jedes Feldgerät *automatisch* das Ansteuerprogramm mit dem passenden Funktionsbaustein und ein Datenbaustein als globale Instanzvariable angelegt (s. Bild 10.10 und Übung 10.2).

PLCopenXML ist also ein offenes, xml-basiertes Datenformat zum Import und Export von SPS-Software. Leider bieten noch nicht alle Hersteller dieses Format an, um Software zwischen SPSen austauschen zu können. PLCopenXML ist Bestandteil von *AutomationML* (Automation Markup Language), das den Austausch von Anlagenplanungsdaten zwischen CAE-Systemen und Automatisierungssystemen ermöglicht. Dabei kann mit CAEX die Anlagenstruktur der Apparate und Geräte und mit Collada die Kinematik von Robotern und Werkzeugmaschinen modelliert werden [40].

Leider ist die Prozessvisualisierung der meisten SPSen nicht standardisiert sondern proprietär. Deshalb konnten die Module der Prozessvisualisierung bislang nicht herstellerneutral exportiert und in andere SPSen, SCADA- oder Prozessleitsysteme importiert werden. Dies soll nun durch Module Type Packages erreicht werden, die den HMI-Code mit standardisierten Bausteinen erzeugen, die jedes SCADA- oder Prozessleitsystem lesen kann [169, 160].

Module Type Package (MTP)

Die meisten SPS-Hersteller bieten heutzutage ein Module Type Package mit standardisierten Funktionsbausteinen und eine App für das MTP-Engineering an. Mithilfe von AutomationML können die Daten der PCE-Stellenliste wie in Bild 10.11 dargestellt aus dem Anlagenschema (R&I-Fließbild) exportiert und in das MTP-Engineering importiert werden [21, 147, 176].

Anhand der eingelesenen PCE-Aufgaben erzeugt die App für das MTP-Engineering ähnlich wie oben beschrieben mit den standardisierter Bausteinen automatisch sowohl die SPS- als auch für die HMI-Software für die Anlagenmodule als sog. Process Equipment Assembly (PEA). Somit entsteht eine herstellerunabhängige Beschreibung der HMI-Software, die ein SCADA- oder ein Prozessleitsystem einlesen kann.

Die eingelesenen PEAs verschiedener SPSen werden in einer Process Orchestration Layer (POL) zu einer einheitlichen Prozessvisualisierung der Gesamtanlage zusammengestellt. Während des Betriebs werden die aktuellen Prozesswerte zwischen dem POL und den SPSen über OPC-UA kommuniziert (s. Bild 10.11).

Einige Hersteller bieten auch die Möglichkeit, die fertige SPS-Software in das MTP-Engineering zu importieren und daraus den HMI-Code mit MTP-konformen Bausteinen für die PEA automatisch zu erzeugen. Dann wird der HMI-Code aus dem MTP-Engineering als PEA exportiert und in das POL importiert, um die Gesamtanlage anhand der einzelnen PEAs zu orchestrieren [147, 35].

Durch konsequente Modularisierung wie in Bild 10.12 können standardisierte Funktionsbausteine zur Steuerung, Simulation, Visualisierung und Rezeptfahrweise teilweise automatisch im Programmiersystem angelegt und nach der Orchestrierung unmittelbar zur Produktion eingesetzt werden (Plug and Produce) [101, 169].

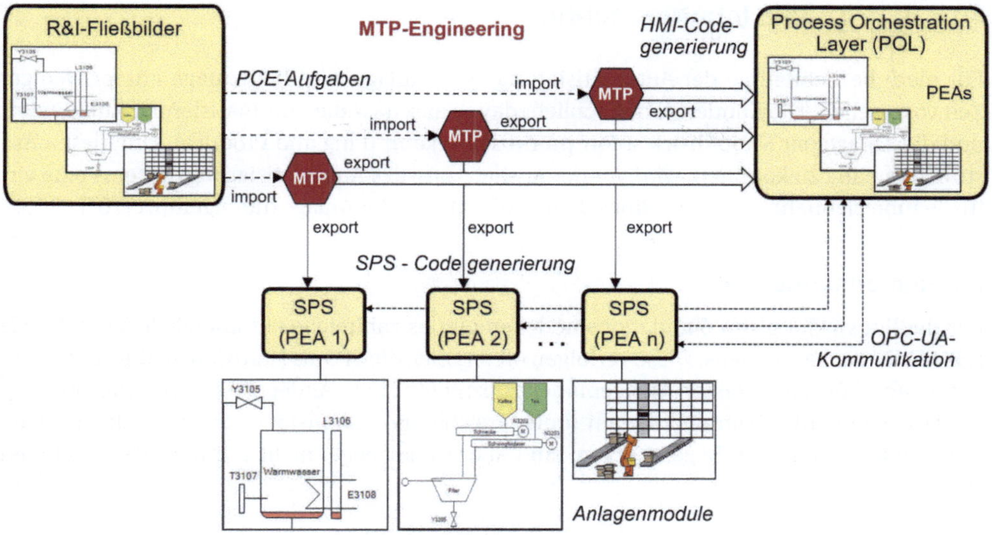

Bild 10.11 Das Module Type Package (MTP) bietet Bausteine zur herstellerunabhängigen Beschreibung von Anlagenmodulen (Process Equipment Assembly, PEA). Die PEAs unterschiedlicher Hersteller werden in einem Process Orchestration Layer (POL) zu einer einheitlichen Prozessvisualisierung zusammengesetzt

10.3.2 Cloud Engineering

Das Software Engineering ist bei großen Projekten ein langwieriger Prozess ist, an dem viele Ingenieure mitarbeiten. Die Cloud ermöglicht ein Multi-User- und Multi-Project-Engineering, wodurch der gemeinsame Zugriff und die Versionierung der Software geregelt werden. Entwickler können dabei orts- und plattformunabhängig ein Softwareprojekt im Webbrowser bearbeiten und über die Cloud anderen Entwicklern zur Verfügung stellen, die es nach Authentifizierung verändern und in einer neuen Version abspeichern können.

Somit sind die Softwaremodule in verschiedenen Revisionsständen für ein *Collaborative Engineering* zentral verfügbar. Diese sensiblen Eingriffe sind natürlich nur mit entsprechender Zugriffsberechtigung und Datensicherheit in einer (privaten) Cloud möglich (s. Kapitel 9).

Codesys bietet mit dem Automation Server eine *Cloud* zur Verwaltung und Konfiguration von Steuerungen und Anwendungsprojekten an [32]. Wie in Bild 10.1 skizziert ist die Software im Allgemeinen auf mehrere Steuerungen verteilt. Der Automation Server von Codesys ermöglicht es dem Entwickler, die Software z. B. in einer neuen Version zentral über die Cloud auf mehrere SPSen zu laden. Um Korrekturen in der Software vorzunehmen, können Entwickler die Software auch von einer Steuerung über die Cloud hochladen, korrigieren und wieder zurückspielen.

Auch die Hardwarekonfiguration lässt sich über die Cloud verwalten und wird wie in Bild 10.1 dynamisch angezeigt. Somit steht den Nutzern ein *virtuelles* Abbild des Automatisierungssystems in der Cloud zur Verfügung. Dadurch sieht man, welche Steuerung aktuell läuft, gestoppt oder in Störung ist.

10.3.3 Virtuelle Inbetriebnahme

Für die Inbetriebnahme der Automatisierung einer Anlage wird heutzutage immer weniger Zeit vorgesehen. Die Kunden gehen schlicht davon aus, dass die Automatisierung funktioniert und die Anlage per Knopfdruck sofort produzieren kann (Plug and Produce). Um diesen Ansprüchen nahe zu kommen, wird vor der Auslieferung des Automatisierungssystems eine virtuelle Inbetriebnahme mithilfe eines digitalen Zwillings der Anlage durchgeführt [167].

Simulationsbausteine

Für die Entwicklung von Simulationsmodellen gibt es zahlreiche kommerzielle Systeme wie z. B. SIMIT der Fa. Siemens. Diese verfolgen oft das Ziel, die SPS als Hardware in the Loop (HIL) mit einem möglichst exakten Anlagemodell zu koppeln [154]. Andere sog. Rapid-Prototyping-Systeme wie Matlab/Simulink bieten umfangreiche Simulationstools zur möglichst exakten Modellbildung z. B. von Regelstrecken, sind aber in der Regel nicht mit der SPS verbunden [122].

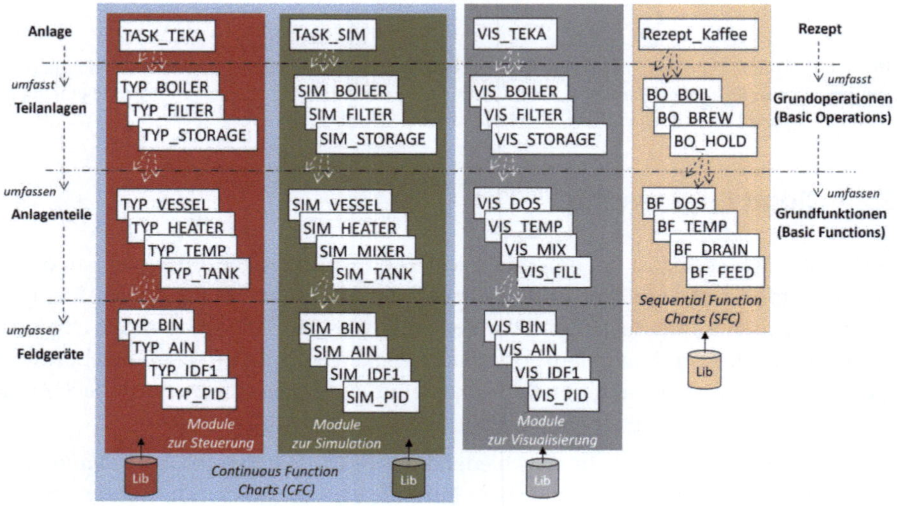

Bild 10.12 Modularer Aufbau der Steuerungs- und Simulationssoftware

Oft steht in der Realisierungsphase jedoch nicht genügend Zeit und Geld zur Verfügung, um ein exaktes Anlagenmodell zu entwickeln. Das ist auch gar nicht notwendig, weil die Inbetriebnahme an der realen Anlage noch folgt. Insofern ist eine Software in the Loop (SIL) mit SPS-Bordmitteln völlig ausreichend. Dabei wird die Simulationssoftware parallel zur Entwicklung der Steuerungssoftware und damit quasi en passant erstellt [130]. Für jeden Feldgerätetyp ist nicht nur ein Funktionsbaustein zur Ansteuerung, sondern wie in Bild 10.12 jeweils auch ein Funktionsbaustein zur *Simulation* und zur *Visualisierung* zu entwickeln. Die Funktionsbausteine lassen sich wie in Abschnitt 6.6.3 erläutert zu Bausteinen für Anlagenteile und Teilanlagen zusammenfassen, die projektübergreifend verwendet werden können.

Das dynamische Verhalten der Anlagenteile kann durch die in Tabelle 4.2 dargestellten Funktionsbausteine simuliert werden, die z. B. eine Tankbefüllung (s. Beispiel 4.5), das Aufheizen einer Flüssigkeit oder die Bewegung von Objekten auf einem Förderband simulieren. Dabei geht es nicht darum, die Prozessdynamik exakt zu modellieren, um etwa die Reglerparameter genau einzustellen, sondern die Simulation dient in erster Linie dazu, den Steuer- bzw. Regelkreis zu schließen, um das *Zusammenspiel* aller Softwaremodule sowie ihrer Datenverbindungen testen zu können [186].

Die Bausteinbibliothek nach Bild 10.12 reduziert den Engineering-Aufwand erheblich, denn sie ermöglicht es, Simulationsbausteine generisch zu einem Simulationsmodell der Anlage zusammenzusetzen (s. Übung 10.3). Da der Testablauf meist dem programmierten Prozessablauf der Schrittketten entspricht, kann mithilfe dieser Simulationsbausteine die Steuerungssoftware weitgehend automatisiert getestet werden [140, 130].

Visualisierungsframes

Zur Virtualisierung mit einem digitalen Zwilling gehört eine dynamische Visualisierung der simulierten Anlage, die der realen Anlage möglichst nahe kommt und um virtuelle Elemente (z. B. Füllstands- oder Druckanzeigen) erweitert wird. In der SPS ist die Anlagenvisualisierung im Allgemeinen nicht sehr komfortabel zu erstellen (vgl. Abschnitt 2.7). Aber mit Zusatzlizenzen, wie z. B. dem Depictor von Codesys, können 3D-Darstellungen von Anlagen und Maschinen und die Bewegungen von Werkstücken oder Robotern für eine virtuelle Inbetriebnahme modelliert werden.

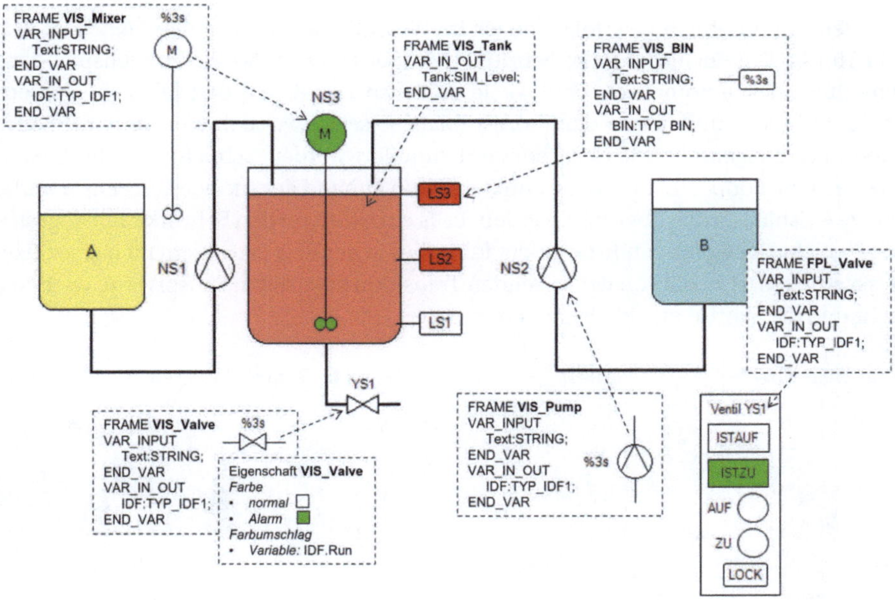

Bild 10.13 Erstellen der Prozessgrafik mit Frames als Klassen für die Visualisierung von Feldgeräten und Anlagenteilen

Auch die Standard-Visualisierung kann effizient genutzt werden, wenn Visualisierungstemplates als Klassen für die Feldgerätetypen angelegt werden. Diese sog. Visualisierungsframes müssen nur einmal erstellt und können dann mehrfach für anlagenspezifischen Objekte verwendet werden. Bild 10.13 zeigt, wie solche Frames als Visualisierungsklassen für eine konkrete Anlage instanziiert wurden. Z. B. wird im Frame VIS_Valve die Variable IDF vom TYP_IDF1 als VAR_IN_OUT deklariert. Alle dynamischen Eigenschaften des Frames, wie z. B. ein Farbwechsel beziehen sich auf diese Variable. Bei der Instanziierung des Frames im Prozessgrafikbild wird der *anlagenneutralen* Variablen IDF der *anlagenspezifische* Datenbaustein Y1 zugewiesen (s. Übung 10.4).

Visualisierungsframes sparen besonders dann viel Arbeit, wenn wie im Fall des Faceplates FPL_Valve in Bild 10.13 viele Schaltflächen dynamisiert werden müssen, die alle vom Zustand der Variablen IDF abhängig sind.

Factory Acceptance Test (FAT)

Vor Auslieferung muss geprüft werden, ob das Automatisierungssystem spezifikationsgemäß funktioniert. In der Praxis erfolgt dieser *Factory Acceptance Test (FAT)* oft im Prüffeld des Lieferanten. Dabei wird zunächst der *Modultest* durchgeführt, der eigentlich nach Bild 10.3 Bestandteil der Inbetriebnahme ist. Meistens wird er aber im FAT schon vorgezogen, weil Funktionsbausteine für Feldgerätetypen, die neu entwickelt und bisher noch nicht getestet wurden, zuerst getestet werden müssen, bevor das *Zusammenspiel* mit anderen Softwaremodulen getestet werden kann. Im Prüffeld wird auch das Zusammenspiel der Softwaremodule mit Ansteuerkarten und E/A-Baugruppen getestet, indem die E/A-Signale durch Schalter und Potentiometer manuell erzeugt werden (Hardware in the Loop, HIL).

Die virtuelle Inbetriebnahme erfolgt danach im Wesentlichen durch einen *Black-Box-Test* wie in Bild 10.14a. Die Ausführung der Schrittketten (SFCs) testet das Zusammenspiel der Softwaremodule quasi automatisch, denn sie lesen Sensorsignale aus den CFCs ein, steuern Aktoren über CFCs an und führen den Prozessablauf so schrittweise durch. Wenn die Sensoren, Aktoren und Anlagenteile wie oben erläutert simuliert werden, schließt sich der Steuerkreis (Software in the Loop, SIL) und seine Funktion kann anhand der simulierten Sensorwerte und der Prozessvisualisierung überprüft werden. Falls einzelne von den Schrittketten angestoßene Aktionen nicht richtig ausgeführt werden, führt dies in der Regel zu einem nicht spezifizierten Prozessverhalten, d. h. die von der folgenden Transition erwarteten Sensorwerte werden nicht erreicht und die Schrittkette bleibt stehen.

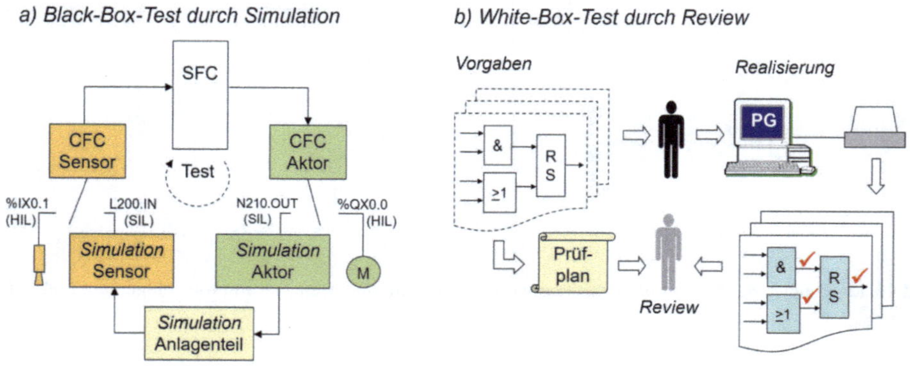

Bild 10.14 Black- und White-Box-Test der Software des Automatisierungssystems

Zusätzlich muss durch *White-Box-Tests* sichergestellt werden, dass Schrittketten, Typicals und Verriegelungen entsprechend der Vorgaben vollständig und korrekt programmiert sind. Dies erfolgt oft durch Sichtkontrolle der Programmlistings gegen die entsprechenden Funktionsvorgaben und wird durch Abhaken protokolliert (Review, s. Bild 10.14b). Während beim White-Box-Test also auch die innere Struktur einzelner Modulen überprüft wird, erfolgt beim *Black-Box-Test* nur eine Beobachtung des Gesamtverhaltens.

Durch den FAT und die virtuelle Inbetriebnahme wird sichergestellt, dass die SPS-Software in sich schlüssig funktioniert. Somit kann das Zusammenspiel der SPS-Software mit der Hardware und der realen Anlage getestet werden, ohne dass reine Software-Fehler die Inbetriebnahme verzögern.

■ 10.4 Inbetriebnahme und Qualifizierung

Bei der Inbetriebnahme wird nun das Zusammenspiel der Hard- und Software des Automatisierungssystems mit der realen Anlage getestet. Die Inbetriebnahme umfasst die im V-Modell nach Bild 10.3 dargestellten 4 Phasen, in denen das Anlagenverhalten geprüft wird.

10.4.1 Installationsprüfung

In der Installationsphase wird geprüft, ob die einzelnen Hard- und Softwaremodule korrekt installiert sind und so zusammenarbeiten, wie es im Pflichtenheft vorgegeben ist. Dabei muss die Software auf der *Zielhardware* des Automatisierungssystems im Schaltraum laufen.

Modultests

Modultests sind eigentlich nur erforderlich, wenn bisher *nicht* getestete Module zum Einsatz kommen. Die Hardwaremodule sind im Allgemeinen vom Lieferanten getestet und zertifiziert. Da die Software objektorientiert programmiert ist, stellen die meisten Softwaremodule Funktionsbausteine als Klassen für die Feldgerätetypen dar, die schon in anderen Projekten erprobt wurden und sich bewährt haben.

Lediglich neu entwickelte Funktionsbausteine sind in einem White-Box-Test zu prüfen, der meist im Prüffeld des Softwareentwicklers durchgeführt wird und im Rahmen des Factory Acceptance Tests qualifiziert wurde (s. Abschnitt 10.3.3).

Integrationstest

Auch die Integrationstests der Software wurden bereits im Rahmen der virtuellen Inbetriebnahme während der Realisierungsphase durchgeführt (s. Abschnitt 10.3.3). Auf der Anlage muss jedoch die vollständige Installation der getesteten Hard- und Softwaremodule und ihre prinzipielle Funktionsfähigkeit durch folgende Maßnahmen überprüft werden:

- Review des *Hardwareaufbaus*, indem das installierte Automatisierungssystem gegen den Hardwarestrukturplan, d. h. die Aufstellungspläne, Kabellisten etc., getestet wird (vgl. Bild 10.7),

- Review der *vollständigen* Installation der Ansteuerprogramme und ihrer Signale gegen den Softwarestrukturplan bzw. die PCE-Stellen- und Variablenliste (s. Bild 10.9),
- Test der *Funktionsfähigkeit* der Hardwarekomponenten, wie z. B. der E/A-Baugruppen, der CPUs und der einzelnen HMIs, was aber ohnehin während des folgenden Funktionstests mitgetestet wird.

10.4.2 Funktionsprüfung

Nachdem das Automatisierungssystem auf der Anlage installiert ist und die Feldgeräte angeschlossen sind, erfolgt die Funktionsprüfung der Steuerung im Zusammenspiel mit der Anlage. Im Einzelnen führt man dabei die in Bild 10.15 skizzierten Tests aus:

- *Loop-Check*: Test der Feldgeräte durch Ansteuerung und Beobachtung über die Anzeige- und Bedienkomponente (HMI). Somit werden nicht nur die Funktionsfähigkeit der HMI und der SPS-Logik, sondern auch die korrekte E/A-Belegung, die Verdrahtung und die Funktion der Feldgeräte mit der SPS überprüft.
- Test der *Zusatzlogik* in den Verknüpfungssteuerungen, wie z. B. Verriegelungen, Alarmierungen, kontinuierliche Schaltungen und Regelungen gemäß der Wirkungslinien im Anlagenschema (Bild 10.6) und der Vorgaben der Cause-and-Effect-Diagramme.
- Ablauftest (*Wasserfahrt*): Test der Ablaufketten hinsichtlich des spezifizierten Prozessablaufs. Chemische Anlagen werden zunächst nur mit Wasser durchlaufen, um Auswirkungen von Anlagenfehlern auf die zum Teil wertvollen und/oder gefährlichen Produktionseinsatzstoffe zu vermeiden.

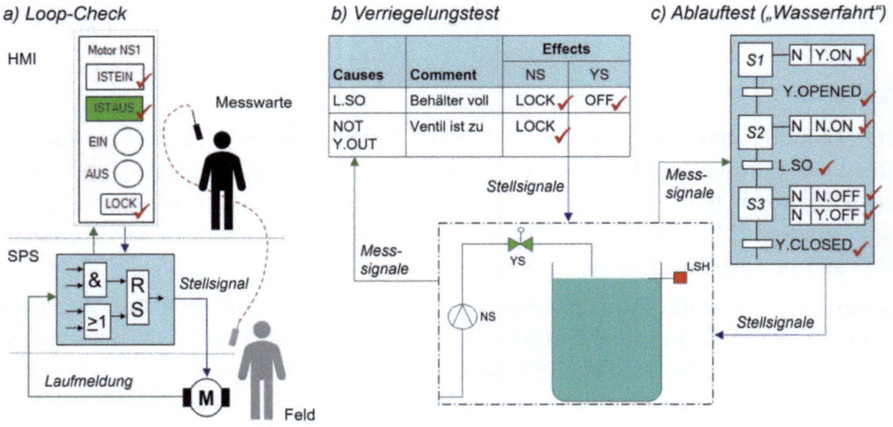

Bild 10.15 Funktionsprüfung des Automatisierungssystems mit der Anlage

Nach erfolgreicher Funktionsprüfung kann das funktionstüchtige Automatisierungssystem an den Kunden übergeben werden und der Site Acceptance Test (SAT) ist bestanden. Im Folgenden kann der Kunde mit dem Automatisierungssystem seine Anlage betreiben, um das gewünschte Produkt herzustellen.

10.4.3 Produktionsprüfung

Bei der Produktionsprüfung wird das Zusammenspiel zwischen Steuerung, Anlage und Produkt getestet. Statt einer Wasserfahrt werden nun die für die Produktion vorgesehenen Einsatzmaterialien verwendet, denn nicht alle Geräte können durch eine Wasserfahrt hinlänglich getestet werden. Beispielsweise kann ein pH-Regler nur mit Lauge oder Säure getestet werden. Somit ergeben sich bei der Produktionsprüfung noch folgende mit dem Automatisierungssystem auszuführende Tests:

- Einstellung bzw. *Parametrierung* materialabhängiger Sensoren und Regler,
- *Optimierung* der Abläufe hinsichtlich Parametrierung und Protokollierung (Aufzeichnung von Messkurven qualitätsrelevanter Sensoren) sowie
- *organisatorische* Maßnahmen (z. B. Schulung des Bedienpersonals).

Durch Funktions- und Produktionsprüfung erfolgen *Integrationstests* der bereits geprüften Module im Zusammenspiel mit Anlage und Produkt. Da die Abgrenzung zwischen Inbetriebnahmephasen nicht vorgeschrieben ist, kann die Reihenfolge der einzelnen Prüfungen verändert werden, um Prüf- und Dokumentationsaufwand zu senken [133].

10.5 Wartung und Instandhaltung

Auch nach der Inbetriebnahme ist die automatisierte Anlage im qualifizierten Zustand zu halten. Das Verhalten von Anlagenteilen und Maschinen kann im Laufe der Zeit wegen Alterung, Verschleiß und Verschmutzung vom spezifizierten und gewünschten Verhalten abweichen. Deshalb ist eine *Instandhaltung* der Anlagenkomponenten (Assets) notwendig, indem die Sensoren und Aktoren regelmäßig inspiziert, gereinigt oder ggf. auch repariert werden.

Grundsätzlich unterscheidet man *korrektive* Instandhaltung durch Reparatur und *präventive* Instandhaltung durch Inspektion. Zunehmend setzt man heute auf *prädiktive* Instandhaltung (Predictive Maintenance). Dabei werden mithilfe von KI oder Simulationsmodellen des digitalen Zwillings Abweichungen vom regulären Betriebsverhalten frühzeitig erkannt und an das Asset-Management-System gemeldet, um eine Wartung zu veranlassen und größere Schäden zu vermeiden (s. Abschnitt 8.3.3).

10.5.1 Predictive Maintenance mithilfe des digitalen Zwillings

Oft kann auch mithilfe der SPS und des digitalen Zwillings eine *Zustandsüberwachung* für ein Feldgerät oder einen Anlagenteil durchgeführt werden. Der digitale Zwilling einer Anlage besteht wie in Abschnitt 10.1.3 erläutert aus Informations- und Simulationsmodellen, die beispielsweise das ideale Verhalten eines Anlagenteils unmittelbar nach der Inbetriebnahme, also im qualifizierten Zustand, modellieren [105].

Vergleicht man nun dieses ideale Verhalten des digitalen Zwillings mit dem realen Verhalten der Anlage, deuten Abweichungen auf Fehler hin, die längerfristig zu Ausfall und Beschädigung der Anlage führen, aber durch rechtzeitige Wartung vermieden werden können.

Beispiel 10.2: Modellbasierte Fehlererkennung an einem Wärmetauscher

Für einen Wärmetauscher kann ein PT2-Glied als Modell für das dynamische Übertragungsverhalten erstellt werden [69]. Dabei stellt die SPS die Dampfzufuhr über das Stellventil YC305 in Bild 10.16a ein und regelt die Temperatur des durch den Wärmetauscher W310 strömenden Mediums.

Durch Vergleich des realen Prozessverhaltens der Anlage mit dem idealen Prozessverhalten des digitalen Zwillings werden Abweichungen nach Bild 10.16b erkannt. Da das Modell nicht exakt ist und Unterschiede zur Realität nie ganz kompensiert werden können, werden Abweichungen erst dann alarmiert, wenn sie gewisse Grenzen überschreiten. Werden diese Grenzen dauerhaft verletzt, haben sich die Anlagenparameter wahrscheinlich durch Verschmutzung, Korrosion o. ä. so verändert, dass eine Reinigung des Wärmetauschers und evt. Rekalibrierung der Messgeräte notwendig ist. Die SPS setzt hierfür eine Meldung zu einer vorzeitigen Instandhaltung in ihrer HMI ab.

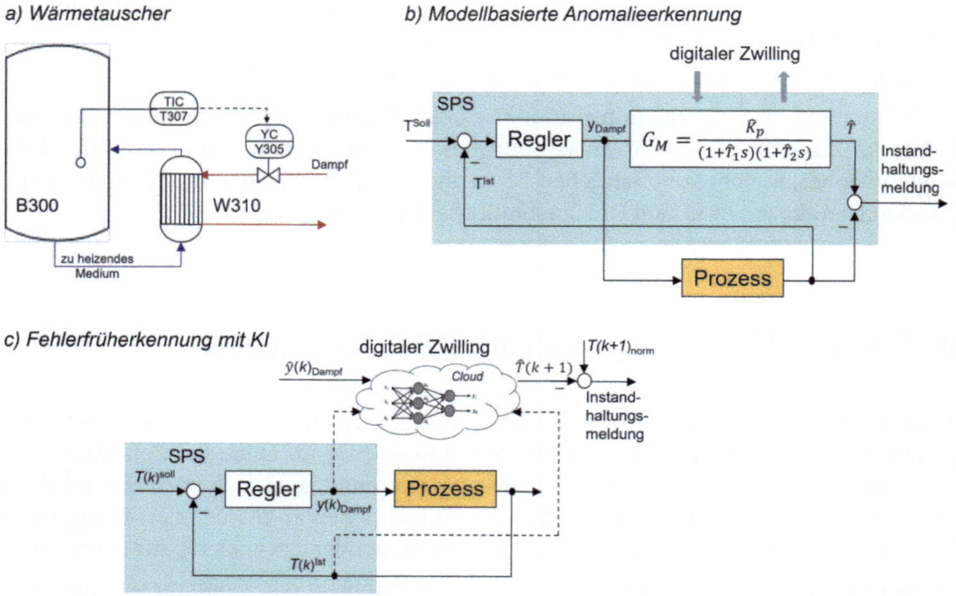

Bild 10.16 Ein Wärmetauscher wird von der SPS geregelt (a). Durch Abweichungen vom Modell des digitalen Zwillings kann eine Meldung für eine Instandhaltung abgesetzt werden (b). Speichert man das Prozessverhalten in einem neuronalen Netz kann dieses eine Vorhersage über die zukünftige Temperatur treffen und Abweichungen vom normalen Temperaturverhalten frühzeitig erkennen (c).

Oft ist das Prozessverhalten aber nur schwer, genau genug mathematisch zu ermitteln. Dann gibt es die Möglichkeit, die Prozessein- und -ausgangsgrößen wie in Beispiel 8.7 in einem neuronalen Netz abzuspeichern. Trainiert man so ein neuronales Netz dauerhaft mit Prozessein- und -ausgangsgrößen beispielsweise wie in Bild 10.16c in der Cloud, erhält man einen digitalen Zwilling, der das *aktuelle, reale* Prozessverhalten repräsentiert im Unterschied zur modellbasierten Fehlererkennung im obigen Beispiel, die das *ideale* Prozessverhalten modelliert hat.

Mit dem *realen* Prozessverhalten können dem neuronalen Netz im digitalen Zwilling in der Cloud testweise alle möglichen Prozesseingangswerte in verschiedenen Betriebszuständen aufgeschaltet werden. Die dabei vom neuronalen Netz prädizierten Prozessausgangswerte werden dann mit Normwerten verglichen, die z. B. unmittelbar nach der Inbetriebnahme durch dieselben Tests aufgenommen wurden, als die Anlage noch im qualifizierte Zustand war. Stellt der digitale Zwilling nun durch Fehler oder Alterung eine starke Abweichung zwischen den aktuellen und den normativen Prozessantworten fest, kann eine Instandhaltung frühzeitig veranlasst werden, um größere Schäden zu vermeiden.

Weitere Möglichkeiten zum Predictive Maintenance ergeben sich durch eine *signalbasierte* Zustandserkennung. Z. B. deuten unregelmäßige Vibrationen von Maschinen oder Windrädern frühzeitig auf Störungen oder Ausfälle hin. In der SPS können diese Messsignale überwacht werden und ggf. eine Alarmierung auslösen [183]. Die Ursache dieser Fehler kann durch Analyse der Prozessdaten (Big Data) klassifiziert werden, so dass frühzeitige Instandhaltungsmaßnahmen durch ein Predictive Maintenance eingeleitet werden können.

10.5.2 Change Management

Aber auch die Software muss gewartet werden, denn häufig kommt es zu betriebsbedingten Änderungen und damit zu einer Abweichung vom einstmals qualifizierten Zustand. Deshalb sollte jede Änderung dokumentiert und von der Betriebsleitung durch eine Change Order beauftragt werden. Wie in Bild 10.17 dargestellt ist dann nicht allein Software, sondern auch ihre Dokumentation zu ändern. Dies schließt sowohl die Spezifikation der neuen Funktion im Lasten- und Pflichtenheft als auch die Testprotokolle ein, um den erfolgreichen Test der Änderungen zu dokumentieren. Außerdem muss die Änderungshistorie durch eine neue Versionsnummer für die geänderten Dokumente nachvollziehbar bleiben.

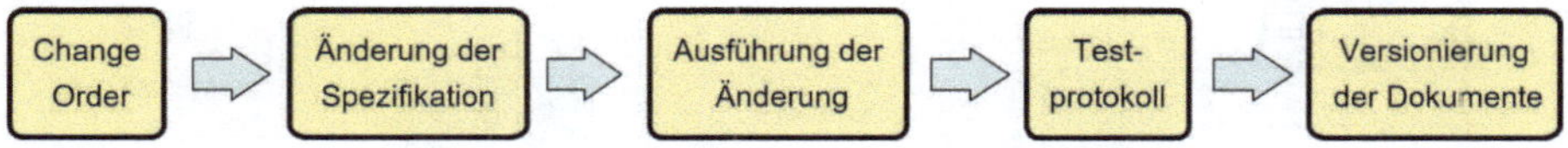

Bild 10.17 Dokumentation von Änderungen zur Aufrechterhaltung des qualifizierten Zustands der Anlage

Die *Dokumentationspflege* sollte mithilfe des digitalen Zwillings z. B. in der Verwaltungsschale durchgeführt werden. Im Beispiel von Bild 10.5 sind Submodel Components für Change Orders und Testprotokolle im Prozess-, Anlagen-, Geräte-, Signal- und Datenmodell vorgesehen. Die Versionierung der Software und der Dokumentation muss z. B. durch Subversion (SVN) geregelt werden. Damit kann nachverfolgt werden kann, wer wann welche Änderung an einem Dokument oder Softwaremodul vorgenommen hat [20, 33].

10.5.3 Fernwartung

Die Wartung der SPS kann heutzutage wie schon in Bild 10.1 skizziert durch Cloud Engineering erfolgen, so dass häufig ein Vor-Ort-Einsatz nicht mehr notwendig ist. Der *Automation Server* von Codesys ermöglicht es z. B., die Software aus einer SPS verschlüsselt an einen autorisierten Web-Client zu übertragen, der sie dann korrigiert und wieder verschlüsselt zurücküberträgt.

Bei Ausfall einer SPS-Hardwarekomponente (CPU, E/A-Baugruppe o. ä.) kann der Benutzer aus der Ferne ein *Ticket* mit allen Daten der ausgefallenen Komponente erstellen und den Austausch durch einen Techniker vor Ort veranlassen. Mit einer *Webcam* kann er den Austausch über die Cloud überwachen und danach die Software in die erneuerte SPS wieder hineinladen [32].

Virtual Private Network (VPN)

Ein anderes Prinzip der Fernwartung basiert auf einem VPN-Tunnel. Um die besonderen Anforderungen des Datenschutzes zu berücksichtigen, wird ein sog. *Virtual Private Network (VPN)* aufgebaut [29].

Dabei wird, wie in Bild 10.18a gezeigt, jeweils ein Router im Segment des Servers und im Segment des Clients eingesetzt. Die Router bieten Verschlüsselungssysteme für geschützte Verbindungen wie das IPSec-Protokoll (Internet Protocol Security).

Mit dieser Verschlüsselung schafft man eine Verbindung zwischen den beiden Routern, die von außen geschützt ist und intern die Möglichkeit gibt, alle Teilnehmer über den Namen oder die lokale IP-Adresse anzusprechen. Nach der Konfiguration des VPN/IPSec-Tunnels ist das Handling genau so, als wären die Teilnehmer durch ein Netzwerkkabel miteinander verbunden. Da diese Verschlüsselung nicht auf Anwendungsebene arbeitet, untertunnelt sie gewissermaßen die Kommunikation und bleibt für Angriffe auf bestimmte Anwendungsprogramme unsichtbar.

Der VPN-Client kann auch als Software auf dem Service-PC laufen, aber das Sicherheitsrisiko ist bei einer Softwarelösung immer etwas höher als bei der Realisierung mit Hardware.

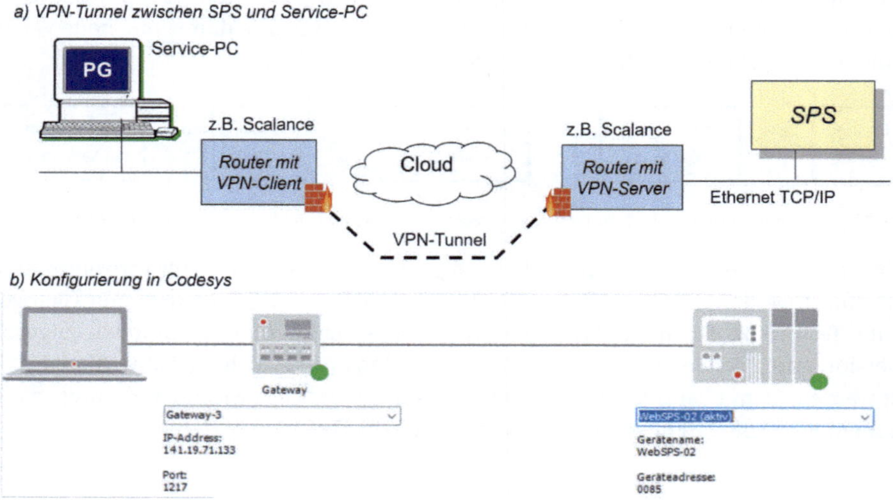

Bild 10.18 Mit Routern wird ein VPN-Tunnel aufgebaut, der die Internet-Verbindung gegen Fremdeinwirkung schützt. Die Software kann dann sicher einfachüber das Internet geladen werden, indem die IP-Adresse der Steuerung im Programmiersystem eingetragen wird

Remote Engineering

Für Wartungszugriffe auf die SPS aus der Ferne kann ein Remote Engineering entweder über die Cloud oder direkt durch einen VPN-Client ermöglicht werden. Im Codesys Automation Server beispielsweise werden die SPS-Softwareprojekte über ein Edge-Gateway in der Cloud gespeichert. Der Entwickler sieht auf der Webseite des Servers, welche SPSen in welchem Betriebszustand im Einsatz sind. Außerdem kann er Applikationen, die auf den SPSen laufen, von seinem Remote-PC aus mit dem Programmiersystem öffnen, verändern und wieder in die SPS laden (s. Bild 10.19).

Ein gemeinsamer Zugriff ist somit kollisionsfrei möglich, was beim einfachen Zugriff über VPN zu Problemen führen kann. Durch ein Edge-Gateway stellt der Codesys Automation Server eine sichere Verbindung zwischen den SPSen und der Cloud her. Dies ermöglicht die Verwaltung mehrerer Steuerungen und ihrer Software im Webbrowser auf PC, Tablet oder Smartphone.

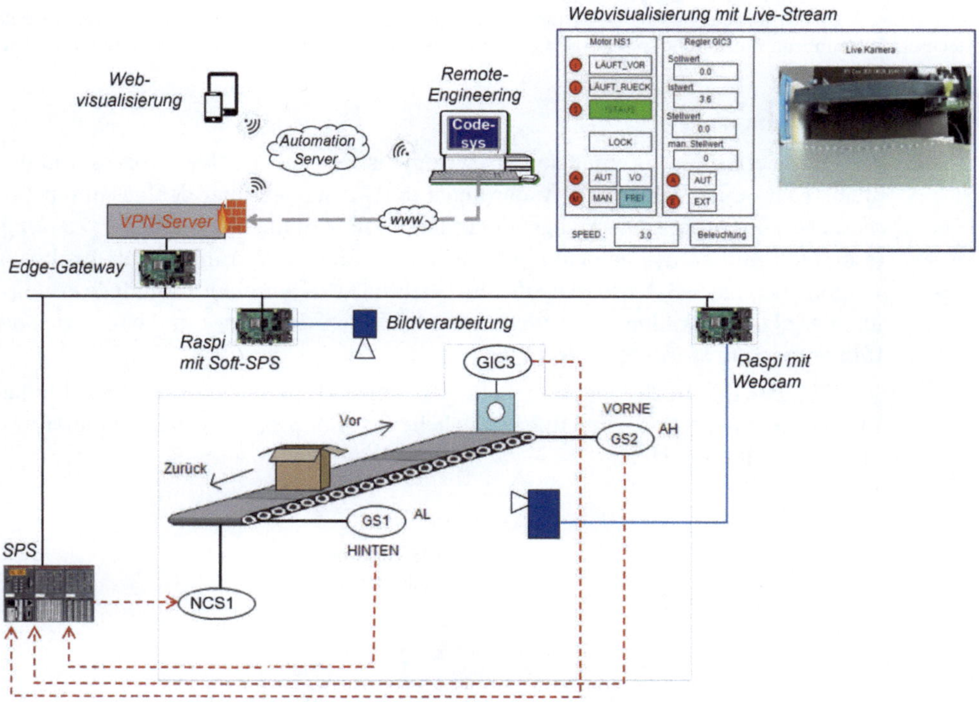

Bild 10.19 Remote Engineering über einen VPN-Client und Überwachung einer Förderbandanlage durch eine Webcam mit Streaming in der Webvisualisierung des Remote-PCs. Eine automatische Bildauswertung in einer zweiten Kamera erkennt und alarmiert Fehler in der Anlage

Ein SPS-Programmiergerät kann auch direkt auf eine SPS über das Internet zugreifen, wenn es als VPN-Client im Netzwerk der Steuerung angemeldet ist. Dazu ist die IP-Adresse der Steuerung wie in Bild 10.18b im Programmiersystem einzutragen. Der Programmierer kann so die Software aus der Ferne entwickeln oder korrigieren und in die Steuerung laden. Ist die HMI als Webvisualisierung in der SPS konfiguriert, können Anwender im Webbrowser die Prozessvisualisierung öffnen und die Anlage bedienen und beobachten. Mithilfe einer Web-Cam, deren Bild in die HMI eingebunden wird, können die Bewegungen der Anlage live verfolgt werden [137].

Beispiel 10.3: Anlagenüberwachung mit Web-SPS und Kameras

Die Förderbandanlage in Bild 10.19 wird von einer SPS angesteuert und durch zwei Kameras überwacht. Mit einer am RaspberryPi angeschlossenen Webcam können Videostreams in der Webvisualisierung von Codesys dargestellt werden. Dazu ist in der Visualisierung ein Webbrowser-Element mit einer html-Seite anzulegen, in die der Videostream implementiert ist. Bei Aufruf der Webseite im Browser liefert der Webserver den Videostream an das Browser-Element im Remote-PC. Außerdem stellt die Webvisualisierung die HMI im Webbrowser läuft dar, damit der Anwender die Anlage bedienen und beobachten kann.

Auf einem zweitem RaspberryPi mit Kamera läuft eine Codesys-Soft-SPS, die die Bilder mit Methoden der Bildverarbeitung automatisch auswertet (s. Abschnitt 7.6). Sie erkennt, wenn z. B. die Kiste auf dem Band nicht an den Endschaltern oder einer vorgegebenen Sollposition anhält, weil eventuell die Sensorik nicht mehr richtig funktioniert.

Die Meldung der Soft-SPS wird im Steuerungsnetzwerk zur SPS z. B. über Netzwerkvariablen übertragen (s. Abschnitt 3.2.3). Das Netzwerk und der Zugriff auf die SPS-Software ist gesichert durch einen VPN-Server in einem Edge-Gateway, auf das nur eingetragene Clients mit autorisierten Zugangsdaten zugreifen können. Im Netzwerk der Hochschule Mannheim kann das Beispiel etwas vereinfacht über die SPS-Lern-und-Übungsseite getestet werden.

Zusammenfassung

Das Engineering für Automatisierungssysteme ist ein aufwendiger Prozess und erstreckt sich wegen zahlreicher Änderungen und Verschleiß über den gesamten *Lebenszyklus* der Anlage. Die Anlagendokumentation wird in einem *digitalen Zwilling* gesammelt und aktuell gehalten, was neben Planungs-, Wartungs- und Testdokumenten auch die SPS-Anwendersoftware betrifft. Durch Simulationsmodelle ermöglicht der digitale Zwilling die *virtuelle Inbetriebnahme* der Anlage und ein *Predictive Maintenance* für Wartungszwecke.

Er stellt wie in Bild 10.20 veranschaulicht eine *zentrale* Datenbasis in der Cloud für die Anlagendokumentation bereit und ermöglicht das reibungsfreie, gemeinsame Arbeiten an Softwareprojekten.

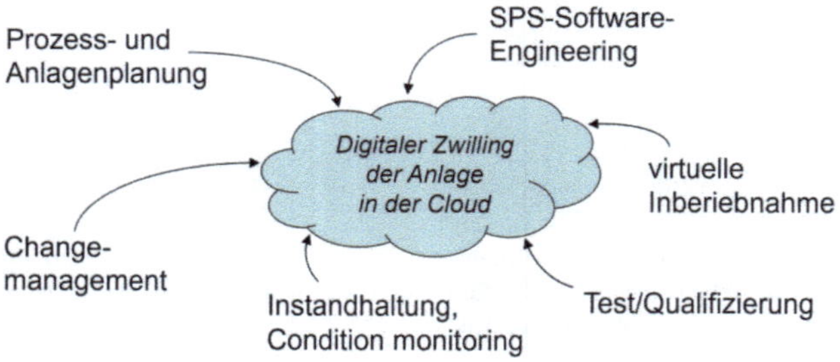

Bild 10.20 Der digitale Zwilling als zentrale Datenbasis über den gesamten Lebenszyklus der Anlage

Wiederholungsfragen

1. Welche Dokumente müssen zur Planung einer automatisierten Anlage erzeugt werden?
2. Beschreiben Sie das V-Modell für das Engineering?
3. Was versteht man unter Qualifizierung?
4. Was ist ein digitaler Zwilling?
5. Welche Spezifikationen muss ein automatisierungstechnisches Lastenheft enthalten?
6. Welche Spezifikationen muss ein automatisierungstechnisches Pflichtenheft enthalten?
7. Welche Möglichkeiten ergeben sich durch das Cloud Engineering?
8. Wie wird ansatzweise eine automatische Codegenerierung ermöglicht?
9. Beschreiben Sie den modularen Aufbau der Automatisierungssoftware!
10. Wie erfolgt die virtuelle Inbetriebnahme?
11. Was versteht man unter White- und Black-Box-Tests?
12. Welche Tests finden bei Installations-, Funktions- und Produktionsprüfung statt?
13. Was versteht man unter Predictive Maintenance?
14. Wie kann eine Fernwartung durchgeführt werden?

Die Antworten finden Sie auf der SPS-Lern-und-Übungsseite.

Übung 10.1: Prozess- und anlagentechnische Planung

Für die Wasseraufbereitung mit der Trennanlage aus Bild 5.3 sollen folgende Planungsdokumente erstellt werden:

a) Zeichnen Sie das Grundfließbild für den Prozess Wasseraufbereitung!
b) Zeichnen Sie das Verfahrensfließbild für die Trennanlage!
c) Erstellen Sie das R&I-Fließbild mit allen PCE-Stellen und erforderlichen Wirkungslinien!

Die Lösung zu dieser Übung finden Sie auf der SPS-Lern-und-Übungsseite.

Übung 10.2: Automatische Codegenerierung

Anhand der PCE-Stellenliste aus Bild 10.10 sollen die Softwaremodule für die Kaffeeanlage automatisch in Codesys angelegt werden.

a) Öffnen Sie die Microsoft-Access-Datenbank `Autonom_Code_Gen` aus dem Verzeichnis `U10_2_AutomatischeProjektierung`, das Sie von der SPS-Lern-und-Übungsseite downloaden und extrahieren können!
b) Schreiben Sie alle gewünschten Objekte in die Tabelle `PCE-Stellen` gemäß Bild 10.10!
c) Aktivieren Sie in MS-Access im Menü „DatenbankTools“ die Schaltfläche „Visual Basic“ und führen Sie das Makro `main` aus!
d) Öffnen Sie nun das Codesys-Projekt `automation.project` und speichern Sie es unter einem anderen Namen ab!
e) Öffnen Sie in Codesys im Gerätebaum die `Application` und aktivieren Sie im Menü „Projekt“ die Auswahl „PLCopen XML importieren“!
f) Importieren Sie aus dem Root-Ordner die Datei „ROOT\fertig\fertig.xml“ und wählen Sie alle zu importierenden Softwaremodule, inklusive der Global Variable List (`GVL`) aus! Bestehende Objekte können ersetzt werden.

Die Lösung zu dieser Übung finden Sie auf der SPS-Lern-und-Übungsseite.

Übung 10.3: Realisierung der Automatisierungssoftware für eine Tankbefüllung

Für die Füllstandsregelung nach Bild 4.30 soll die Automatisierungssoftware mithilfe fertiger Funktionsbausteine aus einer Bausteinbibliothek erstellt werden.

a) Öffnen ein neues Projekt in Codesys und binden Sie die Bibliothek `automation.library` ein, die Sie von der SPS-Lern-und-Übungsseite downloaden und extrahieren können!
b) Fügen Sie die Funktionsbausteine `TYP_AIN`, `TYP_PID` und `TYP_AOUT` zur Regelung ein und instanziieren Sie sie wie in Bild 4.32!
c) Fügen Sie außerdem den Funktionsbausteine `TYP_IDF1` ein und instanziieren Sie ihn im Programm `YS200`!
d) Entwickeln Sie mithilfe der Simulationsbausteine `SIM_AOUT`, `SIM_IDF`, `SIM_I` und `SIM_AIN` einen Simulationsbaustein für die gegebene Anlage!
e) Instanziieren Sie ihn im Programm `Simulation` und erstellen Sie die Signalverknüpfung im Programm `PLC_IOs` (vgl. Beispiel 4.4)!
f) Erproben Sie die Software mithilfe der Visualisierung und ihrer Frames!

Die Lösung zu dieser Übung finden Sie auf der SPS-Lern-und-Übungsseite.

Übung 10.4: Visualisierung mit Frames

Öffnen Sie das Projekt `U10_4_Frames.project` und erstellen Sie die Visualisierung mithilfe der gegebenen Frames gemäß Bild 10.13!

Die Lösung zu dieser Übung finden Sie auf der SPS-Lern-und-Übungsseite.

Übung 10.5: Qualifizierung eines Hochregallagers

Die Steuerung für ein Hochregallager nach Beispiel 5.4 soll qualifiziert werden (s. Bild 5.10).

a) Erstellen Sie einen Softwarestrukturplan in Anlehnung an Bild 10.8!
b) Erstellen Sie exemplarisch ein Prüfprotokoll für den Test des Typicals `TYP_IDF2`!
c) Erstellen Sie exemplarisch ein Prüfprotokoll für den Loop-Check des Motors `NS_X`!
d) Erstellen Sie exemplarisch ein Prüfprotokoll für die Schrittkette `EINLAGERN`!

Die Lösung zu dieser Übung finden Sie auf der SPS-Lern-und-Übungsseite.

11 Die Zukunft der SPS im Industrial IoT

Die Automatisierung mit speicherprogrammierbaren Steuerungen spielt schon heute eine wichtige Rolle für die *Zukunftsthemen* Digitalisierung, Nachhaltigkeit und Sicherheit.

- Wie in Kapitel 2 und Kapitel 8 beschrieben dient die SPS als Edge Controller zur Ankopplung der von ihr automatisierten Maschinen und Anlagen an das Internet, wo deren Daten in einer Cloud verarbeitet werden. Mit OPC-UA wird ein herstellerunabhängiger Datenaustausch zwischen verschiedenen SPSen und Apps realisiert. Somit werden Anlagen zu Cyber Physical Systems, die die *Digitalisierung* der Produktion ermöglichen.
- Auch zur *Nachhaltigkeit* und *Energieeffizienz* leisten SPSen wichtige Beiträge, indem sie Produktionsabläufe und Regelungen flexibel und adaptiv gestalten, so dass Energieverbrauch und Abfallmengen minimiert werden. Beispiele hierfür aus den Kapitel 4–7 sind adaptive Regler, flexible Rezeptsteuerungen und die Ansteuerung drehzahlgeregelter Antriebe, deren Einsatz etwa zur Durchflussregelung weitaus energiesparender ist als der von Regelventilen.
- Schließlich ist die *Sicherheit* von Anlagen ein wesentliches Ziel der Automatisierung, indem SPSen Prozesszustände überwachen, gefährliche Fehler erkennen und die Anlage in einen sicheren Zustand überführen. Aber auch die Anbindung an das Industrial IoT birgt große Sicherheitsrisiken, für die Schutzmaßnahmen wie in Kapitel 9 beschrieben zu implementieren sind.

Doch die Entwicklung des Industrial IoTs steht erst am Anfang und es wird angestrebt, nicht nur die *OT*, d. h. die operativen Anlagen, sondern auch die *IT*, also Geschäftsprozesse wie die Produktionsplanung und -steuerung oder das Supply Chain Management (s. Kapitel 8) über das Internet zu automatisieren und zu optimieren.

Dabei können folgende Entwicklungen zu einer Funktionserweiterung, Vereinfachung und Effizienzsteigerung der Automatisierung mit SPSen führen.

Autonomieerhöhung durch KI

Die von den SPSen an die Cloud übertragenen Daten werden dort meist durch eine KI mit neuronalen Netzen ausgewertet, um etwa

- Fehler frühzeitig zu erkennen und Gegenmaßnahmen vorzuschlagen (vgl. Bild 8.13),
- die Produktqualität beurteilen (s. Beispiel 8.5),
- Objekte in Bildern zu lokalisieren und Bewegungen von Robotern autonom zu planen,
- unbekanntes Prozessverhalten zu modellieren und zu prädizieren (s. Bild 8.16) und
- damit lernende Regler zu entwerfen sowie
- Automatisierungsaufgaben mit Large Language Models zu programmieren.

Die SPS-Programmierung mit ChatGPT ist wie Beispiel 3.15 gezeigt schon möglich. Auch bei Entwurf und Strukturierung großer Softwarepakete können Large Language Models die Entwickler unterstützen. Die Qualität der Lösung ist abhängig vom Prompting, d. h. von Umfang und Genauigkeit der Funktionsvorgabe durch den Entwickler.

Insofern ist die KI ein mächtiges Hilfsmittel für den Programmierer, der damit Programmierarbeit spart und Vorgaben bequem per Spracheingabe vornehmen kann. Die Herausforderung liegt aber weiterhin im Software Engineering und der Formulierung der Programmieraufgaben.

Integration von Robotik und Bildverarbeitung

Durch die boomende Entwicklung der KI ist zu erwarten, dass Roboter und Cobots auch in Anwendungsbereiche wie Haushalt, Pflege und andere Dienstleistungen Einzug halten. Schon heute wird KI in der Bildverarbeitung zur Objekterkennung, Segmentierung von Szenen und zum Tracking von Objekten erfolgreich eingesetzt. Zukünftig werden auch Bewegungsplanung und -steuerung durch KI erheblich vereinfacht und Roboter können dann durch Spracheingabe leicht kommandiert werden.

Industrieroboter können wie in Kapitel 7 beschrieben durch SPSen auch mithilfe von Bildverarbeitung gesteuert werden. Dagegen sind mobile Service-Roboter aus Energieeffizienzgründen oft auf Microcontrollern implementiert und nutzen Opensource-Softwaremodule von ROS (Robot Operating System [79]) oder openCV [92] zur Programmierung der Robotersteuerung bzw. der Bildverarbeitung. Die übergeordnete Ansteuerung und Koordination dieser dezentralen Steuerungen könnte wie in Bild 11.1 skizziert durch eine Cloud-SPS erfolgen, was aber entsprechende Schnittstellen erfordert [24].

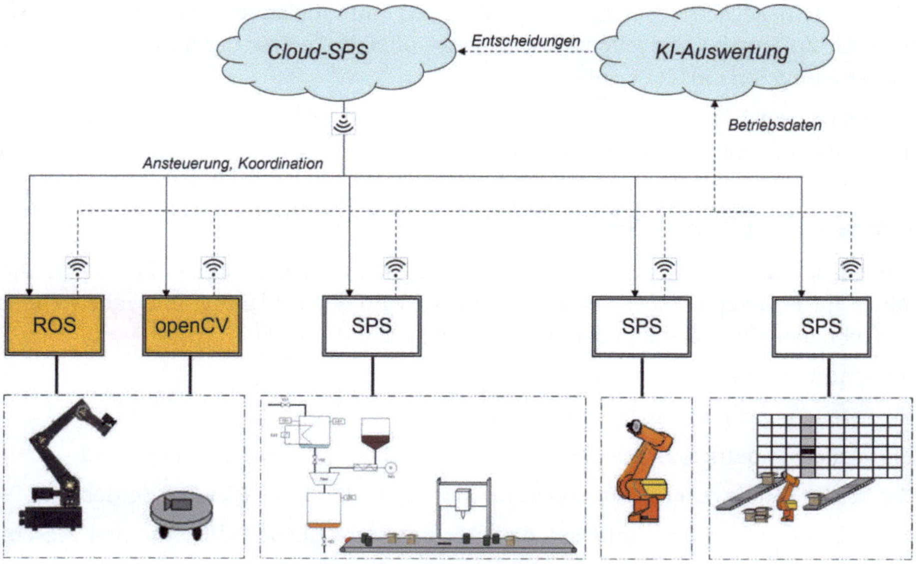

Bild 11.1 Cloud-SPS zur Koordination dezentraler Steuerungen

Zentrale Koordination durch virtuelle Cloud-SPS

Wegen der Vorteile der grafischen Programmierung eignet sich eine virtuelle SPS hervorragend, um dezentrale Steuerungen durch Funktionsblöcke zu modellieren, aneinander zu reihen oder von einer übergeordneten Schrittkette ansteuern zu lassen. Zusätzlich erhält man durch die Webvisualisierung der SPS sehr leicht eine HMI zur Anzeige und Bedienung aller Teilanlagen.

Die virtuelle SPS, z. B. Codesys Virtual Control SL [175], kann in der Cloud laufen und Signale zur Ansteuerung und Koordination über OPC-UA an die dezentralen Steuerungen senden. Anhand der von den dezentralen Steuerungen gesendeten Betriebsdaten kann eine KI in der Cloud diese auswerten und der übergeordneten Cloud-SPS Entscheidungen mitteilen, etwa zur Bewegungsplanung, für Wartungsvorgänge oder Qualitätsverbesserungen (s. Bild 11.1).

Interoperabilität durch IEC 61499

Als Ergänzung zur SPS-Programmierung nach IEC 61131, die meist auf proprietären Systemen implementiert wird, schlägt die IEC 61499 eine Entkopplung von Hardware und Software vor. Dies ermöglicht eine herstellerunabhängige SPS-Programmierung, die auf unterschiedlichen dezentralen Steuerungen lauffähig ist, so dass der Code auch zwischen verschiedenen Steuerungen portierbar ist. Mit wiederverwendbaren, systemneutralen Funktionsbausteinen zur Ansteuerung der wichtigsten Feldgerätetypen, Maschinen und Anlagenteile können neue Projekte durch *Plug and Produce* ähnlich wie in Kapitel 10 beschrieben als *low code* zusammengestellt werden.

Der wichtigste Unterschied zur IEC 61131 ist, dass die SPS-Software nach IEC 61499 nicht zyklisch, sondern wie die meisten Programme im IT-Bereich Event-getriggert abläuft. Die Funktionsbausteine werden demnach nur dann *einmalig* ausgeführt, wenn ein programmiertes Ereignis in der Anlage eingetreten ist. Das IEC 61499-konforme Programmiersystem EcoStruxure der Fa. Schneider Electric generiert auch die Querkommunikation zwischen Funktionsbausteinen, die auf unterschiedlichen Steuerungen laufen, ohne dass der Anwender diese mühsam programmieren muss [45, 166].

Einen kostenlosen Einstieg in die SPS-Programmierung nach IEC 61499 ermöglicht die Opensource-Software `4diac` von Eclipse [182, 43].

Engineering mit Digital Twins

Die Digitalisierung bringt auch viele Vorteile beim Engineering (s. Kapitel 10). Durch digitale Zwillinge für Feldgeräte, Maschinen und Anlagen wird deren Planung und Inbetriebnahme vereinfacht, denn ihre Simulationsmodelle ermöglichen

- das automatische Testen der SPS-Software,
- die Erzeugung von Trainingsdaten für die KI,
- die virtuelle Inbetriebnahme der Software vor Auslieferung an den Kunden und
- das Testen von Erweiterungen und Änderungen parallel zum laufenden Betrieb.

In *Twin-Stores* werden Simulationsmodelle für unterschiedliche Feldgeräte und Maschinen und deren Informationsmodelle für OPC-UA oder die Verwaltungsschale (AAS) angeboten [119, 42, 63, 70].

Entscheidend für die Nutzung digitaler Zwillinge ist jedoch, dass einfache, standardisierte Schnittstellen zur SPS, der Steuerungszentrale der Anlage, genutzt werden können. Dann können Änderungen in der Anlage im digitalen Zwilling aktualisiert werden und umgekehrt Optimierungen im digitalen Zwilling auch das Prozessverhalten in der Anlage verbessern.

Die SPS taucht heutzutage im Industrial IoT in unterschiedlichen Varianten auf: Als Hardware- oder als Soft-SPS, als Edge-Controller, virtuelle oder Cloud-SPS, die auf leistungsfähigen IT-Servern läuft. SPSen ermöglichen es, in standardisierter Weise Sensoren und Aktoren anzusteuern, aber auch als übergeordnete Steuerung, Prozesse zu koordinieren, zu bedienen und zu beobachten.

Durch die Entkopplung von Hard- und Software entsteht *ein* durchgängiges Engineering-System, mit dem Automatisierungsaufgaben transparent, objektorientiert und ohne Tool Chain programmiert werden können. Mit OPC-UA besteht ein einheitliches Datenaustauschkonzept vom Feld bis in die Cloud, so dass die Verbindung zwischen Cyber Physical Systems per *Plug and Play* ermöglicht wird.

Anhang

■ A SPS-Lern-und-Übungsseite

Auf der Website www.seitz.et.hs-mannheim.de finden sich folgende Inhalte:

- das herstellerübergreifende SPS-Programmiersystem Codesys,
- *Videos* zur Bedienungsanleitung,
- Frage-Antwort-Spiel zu den *Wiederholungsfragen* im Buch,
- dokumentierte Codesys-Projekte zu den *Beispielen* im Buch,
- Lösungen zu den *Übungsaufgaben* im Buch,
- Zusammenstellung der entwickelten *Funktionsbausteine* in Bibliotheken (s. Anhang B),
- Links zu den Webseiten der Hersteller und zu weiteren nützlichen *Programmen*.

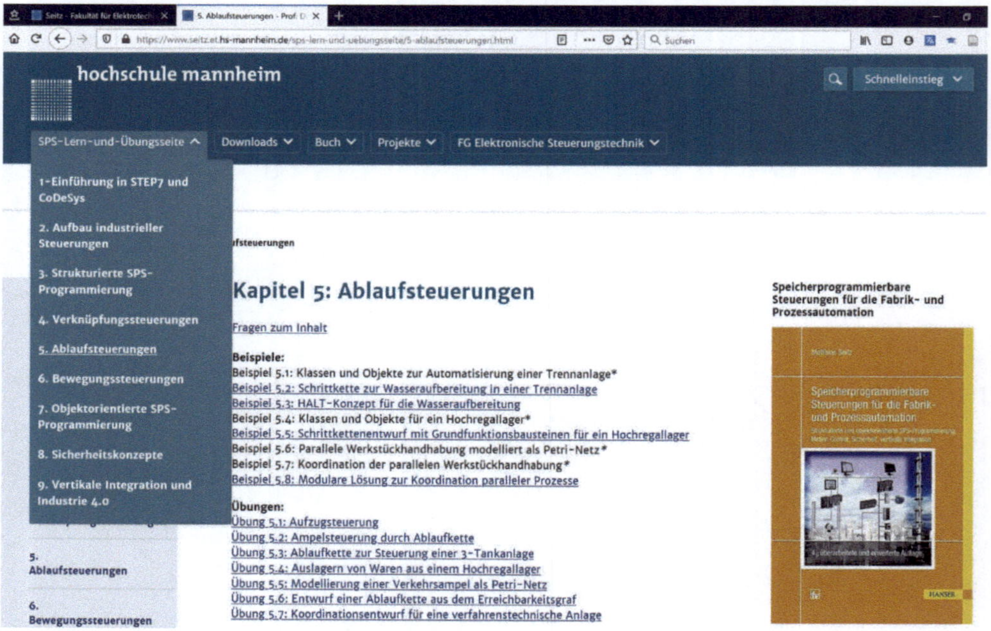

Bild A.1 Exemplarische Webseite der Lernplattform

Zu jedem Kapitel sind, wie in Bild A.1 exemplarisch veranschaulicht, die Wiederholungsfragen, Beispiele und Übungen aufgeführt und ggf. zu weiteren Ausführungen verlinkt. Die meisten Beispiele sind komplett mit Codesys, einige auch im TIA-Portal, ausprogrammiert. Das gleiche gilt für die Lösungen zu den Übungsaufgaben.

Für Hinweise und Rückmeldungen stehe ich gerne unter m.seitz@hs-mannheim.de zur Verfügung.

Installation des SPS-Programmiersystems

Die Beispiele und Übungen wurden mit der Codesys-Version 3.5.19.6 erstellt und getestet. Diese Version kann über die Website www.seitz.et.hs-mannheim.de mit dem

- Passwort: 1plc_ws012

heruntergeladen werden.

Die jeweils aktuelle Version erhalten Sie aus dem Codesys-Store unter

https://de.codesys.com.

Von dort bekommen Sie nach einer Registrierung ein Passwort, mit dem Sie die neueste Version von Codesys herunterladen können. Sollten Sie eine neuere Version verwenden,

- setzen Sie bitte nach dem Öffnen der Projektdateien im Menü Projekt|Projektumgebung „**Alles auf neuest**" und
- klicken Sie im Fenster Geräte auf Device und mit der rechten Maustaste auf „**Gerät aktualisieren**"!

Eine Einführung zu Codesys und zum TIA-Portal von Siemens anhand von Videos und eines Minimalbeispiels findet man auf der Website www.seitz.et.hs-mannheim.de unter Kapitel 1.

B Funktionsbaustein-Bibliotheken

In den hier behandelten knapp 100 Beispielen und 60 Übungen wurden zahlreiche Funktionsbausteine entwickelt. Diese sind in der Bibliothek `automation.library` in Bild B.1 zusammengefasst oder, wenn sie objektorientiert programmiert sind, in der `automationOOP.library` nach Bild B.2. Die wichtigsten Funktionsbausteine

- zur Ansteuerung von Motoren sind in Tabelle 4.9,
- zur Ansteuerung von Ventilen in Tabelle 4.10,
- zum Auswerten von Sensoren in Tabelle 4.8 und
- für die Simulation dynamischer Prozesse in Tabelle 4.2 aufgeführt.

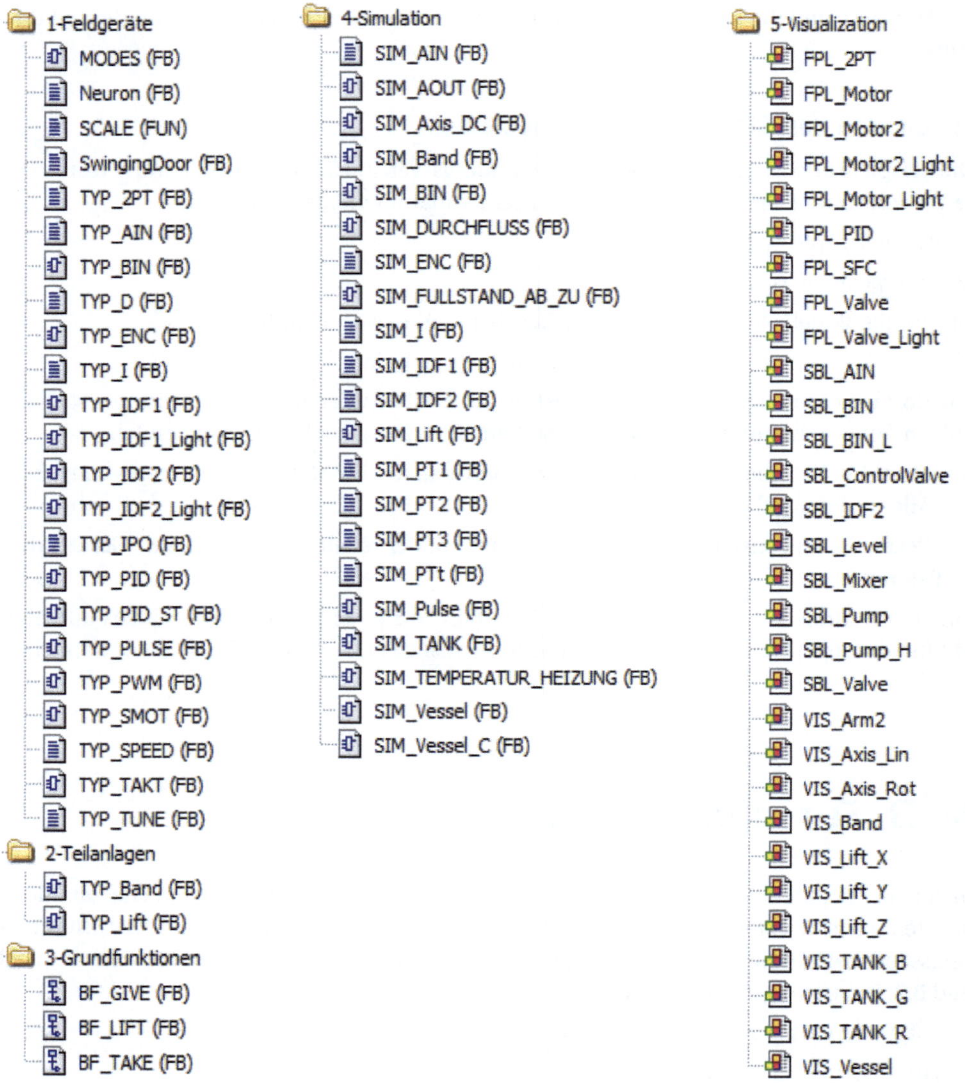

Bild B.1 Funktionsbausteine der Bibliothek `automation.library`

Die meisten Bausteine wurden wie in Kapitel 6 erläutert auch *objektorientiert* programmiert. Die Interfaces der Funktionsbausteine mit ihren Methoden und Eigenschaften sind in den Bildern 6.12 und 6.13 dargestellt.

Diese Bausteine zur Steuerung, Simulation und Visualisierung ermöglichen es, die SPS-Software gemäß Bild 10.12 modular, transparent und flexibel aufzubauen.

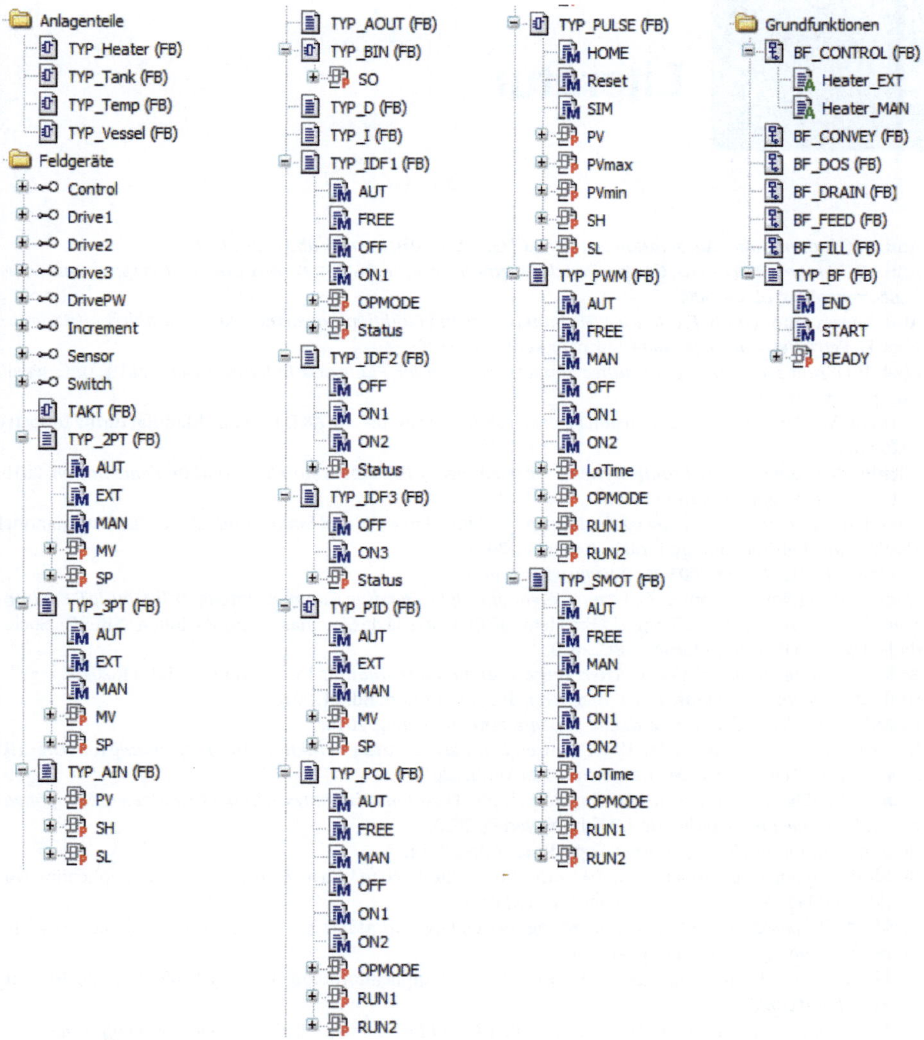

Bild B.2 Funktionsbausteine der Bibliothek `automationOOP.library`

Literatur

[1] ABB. *PLC Automation - Automation Builder, AC500 V3*. 2020. URL: *new.abb.com/plc/de*.

[2] ABB. *PLC Automation - PLCs, Control Panels, Engineering Suite*. 2019. URL: *new.abb.com/plc/programmable-logic-controllers-plcs/ac500*.

[3] ABB Process Automation. *Freelance 2016: Funktionen und Funktionsbausteine*. URL: *www.abb.com/freelance*.

[4] Abel, D. *Petri-Netze für Ingenieure*. Springer Verlag, 1990.

[5] Abel, J. *OSIsoft Launches Cloud-native Services Platform for Plant and Enterprise Data*. 2019. URL: *www.osisoft.de/pi-system*.

[6] Albrecht, M. "Auf eine neue Dimension IT-basierter Infrastruktur". In: A&D Reshape Manufacturing Industry 7 (2024).

[7] AllenBradley. *Safety related controlsystems for machinery - Principles, standards and implementation*. 2016. URL: *www.rockwellautomation.com*.

[8] Anderl, R. *Industrie 4.0 - Advanced Engineering of Smart Products and Smart Production*. 19th International Seminar on High Technology, Piracicaba, Brasil, 2014.

[9] Anschütz, H. *WinPeSim*. 2003. URL: *www.winpesim.de*.

[10] Arias, J.; Roschildt, S.; Montez, C; Leao, E. *Swinging Door Trending Compression Algorithm for IoT Environments*. Anais Estendidos do Simpósio Brasileiro de Engenharia de Sistemas Computacionais (SBESC), Sociedade Brasileira de Computação - SBC, 2019.

[11] B&R. *Integrierte Bildverarbeitung sichert Prozess- und Produktqualität*. In: automotion, Bd. 11, 2019.

[12] B&R. *Roboter einfach in Maschinen integrieren*. In: automotion, Bd. 11, 2019.

[13] Basler, S. *Encoder und Motor-Feedback-Systeme*. Springer Verlag, 2016.

[14] Bauernhansl, T.; Ten Hompel, M.; Vogel-Heuser, B. *Industrie 4.0 in Produktion, Automatisierung und Logistik: Anwendung, Technologien, Migration*. Springer Verlag, 2017.

[15] Baur, J.; Kalhöfer, E.; Kaufmann, H.; Pflug, A.; Schmid, D. *Automatisierungstechnik - Grundlagen, Komponenten und Systeme für die Industrie 4.0*. Europa Verlag, 2020.

[16] Becker, N. *Automatisierungstechnik*. Vogel Buchverlag, 2014.

[17] Beckhoff. "Analoge Signalübertragung: Stromschnittstelle 4...20 mA (Live-Zero-Prinzip)". In: Application Note DK9221-1111-0059 (2011). URL: *www.beckhoff.com*.

[18] Beckhoff. *PC-based Control für Handhabung, Fertgigung und Montage*. URL: *www.beckhoff.com/de-de/branchen/montage-handhabungstechnik*.

[19] Beckhoff. "Pulse-Train-Ausgangsklemme KL2521". In: Application Note DK9221-0809-0012 (2009). URL: *www.beckhoff.com*.

[20] Beckhoff. *Smart engineering in the cloud: TwinCAT Cloud Engineering*. 2019. URL: *www.beckhoff.com*.

[21] Beckhoff. *TwinCAT MTP: modulare Automation mit Module Type Package*. URL: *www.beckhoff.com/de-de/produkte/automation/module-type-package-mtp/*.

[22] Beckhoff. *TwinCAT-Projekte mit KI-gestütztem Engineering | Beckhoff Deutschland*. URL: *www.beckhoff.com/de-de/produkte/automation/twincat-projekte-mit-ki-unterstuetztem-engineering/*.

[23] Bindel, T.; Hofmann, D. *Projektierung von Automatisierungsanlagen: eine effektive und anschauliche Einführung*. Springer Vieweg, 2013.

[24] Binder, D. *Einfachere Entwicklung von FTS - Eine bidirektionale Verbindung zum ROS-Framework aufbauen*. URL: *industr.com*.

[25] Böckelmann, M.; Winter, H. *Prozessleittechnik in Chemieanlagen*. Europa Vlg., 2015.

[26] Bolton, W. *Programmable logic controllers*. Sixth edition. Newnes, Elsevier, 2015.

[27] Bundesministerium für Gesundheit. *EU-Leitfaden zur guten Herstellungspraxis Anhand 15 - Qualifizierung und Validierung*. 2018. URL: *www.bundesgesundheitsministerium.de*.

[28] Bürkert. *Type 8741 - Mass Flow Controller (MFC)/ Mass Flow Meter (MFM) for Gases*. URL: *www.burkert.com/en/type/8741*.

[29] Cisco. *Networking and Security in Industrial Automation Environments Design and Implementation Guide*. 2020. URL: *www.cisco.com*.

[30] Codesys. *Codesys Development System*. URL: *de.codesys.com*.

[31] Codesys. *Online Help*. URL: *www.helpme-codesys.com/*.

[32] Codesys Store. *Automation Server - Die Industrie-4.0-Plattform.* 2019. URL: *auto%20mation-server.com.*
[33] Codesys Store. *Datenblatt CODESYS SVN.* URL: *store.codesys.com.*
[34] Cognex. *Einführung in die industrielle Bildvarerbeitung - Ein Leitfaden für die Automatisierung von Produktionprozessen und Qualitätsprüfungen.* 2016. URL: *www.cognex.com.*
[35] Copadata. *Modulare Produktion: Potenziale mit zenon realisieren.* URL: *www.copadata.com/de/branchen/mtp-modulare-produktion/.*
[36] Crump, M.; Luijbregts, B. *Entwicklerleitfaden für Azure.* Microsoft Press, 2019.
[37] DGUV. *Funktionale Sicherheit von Maschinensteuerungen – Anwendung der DIN EN ISO 13849.* 2017. URL: *www.dguv.de.*
[38] DIN 66025. *Industrielle Automation; Programmaufbau für numerisch gesteuerte Arbeitsmaschinen; Wegbedingungen und Zusatzfunktionen.* Beuth Vlg., 1988.
[39] Ding, S. *Model-Based Fault Diagnosis Techniques.* Springer Verlag, 2013.
[40] Draht, R. *AutomationML – Das Lehrbuch für Studium und Praxis.* De Gruyter Oldenbourg, 2022.
[41] Draht, R. *Datenaustausch in der Anlagenplanung mit AutomationML.* Springer Verlag, 2010.
[42] Drath, R.; Mosch, C.; Hoppe, S.; Faath, A.; Barnstedt, E.; Fiebiger, B.; Schlögl, W. "Diskussionspapier – Interoperabilität mit der Verwaltungsschale, OPC UA und AutomationML Zielbild und Handlungsempfehlungen für industrielle Interoperabilität". In: IDTA (2023). URL: *industrialdigitaltwin.org/content-hub/downloads.*
[43] Eclipse. *4diac - Open Source PLC Framework for Industrial Automation & Control.* URL: *eclipse.dev/4diac.*
[44] ETG. *EtherCAT – Der Ethernet-Feldbus.* 2020. URL: *www.beckhoff.com.*
[45] Frei, B. "Universal Automation: Wie Schneider Electric in der Automatisierung neue Wege geht". In: atp 11 (2023).
[46] Fricke, K. *Digitaltechnik: Lehr- und Übungsbuch für Elektrotechniker und Informatiker.* Vieweg+Teubner Verlag, 2009.
[47] Früh, K.; Schaudel, D.; Urbas, L.; Tauchnitz, T. *Handbuch der Prozessautomatisierung - Prozessleittechnik für verfahrenstechnische Anlagen.* Deutscher Industrieverlag, 2018.
[48] Geiger, M. *Zones & Conduits: Das Schutzkonzept aus der IEC 62443 einfach erklärt.* 2018. URL: *www.sichere-industrie.de.*
[49] Github. *Eclipse AASX Package Explorer.* URL: *github.com/eclipse-aaspe/aaspe.*
[50] Goldstein, S. *TwinCAT OPC UA: Standardized communication with information modeling – from the controller to the cloud.* PC Control, Bd. 1, Jan. 2017.
[51] Gorecky, D.; Henencke, A.; Schmitt, M.; Weyer, S.; Zühlke, D. *Wandelbare modulare Automatisierungssysteme.* Handbuch Industrie 4.0, Hanser Vlg., 2017.
[52] Gottschalt, D.; Peter, H.; Seitz, M. *SPS-integrierte Bildverarbeitung.* A&D-Kompendium, Publish-Industry Verlag, 2016.
[53] Hablawetz, D.; Matalla, N.; Schrörs, B. *Funktionale Sicherheit.* In: Früh, Schaudel, Urbas, Tauchnitz: Handbuch der Prozessautomatisierung, DIV, 2018.
[54] Halang, W.; Konakovsky, R. *Sicherheitsgerichtete Echtzeitsysteme.* Springer Verlag, 2018.
[55] Hansen, D. *Programmable Logic Controllers.* Whiley, 2015.
[56] Happacher, M. "Die SPS in der Cloud". In: Computer & Automation (März 2022). URL: *www.computer-automation.de/steuerungsebene/steuern-regeln/die-sps-in-der-cloud.194776.html.*
[57] Heimbold, T. *Einführung in die Automatisierungstechnik.* Hanser Vlg., 2015.
[58] Hengel, S.; Hardt, T. *Cybersicheres IoT-Gateway für die IT/OT-Kommunikation.* In: atp magazin, Vulkan-Vlg., Bd. 4, 2020.
[59] Hess, D.; Witsch, D. *Die Erweiterung der SPS-Software um UML-Diagramme.* In: Computer & Automation, Weka Fachmedien, 2011.
[60] Hock, C. *OPC UA for Programmable Logic Controllers based on IEC61131-3.* 2020.
[61] Horter & Kalb. *Automatisierung mit dem Raspberry-Pi und I2C.* URL: *www.raspberry-sps.de.*
[62] Hotop, R.; Ochs, S.; Ross, T. *Überwachung von Anlagenteilen.* In: atp edition Bd. 6, DIV, Juni 2010.
[63] IDTA. *AAS Submodel Templates.* URL: *industrialdigitaltwin.org/content-hub/downloads.*
[64] IEC 60050. *Internationales Elektrotechnisches Wörterbuch – Teil 351: Leittechnik.* Beuth Vlg., 2014.
[65] IEC 61131. *Programmable controllers – Part 3: Programming languages.* Beuth Vlg., 2013.
[66] IEC 61508. *Funktionale Sicherheit sicherheitsbezogener elektrischer/ elektronischer/programmierbarer elektronischer Systeme.* Beuth Vlg., 2010.
[67] IEC 61512. *Batch control - Part 3: General and site recipe models and representation.* VDE Vlg., 2009.
[68] IEC 62424. *Darstellung von Aufgaben der Prozessleittechnik - Fließbilder und Datenaustausch zwischen EDV-Werkzeugen.* Beuth Vlg., 2010.
[69] Isermann, R. *Combustion Engine Diagnosis.* Springer Verlag, 2017.
[70] ISG. *TWINSTORE Der Online-Store für digitale Zwillinge zur virtuellen Inbetriebnahme.* URL: *www.virtuos-twinstore.de.*

[71] ISO 13849. *Sicherheit von Maschinen - Sicherheitsbezogene Teile von Steuerungen.* Beuth Vlg., 2016.
[72] ISPE. *Gamp5 - A Risk-Based Approach to Compliant GxP Computerized Systems.* 2008. URL: *ispe.org.*
[73] Jänicke, L.; Förder, T. *OPC-UA: Kommunikation und Security.* In: atp magazin Bd. 3, Vulkan-Vlg., März 2020.
[74] Kessler, M.; Lindner; K. Uffelmann, J. *Signalübertragung.* In: Früh, Schaudel, Urbas, Tauchnitz: Handbuch der Prozessautomatisierung, DIV, 2018.
[75] Kief, H.; Roschiwal, H.; Schwarz, K. *CNC-Handbuch.* Hanser Vlg., 2020.
[76] Kiel, E. *Antriebslösungen - Mechatronik für Produktion und Logistik.* Springer Verlag, 2007.
[77] Kleuker, S. *Grundkurs Software-Engineering mit UML: der pragmatische Weg zu erfolgreichen Softwareprojekten.* Vieweg + Teubner, 2011.
[78] Knoll, A. *I4.0 verändert die Steuerungstechnik - Edge Controller statt SPS?* 2016. URL: *elektroniknet.de.*
[79] A. Koubaa. *Robot Operating System (ROS): The Complete Reference (Volume 5).* Bd. 895. Springer International Publishing, 2021.
[80] Kühn, J.; May, M.; Seitz, M.; Pape, J.; Pineker, E.; Fehsenfeld, M.; Harms, M.; Perner, L.; Ortmaier, T.; Schappler, M.; Zhou,X. *PLCopen Motion Control - Grundlagen und Beispiele.* Hameln: Lenze SE, 2023. ISBN: 978-3-00-075911-6.
[81] Langmann, R. *Taschenbuch der Automatisierung.* Hanser Vlg., 2017.
[82] Le Coz, G. *UwAmp Free Wamp Server with Apache MySQL PHP and SQLite.* URL: *www.uwamp.com.*
[83] Lehnhoff, K. *Wie Time-Sensitive Networking das industrielle IoT ermöglicht.* In: Elektronik Praxis 10/2020.
[84] Lenze. *Roboter einfach in Bewegung bringen.* 2014. URL: *www.lenze.com.*
[85] Litz, L. *Grundlagen der Automatisierungstechnik: Regelungssysteme - Steuerungssysteme - hybride Systeme.* Oldenbourg Vlg., 2005.
[86] Love, J. *Process Automation Handbook : A Guide to Theory and Practice.* Springer Verlag, 2007.
[87] Lunze, J. *Automatisierungstechnik: Methoden für die Überwachung und Steuerung kontinuierlicher und ereignisdiskreter Systeme.* Oldenbourg Vlg., 2008.
[88] Lunze, J. *Regelungstechnik. 1: Systemtheoretische Grundlagen, Analyse und Entwurf einschleifiger Regelungen.* Springer Vieweg, 2013.
[89] Lutz, H.; Wendt, W. *Taschenbuch der Regelungstechnik : mit MATLAB und Simulink.* Verlag Europa-Lehrmittel, 2019.
[90] Mahnke, W. "Informationsmodellierung mit OPC Unified Architecture". In: atp 3/2020 (2020).
[91] Mahnke, W.; Leitner, S.; Damm, M. *OPC unified architecture.* Springer Verlag, 2009.
[92] J. Minichino J.; Howse. *Learning OpenCV 3 computer vision with Python: unleash the power of computer vision with Python using OpenCV.* Second edition. Birmingham Mumbai: Packt Publishing, 2015.
[93] Montenegro, S. *Sichere und fehlertolerante Steuerungen: Entwicklung sicherheitsrelevanter Systeme.* Hanser Verlag, 1999.
[94] Mühl, T. *Elektrische Messtechnik Grundlagen, Messverfahren, Anwendungen.* Springer Verlag, 2020.
[95] Mühlbauer, A. *Visualisierung mit HTML5 - Das HMI geht ins Netz.* In: Industrial Production, Bd. 12, Dez. 2019. URL: *industrial-production.de.*
[96] MVTev. *HALCON Operator-Referenz.* URL: *www.mvtec.com.*
[97] Namur. *NE 100: Nutzung von Merkmalleisten im PLT-Engineering-Workflow.* 2010. URL: *www.namur.net.*
[98] Namur. *NE 129: Plant Asset Management.* 2009. URL: *www.namur.net.*
[99] Namur. *NE 150: Standardisierte NAMUR-Schnittstelle zum Austausch von Engineering-Daten zwischen CAE-System und PCS-Engineering-Werkzeugen.* 2014. URL: *www.namur.net.*
[100] Niemann, H. *IT Sicherheit in Produktionsanlagen.* 2017. URL: *www.wago.com/de/offene-automatisierung/cyber-security.*
[101] Obst, M. *Plug and Produce für modulare verfahrenstechnische Anlagen.* Dissertation TU Dresden, 2018.
[102] OPC Foundation. "OPC Unified Architecture". In: (2017). URL: *opcfoundation.org.*
[103] Oppelt, W. *Kleines Handbuch technischer Regelvorgönge.* Verlag Chemie, 1960.
[104] Paluszek, M.; Thomas, S. *MATLAB Machine Learning Recipes.* Springer Verlag, 2019.
[105] Pfeifer, B.; Bozek, E.; Oppelt, M.; Kempf, J. *Digitale Zwillinge und Prozessmodellierung - wie Sie davon profitieren können.* Process Bd. 1, Vogel-Vlg., Jan. 2020.
[106] Phoenix Contact. *Explosionsschutz - Theoerie und Praxis.* 2019. URL: *www.phoenixcontact.com.*
[107] Phoenix Contact. *Trennverstärker, Prozessanzeigen, Feldgeräte - Signale störungsfrei übertragen und visualisieren.* 2019. URL: *www.phoenixcontact.com.*
[108] Plattform Industrie 4.0. *Verwaltungsschale in der Praxis.* 2019. URL: *www.plattform-i40.de.*
[109] PLCopen. *Motion Control Part 1-6, Examples.* URL: *plcopen.org/.*
[110] PLCopen. *PLCopen OPC UA Server and Client architectures: What's in it for you?* URL: *www.plcopen.org.*
[111] PLCopen. *Safety Software.* 2013. URL: *www.plcopen.org.*
[112] PLCopen und OPC Foundation. *OPC UA Information Model for IEC 61131-3.* 2018. URL: *www.plcopen.org.*

[113] Pohlmann, N. *Cyber-Sicherheit: Das Lehrbuch für Konzepte, Prinzipien, Mechanismen, Architekturen und Eigenschaften von Cyber-Sicherheitssystemen in der Digitalisierung.* Springer Verlag, 2019.

[114] Powell, J.; Eng, P.; Vanderline, H. *Catching the Process Fieldbus.* 2015. URL: *www.siemens.com/processautomation.*

[115] Probst, U. *Objektorientiertes Programmieren für Ingenieure - Anwendungen und Beispiele in C++.* Hanser Vlg., 2015.

[116] Profanter, S.; Tekat, A.; Dorofeev, K.; Rickert, M.; Knoll, A. *OPC UA versus ROS, DDS, and MQTT: Performance Evaluation of Industry 4.0 Protocols.* IEEE International Conference on Industrial Technology (ICIT), 2019.

[117] Reinhart, G. *Handbuch Industrie 4.0: Geschäftsmodelle, Prozesse, Technik.* Hanser Vlg., 2017.

[118] Rösberg. *ProDOK NG: Die weniger-Planungsaufwand-mehr-Effizienz-Software.* 2016. URL: *www.roesberg.com.*

[119] Scheifele, C.; Verl, A.; Tekouo, W.; Belgharda, S.; Mauderer, T. *Eine Online-Plattform für digitale Zwillinge - Austausch, Pflege und Bereitstellung von Simulationsmodellen zur virtuelle Inbetriebnahme.* In: atp magazin Bd. 11-12, Vulkan-Vlg., 2020.

[120] Schenk, A. *SIMATIC S7-400F/FH: Safety-Related Programmable Logic Controller.* In: Koorneef, F., van der Meulen M. (Eds.) Computer Safety, Reliability und Security, Springer, 2000.

[121] Schlichtmann, G.; Grieb, H.; Ugalde, H. *Plant Asset Management.* In: Früh, Schaudel, Urbas, Tauchnitz: Handbuch der Prozessautomatisierung, DIV, 2018.

[122] Schmertosch, T.; Krabbes, M. *Automatisierung 4.0 : Objektorientierte Entwicklung modularer Maschinen für die digitale Produktion.* Hanser Verlag, 2024.

[123] Schmidt, M. *IoT-Programme wie gemalt.* In: Make: Node-RED special, 2020. URL: *make-magazin.de/x3nt.*

[124] Schmitt, J.; Malakuti, S.; Grüner, S. *Digital Twins in practice - Cloud-based integrated lifecycle management.* atp magazin Bd. 8, Vulkan-Vlg., Aug. 2020.

[125] Schnell, G.; Wiedemann, B. *Bussysteme in der Automatisierungs- und Prozesstechnik: Grundlagen, Systeme und Anwendungen der industriellen Kommunikation.* Springer Verlag, 2019.

[126] Schuhmann, A.; Reinhold, D. *Integrierte Betriebsleittechnik.* In. Früh/Maier/Schaudel - Handbuch der Prozessautomatisierung, Oldenbourg Vlg., 2008.

[127] Schüller, A.; Modersohn, A.; Kawohl, M.; Wrede, J. *Der Digitale Zwilling in der Prozessindustrie: Informationsmanagement als Grundlage der Digitalisierung.* atp magazin Bd.1-2, Vulkan-Vlg., 2019.

[128] Schulz, G.; Graf, C. *Regelungstechnik 1: Lineare und nichtlineare Regelung, rechnergestützter Reglerentwurf.* De Gruyter, 2015.

[129] Schulz, G.; Graf, C. *Regelungstechnik 2 : Mehrgrößenregelung, Digitale Regelungstechnik, Fuzzy-Regelung.* De Gruyter, 2015.

[130] Seitz, M; Stoll, L. *Simulation und Test in der Automatisierung quasi en passant?* In: Forschungsreport Elektrotechnik, Public Verlag, 2014.

[131] Seitz, M. *Entwurfsmethodik zur Automatisierung von Fertigungsabläufen mit speicherprogrammierbaren Steuerungen.* In: Tagungsband AALE 2015 - Automatisierung im Fokus von Industrie 4.0, DIV, 2015.

[132] Seitz, M. *Software ohne Grenzen - Trends und Chancen elektronischer Steuerungstechnik.* In: A&D-Kompendium, Publish-Industry Verlag, 2006.

[133] Seitz, M. *Theorie und Praxis bei der Qualifizierung von Prozessleitsystemen - Gibt es einen gangbaren Weg zwischen Anforderungen und Wirtschaftlichkeit?* In: Automatisierungstechnische Praxis Bd. 4, Oldenbourg Vlg., Apr. 2000.

[134] Seitz, M. *Untersuchungen zur Nutzung von Bildverarbeitung für Manipulationsaufgaben in der Robotik.* Shaker Vlg., 1996.

[135] Seitz, M.; Braun, T.; Legnar, M. *Modulare Entwicklung offener Robotersteuerungen - Rapid Prototyping mit einem digitalen Zwilling für den flexiblen Einsatz in der Industrie 4.0.* In: Industrie 4.0 Management - Robotik und KI, GiTo Verlag, 2020.

[136] Seitz, M.; Gerok, A.; Peter, H. *Objektorientierte SPS-Programmierung: Was sind die Vorteile für die Prozessautomatisierung?* In: Tagungsband Angewandte Automatisierungstechnik in Lehre und Entwicklung, 2011.

[137] Seitz, M.; Khushairi, M.; Jürgens, A.; Peter, H. "Remote-Engineering und bildgestützte Inbetriebnahme mit einer Web-SPS". In: Tagungsband AALE 2022, 18. Fachkonferenz | Pforzheim. (2022).

[138] Seitz, M.; Peter, H. *Von der vertikalen Integration zur Industrie 4.0 - Ansätze und Beispiele zum Erfassen und Auswerten von Betriebsdaten.* In: Angewandte Automatisierungstechnik in Lehre und Entwicklung AALE 2018, VDE-Verlag, 2018.

[139] Seitz, M.; Poluektov, S.; Peter, H. *Dezentrale Steuerungen in der digitalen Fabrik - Einsatzmöglichkeiten und Anforderungen an die SPS 4.0.* Bd. 6. In: Industrie 4.0 Management - Neue Steuerungstechnik für die Automatisierung, GITO-Verlag, 2015.

[140] Seitz, M.; Steck, T. *Software automatisiert testen - Flexibles, automatisiertes Simulieren und Testen in speicherprogrammierbaren Steuerungen.* A&D-Kompendium, Publish-Industry Verlag, 2013.

[141] Shih, C. *MQTT im Industrial Internet of Things.* In: IT & Production, 2019. URL: *www.it-production.com/industrie-4-0-iot/erfolgsgeschichte-eines-protokolls.*

[142] Siemens. *COMOS – Making data work. Softwarelösungen für optimierte Anlagenplanung.* 2018. URL: *siemens.de/comos.*

[143] Siemens. *Compressing of process value archives with the Swinging Door algorithm in PCS 7.* 2017. URL: *support.industry.siemens.com.*

[144] Siemens. *CPU-CPU Kommunikation mit SIMATIC Controllern.* 2013. URL: *support.industry.siemens.com.*

[145] Siemens. *Cyber Security for Telecontrol.* 2020. URL: *siemens.de/telecontrol.*

[146] Siemens. *Digitale Schutzengel - Verstärken Sie Ihre Netzwerksicherheit mit Industrial Security Appliances SCALANCE S.* 2019. URL: *www.siemens.com/industrialsecurity.*

[147] Siemens. *Modulare Produktion mit "Module Type Package (MTP) Moduldesign mit TIA Portal.* URL: *support.industry.siemens.com/cs/document/109783062.*

[148] Siemens. *Netzwerksicherheit.* 2019. URL: *siemens.de/netzwerksicherheit.*

[149] Siemens. *Offen und unabhängig automatisieren: SIMATIC S7-1500 Software Controller.* 2017. URL: *siemens.de/software-controller.*

[150] Siemens. *PROFINET GSD files - ET 200S.* URL: *support.industry.siemens.com.*

[151] Siemens. *S7-Kommunikation mit PUT/GET.* 2019. URL: *support.industry.siemens.com.*

[152] Siemens. *SIMATIC IDENT - Industrial identification for company-wide data intelligence.* URL: *siemens.com/ident.*

[153] Siemens. *SIMATIC IOT Betriebsanleitung.* 2023. URL: *www.siemens.com.*

[154] Siemens. *SIMIT Simulation Platform (V10.0).* 2018. URL: *support.industry.%20siemens.com.*

[155] Simons, S. *Cloudcomputing für die Produktion mit dem MindSphere Cloud IoT Operating System.* In: Bauer, Wittenberg (Hrsg.): Autonome und intelligente Systeme in der Automatisierungstechnik, VDE-Verlag, 2019.

[156] Sinsel, A. *Das Internet der Dinge in der Produktion: Smart Manufacturing für Anwender und Lösungsanbieter.* Springer Verlag, 2020.

[157] Stahl. *Grundlagen Explosionsschutz.* URL: *r-stahl.com.*

[158] Stemmer. *Das Handbuch der Bildverarbeitung.* 2019. URL: *stemmer-imaging.com.*

[159] Tauchnitz, T. *Die Verwaltungsschale - Lösung für das Datenchaos!* In: atp magazin Bd. 06-07, Vulkan-Vlg., 2020.

[160] Tauchnitz, T. *MTP Automation of Modular Plants.* Vulkan Vlg., 2022.

[161] Tauchnitz,T.; Maurer, F.; Barth, M.; Schüller,A.; Drath, R. *Engineering in der Prozessindustrie mit der Verwaltungsschale Teil 1: Zukunftsbild und Konzeption eines durchgehenden Informationsflusses am Beispiel des Engineerings von PLT-Einrichtungen.* Bd. 06-07. atp Magazin. 2024.

[162] Ten Hompel, M.; Schmidt, T. *Warehouse Management: Organisation und Steuerung von Lager- und Kommissioniersystemen.* Springer Verlag, 2010.

[163] Trägner, U.; Stölting, F; Seitz, M. *Virtuelle Realität und virtuelle Inbetriebsetzung am Beispiel einer Rektifikationsanlage - Entwicklung eines digitalen Zwillings zur Ausbildung in der Prozessleittechnik und Verfahrenstechnik.* Bd. AALE 2019.

[164] Trunzer, E.; Molina, M.; Goebel, S.; Hout, F.; Modersohn, A.; Nothdurft, L.; Plawky, K.; Seintsch, S. *The Ethernet-APL Revolution is Approaching Our Plants.* atp-magazin 9/2023.

[165] TÜVit. *Industrial Security based on IEC 62443 - Whitepaper.* URL: *www.tuvit.de.*

[166] Universal Automation. *Join the team changing the game!* URL: *universalautomation.org.*

[167] Urbas, L. *Digitale Transformation in der Prozessindustrie.* In: Früh, Schaudel, Urbas, Tauchnitz: Handbuch der Prozessautomatisierung, DIV, 2018.

[168] VDE. *Cert@VDE - Synergien für mehr Sicherheit.* URL: *cert.vde.com/de-de.*

[169] NAMUR VDI VDE. *Richtlinie 2658: MTP-Automatisierungstechnisches Engineering modularer Anlagen in der Prozessindustrie.* 2019.

[170] Vogel-Heuser, B. *Systems Software Engineering – Angewandte Methoden des Systementwurfs für Ingenieure.* Oldenbourg Verlag, 2003.

[171] Vogel-Heuser, B.; Wannagat, A. *Modulares Engineering und Wiederverwendung mit CoDeSys V3 : für Automatisierungslösungen mit objektorientiertem Ansatz.* Oldenbourg Vlg., 2009.

[172] W3Schools. *My First JavaScript.* URL: *www.w3schools.com.*

[173] Wagner, R. *Objektorientiert programmieren in der SPS?* In: SPS-Magazin, Bd. 6, Juni 2016.

[174] Wagner, R. *Simple Roboter-Programmierung.* In: A&D, Spezial: Robotik & Handling, Okt. 2016.

[175] Wagner, R. "Virtuelle Steuerungen in der Automatisierungs-Praxis". In: Elektronik Praxis (Mai 2023).

[176] Wago. *Modulare Automation mit „Module Type Package".* URL: *www . wago . com / de / digitalisierung / wandlungsfaehigkeit.*

[177] Weber, W. *Industrieroboter: Methoden der Steuerung und Regelung.* Hanser Verlag, 2019.

[178] Weidele, M. *IEC 62443 – Diese Grundlagen sollten Sie als Betreiber einer Automatisierungslösung kennen.* 2018. URL: *www.sichere-industrie.de.*

[179] Wellenreuther, G.; Zastrow, D. *Automatisieren mit SPS.* Springer Vieweg, 2015.

[180] Werner, B. *Object-Oriented Extensions for IEC 61131-3.* In: IEEE Industrial Electronics Magazine, Bd. 12, Dez. 2009.

[181] Weyer, K. *Steuerung im Wandel der Zeit.* In: A&D-Kompendium, Publish-Industry Verlag, 2010.

[182] Wiesmayr, B.; Zoitl, A.; Garmendia, A.; Wimmer, M. "A Model-based Execution Framework for Interpreting Control Software". In: IEEE International Conference on Emerging Technologies and Factory Automation (ETFA). Vasteras, Sweden, 2021.

[183] Wirz, M. *Condition Monitoring - Ausfälle in der Antriebstechnik vermeiden, bevor sie entstehen.* In: Automation & Drives, Bd. 3, März 2020. URL: *www.industr.com.*

[184] Wonderware. *HMI/SCADA-Software InTouch.* URL: *www.wonderware.com.*

[185] Xia, Y.; Jazdi, N.; Weyrich, M. "Applying Large Language Models for intelligent industrial automation From theory to application: Towards autonomous systems with Large Language Models". In: atp Magazin 06-07 (2024).

[186] Ziegler, A.; Ehret, V.; Kiefer, M.; Seitz, M. *Automatisches Testen speicherprogrammierbarer Steuerungen.* In: Tagungsband AALE, Wien, 2010. URL: *www.technikum-wien.at.*

[187] ZVEI. *Beispiele zur Verwaltungsschale der Industrie 4.0-Komponente – Basisteil.* 2016. URL: *www.zvei.org.*

Index

J

K

L

M

N

S

Z

PI13877267
9876522